高等职业技术院校数控技术/模具设计与制造专业

CAD/CAM 应用技术（UG）

人力资源和社会保障部教材办公室组织编写

中国劳动社会保障出版社

简介

本书主要内容包括：UG 入门、草图及曲线、实体与特征建模、曲面造型、UG 建模综合练习、零部件装配、工程图基础、注塑模具的分模设计、数控铣削加工等。

本书由洪惠良主编，高进祥、朱敏、孙喜兵、孙文霞、沈建峰、朱桂林、陈宏参加编写。

图书在版编目(CIP)数据

CAD/CAM 应用技术：UG/人力资源和社会保障部教材办公室组织编写. —北京：中国劳动社会保障出版社，2012

高等职业技术院校数控技术/模具设计与制造专业

ISBN 978-7-5045-9423-5

Ⅰ.①C… Ⅱ.①人… Ⅲ.①计算机辅助设计-应用软件，UG-高等职业教育-教材 Ⅳ.①TP391.72

中国版本图书馆 CIP 数据核字(2012)第 012000 号

中国劳动社会保障出版社出版发行

（北京市惠新东街 1 号　邮政编码：100029）

出 版 人：张梦欣

*

三河市潮河印业有限公司印刷装订　　新华书店经销

787 毫米×1092 毫米　16 开本　22.75 印张　524 千字

2012 年 3 月第 1 版　2025 年 12 月第 16 次印刷

定价：45.00 元

营销中心电话：400-606-6496

出版社网址：http://www.class.com.cn

http://jg.class.com.cn

前言

为了进一步满足高等职业技术院校机械设计制造类专业CAD/CAM应用技术课程的教学要求，人力资源和社会保障部教材办公室组织一批学术水平高、教学经验丰富、实践能力强的教师与行业、企业专家，在充分调研的基础上，组织编写了CAD/CAM应用技术系列教材，包括《CAD/CAM应用技术（Mastercam）》《CAD/CAM应用技术（CAXA）》《CAD/CAM应用技术（UG）》《CAD/CAM应用技术（Pro/E）》。

本次教材编写工作的重点主要体现在以下几个方面：

第一，在教学内容方面，广泛听取教师使用2006版教材的反馈意见，根据当前机械设计制造类专业毕业生所从事职业的实际需要，科学确定学生应具备的能力和知识结构，精心选择教材内容，进一步加强实践性教学，使学生既能学到必要的知识，又能掌握足够的技能。

第二，在教学软件方面，选择了Mastercam、CAXA、UG、Pro/E 4种高等职业技术院校教学中最常用的CAD/CAM软件，并根据最新的软件版本进行教材的编写。同时，在教材中不仅仅局限于介绍相关的软件功能，而是更注重介绍使用相关软件解决生产加工中的实际问题，以培养学生分析和解决问题的综合职业能力。

第三，在教材编写模式方面，遵循职业教育的基本规律，采用任务驱动型编写理念，设计了若干典型工作任务，让学生在具体的应用环境中学习，实现了理论知识与操作技能学习的统一。同时，为方便教师教学，本套教材均配有教学素材光盘，光盘中包含书中所有的素材文件和操作视频。

在上述教材的编写过程中，得到了有关省市教育部门、人力资源和社会保障部门、高等职业技术院校和相关企业的大力支持，教材的编审人员做了大量的工作，在此我们表示衷心的感谢！同时，恳切希望广大读者对教材提出宝贵的意见和建议。

人力资源和社会保障部教材办公室

2012年1月

目录

模块一

UG 入门

课题 1　认识 UG NX 6.0

学习目标

1. 掌握启动 UG NX 6.0 的方法。
2. 初步认识 UG NX 6.0 窗口界面。
3. 熟悉 UG NX 6.0 视图操作及坐标系变换操作。
4. 掌握退出 UG NX 6.0 的方法。

工作任务

学习 CAD/CAM 软件，一般从软件的启动方法、窗口界面、基本操作、软件的退出等方面入手。

本课题将从启动 UG NX 6.0 开始，通过如图 1—1 所示的 UG NX 6.0 窗口界面，来初步认识 UG NX 6.0。

任务实施

1. 启动 UG NX 6.0

(1) 通过快捷方式图标启动

双击如图 1—2 所示的快捷方式图标，即可启动 UG NX 6.0。

(2) 通过［开始］菜单启动

在桌面上单击［开始］/［程序］/［UGS NX 6.0］/［NX 6.0］命令，也可启动 UG NX 6.0。

启动 UG NX 6.0 后，界面如图 1—3 所示。

为了便于读者阅读，本教材所有下拉菜单栏中的命令均采用带“[ ]”的文字表示，如

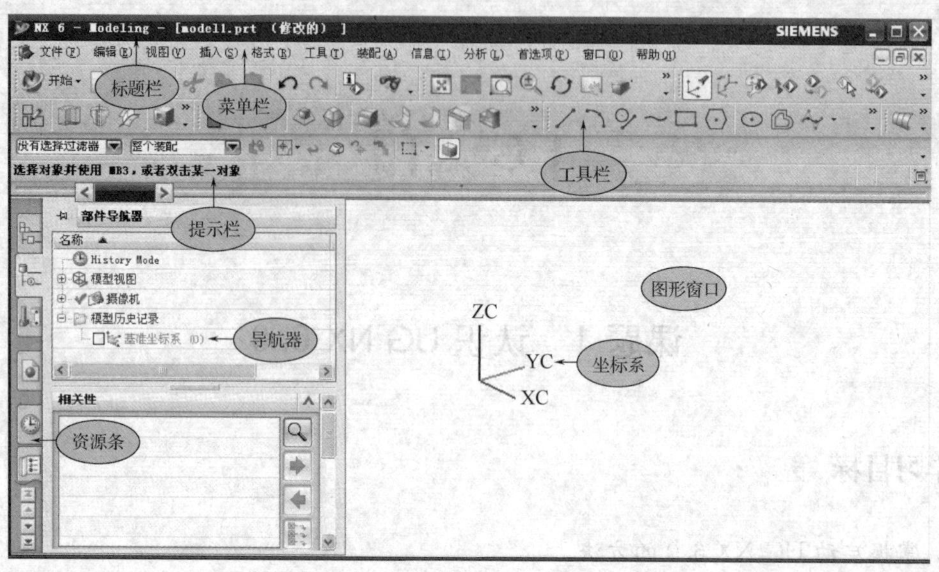

图1—1　UG NX 6.0窗口界面

［开始］、［程序］等；而对话框中的按钮，则采用带“【 】”的文字表示，如【确定】按钮、【取消】按钮等。

图1—2　UG NX 6.0快捷方式图标

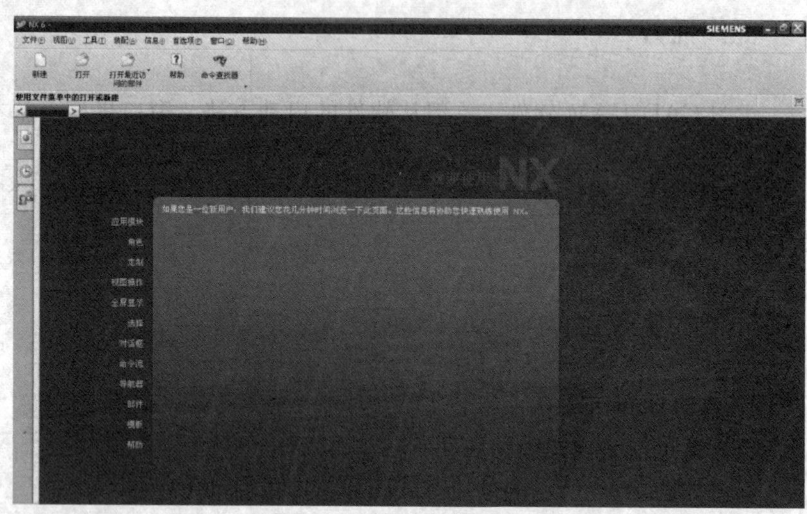

图1—3　UG NX 6.0的启动界面

2. 认识UG NX 6.0窗口界面

用户在创建或打开一个UG NX 6.0部件文件后，系统便进入如图1—1所示的UG NX 6.0窗口界面。该界面主要包括标题栏、菜单栏、工具栏、提示栏、导航器、资源条、坐标系、图形窗口等。

(1) 标题栏

UG NX 6.0 窗口界面的最上面为标题栏。标题栏用于显示 UG NX 6.0 版本、当前模块(如 Modeling 等)、当前工作部件文件的修改状态等信息。

(2) 菜单栏

菜单栏用于显示 UG NX 6.0 中各功能菜单。与所有 Windows 软件的菜单栏相同，单击主菜单可激发各层级联菜单，如图 1—4 所示。UG NX 6.0 的所有功能几乎都能在菜单栏中找到。

UG NX 6.0 的主菜单及其功用见表 1—1。

表 1—1　　UG NX 6.0 的主菜单及其功用

菜单名称	菜单功用
文件	模型文件的管理
编辑	模型文件的设计、更改
视图	模型的显示控制
插入	建模模块环境下的常用命令
格式	格式组织及管理
工具	复杂建模工具
装配	虚拟装配建模功能，提供装配模块功能
信息	信息查询
分析	模型对象分析
首选项	参数预设置
窗口	窗口切换，用于切换到已经打开的其他部件文件的图形显示窗口
帮助	使用求助

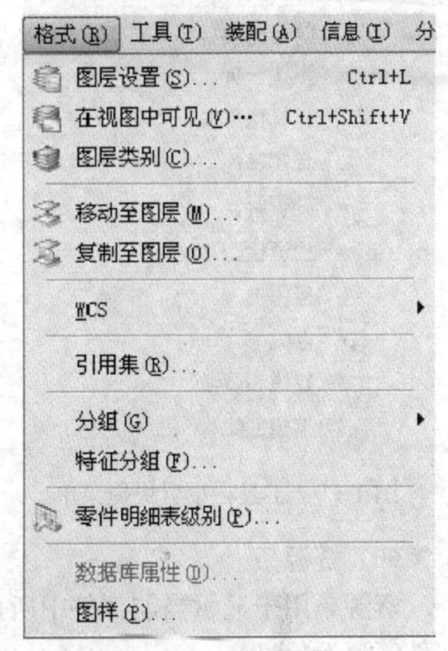

图 1—4　菜单栏的级联菜单

(3) 工具栏

工具栏由一系列按钮组成，用于显示 UG NX 6.0 的常用功能。如果某些工具栏没有显示，则可在工具栏区域的任何位置单击鼠标右键，在随即弹出的快捷菜单中勾选需要显示的工具栏，如图 1—5 所示，即可在窗口界面中显示该工具栏。

用户可以通过工具栏右侧的按钮激活“添加或移除按钮”，以添加或移除该工具栏中的图标，如图 1—6 所示。

(4) 提示栏

该区域主要用于给出操作过程中相应的提示，有些命令的操作结果也在该区域显示。

(5) 导航器

导航器为用户提供快速导航工具。

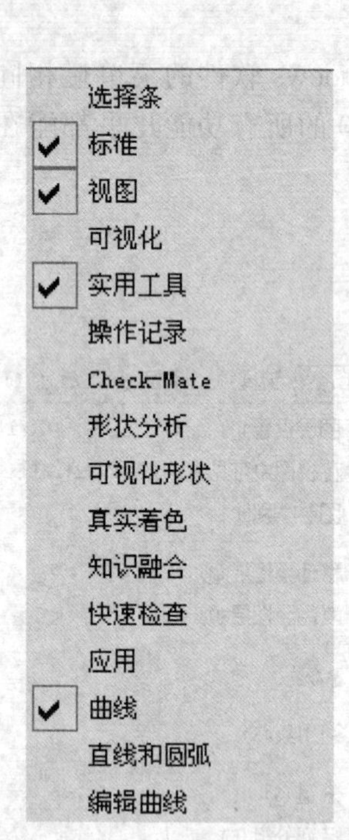

图 1—5　工具栏设置快捷菜单

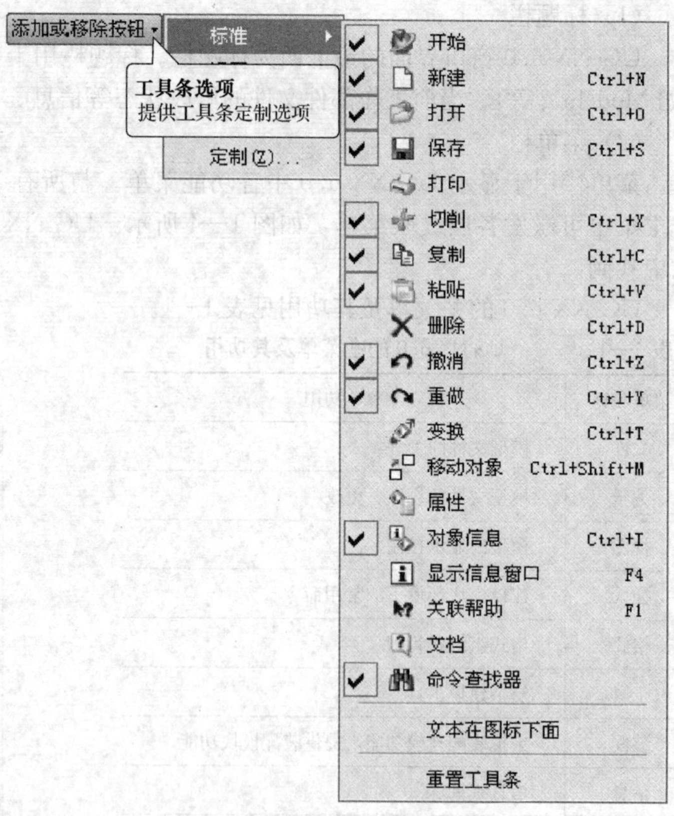

图 1—6　添加或移除工具栏内的图标

（6）资源条

资源条用于显示当前部件中所包含的特征信息、装配中的所有组件和近期所修改的 UG 文件等资源信息。

（7）坐标系

坐标系为用户建模提供设计参照。

（8）图形窗口

图形窗口用于显示模型及相关对象。

3. UG NX 6.0 视图操作及坐标系变换操作

（1）视图操作

在 UG NX 6.0 的使用过程中，经常需要改变观察对象的方法和角度等，通过视图操作，用户可以使用不同的显示方式查看对象，能够很方便地了解对象的各种状态信息，更好地观察复杂零件的内部构造及各方位的不同特征。

“视图”工具条如图 1—7 所示，其中主要图标的含义见表 1—2。

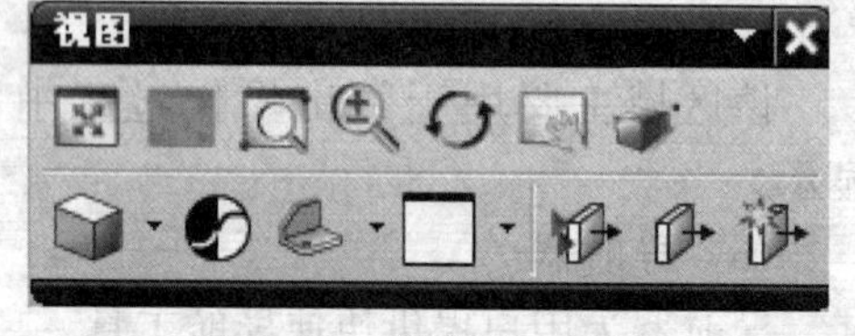

图 1—7　“视图”工具条

表 1—2　　“视图”工具条中各主要图标的含义

图标	名称	含　义
	适合窗口	使视图自动适合窗口的大小
	缩放	单击该按钮或按【F6】键，可以使视图自动拟合窗口到鼠标所选中的区域
	放大/缩小	单击该按钮，按住鼠标左键拖曳鼠标可以对视图进行缩放
	平移	单击该按钮，按住鼠标左键拖曳鼠标可以使视图平移
	着色	单击该按钮下拉菜单，可以为视图选择如图 1—8 所示的不同着色类型
	视图方位	单击该按钮下拉菜单，可以为视图选择如图 1—9 所示的不同视角
	背景	设置着色视图背景，如图 1—10 所示
	剪切工作截面	启用实体剖切
	编辑工作截面	编辑工作视图截面或者在没有截面的情况下创建新的截面

图 1—8　［着色］下拉菜单

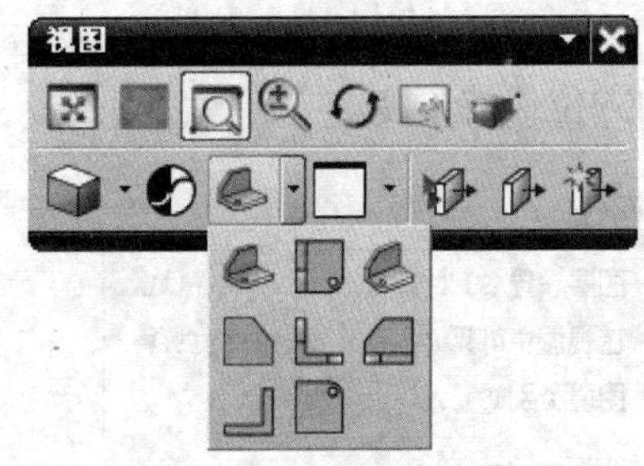

图 1—9　“视图方位”图标

图 1—10　“背景”设置选项

此外，还可以运用三键鼠标完成视图的放大或缩小、旋转或平移，具体操作方法见表 1—3。

表 1—3　　利用鼠标观察对象

功能	操 作 方 法
缩放视图	方法一：将鼠标置于图形界面中，滚动滚轮对视图进行缩放 方法二：同时按住鼠标滚轮和【Ctrl】键，然后上下移动鼠标对视图进行缩放 方法三：同时按住鼠标滚轮和鼠标左键，然后上下移动鼠标对视图进行缩放
旋转视图	将鼠标置于图形窗口中，按下鼠标滚轮，然后移动鼠标
平移视图	方法一：同时按住鼠标滚轮和鼠标右键，然后移动鼠标 方法二：同时按住鼠标滚轮和【Shift】键，然后移动鼠标

提示

在图形窗口中按住鼠标右键1～2 s，系统会弹出如图 1—11 所示的 6 个视图显示按钮，单击其中的按钮即可转换至相应的视图模式。

(2) 坐标系变换操作

在 UG NX 6.0 中，为了灵活而迅速地建模，常需要对坐标系进行变换。例如，变换坐标系原点，移动、旋转坐标系，改变坐标轴方向等。

图 1—11　视图显示按钮

单击“WCS 原点”图标或选择［格式］/［WCS］/［原点］菜单命令，如图 1—12 所示，系统将弹出“点”对话框，如图 1—13 所示。选择或建立点后，单击【确定】按钮，坐标系的坐标原点将平移到该点，但坐标轴方位保持不变。

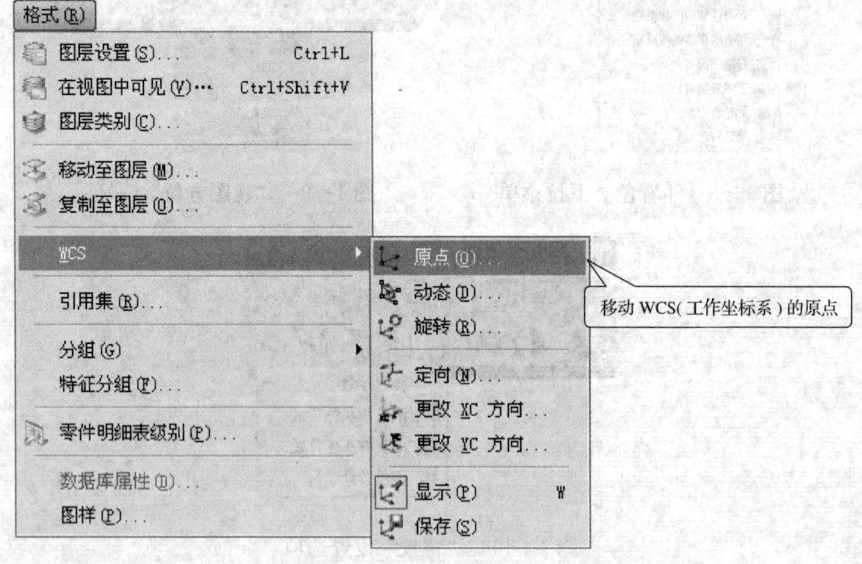

图 1—12　选择［格式］/［WCS］/［原点］菜单命令

单击“旋转 WCS”图标或选择［格式］/［WCS］/［旋转］菜单命令，如图 1—12 所示，系统将弹出“旋转 WCS 绕...”对话框，如图 1—14 所示。在该对话框中，可以将当前的坐标系绕某一轴旋转一定的角度后定义新的坐标系。图 1—14 中，“＋ZC 轴：XC→YC”表示坐标系绕 *ZC* 轴进行旋转，旋转方向为从 *XC* 轴转向 *YC* 轴。旋转角度在“角度”文本框中设定。单击【确定】按钮后，将完成坐标轴的旋转，如图 1—15 所示。

图 1—13　“点”对话框

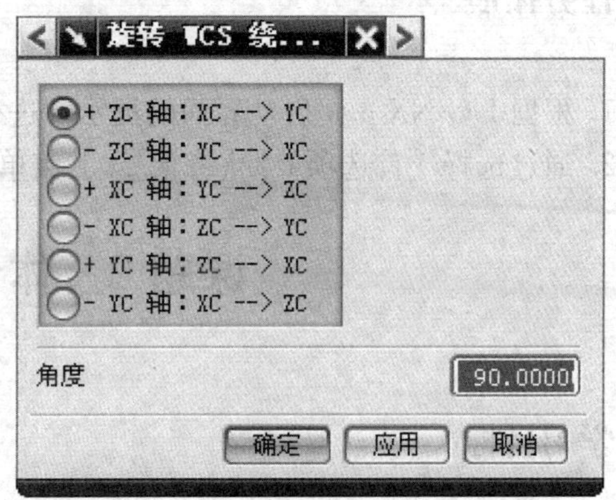

图 1—14　“旋转 WCS 绕...”对话框

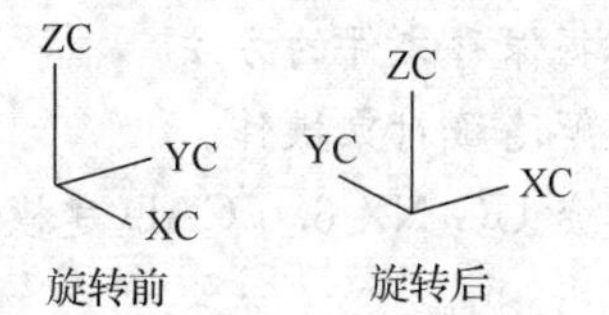

图 1—15　坐标轴的旋转

4. 退出 UG NX 6.0

工作完毕后，要退出 UG NX 6.0。选择［文件］/［退出］菜单命令，系统将弹出“退出”对话框，如图 1—16 所示。单击【是 - 保存并退出】按钮，保存文件并退出 UG NX 6.0。

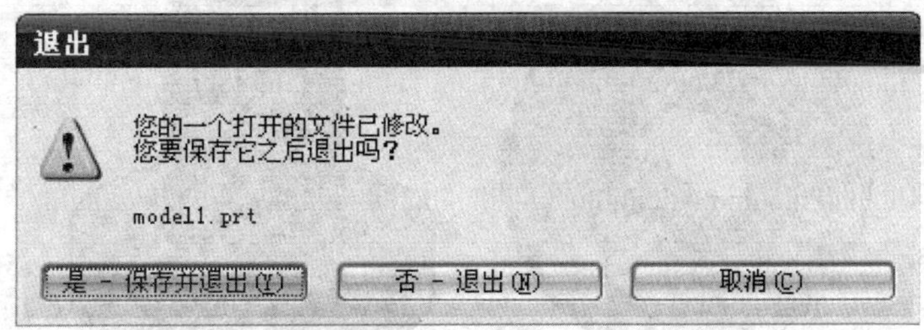

图 1—16　“退出”对话框

提示

有关 UG NX 6.0 的操作还有很多内容，读者可以根据 UG NX 6.0 启动界面的相关提示，进行相关练习和体会。

任务拓展

1. 根据 UG NX 6.0 启动界面的提示，进行相关操作练习。
2. 通过选择［首选项］/［背景...］菜单命令，将“图形窗口”背景设置为白色。

课题 2　体会 UG 造型

学习目标

1. 掌握新建文件的方法。
2. 掌握保存文件的方法。
3. 了解隐藏对象操作。
4. 体会 UG NX 6.0 CAD 建模过程。

工作任务

图 1—17 所示为联轴器模型，通过联轴器三维模型的创建，可快速了解使用 UG NX 6.0 软件进行 CAD 建模的一般操作过程，初步领略 UG NX 6.0 软件的强大功能，同时感受三维实体造型设计的奥妙与乐趣。

图 1—17　联轴器模型

任务实施

1. 创建新文件

（1）通过快捷方式图标启动 UG NX 6.0。

（2）单击“新建”图标或选择［文件］/［新建］菜单命令，如图 1—18 所示，系统弹出“新建”对话框。

（3）在“新建”对话框中，输入名称“lianzhouqi”，设置文件存放的文件夹，其他采用系统默认设置，如图 1—19 所示。

（4）单击【确定】按钮，即可完成新文件“lianzhouqi”的创建。

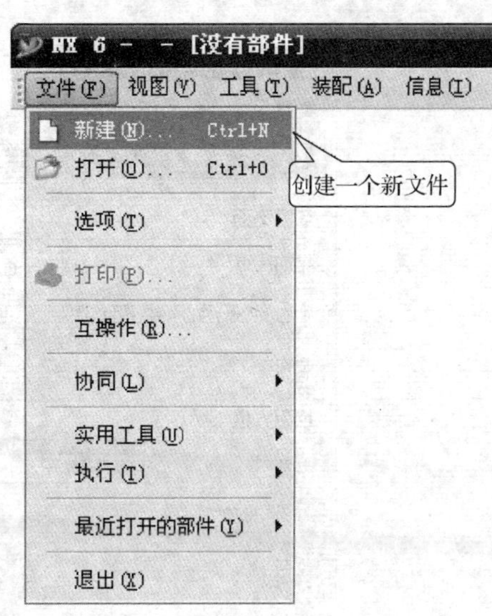

图 1—18　选择［文件］/［新建］菜单命令

文件名称和存放文件的文件夹不能使用中文命名。

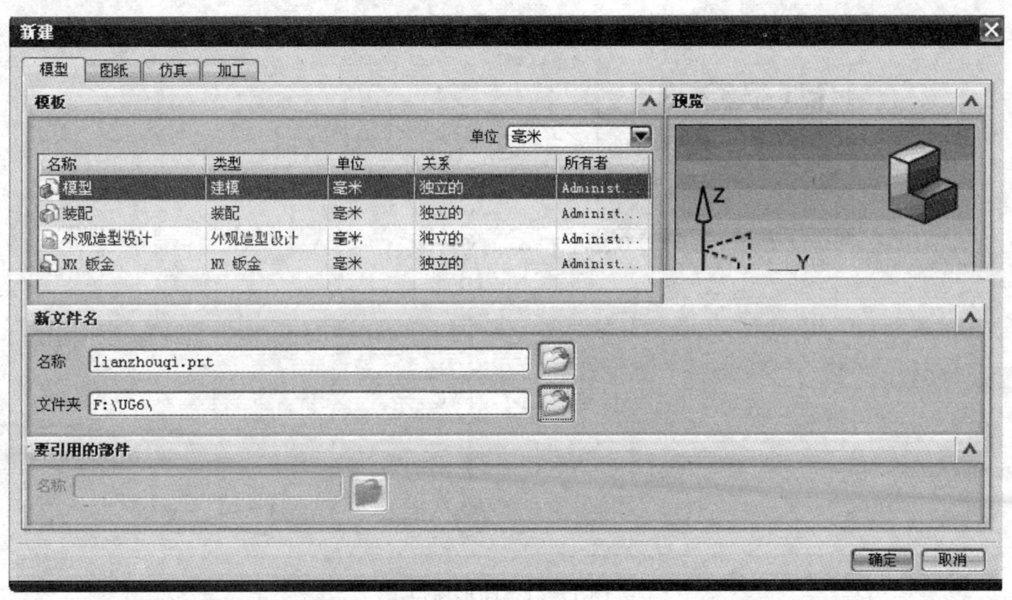

图 1—19　“新建”对话框

2. 创建拉伸体

（1）单击“草图”图标或选择［插入］/［草图］菜单命令，系统弹出“创建草图”对话框，如图 1—20 所示。

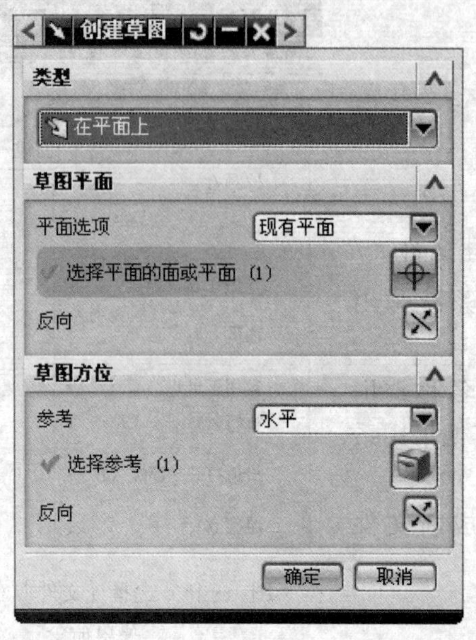

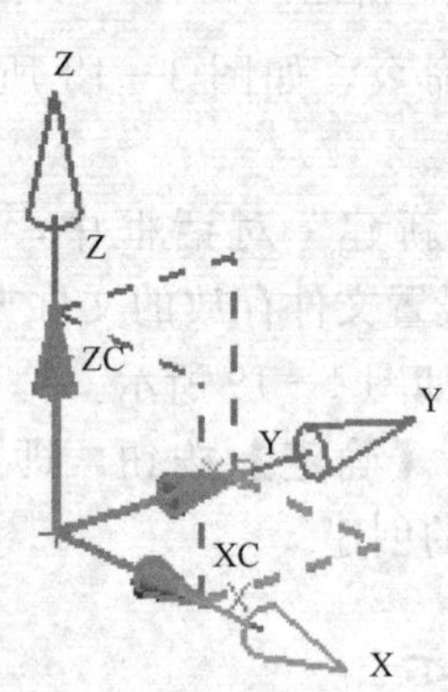

图 1—20　“创建草图”对话框

（2）单击【确定】按钮，图形窗口如图 1—21 所示。

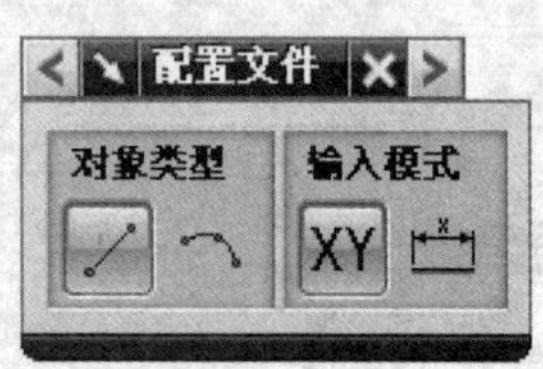

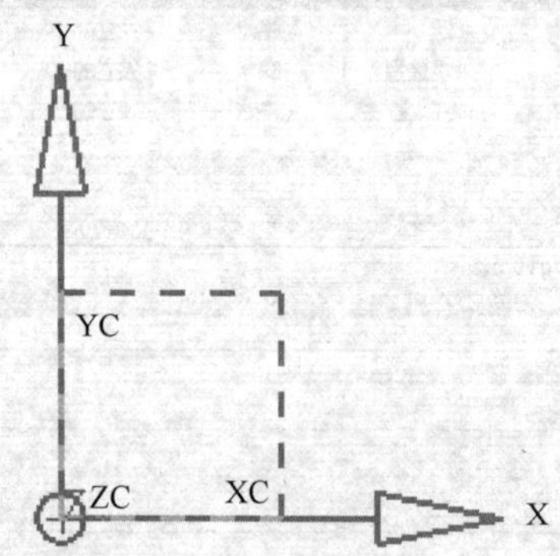

图 1—21　图形窗口

（3）单击“圆”图标○或选择［插入］/［曲线］/［圆］菜单命令，系统弹出“圆”对话框，并提示“选择圆的中心点”，如图 1—22 所示。

（4）用鼠标光标捕捉基准坐标系原点，如图 1—23 所示。

（5）单击鼠标左键，选择圆的中心点。系统提示“在圆上选择一个点”。

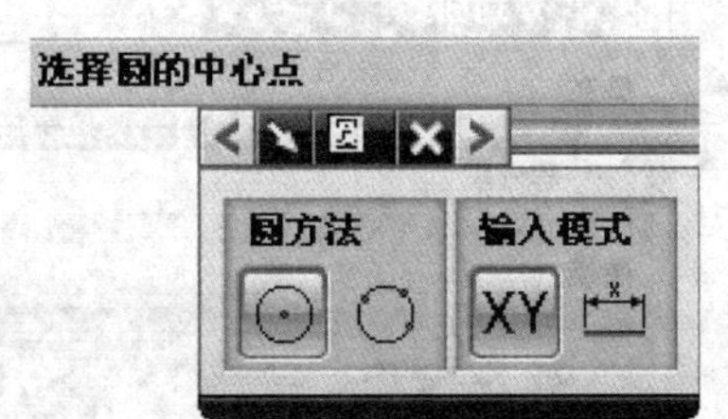

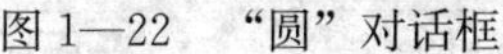

图1—22 “圆”对话框

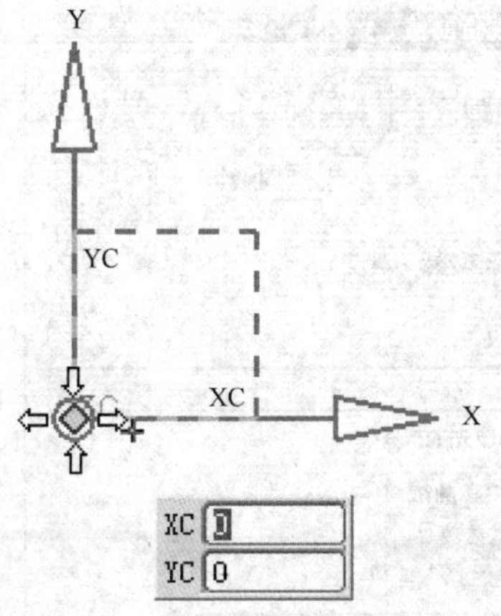

图1—23 捕捉基准坐标系原点

(6) 移动鼠标，在图形窗口拉出一个圆，并在“直径”文本框中输入“100”，按【Enter】键确认，结果如图1—24所示。

(7) 根据系统提示“选择圆的中心点”，用鼠标光标再次捕捉基准坐标系原点，绘制直径为70 mm的圆，结果如图1—25所示。

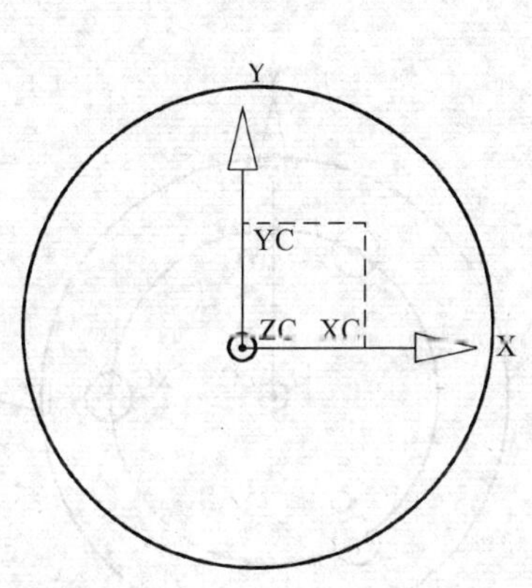

图1—24 绘制直径为100 mm的圆

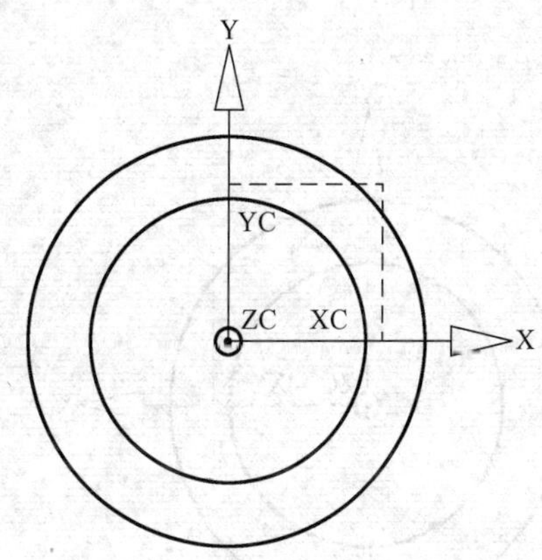

图1—25 绘制直径为70 mm的圆

(8) 选择［编辑］/［曲线］/［全部］菜单命令，系统弹出“编辑曲线”对话框，如图1—26所示。单击“分割曲线”图标，系统弹出“分割曲线”对话框，将“段数”设置为“3”，如图1—27所示。

(9) 根据系统提示“选择要分割的曲线”，选择直径为70 mm的圆，单击【确定】按钮，图形窗口如图1—28所示。

(10) 绘制3个直径为10 mm的圆，结果如图1—29所示。

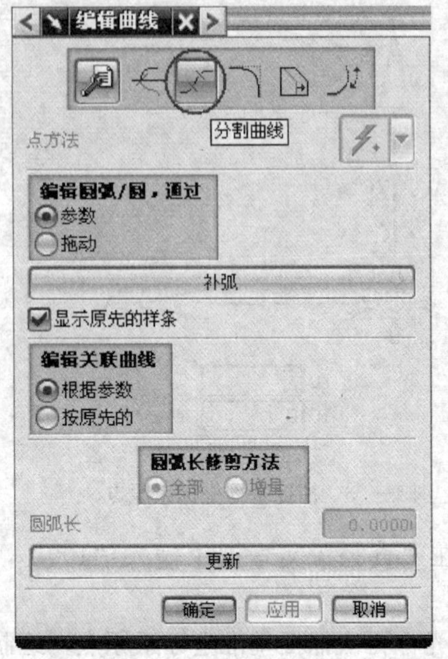

图1—26 “编辑曲线”对话框

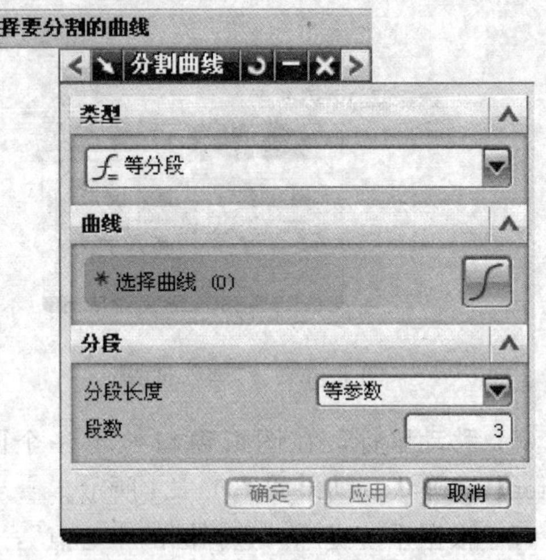

图1—27 “分割曲线”对话框

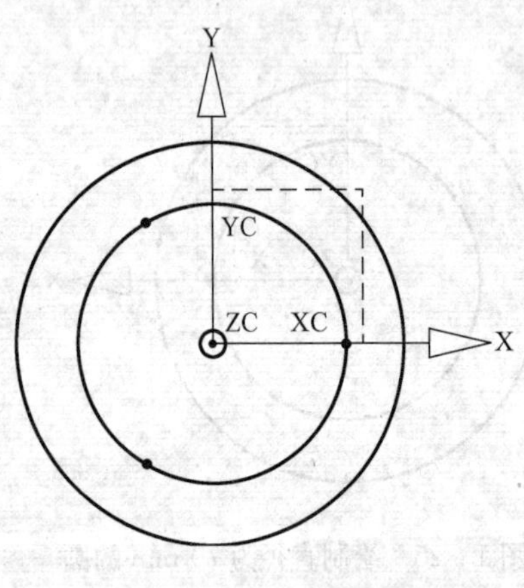

图1—28 三等分圆

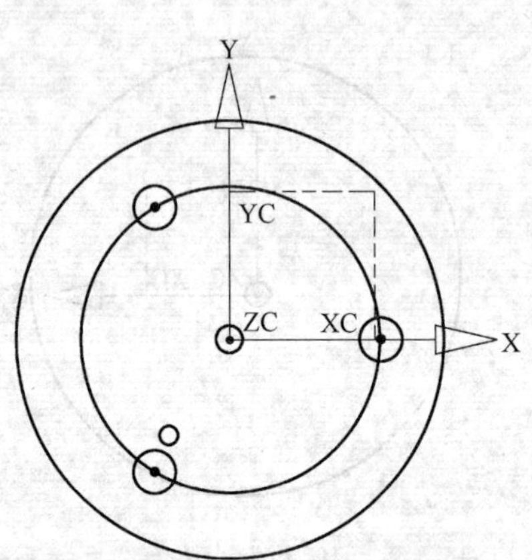

图1—29 绘制圆

(11) 单击“转换至/自参考对象”图标，系统弹出“转换至/自参考对象”对话框，如图1—30所示。

(12) 选择直径为70 mm的圆（3段圆弧），单击【确定】按钮，结果如图1—31所示。

(13) 单击“完成草图”图标，结束草图的绘制，图形窗口如图1—32所示。

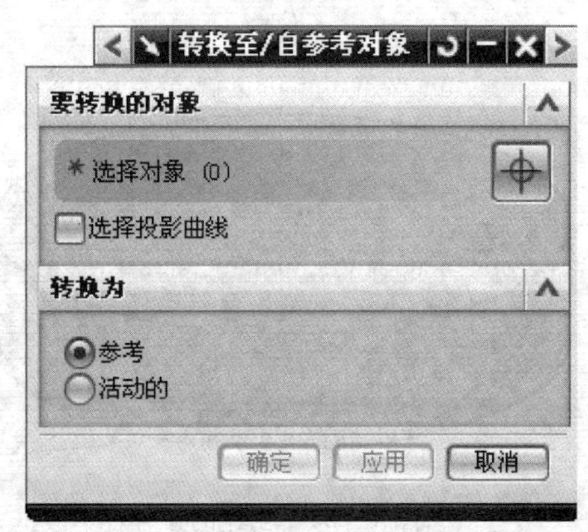

图 1—30 “转换至/自参考对象”对话框

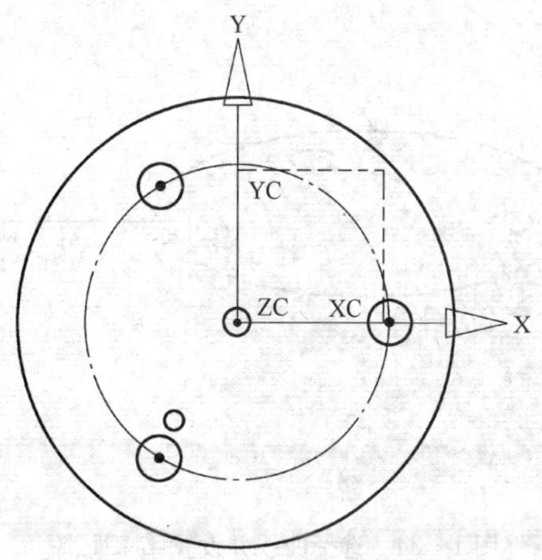

图 1—31 转换至参考对象

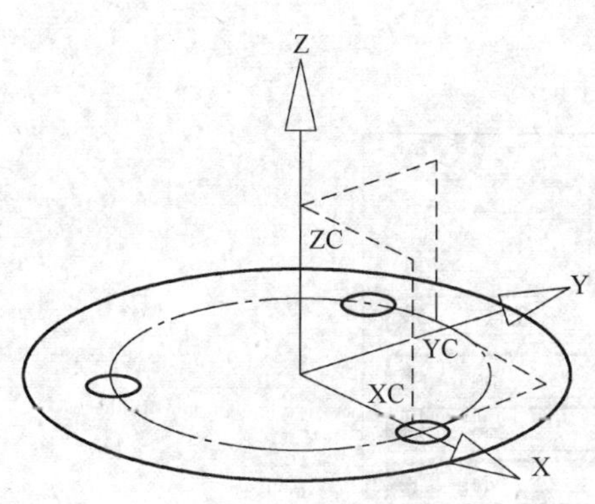

图 1—32 绘制的草图

(14) 单击“拉伸”图标或选择［插入］/［设计特征］/［拉伸］菜单命令，系统弹出“拉伸”对话框，如图 1—33 所示。

(15) 根据提示，选择草图图形作为拉伸曲线，并将“结束”设置为“20”，如图 1—34 所示。

(16) 单击【确定】按钮，完成拉伸体创建，如图 1—35 所示。

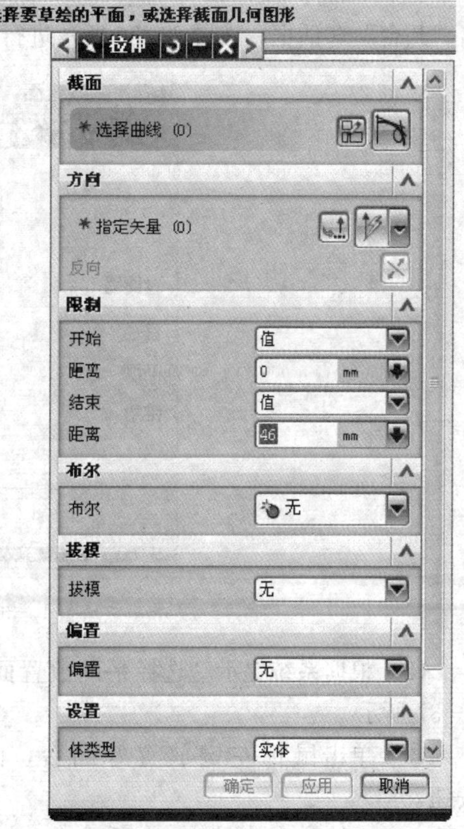

图 1—33 “拉伸”对话框

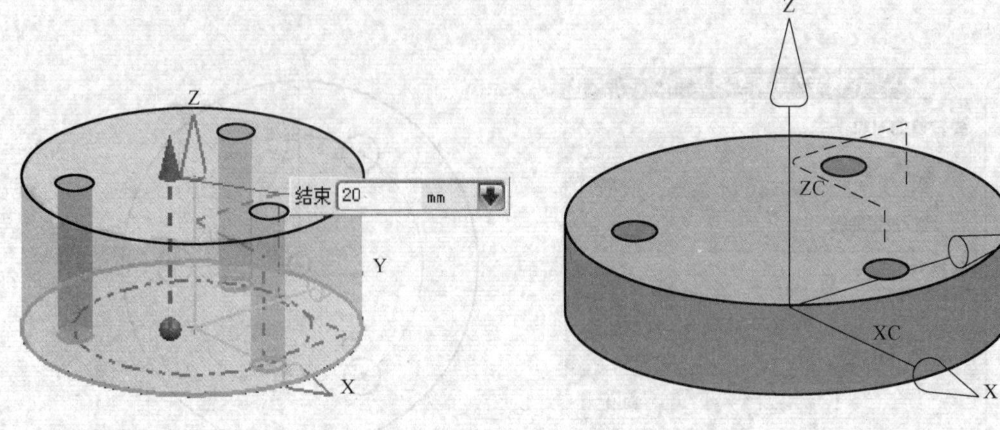

图 1—34　选择曲线并设置结束距离　　　图 1—35　创建的拉伸体

3. 创建凸台

（1）单击“凸台”图标或选择［插入］/［设计特征］/［凸台］菜单命令，系统弹出“凸台”对话框，按图 1—36 所示进行设置。

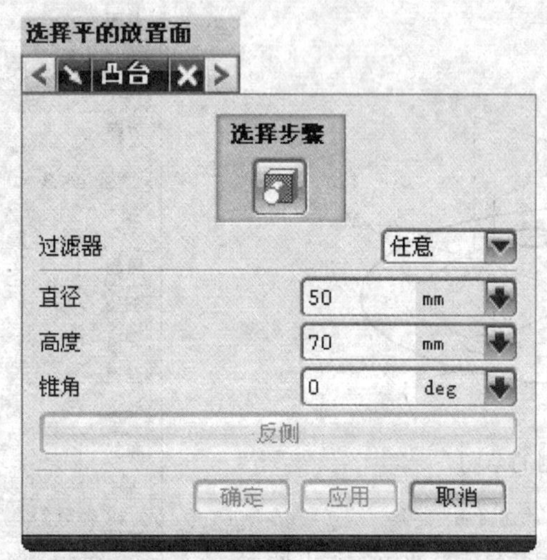

图 1—36　“凸台”对话框

（2）根据系统提示“选择平的放置面”，选择拉伸体上表面作为凸台的放置面，如图 1—37 所示。

（3）单击鼠标左键放置好凸台，图形窗口如图 1—38 所示，然后单击【确定】按钮。

（4）系统弹出如图 1—39 所示的“定位”对话框，选择“点到点”定位方式。

（5）系统弹出“点到点”对话框，并提示“选择目标对象”，如图 1—40 所示。

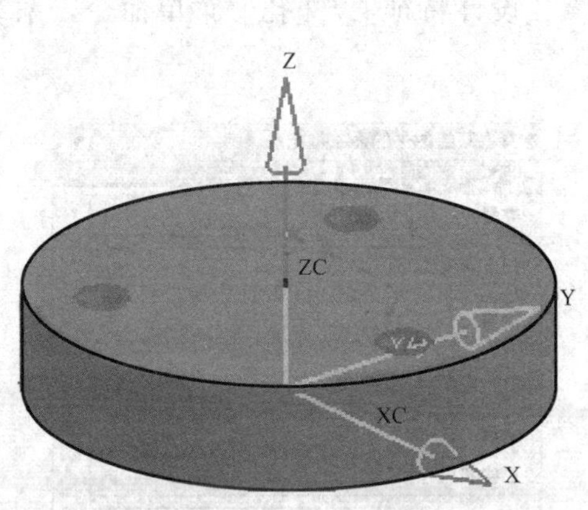

图 1—37　选择凸台放置面

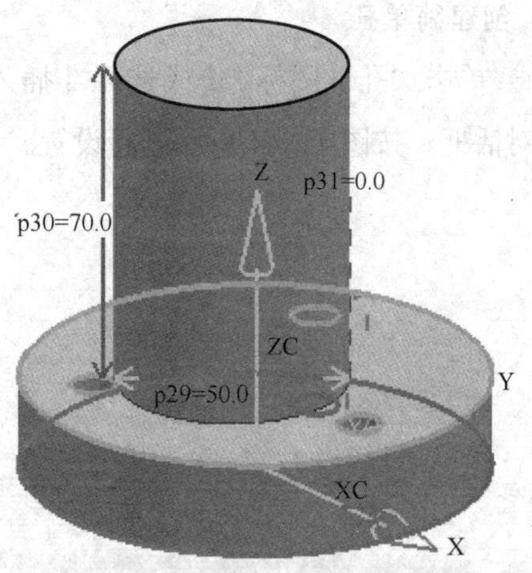

图 1—38　放置凸台

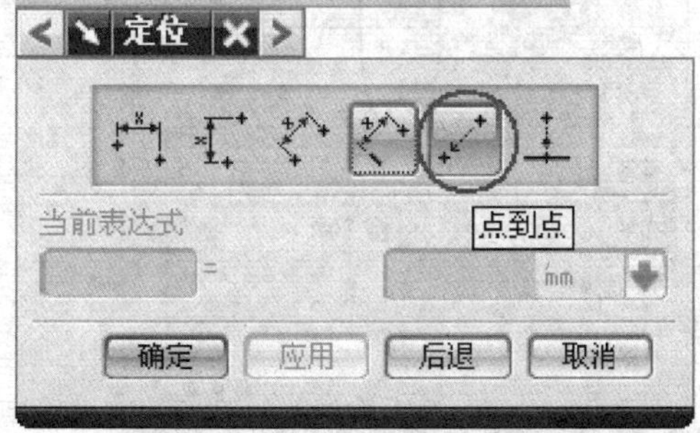

图 1—39　选择"点到点"定位方式

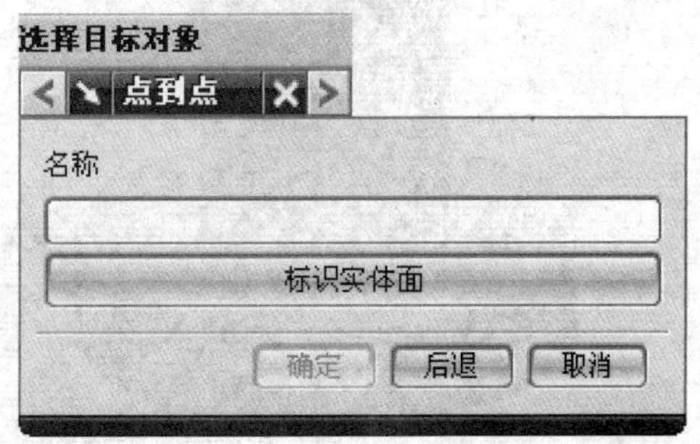

图 1—40　"点到点"对话框

(6) 选择拉伸体上表面周边作为目标对象，如图 1—41 所示。

(7) 系统弹出"设置圆弧的位置"对话框，如图 1—42 所示。

(8) 根据系统提示，选择"圆弧中心"作为圆弧上的点，结果如图 1—43 所示。

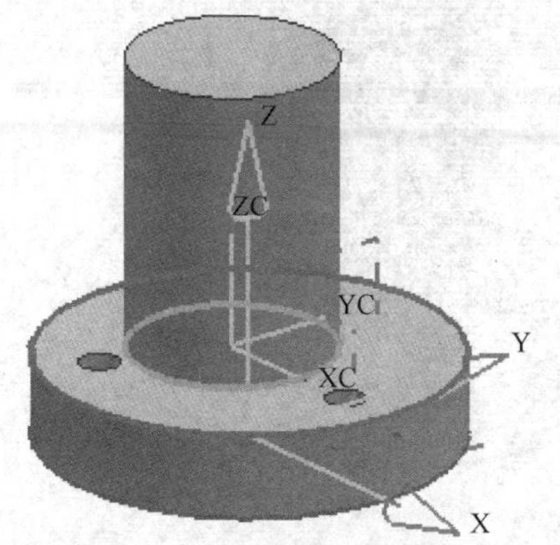

图 1—41　选择目标对象

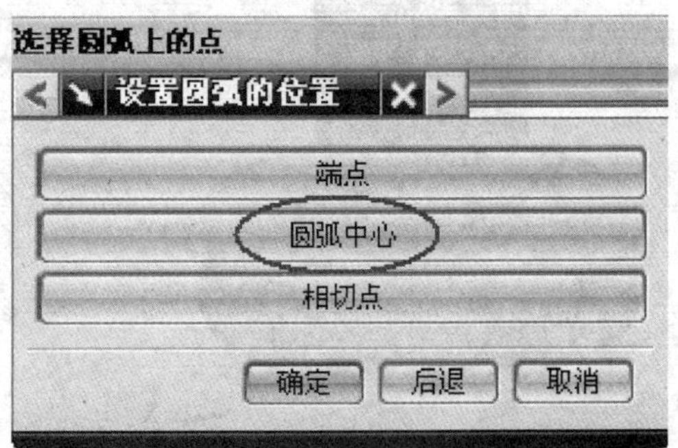

图 1—42　"设置圆弧的位置"对话框

4. 创建简单孔

（1）单击“孔”图标 或选择［插入］/［设计特征］/［孔］菜单命令，系统弹出“孔”对话框，按图1—44所示进行设置。

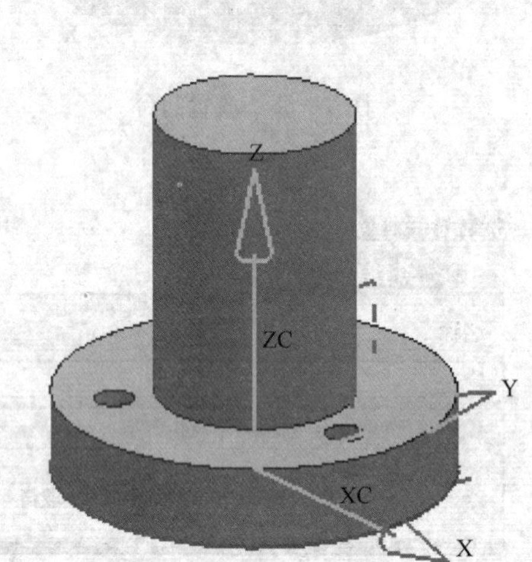

图1—43　创建的凸台

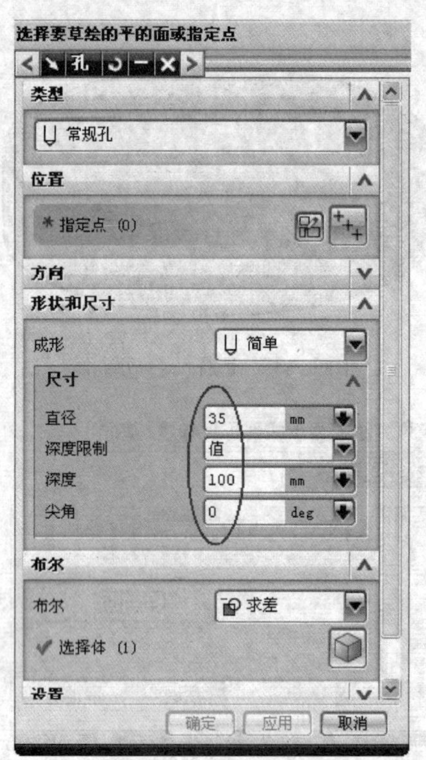

图1—44　“孔”对话框

（2）根据提示，按图1—45所示指定孔位置点，图形窗口模型如图1—46所示。

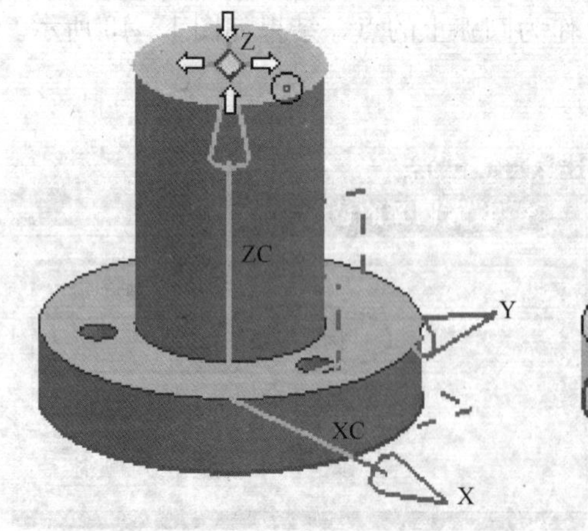

图1—45　指定孔位置点

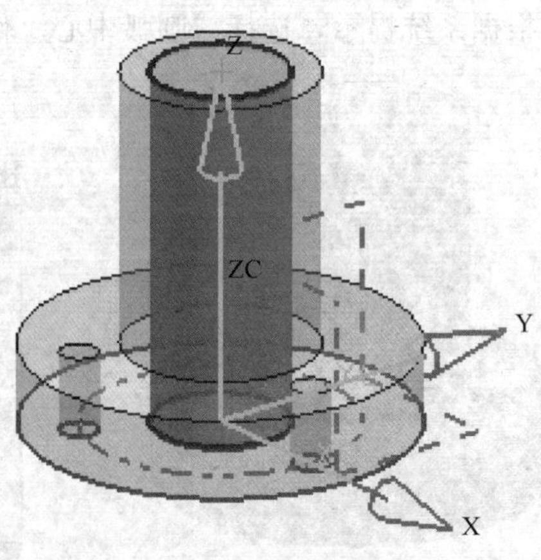

图1—46　图形窗口模型

(3) 单击【确定】按钮，简单孔创建结果如图 1—47 所示。

(4) 按住【Shift】键，在“部件导航器”中选中“基准坐标系”和“草图 (1)”，并单击鼠标右键，在随即弹出的快捷菜单中选择［隐藏］命令，如图 1—48 所示。

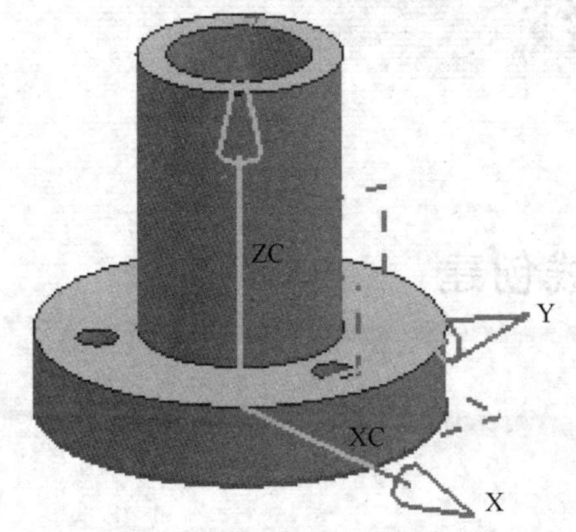

图 1—47 简单孔创建结果

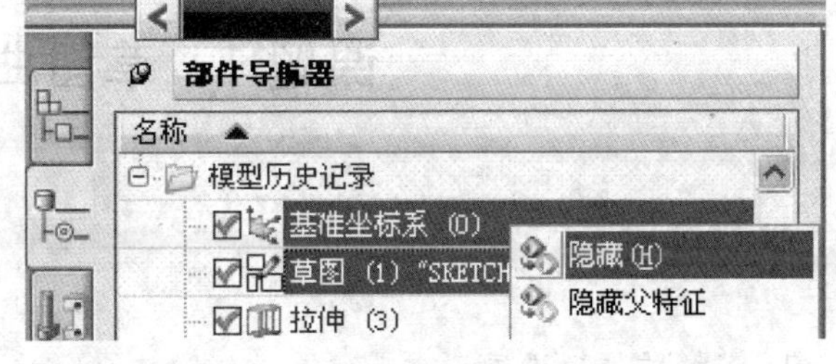

图 1—48 隐藏对象操作

(5) 单击“显示 WCS”图标或选择［格式］/［WCS］/［显示］菜单命令，隐藏工作坐标系 WCS。

至此，完成联轴器的三维模型造型，最终结果如图 1—49 所示。

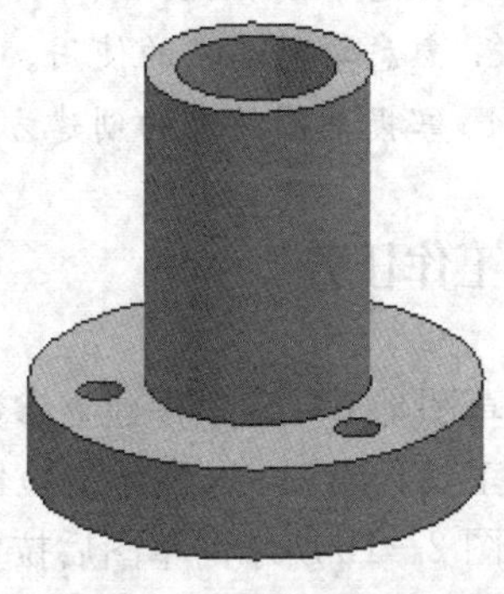

图 1—49 联轴器三维模型

任务拓展

试完成如图 1—50 所示零件的三维实体造型（尺寸自定）。

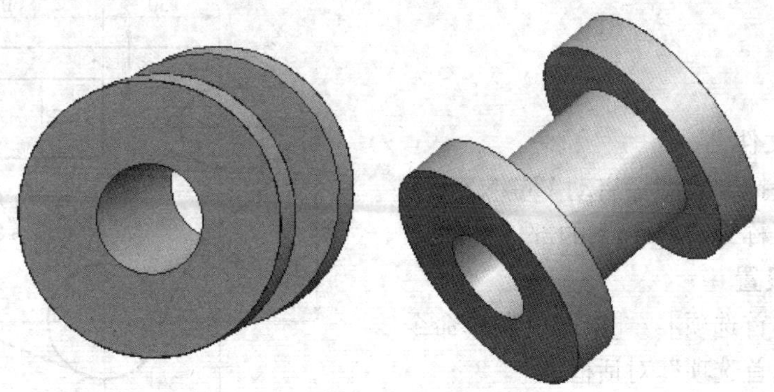

图 1—50 三维实体零件

模块二

草图及曲线

课题 1　草图曲线创建

学习目标

1. 了解首选项设置。
2. 熟悉草图环境。
3. 熟悉草图工具的使用。
4. 掌握草图约束的创建方法。

工作任务

草图是 UG 建模中建立参数化模型的一个重要工具，图 2—1a 所示的拉伸体，可通过创建如图 2—1b 所示的草图后拉伸而成。试完成该草图曲线的创建。

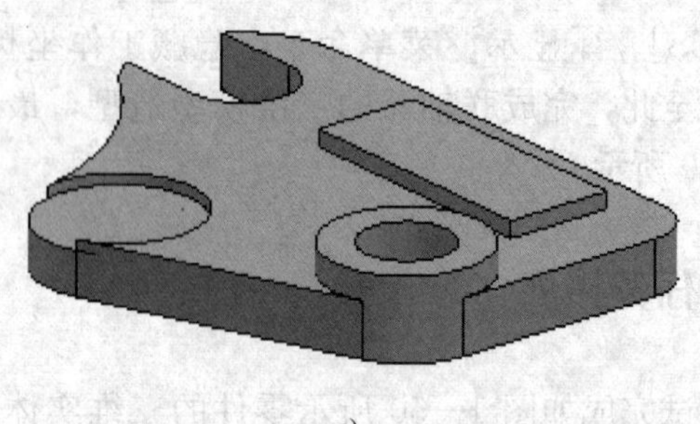

a)

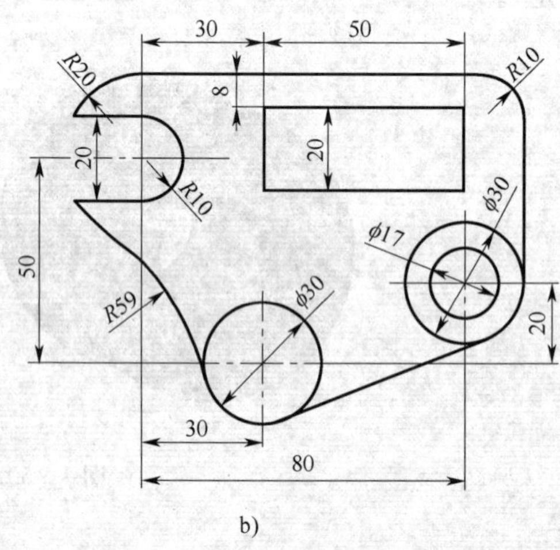

b)

图 2—1　拉伸体及其草图

a）拉伸体　b）草图

任务实施

1. 创建新文件

（1）通过快捷方式图标启动 UG NX 6.0。

（2）新建名称为“caotu”的部件文件。

2. 首选项设置

（1）选择［首选项］/［草图］菜单命令，系统弹出“草图首选项”对话框。

 提示

在草图工作环境中，为了更准确、有效地绘制草图，需要进行草图文本高度、小数位数

和默认前缀名称等基本参数的设置。基本参数的设置需通过执行［首选项］/［草图］菜单命令预先进行，有关内容见表2—1。

表2—1 草图基本参数的预先设置

草图首选项	相关说明
草图样式	设置草图尺寸、文本高度及控制草图原点的确定方式
会话设置	用于控制视图方位、捕捉误差范围等
部件设置	对各种元素颜色进行设置

（2）在“草图样式”选项卡中，将“尺寸标签”设置为“值”，并将“文本高度”设置为“2”，如图2—2所示。

（3）单击【确定】按钮，完成设置。

3. 进入草图环境

（1）单击“草图”图标，系统弹出“创建草图”对话框，如图2—3所示。

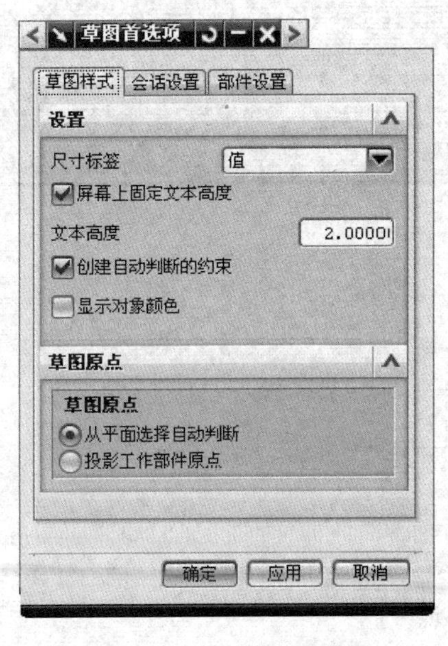

图2—2 首选项设置

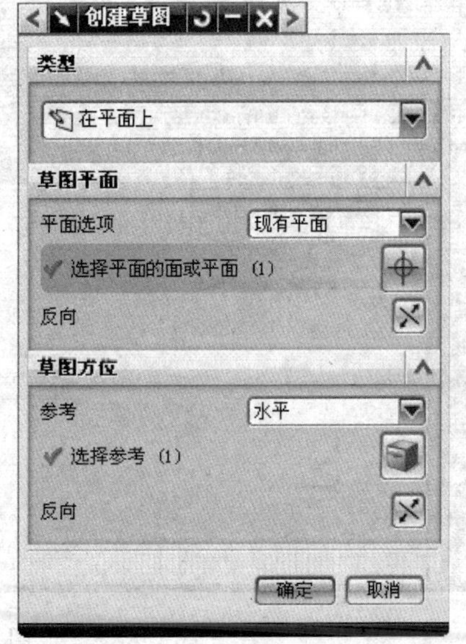

图2—3 “创建草图”对话框

提示

草图工作平面的选择是草图绘制的第一步，要创建的所有草图元素都必须在指定的平面内完成。草图工作平面的类型有两种，有关内容见表2—2。

表 2—2　　　　　　　　　　　　草图工作平面的类型

类型	相关说明
在平面上	①现有平面：指定坐标系中的基准面或选择三维实体中的任意一个面作为草图工作平面 ②创建平面：借助现有平面、实体及线段等元素作为参照，创建一个新的平面，然后以此平面作为草图工作平面 ③创建基准坐标系：首先创建一个新的坐标系，然后通过选择新坐标系中的基准面来作为草图工作平面
在轨迹上	以已有直线、圆、实体边线、圆弧等曲线为基础，选择与曲线轨迹垂直、平行等各种不同关系形成的平面作为草图平面

（2）单击【确定】按钮，接受系统自动选择。此时进入草图环境，如图 2—4 所示。

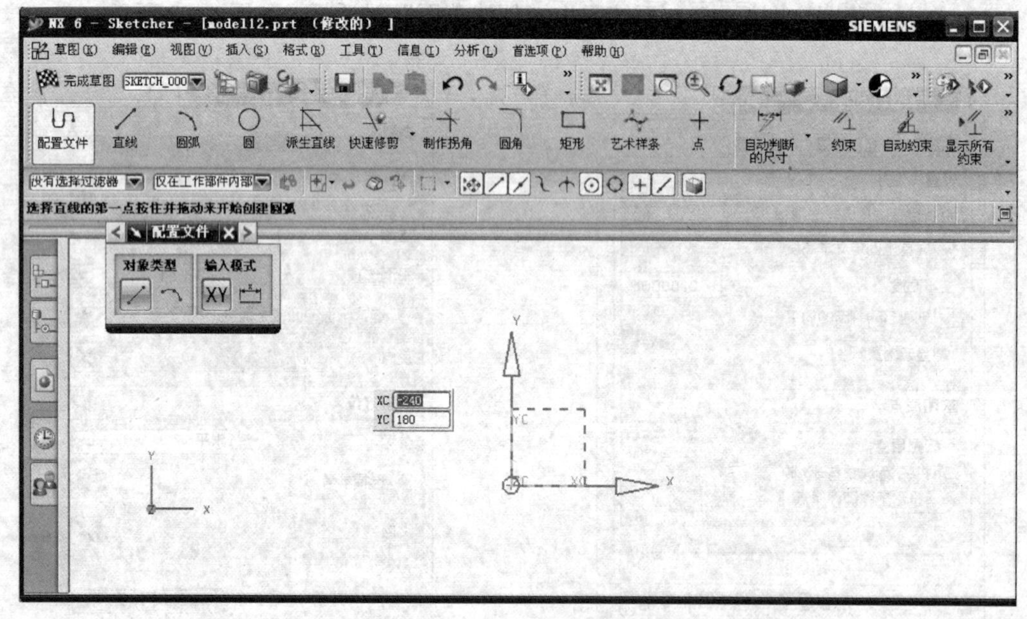

图 2—4　草图环境

提示

只有在草图的基本环境中才能进行草图的创建。

4. 绘制草图曲线

（1）单击“圆”图标，系统弹出“圆”对话框，如图 2—5 所示。

通过“草图工具”工具栏可以在草图中创建配置文件、直线、圆弧、圆、矩形和艺术样条等基本几何元素，为三维建模或编辑模型提供参数依据，如图 2—6 所示，各工具图标的具体功用可通过将光标置于其上获得。

图 2—5 “圆”对话框

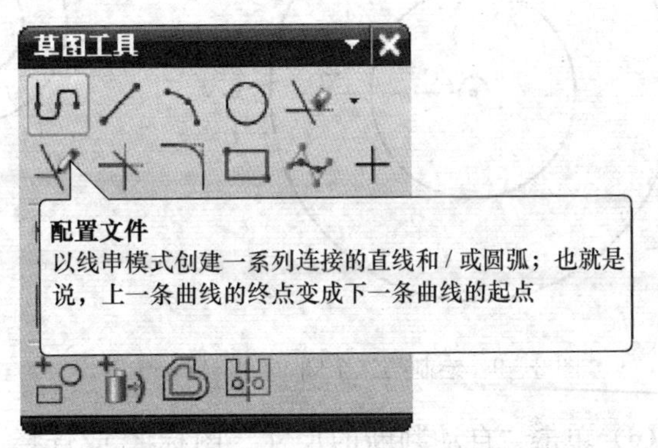

图 2—6 草图工具

（2）根据系统提示，用鼠标光标捕捉（移动）到基准坐标系原点，作为圆的中心点，如图 2—7 所示，单击鼠标左键确定。

（3）拖动鼠标拉出一个圆，达到适当大小后，单击鼠标左键确定，初步绘制第一个圆，图形窗口如图 2—8 所示。

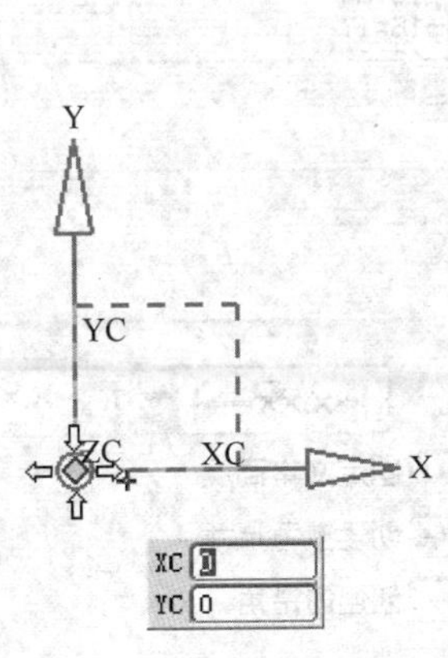

图 2—7 选择圆的中心点

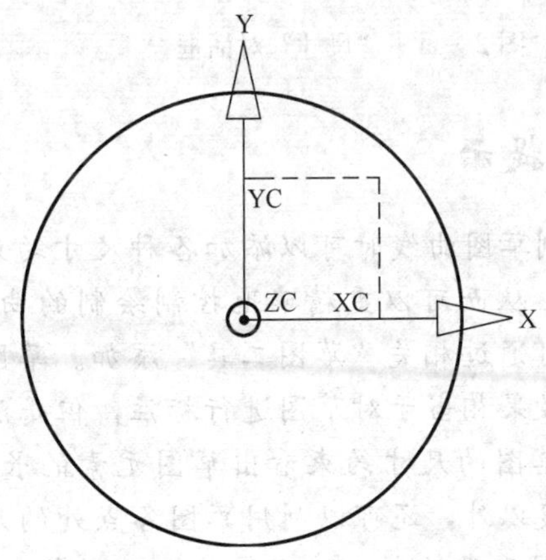

图 2—8 绘制第一个圆

（4）用类似方法，绘制第一个圆的同心圆，如图 2—9 所示，完成第二个圆的绘制。

（5）绘制其他 3 个圆，如图 2—10 所示。

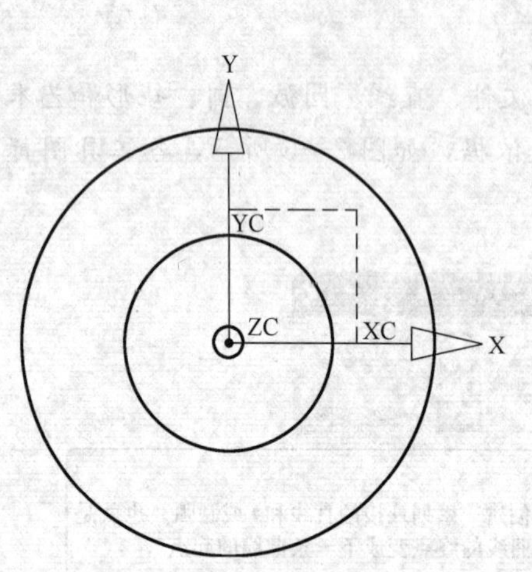

图 2—9　绘制第二个圆

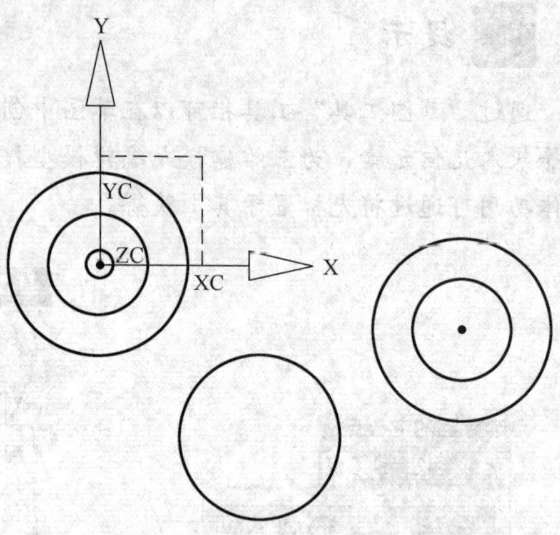

图 2—10　绘制其他 3 个圆

（6）单击“自动判断的尺寸”图标或选择［插入］/［尺寸］/［自动判断］菜单命令，系统弹出“尺寸”对话框，如图 2—11 所示。

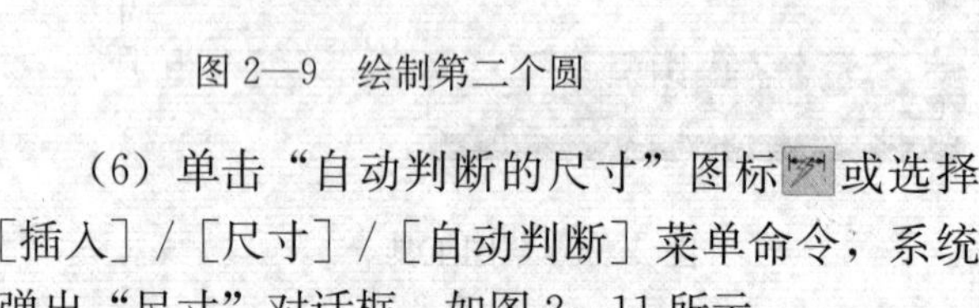

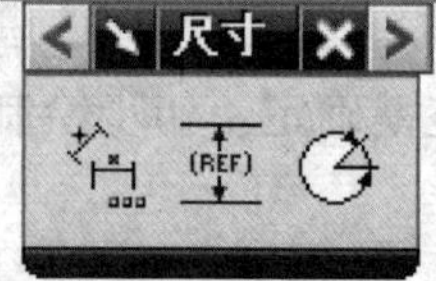

图 2—11　“尺寸”对话框

提示

在绘制草图曲线时可以添加各种尺寸约束和几何约束，从而可以更精确地控制绘制的曲线。草图约束可通过相关“草图工具”添加。草图的尺寸约束效果相当于对草图进行标注，但是除了可以根据草图的尺寸约束看出草图元素的长度、半径、角度以外，还可以利用草图各点处的尺寸约束对草图元素的大小、形状进行限制或约束。共有 9 种尺寸约束类型，通过单击“自动判断的尺寸”图标弹出“尺寸”对话框，如图 2—12 所示。

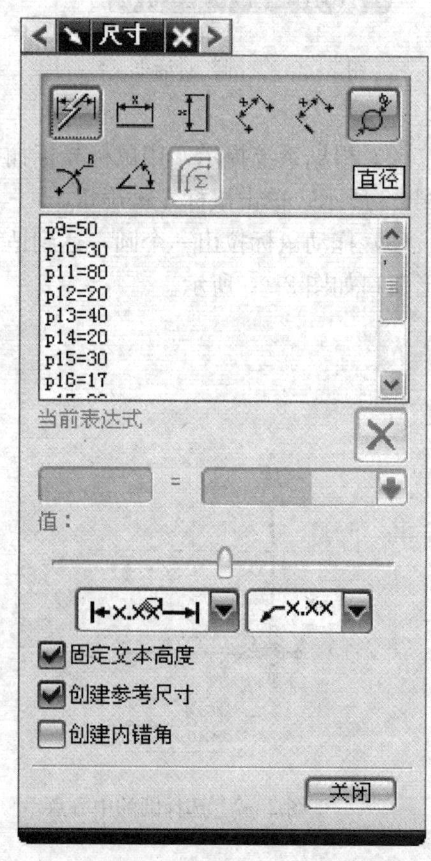

图 2—12　“尺寸”对话框

(7) 标注竖直尺寸 50。移动鼠标光标，依次捕捉并单击左键选择圆心和基准坐标系 X 轴，移动鼠标光标到合适位置然后单击鼠标左键，在系统弹出的文本框中输入“50”，按【Enter】键确认，如图 2—13 所示。

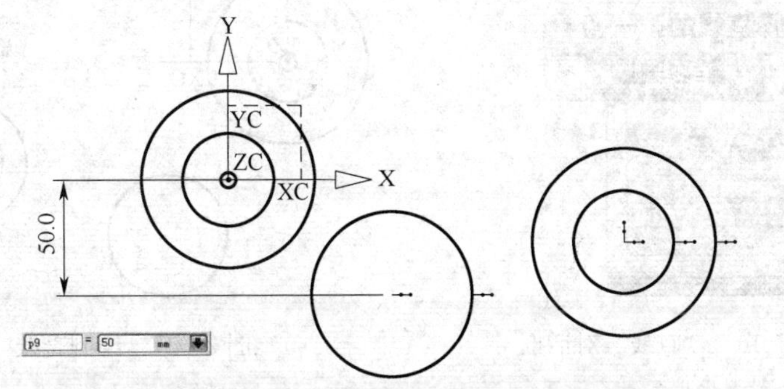

图 2—13　标注竖直尺寸 50

(8) 完成其他位置尺寸的标注，如图 2—14 所示。

(9) 采用类似方法完成直径的标注，结果如图 2—15 所示。

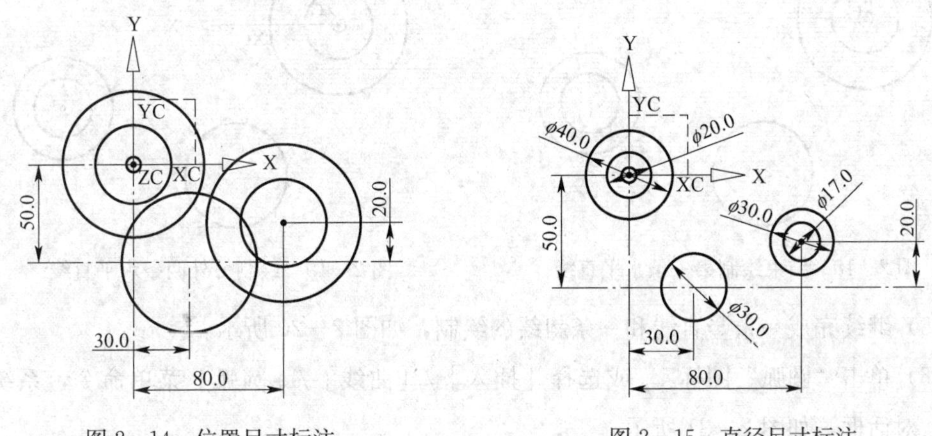

图 2—14　位置尺寸标注　　　　图 2—15　直径尺寸标注

(10) 用鼠标左键分别单击所有标注尺寸（尺寸呈橙黄色显示），然后单击“隐藏”图标或选择［编辑］/［显示和隐藏］/［隐藏］菜单命令，隐藏尺寸标注。

(11) 单击“直线”图标或选择［插入］/［曲线］/［直线］菜单命令，系统弹出“直线”对话框，如图 2—16 所示。

(12) 根据系统提示“选择直线的第一点”，在图形窗口的适当位置单击鼠标左键，以此点作为直线的第一点；系统提示“选择直线的第二点”，向右水平移动鼠标，如图 2—17 所示。

(13) 单击鼠标左键，结束第一条水平直线的绘制，如图 2—18 所示。

(14) 采用类似方法，完成另外两条水平直线的绘制，如图 2—19 所示。

图 2—16 “直线”对话框

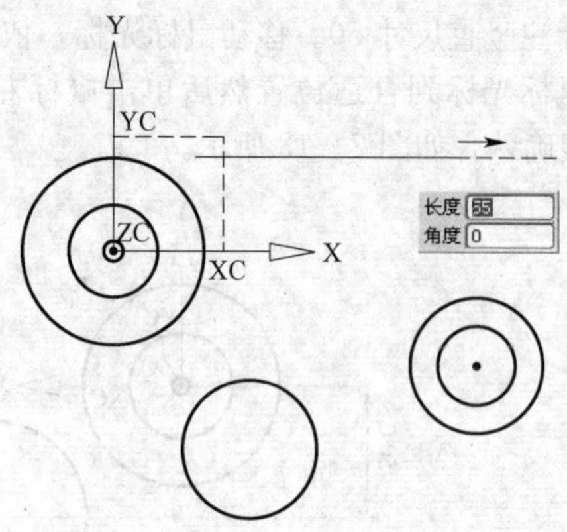

图 2—17 绘制直线

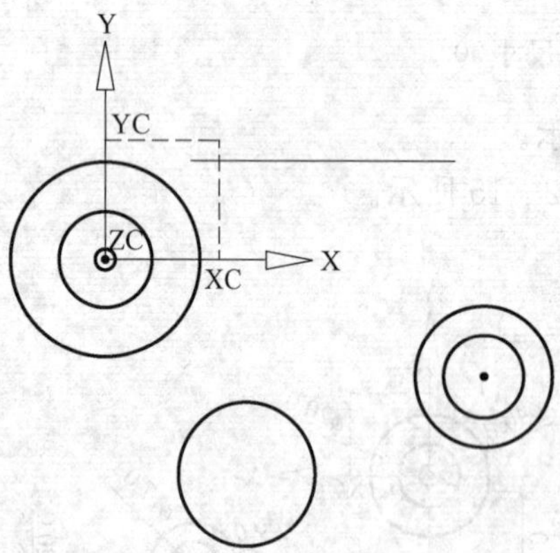

图 2—18 结束绘制第一条水平直线

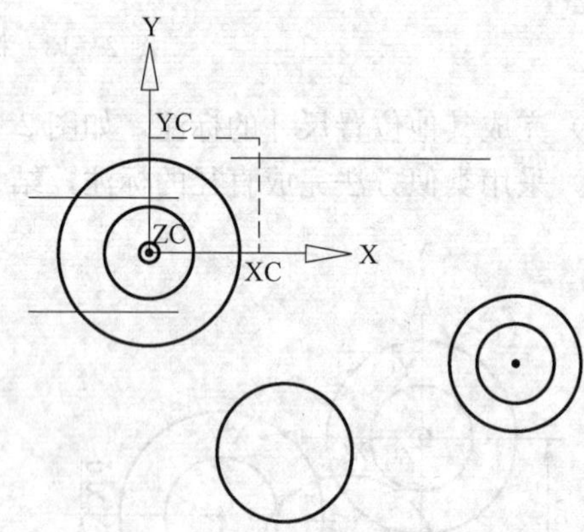

图 2—19 绘制另外两条水平直线

（15）继续完成一条竖直线和一条斜线的绘制，如图 2—20 所示。

（16）单击“圆弧”图标 或选择［插入］/［曲线］/［圆弧］菜单命令，系统弹出“圆弧”对话框，如图 2—21 所示。

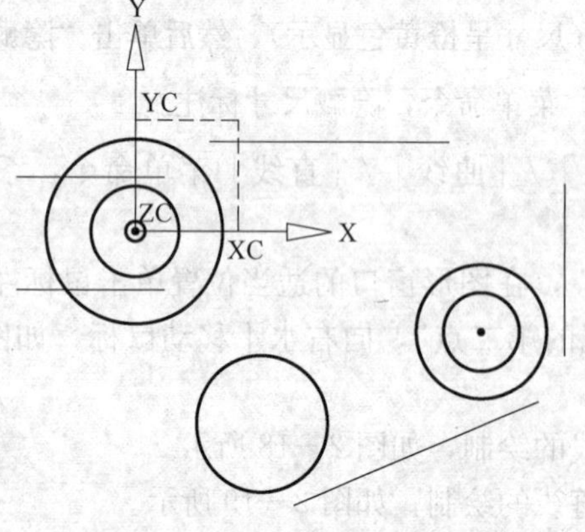

图 2—20 绘制竖直线和斜线

图 2—21 “圆弧”对话框

(17) 根据系统提示“选择圆弧的起点”，用鼠标捕捉进行圆弧连接的一个圆，如图2—22所示。

(18) 单击鼠标左键确定，系统提示“选择圆弧的终点”，用鼠标捕捉圆弧连接的另一个圆，并在弹出的“半径”文本框中输入“59”，如图 2—23 所示。

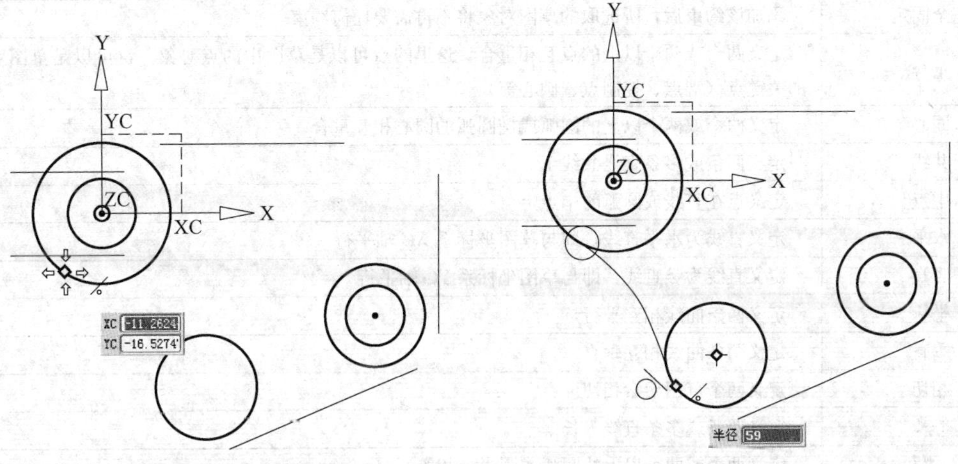

图 2—22　捕捉一个圆　　图 2—23　捕捉另一个圆并输入半径值

(19) 单击鼠标左键确定，结果如图 2—24 所示。

(20) 单击“约束”图标或选择［插入］/［约束］菜单命令，系统提示“选择要创建约束的曲线”，用鼠标捕捉竖直线，单击鼠标左键确定。用鼠标继续捕捉竖直线左侧的大圆，并单击鼠标左键确定，如图 2—25 所示。

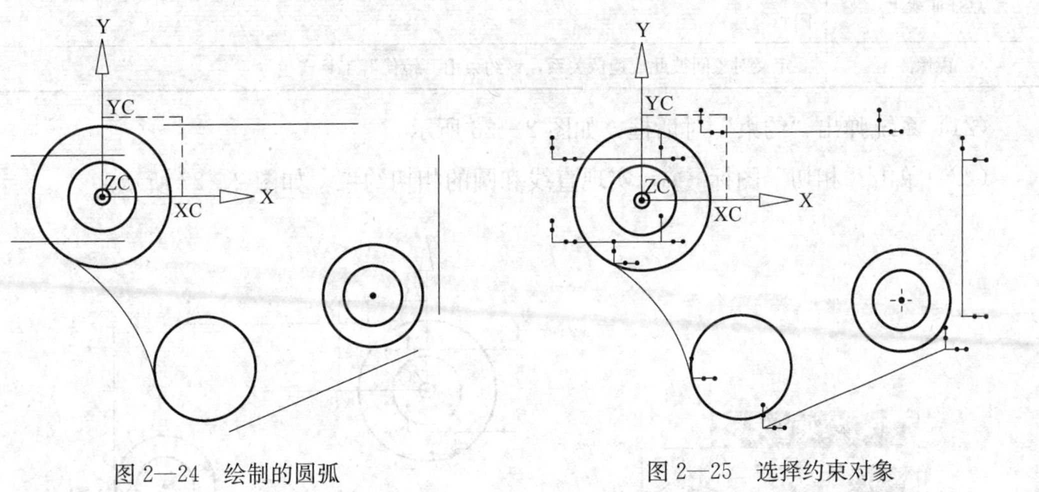

图 2—24　绘制的圆弧　　图 2—25　选择约束对象

提示

几何约束用于定位草图对象和确定对象之间的相互几何关系。在 UG 中，系统提供了 20 种类型的几何约束。根据不同的对象可添加不同的几何约束类型，相关内容见表 2—3。

表 2—3　　几何约束类型

类型	相关说明
固定	将草图对象固定到当前所在位置。一般在几何约束的开始，需要利用该约束固定一个元素作为整个草图的参考点
完全固定	添加该约束后，所选取的草图对象将不再需要任何约束
重合	定义两个或两个以上的点互相重合，这里的点可以是草图中的点对象，也可以是草图对象的关键点（端点、控制点、圆心等）
同心	定义两个或两个以上的圆弧或椭圆弧的圆心相互重合
共线	定义两条或多条直线共线
中点	定义点在直线或圆弧的中点上
水平	定义直线为水平直线，即与草图坐标系 *XC* 轴平行
竖直	定义直线为竖直线，即与草图坐标系 *YC* 轴平行
平行	定义两条曲线相互平行
垂直	定义两条曲线相互垂直
相切	定义两个草图元素相切
等长	定义两条或多条直线等长
等半径	定义两个或两个以上的圆弧或圆半径相等
恒定长度	定义选取的直线长度是固定的
恒定角度	定义一条或多条直线与坐标系的角度是固定的
曲线的斜率	定义样条曲线过一点与一条曲线相切
均匀比例	定义样条曲线的两个端点在移动时保持样条曲线的形状不变
非均匀比例	定义样条曲线的两个端点在移动时保持样条曲线的形状发生变化
点在曲线上	定义选取的点在某条曲线上，该点可以是草图的点对象或其他草图元素的关键点（如端点、圆心等）
镜像	定义对象间彼此成镜像关系，该约束由“镜像”工具产生

（21）系统弹出“约束”对话框，如图 2—26 所示。

（22）单击“相切”图标，实现直线和圆的相切约束，如图 2—27 所示。

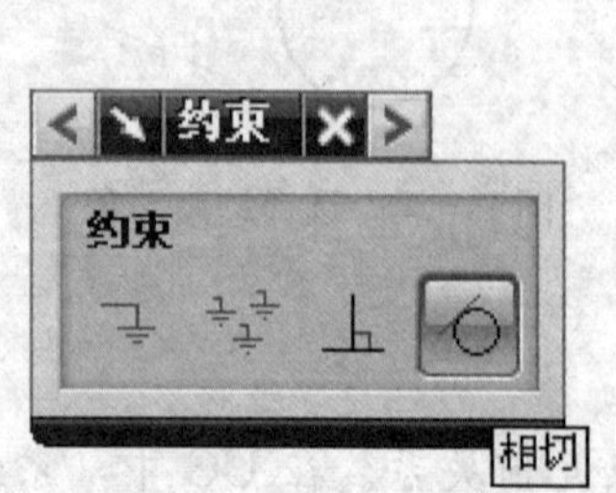

图 2—26　“相切”约束

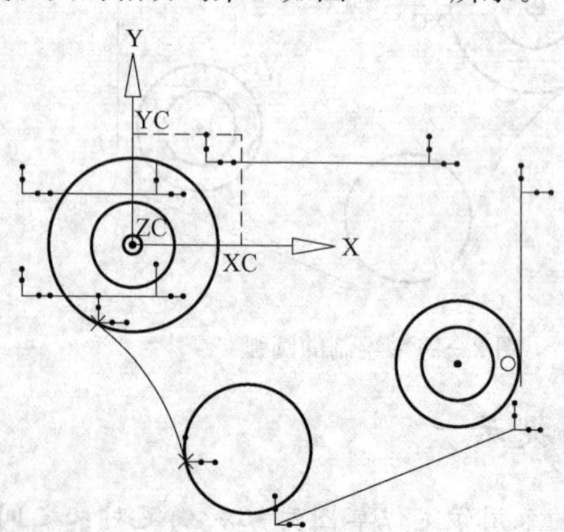

图 2—27　直线和圆的相切约束

(23) 采用类似方法，完成其他各处的相切约束，结果如图 2—28 所示。

(24) 单击“快速修剪”图标 或选择［编辑］/［曲线］/［快速修剪］菜单命令，系统弹出“快速修剪”对话框，如图 2—29 所示。

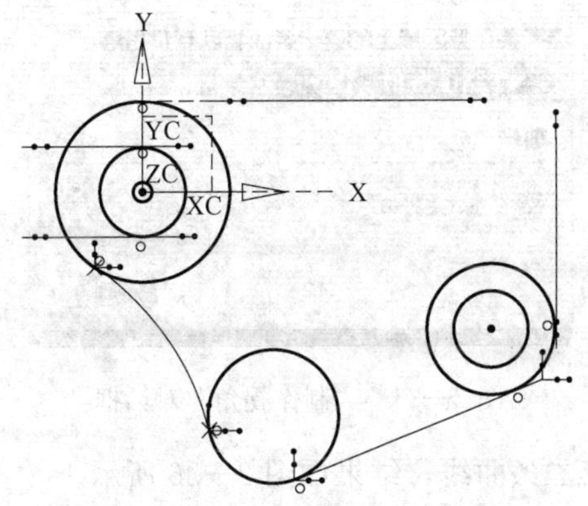

图 2—28 其他各处的相切约束

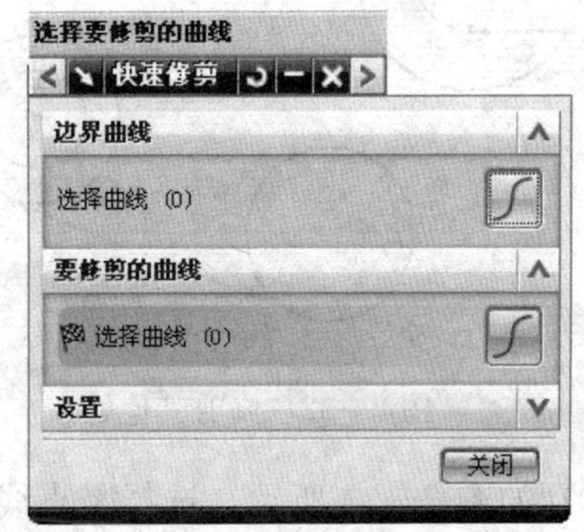

图 2—29 “快速修剪”对话框

(25) 根据提示“选择要修剪的曲线”，将鼠标光标移动到要修剪的曲线处（曲线呈红色显示），如图 2—30 所示。

(26) 单击鼠标左键确定，完成曲线的修剪，结果如图 2—31 所示。

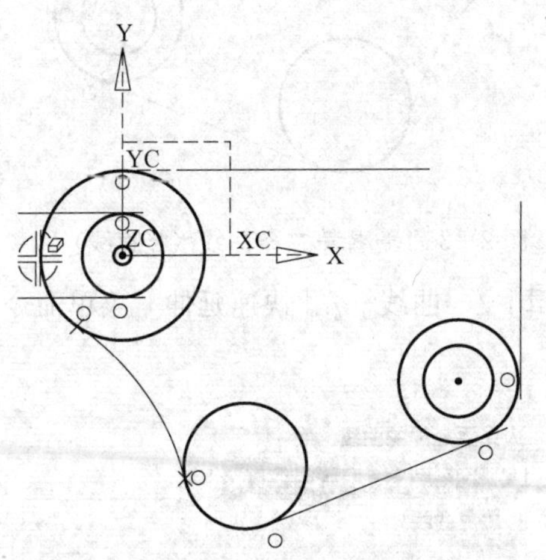

图 2—30 将鼠标光标移到需修剪处

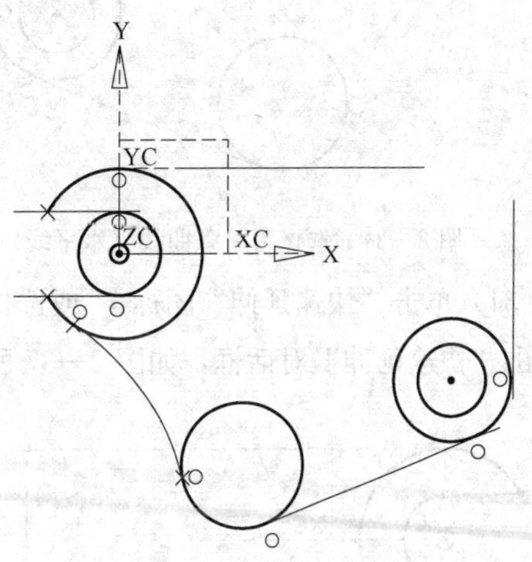

图 2—31 曲线修剪

(27) 采用类似方法，完成其他各处的修剪，如图 2—32 所示。

(28) 单击“制作拐角”图标 或选择［编辑］/［曲线］/［制作拐角］菜单命令，系统弹出“制作拐角”对话框，如图 2—33 所示。

(29) 根据提示“选择要保持区域上的第一条曲线以制作拐角”，选择水平线作为第一条曲线，如图 2—34 所示。

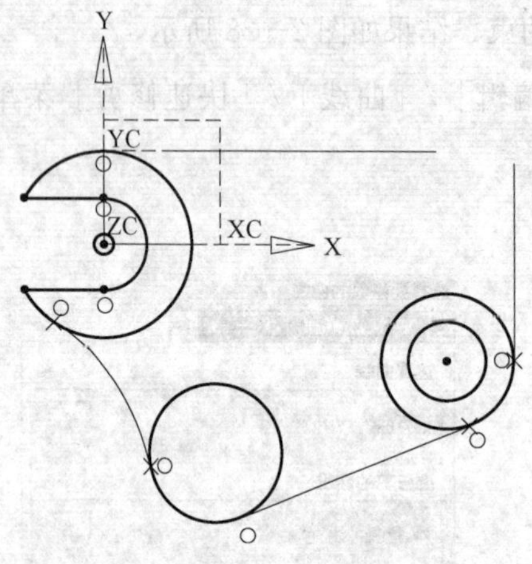

图 2—32　修剪其他处

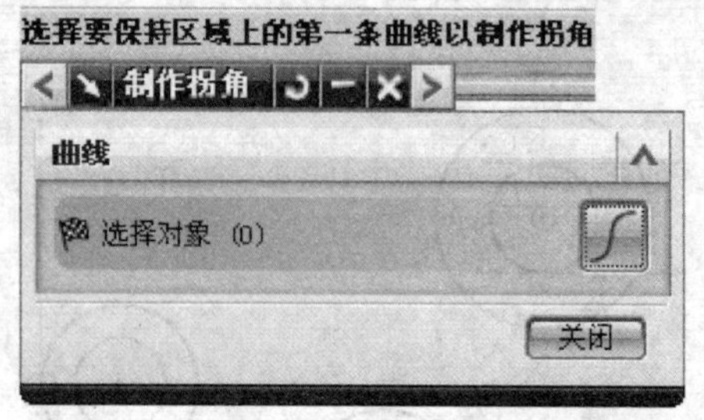

图 2—33　“制作拐角”对话框

（30）如图 2—35 所示，选择竖直线作为第二条曲线，结果如图 2—36 所示。

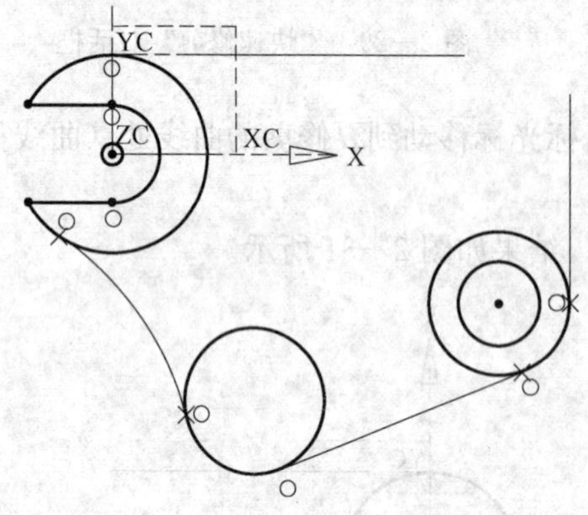

图 2—34　选择第一条曲线（水平线）

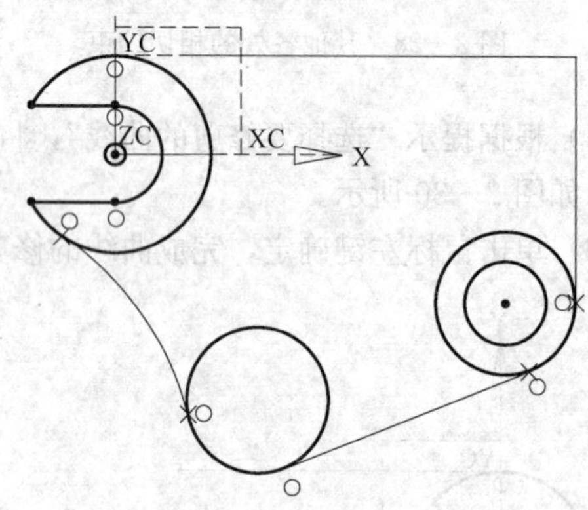

图 2—35　选择第二条曲线（竖直线）

（31）单击“快速延伸”图标或选择［编辑］/［曲线］/［快速延伸］菜单命令，系统弹出“快速延伸”对话框，如图 2—37 所示。

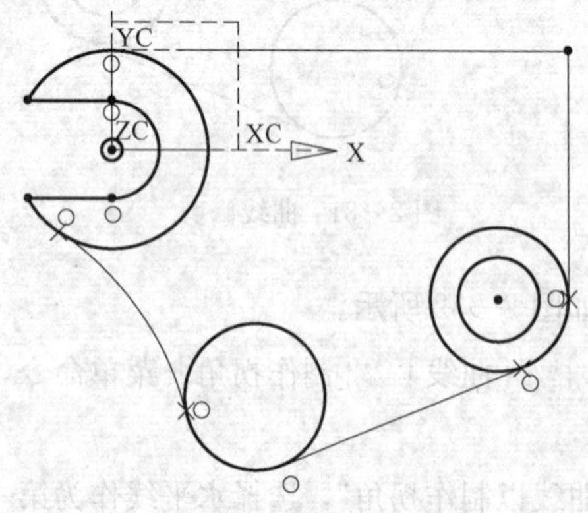

图 2—36　制作拐角

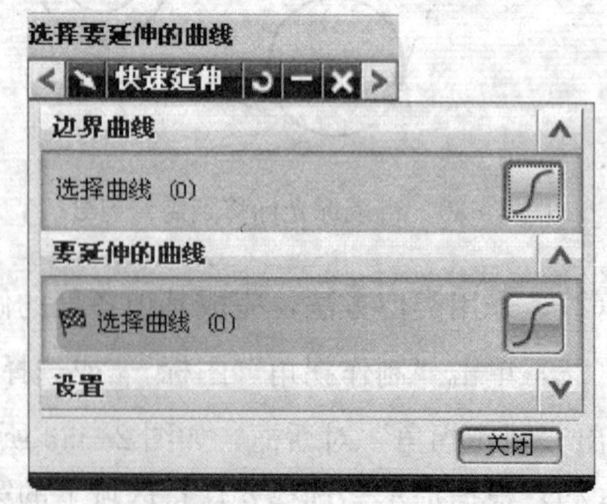

图 2—37　“快速延伸”对话框

(32) 根据提示“选择要延伸的曲线”，选择水平线作为要延伸的曲线，如图 2—38 所示。

(33) 单击“圆角”图标或选择［插入］/［曲线］/［圆角］菜单命令，系统弹出“创建圆角”对话框，如图 2—39 所示。

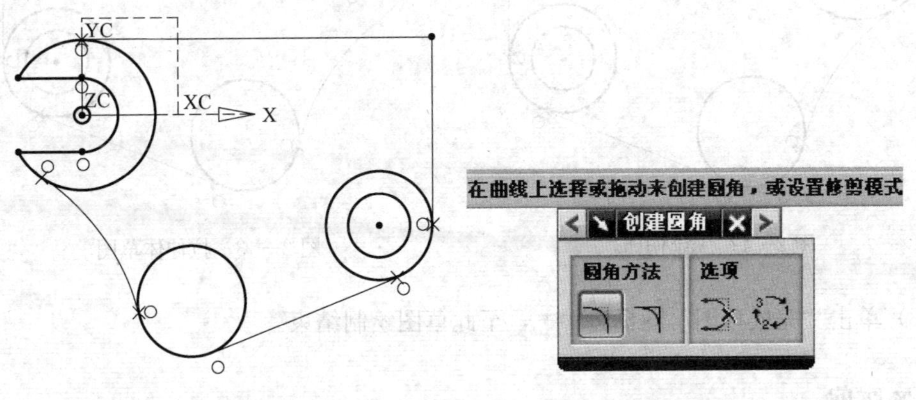

图 2—38 延伸水平线

图 2—39 “创建圆角”对话框

(34) 根据提示“在曲线上选择或拖动来创建圆角，或设置修剪模式”，分别选择（单击鼠标左键）水平线和竖直线，移动鼠标光标至正确“圆角”处，在随即出现的文本框中输入“10”，结果如图 2—40 所示。

(35) 单击“矩形”图标或选择［插入］/［曲线］/［矩形］菜单命令，系统弹出“矩形”对话框，如图 2—41 所示。

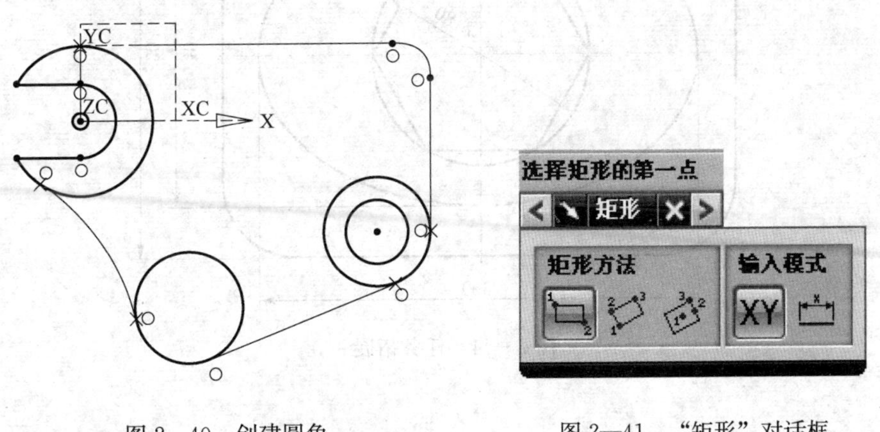

图 2—40 创建圆角

图 2—41 “矩形”对话框

(36) 根据提示操作，绘制如图 2—42 所示的矩形。

(37) 修剪多余圆弧，标注矩形尺寸并隐藏，最终结果如图 2—43 所示。

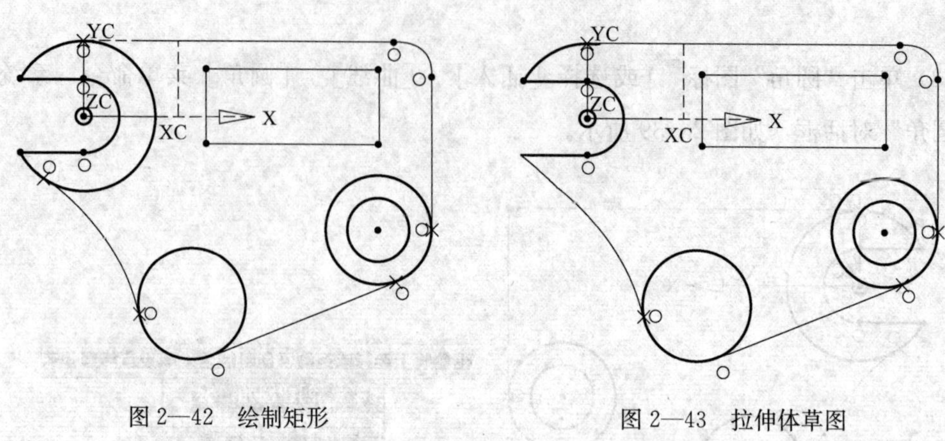

图 2—42　绘制矩形　　　　图 2—43　拉伸体草图

（38）单击“完成草图”图标 完成草图，至此草图绘制结束。

任务拓展

创建如图 2—44 至图 2—46 所示的草图。

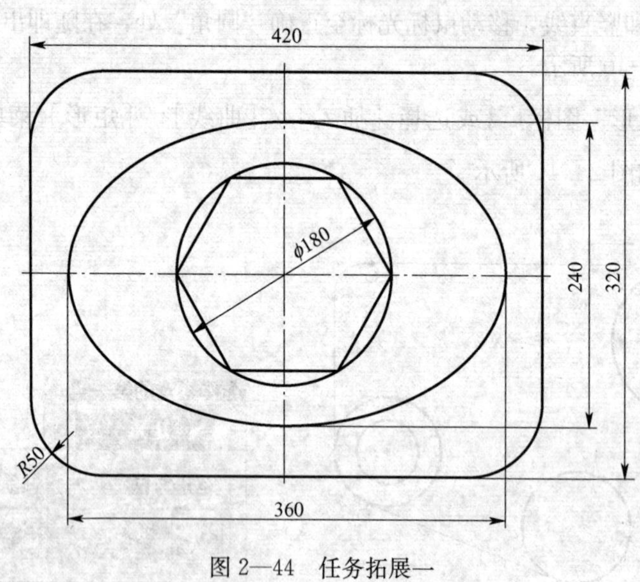

图 2—44　任务拓展一

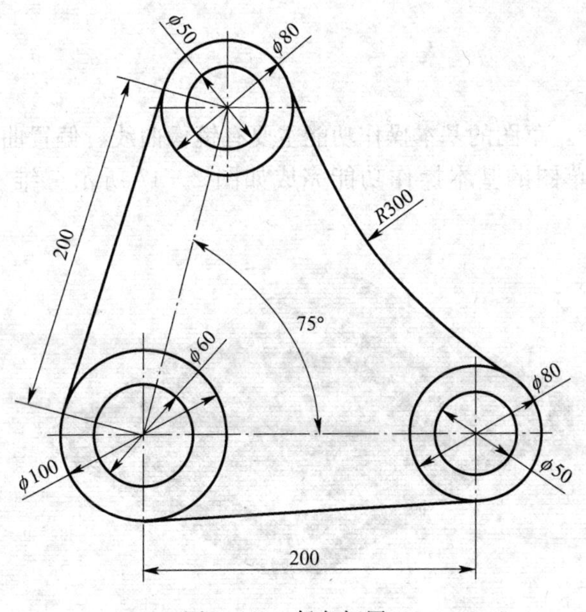

图 2—45 任务拓展二

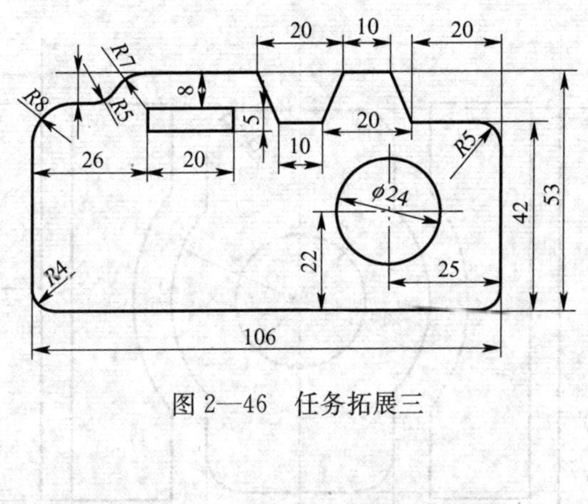

图 2—46 任务拓展三

课题 2 草图的基本操作

学习目标

1. 掌握偏置曲线的绘制操作。
2. 掌握镜像曲线的绘制操作。
3. 熟悉曲线规则的使用。

工作任务

在 UG NX 6.0 中，草图的基本操作功能主要有镜像曲线、偏置曲线、添加现有曲线和投影曲线等。试采用草图的基本操作功能完成如图 2—47 所示三维实体零件模型的草图创建。

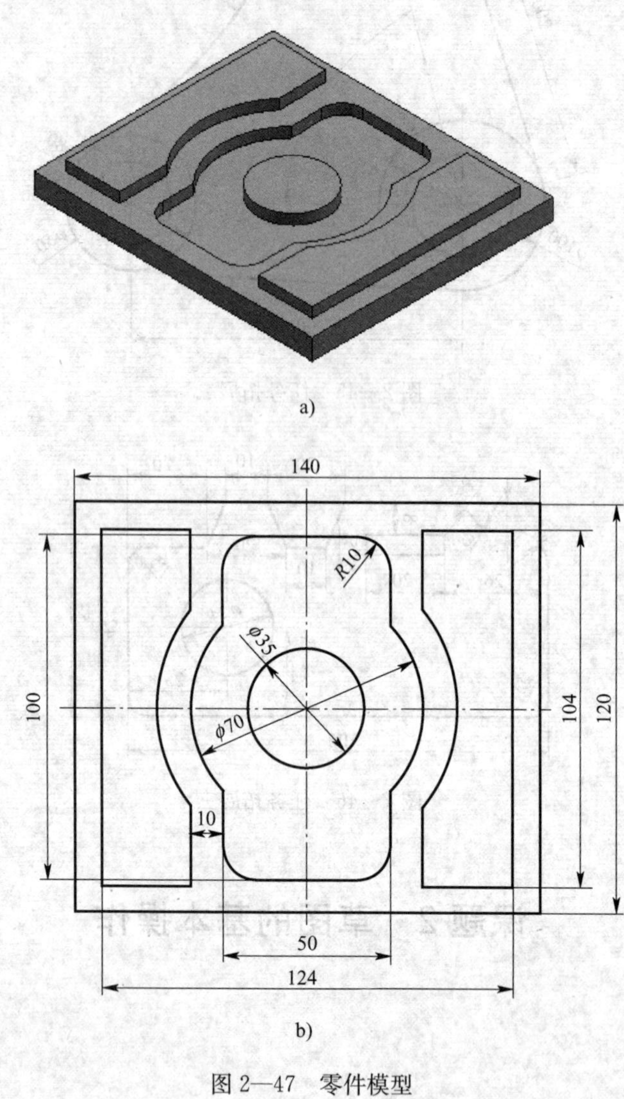

图 2—47　零件模型

a）三维实体　b）草图图样

 提示

添加现有曲线是指将已有的不属于草图对象的点或曲线，添加到当前的草图平面中。投

影曲线是指将能够抽取的对象（关联和非关联曲线、点或捕捉点，包括直线的端点以及圆弧和圆的中心）沿垂直于草图平面的方向投影到草图平面上。

任务实施

1. 创建新文件并设置首选项

(1) 通过快捷方式图标启动 UG NX 6.0。

(2) 新建名称为“jibencaozuo”的部件文件。

(3) 选择［首选项］/［草图］菜单命令，系统弹出“草图首选项”对话框。在“草图样式”选项卡中，将“尺寸标签”设置为“值”。

2. 绘制矩形

(1) 单击“草图”图标，系统弹出“创建草图”对话框。单击【确定】按钮，采用系统默认设置，此时进入草图环境。

(2) 单击“矩形”图标或选择［插入］/［曲线］/［矩形］菜单命令，绘制如图2—48所示的矩形。

(3) 单击“自动判断的尺寸”图标或选择［插入］/［尺寸］/［自动判断］菜单命令，对矩形进行尺寸约束，如图2—49所示。

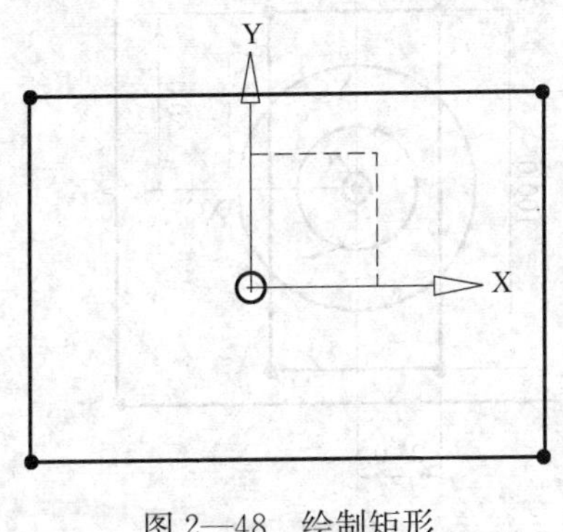

图2—48　绘制矩形

图2—49　对矩形进行尺寸约束

提示

为使画面显示清晰，可将约束尺寸隐藏，下同。

3. 绘制内部图样

(1) 单击“圆”图标或选择［插入］/［曲线］/［圆］菜单命令，绘制两个同心圆，如图2—50所示。

(2) 单击“自动判断的尺寸”图标或选择［插入］/［尺寸］/［自动判断］菜单命令，对圆进行尺寸约束，如图2—51所示。

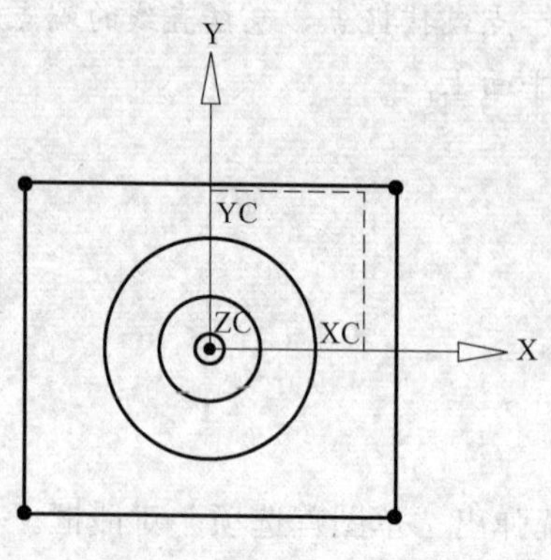

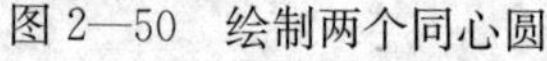
图 2—50　绘制两个同心圆

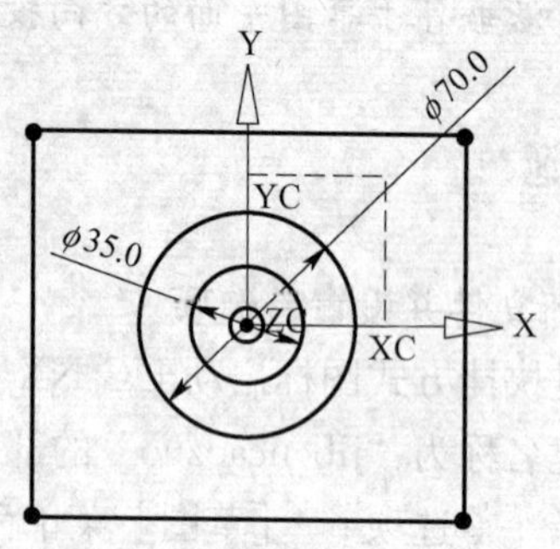

图 2—51　对圆进行尺寸约束

（3）单击“矩形”图标或选择［插入］/［曲线］/［矩形］菜单命令，绘制如图 2—52 所示的矩形。

（4）单击“自动判断的尺寸”图标或选择［插入］/［尺寸］/［自动判断］菜单命令，对矩形进行尺寸约束，如图 2—53 所示。

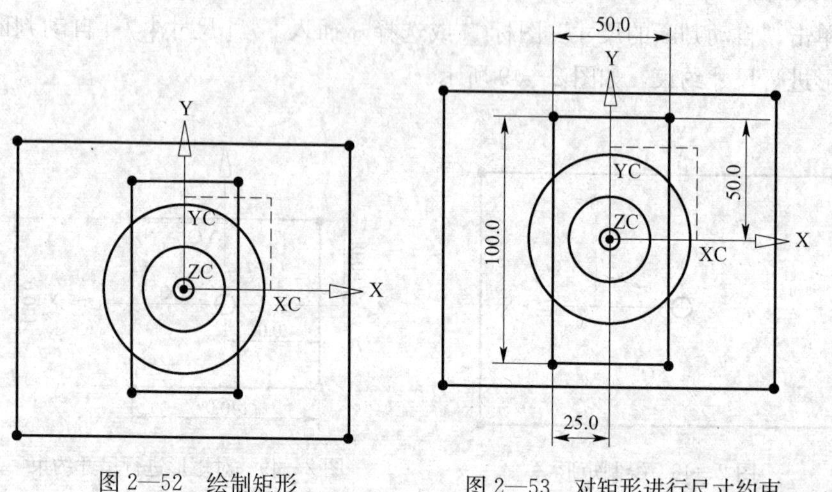

图 2—52　绘制矩形

图 2—53　对矩形进行尺寸约束

（5）单击“圆角”图标或选择［插入］/［曲线］/［圆角］菜单命令，完成 4 个 $R10$ 的圆角操作，如图 2—54 所示。

（6）单击“快速修剪”图标或选择［编辑］/［曲线］/［快速修剪］菜单命令，完成对多余曲线的修剪操作，如图 2—55 所示。

4. 偏置曲线操作

（1）单击“偏置曲线”图标或选择［插入］/［来自曲线集的曲线］/［偏置曲线］菜单命令，系统弹出“偏置曲线”对话框，如图 2—56 所示进行设置。

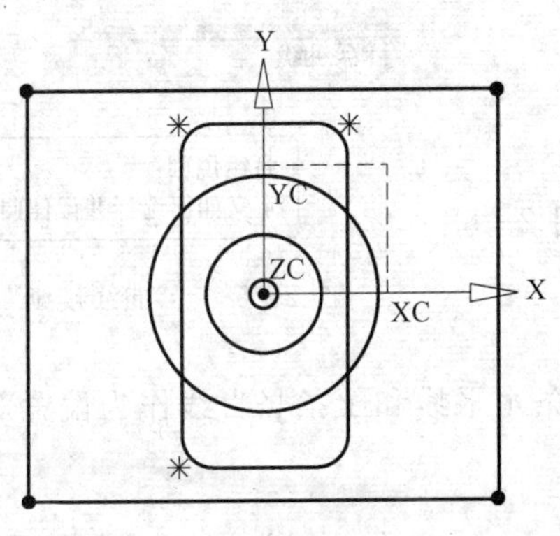

图 2—54 创建 $R10$ 圆角

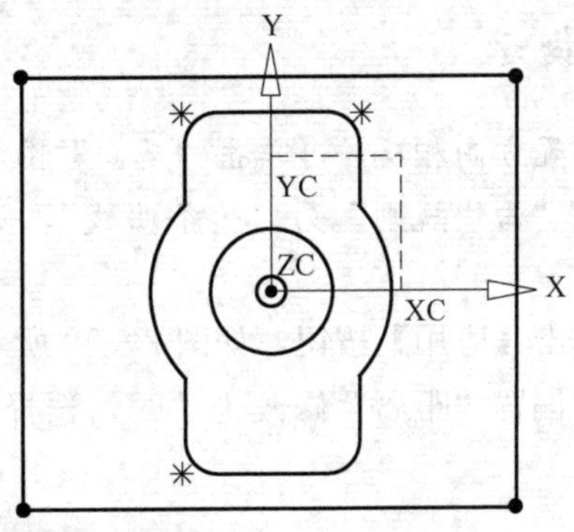

图 2—55 快速修剪

提示

偏置曲线是指对草图平面内的曲线或曲线链进行偏置，并对偏置生成的曲线与原曲线进行约束。偏置曲线与原曲线具有关联性。

(2) 根据提示“选择曲线”，选择需要偏置的 3 条曲线，如图 2—57 所示。

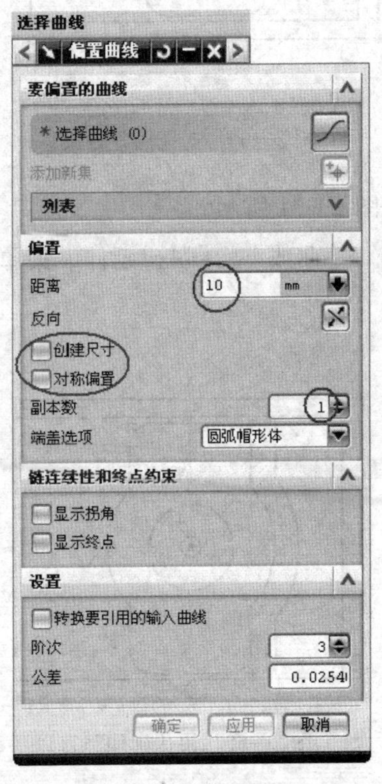

图 2—56 “偏置曲线”对话框

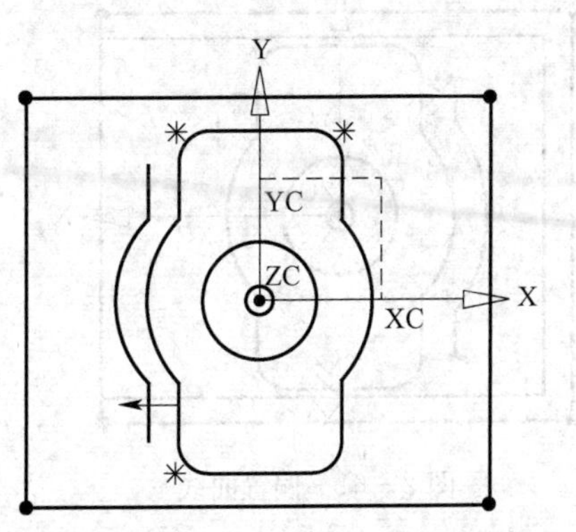

图 2—57 选择偏置曲线

提示

①若偏置方向相反，可单击“反向”图标。

②确保“曲线规则”为“单条曲线”，如图 2—58 所示。

单条曲线

曲线规则
定义如何选择并记住曲线的行为

图 2—58 “曲线规则”设定

（3）单击【应用】按钮，如图 2—59 所示。

（4）将偏置“距离”修改为“8”，选择 2 条水平线和 1 条竖直线作为偏置对象，如图 2—60 所示。

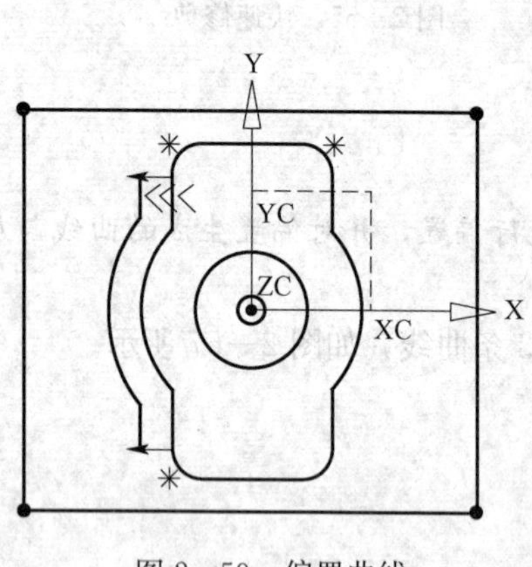

图 2—59 偏置曲线

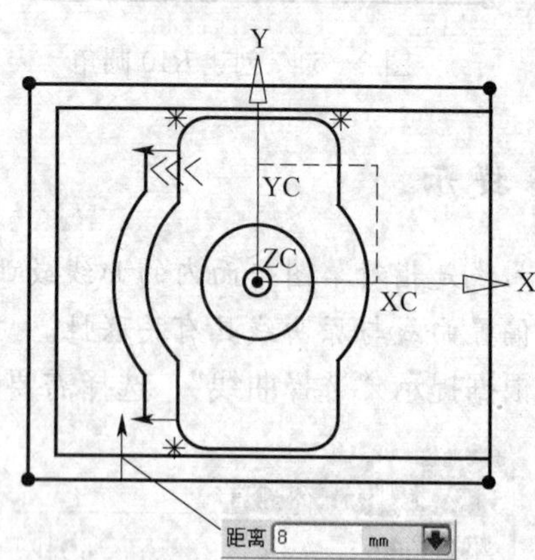

图 2—60 选择偏置对象

（5）单击【确定】按钮，完成曲线的偏置，如图 2—61 所示。

（6）单击“快速延伸”图标或选择［编辑］/［曲线］/［快速延伸］菜单命令，对两条竖直线进行快速延伸操作，如图 2—62 所示。

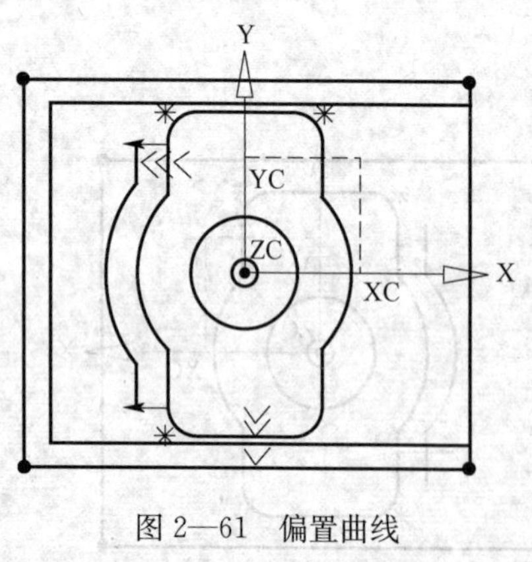

图 2—61 偏置曲线

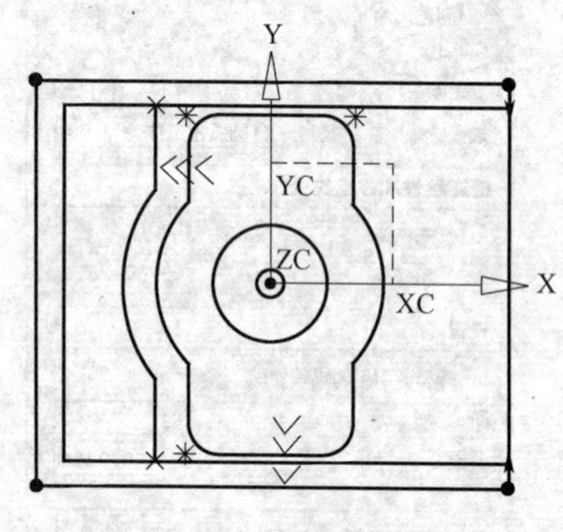

图 2—62 快速延伸竖直线

（7）单击“快速修剪”图标或选择［编辑］/［曲线］/［快速修剪］菜单命令，对两条水平线进行快速修剪操作，如图 2—63 所示。

5. 镜像曲线操作

（1）单击“镜像曲线”图标 或选择［插入］/［来自曲线集的曲线］/［镜像曲线］菜单命令，系统弹出“镜像曲线”对话框，如图 2—64 所示。

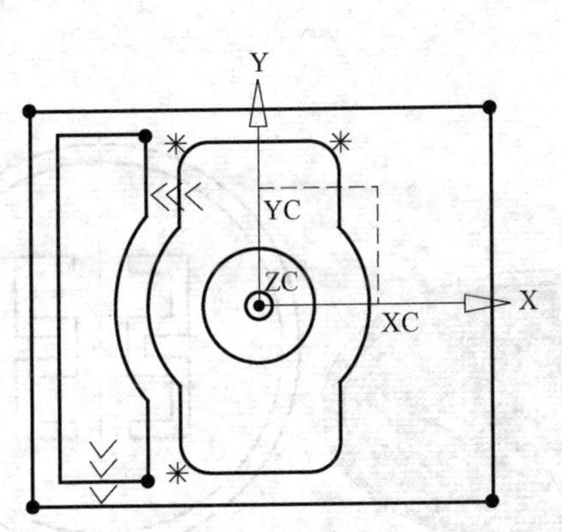

图 2—63 快速修剪水平线

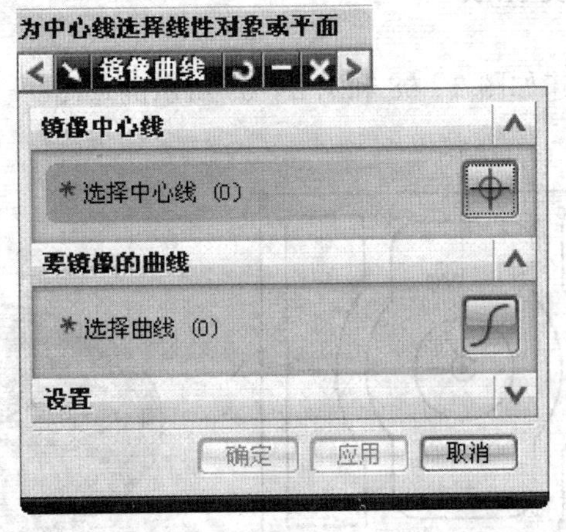

图 2—64 “镜像曲线”对话框

提示

镜像曲线是指将草图几何对象以指定的一条直线（或坐标轴）为对称中心线，镜像复制成新的草图对象。镜像的对象与原对象形成一个整体，并且保持相关性。

（2）根据提示“为中心线选择线性对象或平面”，选择基准坐标系 Y 轴作为“镜像中心线”，如图 2—65 所示。

（3）根据提示“为曲线选择线性对象或平面”，选择 2 条水平线、3 条竖直线和 1 条圆弧作为“要镜像的曲线”，如图 2—66 所示。

（4）单击【确定】按钮，如图 2—67 所示。

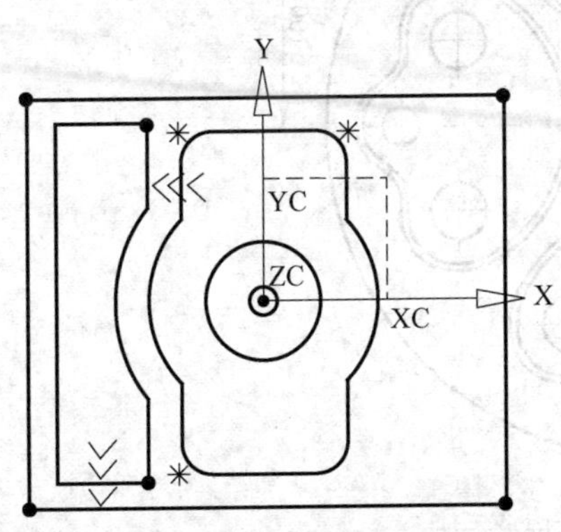

图 2—65 选择镜像中心线

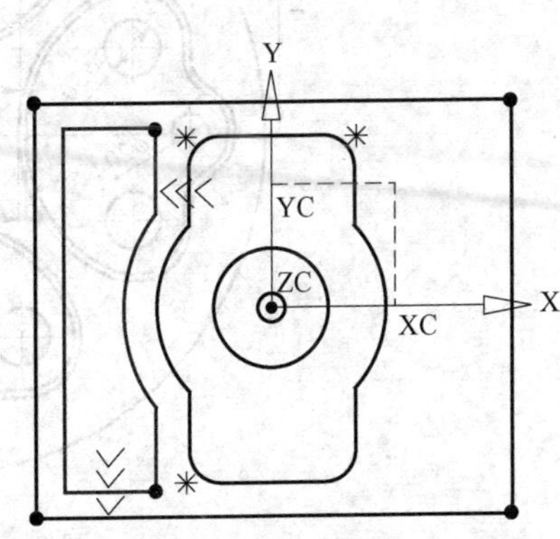

图 2—66 选择要镜像的曲线

（5）单击“完成草图”图标，结束草图绘制。

至此完成草图图样的创建工作。

任务拓展

创建如图 2—68 和图 2—69 所示的草图。

图 2—67　镜像曲线　　　　图 2—68　任务拓展一（尺寸自定）

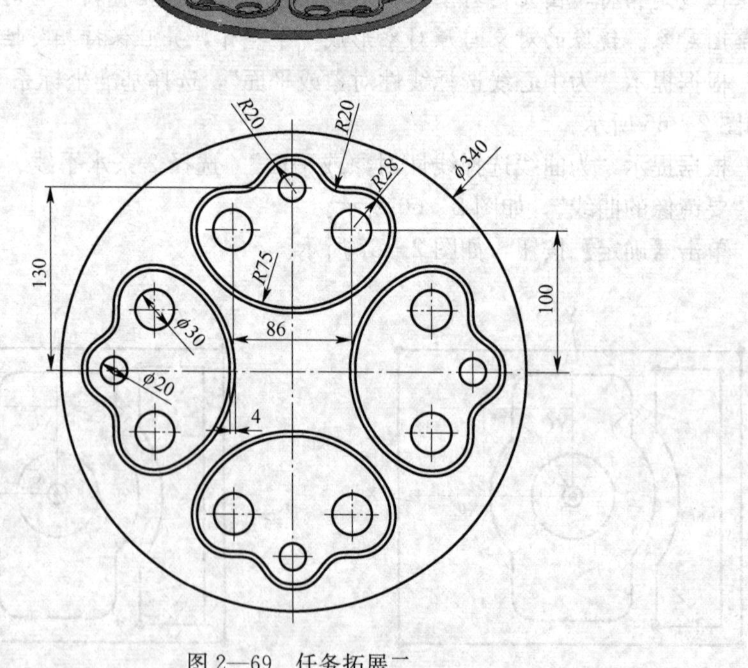

图 2—69　任务拓展二

课题 3　曲线的创建操作

学习目标

1. 掌握矩形的绘制。
2. 掌握基本曲线的绘制方法。
3. 掌握 WCS（工作坐标系）原点的确定方法。
4. 掌握 WCS（工作坐标系）旋转操作。

工作任务

UG NX 6.0 软件为用户提供了曲线绘制工具，使用它可以绘制平面曲线或空间曲线。试采用曲线工具栏中的工具完成如图 2—70 所示正方体空间曲线的创建。其中，正方体线框轮廓尺寸为 100 mm×100 mm×100 mm。

图 2—70　正方体三维线框构图

提示

在 UG NX 6.0 中，曲线可以作为实体截面的轮廓线，然后通过对其进行拉伸、扫描、旋转等操作构建三维实体；也可以通过创建曲面来构建复杂实体模型；还可以将其作为创建实体模型的辅助线，如定位线、中心线等；另外，也可以将曲线添加到草图中对其进行参数化设计。

任务实施

1. 创建新文件及隐藏基准坐标系

（1）通过快捷方式图标启动 UG NX 6.0。

（2）新建名称为“sanweixiankuang”的部件文件。

（3）在“部件导航器”中选中“基准坐标系”并单击鼠标右键，在弹出的快捷菜单中选择［隐藏］命令，如图 2—71 所示。

2. 添加“基本曲线”与“矩形”图标

（1）单击曲线工具栏右侧的按钮激活“添加或移除按钮”，以添加曲线工具栏中的“基本曲线”和“矩形”图标，如图 2—72 所示。

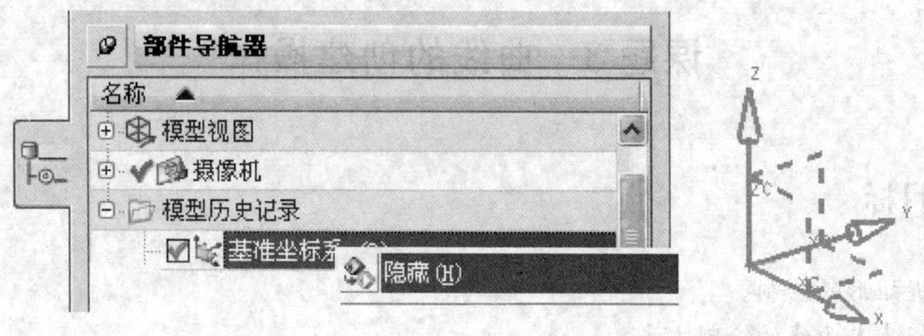

图 2—71　隐藏基准坐标系

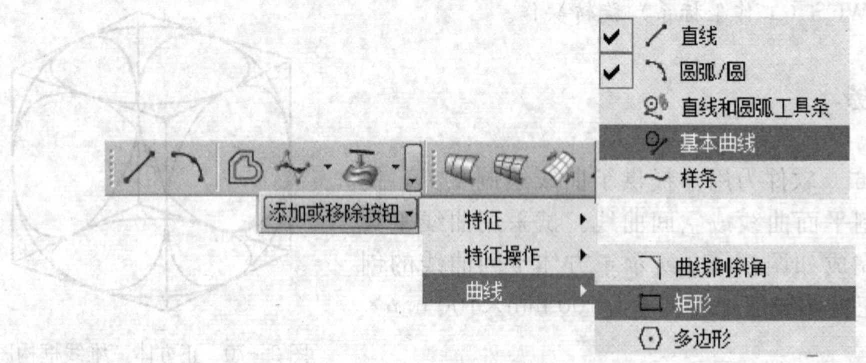

图 2—72　添加“基本曲线”和“矩形”图标

提示

在 UG NX 6.0 中，创建的曲线主要包括基本曲线、矩形、多边形、二次曲线、规律曲线、螺旋线、样条曲线等。

（2）添加完后的曲线工具栏如图 2—73 所示。

图 2—73　曲线工具栏

3. 绘制底部和顶部矩形线框

（1）单击“矩形”图标，系统弹出“矩形”对话框，在定义矩形顶点 1 时各参数采用默认设置，如图 2—74 所示。

（2）单击【确定】按钮，完成顶点 1 的设置。

（3）进行矩形顶点 2 的设置，将“坐标”中的“XC”“YC”“ZC” 3 个参数分别设置为“100”“100”“0”，其余采用默认设置，如图 2—75 所示。

（4）单击【确定】按钮，完成底部矩形的绘制。

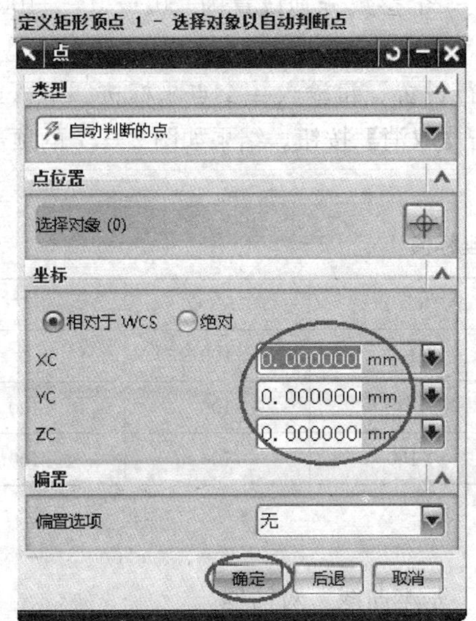

图 2—74 矩形顶点 1 的设置

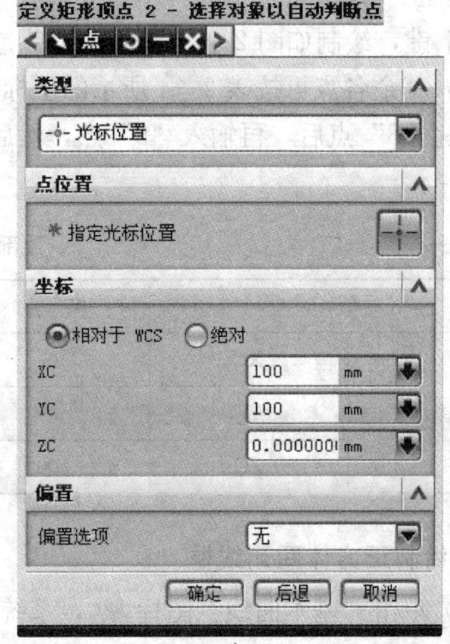

图 2—75 矩形顶点 2 的设置

(5) 单击“基本曲线”图标，系统弹出“基本曲线”对话框，单击“直线”图标，如图 2—76 所示。

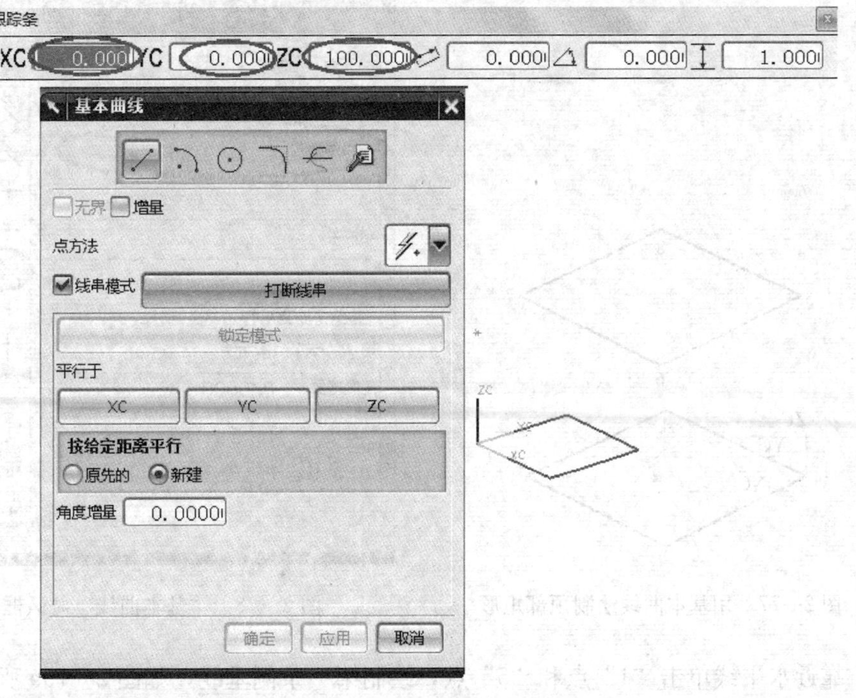

图 2—76 “基本曲线”对话框

（6）将“跟踪条”中的“XC”“YC”“ZC”3 个参数分别设置为“0”“0”“100”，按【Enter】键，绘制如图 2—77 所示的“5”点。

（7）其余各点可按表 2—4 所示的坐标值进行设置。每输入一个点坐标按一下【Enter】键，输完“8”点后，再输入“5”点，然后单击【取消】按钮。结果如图 2—77 的顶部矩形所示。

表 2—4　　顶部矩形坐标值

值		“5”点	“6”点	“7”点	“8”点
坐标	XC	0	100	100	0
	YC	0	0	100	100
	ZC	100	100	100	100

4. 绘制正方体四侧线框

（1）单击“基本曲线”图标，系统弹出“基本曲线”对话框。

（2）将“点方法”改为“端点”，取消“线串模式”复选框的勾选，如图 2—78 所示。

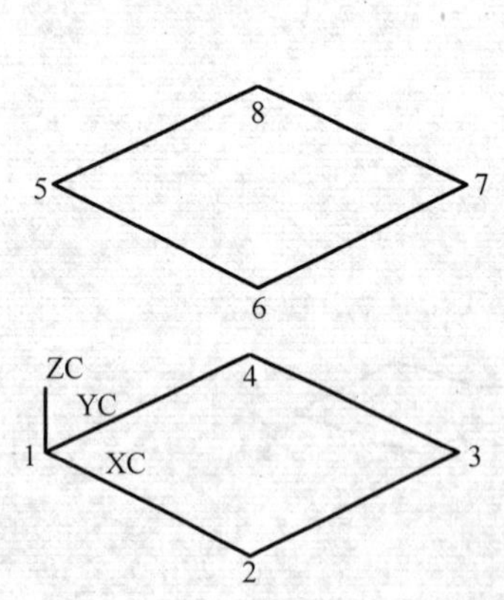

图 2—77　用基本曲线绘制顶部矩形

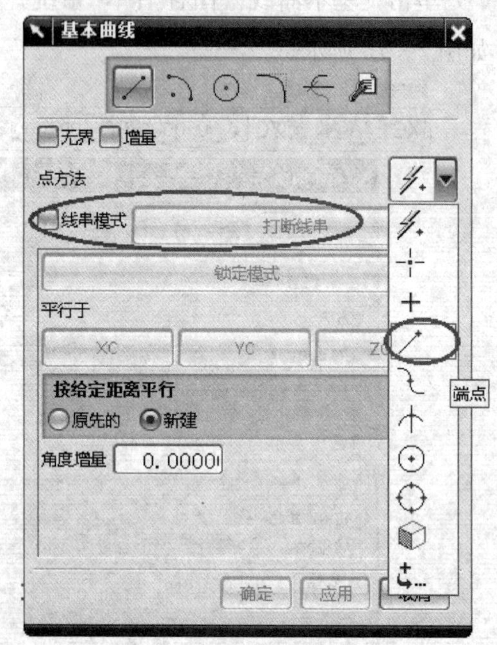

图 2—78　“基本曲线”对话框

（3）靠近水平线单击“1”点和“5”点，绘制第一条侧垂线，如图 2—79a 所示。

（4）用同样的方法绘出其他 3 条侧垂线，如图 2—79b 所示。

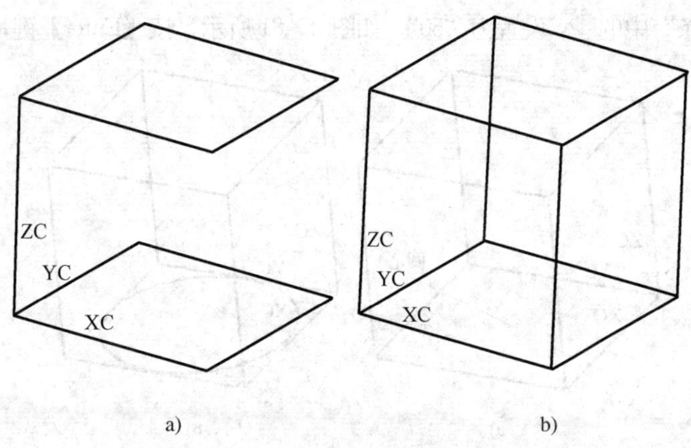

图 2—79　绘制正方体侧垂线

5. 绘制底部圆

（1）单击“基本曲线”对话框中的“圆”图标，如图 2—80 所示。

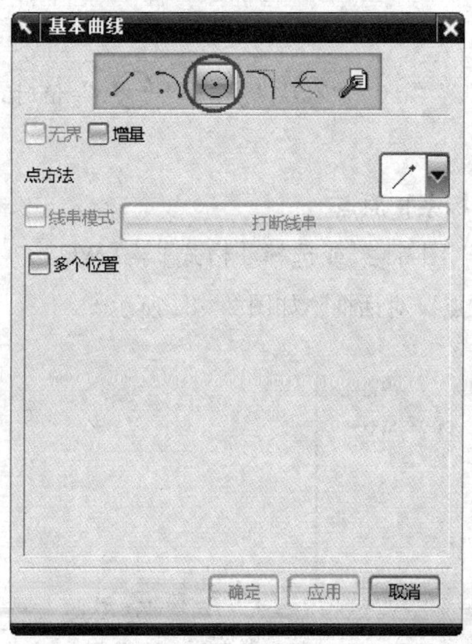

图 2—80　“圆”方式

（2）将“跟踪条”中的“XC”“YC”两个参数分别设置为“50”“50”，如图 2—81 所示，按【Enter】键，确定 *XY* 平面的圆心，如图 2—82a 所示。

图 2—81　跟踪条

（3）将“跟踪条”中的 设置为“50”，如图 2—81 所示，按【Enter】键，如图2—82b所示。

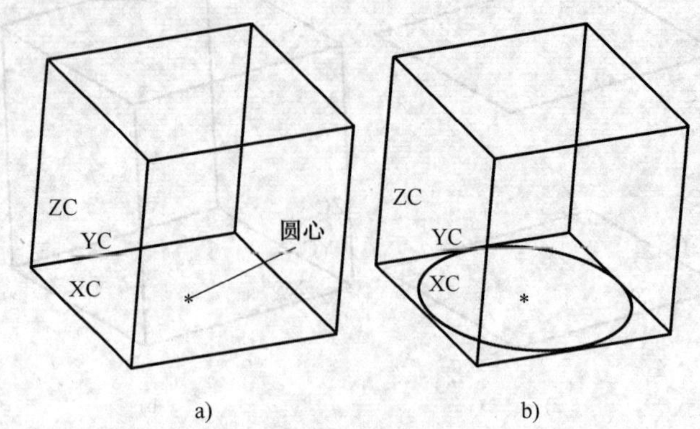

图 2—82　绘制底部圆

（4）单击【取消】按钮，退出“基本曲线”对话框。

提示

在设置跟踪条中的“XC”“YC”“ZC”“ ”“ ”值时，可通过键盘上的 Tab 键进行切换。

6. 移动 WCS（工作坐标系）原点

（1）单击“WCS 原点”图标 或选择［格式］/［WCS］/［原点］菜单命令，如图 2—83 所示，系统将弹出“点”对话框，如图 2—84 所示。

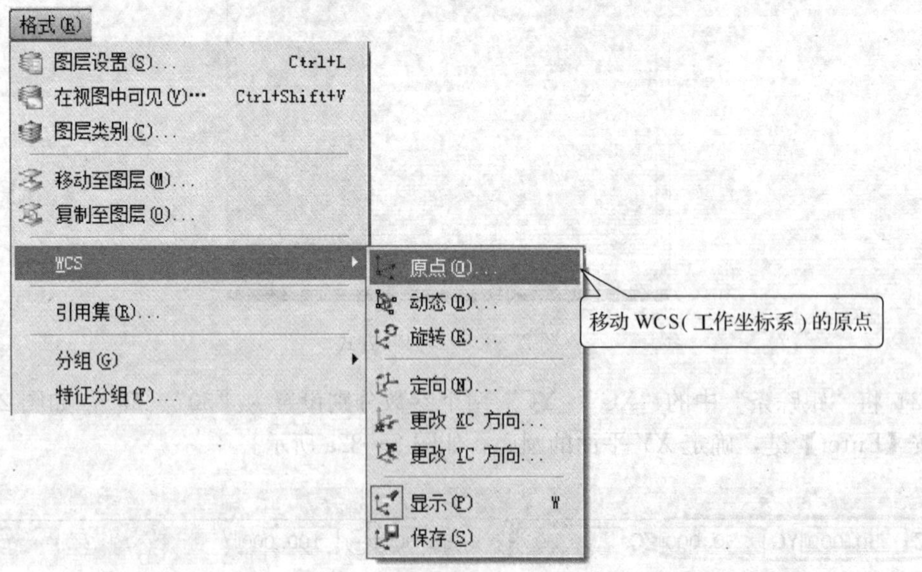

图 2—83　WCS 子菜单

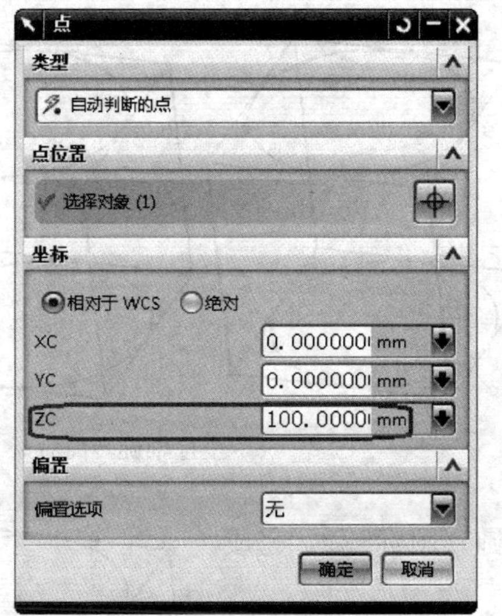

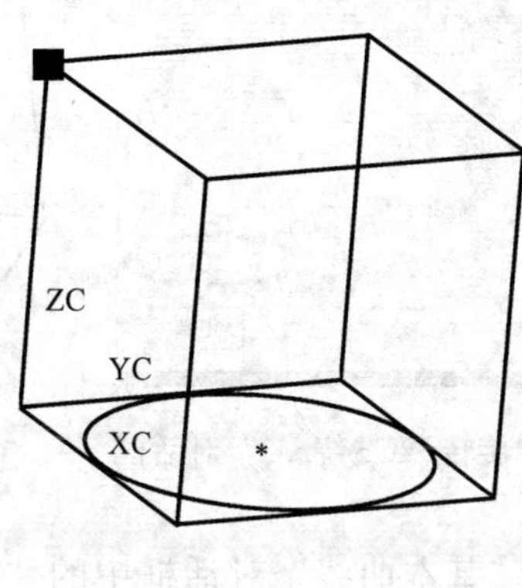

图 2—84 “点”对话框

(2) 单击“5”点或将“点”对话框中的“ZC”参数值设置为“100”，单击【确定】按钮，坐标系的坐标原点将平移到“5”点，但坐标轴方位保持不变，如图 2—85 所示。

(3) 用同样的方法绘制顶部的圆，结果如图 2—86 所示。

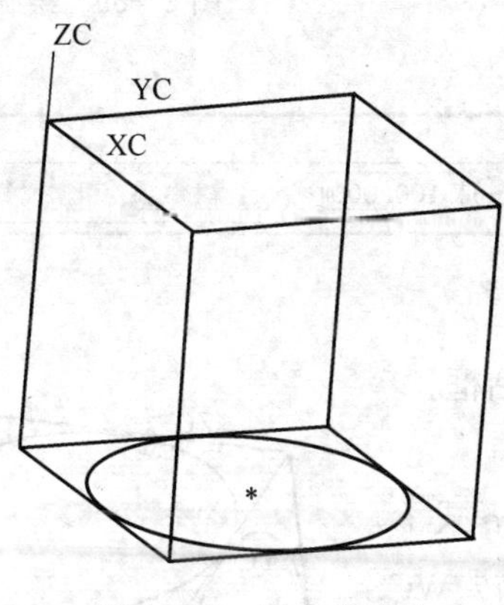

图 2—85 原点移动后

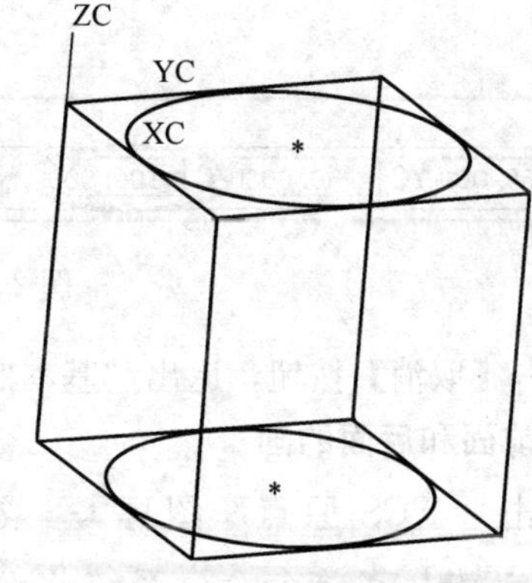

图 2—86 绘制顶部的圆

7. 旋转 WCS（工作坐标系）

(1) 单击“WCS 原点”图标或选择［格式］/［WCS］/［旋转］菜单命令，系统将弹出“旋转 WCS 绕...”对话框，选中［－XC 轴：ZC→YC］单选按钮，将“角度”文本框设置为“90”，如图 2—87 所示。

(2) 单击【确定】按钮后，完成坐标轴的旋转，如图 2—88 所示。

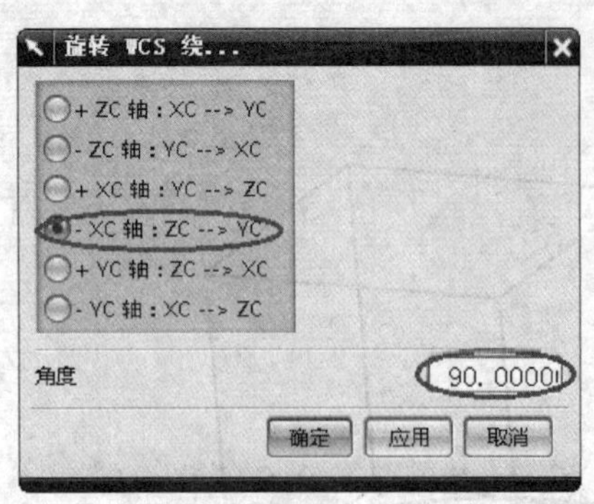
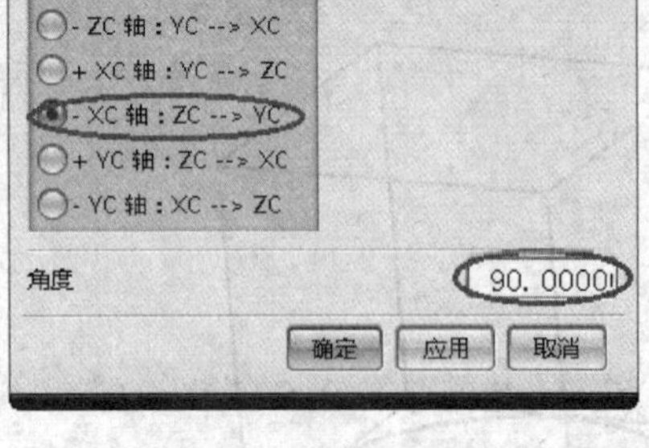

图 2—87　“旋转 WCS 绕...”对话框

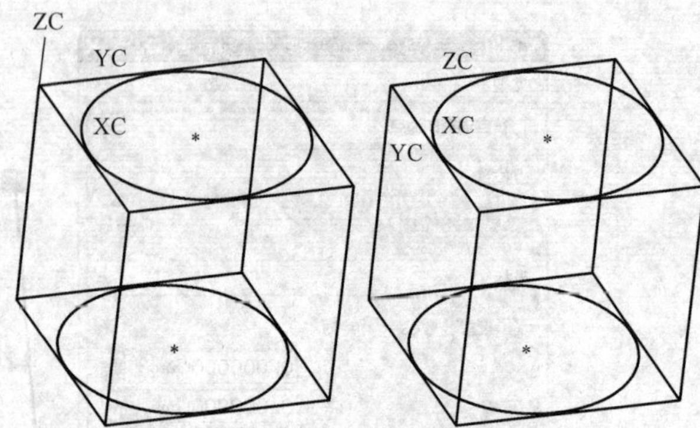

图 2—88　坐标轴旋转前后

（3）单击“基本曲线”对话框中的“圆”图标，完成左侧圆的绘制，如图 2—89 所示。

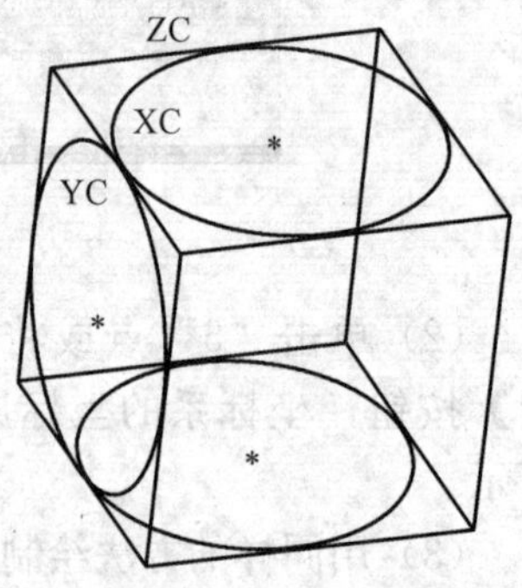

图 2—89　绘制左侧圆

（4）绘制右侧的圆。

方法一：同绘制顶部圆的操作，可通过移动 WCS（工作坐标系）原点后绘制圆。

方法二：将“跟踪条”中的“ZC”参数设置为“100”，如图 2—90 所示。按【Enter】键，将“ ”参数设置为“50”，然后再按【Enter】键，结果如图 2—91 所示。

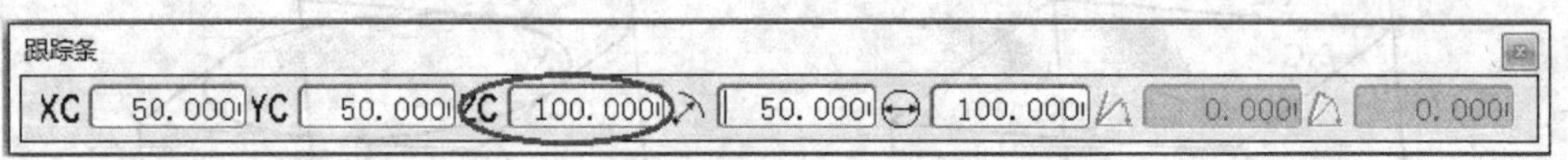

图 2—90　跟踪条

（5）单击【取消】按钮，退出“基本曲线”对话框。

8. 绘制前面和后面的圆

（1）单击“WCS 原点”图标 或选择［格式］/［WCS］/［旋转］菜单命令，系统将弹出“旋转 WCS 绕...”对话框，从中选中［－YC 轴：XC→ZC］单选按钮，将“角度”文本框设置为“90”，如图 2—92 所示。

（2）单击【确定】按钮，坐标轴旋转后如图 2—93 所示。

（3）单击“基本曲线”对话框中的“圆”图标，完成后面圆的绘制，如图 2—94 所示。

（4）采用“跟踪条”设置圆心点，注意“ZC”参数设置为“－100”，如图 2—95 所示。

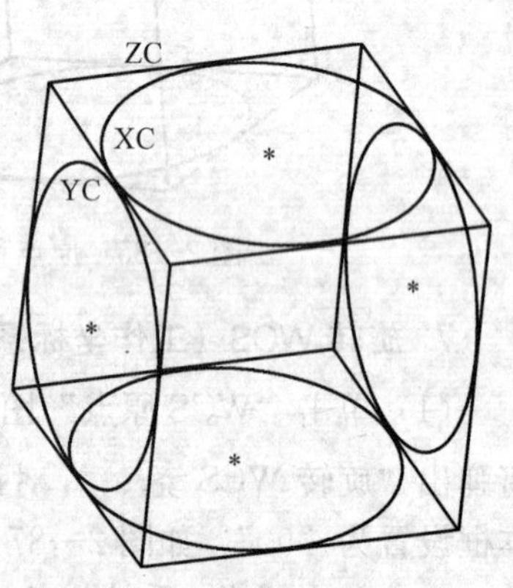

图 2—91　绘制右侧圆

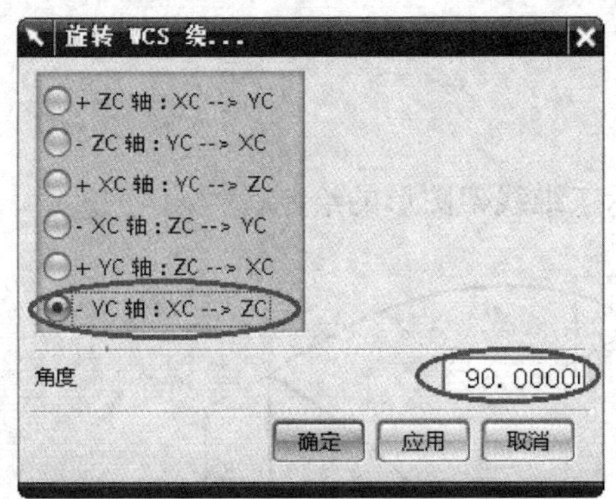

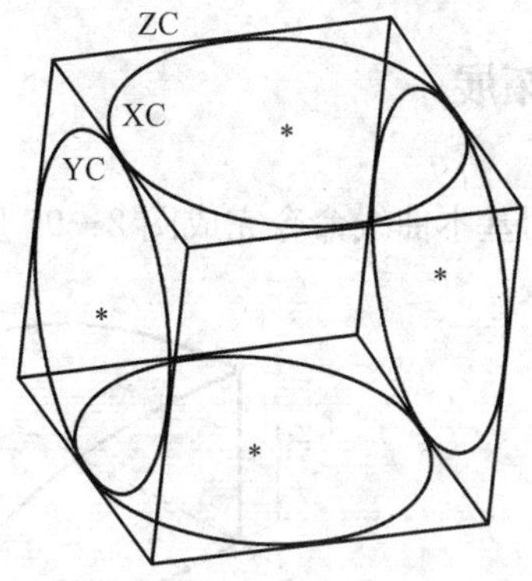

图 2—92 "旋转 WCS 绕..."对话框

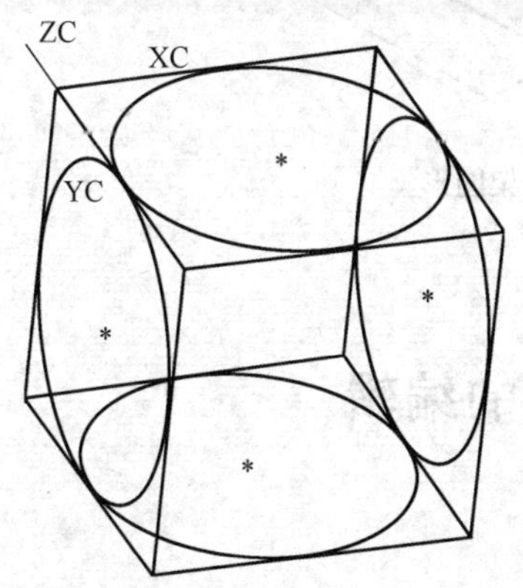

图 2—93 坐标轴旋转后

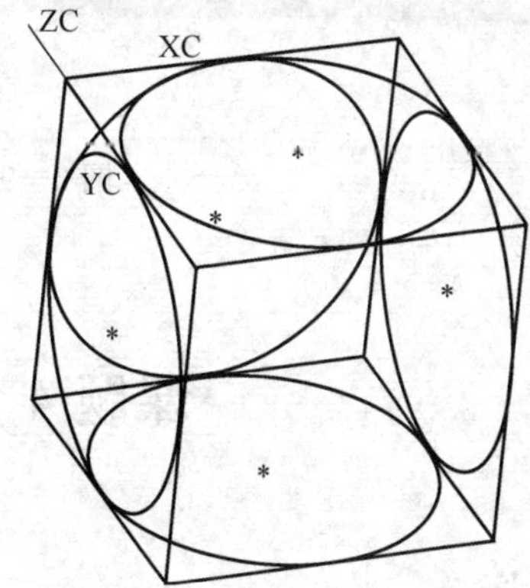

图 2—94 绘制后面的圆

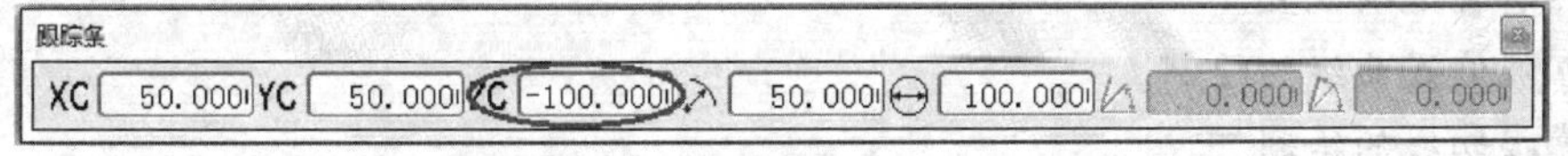

图 2—95 跟踪条

(5) 绘制完的圆如图 2—96 所示。

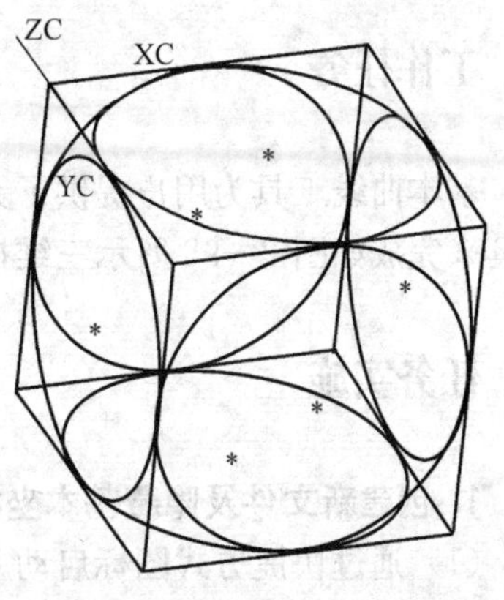

图 2—96 绘制前面的圆

提示

类似于草图曲线，用户可以对已创建的曲线对象进行操作，以生成新的曲线对象，新的曲线对象与原曲线对象往往是相关的，即当原曲线发生改变时，新曲线也会随之改变。曲线的操作包括偏置曲线、桥接曲线、相交曲线、镜像曲线、抽取曲线、截面曲线及缠绕/展开曲线等。

任务拓展

试采用基本曲线命令完成图 2—97 所示三维线架图形的绘制。

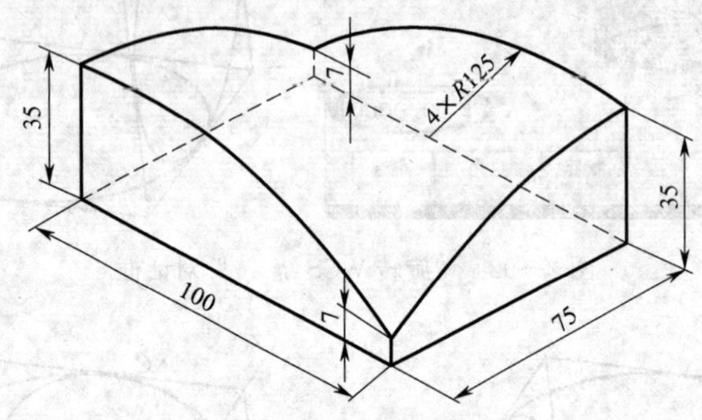

图 2—97　三维线架图形

课题 4　曲线的编辑

学习目标

1. 熟悉首选项设置。
2. 掌握偏置曲线的绘制。
3. 掌握切线的绘制。
4. 掌握修剪曲线的操作。

工作任务

基本曲线工具为用户提供了灵活多样的曲线编辑功能，试采用曲线工具栏中的基本曲线工具来完成如图 2—98 所示三维拉伸模型轮廓曲线的绘制。

任务实施

1. 创建新文件及隐藏基本坐标系

（1）通过快捷方式图标启动 UG NX 6.0。

（2）新建名称为“quxianxiujian”的部件文件。

（3）将“部件导航器”中的“基准坐标系”隐藏。

（4）添加“基本曲线”图标。

2. 首选项设置

（1）选择［首选项］/［用户界面］菜单命令，系统弹出“用户界面首选项”对话框。

（2）选择“常规”选项卡，取消勾选“在跟踪条中跟踪光标位置”复选框，如图 2—99 所示。

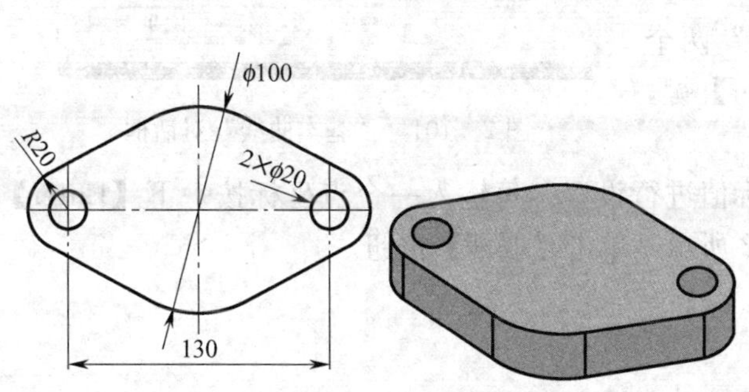

图 2—98 三维拉伸模型及其轮廓曲线

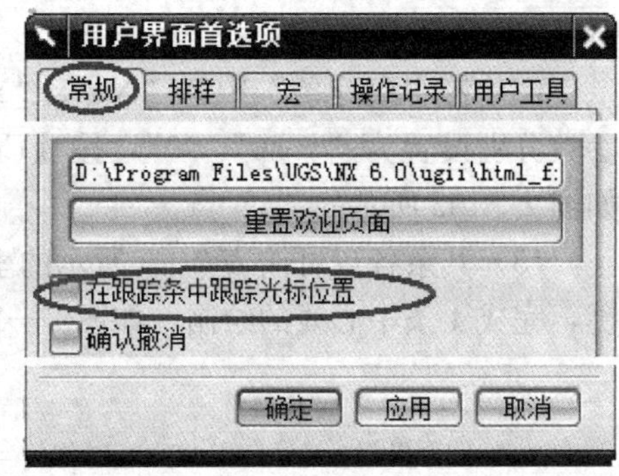

图 2—99 “用户界面首选项”对话框

（3）单击【确定】按钮，退出“用户界面首选项”对话框。

（4）选择［首选项］/［对象］菜单命令，系统弹出“对象首选项”对话框。

（5）选择“常规”选项卡，将“线型”设置为“中心线”，“宽度”设置为“细线宽度”，如图 2—100 所示。

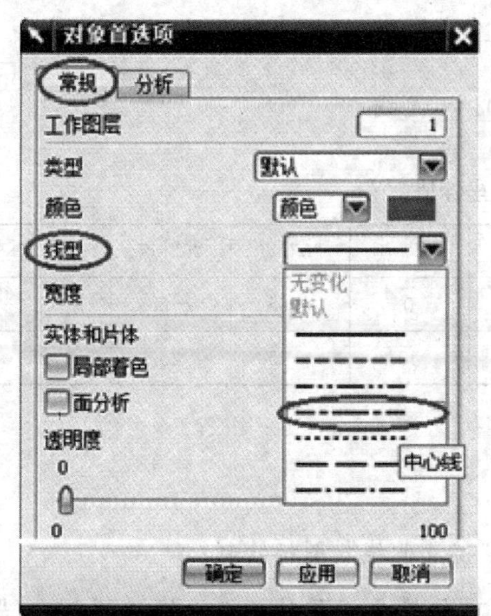

图 2—100 “对象首选项”对话框

（6）单击【确定】按钮，退出“对象首选项”对话框。

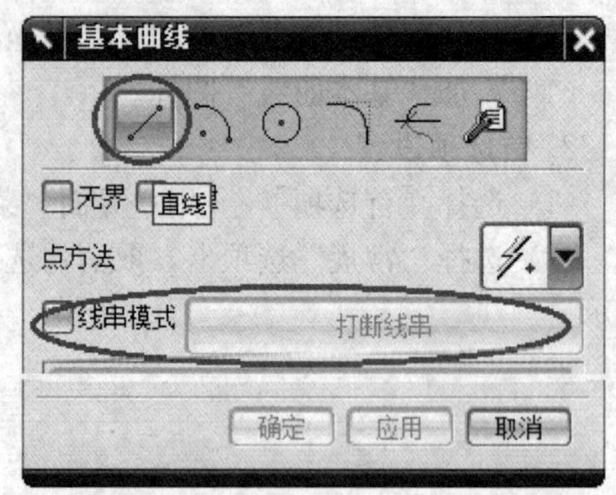

图 2—101 “基本曲线”对话框

3. 绘制中心线

（1）单击“基本曲线”图标，系统弹出“基本曲线”对话框。单击“直线”图标，取消“线串模式”复选框的勾选，如图 2—101 所示。

（2）将“跟踪条”中的“XC”“YC”两个参数分别设置为“－80”“0”，按【Enter】键，如图 2—102 所示的“1”点。

（3）其余各点可按表 2—5 所示的坐标值进行设置。每输入一个点坐标按一下【Enter】键，完成 4 条中心线的绘制，如图 2—102 所示，单击【取消】按钮。

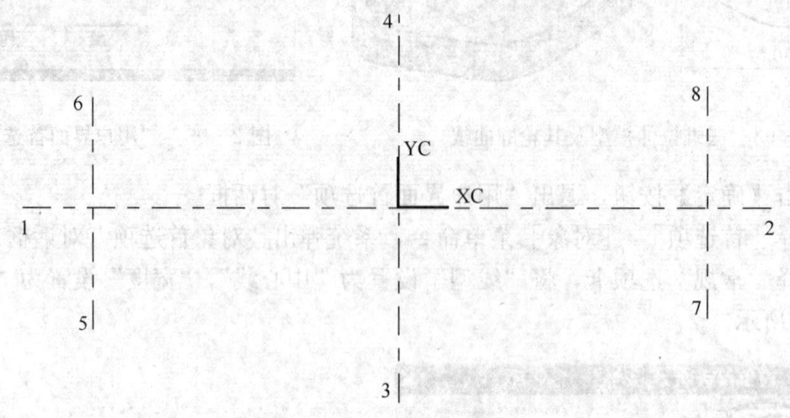

图 2—102 中心线

表 2—5 **各点坐标值**

值		“1”点	“2”点	“3”点	“4”点	“5”点	“6”点	“7”点	“8”点
坐标	XC	－80	80	0	0	－65	－65	65	65
	YC	0	0	－40	40	－25	25	－25	25

提示

“7”点、“8”点构成的中心线还可以用“偏置曲线”图标绘制。

①单击“偏置曲线”图标，系统弹出“偏置曲线”对话框。将“5”点、“6”点构成的中心线作为“选择曲线”，将“坐标原点”作为指定点，将“距离”设置为“130”，偏置方向可通过“反向”来调整，如图 2—103 所示。

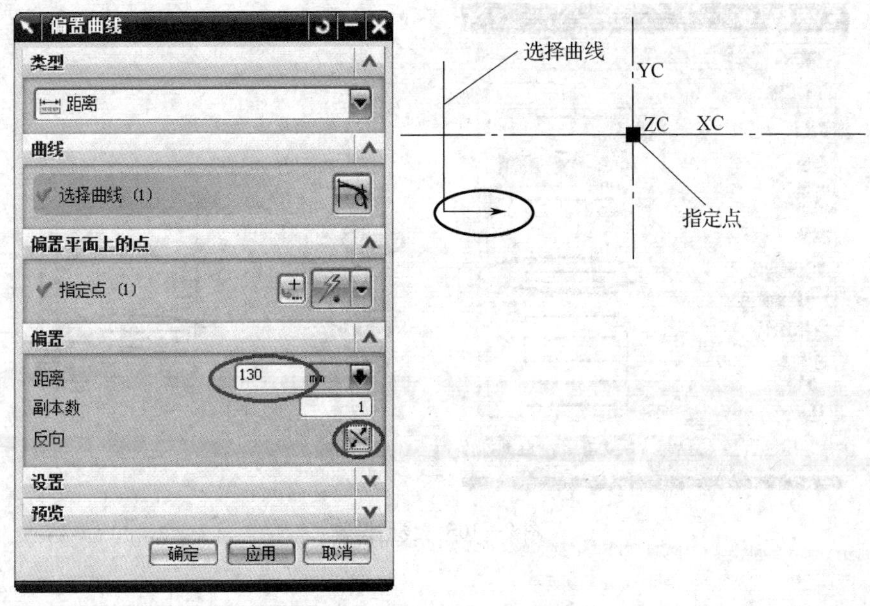

图 2—103 “偏置曲线”对话框

②单击【确定】按钮，完成偏置曲线的绘制，如图 2—104 所示。

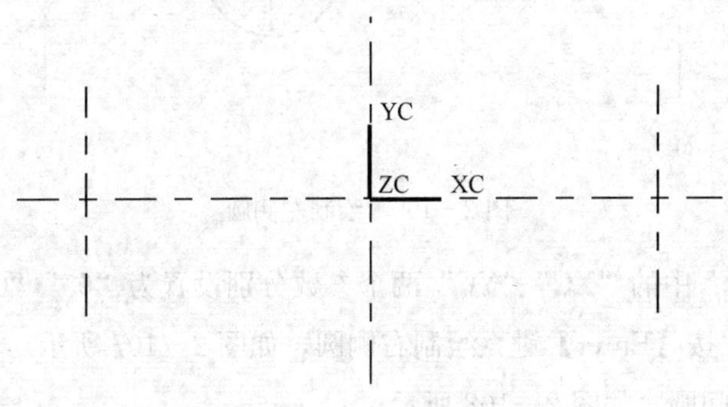

图 2—104 偏置曲线

4. 绘制 3 个圆

(1) 选择［首选项］/［对象］菜单命令，系统弹出“对象首选项”对话框。选择“常规”选项卡，将“线型”设置为“实线”，“宽度”设置为“正常宽度”，如图 2—105 所示。单击【确定】按钮，退出“对象首选项”对话框。

(2) 单击“基本曲线”图标，系统弹出“基本曲线”对话框。单击“圆”图标，取消“线串模式”复选框的勾选。

(3) 将“跟踪条”中的“XC”“YC”两个参数分别设置为“－65”“0”，按【Enter】键，确定圆心，如图 2—106a 所示。将“跟踪条”中的设置为“20”，按【Enter】键，绘制左侧圆，如图 2—106b 所示。

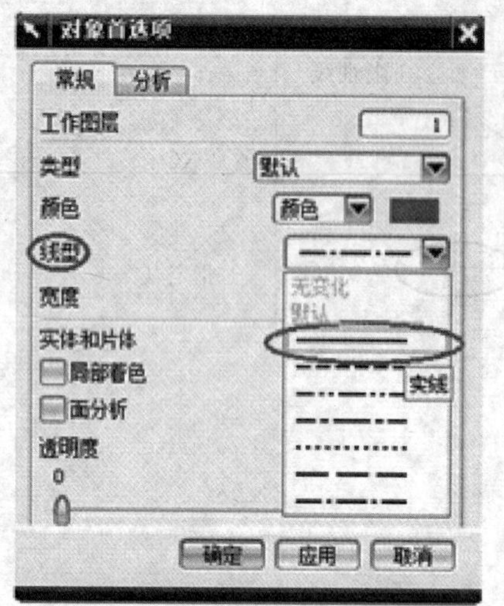

图 2—105　线型设置

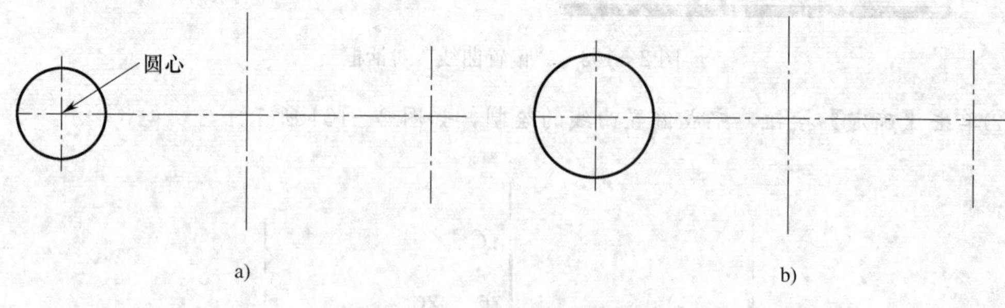

图 2—106　绘制左侧圆

（4）将“跟踪条”中的“XC”“YC”两个参数分别设置为“65”“0”，按【Enter】键，将 设置为“20”，按【Enter】键，绘制右侧圆，如图 2—107 所示。

（5）同理绘制中间圆，如图 2—108 所示。

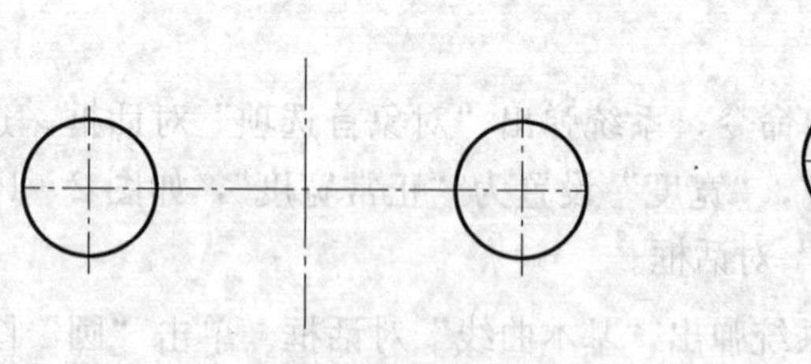

图 2—107　绘制右侧圆

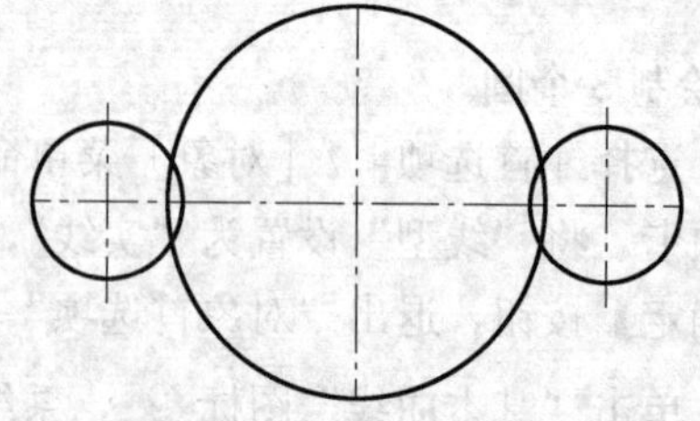

图 2—108　绘制中间圆

5. 绘制切线

（1）在“基本曲线”对话框中单击“直线”图标 ，取消“线串模式”复选框的勾选。

（2）单击选择左侧圆左上部分为直线的起点，如图 2—109 所示。

（3）单击选择大圆的左上部分为直线的终点，如图 2—110 所示。绘制出左上部分的切线。

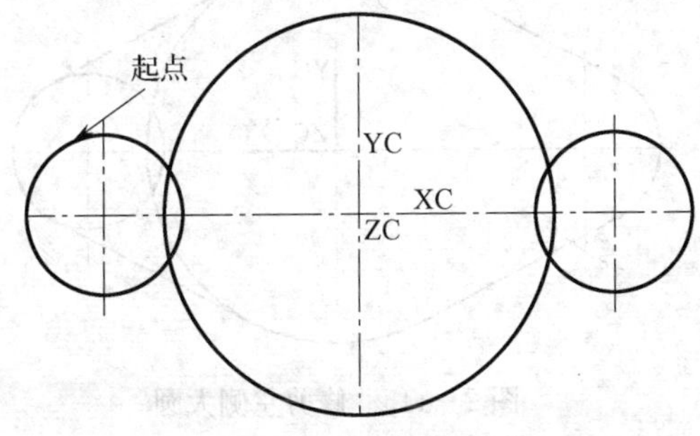

图 2—109　绘制切线起点

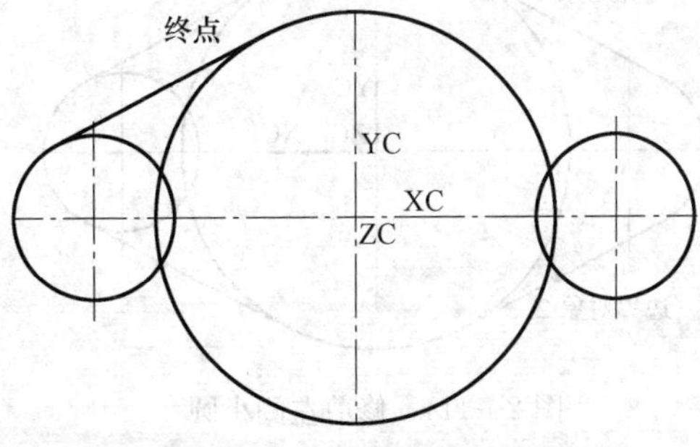

图 2—110　绘制切线终点

（4）用同样的方法绘制其余 3 条切线，如图 2—111 所示。

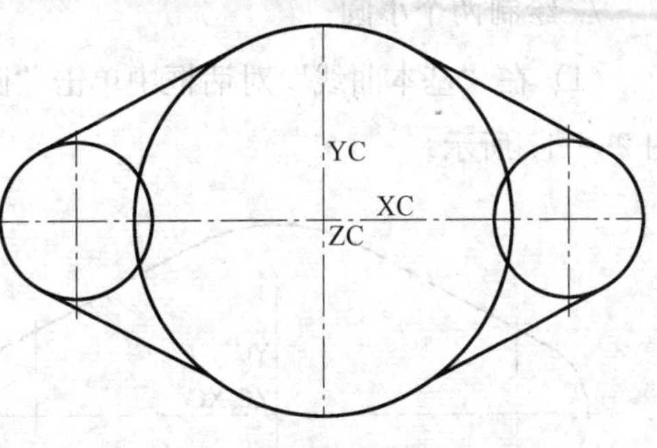

图 2—111　绘制切线

6. 修剪多余线条

（1）在“基本曲线”对话框中单击“修剪”图标，系统弹出“修剪曲线”对话框，如图 2—112 所示。将“设置”中的“输入曲线”设置为“替换”，“曲线延伸段”设置为“无”。

（2）根据系统提示“选择要修剪的曲线”，单击左侧圆需剪去部位，并分别选择左侧两切线作为“边界对象 1”和“边界对象 2”，如图 2—113 所示。

（3）单击【应用】按钮，完成左侧小圆的修剪，如图 2—114 所示。

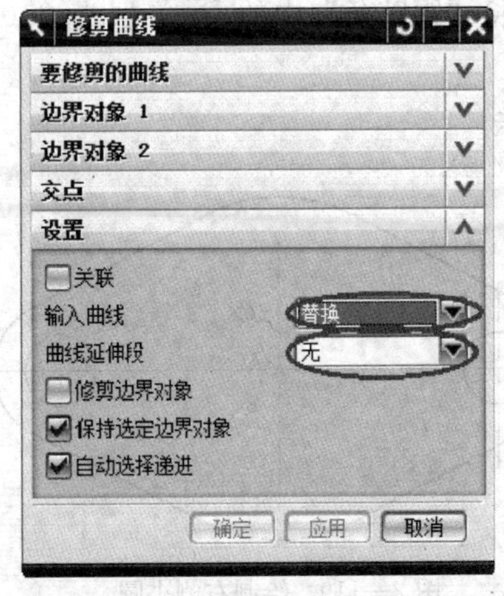

图 2—112　“修剪曲线”对话框

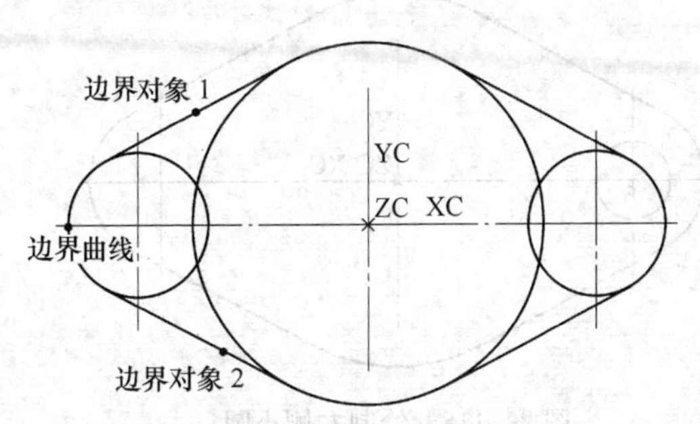

图 2—113　选择修剪曲线和修剪边界

(4) 根据系统提示“选择要修剪的曲线”，单击大圆需剪去部位，如图 2—115 所示。

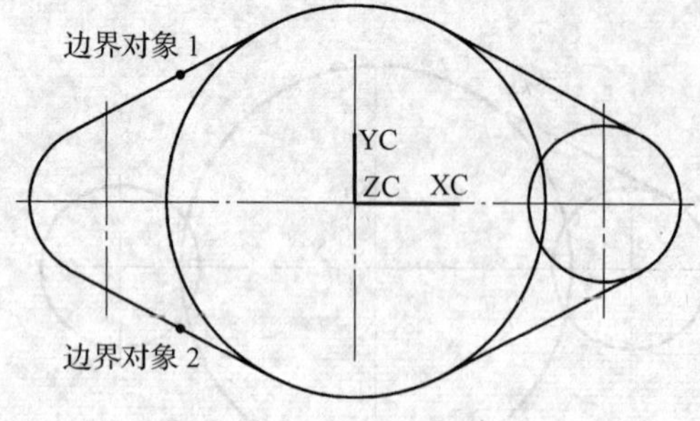

图 2—114　修剪左侧小圆

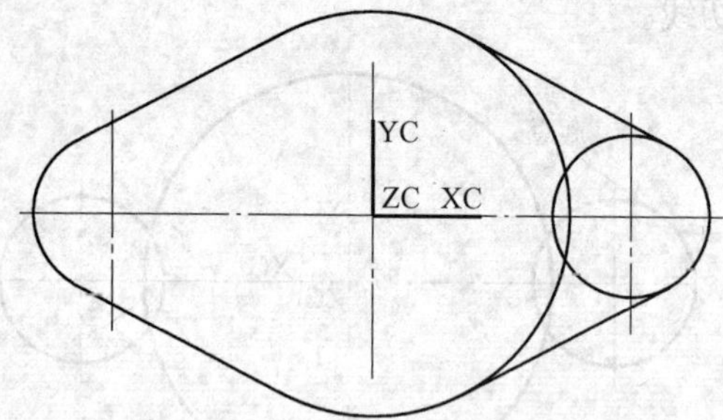

图 2—115　修剪左侧大圆

(5) 用同样的方法修剪右侧圆弧，如图 2—116 所示。

7. 绘制两个小圆

(1) 在“基本曲线”对话框中单击“圆”图标，“点方法”选择为“圆弧中心”，如图 2—117 所示。

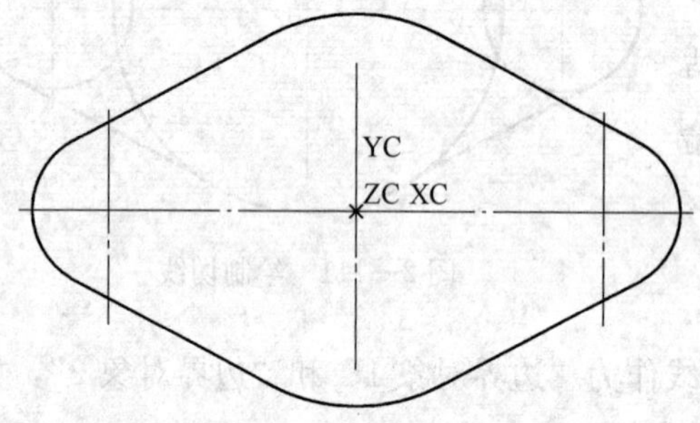

图 2—116　修剪完成后

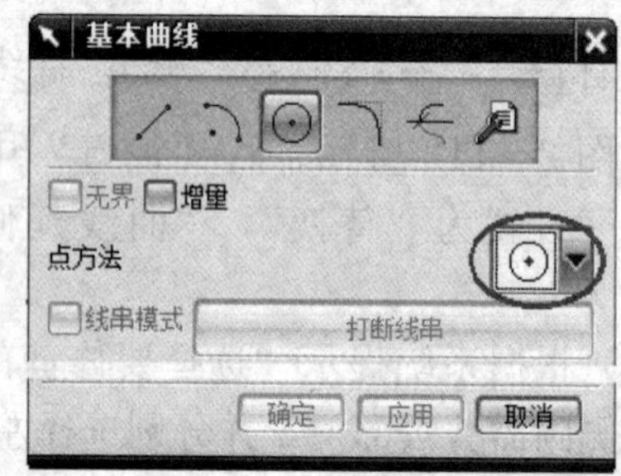

图 2—117　“基本曲线”对话框

(2) 根据系统提示“指出圆心”，选择左侧圆弧，将“跟踪条”中的 设置为“10”，按【Enter】键，绘制左侧小圆，如图 2—118 所示。

(3) 用同样的方法绘制右侧小圆，如图 2—119 所示。

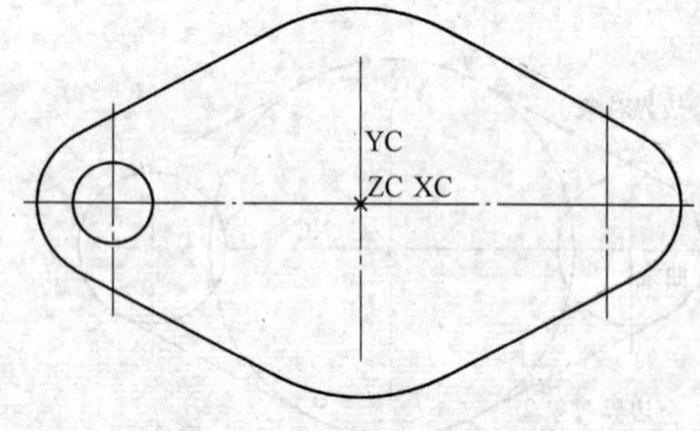

图 2—118　绘制左侧小圆

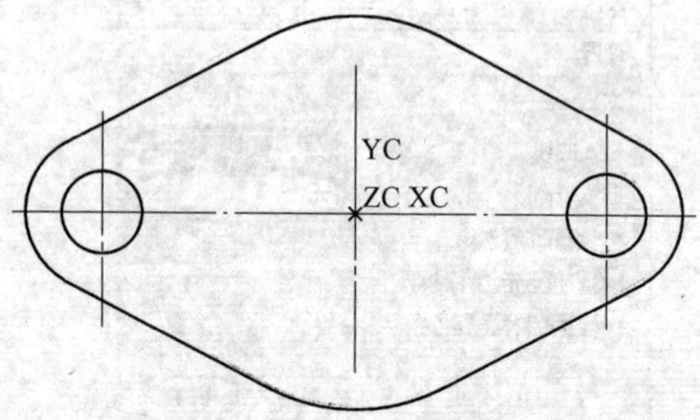

图 2—119　绘制右侧小圆

任务拓展

试采用基本曲线命令完成图 2—120 所示图形的绘制。

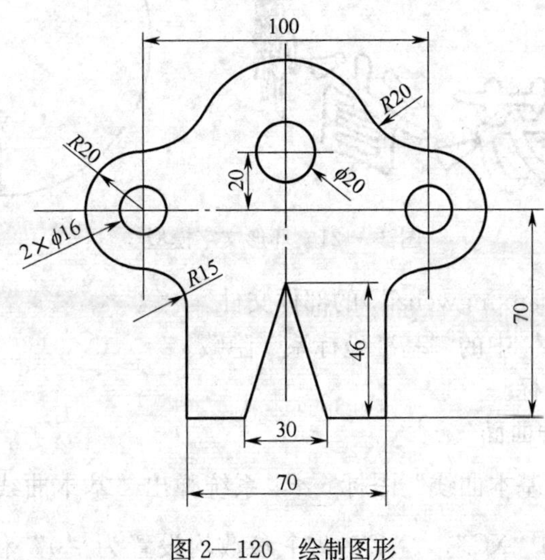

图 2—120 绘制图形

课题 5 绘制文字

学习目标

1. 了解圆柱体的创建。
2. 了解拉伸曲面的创建。
3. 掌握文字的创建。
4. 掌握曲线缠绕/展开操作。

工作任务

试采用曲线工具栏中的文本工具完成如图 2—121 所示环形文字的创建。

任务实施

1. 创建新文件

(1) 通过快捷方式图标启动 UG NX 6.0。

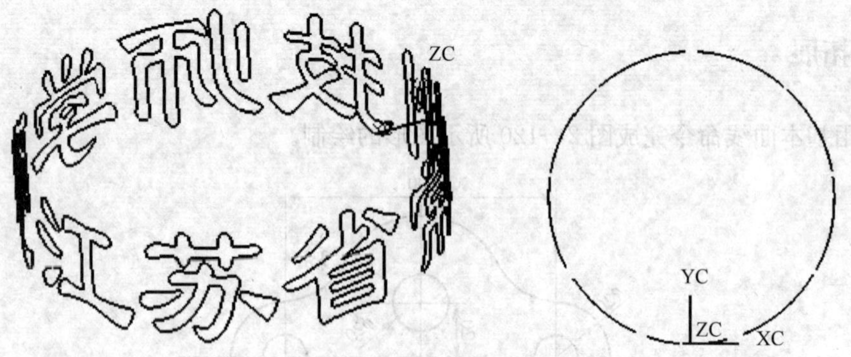

图 2—121　环形文字模型

（2）新建名称为“huanxingwenzi”的部件文件。

（3）将“部件导航器”中的“基准坐标系”隐藏。

（4）添加“文本”图标。

2. 创建圆柱体和拉伸曲面

（1）绘制圆。单击“基本曲线”图标，系统弹出“基本曲线”对话框，单击“圆”图标“”，将跟踪条的“XC”“YC”两个参数均设置为“0”和“25”，将设置为“25”后按【Enter】键，如图 2—122 所示。

（2）绘制直线。单击“直线”图标，在跟踪条“XC”文本框中输入“78.5”、“YC”文本框中输入“0”，然后按【Enter】键。再分别输入“XC”为“－78.5”、“YC”为“0”后按【Enter】键，绘制图形如图 2—123 所示。

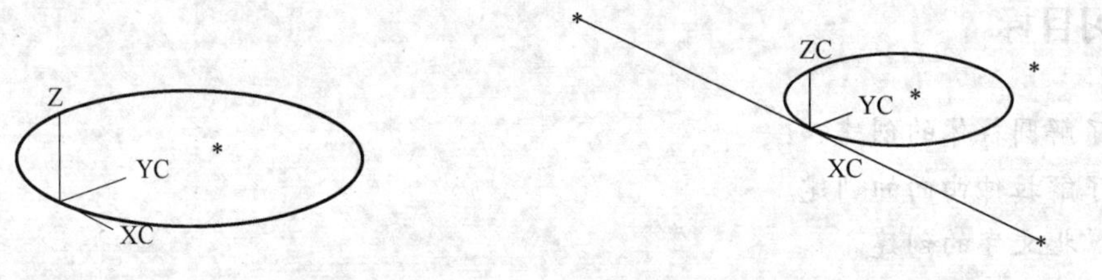

图 2—122　绘制圆

图 2—123　绘制直线

（3）拉伸圆柱。单击“拉伸”图标或选择［插入］/［设计特征］/［拉伸］菜单命令，系统弹出“拉伸”对话框，将“限制”中的“结束”选择“对称值”，“距离”设置为“15”，其他采用默认值，如图 1—124 所示。单击【应用】按钮，完成圆柱体的创建，如图 2—125 所示。

（4）拉伸曲面。选择“直线”，输入“开始”的“距离”为“0”，输入“结束”的“距离”为“10”，其他采用默认值，单击【确定】按钮，完成曲面的拉伸，如图 2—126 所示。

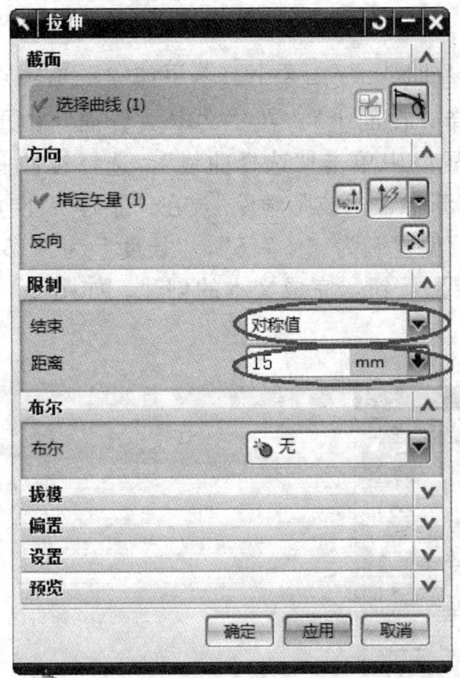

图 2—124 “拉伸”对话框的设置

图 2—125 圆柱体

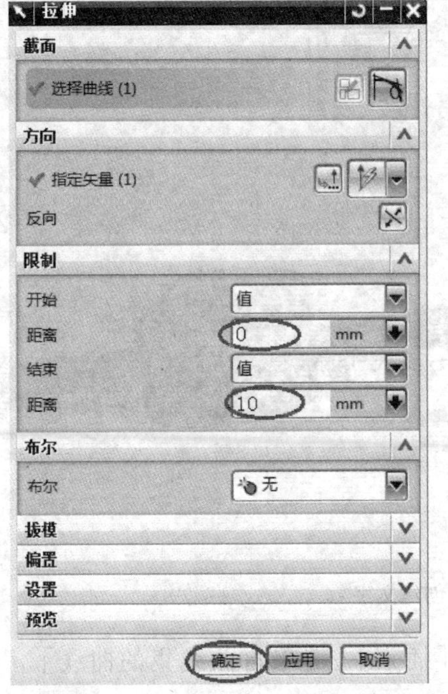

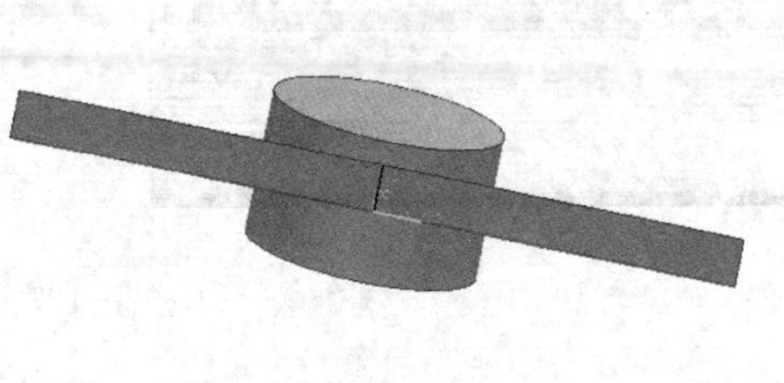

图 2—126 曲面拉伸

3. 创建文字

（1）单击“文本”图标**A**或选择［插入］/［曲线］/［文本］菜单命令，系统弹出“文本”对话框。在“类型”下拉列表框中选择“在面上”。在“文本放置面”中单击“选择对象”，选择“拉伸曲面”。在“面上的位置”中单击“选择曲线”，选择拉伸曲面的轮廓直线。在“文本属性”文本框中输入“江苏省常州技师学院”，在“字体”下拉列表框中选择“隶书”。在“尺寸”栏中分别输入“偏置”为“－7.5”，“长度”为“155”，“高度”为“15”，其他采用默认值，单击【确定】按钮，完成文本的创建，如图 2—127 所示。

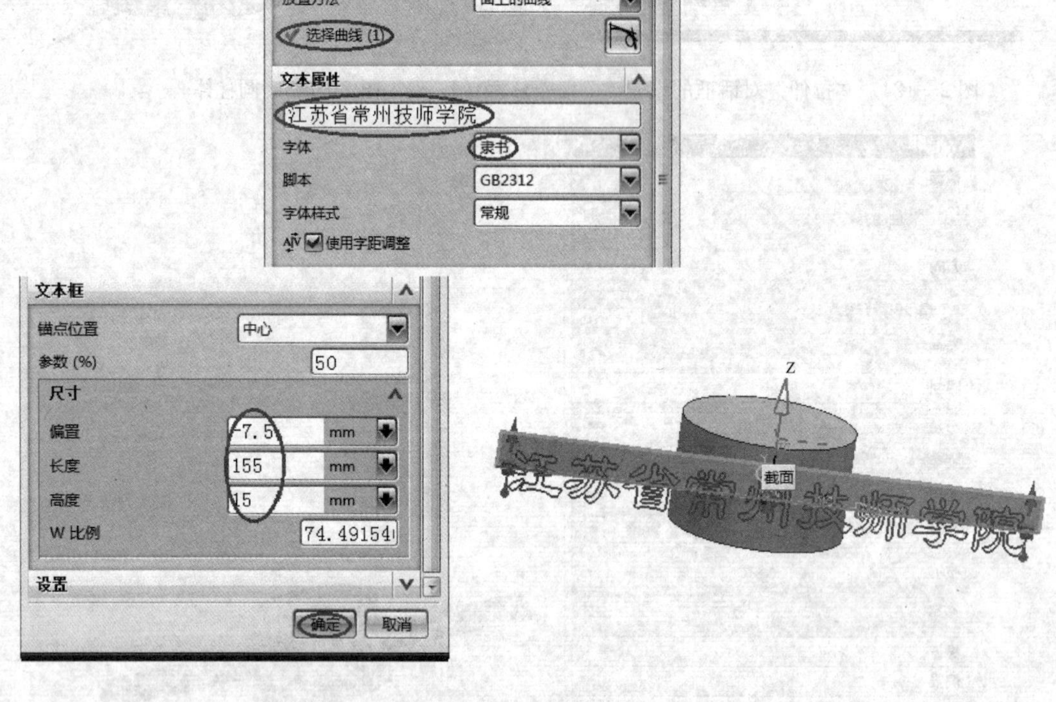

图 2—127　创建文字

（2）单击“缠绕/展开”图标或选择［插入］/［来自曲线集的曲线］/［缠绕/展开曲线］菜单命令，系统弹出“缠绕/展开曲线”对话框，在“类型”栏中选择“缠绕”。单击“曲线”栏的“选择曲线”，选择文字“江苏省常州技师学院”为缠绕曲线，单击“面”栏中的“选择面”，选择“圆柱面”为缠绕曲面，单击“平面”栏中的“选择对象”，选择“拉伸曲面”作为平面，单击【确定】按钮，完成曲线缠绕，如图2—128所示。

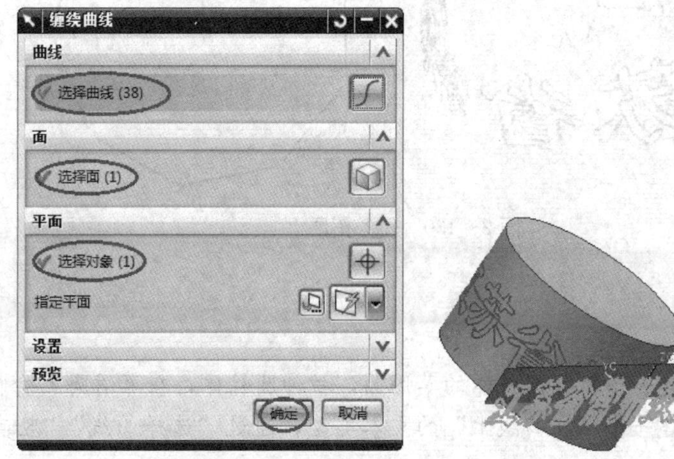

图 2—128　选择缠绕曲线、缠绕面和平面

（3）选择圆柱实体、拉伸曲面、平面文字、圆和直线作为隐藏对象，然后选择［编辑］/［显示和隐藏］菜单命令，再在随即弹出的下拉菜单中选择［隐藏］命令，隐藏后的缠绕效果如图 2—129 所示。

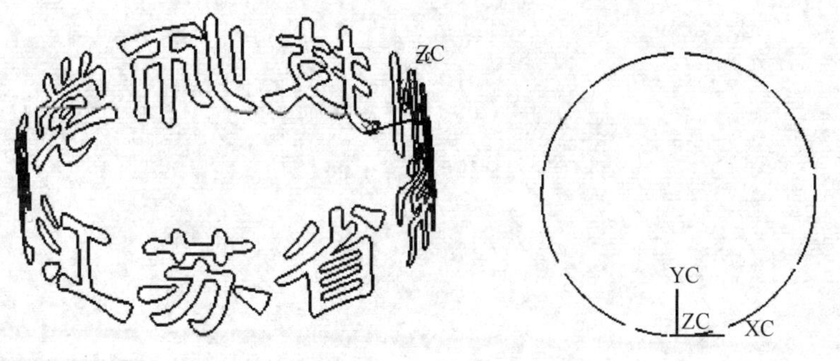

图 2—129　隐藏操作后的文字缠绕效果

任务拓展

试采用文字绘制功能建立如图 2—130 所示的图形。

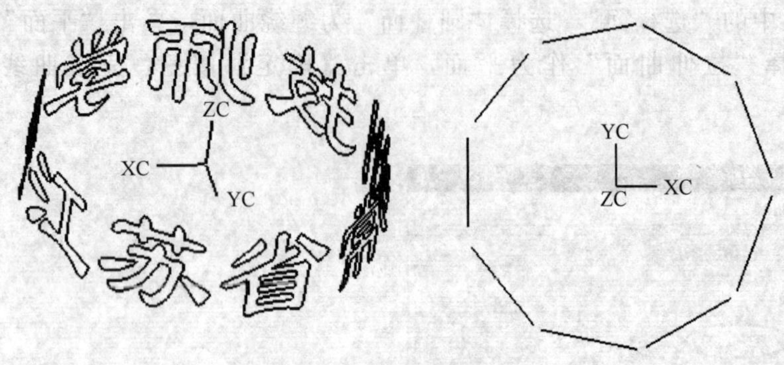

图 2—130　任务拓展

提示

建模思路：首先创建一个拉伸圆柱体的草图圆，拉伸圆柱体，在草图圆上绘制文字即可完成任务拓展。或者创建一个“在曲线上”的文本类型，通过“选择曲线”“竖直方向”定位方法设置等操作进行。

模块三

实体与特征建模

课题 1　基本体素特征

学习目标

1. 掌握基本体素特征建模。
2. 熟悉基准坐标系的隐藏操作。
3. 掌握布尔操作。
4. 熟悉对象显示操作。

工作任务

UG NX 是以创建三维实体为主的三维图形设计软件。特征是组成三维实体的基本元素。特征主要包括基准特征、基本体素特征、扫描特征和设计特征等。

在 UG NX 6.0 中，对于简单形状的三维实体模型，可采用基本体素特征进行创建。试采用基本体素特征完成如图 3—1 所示骰子实体模型的创建。

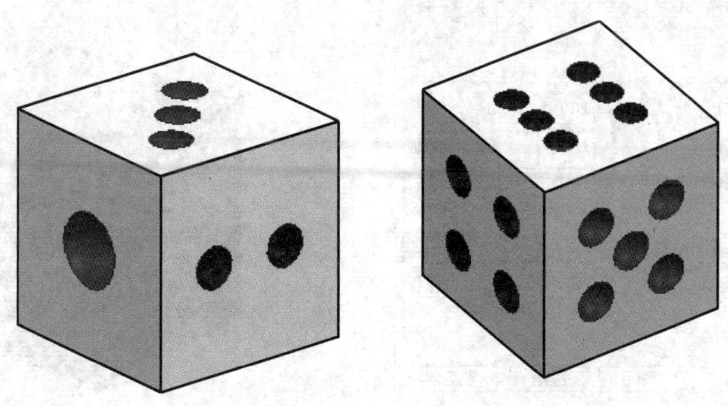

图 3—1　骰子实体模型

提示

直接生成实体的方法一般称为基本体素特征，可用于创建简单形状的对象。基本体素特征包括长方体、圆柱体、圆锥体、球体等特征。基本体素特征与其他特征不存在相关性，因此，在创建模型时一般会将基本体素特征作为第一个创建的对象。

任务实施

1. 创建新文件

（1）通过快捷方式图标启动 UG NX 6.0。

（2）新建名称为“touzi”的部件文件。

2. 创建长方体

（1）单击“长方体”图标或选择［插入］/［设计特征］/［长方体］菜单命令，系统弹出“长方体”对话框，将“尺寸”中的“长度”“宽度”和“高度”3 个参数均设置为“100”，其余采用默认设置，如图 3—2 所示。

（2）单击【确定】按钮，完成长方体的创建，单击“适合窗口”图标，弹出图形窗口。如图 3—3 所示。

（3）在“部件导航器”中选中“基准坐标系”，并单击鼠标右键，在弹出的快捷菜单中

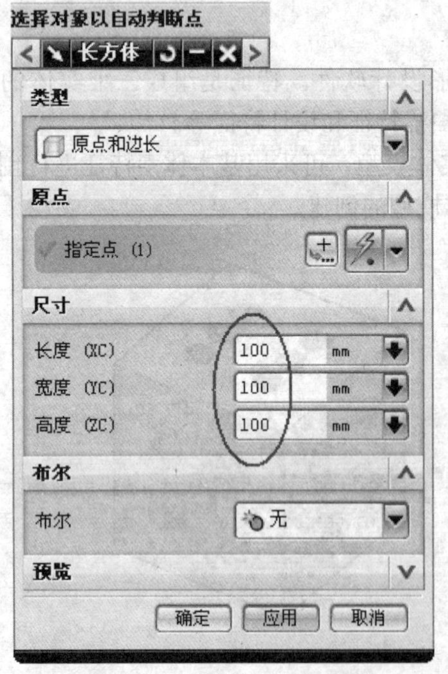

图 3—2 “长方体”对话框的设置

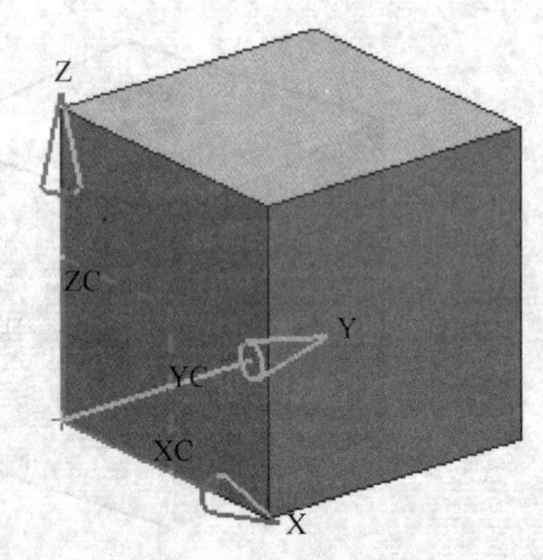

图 3—3 创建的长方体

选择［隐藏］命令，如图 3—4 所示。

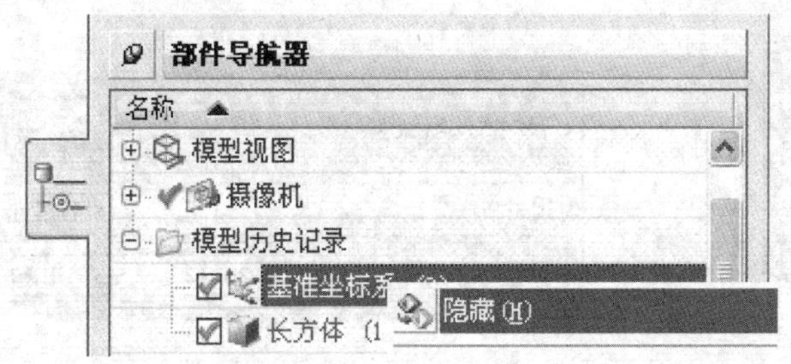

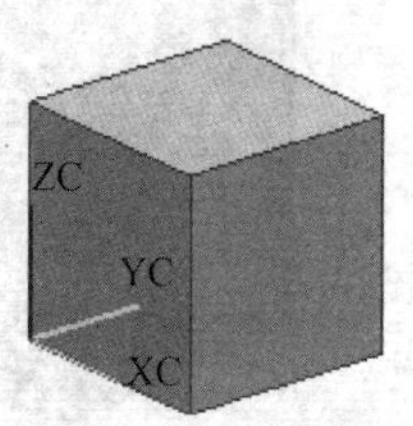

图 3—4 隐藏基准坐标系

3. 创建凹坑

（1）单击“球”图标或选择［插入］/［设计特征］/［球］菜单命令，系统弹出“球”对话框，将“尺寸”中的“直径”值设置为“35”，并将“布尔”操作设置为“求差”，如图 3—5 所示。

（2）单击“点构造器”图标，如图 3—5 所示，指定“球”的中心点，系统弹出“点”构造器对话框，按如图 3—6 所示进行设置。

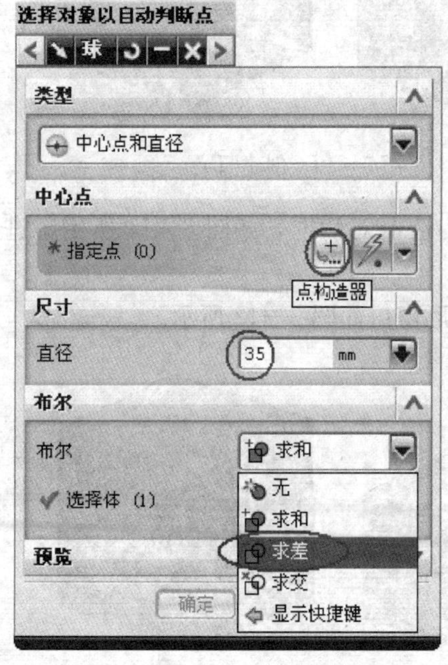

图 3—5 “球”对话框的设置

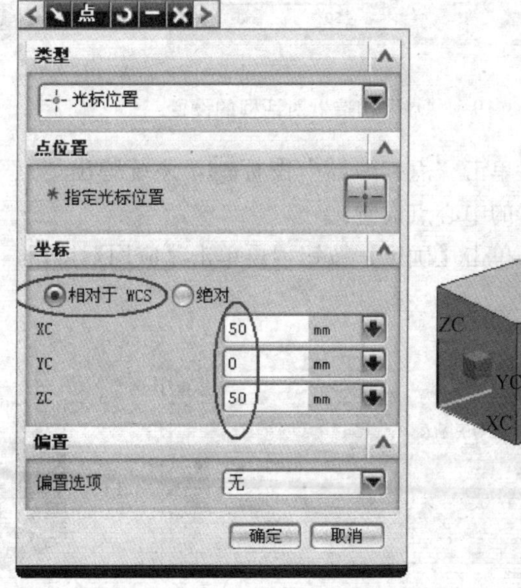

图 3—6 “点”构造器对话框的设置

（3）单击【确定】按钮，系统回到“球”对话框，单击【应用】按钮，完成“一点”凹坑的创建，如图 3—7 所示。

（4）将“尺寸”的“直径”修改为“20”，如图 3—8 所示，单击“点构造器”图标。

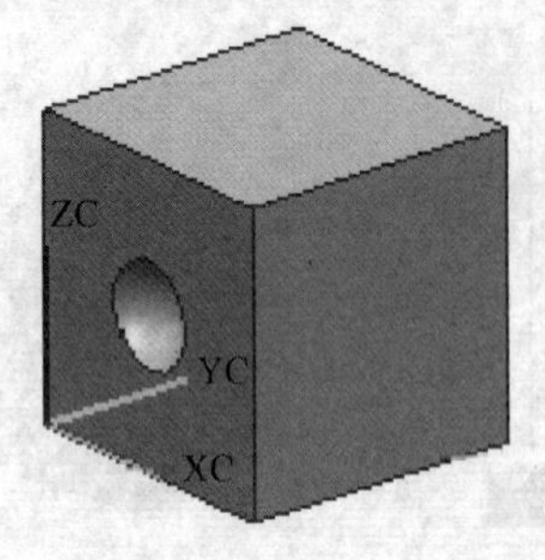

图 3—7　完成“一点”凹坑的创建

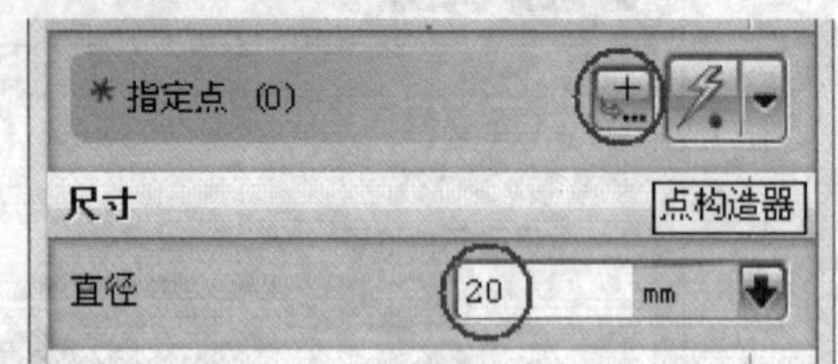

图 3—8　修改直径尺寸

（5）系统弹出“点”构造器对话框，如图 3—9 所示，进行“球”的中心点设置。

（6）单击【确定】按钮，再单击【应用】按钮，图形窗口如图 3—10 所示。

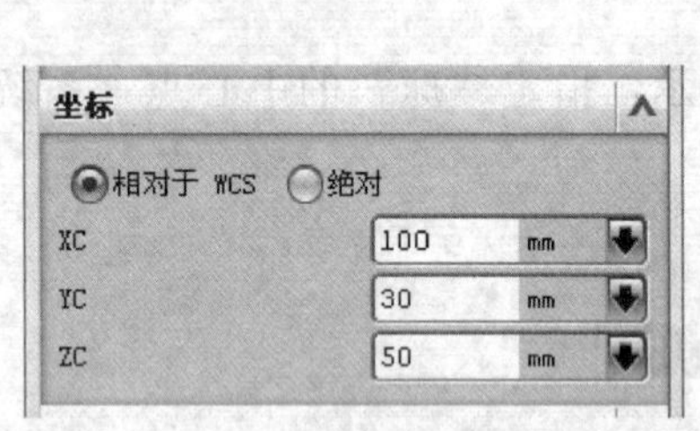

图 3—9　“点”构造器对话框的设置

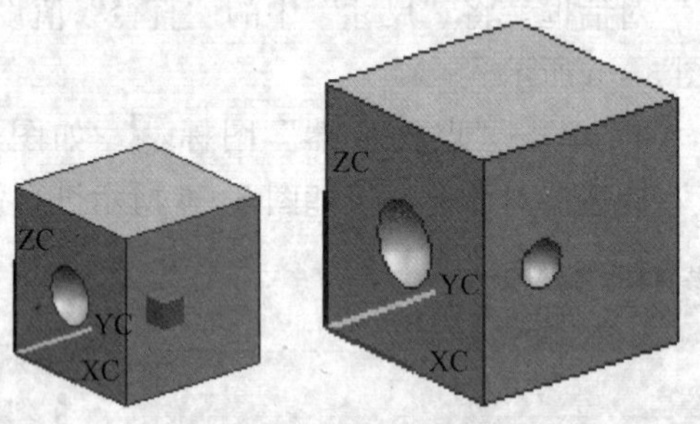

图 3—10　创建凹坑

（7）单击“点构造器”图标，系统弹出“点”构造器对话框，如图 3—11 所示，进行“球”的中心点设置。

（8）单击【确定】按钮，再单击【应用】按钮，图形窗口如图 3—12 所示。

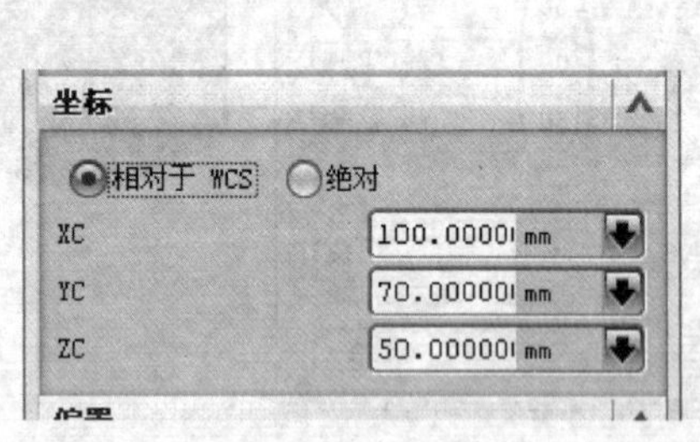

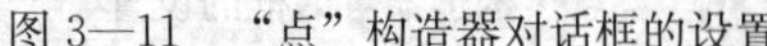

图 3—11　“点”构造器对话框的设置

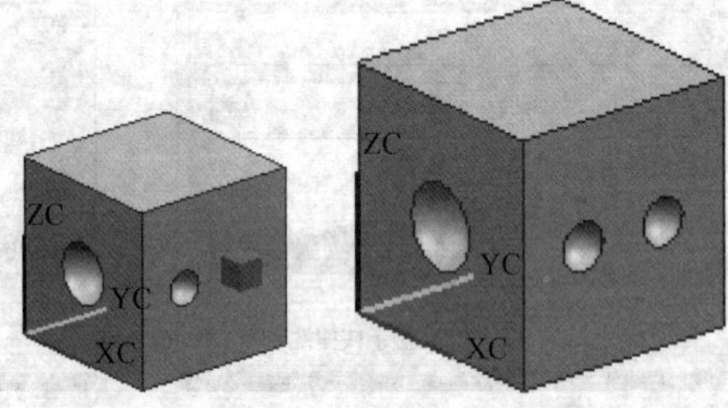

图 3—12　完成“两点”凹坑的创建

（9）采用类似方法，根据表 3—1 提供的“直径”值和“球”中心点坐标值，依次完成“三点”“四点”“五点”和“六点”凹坑的创建，如图 3—13 所示。

表 3—1　　　　各凹坑球直径值和球中心点坐标值

值		三点			四点				五点					六点					
直径		20			20				20					16					
坐标	XC	30	50	70	0	0	0	0	30	70	30	70	50	30	30	30	70	70	70
	YC	70	50	30	30	70	30	70	100	100	100	100	100	30	50	70	30	50	70
	ZC	100	100	100	30	30	70	70	30	30	70	70	50	0	0	0	0	0	0

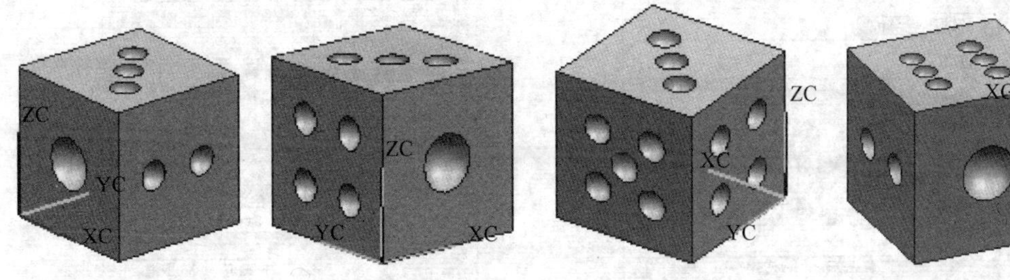

图 3—13　凹坑创建

4. 改变模型颜色

（1）选择［编辑］/［对象显示］菜单命令，系统弹出“类选择”对话框，如图 3—14 所示。

（2）根据系统提示“选择要编辑的对象”，选择整个模型，如图 3—15 所示。

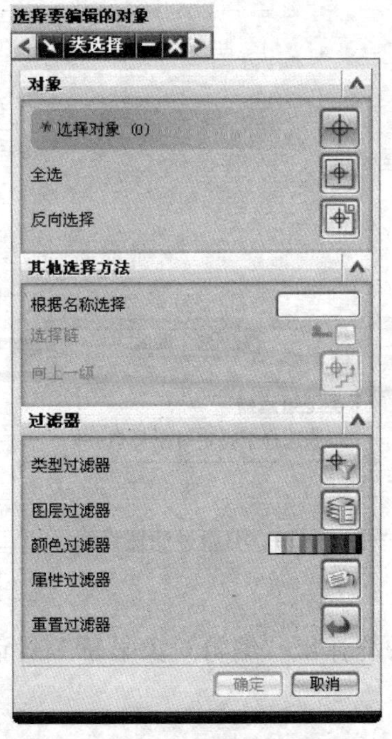

图 3—14　“类选择”对话框

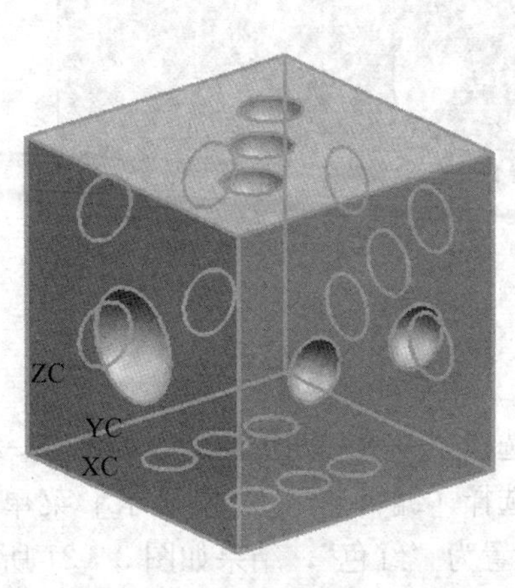

图 3—15　选择整个模型

（3）单击【确定】按钮，系统弹出“编辑对象显示”对话框，如图 3—16 所示。

（4）单击“颜色”图标，系统弹出“颜色”对话框，根据提示“选择颜色”，选择“白色”，如图 3—17 所示，单击【确定】按钮。

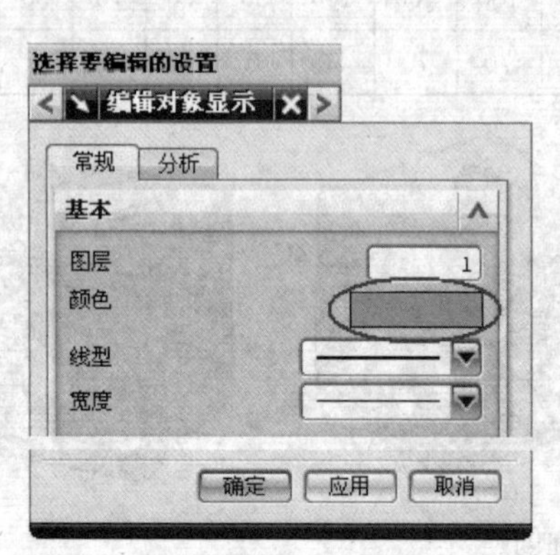

图 3—16 “编辑对象显示”对话框

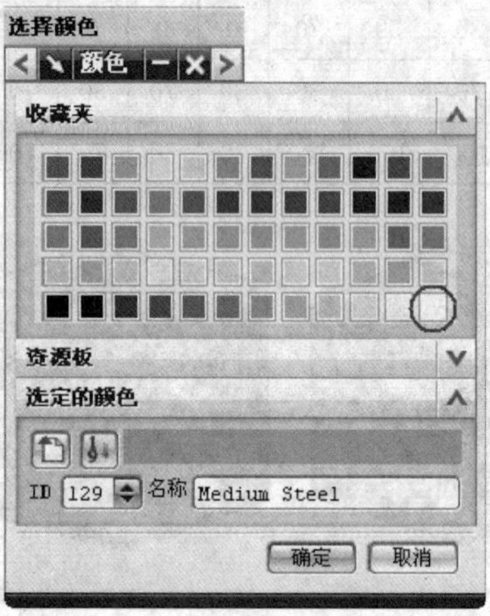

图 3—17 选择白色

（5）系统返回“编辑对象显示”对话框，单击【确定】按钮，图形窗口如图 3—18 所示。

（6）将“类型过滤器”设置为“面”，如图 3—19 所示。

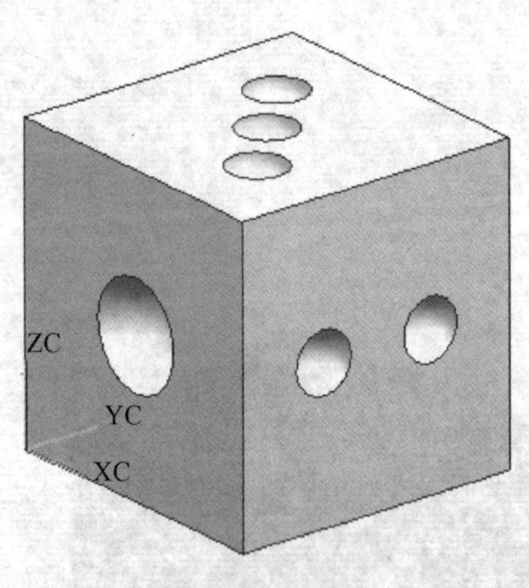

图 3—18 白色模型

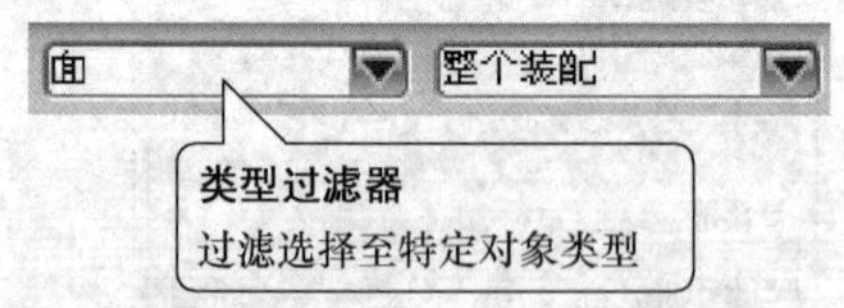

图 3—19 类型过滤器设置

（7）选择“一点”凹坑曲面，如图 3—20 所示。

（8）选择［编辑］/［对象显示］菜单命令，系统弹出“编辑对象显示”对话框，将“颜色”设置为“红色”，结果如图 3—21 所示。

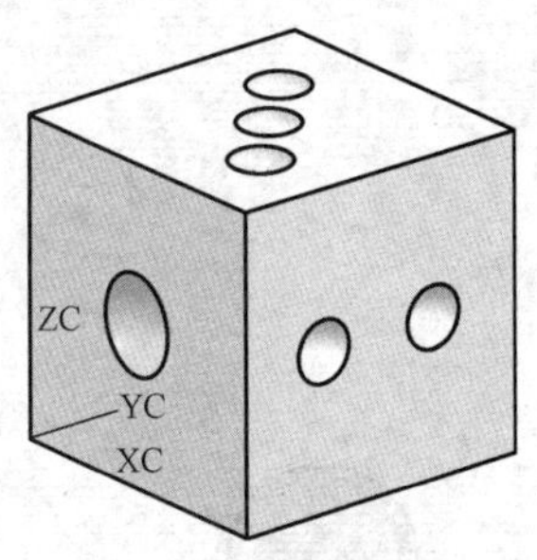

图 3—20 选择曲面

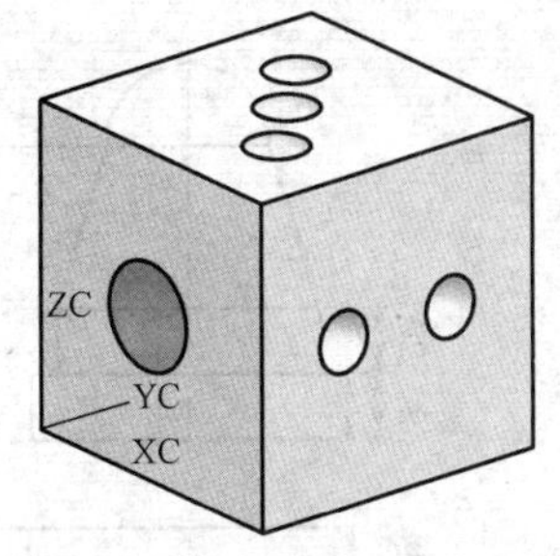

图 3—21 设置为红色

(9) 采用类似方法，将“三点”“五点”凹坑设置为“红色”，如图 3—22 所示。

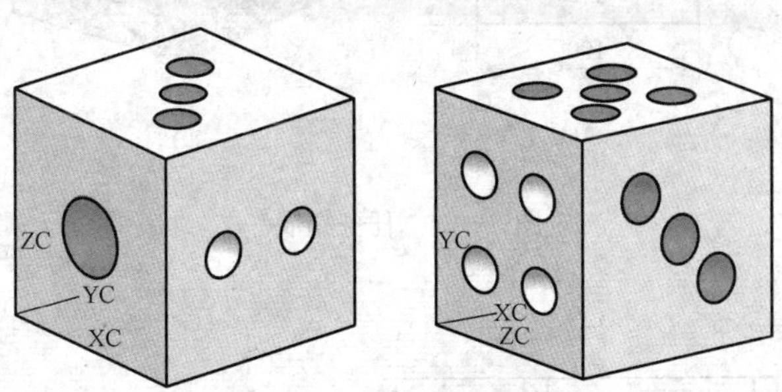

图 3—22 将“三点”和“五点”凹坑设置为“红色”

(10) 同样，将“两点”“四点”和“六点”凹坑设置为“蓝色”，如图 3—23 所示。至此，骰子三维模型创建完成。

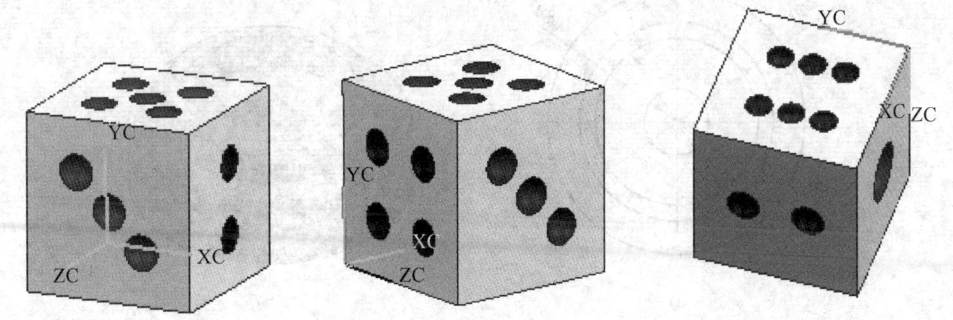

图 3—23 将“两点”“四点”“六点”凹坑设置为“蓝色”

任务拓展

试采用基本体素特征创建如图 3—24 和图 3—25 所示的三维实体模型。

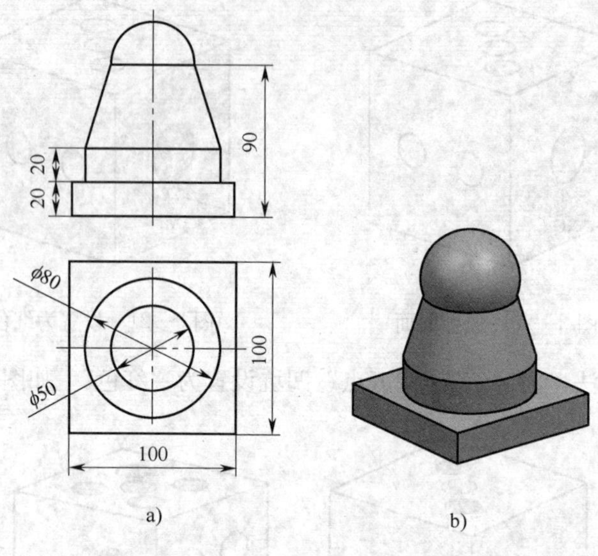

图 3—24　任务拓展一

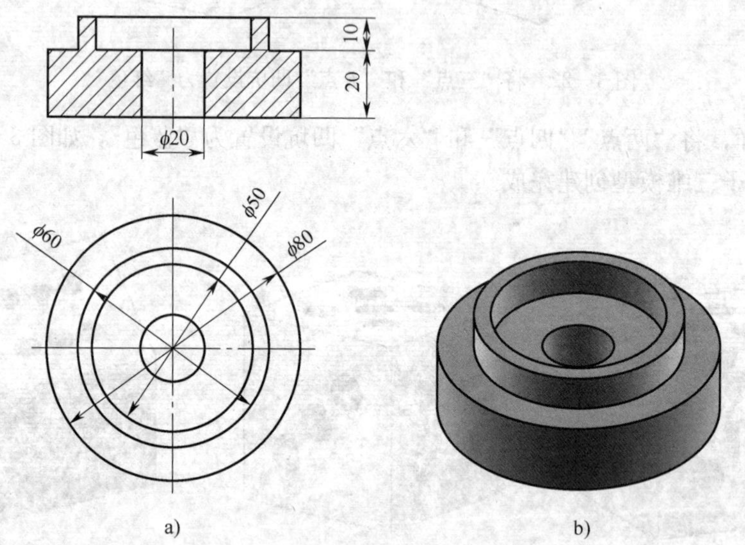

图 3—25　任务拓展二

课题 2　扫描特征建模一（拉伸）

学习目标

1. 掌握拉伸建模操作。
2. 掌握基准平面的构建。
3. 掌握边倒圆操作。
4. 掌握倒斜角操作。

工作任务

扫描特征是指将截面几何体沿导向线或一定的方向进行扫描生成特征的方法。试采用扫描特征中的拉伸方法完成图 3—26 所示模型的实体造型。

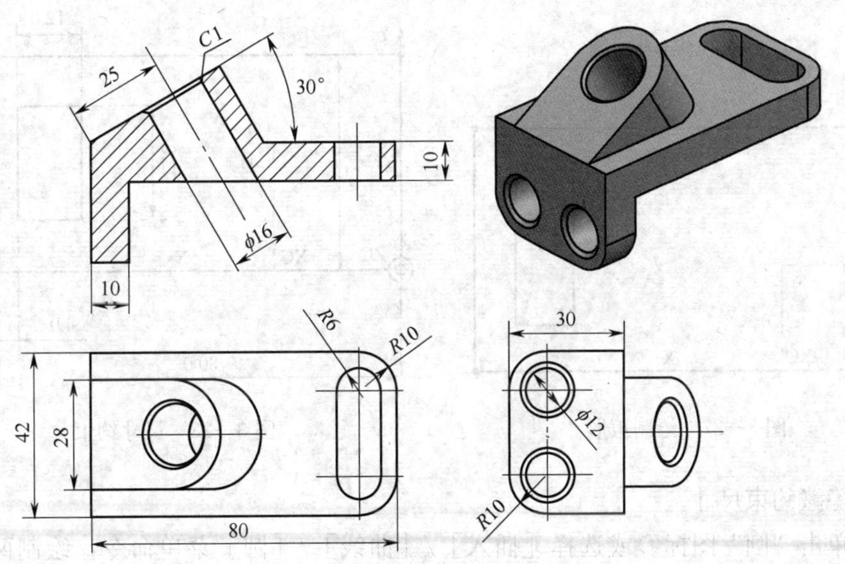

图 3—26　拉伸建模实例

提示

扫描特征包括拉伸、回转和沿引导线扫掠等。

任务实施

1. 创建新文件

（1）通过快捷方式图标启动 UG NX 6.0。

（2）新建名称为“lashen”的部件文件。

（3）选择［首选项］/［草图］菜单命令，系统弹出“草图首选项”对话框。在“草图样式”选项卡中，将“尺寸标签”设置为“值”。

2. 拉伸底座

（1）单击“草图”图标，系统弹出“创建草图”对话框。单击【确定】按钮，采用系统默认设置。此时进入草图环境。

（2）单击“矩形”图标或选择［插入］/［曲线］/［矩形］菜单命令，绘制如图 3—27 所示的矩形。

（3）单击“自动判断的尺寸”图标或选择［插入］/［尺寸］/［自动判断］菜单命令，对矩形进行尺寸约束，如图 3—28 所示。

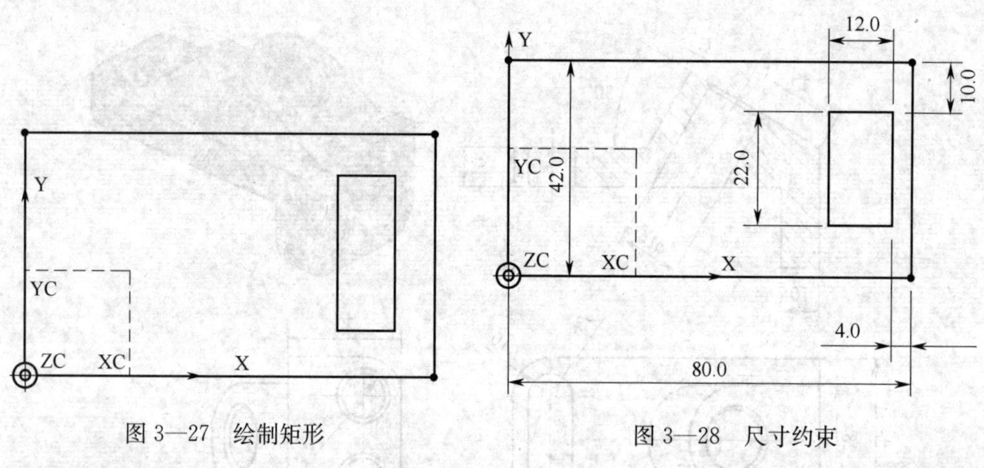

图 3—27　绘制矩形　　图 3—28　尺寸约束

（4）隐藏约束尺寸。

（5）单击“圆”图标或选择［插入］/［曲线］/［圆］菜单命令，绘制两个圆，如图 3—29 所示。

（6）单击“快速修剪”图标或选择［编辑］/［曲线］/［快速修剪］菜单命令，修剪多余的曲线，如图 3—30 所示。

（7）单击“完成草图”图标，结束草图的绘制，图形窗口如图 3—31 所示。

（8）单击“拉伸”图标或选择［插入］/［设计特征］/［拉伸］菜单命令，系统弹出“拉伸”对话框，将“开始”的“距离”设置为“0”，“结束”的“距离”设置为“10”，如图 3—32 所示。

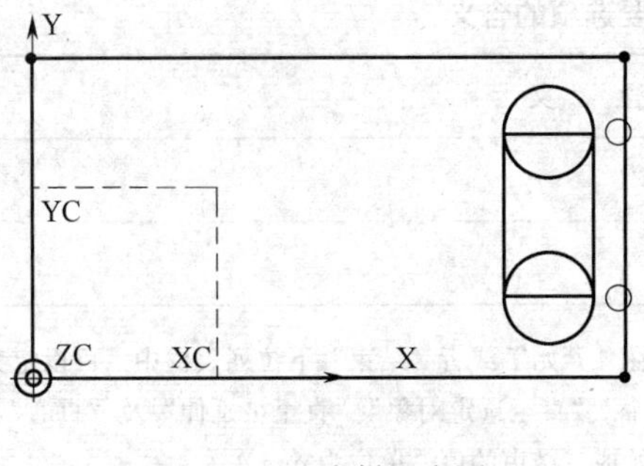

图 3—29　绘制两个圆

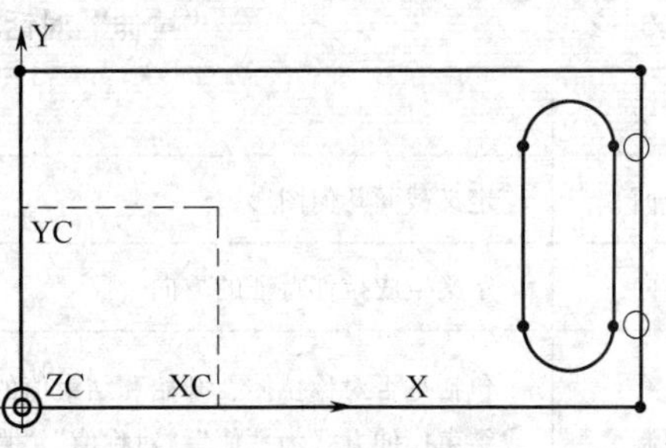

图 3—30　修剪曲线

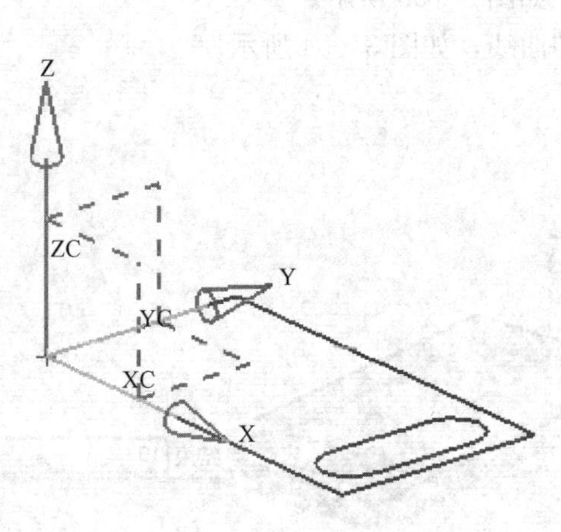

图 3—31　完成草图的绘制

图 3—32　“拉伸”对话框设置

提示

创建拉伸特征时，应根据“拉伸”对话框，在图形区域选择要拉伸的曲线，输入有关数据，并作相应设置，系统自动生成拉伸预览。在“拉伸”对话框中，主要选项含义见表3—2。

表 3—2　“拉伸”对话框各主要选项的含义

选项	含　义
截面	定义截面几何图形
方向	定义生成拉伸特征的方向
限制	包括是否对称拉伸、开始和结束值的定义。在“开始”或者“结束”下拉列表框中，可以定义开始或结束拉伸方式为“值”“对称值”“直至下一个”“直至选定对象”“直至被延伸”及“贯通”，当选择开始或者结束类型为数值型时，需要输入开始或者结束的值，单位为 mm
布尔	选择拉伸操作的运算方法，包括“无”“求和”“求差”“求交”运算
拔模	用于设置类型与角度，其中“类型”下拉列表框中有“从起始限制”“从截面”“从截面－不对称角”“从截面－对称角”和“从截面匹配的终止处”可供选择
偏置	包括开始和结束偏置值的设置及偏置方式设置。其中，偏置方式包括“单侧”“对称”和“两侧”
设置	包括“实体”和“片体”两种体类型

(9) 将“曲线规则”设置为“特征曲线”，如图 3—33 所示。

(10) 根据提示，用鼠标左键单击选择拉伸曲线，如图 3—34 所示。

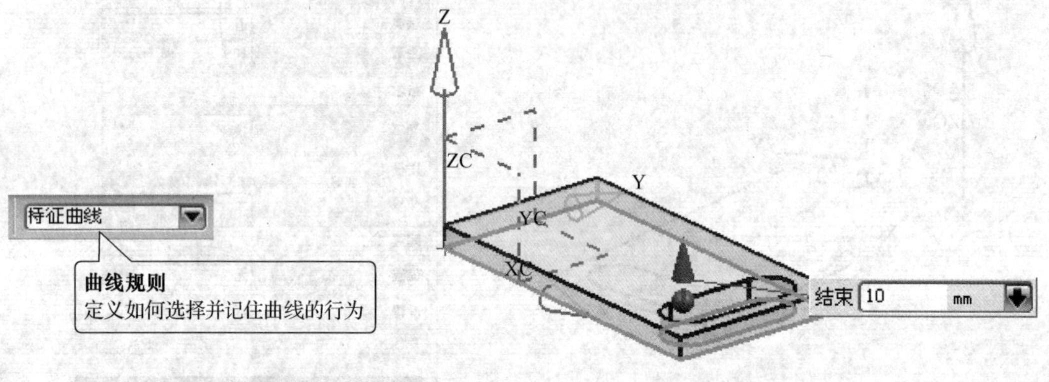

图 3—33　选择曲线规则　　图 3—34　选择拉伸曲线

(11) 单击【确定】按钮，完成底座拉伸，如图 3—35 所示。

3. 创建基准平面

(1) 单击“旋转”图标，将底座旋转到如图 3—36 所示的位置。

(2) 单击鼠标中键，取消旋转功能。

(3) 单击“基准平面”图标或选择［插入］/［基准/点］/［基准平面］菜单命令，系统弹出“基准平面”对话框，如图 3—37 所示。

(4) 将“类型”设置为“成一角度”，如图 3—38 所示。

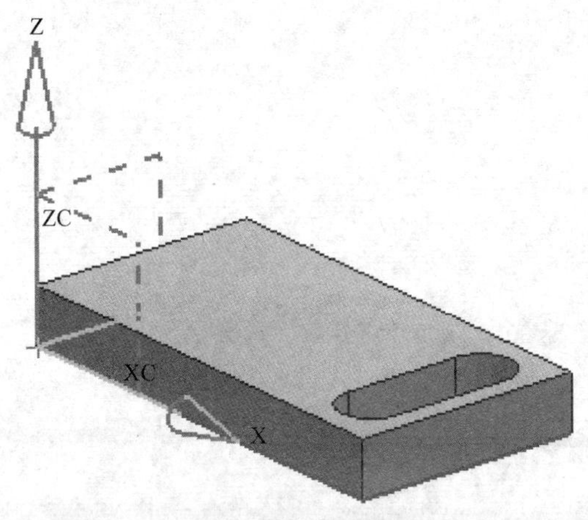

图 3—35　拉伸底座

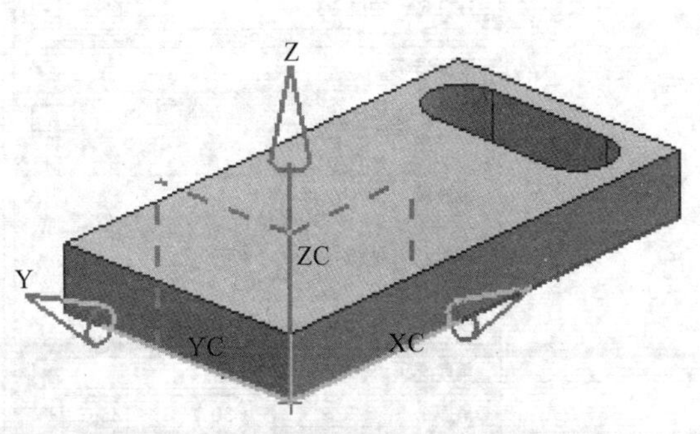

图 3—36　旋转底座

图 3—37　“基准平面”对话框

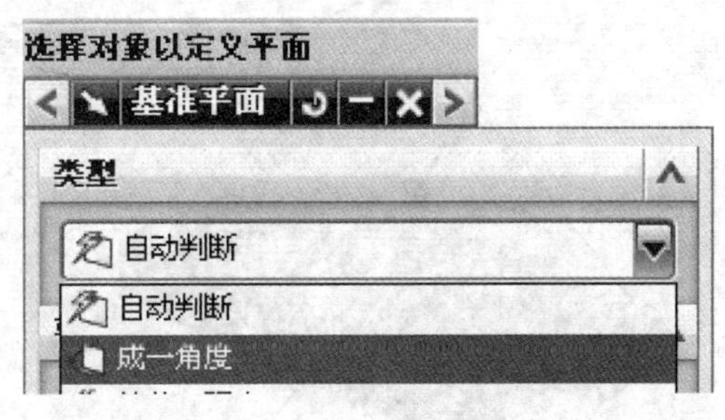

图 3—38　选择基准平面类型

（5）将“角度”设置为“30”，单击“选择平面对象”，选择底座上表面作为参考平面，如图 3—39 所示。

（6）系统提示“选择一个线性对象（线性曲线、线性边或基准轴）”，选择上表面左端直线作为基准平面通过直线，如图 3—40 所示。

（7）单击【确定】按钮，完成基准平面的创建，如图 3—41 所示。

4. 拉伸倾斜凸台

（1）选择刚创建的基准平面，如图 3—42 所示。

（2）单击“草图”图标，系统弹出“创建草图”对话框。单击【确定】按钮进入草图环境，图形窗口如图 3—43 所示。

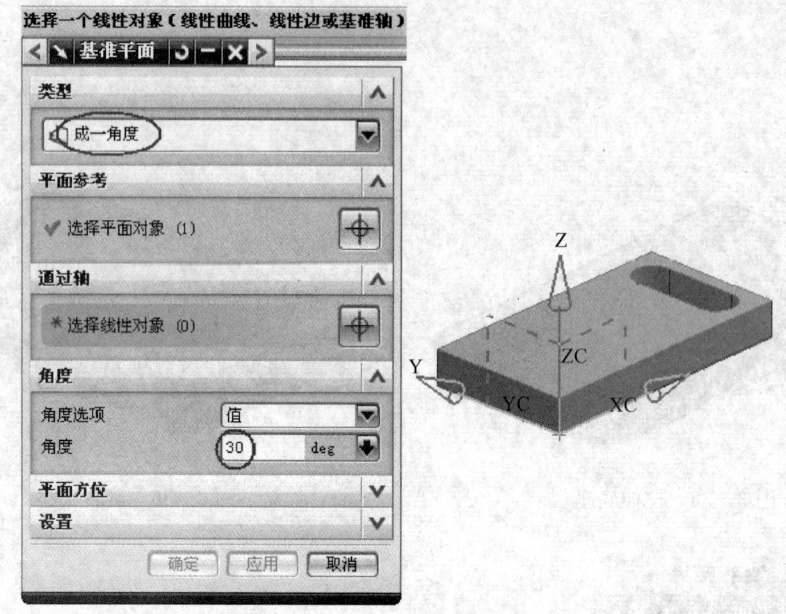

图 3—39 “基准平面”类型及角度设置并选择平面对象

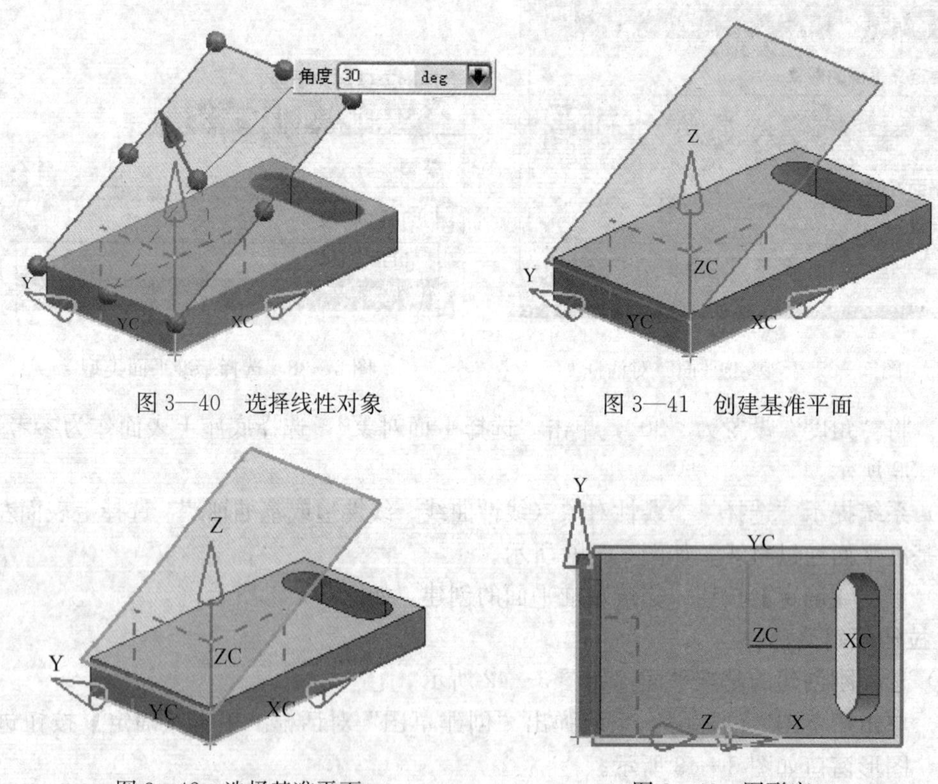

图 3—40 选择线性对象

图 3—41 创建基准平面

图 3—42 选择基准平面

图 3—43 图形窗口

（3）单击“矩形”图标□或选择［插入］/［曲线］/［矩形］菜单命令，绘制如图 3—44 所示的矩形。

（4）单击“自动判断的尺寸”图标或选择［插入］/［尺寸］/［自动判断］菜单命令，对矩形进行尺寸约束，如图 3—45 所示。

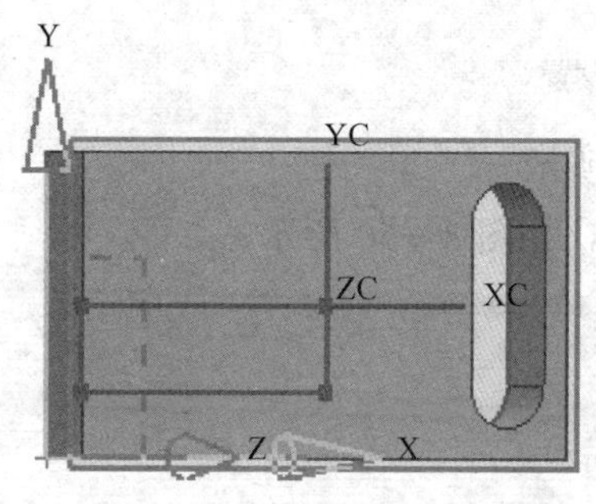

图 3—44　绘制矩形

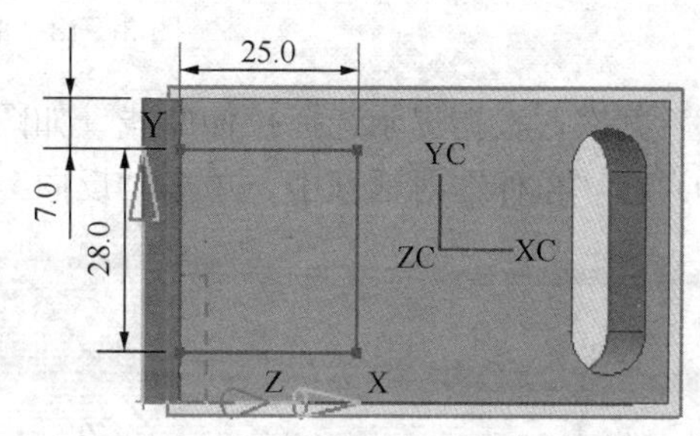

图 3—45　对矩形进行尺寸约束

提示

必要时，矩形左边与底座边可作“共线”几何约束。

（5）单击“圆”图标○或选择［插入］/［曲线］/［圆］菜单命令，绘制两个圆，如图 3—46 所示。

（6）单击“完成草图”图标完成草图，结束草图的绘制，图形窗口如图 3—47 所示。

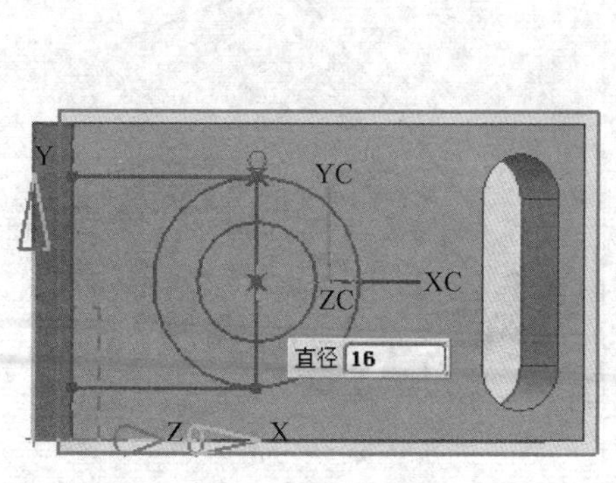

图 3—46　绘制两个圆

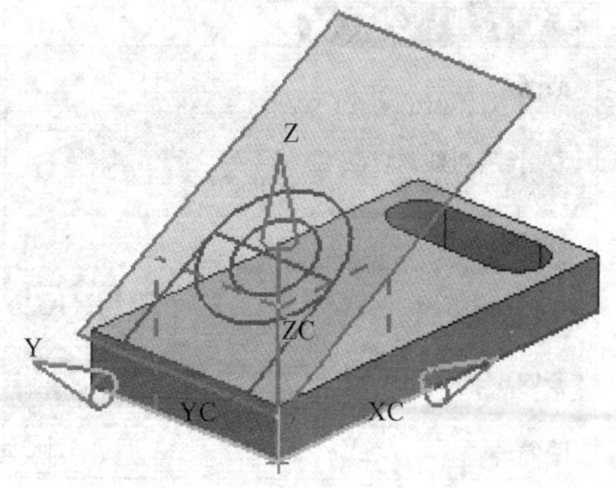

图 3—47　完成草图绘制

（7）单击“拉伸”图标或选择［插入］/［设计特征］/［拉伸］菜单命令，系统弹出“拉伸”对话框。首先，将“曲线规则”设置为“单条曲线”，并选择“在相交处停止”，如图 3—48 所示。

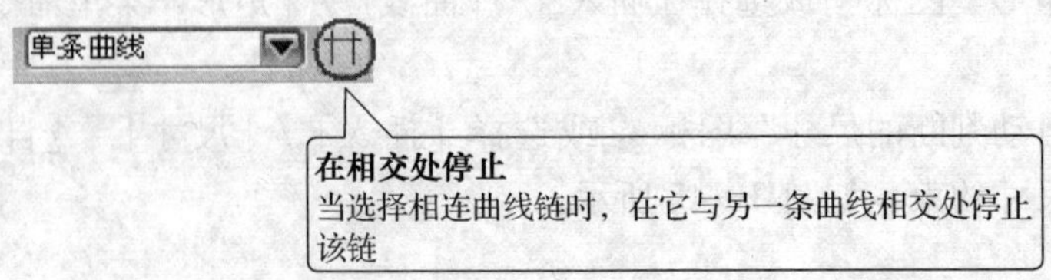

图 3—48　曲线规则设置

（8）其次，根据提示选择拉伸曲线，如图 3—49 所示。

（9）在“拉伸”对话框中，单击“反向”图标，如图 3—50 所示。

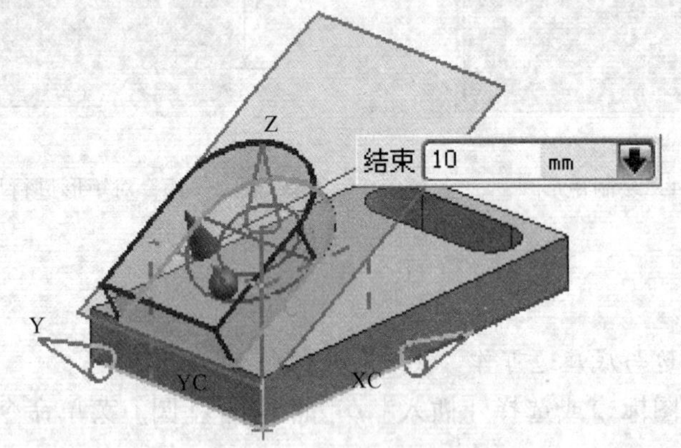

图 3—49　选择拉伸曲线

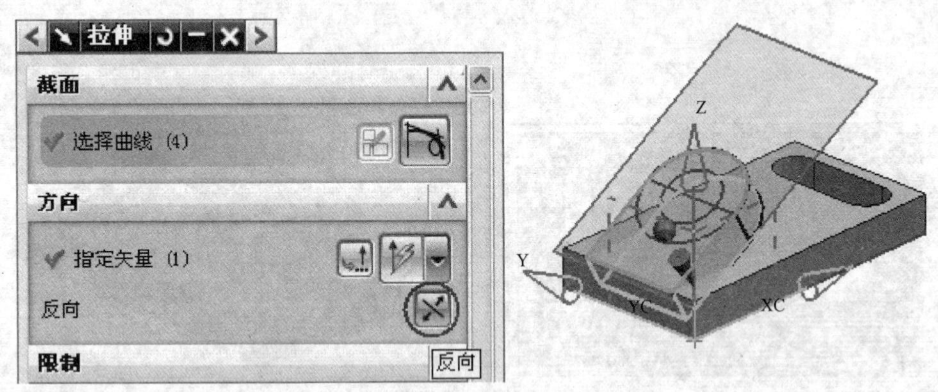

图 3—50　拉伸反向设置

（10）最后，在“拉伸”对话框中将“限制”下的“结束”设置为“直至下一个”，并将“布尔”下的“布尔”设置为“求和”，如图 3—51 所示。

（11）单击【应用】按钮，图形窗口如图 3—52 所示。

（12）选择直径为 16 mm 的圆作为拉伸曲线，如图 3—53 所示。

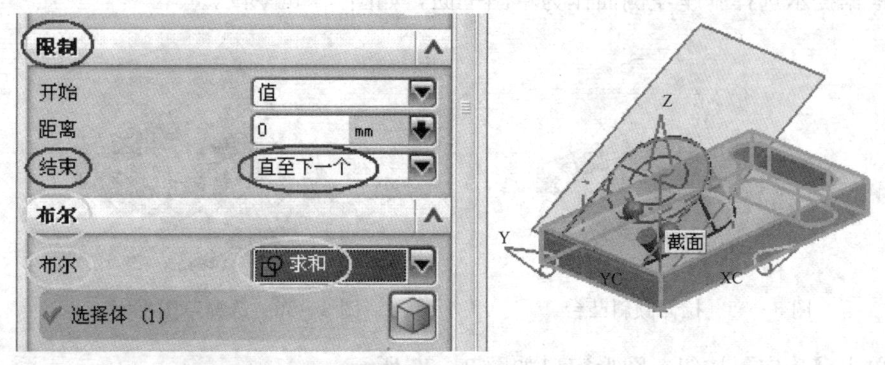

图 3—51　拉伸设置

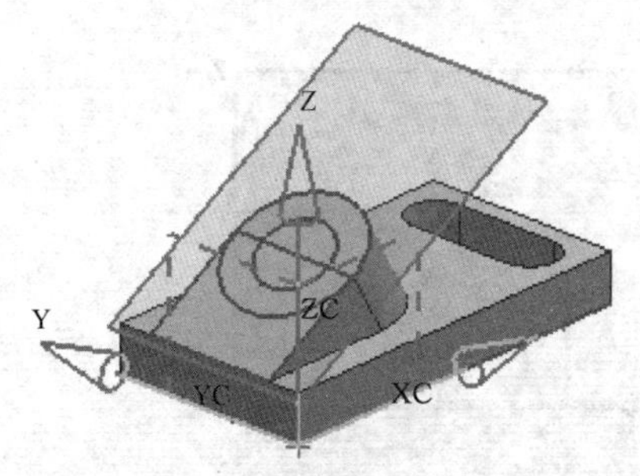

图 3—52　拉伸操作

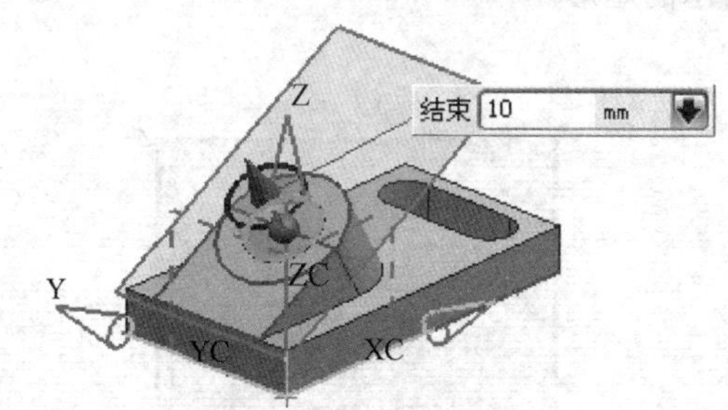

图 3—53　选择拉伸曲线

(13) 在“拉伸”对话框中单击“反向”图标。

(14) 对“拉伸”对话框进行设置，如图 3—54 所示。

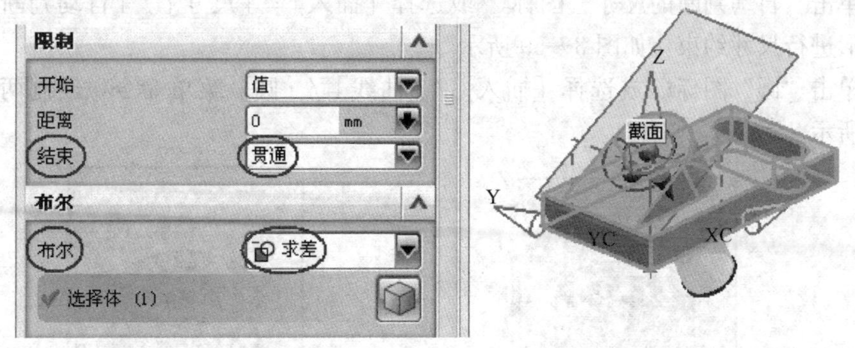

图 3—54　拉伸设置

(15) 单击【确定】按钮，完成倾斜凸台的拉伸，图形窗口如图 3—55 所示。

5. 拉伸左侧实体

(1) 单击“草图”图标，系统弹出“创建草图”对话框。

（2）根据提示选择基座左侧面作为草图平面，如图 3—56 所示。

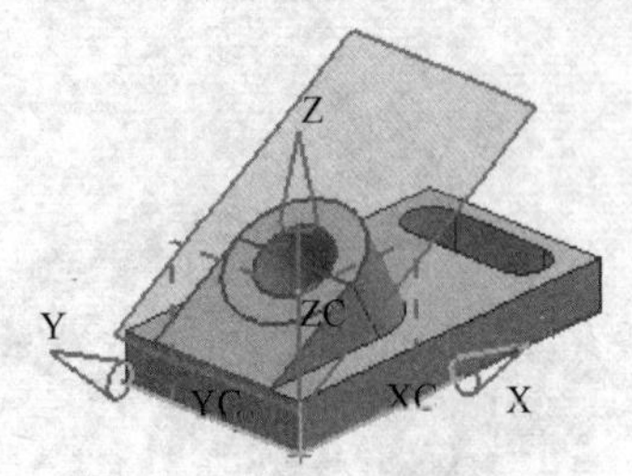

图 3—55　拉伸倾斜凸台

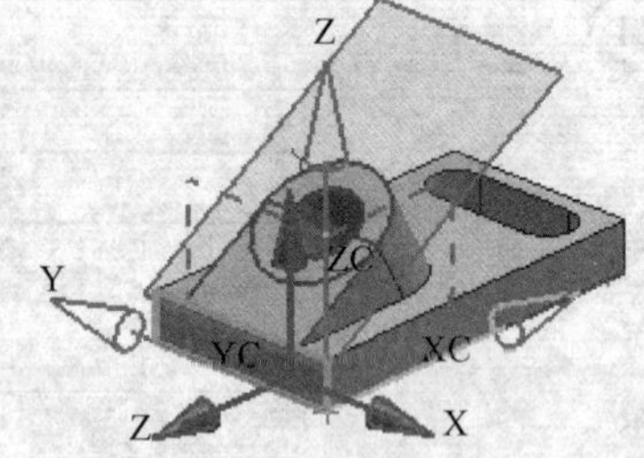

图 3—56　选择草图平面

（3）单击【确定】按钮，图形窗口如图 3—57 所示。

（4）单击“矩形”图标或选择［插入］/［曲线］/［矩形］菜单命令，绘制如图 3—58 所示的矩形。

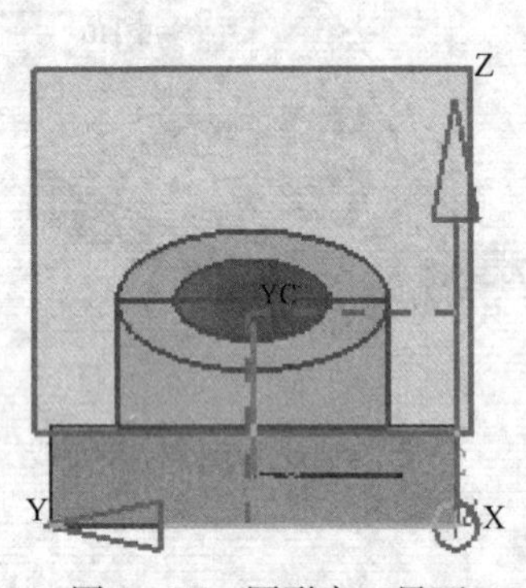

图 3—57　图形窗口界面

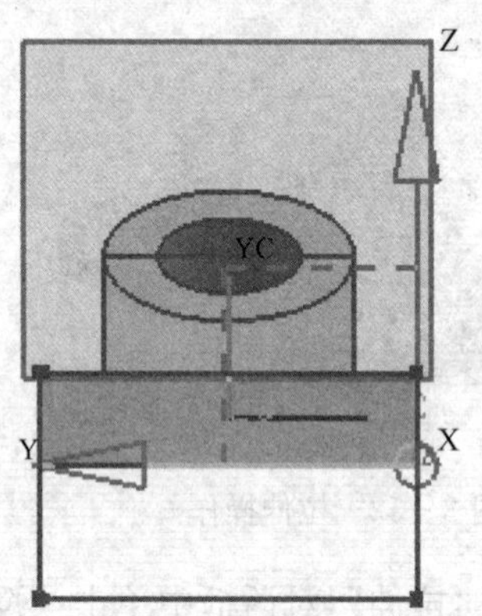

图 3—58　绘制矩形

（5）单击“自动判断的尺寸”图标或选择［插入］/［尺寸］/［自动判断］菜单命令，对矩形进行尺寸约束，如图 3—59 所示。

（6）单击“圆”图标或选择［插入］/［曲线］/［圆］菜单命令，绘制两个圆，如图 3—60 所示。

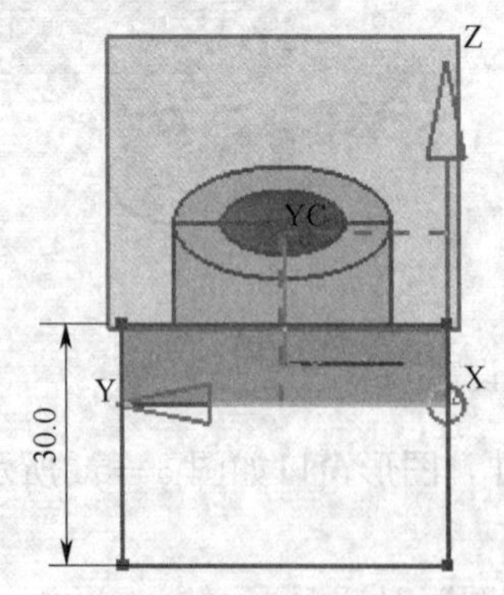

图 3—59　对矩形进行尺寸约束

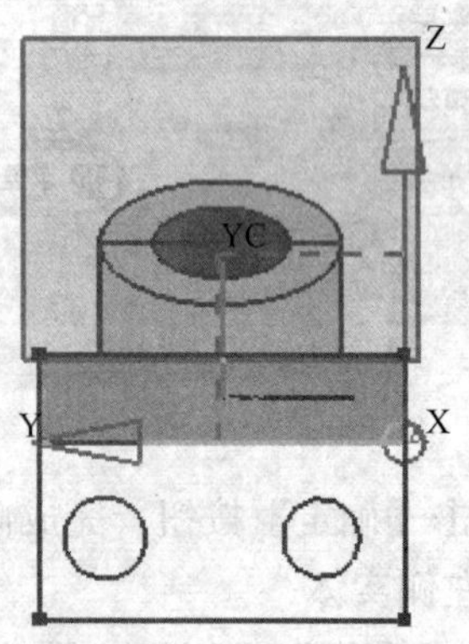

图 3—60　绘制两个圆

(7) 单击“自动判断的尺寸”图标或选择［插入］/［尺寸］/［自动判断］菜单命令，对两个圆进行尺寸约束，如图 3—61 所示。

(8) 单击“完成草图”图标，结束草图的绘制，图形窗口如图 3—62 所示。

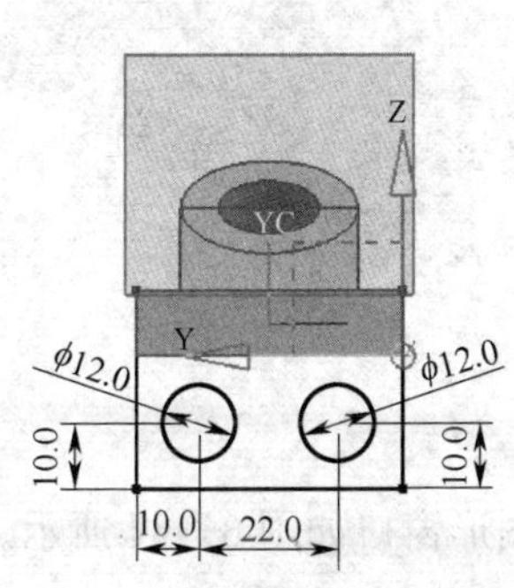

图 3—61 对两圆进行尺寸约束

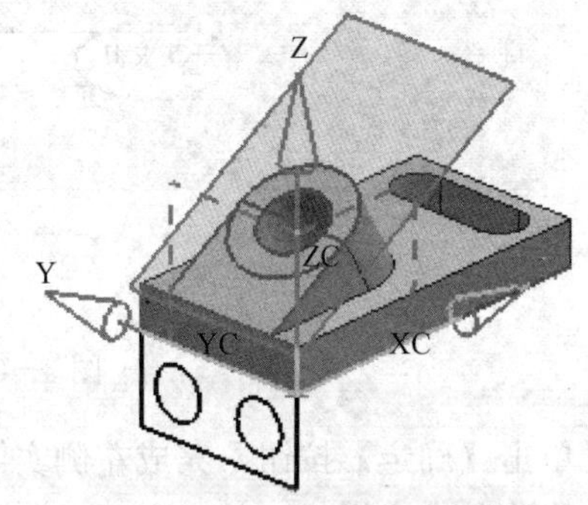

图 3—62 完成草图的绘制

(9) 单击“拉伸”图标或选择［插入］/［设计特征］/［拉伸］菜单命令，系统弹出“拉伸”对话框。

(10) 将“曲线规则”设置为“特征曲线”，如图 3—63 所示。

(11) 根据提示选择拉伸曲线，如图 3—64 所示。

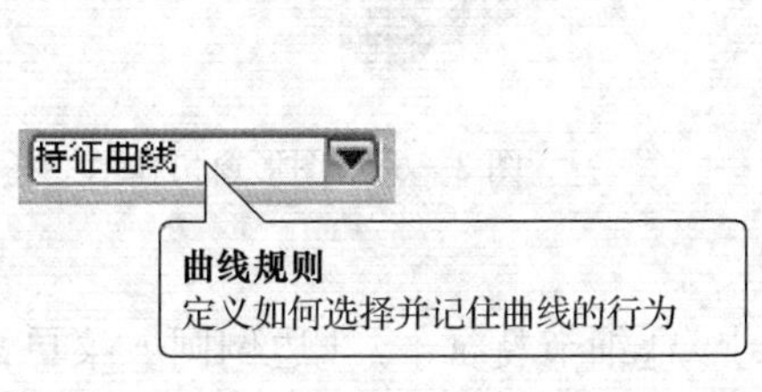

图 3—63 设置曲线规则

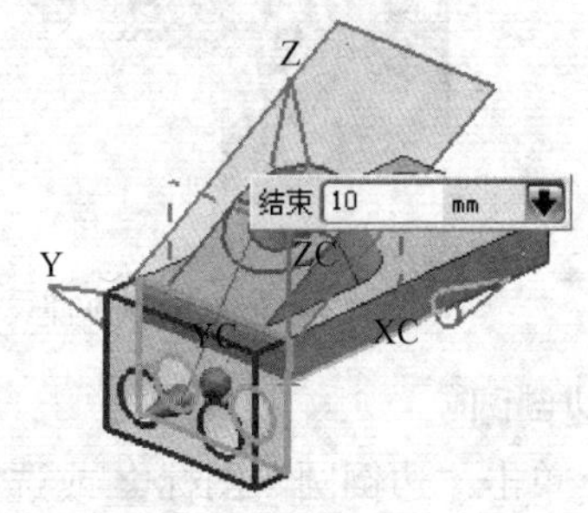

图 3—64 选择拉伸曲线

(12) 在“拉伸”对话框中单击“反向”图标，如图 3—65 所示。

(13) 在“拉伸”对话框中将“布尔”下的“布尔”设置为“求和”，如图 3—66 所示。

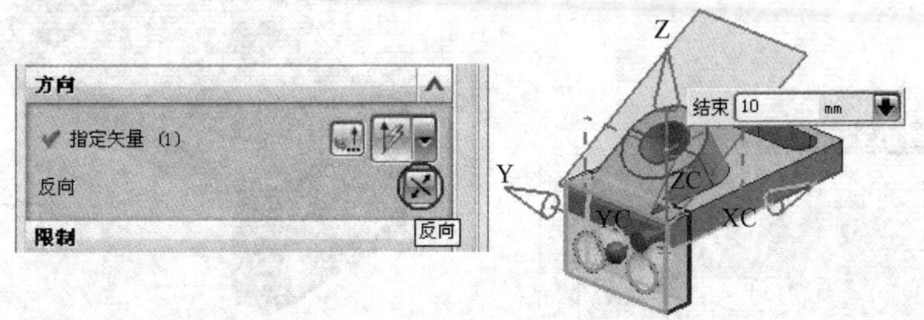

图 3—65 拉伸反向设置

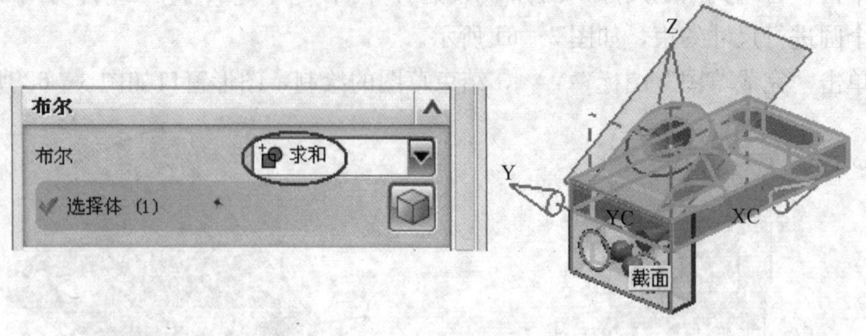

图 3—66　拉伸设置

（14）单击【确定】按钮，完成左侧实体的拉伸，图形窗口如图 3—67 所示。

（15）隐藏基准坐标系、基准平面、草图，图形窗口如图 3—68 所示。

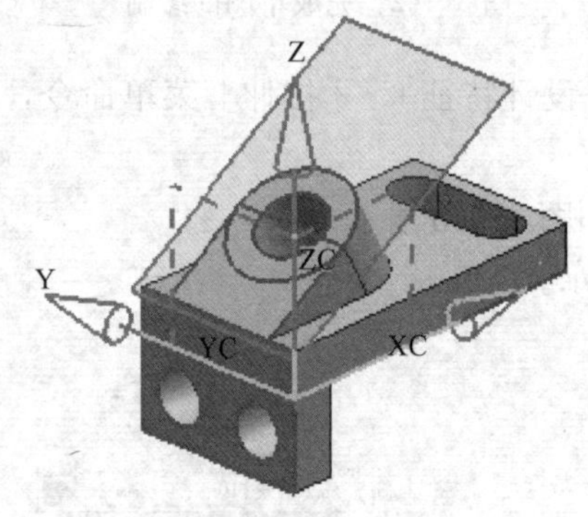

图 3—67　左侧实体拉伸

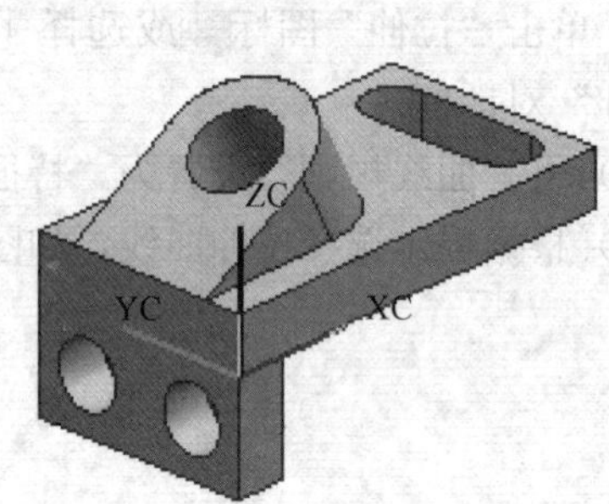

图 3—68　图形窗口显示

6. 边倒圆

（1）单击“边倒圆”图标或选择［插入］/［细节特征］/［边倒圆］菜单命令，系统弹出“边倒圆”对话框，将边倒圆半径设置为“10”，如图 3—69 所示。

（2）根据提示选择倒圆边，如图 3—70 所示。

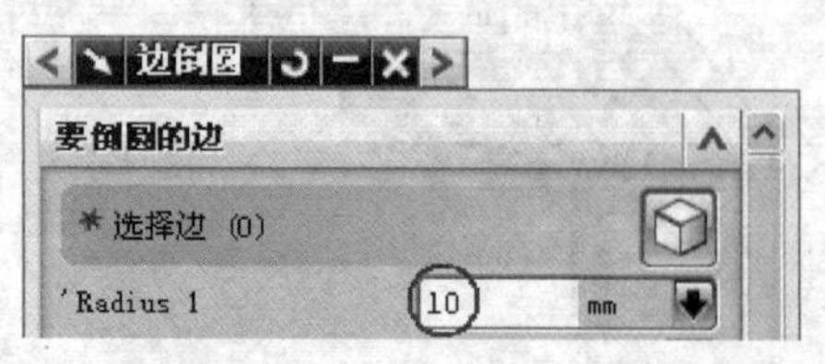

图 3—69　边倒圆半径设置

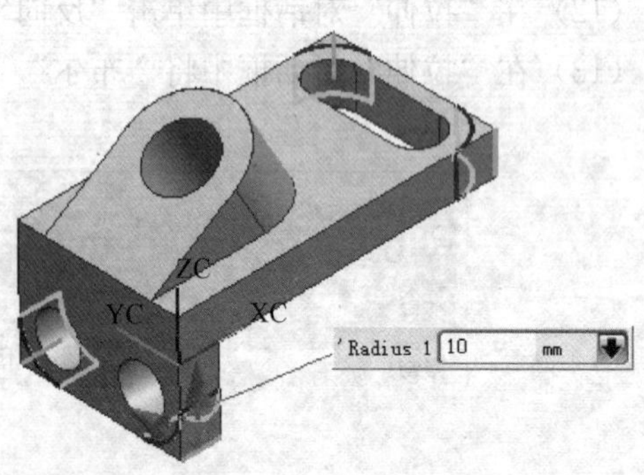

图 3—70　选择倒圆边

提示

为方便选择，可通过“旋转”模型进行。

(3) 单击【确定】按钮，结果如图 3—71 所示。

7. 倒斜角

(1) 单击“倒斜角”图标或选择［插入］/［细节特征］/［倒斜角］菜单命令，系统弹出“倒斜角”对话框，如图 3—72 所示。

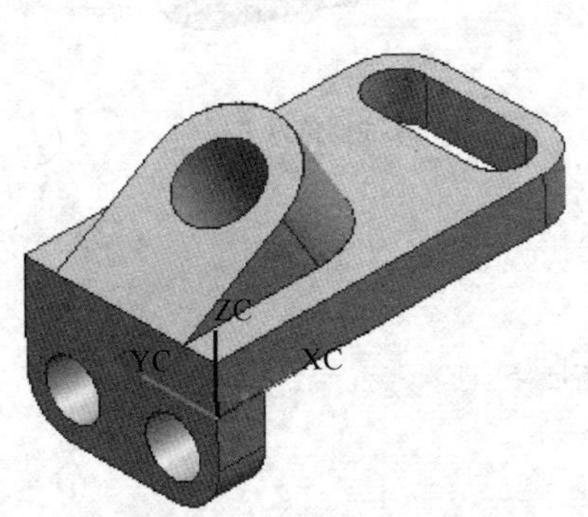

图 3—71　完成边倒圆

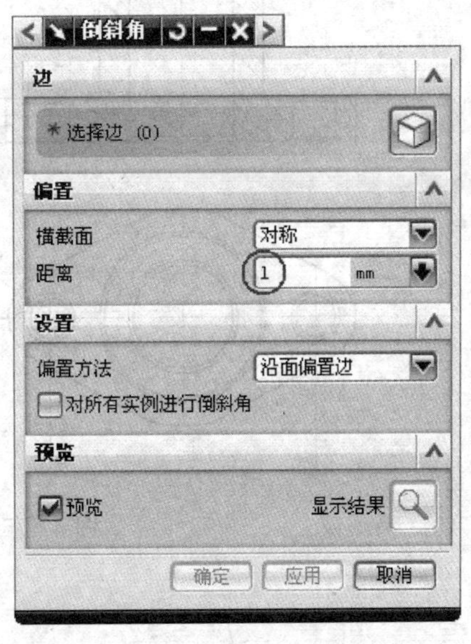

图 3—72　设置倒斜角距离

(2) 根据提示选择需倒斜角的 3 条边，如图 3—73 所示。

(3) 单击【确定】按钮，结果如图 3—74 所示。

至此完成全部造型工作。

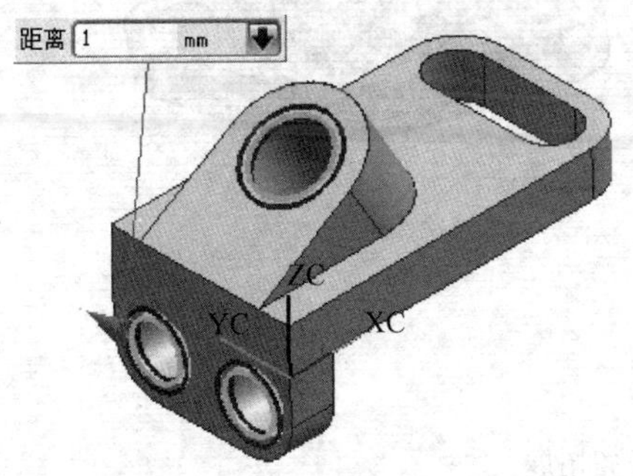

图 3—73　选择倒斜角的 3 条边

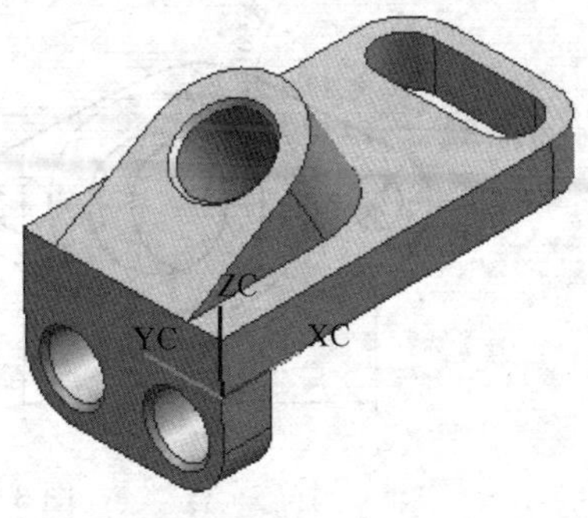

图 3—74　造型结果

任务拓展

试采用拉伸特征创建如图 3—75 至图 3—77 所示的三维实体模型。

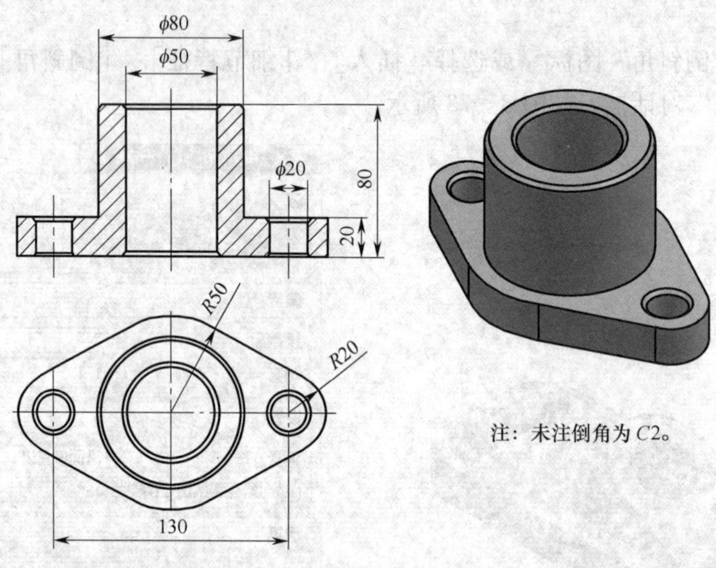

图 3—75 任务拓展一

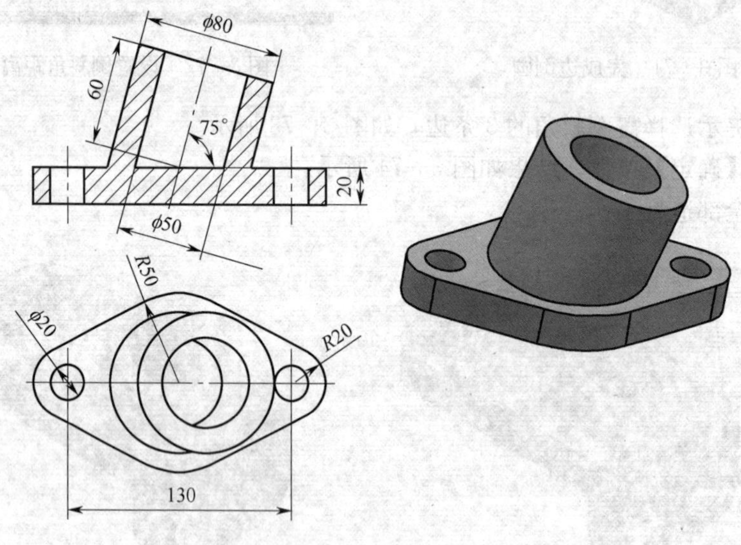

图 3—76 任务拓展二

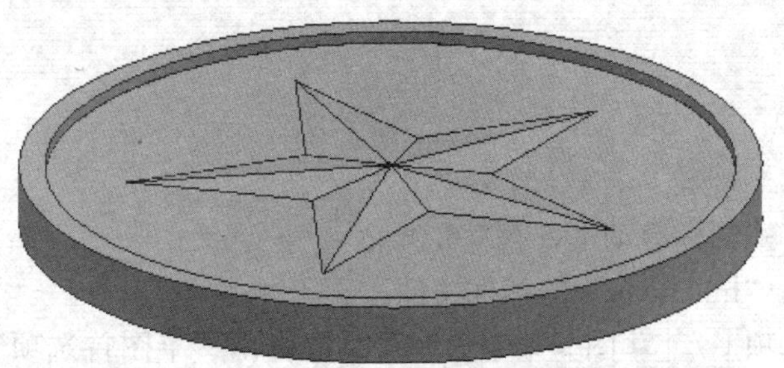

图 3—77　任务拓展三（尺寸自定）

课题 3　扫描特征建模二（回转）

学习目标

1. 掌握回转建模。
2. 熟悉曲线规则的使用。
3. 掌握抽壳操作。

工作任务

试采用回转等建模完成如图 3—78 所示模型的实体建模。

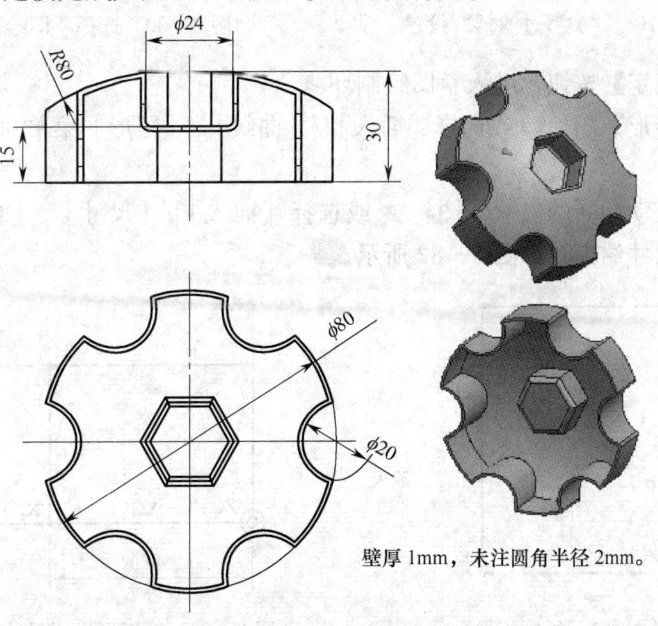

图 3—78　回转建模模型

任务实施

1. 创建新文件

（1）通过快捷方式图标启动 UG NX 6.0。

（2）新建名称为“huizhuan”的部件文件。

（3）选择［首选项］/［草图］菜单命令，系统弹出“草图首选项”对话框。在“草图样式”选项卡中，将“尺寸标签”设置为“值”。

2. 基体回转建模

（1）单击“草图”图标，系统弹出“创建草图”对话框。将“类型过滤器”设置为“基准”，如图 3—79 所示。

（2）选择基准平面 XZ 为草图绘制平面，如图 3—80 所示。

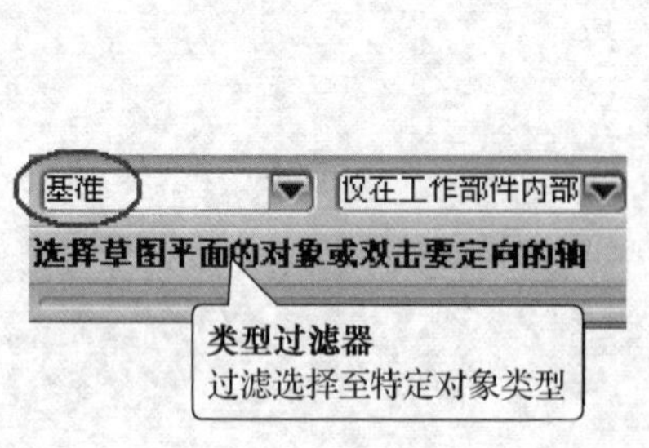

图 3—79 “类型过滤器”设置

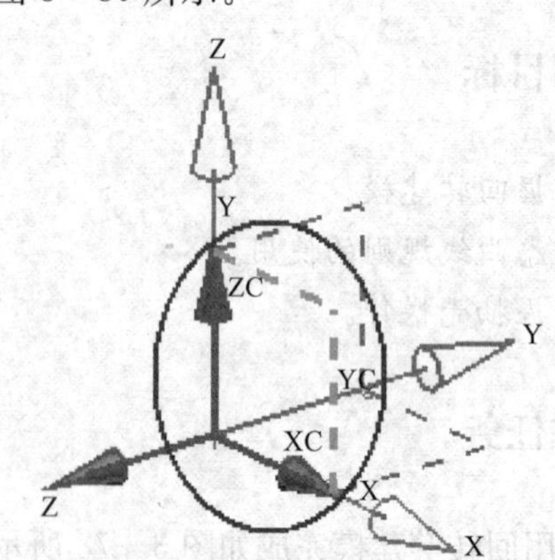

图 3—80 选择草图绘制平面

（3）单击【确定】按钮，进入草图绘制环境。

（4）单击“矩形”图标或选择［插入］/［曲线］/［矩形］菜单命令，绘制如图 3—81 所示矩形。

（5）单击“自动判断的尺寸”图标或选择［插入］/［尺寸］/［自动判断］菜单命令，对矩形进行尺寸约束，如图 3—82 所示。

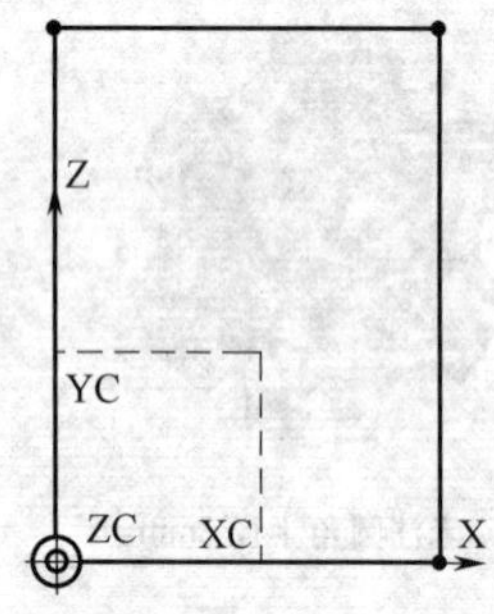

图 3—81 绘制矩形

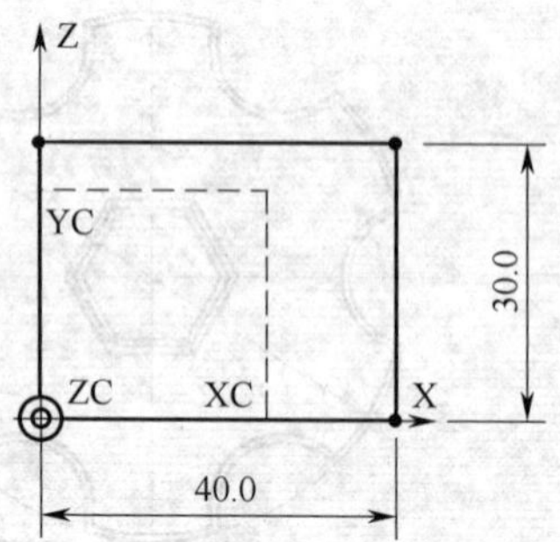

图 3—82 对矩形进行尺寸约束

(6) 单击“圆弧”图标或选择［插入］/［曲线］/［圆弧］菜单命令，绘制如图 3—83 所示圆弧。

(7) 单击“约束”图标或选择［插入］/［约束］菜单命令，将圆弧中心约束在 Y 轴上，如图 3—84 所示。

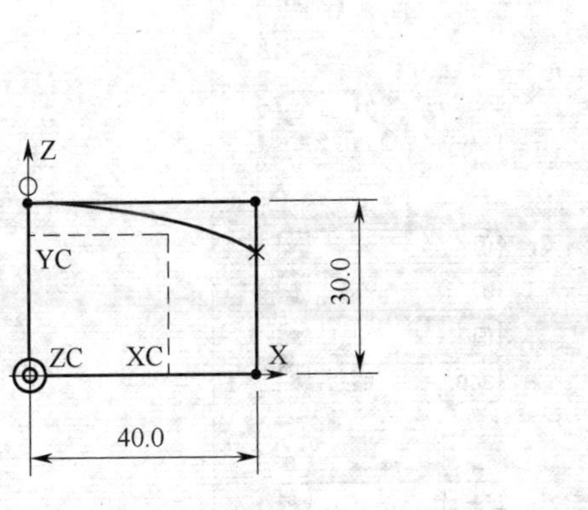

图 3—83　绘制圆弧

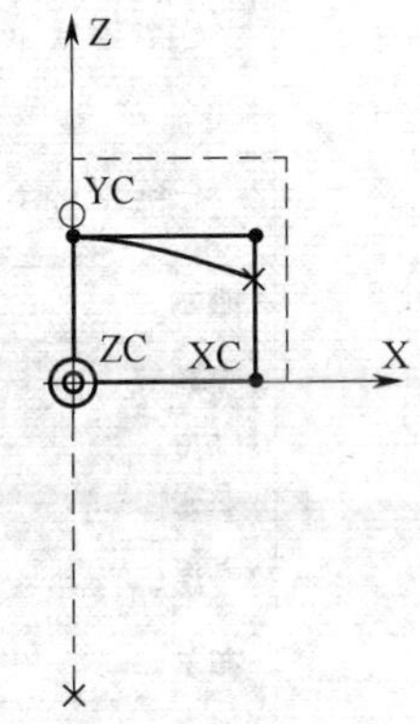

图 3—84　对圆弧中心位置进行约束

(8) 单击“自动判断的尺寸”图标或选择［插入］/［尺寸］/［自动判断］菜单命令，对圆弧进行尺寸约束，如图 3—85 所示。

(9) 单击“完成草图”图标，结束草图的绘制，图形窗口如图 3—86 所示。

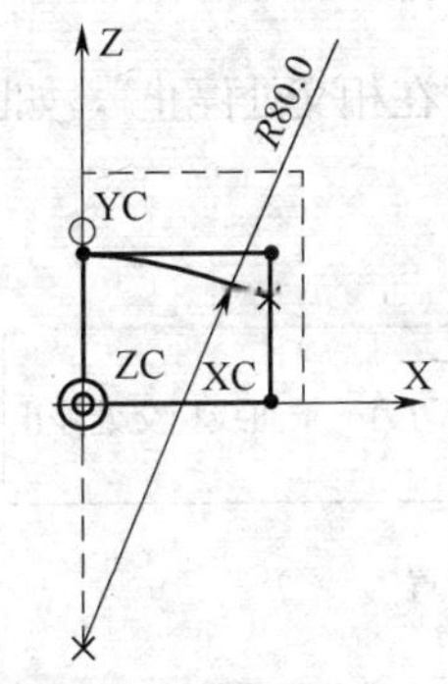

图 3—85　对圆弧进行尺寸约束

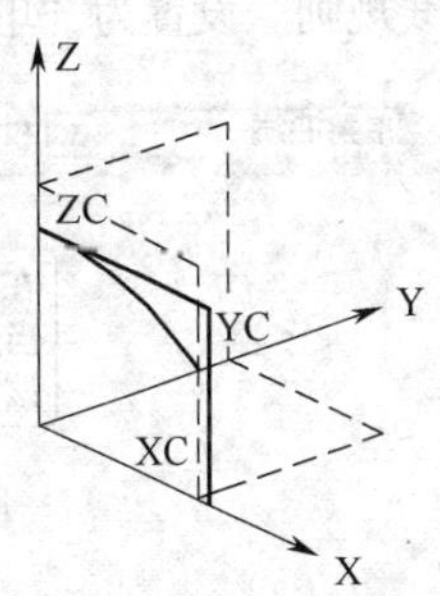

图 3—86　结束草图绘制

(10) 单击“回转”图标或选择［插入］/［设计特征］/［回转］菜单命令，系统弹出“回转”对话框，如图 3—87 所示。

提示

进行回转操作时，应注意回转开始角度和结束角度的确定、“布尔”操作类型、“偏置”类型、“体”类型设置等。

图 3—87　“回转”对话框

（11）将“曲线规则”设置为“单条曲线”，并选择“在相交处停止”，如图 3—88 所示。

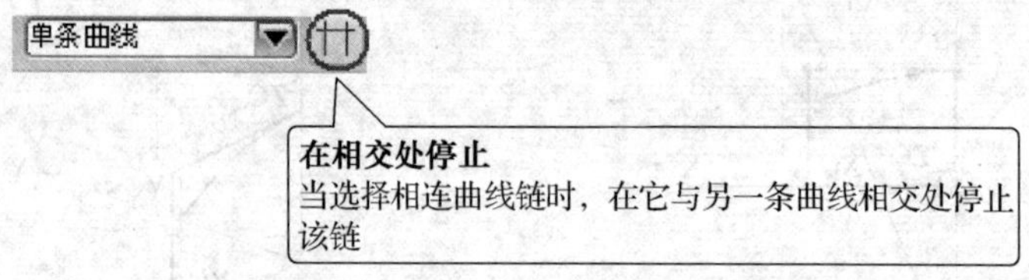

图 3—88　曲线规则设置

（12）根据提示选择回转截面曲线，如图 3—89 所示。

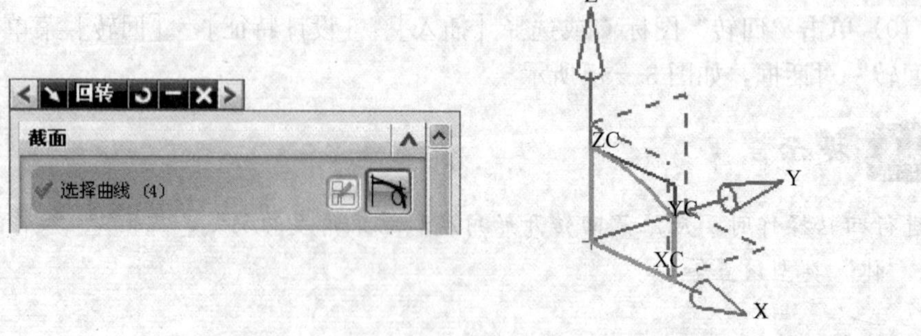

图 3—89　选择回转截面曲线

(13) 在“轴”栏中，单击“指定矢量”，选择 Z 轴作为回转轴，“开始角度”设置为“0”，“结束角度”设置为“360”，如图 3—90 所示。

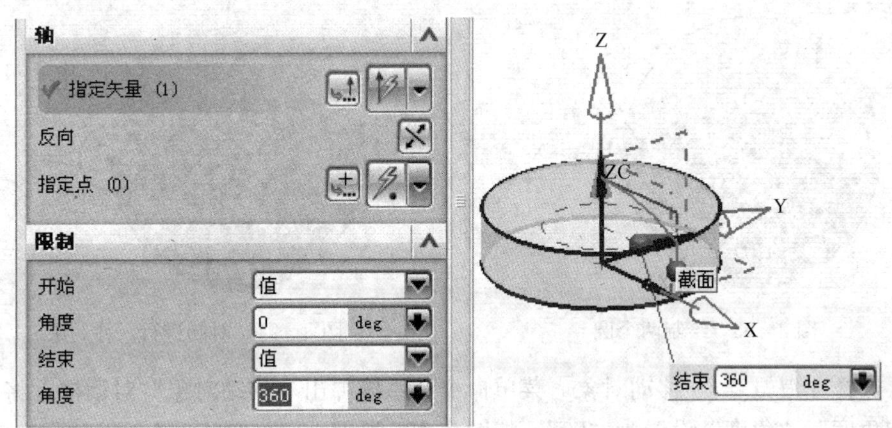

图 3—90 指定回转轴

(14) 单击【确定】按钮，完成回转建模，如图 3—91 所示。

3. 拉伸建模

(1) 单击“草图”图标，系统弹出“创建草图”对话框。选择 XY 平面作为草图绘制平面，单击【确定】按钮，进入草图绘制环境，图形窗口如图 3—92 所示。

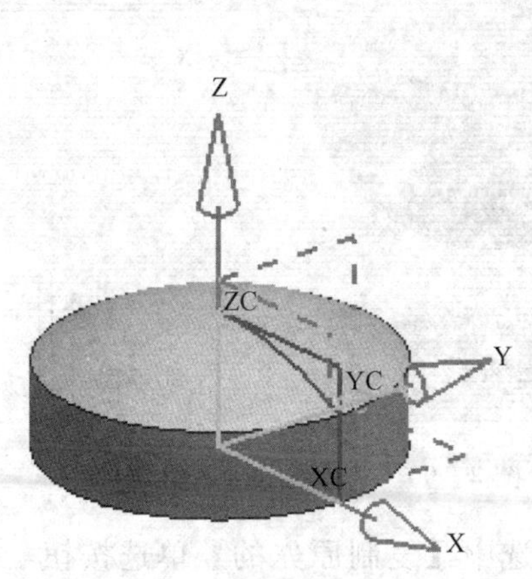

图 3—91 回转建模

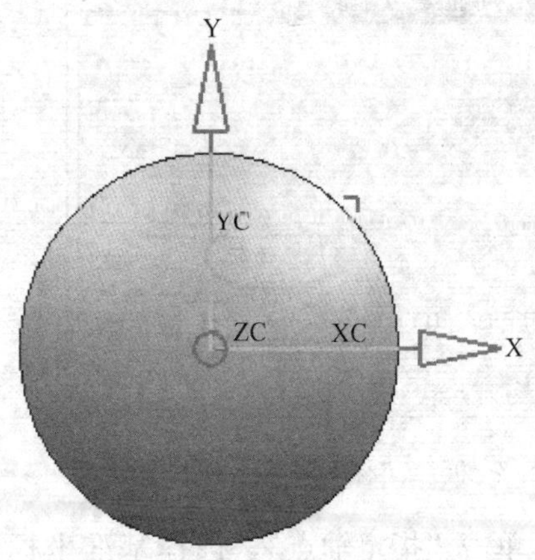

图 3—92 图形窗口界面

(2) 单击“圆”图标或选择［插入］/［曲线］/［圆］菜单命令，绘制两个圆，如图 3—93 所示。

(3) 单击“自动判断的尺寸”图标或选择［插入］/［尺寸］/［自动判断］菜单命令，对圆进行尺寸约束，如图 3—94 所示。

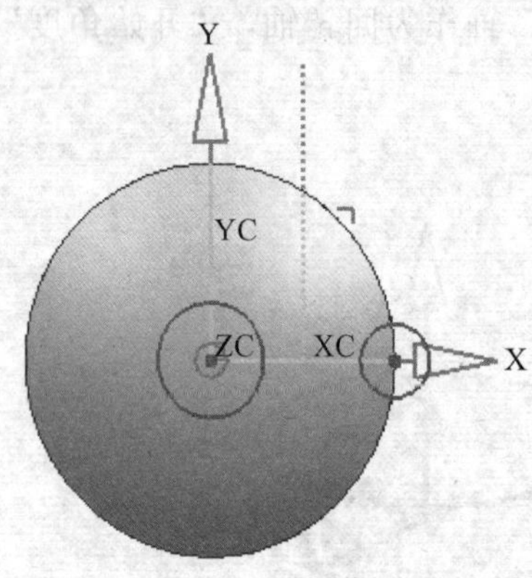

图 3—93　绘制两个圆

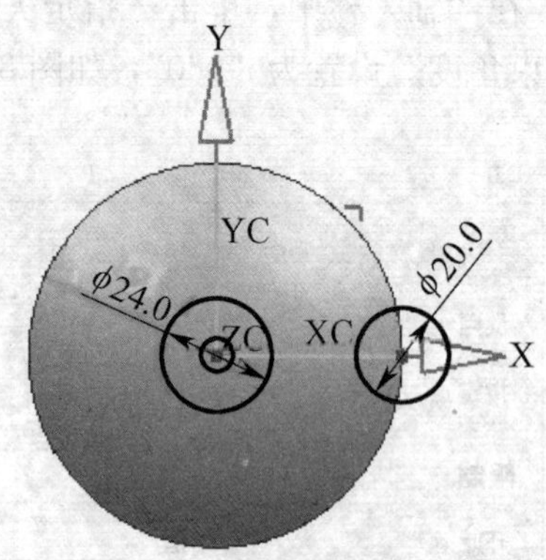

图 3—94　对圆进行尺寸约束

（4）选择［编辑］/［移动对象］菜单命令，系统弹出“移动对象”对话框。将“运动”设置为“角度”，“角度”设置为“60”，如图 3—95 所示。

（5）根据提示选择直径为 20 mm 的圆作为要移动的对象，如图 3—96 所示。

图 3—95　“移动对象”对话框

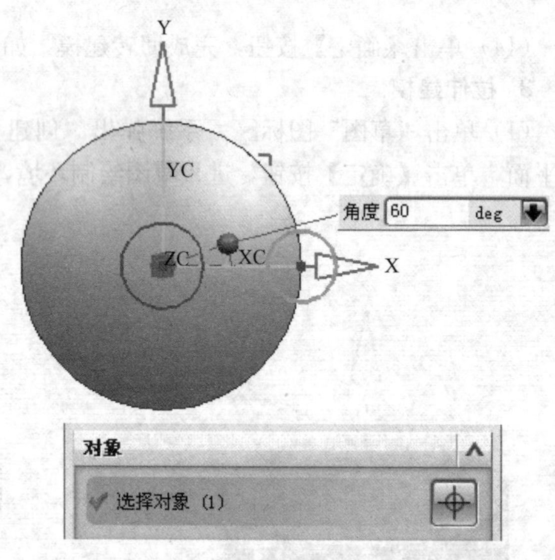

图 3—96　选择要移动的对象

（6）单击“指定轴点”，选择基准坐标系原点，选中【复制原先的】单选按钮，并将“非关联副本数”设置为“5”，图形窗口如图 3—97 所示。

（7）单击【确定】按钮，完成的移动对象如图 3—98 所示。

（8）选择［编辑］/［曲线］/［全部］菜单命令，系统弹出“编辑曲线”对话框，将直径为 24 mm 的圆进行 6 等分，如图 3—99 所示。

（9）单击“直线”图标或选择［插入］/［曲线］/［直线］菜单命令，绘制正六边形，如图 3—100 所示。

（10）单击“完成草图”图标完成草图，结束草图的绘制，图形窗口如图 3—101 所示。

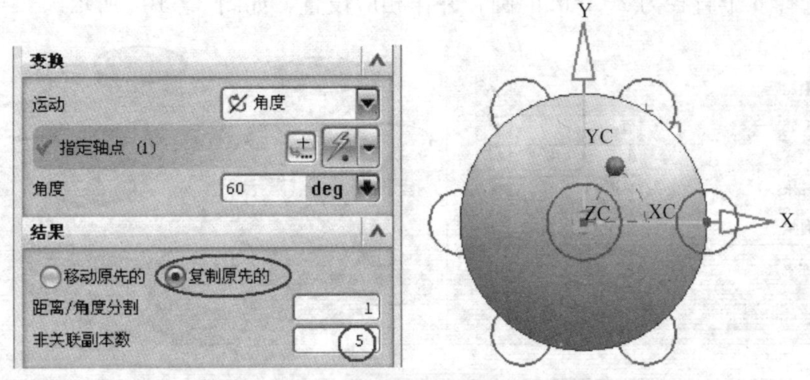

图 3—97 “移动对象”对话框的设置

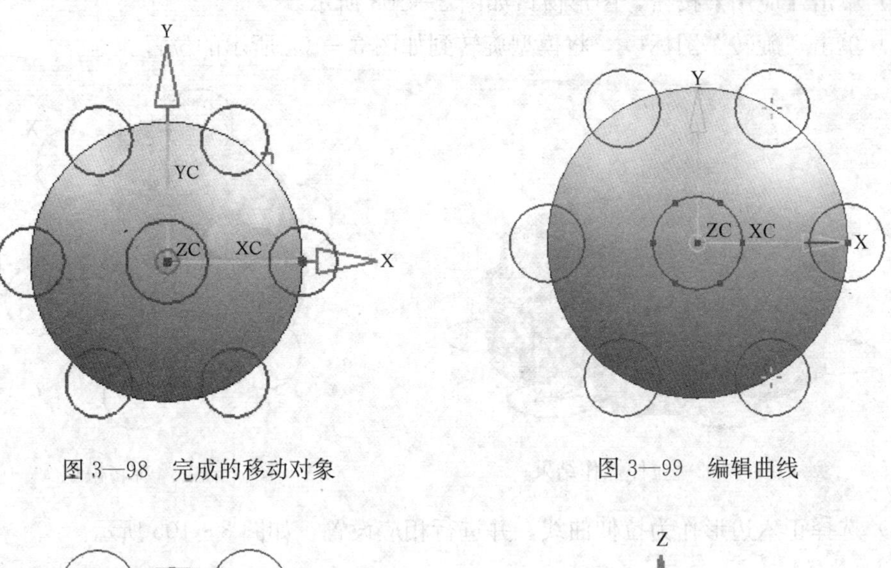

图 3—98 完成的移动对象　　图 3—99 编辑曲线

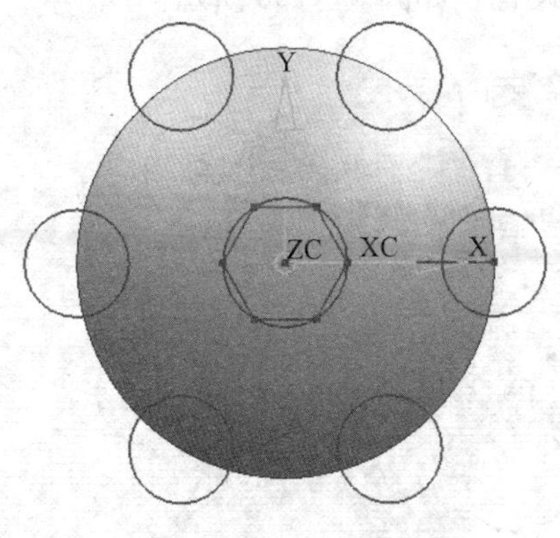

图 3—100 绘制正六边形

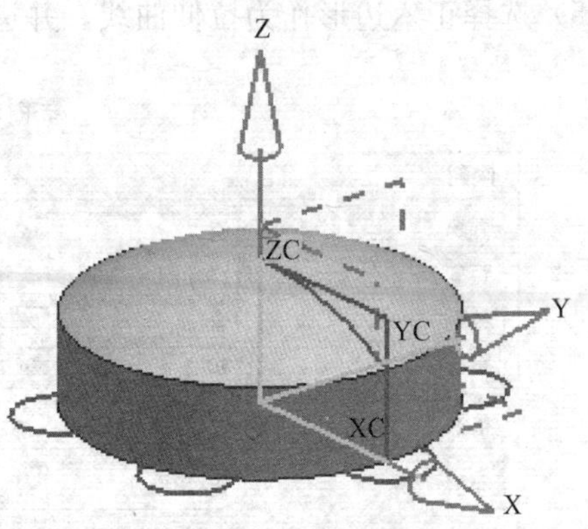

图 3—101 结束草图绘制

（11）单击“拉伸”图标或选择［插入］/［设计特征］/［拉伸］菜单命令，系统弹出“拉伸”对话框。

（12）选择6个直径为20 mm的圆，并作相应设置，如图3—102所示。

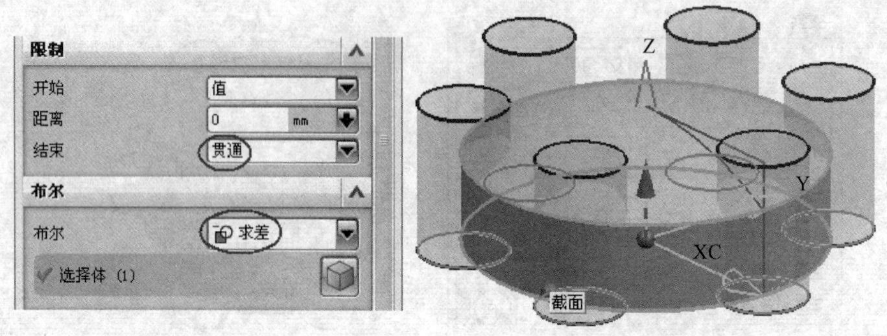

图3—102　6个圆的拉伸设置

（13）单击【应用】按钮，图形窗口如图3—103所示。

（14）单击“旋转”图标，将模型旋转到如图3—104所示的位置。

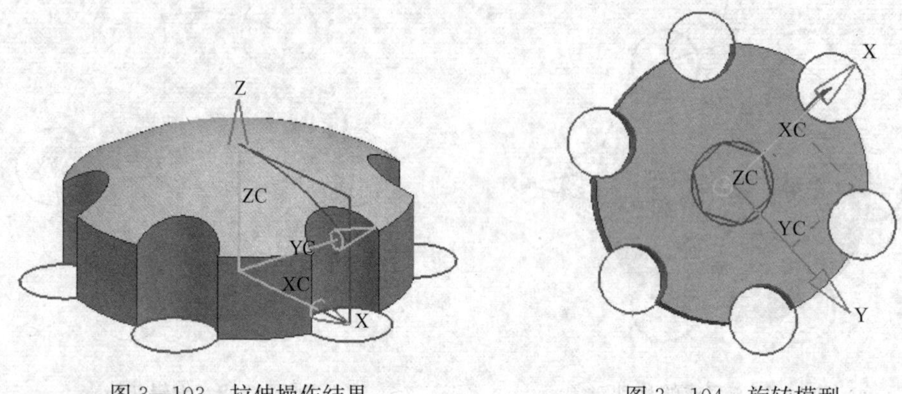

图3—103　拉伸操作结果　　　　图3—104　旋转模型

（15）选择正六边形作为拉伸曲线，并进行相应设置，如图3—105所示。

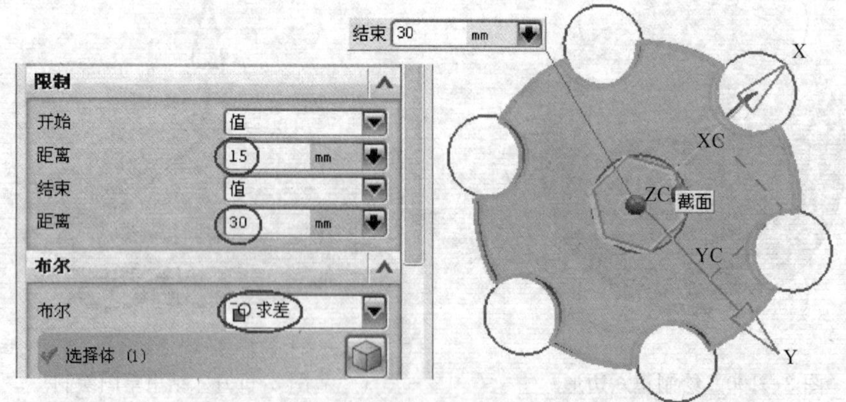

图3—105　拉伸设置

(16) 单击【确定】按钮，并单击“正二测视图”图标，模型如图 3—106 所示。

(17) 隐藏基准坐标系、工作坐标系和草图。

4. 边倒圆

(1) 单击“边倒圆”图标或选择［插入］/［细节特征］/［边倒圆］菜单命令，系统弹出“边倒圆”对话框，将边倒圆半径设置为“1”。

(2) 选择倒圆边，如图 3—107 所示。

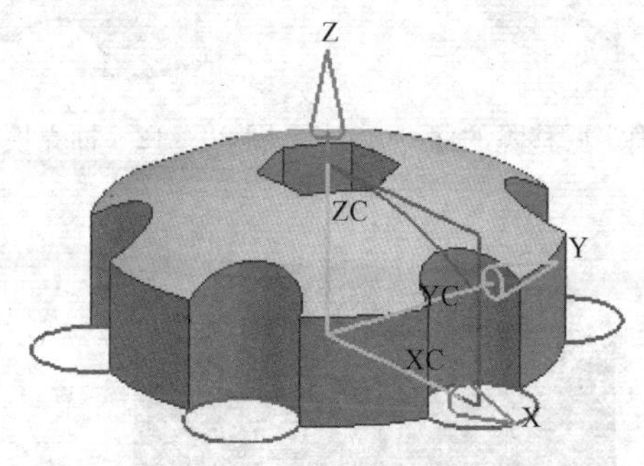

图 3—106 拉伸建模结束

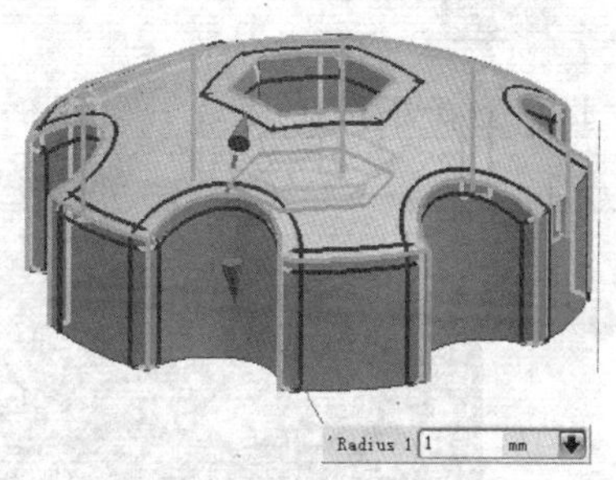

图 3—107 选择倒圆边

(3) 单击【确定】按钮，如图 3—108 所示。

5. 抽壳

(1) 单击“抽壳”图标或选择［插入］/［偏置/缩放］/［抽壳］菜单命令，系统弹出“壳单元”对话框，将“厚度”设置为“1”，如图 3—109 所示。

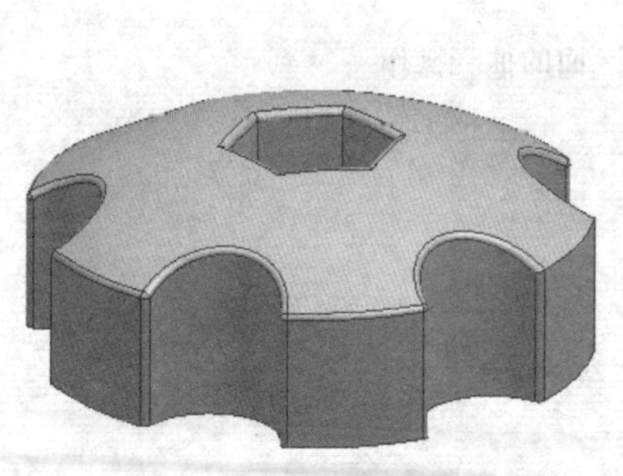
图 3—108 完成边倒圆

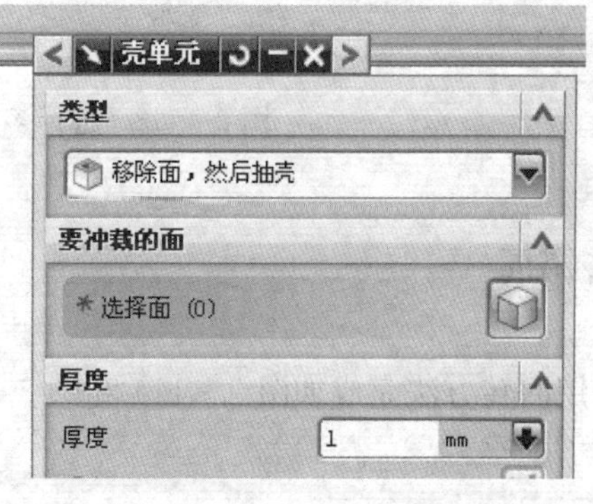

图 3—109 设置厚度

(2) 旋转模型，选择模型底面作为要移除的面，如图 3—110 所示。

(3) 单击鼠标左键确定移除，如图 3—111 所示。

(4) 最后单击【确定】按钮，抽壳模型如图 3—112 所示。

至此建模工作全部结束。

 **提示**

进行“抽壳”操作时，可根据需要选择多个要移除的面，如图 3—113 所示。

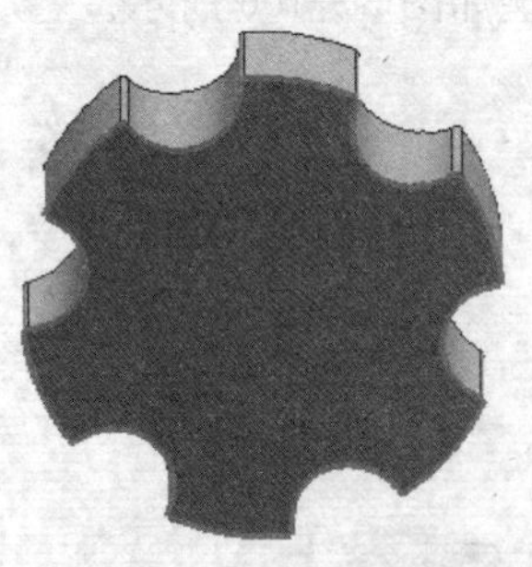

图 3—110　选择要移除的面

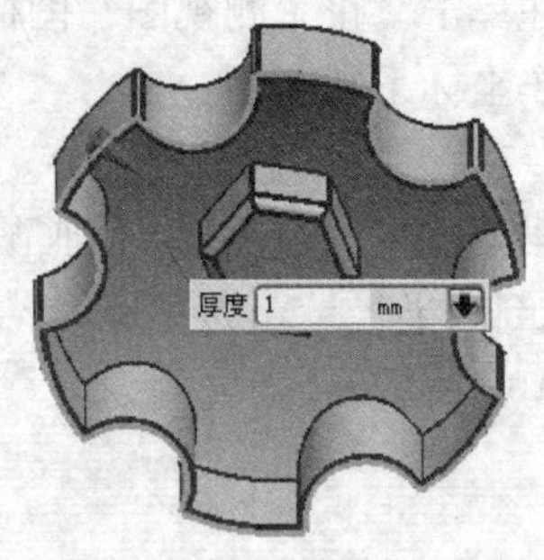

图 3—111　确定要移除的面

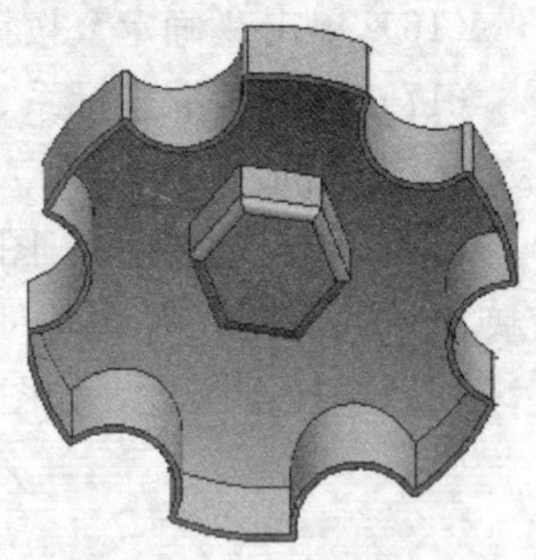

图 3—112　抽壳模型

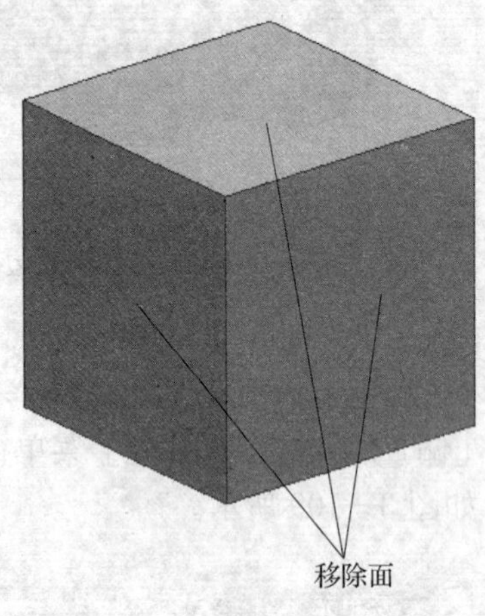

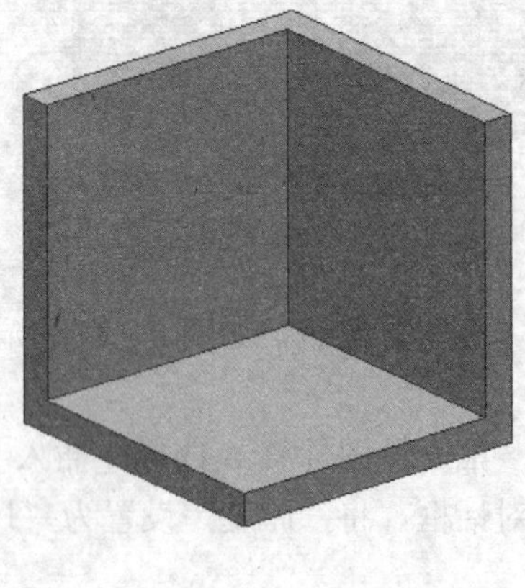

图 3—113　选择多个移除面的抽壳操作

任务拓展

试采用回转方法完成如图 3—114 和图 3—115 所示三维实体模型。

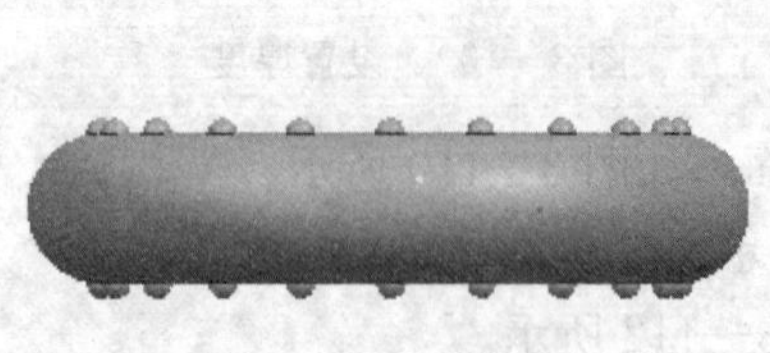

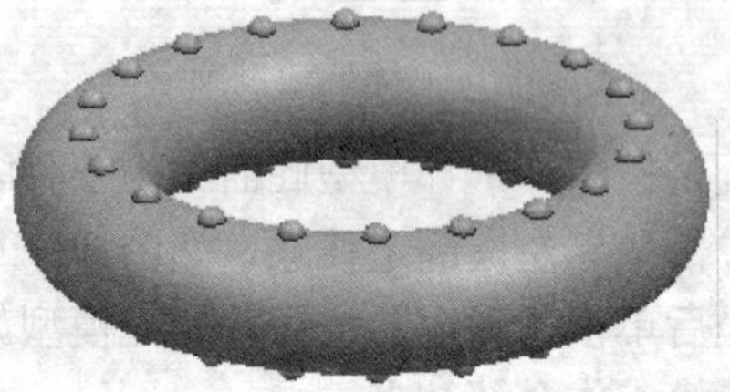

图 3—114　握力圈（尺寸自定）

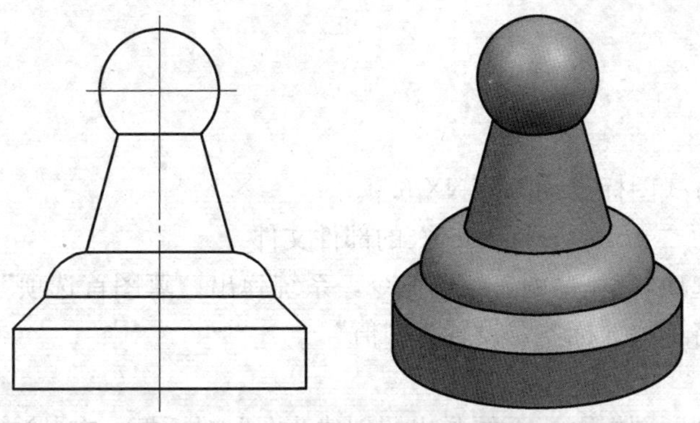

图 3—115 棋子模型（尺寸自定）

课题 4 扫描特征建模三（扫掠与管道）

学习目标

1. 掌握沿引导线扫掠建模。
2. 熟悉管道建模。
3. 熟悉移动对象操作。
4. 掌握拉伸建模。
5. 掌握求和操作。

工作任务

试采用扫描特征中的扫掠与管道功能完成图 3—116 所示模型的三维建模工作。

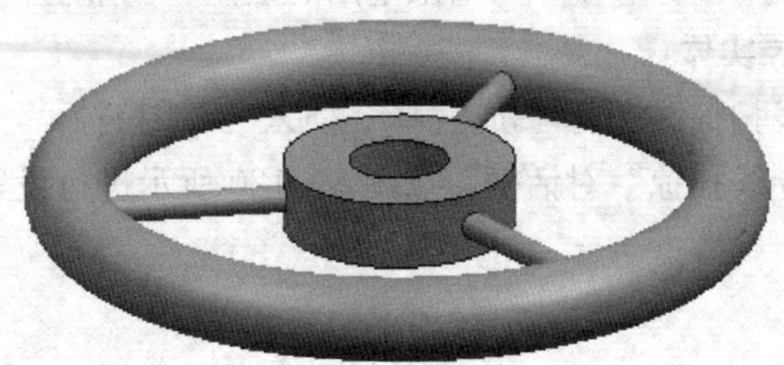

图 3—116 三维模型

任务实施

1. 创建新文件

(1) 通过快捷方式图标启动 UG NX 6.0。

(2) 新建名称为“saolueyuguandao”的部件文件。

(3) 选择［首选项］/［草图］菜单命令，系统弹出“草图首选项”对话框。在“草图样式”选项卡中，将“尺寸标签”设置为“值”。

2. 绘制草图

(1) 单击“草图”图标，系统弹出“创建草图”对话框。在基准坐标系中，选择 *XY* 平面作为草图绘制平面，绘制如图 3—117 所示的草图。

(2) 单击“完成草图”图标，结束草图的绘制。

(3) 单击“草图”图标，系统弹出“创建草图”对话框。在基准坐标系中，选择 *XZ* 平面作为草图绘制平面，绘制如图 3—118 所示的草图。

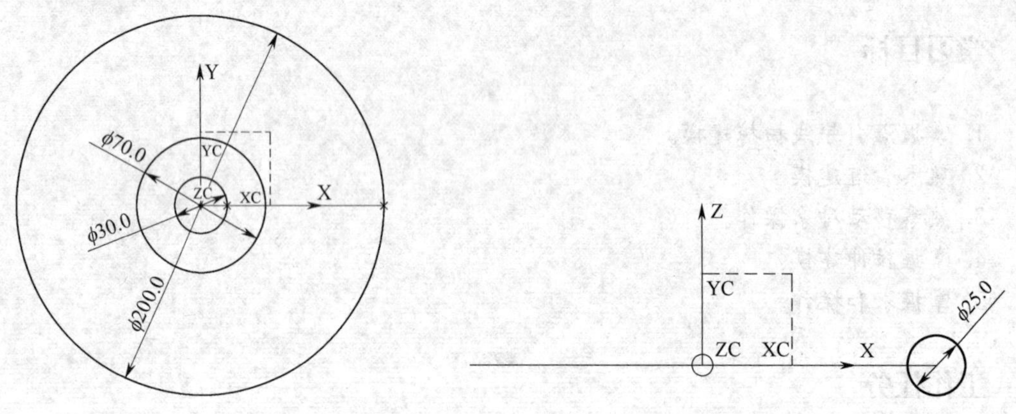

图 3—117　在 *XY* 平面绘制草图　　图 3—118　在 *XZ* 平面绘制草图

(4) 单击“完成草图”图标，结束草图的绘制。图形窗口如图 3—119 所示。

3. 创建沿引导线扫掠实体

(1) 单击“沿引导线扫掠”图标或选择［插入］/［扫掠］/［沿引导线扫掠］菜单命令，系统弹出“沿引导线扫掠”对话框，按图 3—120 所示进行设置。

沿引导线扫掠实体是由截面线沿引导线扫掠所得。截面线和引导线可以是任何类型的曲线，扫掠的方向是引导线的切线方向，扫掠的距离是引导线的长度。

(2) 根据系统提示“为截面选择曲线链”，选择直径为 25 mm 的圆作为扫掠截面曲线，如图 3—121 所示。单击鼠标中键确认。

（3）根据系统提示“为引导线选择曲线链”，选择直径为 200 mm 的圆作为引导线曲线，如图 3—122 所示。

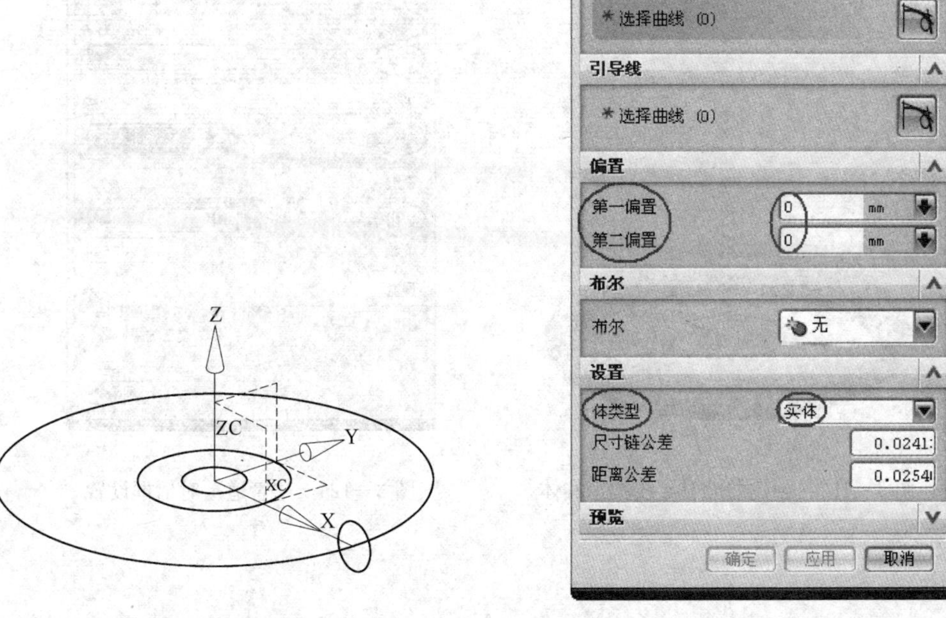

图 3—119　绘制的草图

图 3—120　“沿引导线扫掠”对话框设置

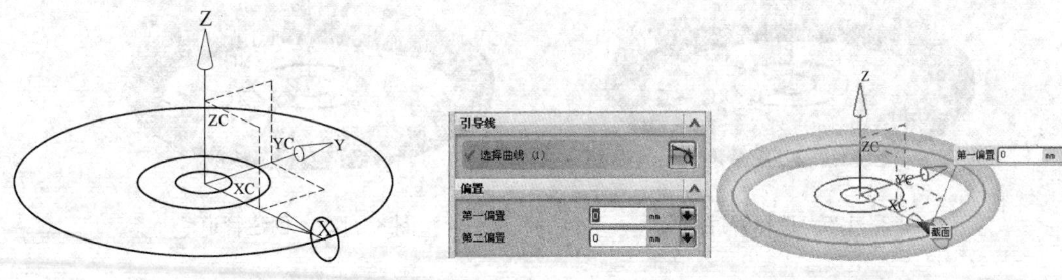

图 3—121　选择扫掠截面曲线

图 3—122　选择引导线曲线链

（4）单击【确定】按钮，图形窗口如图 3—123 所示。

4. 创建管道

（1）单击“管道”图标或选择［插入］/［扫掠］/［管道］菜单命令，系统弹出“管道”对话框，按图 3—124 所示进行设置。

（2）根据提示“选择管道中心线路径的曲线”，选择直线作为路径曲线，如图 3—125 所示。

（3）单击【确定】按钮，图形窗口如图 3—126 所示。

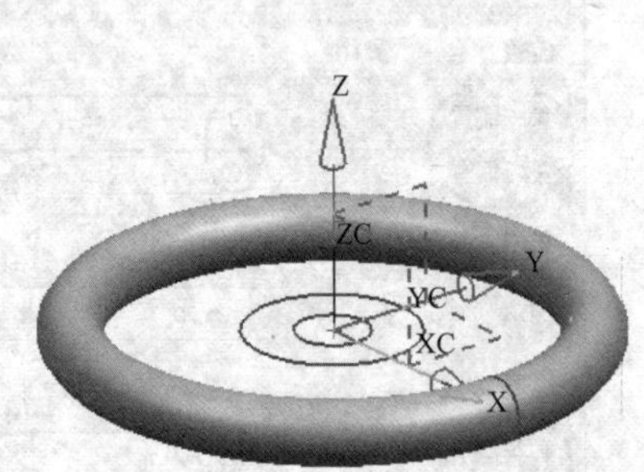

图 3—123　创建的沿引导线扫掠实体

图 3—124　“管道”对话框设置

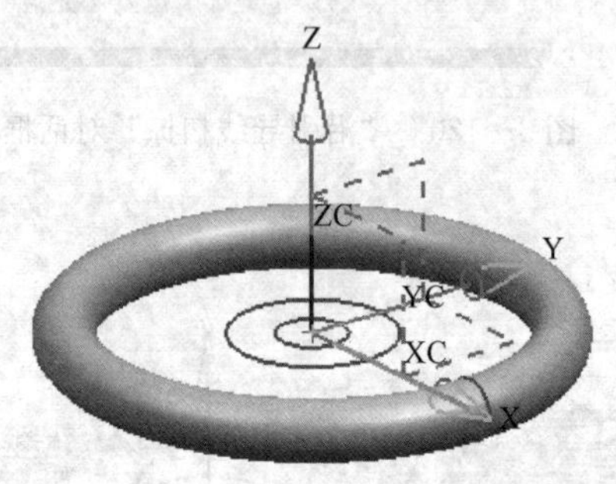

图 3—125　选择管道路径

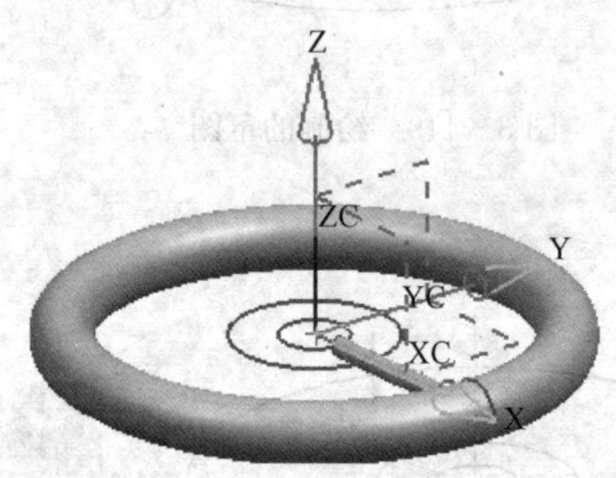

图 3—126　创建管道

 **提示**

管道是将圆形截面沿一条引导线扫掠得到的实体。创建管道时需要输入管道的外径和内径。需要指出的是，管道“设置”输出有“单段”和“多段”之分，如图 3—127 所示。

5. 创建移动对象

（1）选择［编辑］/［移动对象］菜单命令，系统弹出“移动对象”对话框，按图 3—128 所示进行设置。

（2）根据提示“选择要移动的对象”，选择管道作为要移动的对象，如图 3—129 所示。

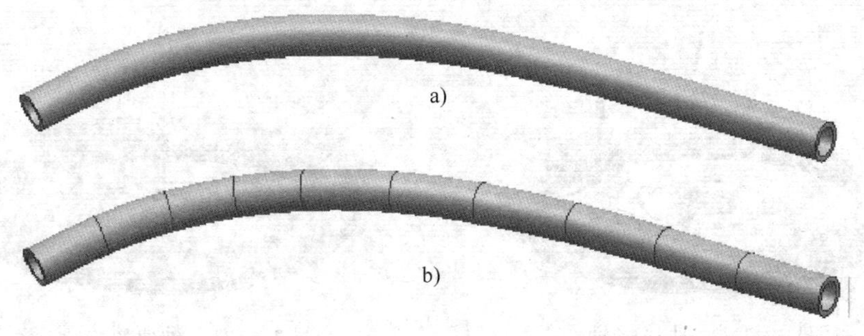

图 3—127 管道的两种输出

a）单段 b）多段

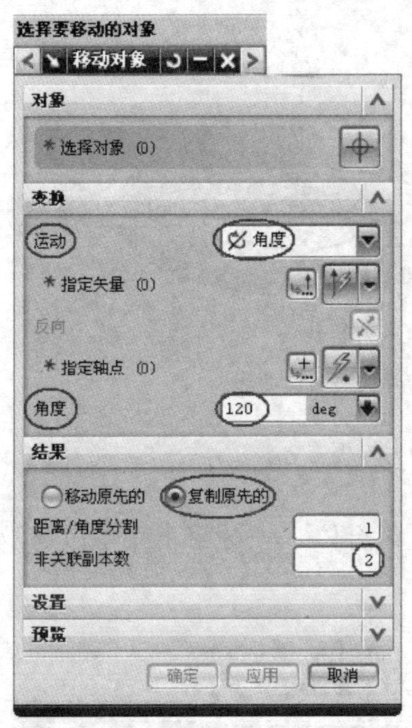

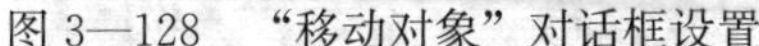

图 3—128 “移动对象”对话框设置

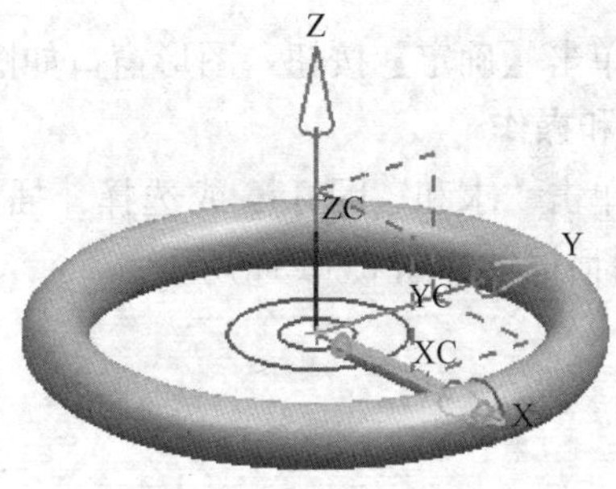

图 3—129 选择移动对象

（3）单击鼠标中键，确定移动对象。

（4）系统提示“选择对象以自动判断矢量”，选择 Z 轴，如图 3—130 所示。

（5）单击【确定】按钮，图形窗口如图 3—131 所示。

6. 创建拉伸实体

（1）单击“拉伸”图标或选择［插入］/［设计特征］/［拉伸］菜单命令，系统弹出“拉伸”对话框，进行相应设置，并选择两圆作为拉伸截面，如图 3—132 所示。

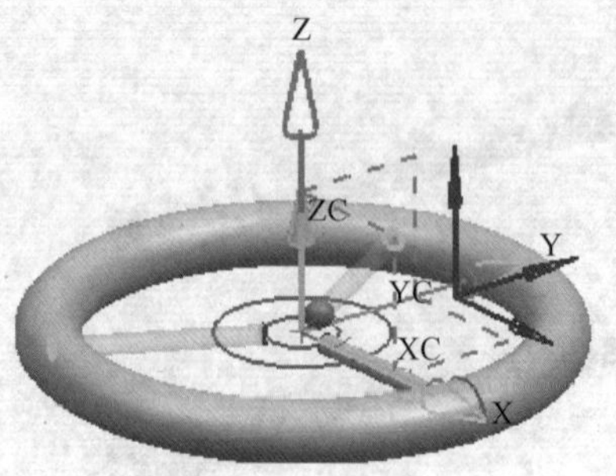

图 3—130　选择 Z 轴

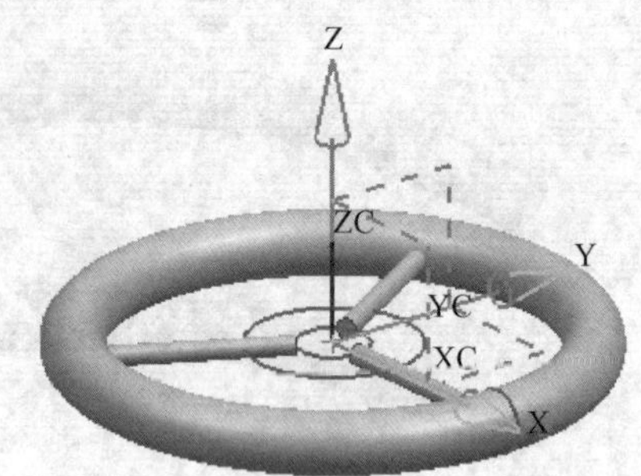

图 3—131　创建的移动对象

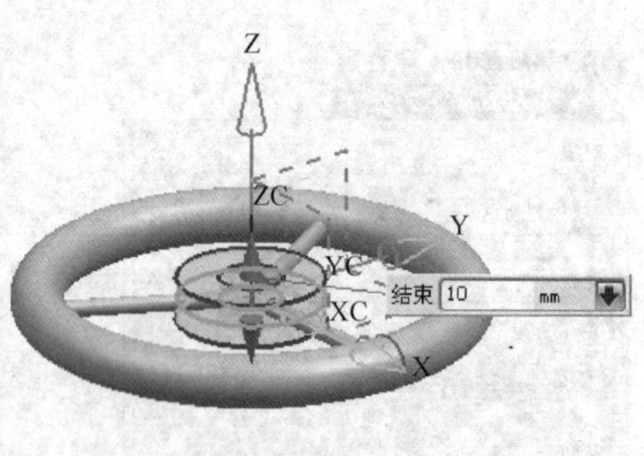

图 3—132　进行拉伸设置并选择截面曲线

（2）单击【确定】按钮，图形窗口如图 3—133 所示。

7. 求和操作

（1）单击“求和”图标或选择［插入］/［组合体］/［求和］菜单命令，系统弹出“求和”对话框，如图 3—134 所示。

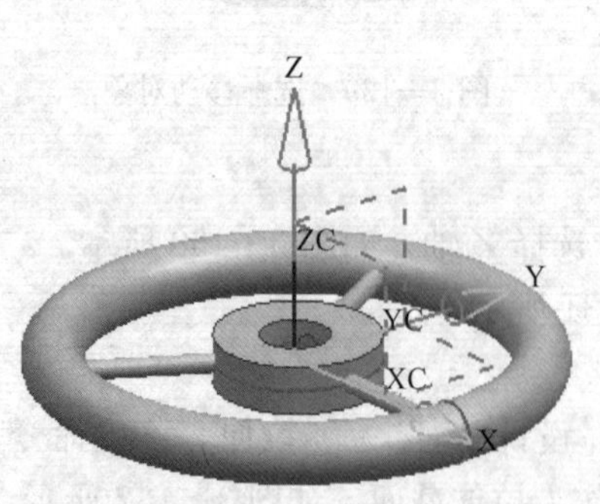

图 3—133　创建的拉伸实体

图 3—134　“求和”对话框

（2）根据提示“选择目标体”，选择扫掠实体作为目标体，如图 3—135 所示。

（3）系统提示“选择工具体”，选择其他实体作为工具（刀具）体，如图 3—136 所示。

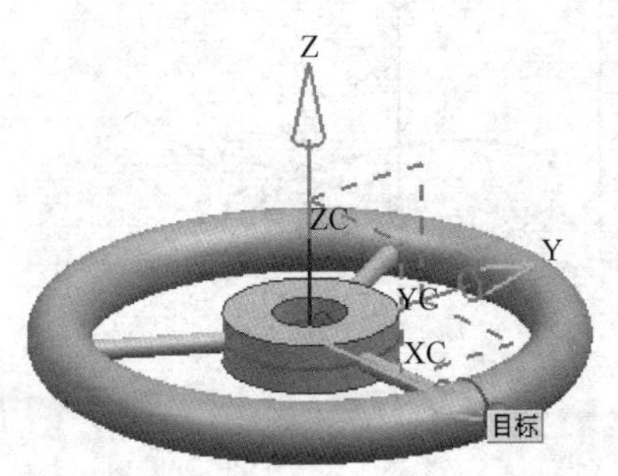

图 3—135　选择目标体

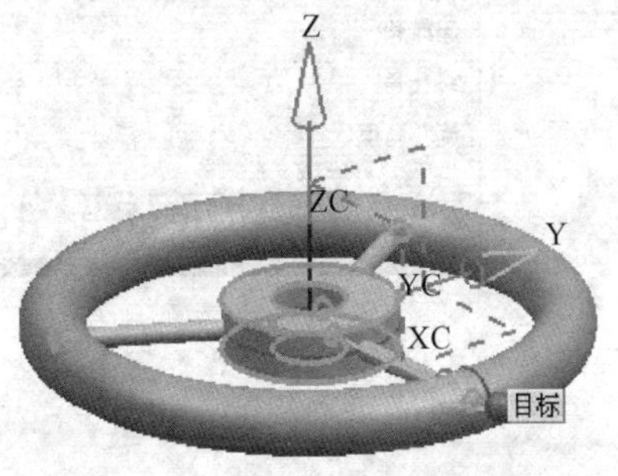

图 3—136　选择工具体

（4）单击【确定】按钮，图形窗口如图 3—137 所示。

任务拓展

1. 试完成如图 3—138 所示弹簧三维实体模型的创建。其中，螺旋线可通过［插入］/［曲线］/［螺旋线］菜单命令进行创建。

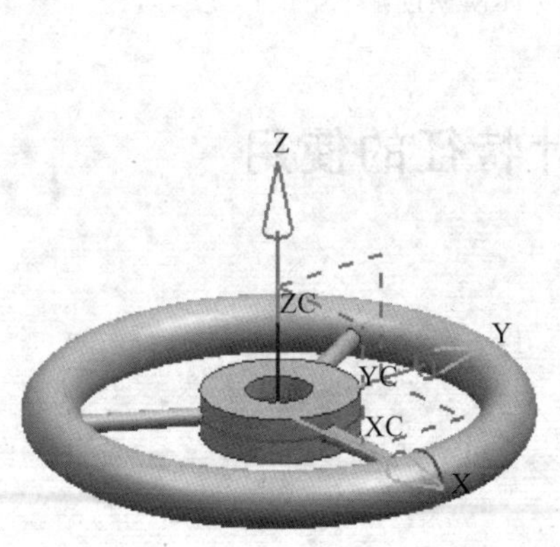

图 3—137　三维实体造型

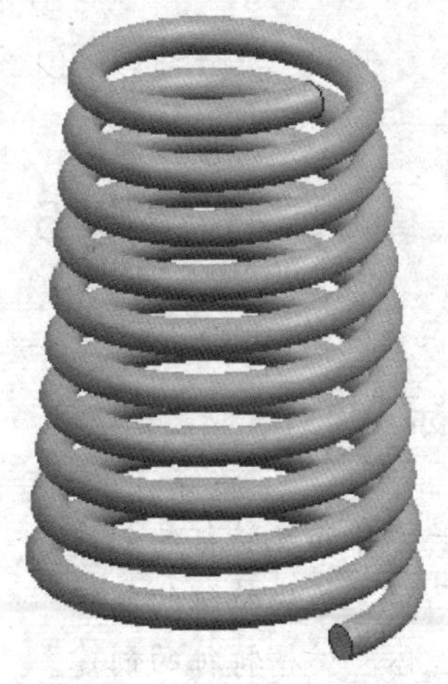

图 3—138　弹簧（尺寸自定）

2. 试按以下步骤完成图 3—139 所示三维实体模型的创建。

（1）通过选择［插入］/［曲线］/［椭圆］菜单命令创建椭圆。

（2）创建管道。

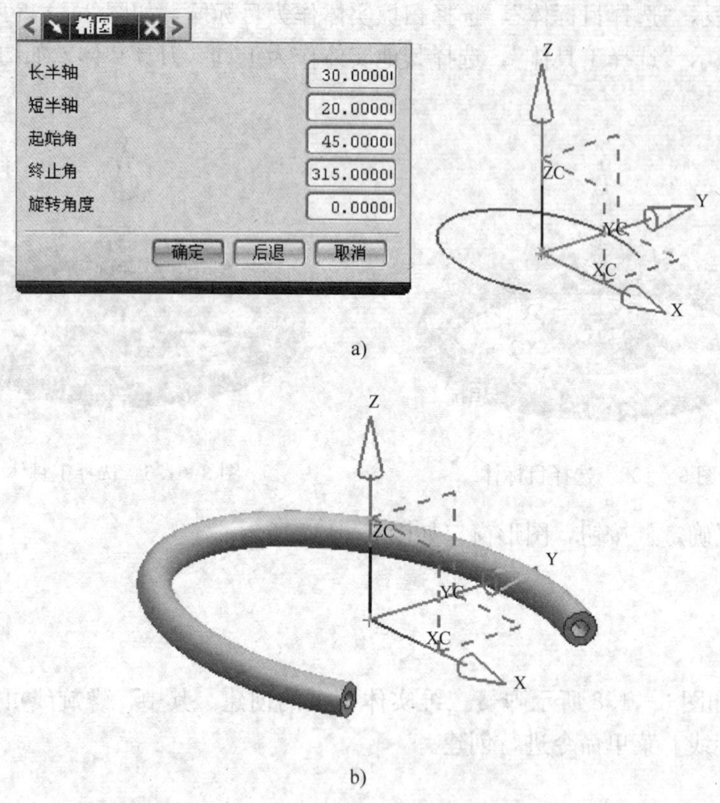

a)

b)

图 3—139　实体模型创建

课题 5　设计特征的使用

学习目标

1. 掌握长方体和孔特征的创建。
2. 掌握凸台、垫块特征的创建。
3. 掌握腔体、键槽特征的创建。
4. 掌握坡口焊、三角形加强筋特征的创建。

工作任务

设计特征是在已存在的实体模型上添加或移除一部分结构，从而得到具有一定规则形状的特征。在 UG NX 6.0 中，设计特征主要包括孔、凸台、腔体、垫块、键槽、坡口焊、三角形加强筋等。试通过设计特征完成图 3—140 所示模型的创建。

任务实施

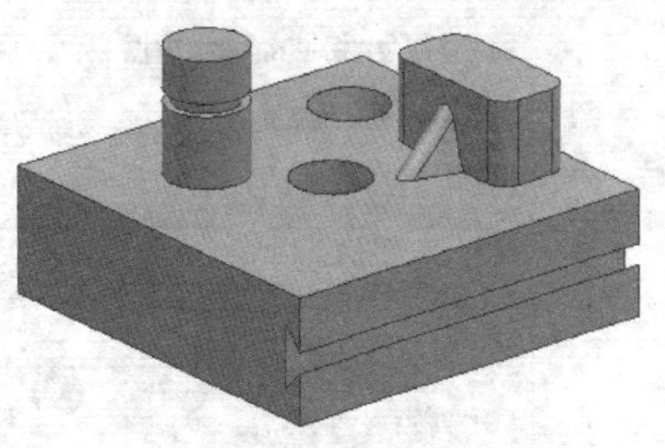

图 3—140 设计特征创建

1. 创建新文件

(1) 通过快捷方式图标启动 UG NX 6.0。

(2) 新建名称为“shejitezheng”的部件文件。

(3) 选择［首选项］/［草图］菜单命令，系统弹出“草图首选项”对话框。在“草图样式”选项卡中，将“尺寸标签”设置为“值”。

2. 创建长方体

(1) 单击“长方体”图标或选择［插入］/［设计特征］/［长方体］菜单命令，系统弹出“长方体”对话框，按图 3—141 所示进行设置。

(2) 单击【确定】按钮，完成长方体的创建，图形窗口如图 3—142 所示。

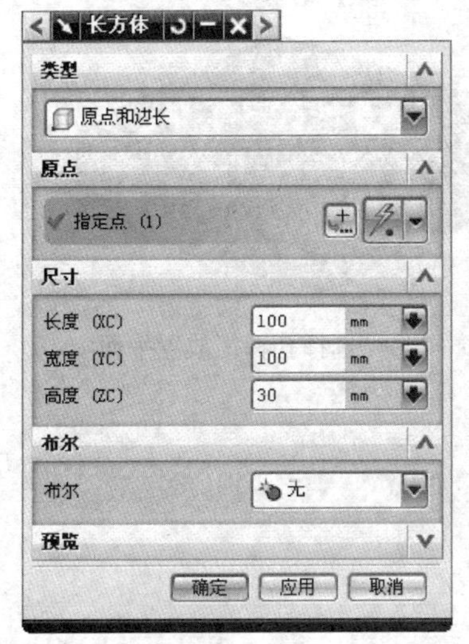

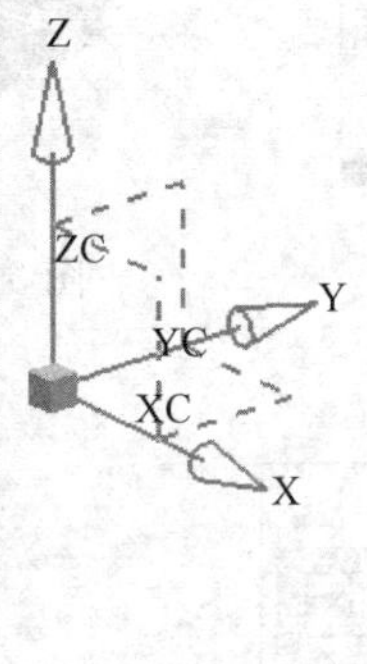

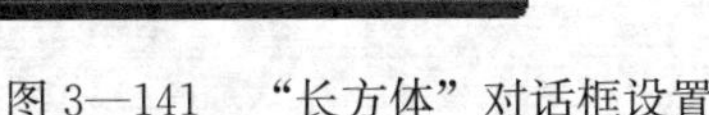

图 3—141 “长方体”对话框设置

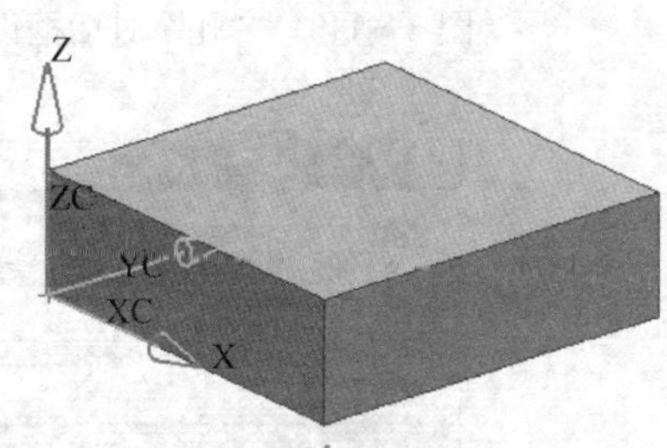

图 3—142 长方体

3. 创建孔

(1) 单击“孔”图标或选择［插入］/［设计特征］/［孔］菜单命令，系统弹出“孔”对话框，按图 3—143 所示进行设置。

(2) 根据提示“选择要草绘的平的面或指定点”，选择长方体上表面作为孔特征放置平面，如图 3—144 所示。

(3) 单击鼠标左键确认，系统弹出“点”对话框，单击【重置】按钮，如图 3—145 所示。

(4) 单击【确定】按钮，单击“完成草图”图标完成草图，图形窗口如图 3—146 所示。

(5) 单击【确定】按钮，结束孔的创建，图形窗口如图 3—147 所示。

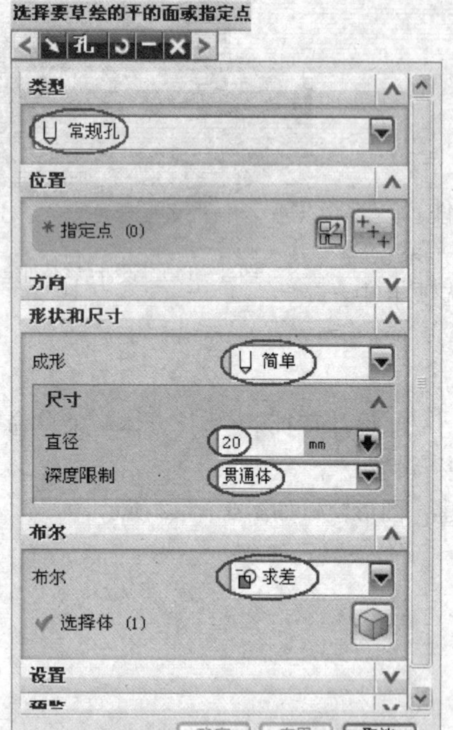

图 3—143 “孔”对话框设置

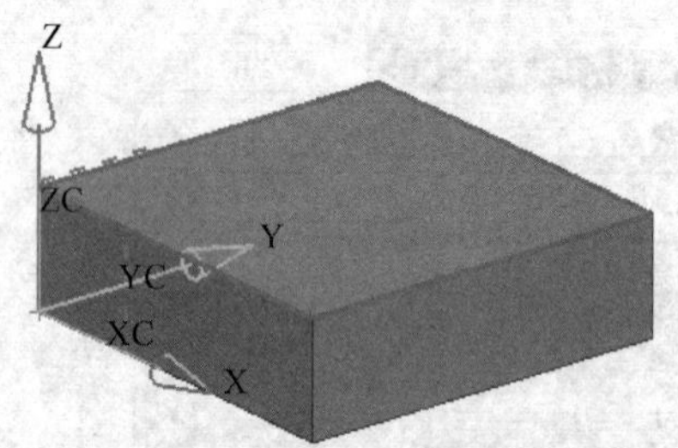

图 3—144 选择孔特征放置平面

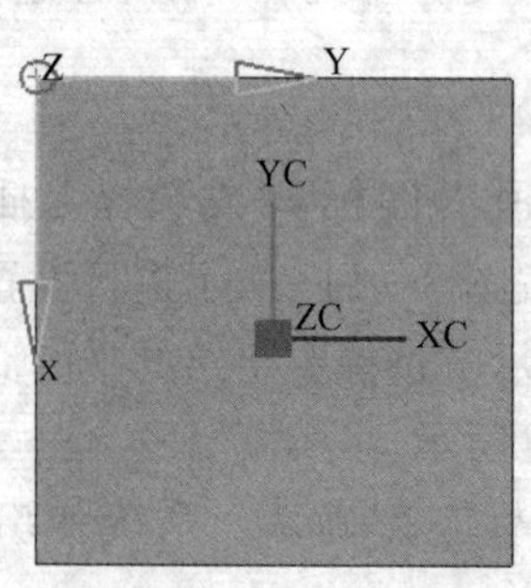

图 3—145 确定点位置

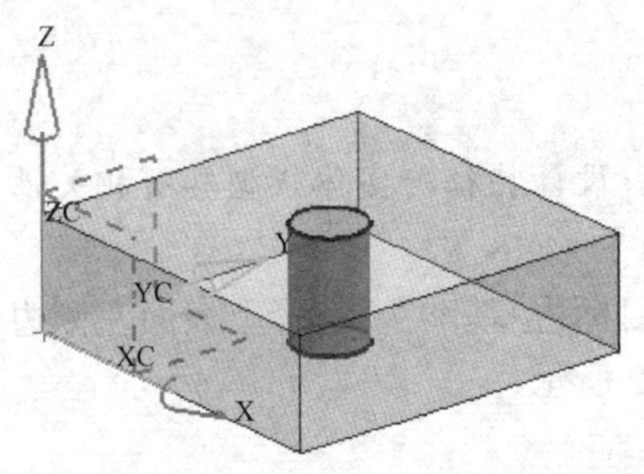

图 3—146 创建的孔

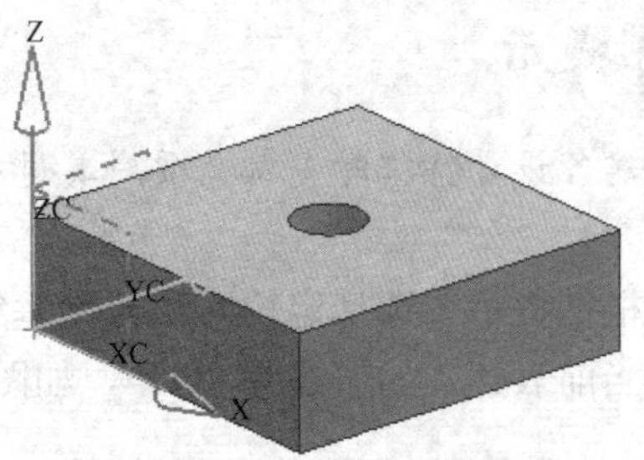

图 3—147 孔特征

4. 创建凸台

(1) 单击“凸台”图标或选择［插入］/［设计特征］/［凸台］菜单命令，系统弹出“凸台”对话框，按图 3—148 所示进行设置。

(2) 根据提示“选择平的放置面”，选择长方体上表面作为凸台放置平面，如图 3—149 所示。

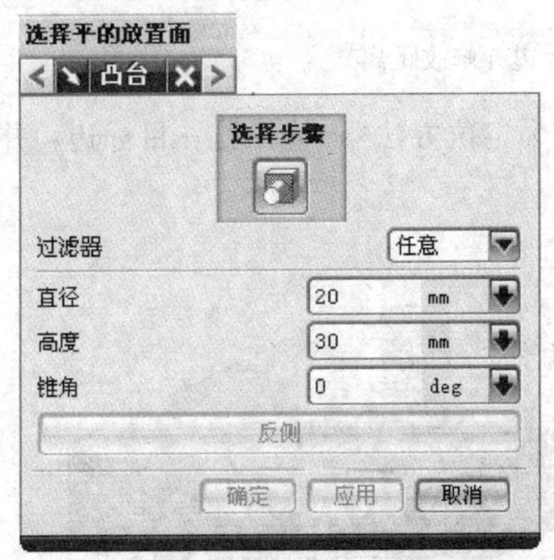

图 3—148 “凸台”对话框设置

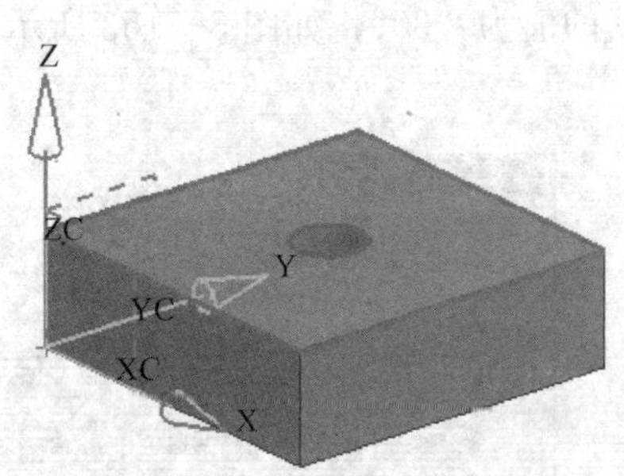

图 3—149 选择凸台放置平面

(3) 单击鼠标左键确认，图形窗口如图 3—150 所示。

(4) 单击【确定】按钮，系统弹出“定位”对话框，如图 3—151 所示。

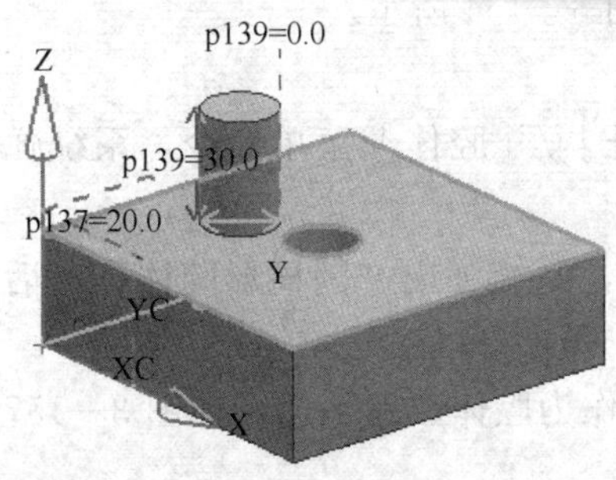

图 3—150 创建的凸台

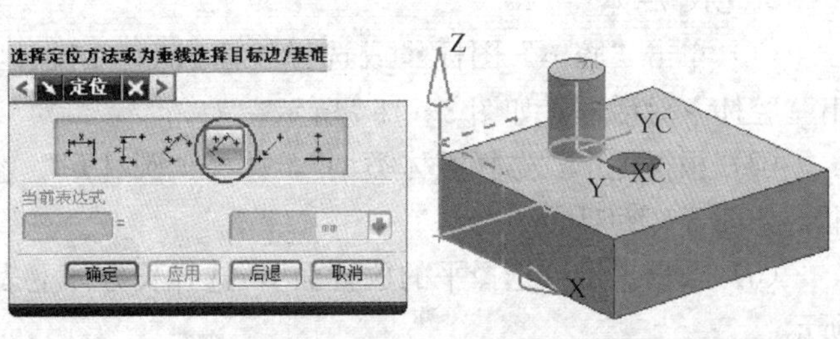

图 3—151 “定位”对话框的设置

提示

在创建各设计特征时，都需要对其进行定位。设计特征与实体模型具有相关性，不能够独立存在。

(5) 根据提示“选择定位方法或为垂线选择目标边/基准”，选择上表面左侧边作为目标边，并将当前表达式的值改为“30”，如图 3—152 所示。

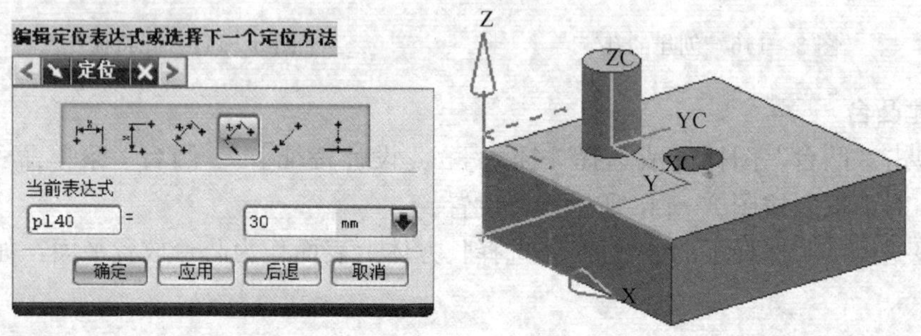

图 3—152 选择目标边并修改距离

(6) 根据提示“编辑定位表达式或选择下一个定位方法”，选择另一目标边，并修改当前表达式的值为“30”，如图 3—153 所示。

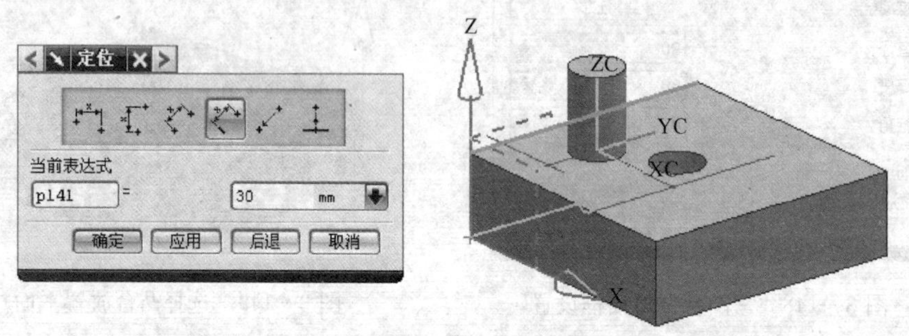

图 3—153 选择另一目标边并修改距离

(7) 单击【确定】按钮，凸台创建完成，图形窗口如图 3—154 所示。

5. 创建腔体

(1) 单击“腔体”图标或选择［插入］/［设计特征］/［腔体］菜单命令，系统弹出“腔体”对话框，如图 3—155 所示。

(2) 根据提示“选择腔体类型”，选择“圆柱形”腔体，系统弹出“圆柱形腔体”对话框，如图 3—156 所示。

(3) 根据提示“选择平的放置面”，选择长方体上表面作为腔体放置平面，如图 3—157 所示。

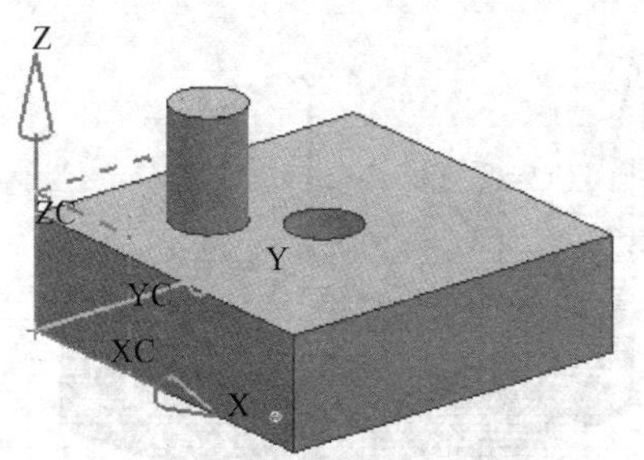

图 3—154 创建的凸台

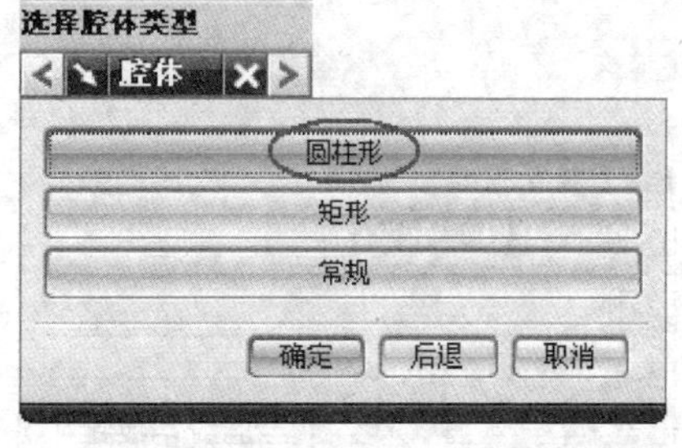

图 3—155 “腔体”对话框

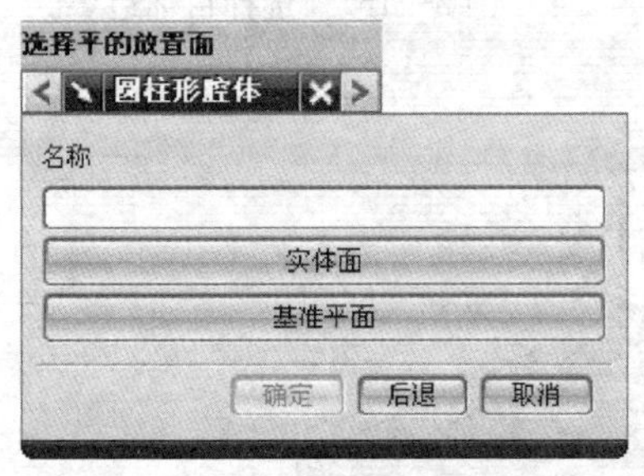

图 3—156 “圆柱形腔体”对话框

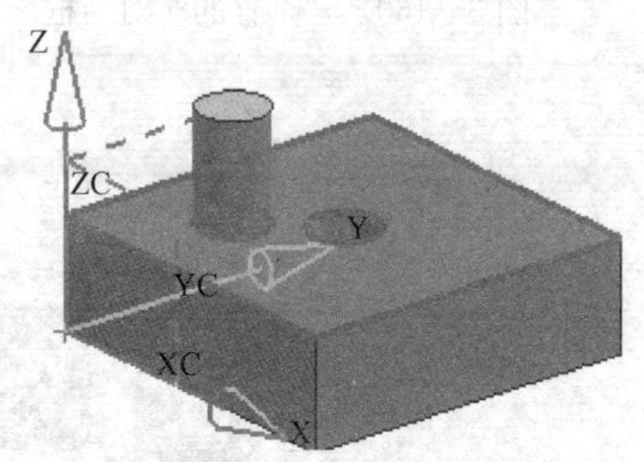

图 3—157 选择腔体放置平面

(4) 单击鼠标左键确认，系统弹出“圆柱形腔体”对话框，根据提示“输入腔体参数”，输入相应参数，如图 3—158 所示。

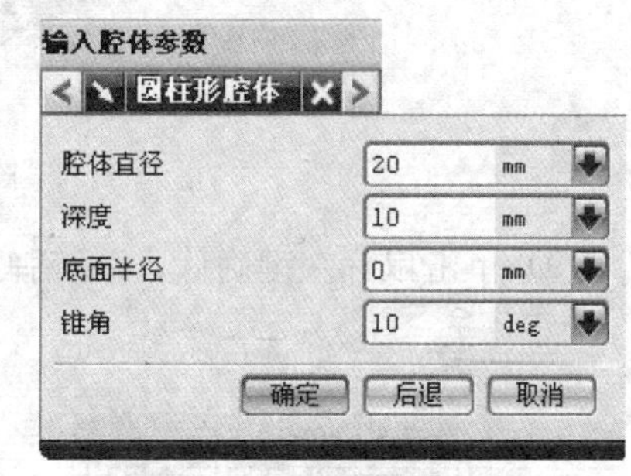

图 3—158 腔体参数设置

(5) 单击【确定】按钮，系统弹出“定位”对话框，如图 3—159 所示。

(6) 选择“垂直”定位方法，系统弹出“垂直的”对话框，如图 3—160 所示。

(7) 根据提示“选择目标边/基准”，选择目标边，如图 3—161 所示。

(8) 根据系统提示“选择工具边”，选择如图 3—162 所示的圆。

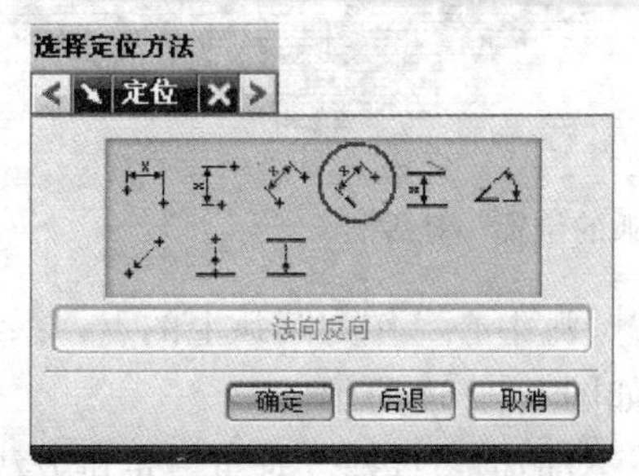

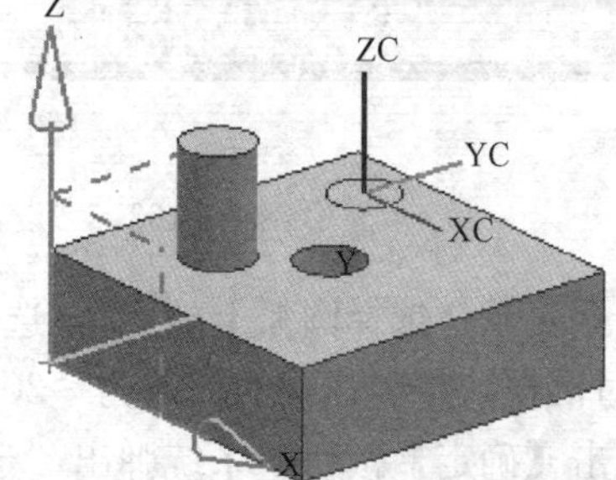

图 3—159 “定位”对话框

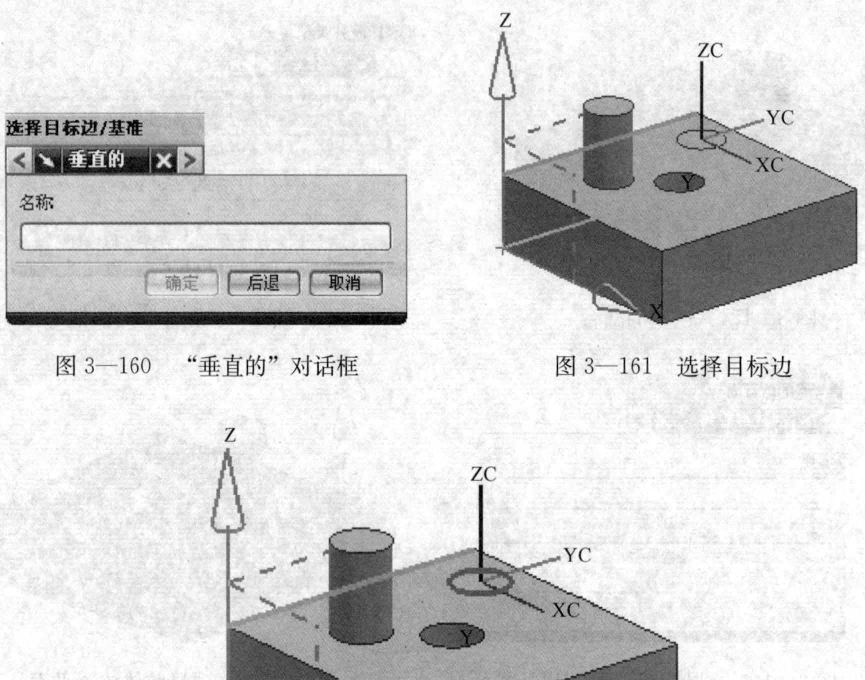

图 3—160　“垂直的”对话框　　　图 3—161　选择目标边

图 3—162　选择工具边

（9）单击鼠标左键确认，系统弹出“设置圆弧的位置”对话框，如图 3—163 所示。

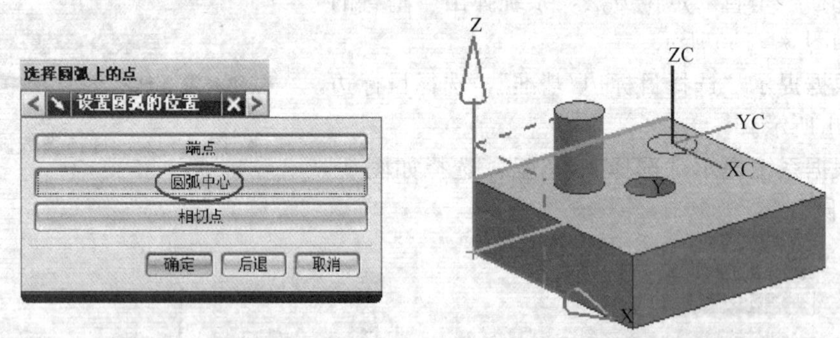

图 3—163　“设置圆弧的位置”对话框

（10）根据提示“选择圆弧上的点”，选择“圆弧中心”作为圆弧上的点，系统弹出“创建表达式”对话框，将表达式的值改为“20”，如图 3—164 所示。

（11）单击【确定】按钮，系统弹出“定位”对话框，选择“垂直”定位方法。

（12）根据提示选择目标边，如图 3—165 所示。

(13) 根据系统提示“选择工具边”，选择如图 3—166 所示的圆。

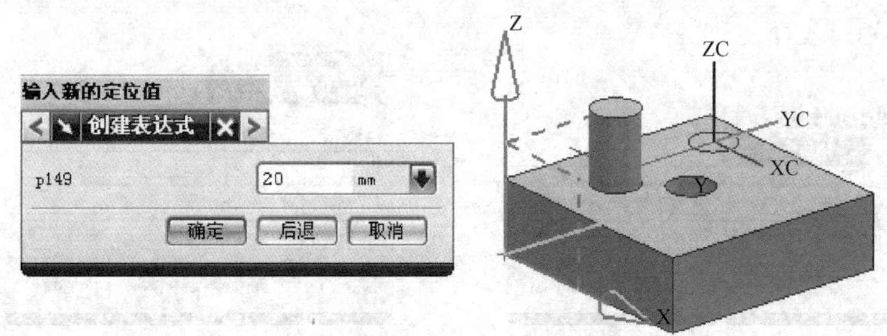

图 3—164 修改表达式的值

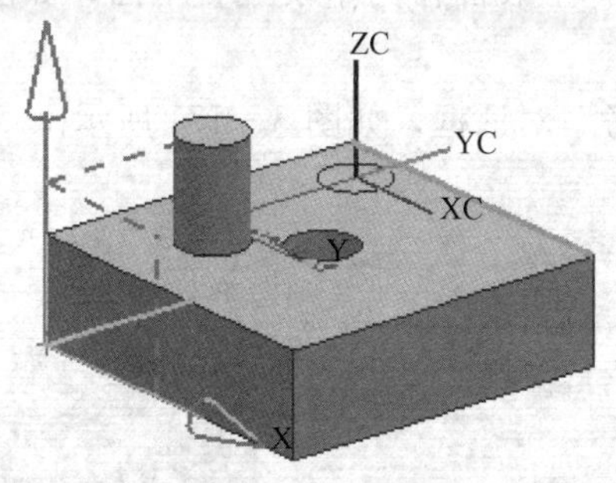

图 3—165 选择目标边

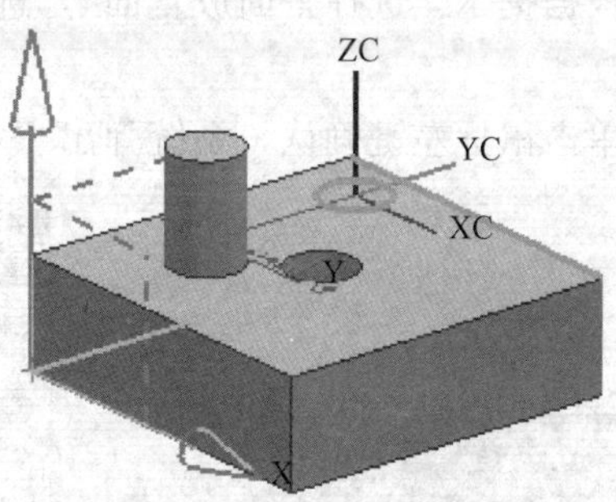

图 3—166 选择工具边

(14) 系统弹出“设置圆弧的位置”对话框，选择“圆弧中心”，系统弹出“创建表达式”对话框，将表达式的值改为“20”，单击【确定】按钮，完成圆柱形腔体的创建，图形窗口如图 3—167 所示。

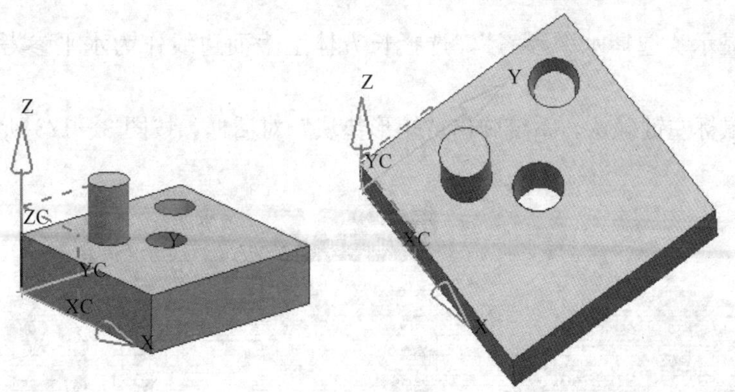

图 3—167 创建的圆柱形腔体

6. 创建垫块

(1) 单击“垫块”图标或选择［插入］/［设计特征］/［垫块］菜单命令，系统弹出“垫块”对话框，如图 3—168 所示。

（2）根据提示“选择垫块类型”，选择矩形垫块，系统弹出“矩形垫块”对话框，如图3—169 所示。

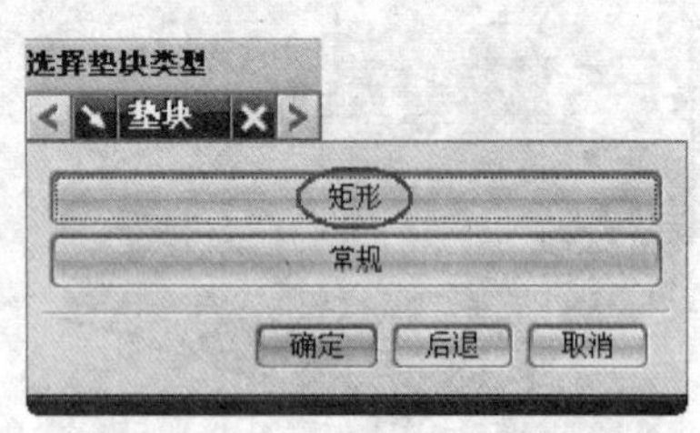

图 3—168 “垫块”对话框

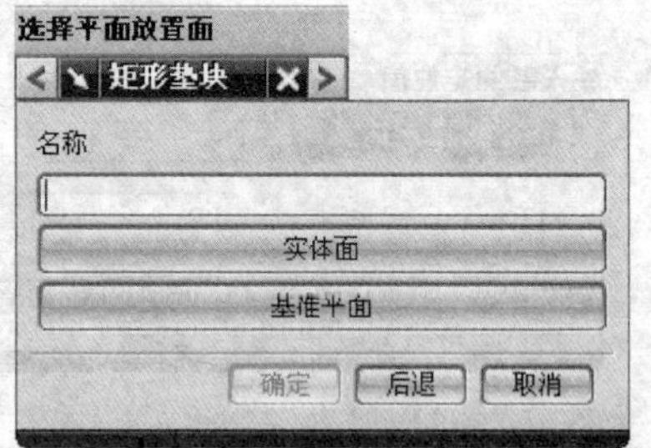

图 3—169 “矩形垫块”对话框

（3）根据提示“选择平面放置面”，选择长方体上表面作为垫块放置平面，如图 3—170 所示。

（4）单击鼠标左键确认，系统弹出“水平参考”对话框，如图 3—171 所示。

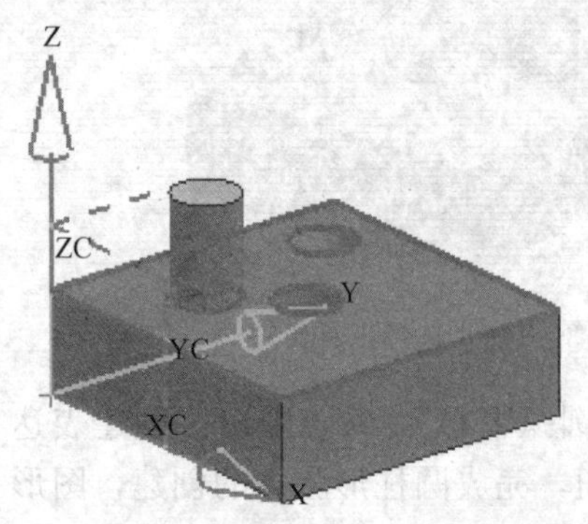

图 3—170 选择垫块放置平面

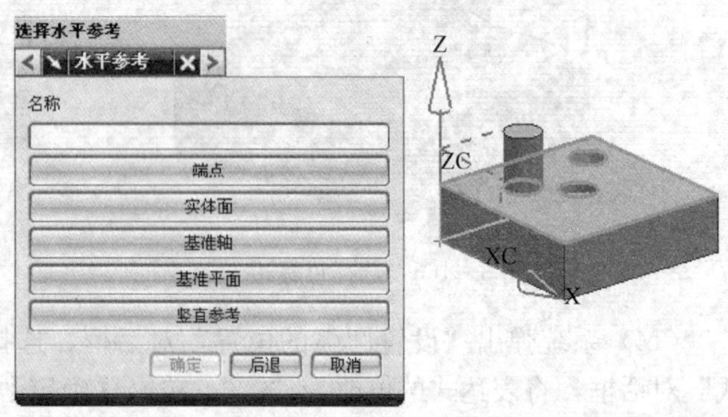

图 3—171 “水平参考”对话框

（5）根据提示“选择水平参考”，选择长方体上表面边线作为水平参考，如图 3—172 所示。

（6）单击鼠标左键确认，系统弹出“矩形垫块”对话框，按图 3—173 所示进行设置。

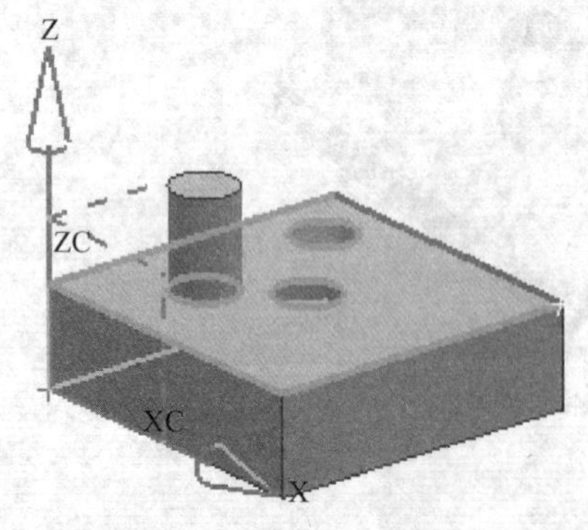

图 3—172 选择水平参考

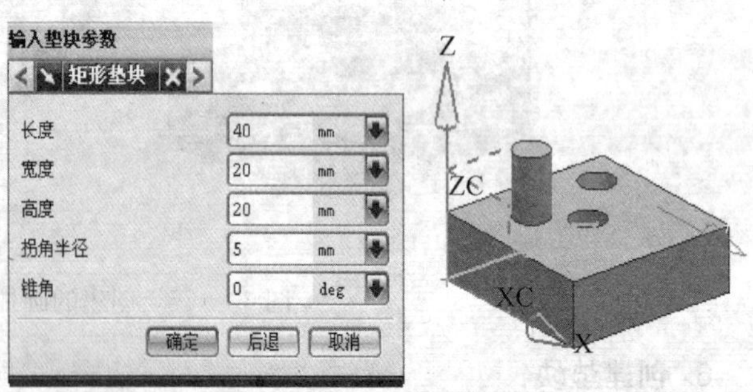

图 3—173 输入垫块参数

（7）单击【确定】按钮，系统弹出“定位”对话框，如图 3—174 所示。

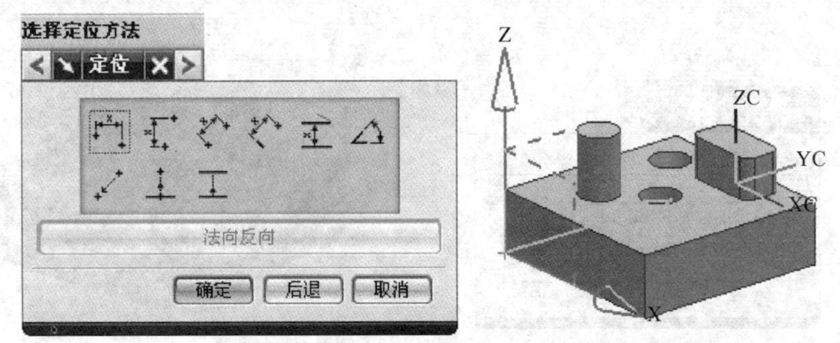

图 3—174 “定位”对话框

（8）单击【确定】按钮，完成矩形垫块的创建，如图 3—175 所示。

提示

定位操作如前所述，为简化操作过程，这里省略不讲。

7. 创建键槽

（1）单击“键槽”图标或选择［插入］/［设计特征］/［键槽］菜单命令，系统弹出“键槽”对话框，如图 3—176 所示。

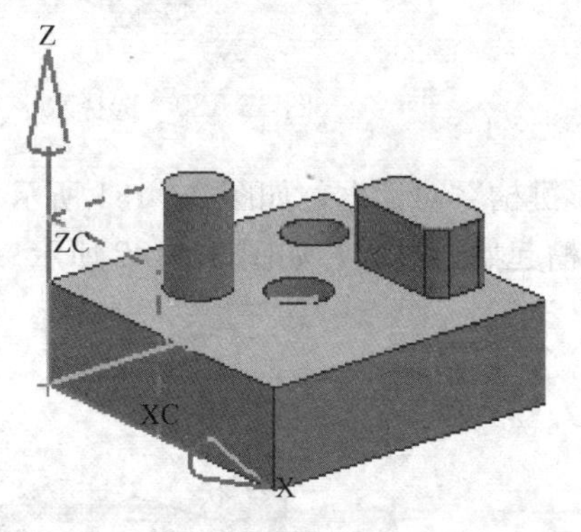

图 3—175 创建的矩形垫块

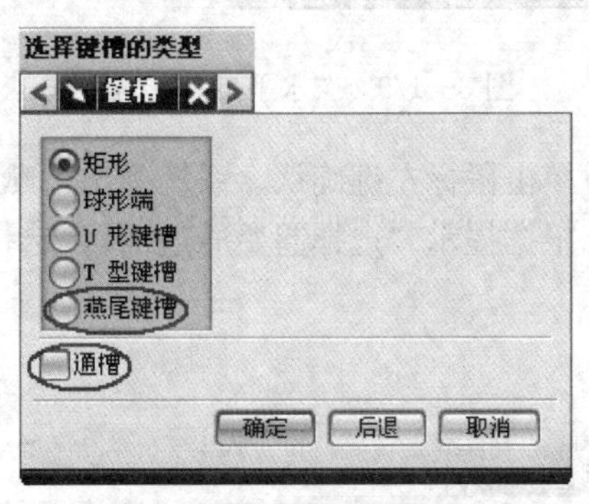

图 3—176 “键槽”对话框

（2）根据提示“选择链槽的类型”，选择键槽类型为“燕尾键槽”和“通槽”。

（3）单击【确定】按钮，系统弹出“燕尾形键槽”对话框，如图 3—177 所示。

（4）根据提示“选择平的放置面”，选择长方体一侧面作为键槽的放置面，如图 3—178 所示。

（5）单击鼠标左键确认，系统弹出“水平参考”对话框，如图 3—179 所示。

（6）根据提示“选择水平参考”，选择长方体上表面边线作为水平参考，如图 3—180 所示。

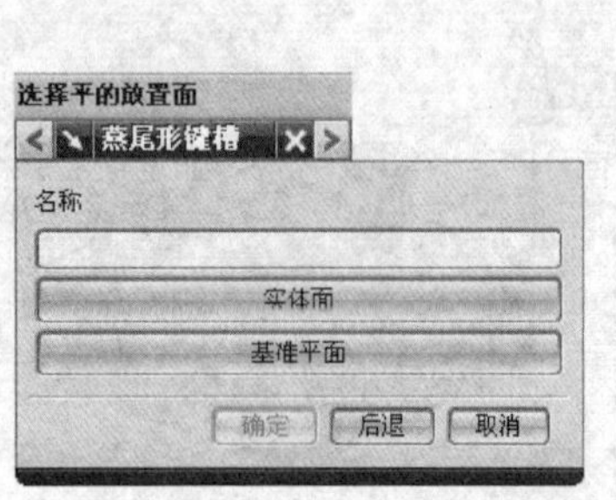

图 3—177 “燕尾形键槽”对话框

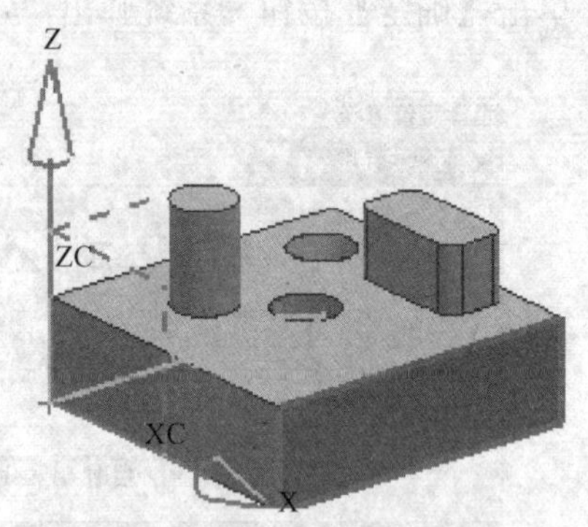

图 3—178 选择键槽放置平面

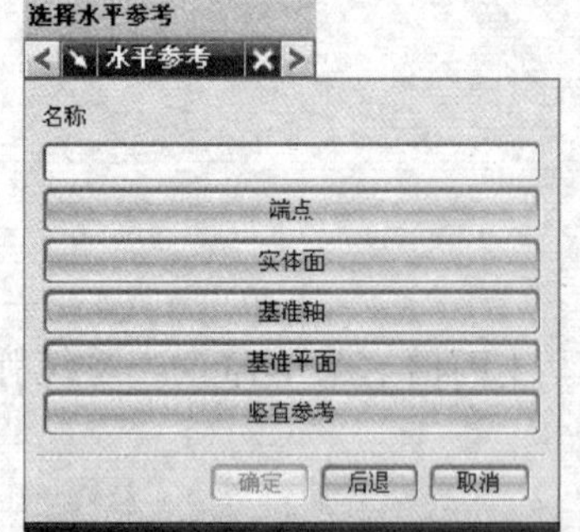

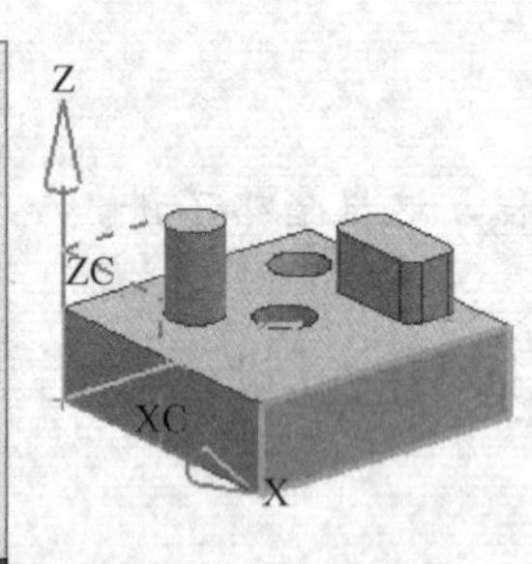

图 3—179 “水平参考”对话框

图 3—180 选择水平参考

（7）单击鼠标左键确认，系统弹出“燕尾形键槽”对话框，如图 3—181 所示。

（8）根据提示“选择起始通过面”，选择键槽起始通过面，如图 3—182 所示。

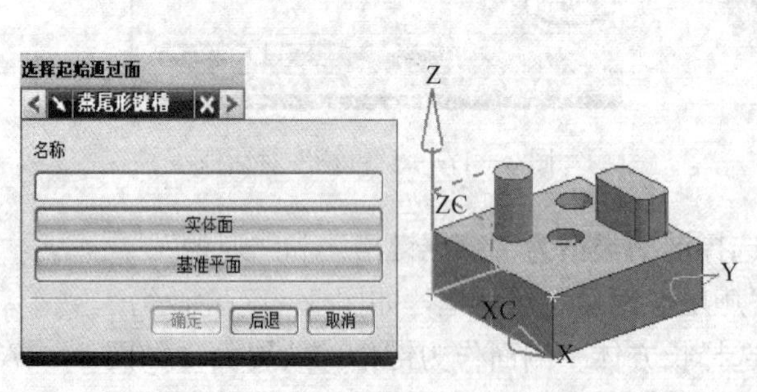

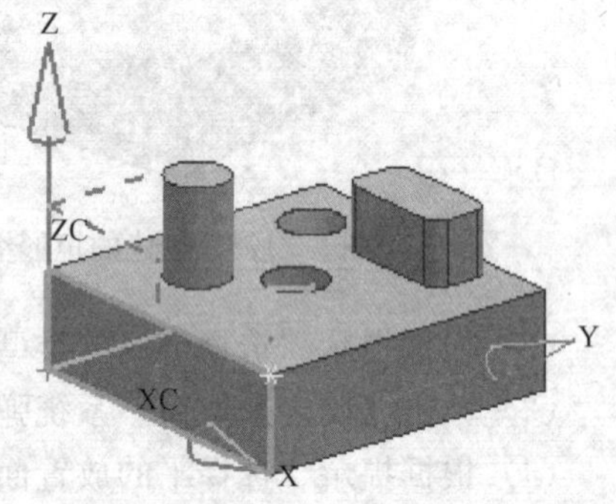

图 3—181 “燕尾形键槽”对话框

图 3—182 选择键槽起始通过面

（9）根据提示选择键槽终止通过面，如图 3—183 所示。

（10）系统弹出“燕尾形键槽”对话框，输入键槽参数，如图 3—184 所示。

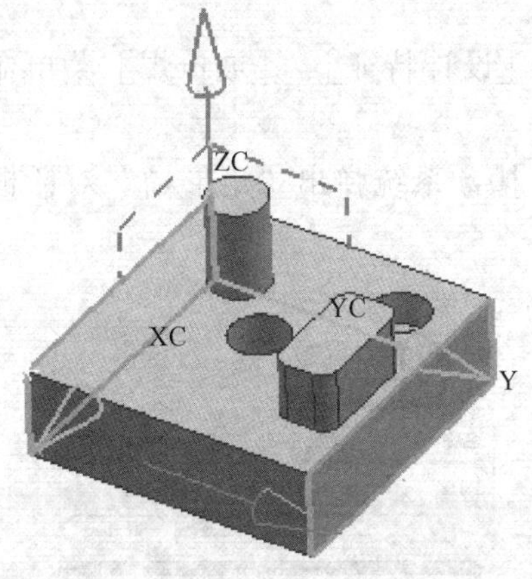

图 3—183 选择键槽终止通过面

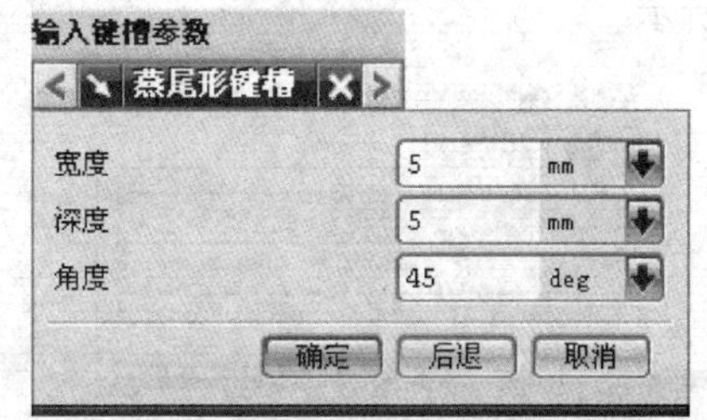

图 3—184 输入键槽参数

(11) 单击【确定】按钮，系统弹出“定位”对话框，如图 3—185 所示。

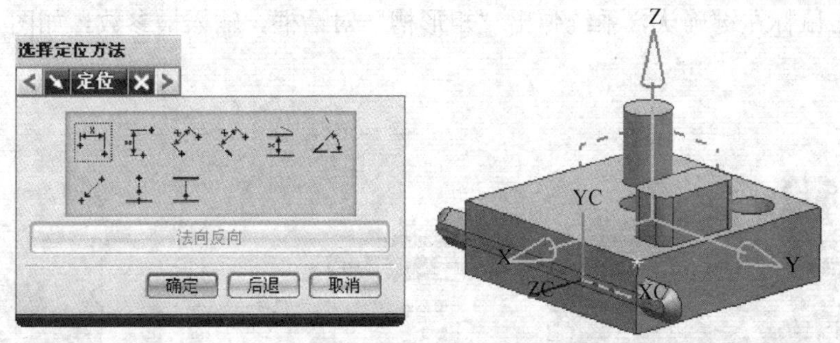

图 3—185 “定位”对话框

(12) 单击【确定】按钮，完成键槽的创建，如图 3—186 所示。

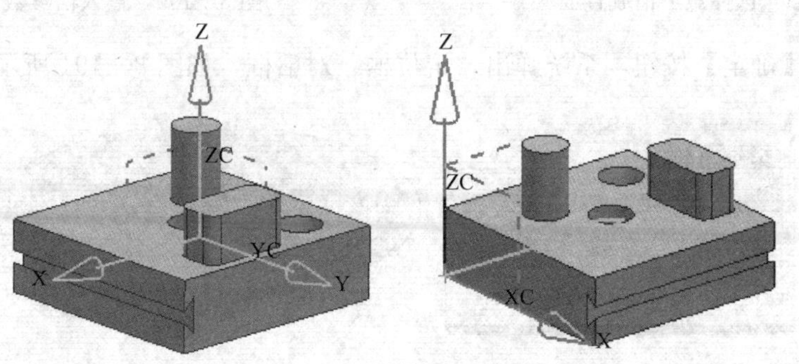

图 3—186 创建的键槽

提示

定位操作如前所述，为简化操作过程，这里省略不讲。

8. 创建坡口焊

（1）单击“坡口焊”图标或选择［插入］/［设计特征］/［坡口焊］菜单命令，系统弹出“槽”对话框，如图 3—187 所示。

（2）根据提示“选择槽类型”，选择“矩形”槽，系统弹出“矩形槽”对话框，如图 3—188 所示。

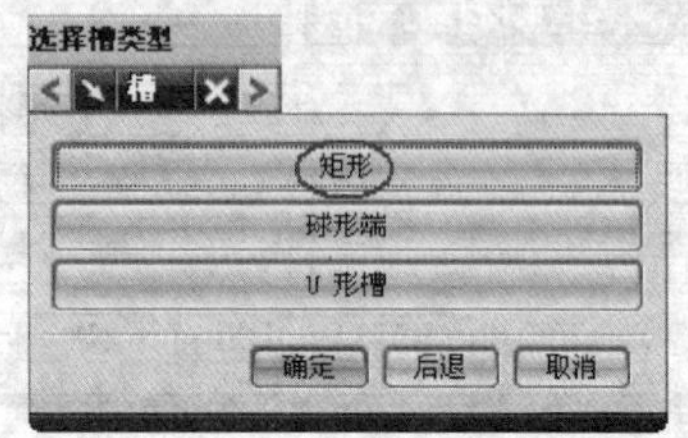

图 3—187　“槽”对话框

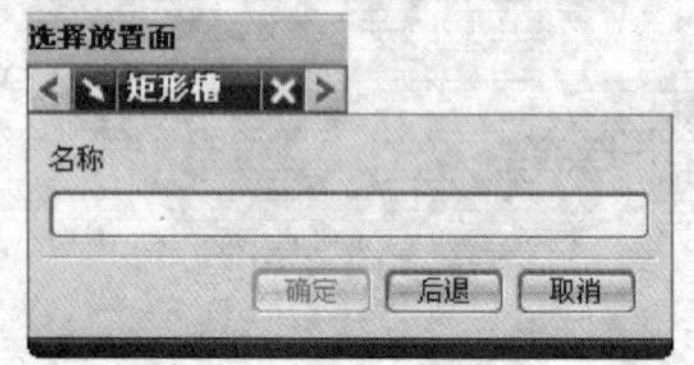

图 3—188　“矩形槽”对话框

（3）根据提示“选择放置面”，选择凸台面作为矩形槽放置面，如图 3—189 所示。

（4）单击鼠标左键确认，系统弹出“矩形槽”对话框，输入槽参数，如图 3—190 所示。

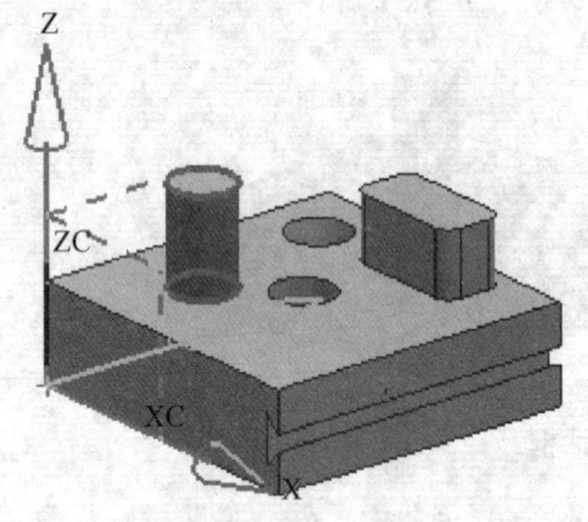

图 3—189　选择矩形槽放置面

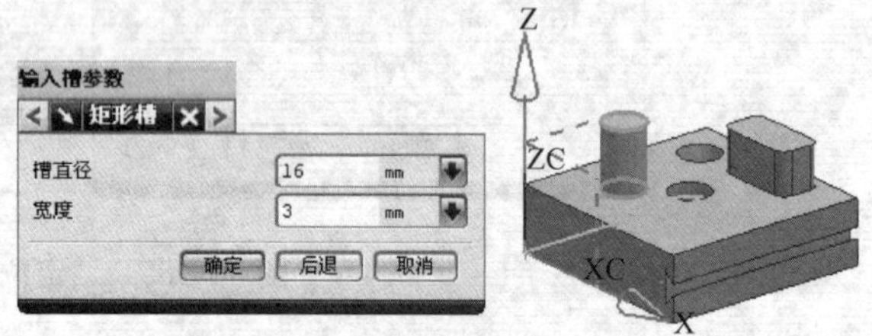

图 3—190　输入槽参数

（5）单击【确定】按钮，系统弹出“定位槽”对话框，如图 3—191 所示。

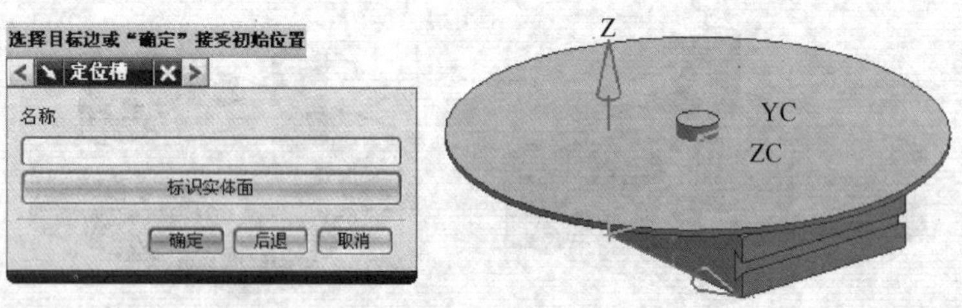

图 3—191　“定位槽”对话框

（6）根据提示“选择目标边或‘确定’接受初始位置”，选择凸台上边缘作为目标边，如图 3—192 所示。

（7）单击鼠标左键确认，系统提示“选择刀具边”，选择槽上边缘作为刀具边，如图 3—193 所示。

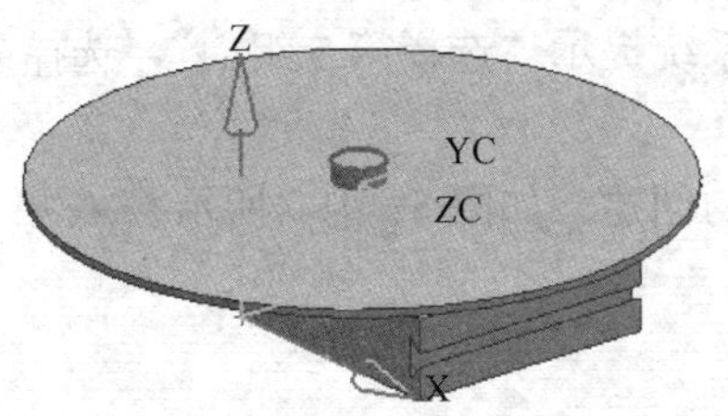

图 3—192　选择目标边

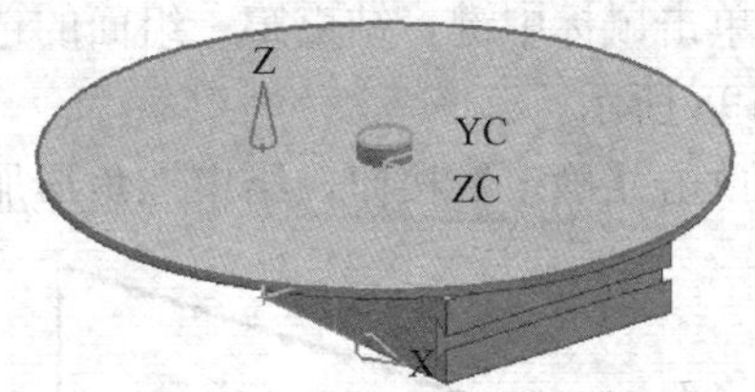

图 3—193　选择刀具边

（8）系统弹出“创建表达式”对话框，根据提示“输入新的定位值”，输入新的定位值“10”，如图 3—194 所示。

（9）单击【确定】按钮，完成坡口焊的创建，如图 3—195 所示。

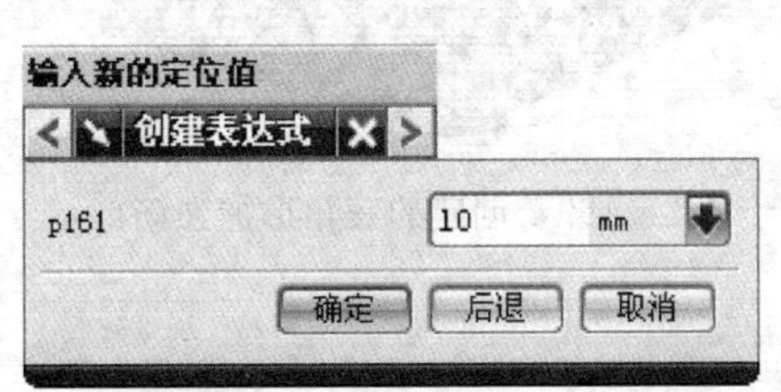

图 3—194　输入新的定位值

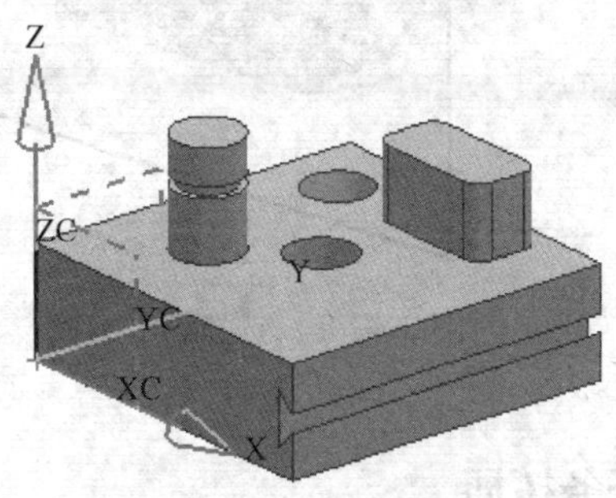

图 3—195　创建坡口焊

9. 创建三角形加强筋

（1）单击“三角形加强筋”图标 或选择［插入］/［设计特征］/［三角形加强筋］菜单命令，系统弹出“三角形加强筋”对话框，如图 3—196 所示。

（2）采用三角形加强筋参数的默认设置，根据提示“选择第一组面”，选择第一组面，如图 3—197 所示。

提示

选择面之前，将“类型过滤器”设置为“面”，“面规则”设置为“单个面”。

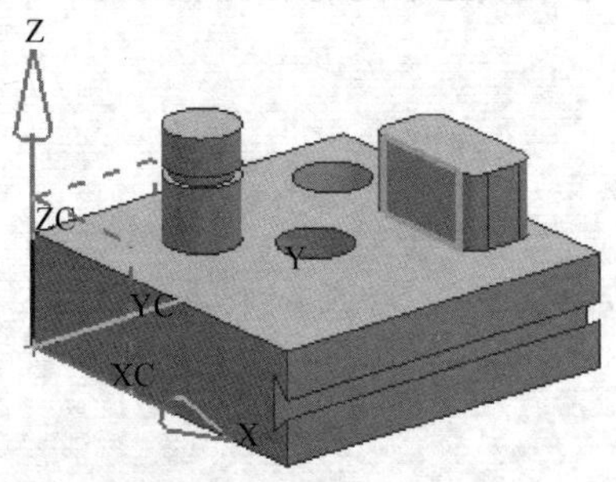

图 3—197　选择第一组面

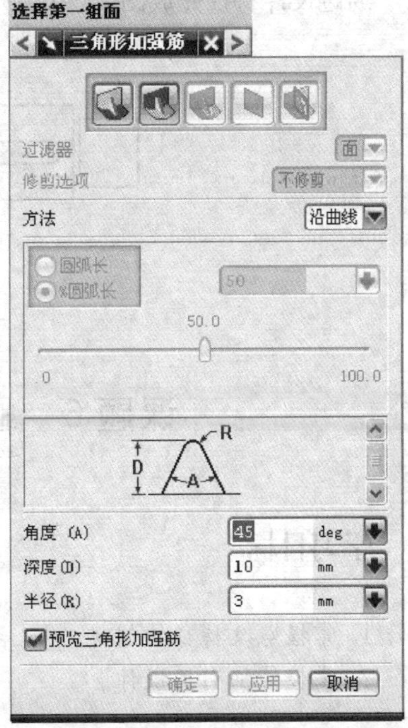

图 3—196　“三角形加强筋”对话框

（3）单击鼠标中键，结束第一组面的选择；系统提示“选择第二组面”，选择第二组面，如图 3—198 所示。

（4）单击【确定】按钮，结束三角形加强筋的创建，如图 3—199 所示。

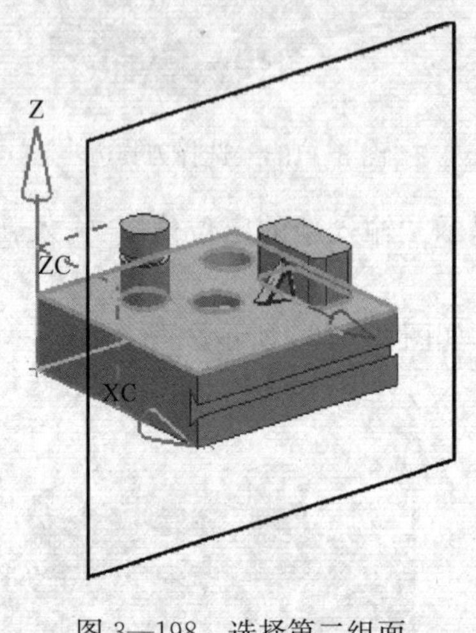

图 3—198　选择第二组面

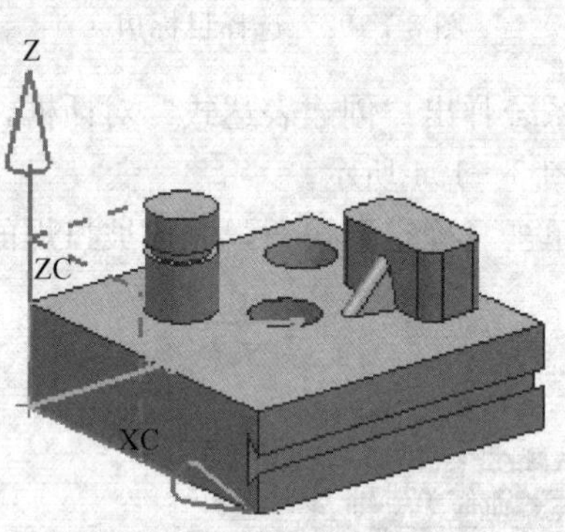

图 3—199　创建的三角形加强筋

任务拓展

通过设计特征完成图 3—200 所示轴的创建，尺寸自定。

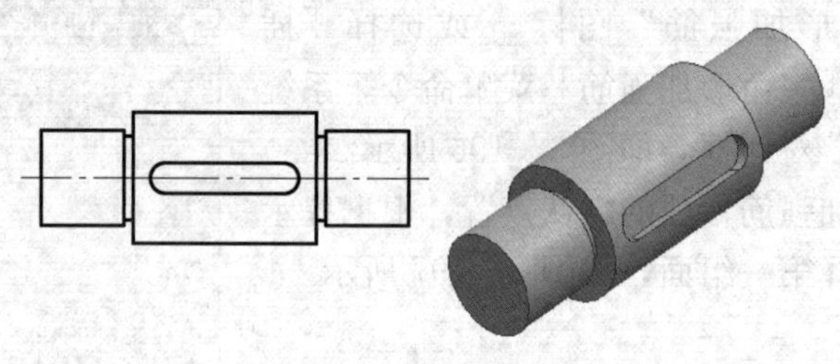

图 3—200　轴

课题 6　螺纹特征与特征引用操作

学习目标

1. 掌握螺纹特征的创建。
2. 掌握特征引用操作。

工作任务

UG NX 6.0 提供的螺纹特征可以在圆柱体、孔、圆台或扫描实体的表面生成螺纹。系统提供了两种螺纹类型：符号和详细。试采用螺纹特征与特征引用操作完成图 3—201 所示三维模型的创建。

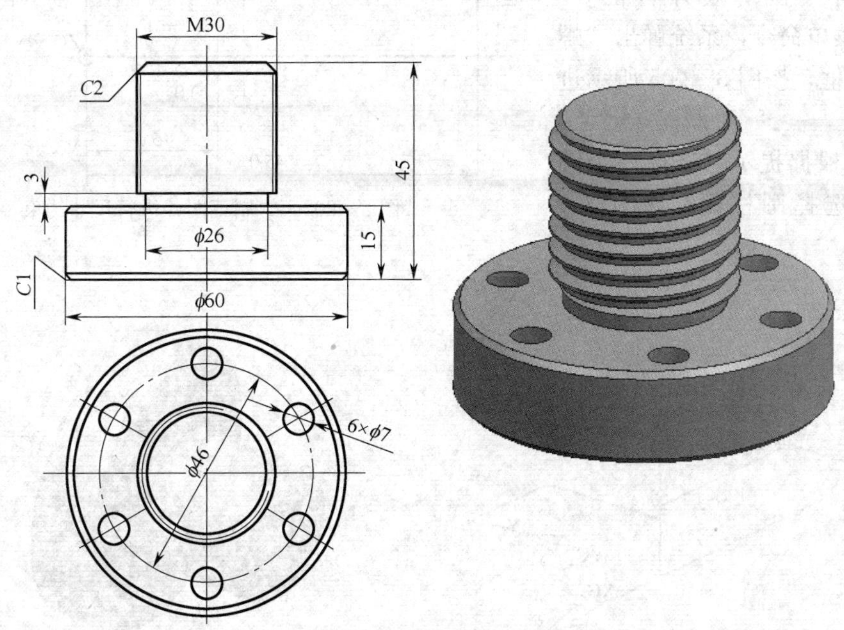

图 3—201 三维实体模型

任务实施

1. 创建新文件

（1）通过快捷方式图标启动 UG NX 6.0。

（2）新建名称为“luowentezhengyuyinyong”的部件文件。

（3）选择［首选项］/［草图］菜单命令，系统弹出“草图首选项”对话框。在“草图样式”选项卡中，将“尺寸标签”设置为“值”。

2. 创建回转体

（1）单击“草图”图标，系统弹出“创建草图”对话框。选择 *XY* 平面作为草图绘制平面，单击【确定】按钮，进入草图绘制环境。

（2）绘制草图，并进行尺寸约束，如图 3—202 所示。

（3）单击“完成草图”图标，结束草图的绘制，图形窗口如图 3—203 所示。

（4）单击“回转”图标或选择［插入］/［设计特征］/［回转］菜单命令，创建回转体，如图 3—204 所示。

3. 创建螺纹特征

（1）单击“螺纹”图标或选择［插入］/［设计特征］/［螺纹］菜单命令，系统弹出“螺纹”对话框，按图 3—205 所示进行设置。

（2）根据提示“选择一个圆柱面”，选择圆柱面，如图 3—206 所示。

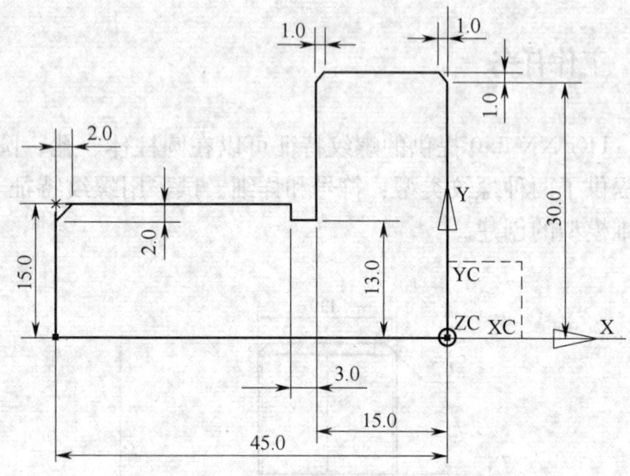

图 3—202　绘制草图并进行尺寸约束

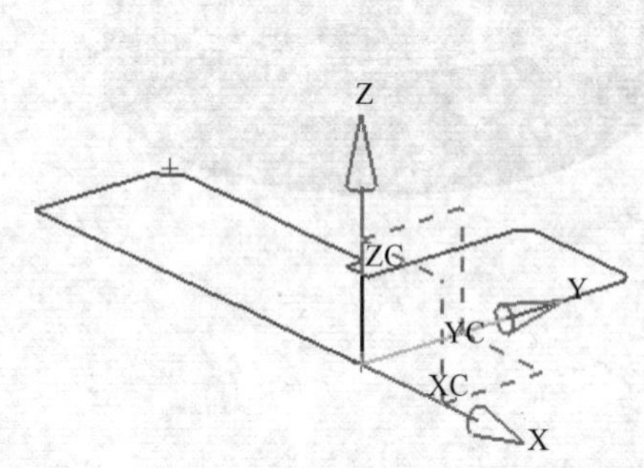

图 3—203　绘制的草图

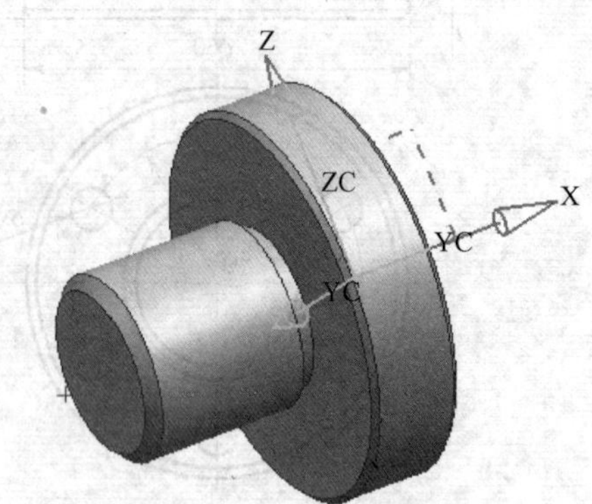

图 3—204　创建回转体

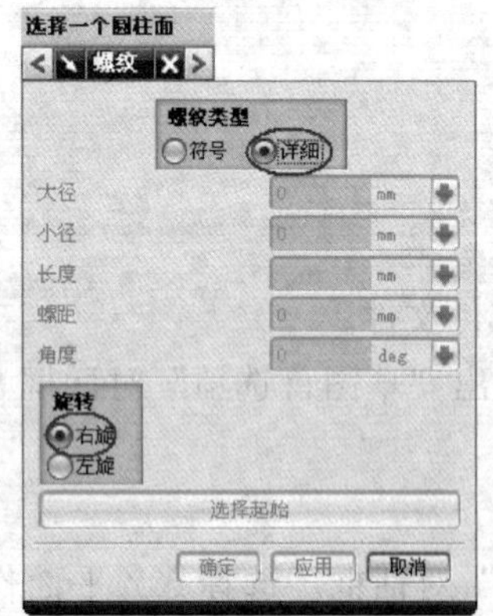

图 3—205　“螺纹”对话框设置

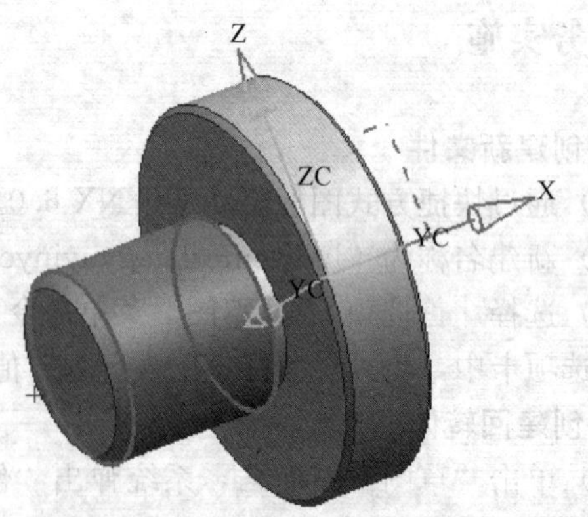

图 3—206　选择圆柱面

“详细”类型用于创建详细螺纹。这种类型的螺纹显示得更加真实，但由于这种螺纹几何形状的复杂性，使其创建和更新的速度减慢。

“符号”类型用于创建符号螺纹。符号螺纹用虚线表示，并不显示螺纹实体，在工程图中可用于表示螺纹和标注螺纹。这种螺纹由于只产生符号而不生成螺纹的实体，因此，生成螺纹的速度快，一般创建螺纹时都选择该类型。

(3) 单击鼠标左键确认，按图 3—207 所示进行设置。

(4) 单击【确定】按钮，完成螺纹特征创建，如图 3—208 所示。

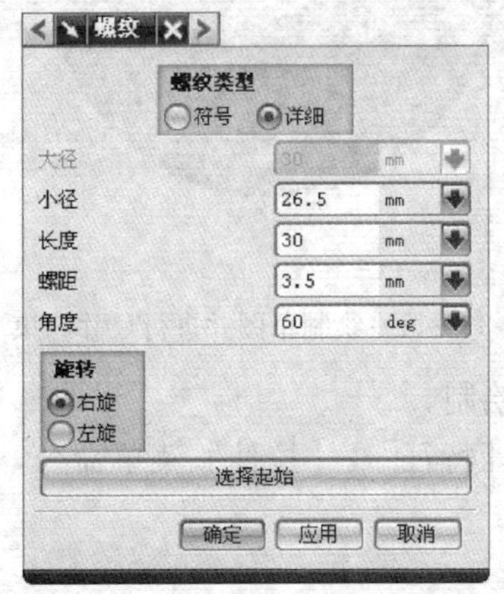

图 3—207 螺纹参数设置

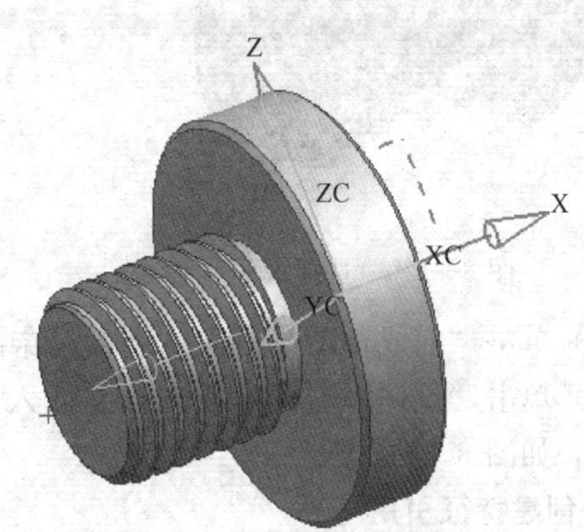

图 3—208 创建螺纹特征

4. 创建孔

(1) 单击“草图”图标，系统弹出“创建草图”对话框。设置（过滤器）“类型”为“面”，选择草图绘制平面，如图 3—209 所示。

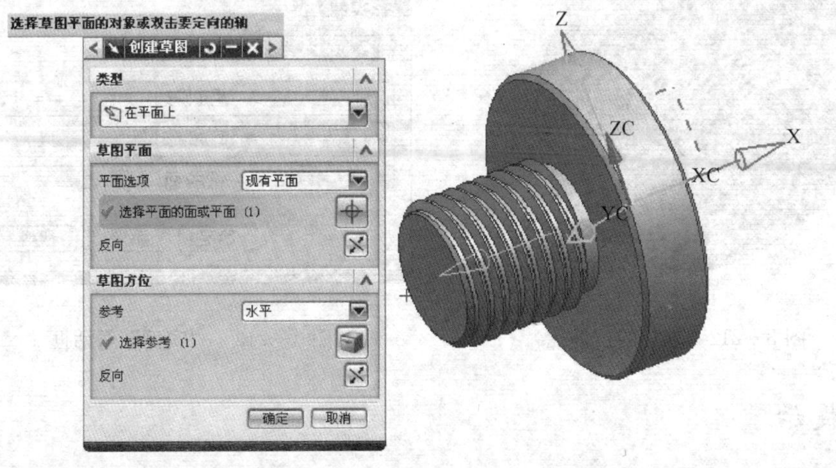

图 3—209 选择草图绘制平面

（2）单击鼠标左键确认，系统提示“选择草图平面的对象或双击要定向的轴”，双击 *YC* 轴，如图 3—210 所示。

（3）单击【确定】按钮，进入草图绘制环境。绘制草图，并进行尺寸约束，如图 3—211 所示。

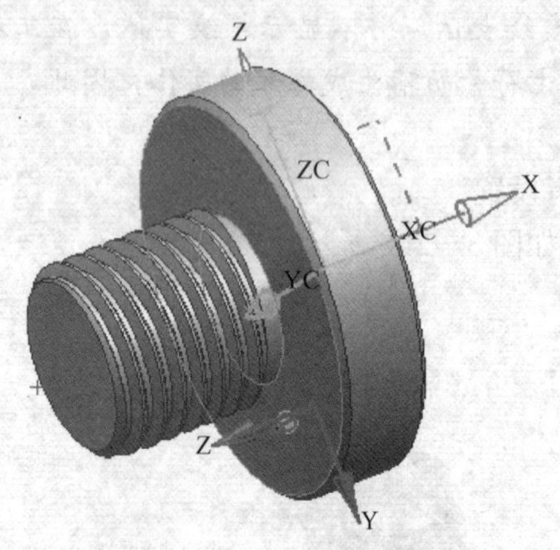

图 3—210　选择水平参考

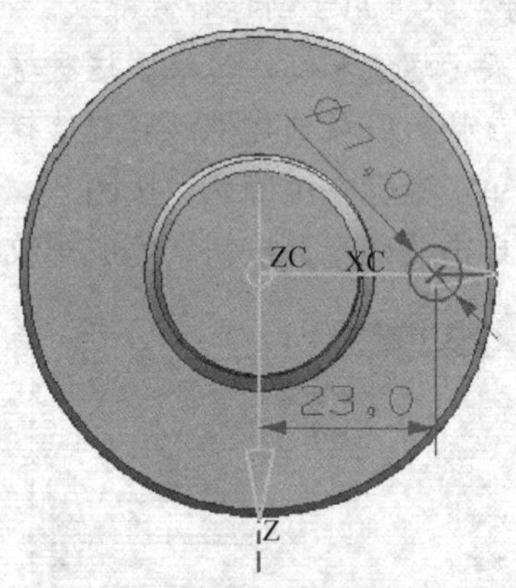

图 3—211　绘制草图并进行尺寸约束

（4）单击“完成草图”图标，结束草图的绘制。

（5）单击“拉伸”图标或选择［插入］/［设计特征］/［拉伸］菜单命令，完成孔的创建，如图 3—212 所示。

5. 创建特征引用

（1）单击“实例特征”图标或选择［插入］/［关联复制］/［实例特征］菜单命令，系统弹出“实例”对话框，如图 3—213 所示。

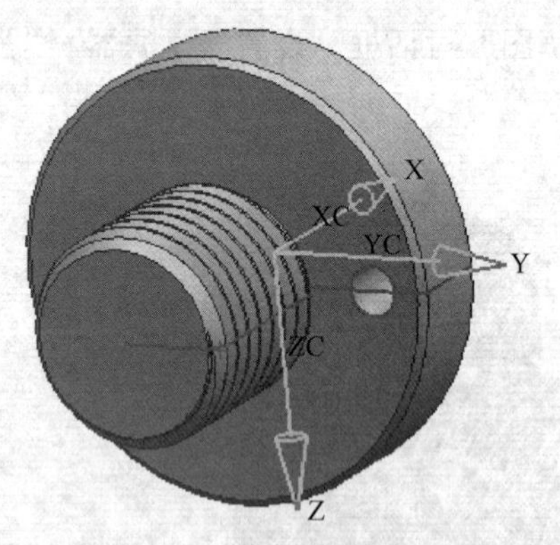

图 3—212　创建的拉伸孔

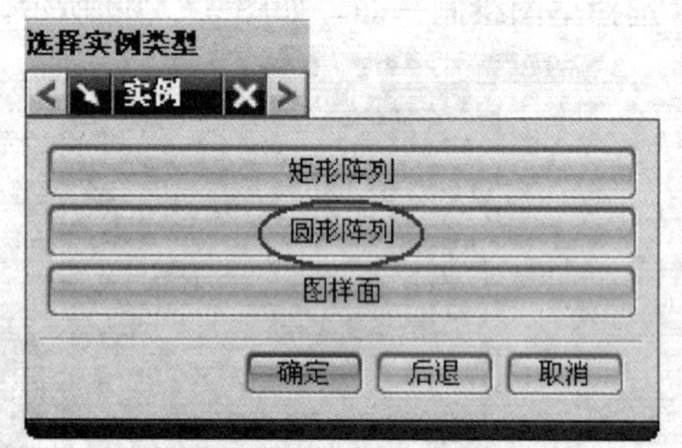

图 3—213　“实例”对话框

提示

引用操作可以对已有特征进行阵列（矩形阵列或圆形阵列）、镜像（实体镜像或特征镜像）和图样面等操作。引用操作功能对于具有规律分布的相同特征来说，可以大大提高设计效率。引用操作产生的阵列特征是按照用户设置的特征分布位置和排列方式实现已有特征的复制，这些特征阵列对象称为特征的成员，当修改其中任何一个成员特征的参数时，所有成员特征的参数均会得到更新。

（2）选择“圆形阵列”实例类型，系统弹出“实例”选择对话框，如图 3—214 所示。

（3）选择孔拉伸体，如图 3—215 所示。

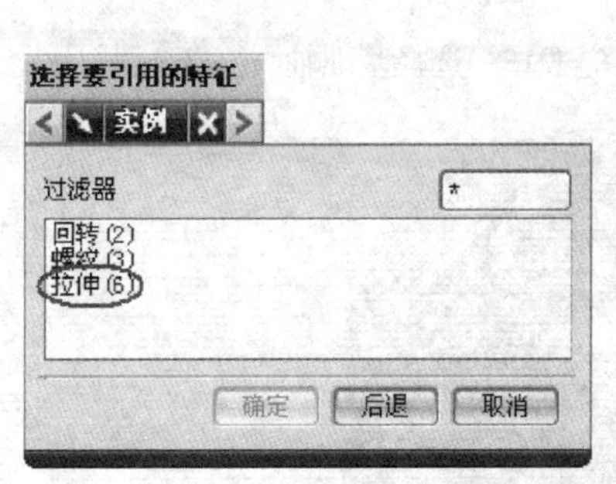

图 3—214　“实例”选择对话框

图 3—215　选择孔拉伸体

（4）单击【确定】按钮，系统弹出“实例”对话框，根据提示“输入圆形阵列参数”，按图 3—216 所示输入参数。

（5）单击【确定】按钮，系统弹出“实例”对话框，如图 3—217 所示。

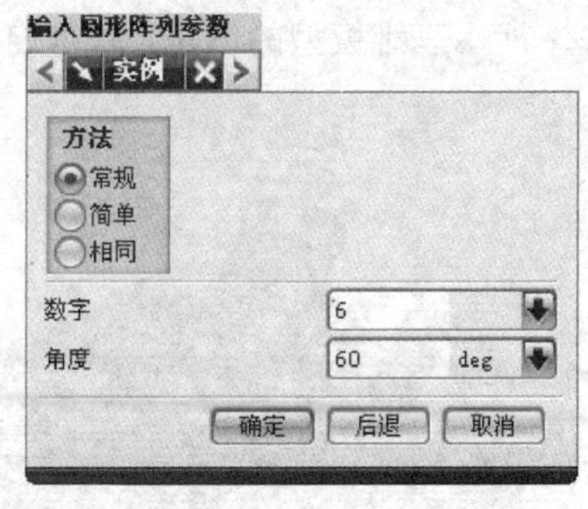

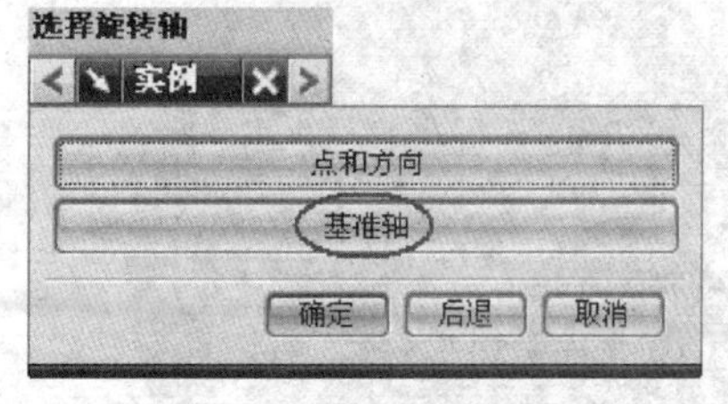

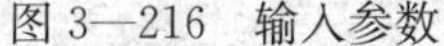
图 3—216　输入参数

图 3—217　“实例”对话框

（6）根据提示“选择旋转轴”，选择“基准轴”作为旋转轴，系统弹出“选择一个基准轴”对话框，如图 3—218 所示。

（7）根据提示，选择 X 轴，如图 3—219 所示。

（8）系统弹出“创建实例”对话框，如图 3—220 所示。

（9）根据提示“选择选项”，选择“是”，完成实例特征创建，如图 3—221 所示。

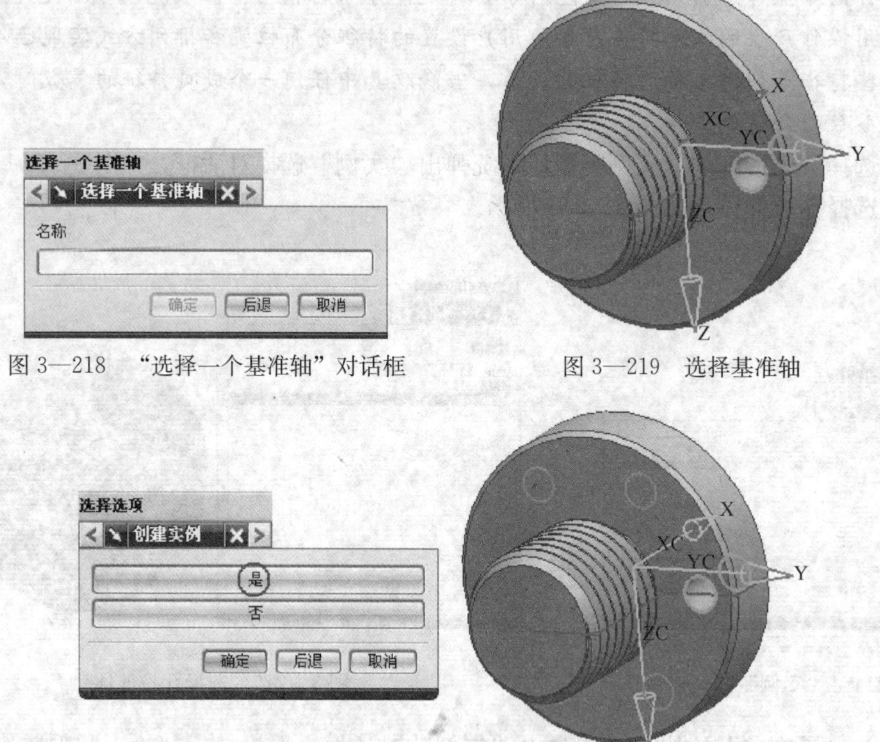

图 3—218　“选择一个基准轴”对话框

图 3—219　选择基准轴

图 3—220　“创建实例”对话框

任务拓展

试采用螺纹特征与特征引用操作完成图 3—222 所示三维模型的创建，尺寸自定。

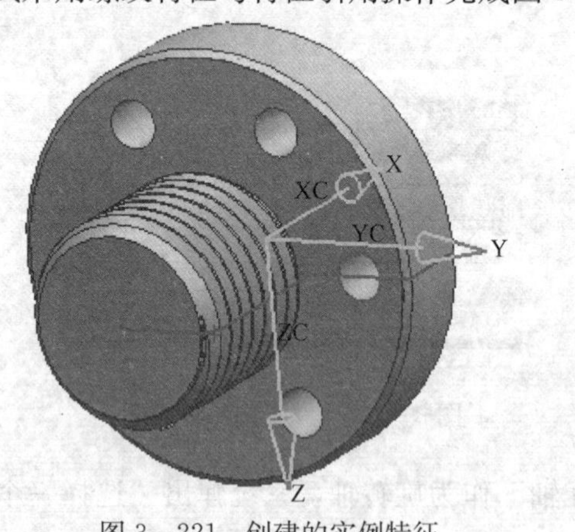

图 3—221　创建的实例特征

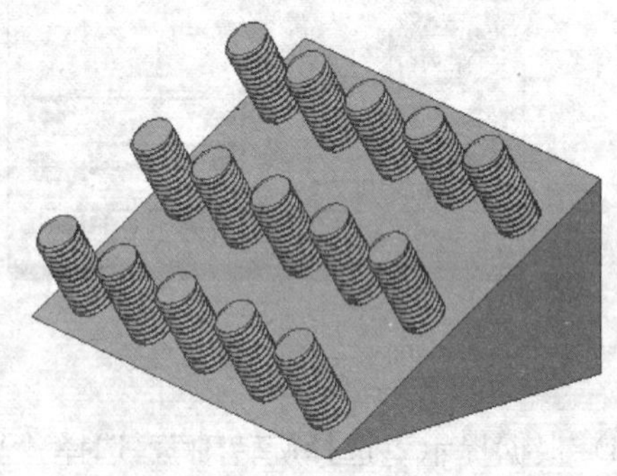

图 3—222　任务拓展模型

提示

矩形阵列必须在 *XC*—*YC* 平面内创建。

模块四

曲面造型

课题 1 曲面创建（一）

学习目标

1. 掌握有界平面的创建。
2. 掌握拉伸曲面的创建。
3. 掌握回转曲面的创建。

工作任务

设计形状复杂的零件，往往离不开 UG NX 6.0 的曲面设计模块。曲面造型同绘制草图、创建特征及特征操作一样，是 CAD 模块中创建模型过程的重要组成部分，是体现 CAD/CAM 软件建模功能的重要标志。试完成如图 4—1 所示曲面的创建。

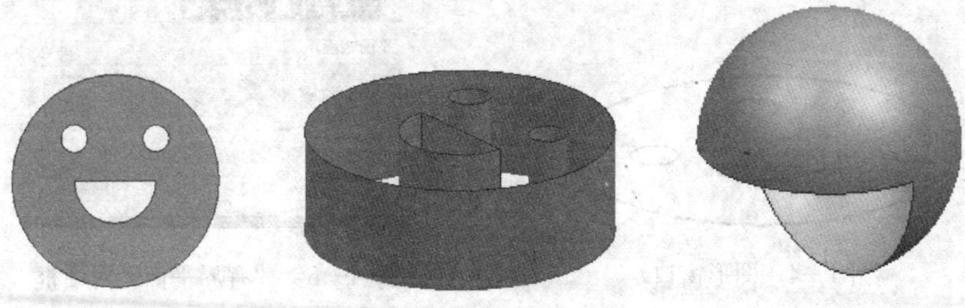

图 4—1 曲面创建（一）

任务实施

1. 创建新文件

（1）通过快捷方式图标启动 UG NX 6.0。
（2）新建名称为“qumianchuangjian1”的部件文件。
（3）选择［首选项］/［背景］菜单命令，将视图窗口设置为白色背景。

2. 创建有界平面

（1）单击“草图”图标，系统弹出“创建草图”对话框，选择 XY 平面作为草图绘制平面，如图 4—2 所示。

（2）绘制草图，并进行相应约束，如图 4—3 所示。

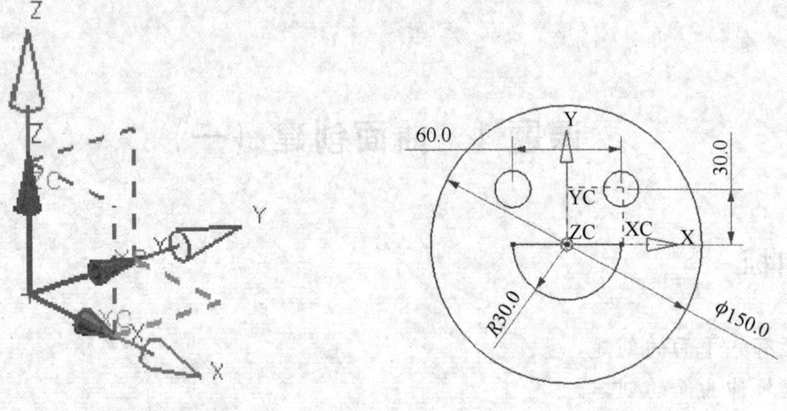

图 4—2　选择草图绘制平面　　　　图 4—3　绘制草图

（3）单击“完成草图”图标，结束草图的绘制。

（4）隐藏“基准坐标系”和“工作坐标系”，图形窗口如图 4—4 所示。

（5）选择［插入］/［曲面］/［有界平面］菜单命令，系统弹出“有界平面”对话框，如图 4—5 所示。

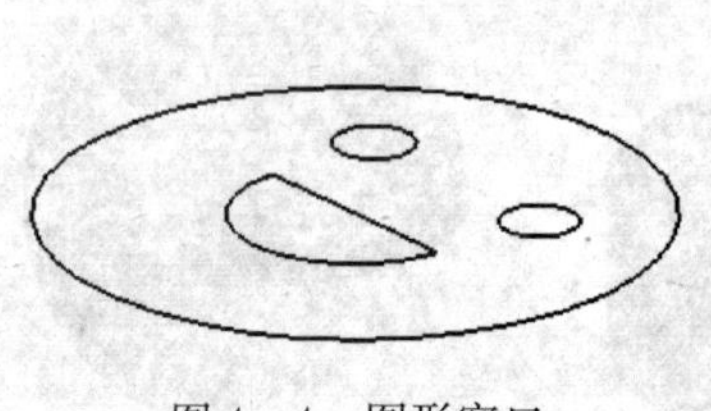

图 4—4　图形窗口

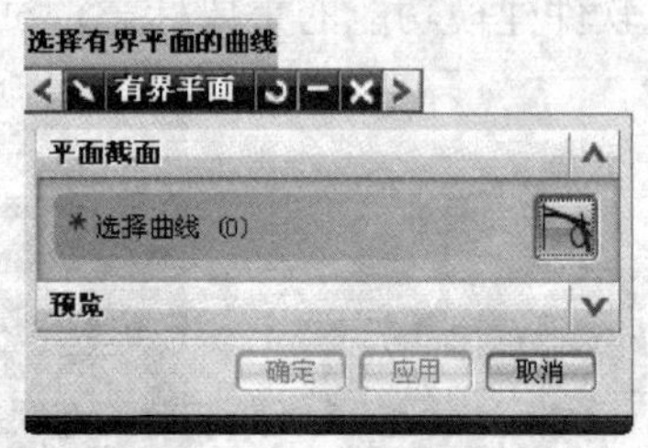

图 4—5　“有界平面”对话框

提示

【有界平面】命令可用于创建没有深度参数的二维平整曲面。

（6）根据提示“选择有界平面的曲线”，选择有界平面的曲线，如图 4—6 所示。

（7）单击鼠标左键确认，图形窗口如图 4—7 所示。

（8）根据提示继续选择有界平面的曲线，如图 4—8 所示。

（9）根据提示分别选择两个圆作为有界平面曲线，如图 4—9 所示。

（10）单击【确定】按钮，结束有界平面的创建。

（11）单击“撤销”图标，取消有界平面的创建，图形窗口如图 4—10 所示，为创建拉伸曲面做准备。

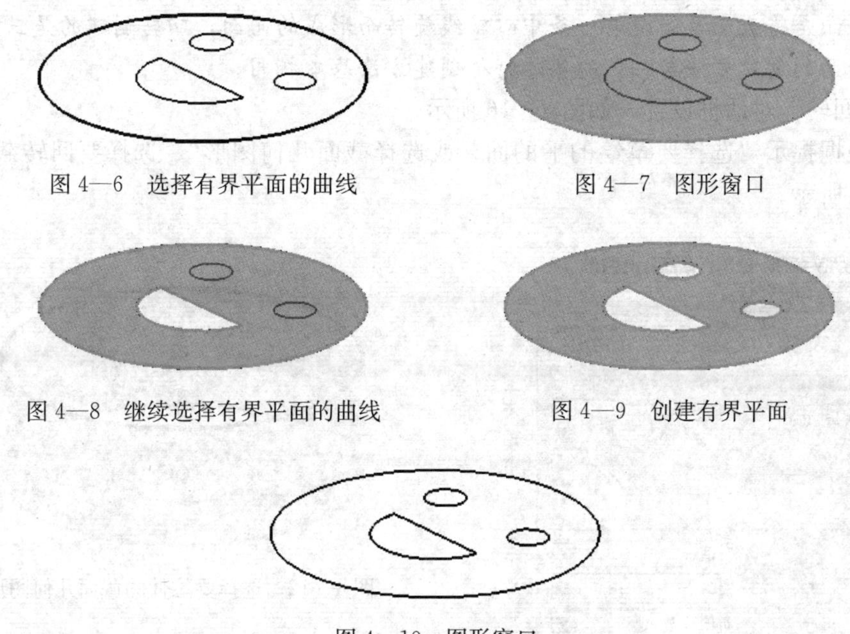

图 4—6　选择有界平面的曲线

图 4—7　图形窗口

图 4—8　继续选择有界平面的曲线

图 4—9　创建有界平面

图 4—10　图形窗口

3. 创建拉伸曲面

（1）单击“拉伸”图标或选择［插入］/［设计特征］/［拉伸］菜单命令，系统弹出“拉伸”对话框。

（2）“拉伸”对话框设置，如图 4—11 所示。

提示

拉伸可创建有深度参数的二维或三维曲面。拉伸曲面和回转曲面的创建方法与相应的实体特征创建方法基本相同。其中，拉伸曲面是将截面草图沿着草图平面的垂直方向拉伸而成的曲面。

（3）根据提示“选择要草绘的平面或选择截面几何图形”，选择要拉伸的截面几何图形，如图 4—12 所示。

（4）根据提示继续选择要拉伸的截面几何图形，如图 4—13 所示。

（5）单击【确定】按钮，完成拉伸曲面的创建，如图 4—14 所示。

（6）单击“撤销”图标，取消拉伸曲面的创建，图形窗口如图 4—15 所示，为创建回转曲面做准备。

4. 创建回转曲面

（1）单击“回转”图标或选择［插入］/［设计特征］/［回转］菜单命令，系统弹出“回转”对话框。

提示

回转曲面是将截面草图绕着一条中心轴线旋转而形成的曲面，回转创建的是三维曲面。回转曲面的创建方法与相应的实体特征创建方法基本相同。

（2）“回转”对话框设置，如图 4—16 所示。

（3）根据提示“选择要草绘的平的面，或选择截面几何图形”，选择要回转截面曲线，如图 4—17 所示。

图 4—11 “拉伸”对话框设置

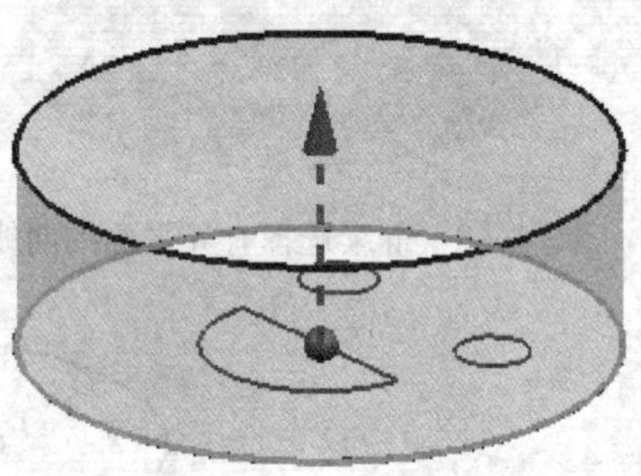

图 4—12 选择要拉伸的截面几何图形

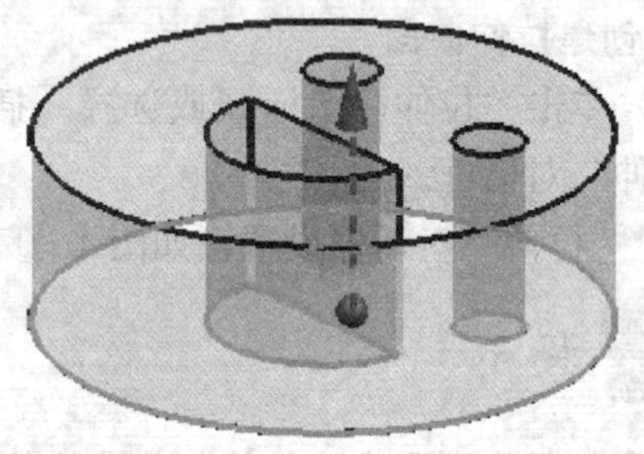

图 4—13 继续选择要拉伸的截面几何图形

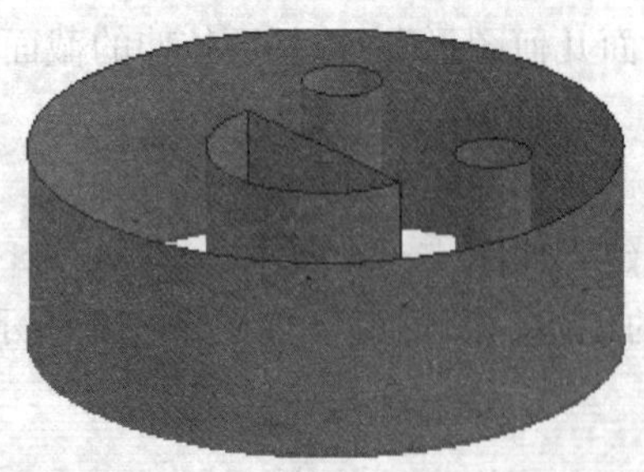

图 4—14 创建的拉伸曲面

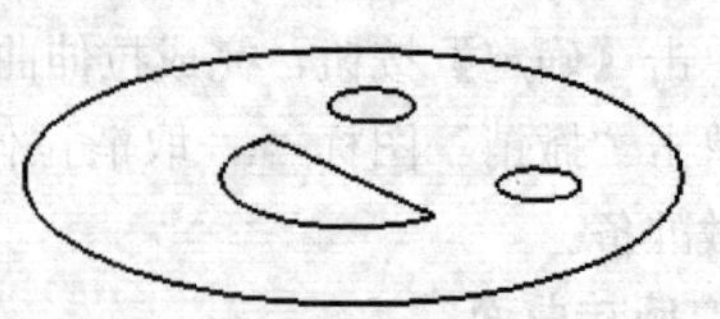

图 4—15 图形窗口

图 4—16 “回转”对话框设置

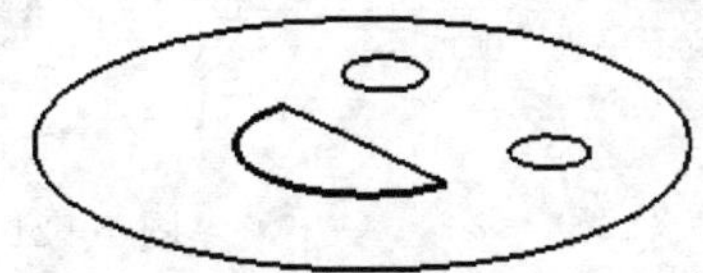

图 4—17 选择要回转截面的曲线

提示

将“曲线规则”设置为“单条曲线”。

(4) 在“回转”对话框中单击“指定矢量”，如图 4—18 所示。

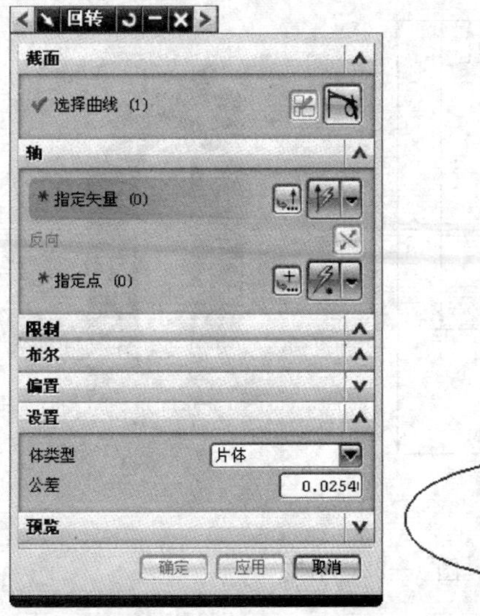

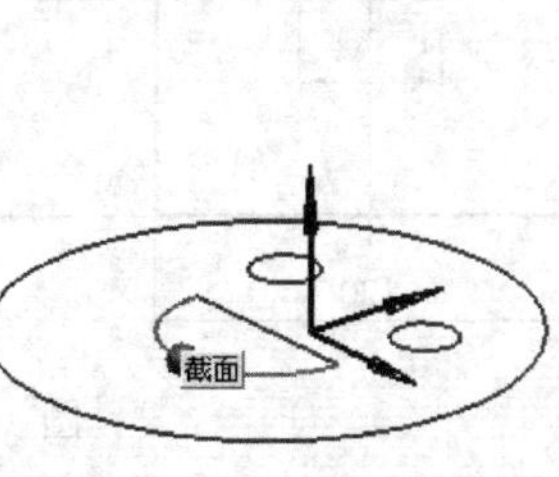

图 4—18 单击“指定矢量”

（5）选择回转轴，如图 4—19 所示。

（6）单击鼠标左键确认后，图形窗口如图 4—20 所示。

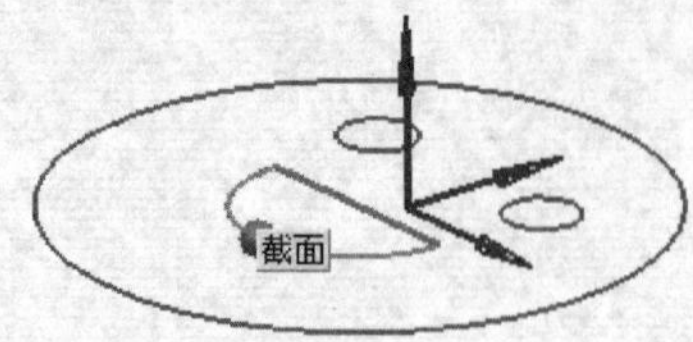

图 4—19　选择回转轴

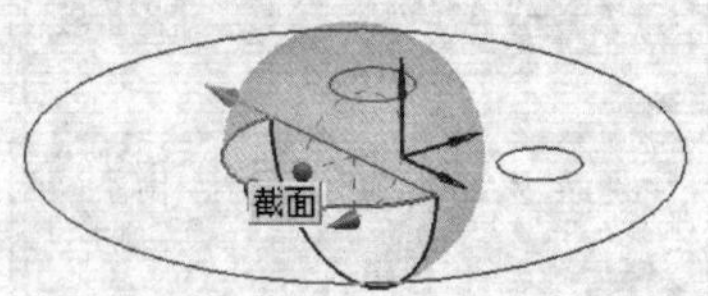

图 4—20　图形窗口

 **提示**

系统按右手法则形成回转曲面。

（7）单击【确定】按钮，完成回转曲面的创建，如图 4—21 所示。

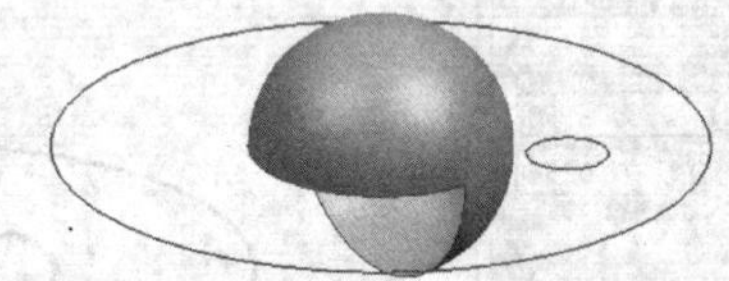

图 4—21　创建的回转曲面

任务拓展

试完成如图 4—22 至图 4—24 所示曲面的创建。

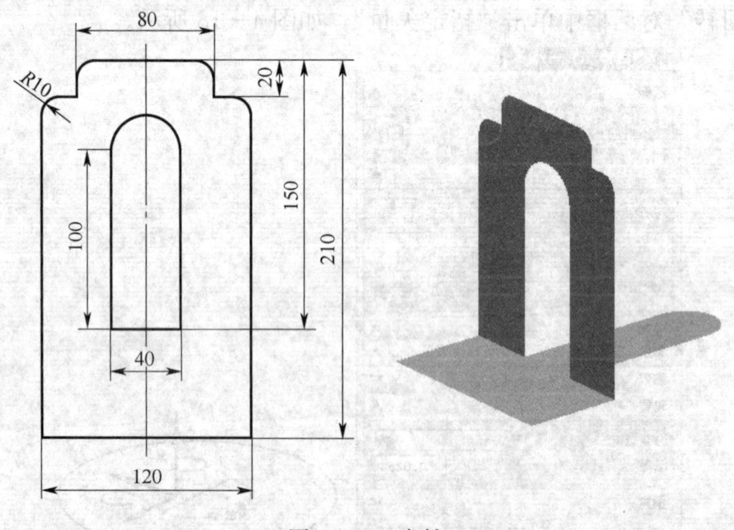

图 4—22　书挡

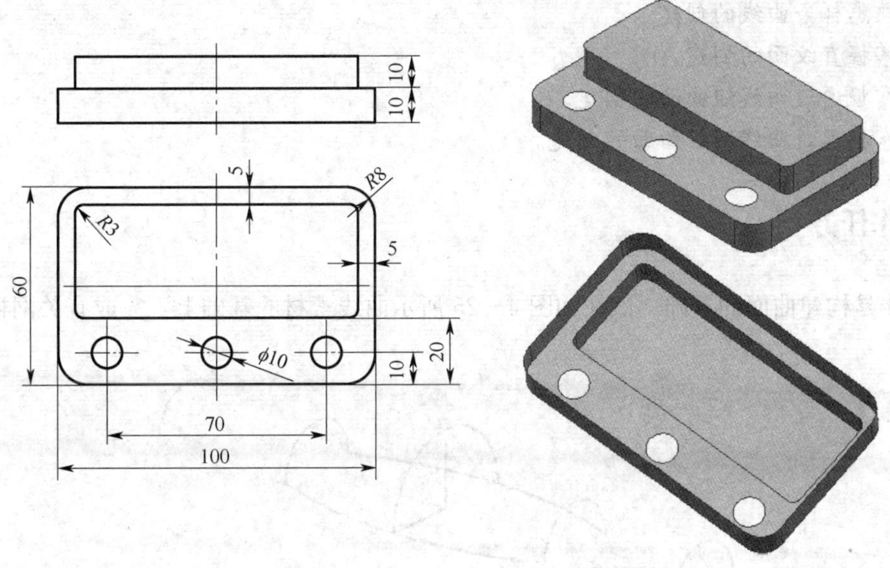

图 4—23　上盖

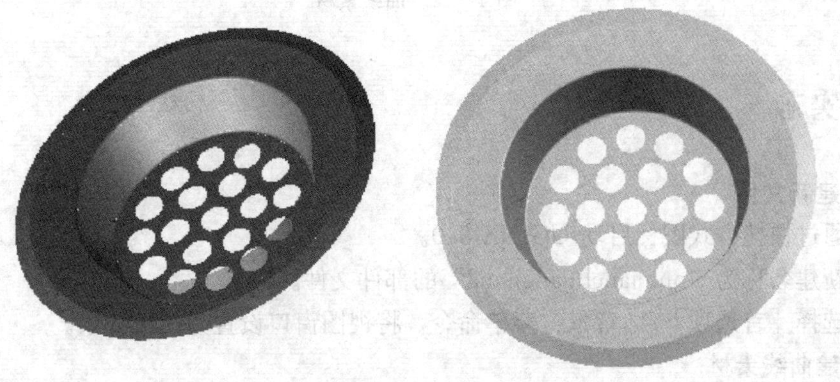

图 4—24　不锈钢水漏（尺寸自定）

 **提示**

底部孔可通过选择［插入］/［修剪］/［修剪的片体］菜单命令，将回转曲面作为目标选择片体，圆作为边界对象创建。

课题 2　曲面创建（二）

学习目标

1. 熟悉投影曲线的创建。

2. 熟悉样条曲线的创建。
3. 掌握直纹面的创建。
4. 掌握通过曲线组曲面的创建。
5. 掌握通过曲线网格曲面的创建。

工作任务

曲线是构建曲面的基础，试在如图 4—25 所示曲线素材的基础上，完成有关网格曲面的创建。

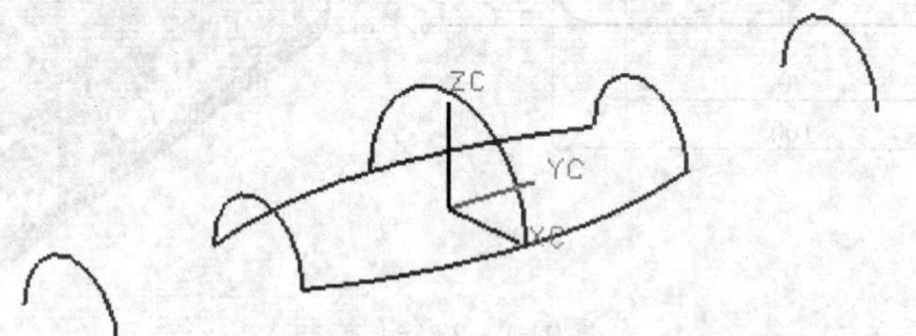

图 4—25　曲线素材

任务实施

1. 创建新文件

（1）通过快捷方式图标启动 UG NX 6.0。
（2）新建名称为“qumianchuangjian2”的部件文件。
（3）选择［首选项］/［背景］菜单命令，将视图窗口设置为白色背景。

2. 创建曲线素材

（1）单击“草图”图标，系统弹出“创建草图”对话框，选择 XZ 平面作为草图绘制平面，如图 4—26 所示。
（2）绘制草图，并进行相应约束，如图 4—27 所示。
（3）单击“完成草图”图标，结束草图的绘制，如图 4—28 所示。

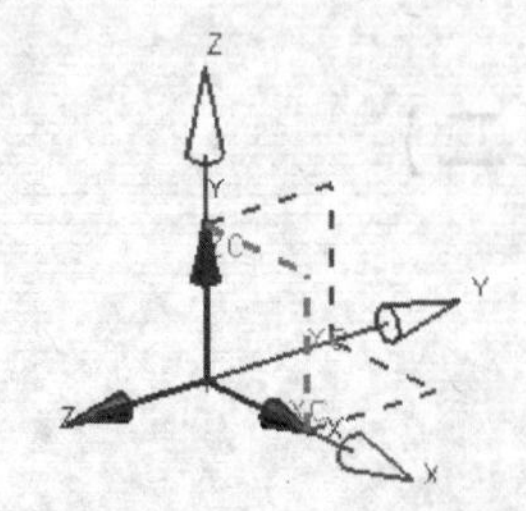

图 4—26　选择草图绘制平面

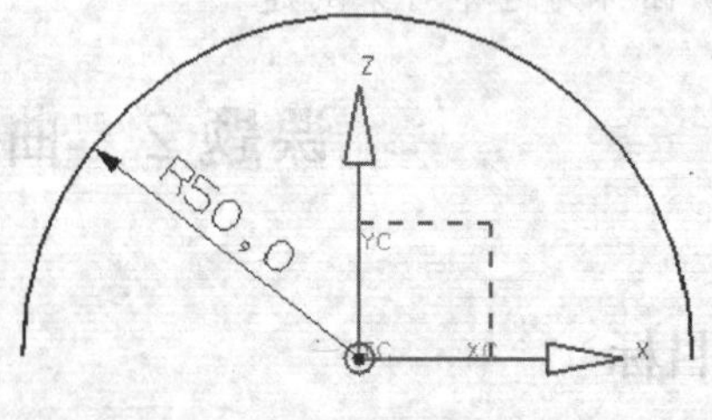

图 4—27　绘制草图（一）

(4) 单击“基准平面”图标□或选择［插入］/［基准/点］/［基准平面］菜单命令，创建一个距离 XZ 平面 100 mm 的基准平面，如图 4—29 所示。

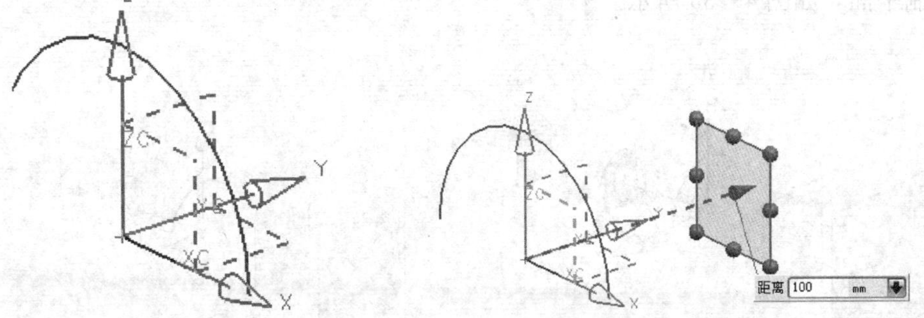

图 4—28 结束绘制草图（一） 图 4—29 创建基准平面

(5) 采用类似方法创建另一个基准平面，与第一个基准平面的距离为 100 mm，如图 4—30 所示。

(6) 同理，在 XZ 平面另一侧创建两个基准平面，如图 4—31 所示。

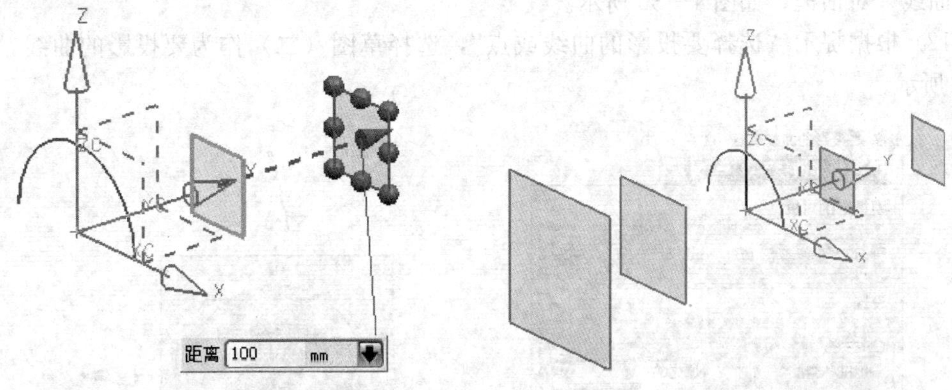

图 4—30 创建另一个基准平面 图 4—31 创建另一侧基准平面

(7) 单击“草图”图标，选择第一个基准平面作为草图绘制平面，如图 4—32 所示。

(8) 绘制草图，并进行相应约束，如图 4—33 所示。

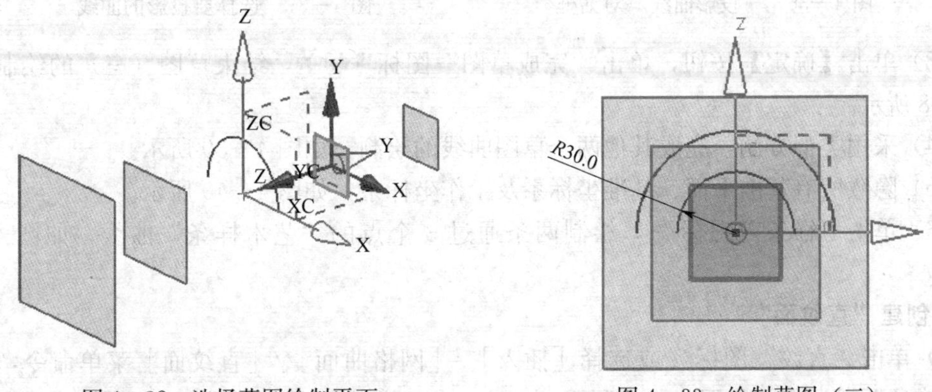

图 4—32 选择草图绘制平面 图 4—33 绘制草图（二）

（9）单击“完成草图”图标，结束草图的绘制，如图4—34所示。

（10）单击“草图”图标，系统弹出“创建草图”对话框，选择第二个基准平面作为草图绘制平面，如图4—35所示。

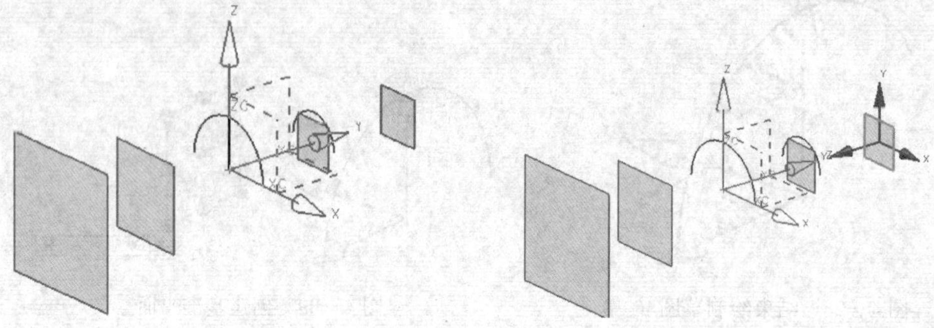

图4—34　结束绘制草图（二）　　　　图4—35　选择草图绘制平面

（11）单击【确定】按钮，进入草图绘制环境；单击“投影曲线”图标，系统弹出“投影曲线”对话框，如图4—36所示。

（12）根据提示“选择要投影的曲线或点”，选择草图（二）作为要投影的曲线，如图4—37所示。

图4—36　“投影曲线”对话框

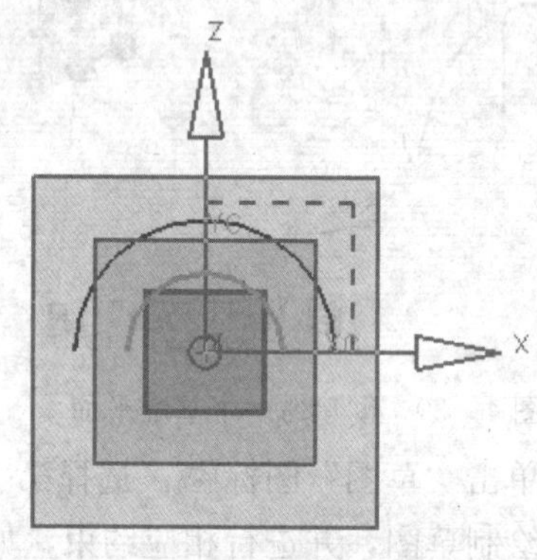

图4—37　选择要投影的曲线

（13）单击【确定】按钮，单击“完成草图”图标，结束草图（三）的绘制，如图4—38所示。

（14）采用类似方法，完成其他两个草图曲线的绘制，如图4—39所示。

（15）隐藏所有基准平面、基准坐标系及工作坐标系，如图4—40所示。

（16）单击“样条”图标，绘制两条通过3个点的“艺术样条”曲线，如图4—41所示。

3. 创建“直纹面”

（1）单击“直纹”图标或选择［插入］/［网格曲面］/［直纹面］菜单命令，系统弹出“直纹”对话框，如图4—42所示。

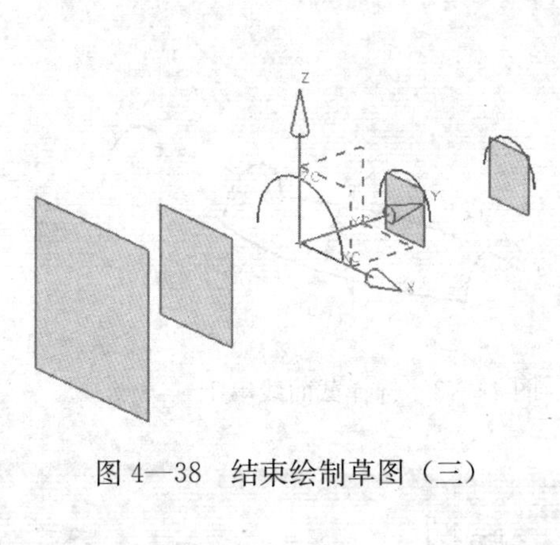

图 4—38　结束绘制草图（三）

图 4—39　结束草图绘制

图 4—40　隐藏操作结果

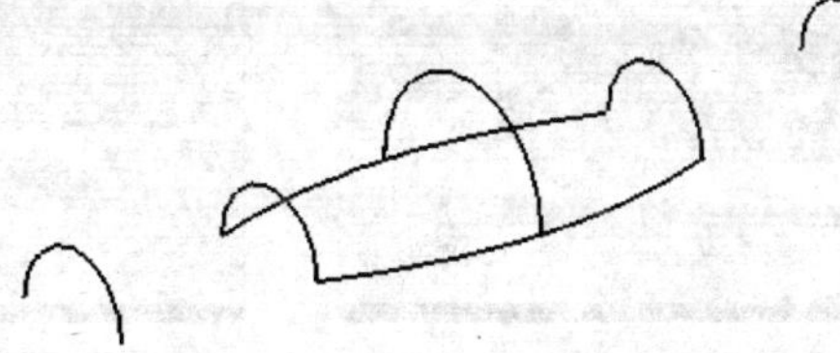

图 4—41　绘制两条艺术样条曲线

提示

直纹面可以理解为通过一系列直线连接两组线串而形成的曲面，创建直纹面时只能使用两组线串，这两组线串可以封闭，也可以不封闭。需要指出的是，“直纹”对话框中“对齐”选项组中各选项的选择不容忽视，相关说明见表 4—1。

表 4—1　“对齐”选项组各选项的说明

选项	有关说明
参数	沿定义曲线将等参数曲线要通过的点以相等的参数间隔隔开
圆弧长	两组截面线串根据等弧长方式建立连接点
根据点	将不同形状截面线串间的点对齐
距离	在指定矢量上将点沿每条曲线以等距离隔开
角度	在每条截面线上，绕着一个规定的轴等角度间隔生成
脊线	把点放在选择的曲线和正交于输入曲线的平面的交点上

（2）根据提示“为截面 1 选择曲线”，选择截面线串 1，如图 4—43 所示。

（3）在“截面线串 2”栏下单击“选择曲线”，如图 4—44 所示。

（4）根据提示选择截面线串 2，如图 4—45 所示。

（5）单击鼠标左键确认，完成直纹面（一）的创建，如图 4—46 所示。

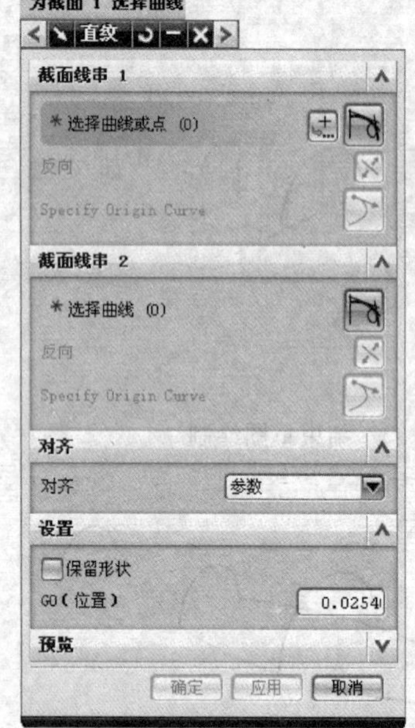

图 4—42 “直纹”对话框

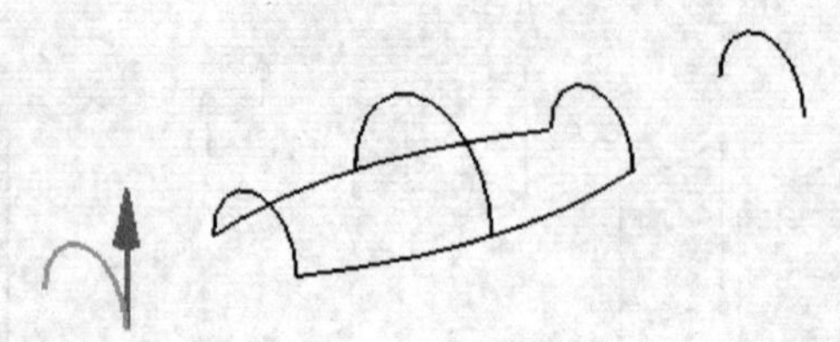

图 4—43 选择截面线串 1

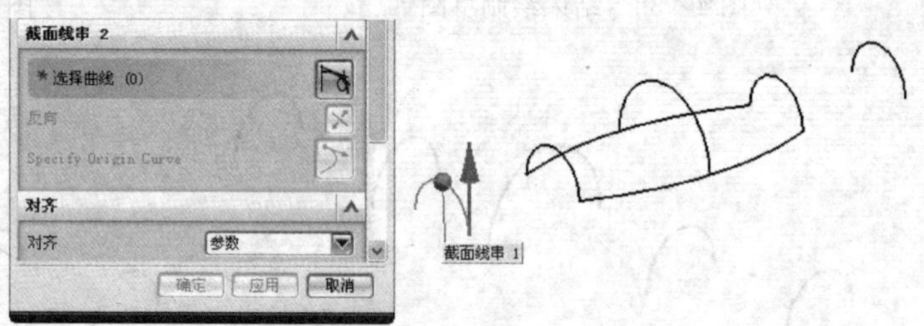

图 4—44 单击“选择曲线”

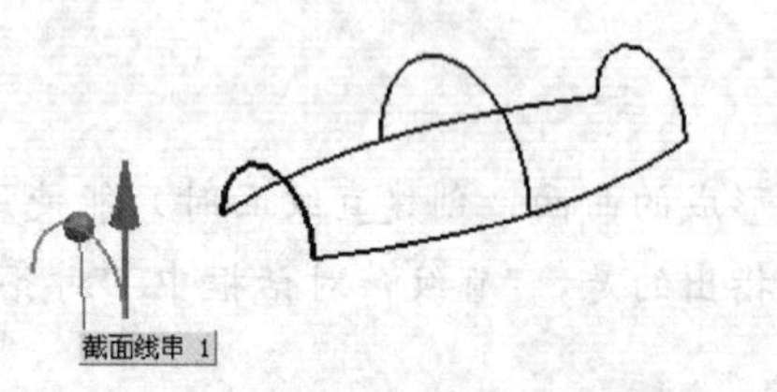

图 4—45 选择截面线串 2

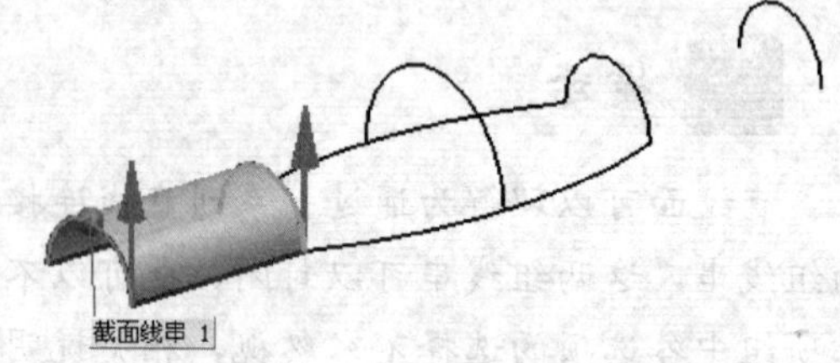

图 4—46 完成创建直纹面（一）

（6）单击【应用】按钮，图形窗口如图 4—47 所示。

（7）采用类似方法，根据提示，完成另一个直纹面的创建，如图 4—48 所示。

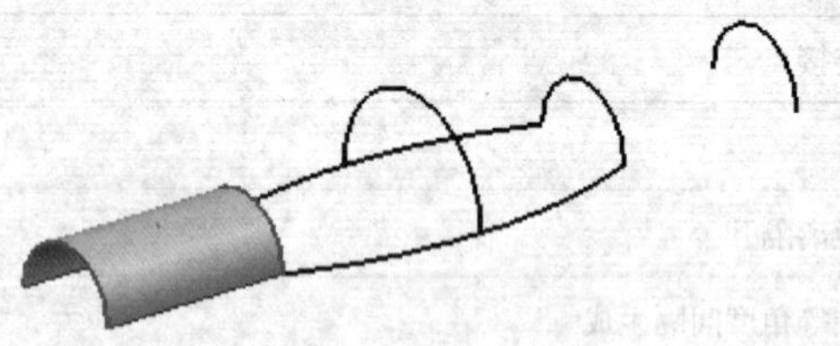

图 4—47 图形窗口

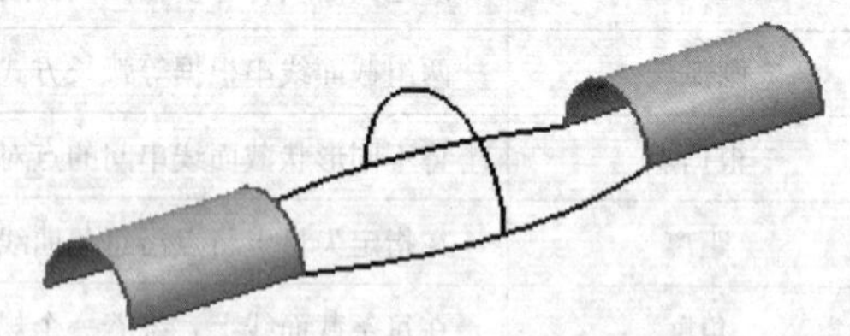

图 4—48 创建另一个直纹面

提示

创建直纹面时，要在同一侧选取截面线串，否则不能达到所需要的效果。

4. 创建“通过曲线组”曲面

（1）单击“通过曲线组”图标或选择［插入］/［网格曲面］/［通过曲线组］菜单命令，系统弹出“通过曲线组”对话框，如图 4—49 所示。

通过曲线组用于通过同一方向上的一组曲线轮廓线创建曲面，曲线轮廓线称为截面线串，截面线串可由单个对象或多个对象组成，每个对象可以是曲线、实体边等。“通过曲线组”对话框中“连续性”区域的设置说明见表 4—2。

表 4—2　“连续性”区域的设置说明

约束条件	有关说明
G0（位置）	生成的曲面与指定面点连接，无约束
G1（相切）	生成的曲面与指定面相切连接
G2（曲率）	生成的曲面与指定面曲率相连

（2）根据提示“选择要剖切的曲线或点”，选择曲线组的第一条截面曲线，如图 4—50 所示。

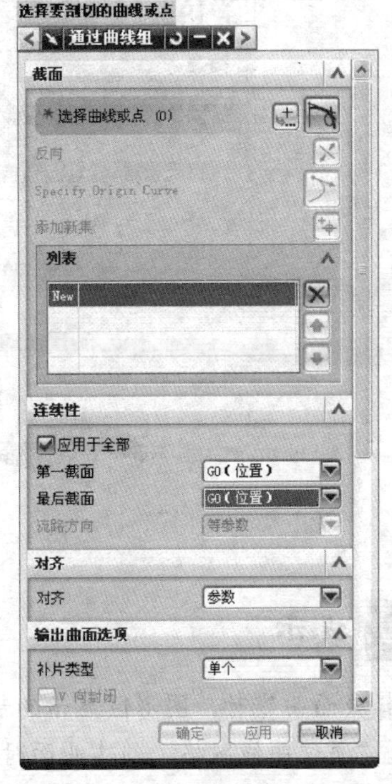

图 4—49　“通过曲线组”对话框

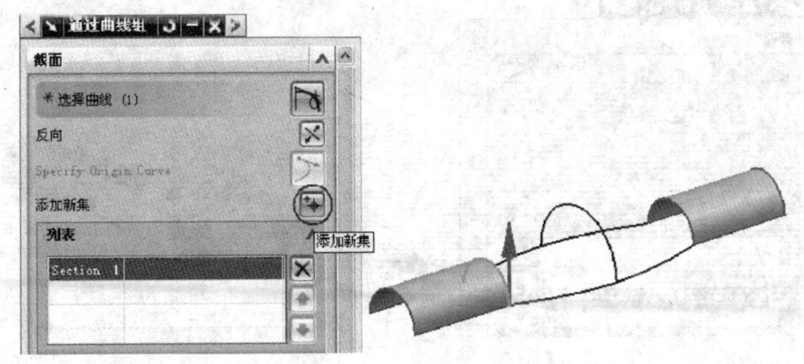

图 4—50　选择第一条截面曲线

（3）单击“添加新集”图标，确认第一条截面曲线的选择，如图 4—51 所示。

也可通过单击鼠标中键来确认选择。

（4）根据提示选择曲线组的第二条截面曲线，如图 4—52 所示。

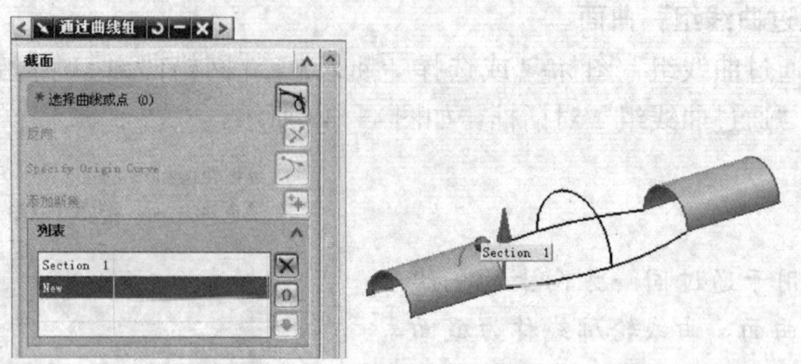

图 4—51　确认第一条截面曲线的选择

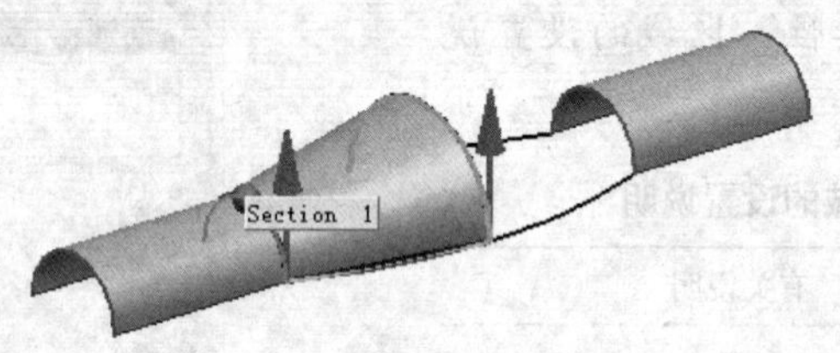

图 4—52　选择第二条截面曲线

提示

选择截面曲线时，图形区显示的箭头矢量应该处于截面曲线的同侧，否则生成的片体将被扭曲。“通过曲线网格”创建曲面时同样如此。

（5）单击“添加新集”图标，确认第二条截面曲线的选择，如图 4—53 所示。

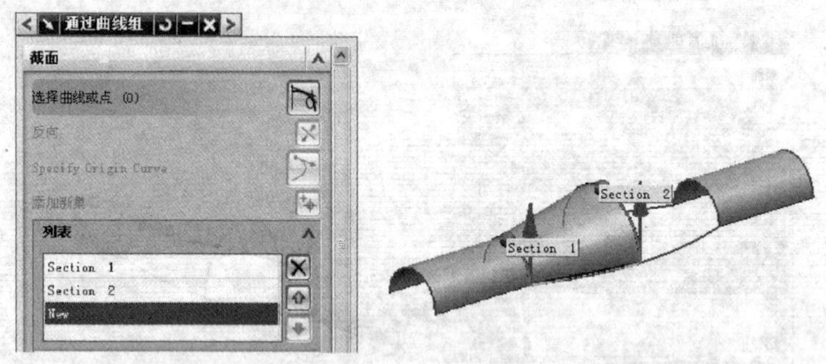

图 4—53　确认第二条截面曲线的选择

（6）根据提示选择曲线组的第三条截面曲线，如图 4—54 所示。

（7）单击“添加新集”图标，确认第三条截面曲线的选择，如图 4—55 所示。

（8）在“连续性”框中，将“第一截面”设置为“G1（相切）”，如图 4—56 所示。

（9）根据提示“选择第一个截面的连续性约束面”，选择左侧直纹面作为第一个截面的连续性约束面，如图 4—57 所示。

（10）在“最后截面”下单击“选择面”，如图 4—58 所示。

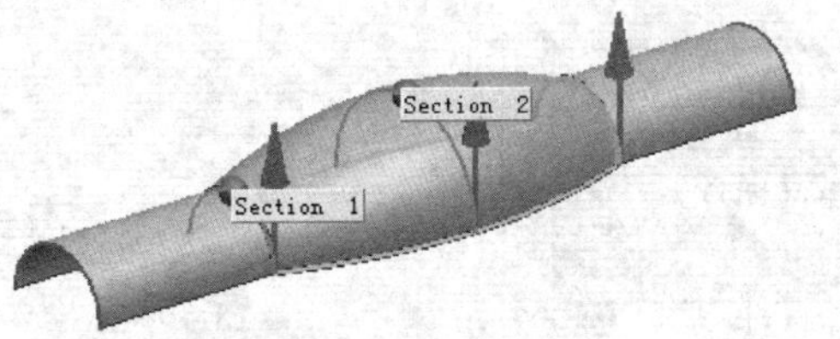

图 4—54　选择第三条截面曲线

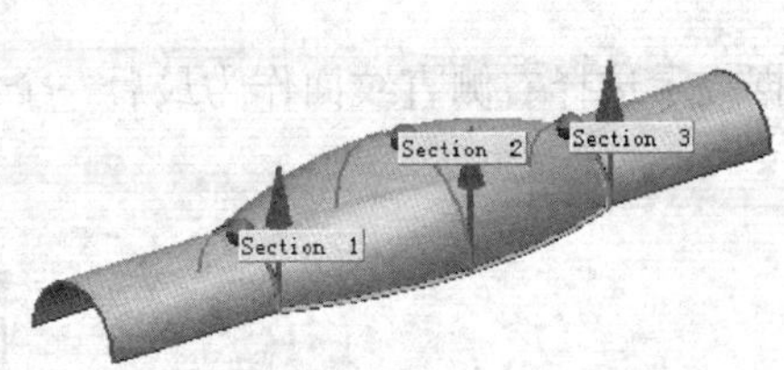

图 4—55　确认第三条截面曲线的选择

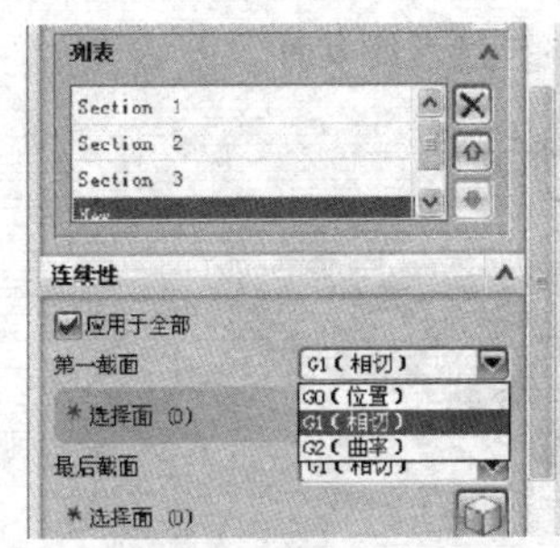

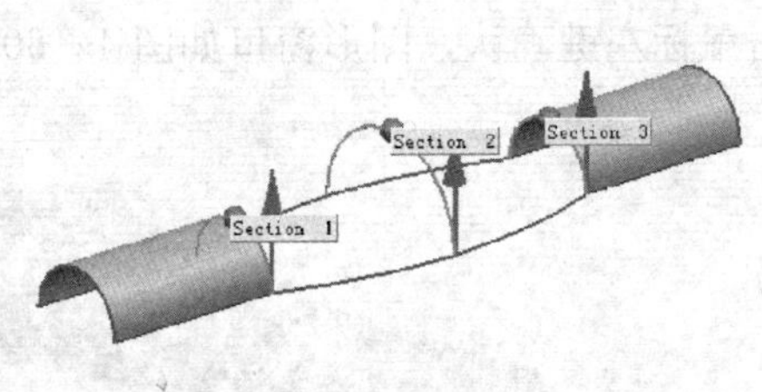

图 4—56　第一截面连续性设置

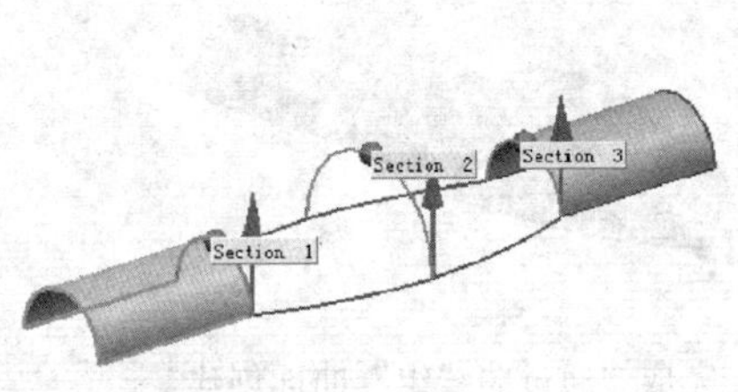

图 4—57　选择第一个截面的连续性约束面

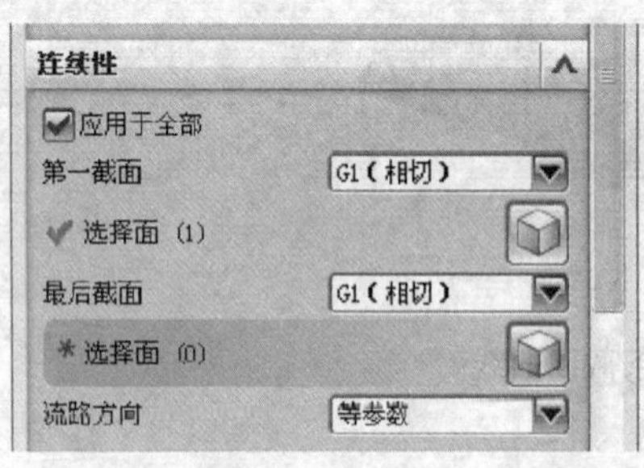

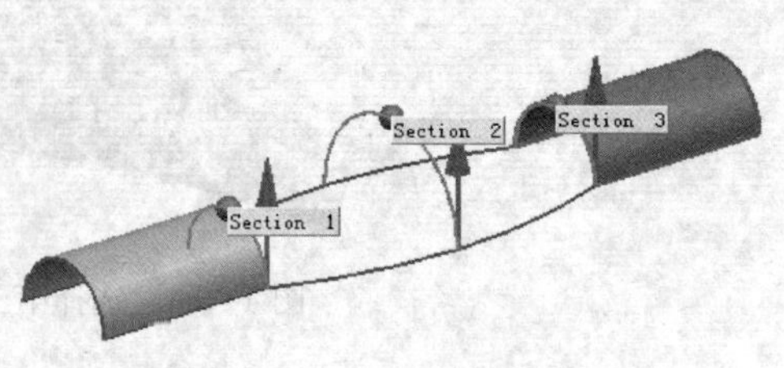

图 4—58　单击“选择面”

（11）根据提示选择右侧直纹面作为最后一个截面的连续性约束面，如图 4—59 所示。

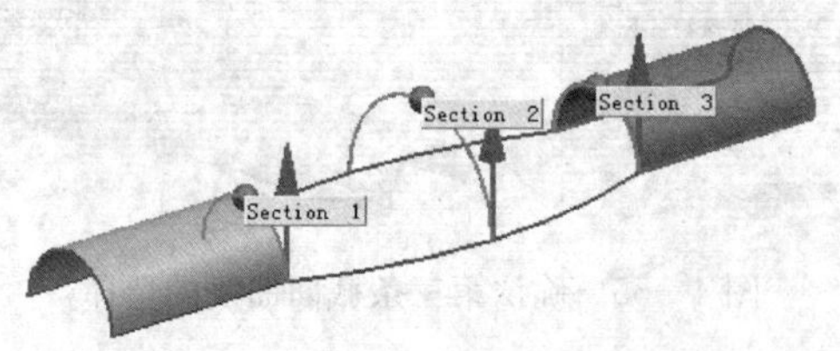

图 4—59　选择最后一个截面的连续性约束面

（12）单击鼠标左键确认，图形窗口如图 4—60 所示。

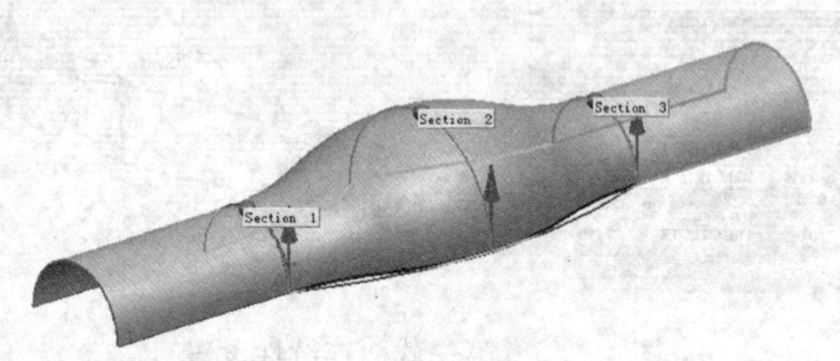

图 4—60　图形窗口

（13）单击【确定】按钮，结束“通过曲线组”曲面的创建，如图 4—61 所示。

（14）单击“撤销”图标，取消“通过曲线组”曲面的创建，图形窗口如图 4—62 所示，为创建“通过曲线网格”曲面做准备。

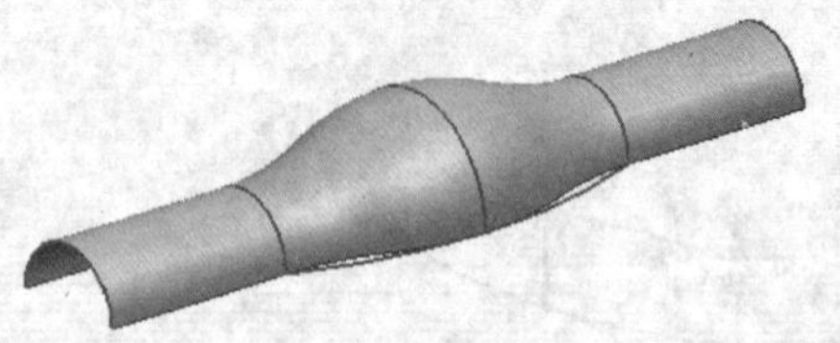

图 4—61　完成“通过曲线组”曲面创建

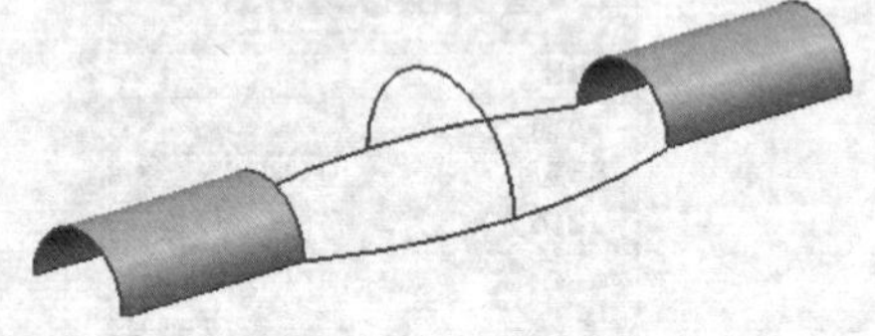

图 4—62　图形窗口

5. 创建“通过曲线网格”曲面

（1）单击“通过曲线网格”图标或选择［插入］/［网格曲面］/［通过曲线网格］

菜单命令，系统弹出“通过曲线网格”对话框，如图 4—63 所示。

提示

采用“通过曲线网格”创建曲面就是沿着不同方向的两组线串轮廓生成片体。一组方向的线串定义为主线串，另一组和主线串不在同一平面的线串定义为交叉线串。

(2) 根据提示“选择主曲线”，选择第一条主曲线，如图 4—64 所示。

图 4—63 “通过曲线网格”对话框

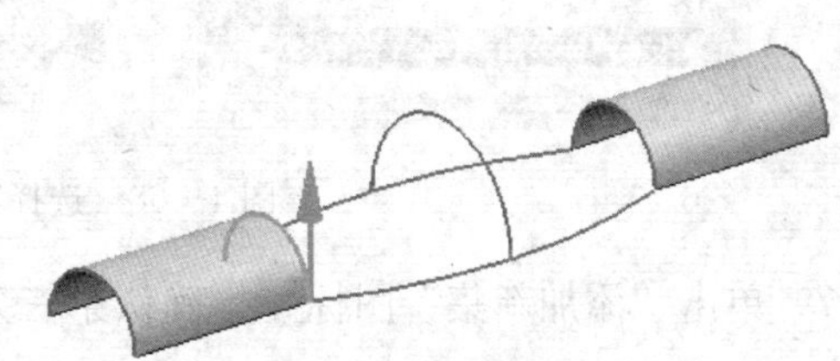

图 4—64 选择第一条主曲线

(3) 单击“添加新集”图标，确认第一条主曲线，如图 4—65 所示。

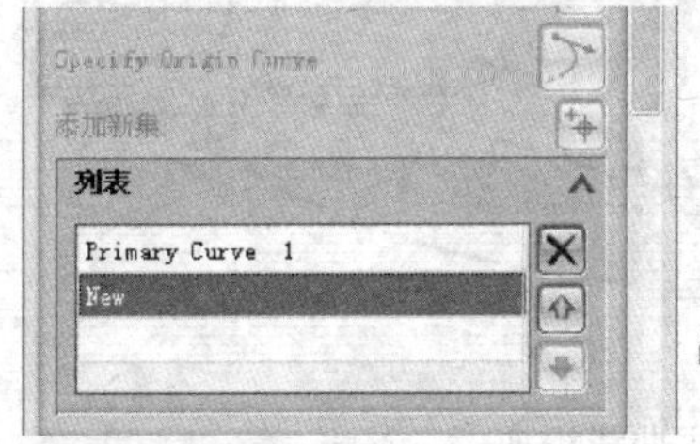

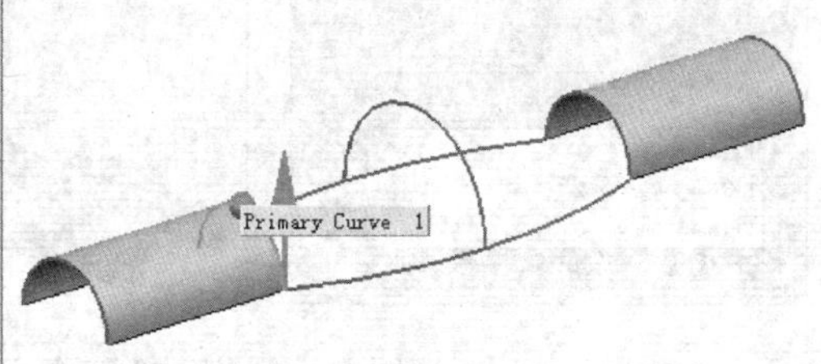

图 4—65 完成第一条主曲线添加

(4) 根据提示选择第二条主曲线，如图 4—66 所示。

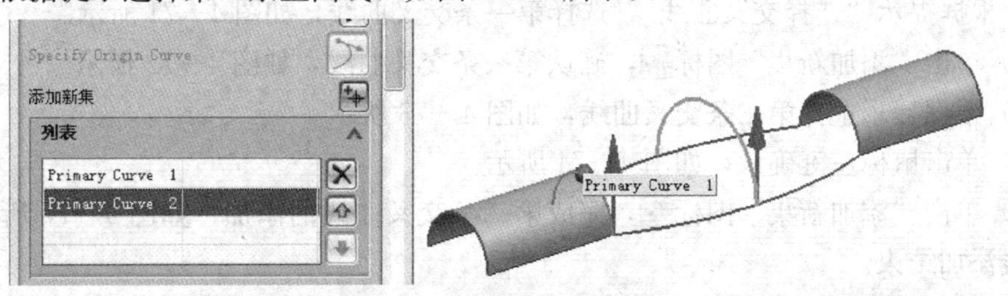

图 4—66 选择第二条主曲线

（5）单击“添加新集”图标，确认第二条主曲线，如图 4—67 所示。

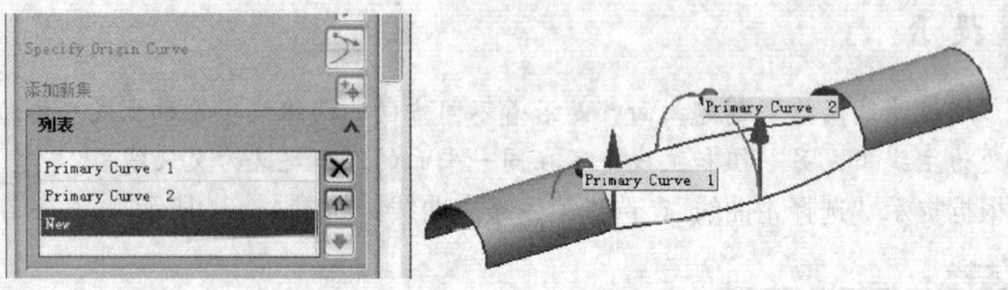

图 4—67 完成第二条主曲线添加

（6）根据提示选择第三条主曲线，如图 4—68 所示。

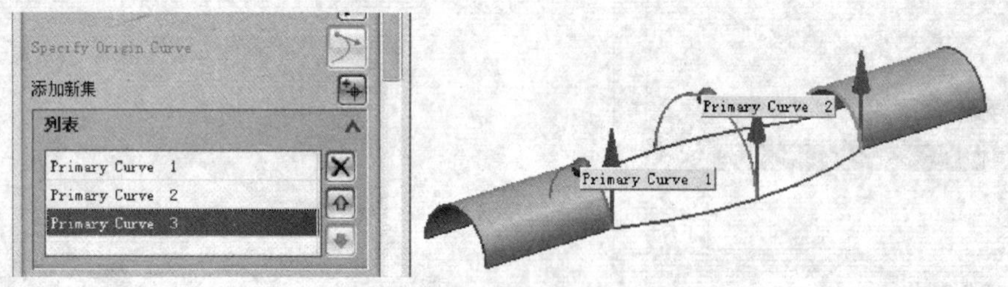

图 4—68 选择第三条主曲线

（7）单击“添加新集”图标，确认第三条主曲线，如图 4—69 所示。至此“主曲线”添加完成。

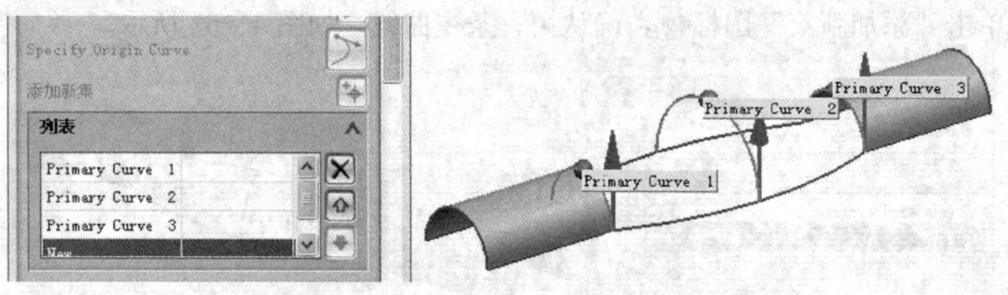

图 4—69 完成第三条主曲线添加

（8）在“交叉曲线”栏下，单击“选择曲线”，如图 4—70 所示。

（9）根据提示“选择交叉曲线”，选择第一条交叉曲线，如图 4—71 所示。

（10）单击“添加新集”图标，确认第一条交叉曲线，如图 4—72 所示。

（11）根据提示选择第二条交叉曲线，如图 4—73 所示。

（12）单击鼠标左键确认，如图 4—74 所示。

（13）单击“添加新集”图标，完成第二条交叉曲线的添加，如图 4—75 所示。至此交叉曲线添加结束。

（14）单击【确定】按钮，完成“通过曲线网格”曲面的创建，如图 4—76 所示。

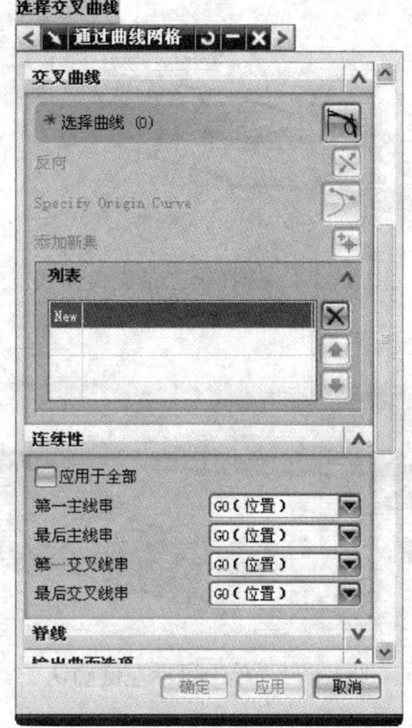

图 4—70 单击“选择曲线”

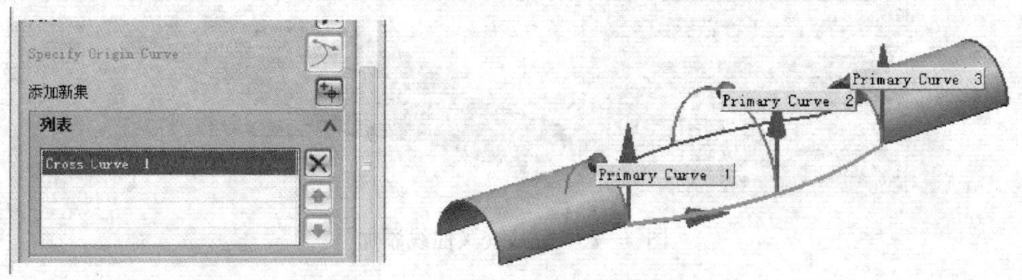

图 4—71 选择第一条交叉曲线

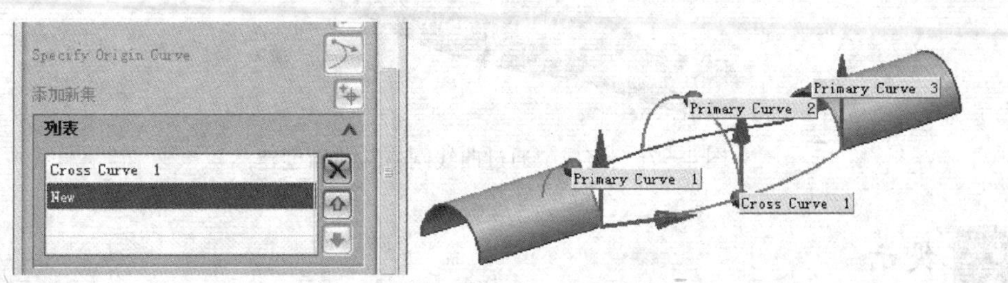

图 4—72 完成第一条交叉曲线添加

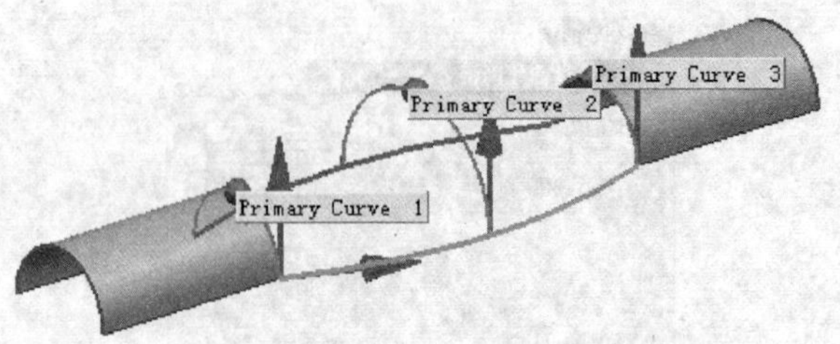

图 4—73　选择第二条交叉曲线

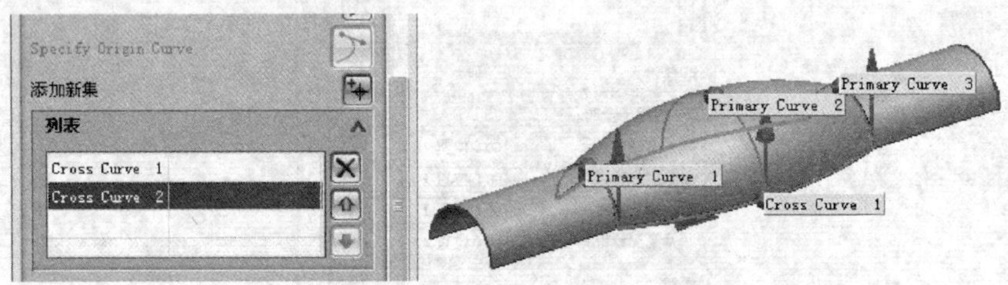

图 4—74　单击鼠标左键确认

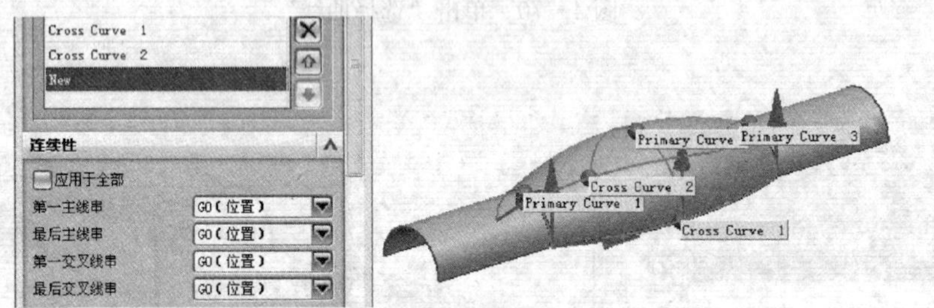

图 4—75　完成交叉曲线添加

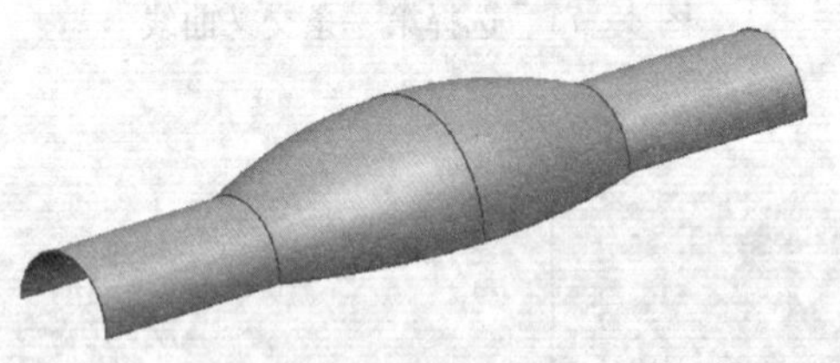

图 4—76　完成“通过曲线网格”曲面创建

提示

类似于“通过曲线组”曲面创建，“通过曲线网格”曲面创建，必要时也可进行“连续性”设置，并进行相应约束面的选择。

任务拓展

试完成如图 4—77 至图 4—79 所示曲面的创建。

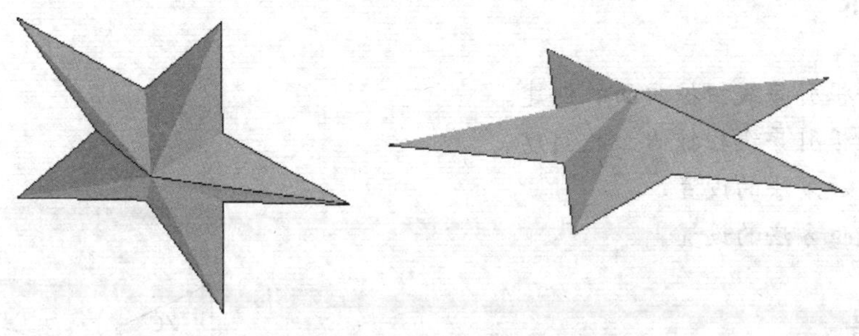

图 4—77　五角星曲面造型（尺寸自定）

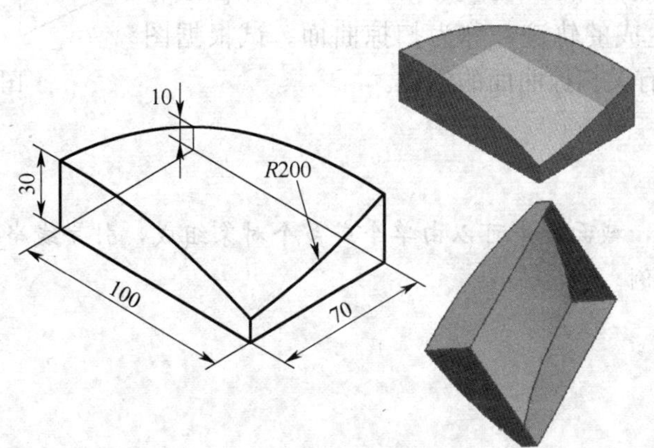

图 4—78　盖状曲面

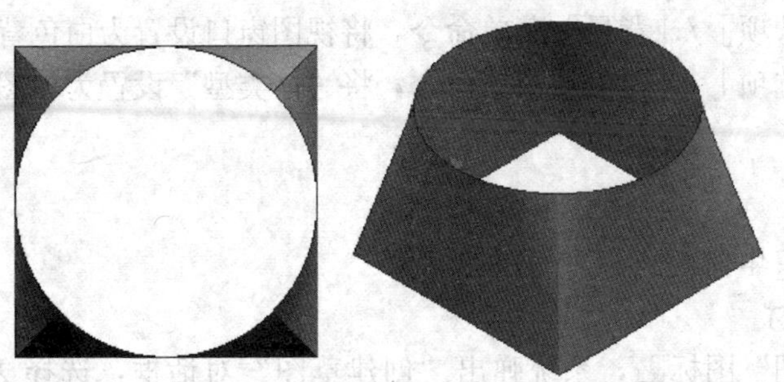

图 4—79　天圆地方曲面（尺寸自定）

课题 3　曲面创建（三）

学习目标

1. 掌握一根引导线扫掠曲面的创建。
2. 掌握两根引导线扫掠曲面的创建。
3. 了解缩放方法的设置。
4. 了解定位方法的设置。

工作任务

用规定的方式沿空间路径（引导线串）移动一条曲线轮廓线（截面线串）生成的轨迹，称为扫掠曲面。试根据图 4—80 所示曲线完成有关扫掠曲面的创建。

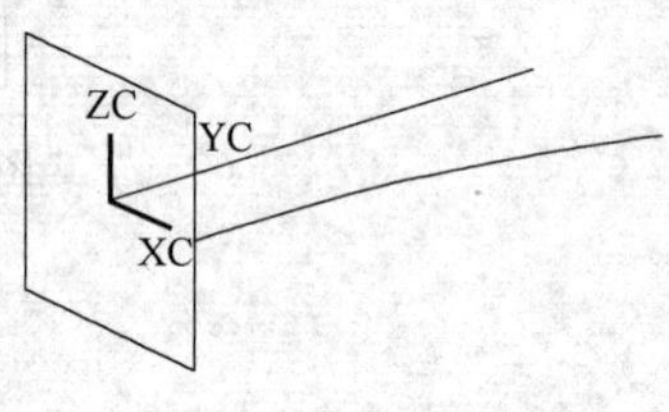

图 4—80　曲线

 提示

创建扫掠曲面时，截面线串可以由单个或多个对象组成，引导线串在扫掠过程中控制着扫掠曲面的方向和比例。

任务实施

1. 创建新文件

(1) 通过快捷方式图标启动 UG NX 6.0。

(2) 新建名称为“qumianchuangjian3”的部件文件。

(3) 选择［首选项］/［背景］菜单命令，将视图窗口设置为白色背景。

(4) 选择［首选项］/［建模］菜单命令，将“体类型”设置为“图纸页”(即片体)。

 提示

扫掠也可用于实体创建。

2. 创建曲线素材

(1) 单击“草图”图标，系统弹出“创建草图”对话框，选择 *XZ* 平面作为草图绘制平面，如图 4—81 所示。

(2) 绘制草图，并进行相应约束，如图 4—82 所示。

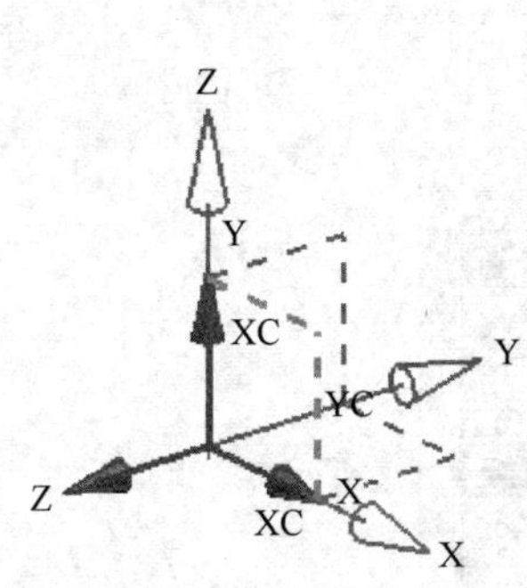

图 4—81 选择草图绘制平面

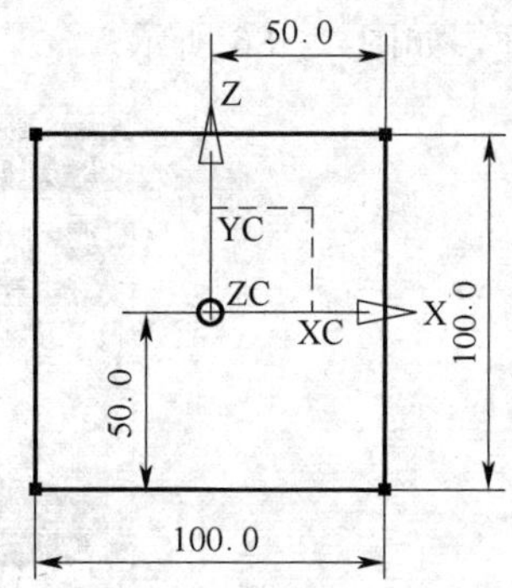

图 4—82 绘制草图（一）

（3）单击“完成草图”图标，结束草图绘制，如图 4—83 所示。

（4）单击“草图”图标，选择 XY 平面作为草图绘制平面，绘制草图，并进行相应约束，如图 4—84 所示。

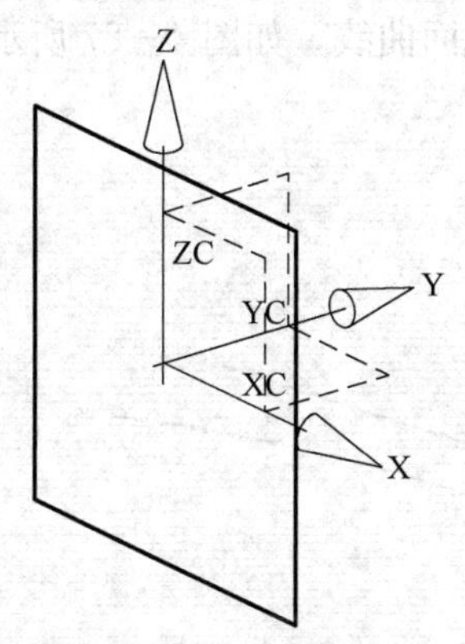

图 4—83 结束绘制草图（一）

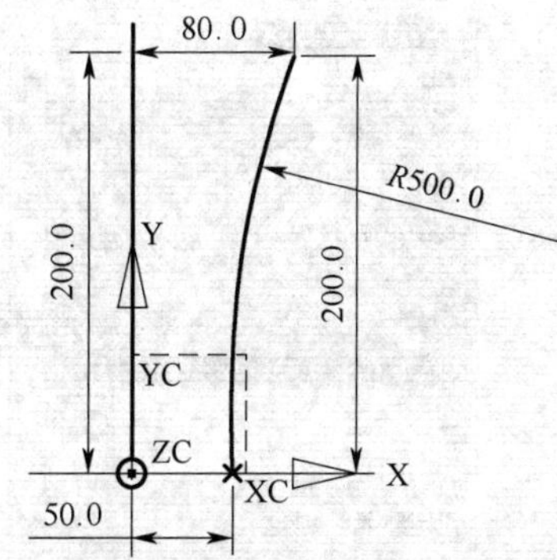

图 4—84 结束绘制草图（二）

（5）单击“完成草图”图标，结束草图绘制，如图 4—85 所示。至此曲线素材创建完毕。

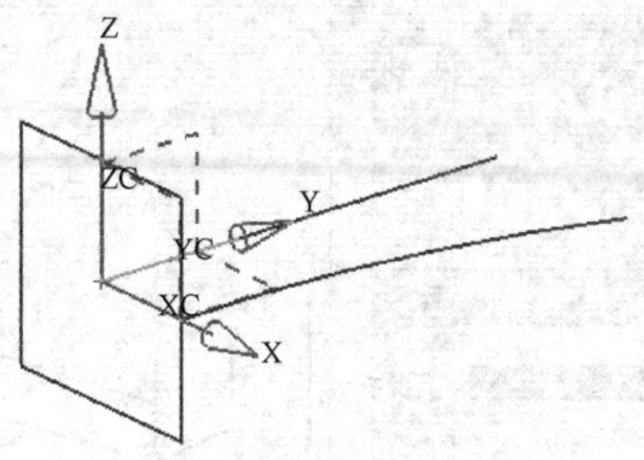

图 4—85 完成曲线素材创建

（6）隐藏基准坐标系。

3. 创建一根引导线扫掠曲面

（1）单击“扫掠”图标或选择［插入］/［扫掠］/［扫掠］菜单命令，系统弹出

“扫掠”对话框，如图 4—86 所示。

图 4—86　“扫掠”对话框

（2）根据提示“选择截面曲线”，选择矩形作为截面曲线，如图 4—87 所示。

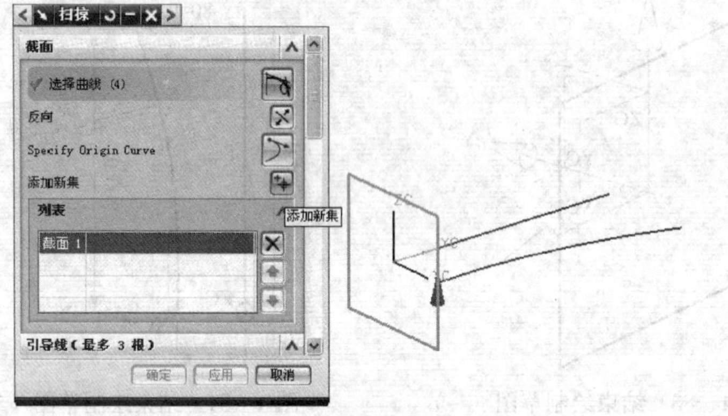

图 4—87　选择截面曲线

（3）单击“添加新集”图标，确认截面曲线的选择，如图 4—88 所示。

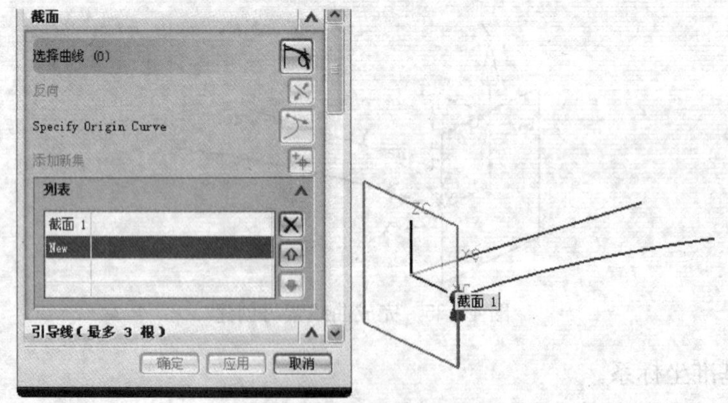

图 4—88　确认截面曲线

（4）在“引导线”栏下，单击“选择曲线”，如图 4—89 所示。

（5）根据提示“选择引导曲线”，选择直线作为引导线，如图 4—90 所示。

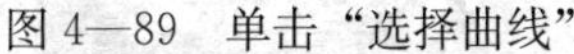

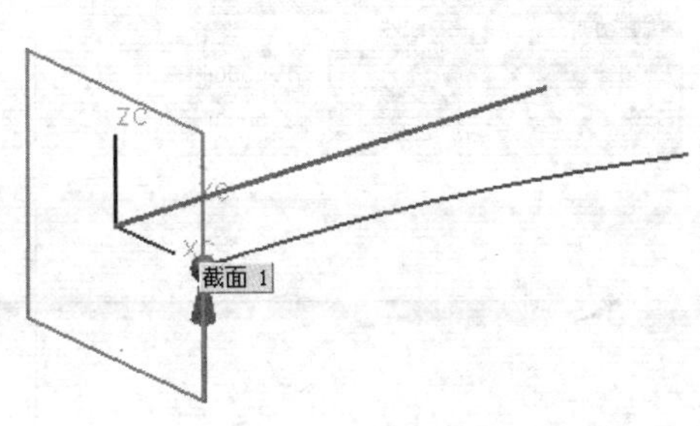

图 4—89 单击“选择曲线”　　图 4—90 选择引导线

（6）单击鼠标左键确认选择，如图 4—91 所示。

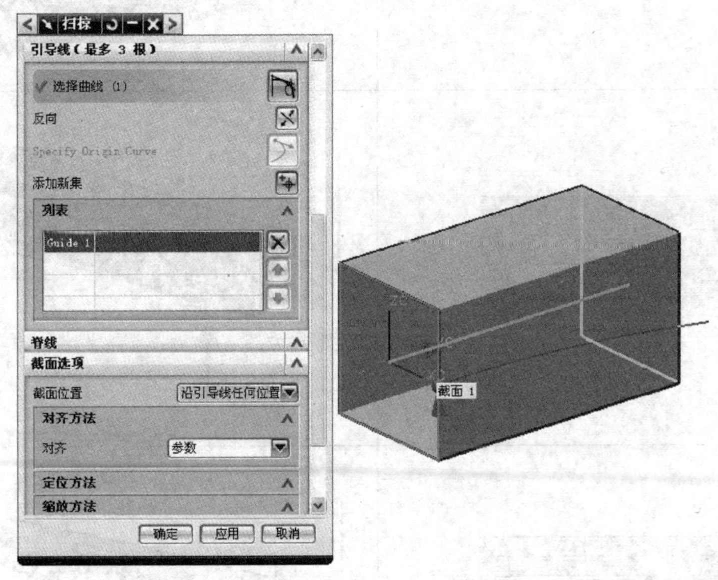

图 4—91 确认选择直线作为引导线

（7）通过“缩放方法”的设置改变扫掠截面，相关内容见表 4—3，其他选项设置如图 4—92 所示。

表 4—3　　通过“缩放方法”设置改变扫掠截面

缩放方法设置	效果图例
 缩放方法 缩放　倒圆功能 倒圆功能　线性 开始　1.0000 结束　2.0000	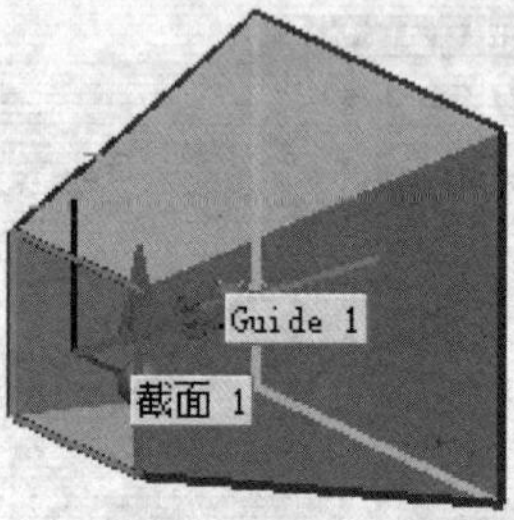 Guide 1 截面 1
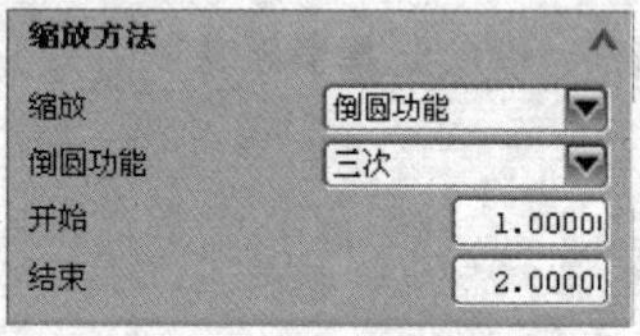 缩放方法 缩放　倒圆功能 倒圆功能　三次 开始　1.0000 结束　2.0000	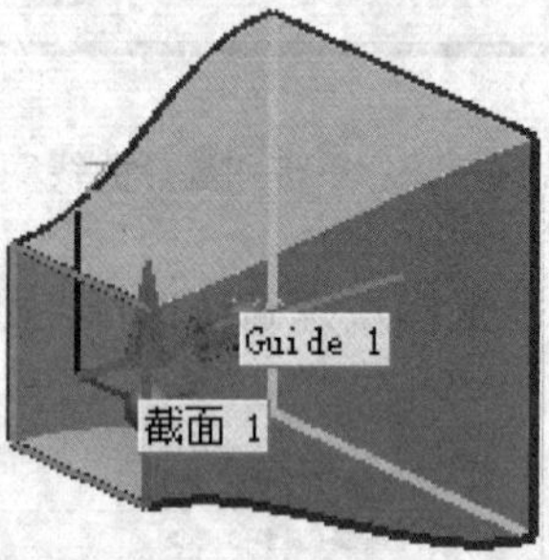 Guide 1 截面 1
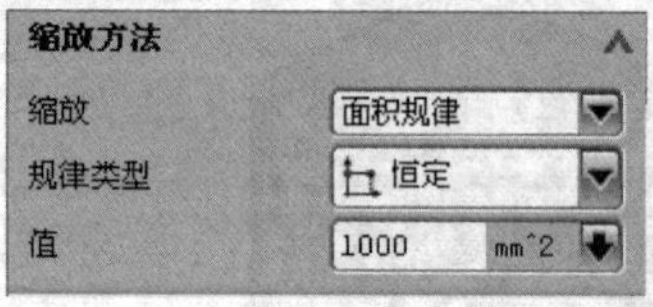 缩放方法 缩放　面积规律 规律类型　恒定 值　1000 mm^2	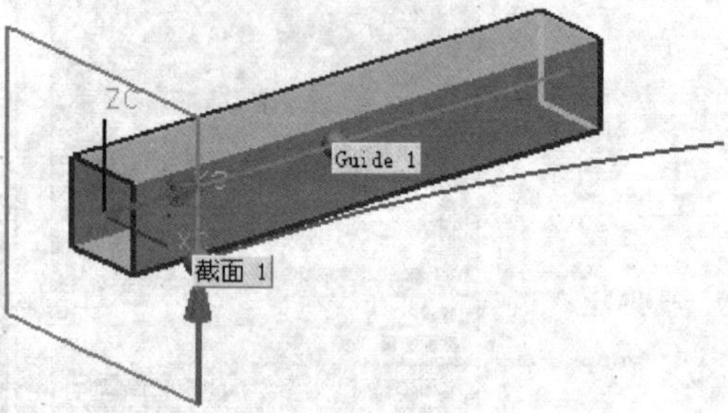 ZC Guide 1 截面 1
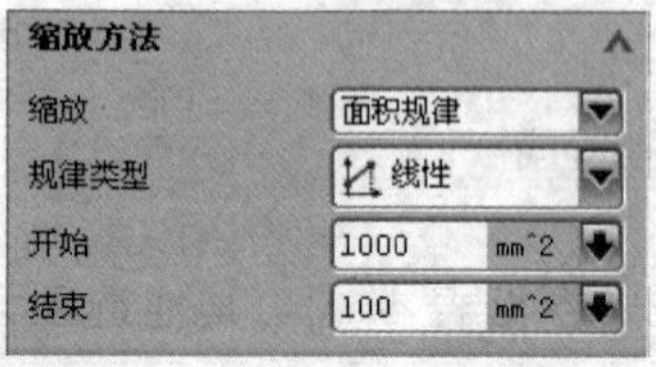 缩放方法 缩放　面积规律 规律类型　线性 开始　1000 mm^2 结束　100 mm^2	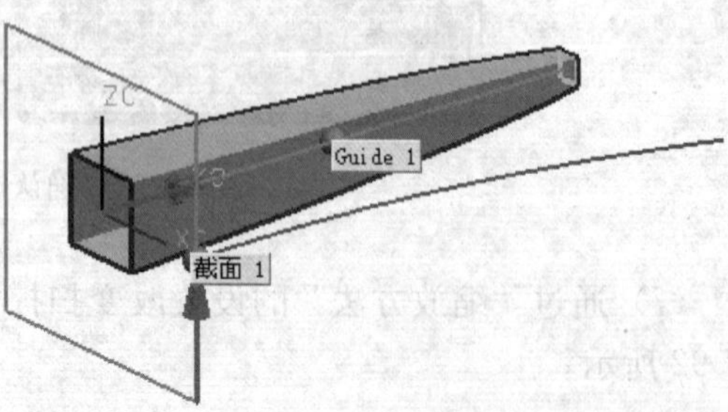 ZC Guide 1 截面 1

续表

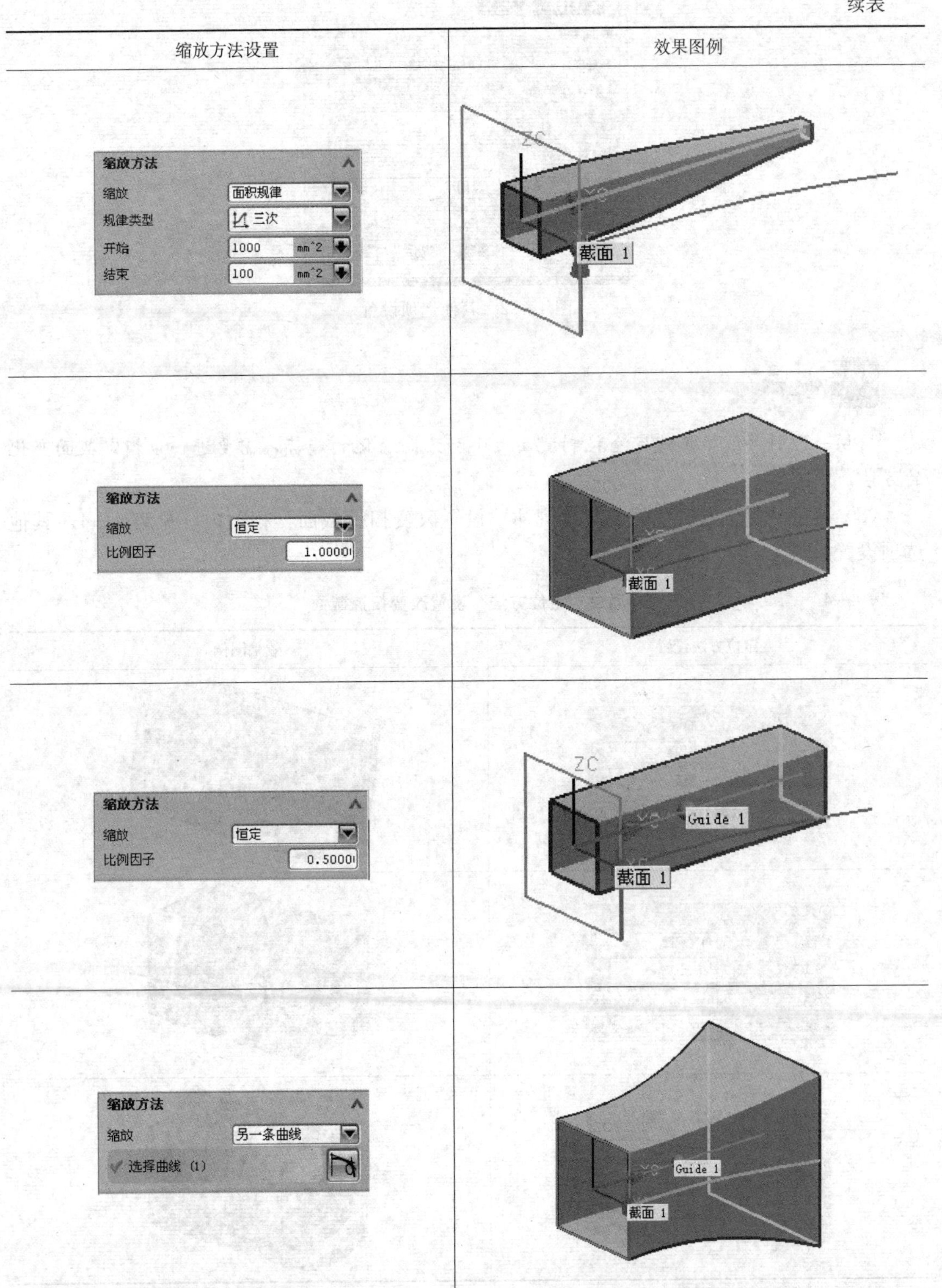

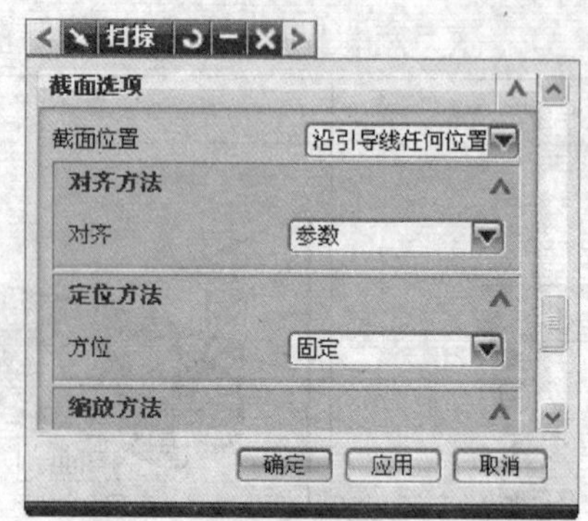

图 4—92　其他选项设置

提示

提供一条引导线串不能完全控制截面大小和方向变化的趋势，需要进一步指定截面变化的方法。

（8）通过“定位方法”的“角度规律”设置改变扫掠截面，相关内容见表 4—4，其他选项设置如图 4—93 所示。

表 4—4　通过“定位方法”设置改变扫掠截面

定位方法设置	效果图例
定位方法 方位：角度规律 规律类型：恒定 值：10 deg	Guide 1 截面 1
定位方法 方位：角度规律 规律类型：三次 开始：0 deg 结束：720 deg	Guide 1 截面 1
定位方法 方位：角度规律 规律类型：线性 开始：0 deg 结束：720 deg	截面 1 Guide 1

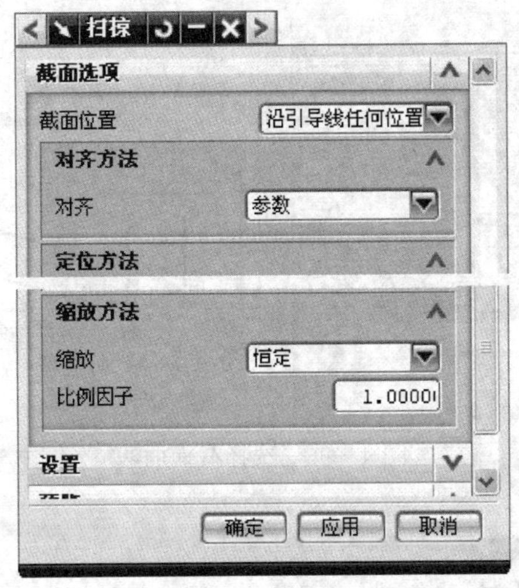

图 4—93　其他选项设置

提示

用户可通过“定位方法”和“缩放方法”的组合获得其他扫掠效果。

(9) 单击【确定】按钮，结束创建一根引导线扫掠曲面的操作，图形窗口如图 4—94 所示。

(10) 单击“撤销”图标，恢复草图曲线，图形窗口如图 4—95 所示，为创建两根引导线扫掠曲面做准备。

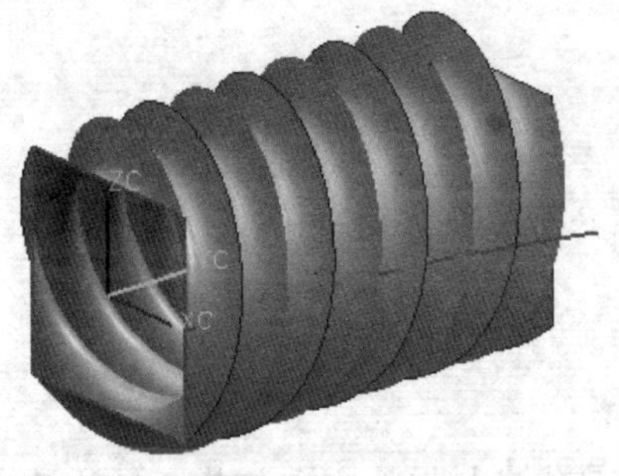

图 4—94　创建一根引导线扫掠曲面

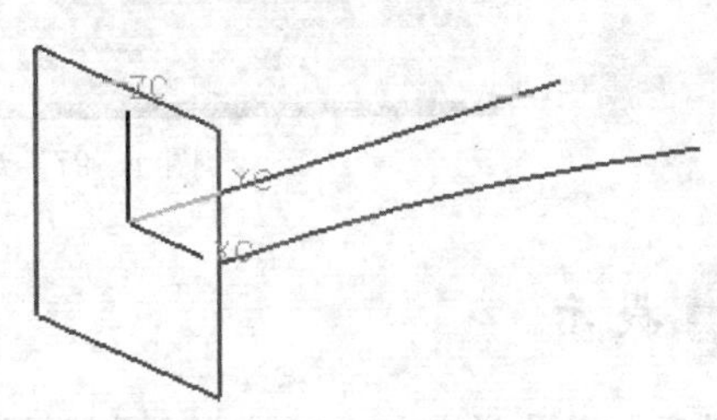

图 4—95　恢复草图曲线

4. 创建两根引导线扫掠曲面

(1) 单击“扫掠”图标或选择［插入］/［扫掠］/［扫掠］菜单命令，系统弹出“扫掠”对话框，根据提示，选择矩形草图作为截面曲线，如图 4—96 所示。

(2) 在“引导线”栏下，单击“选择曲线”，如图 4—97 所示。

(3) 根据提示“选择引导曲线”，选择水平直线作为第一条引导线，如图 4—98 所示。

(4) 单击“添加新集”图标，确认第一条引导线，图形窗口如图 4—99 所示。

(5) 根据提示选择圆弧作为第二条引导线，如图 4—100 所示。

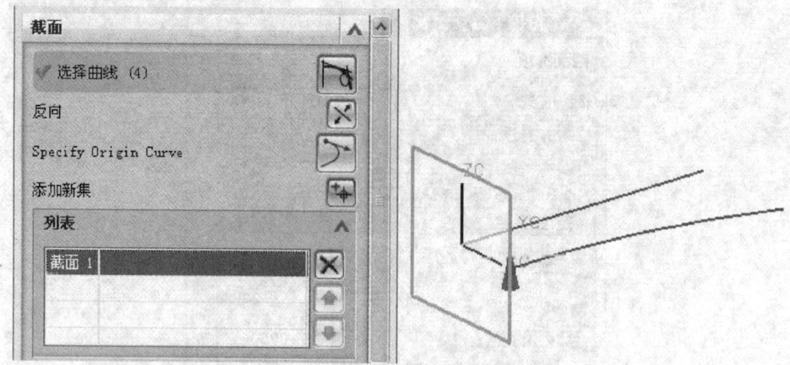

图 4—96　选择截面曲线

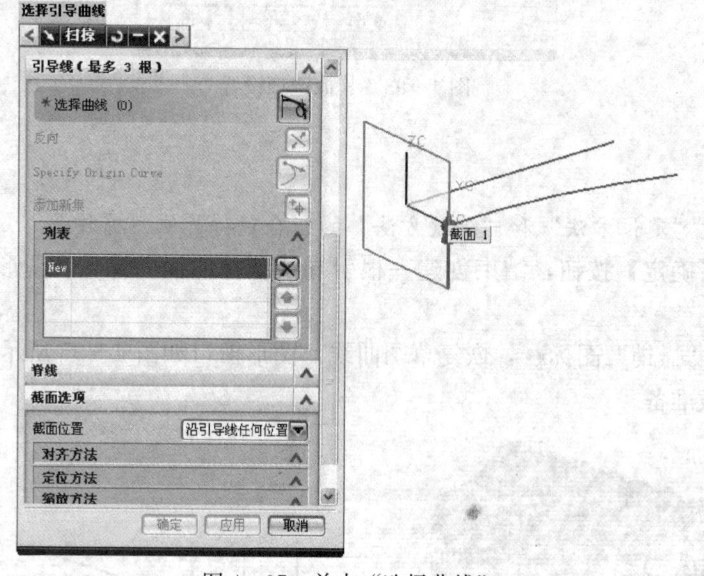

图 4—97　单击“选择曲线”

提示

提供两条引导线串时，可以确定截面线串沿引导线串扫描的方向趋势，但是尺寸可以改变，还需要设置截面比例变化。

(6) 将“缩放方法”下的“缩放”设置为“横向”，获得不同的扫掠效果，如图 4—101 所示。

(7) 单击【确定】按钮，完成两根引导线扫掠曲面的创建，结果如图 4—102 所示。

提示

根据需要，扫掠时最多可采用 3 条引导线。提供 3 条引导线串时，完全确定了截面线串被扫掠时的方位和尺寸变化。

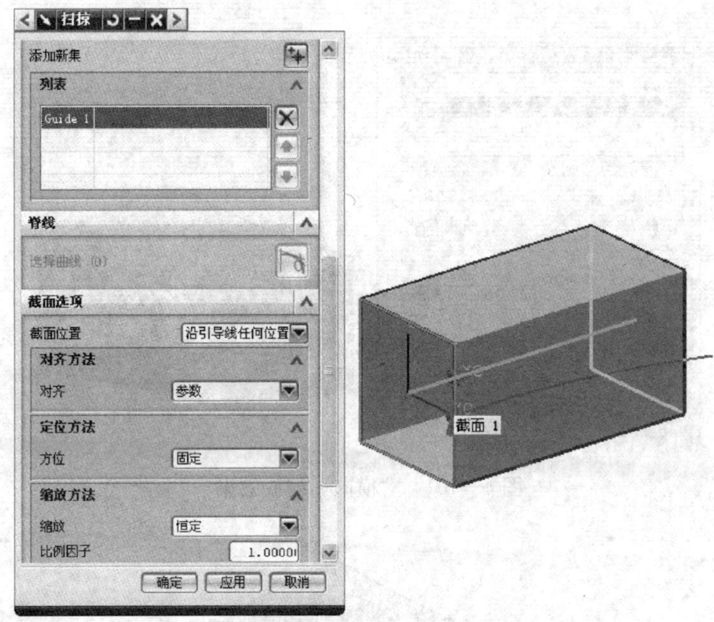

图 4—98 选择第一条引导线

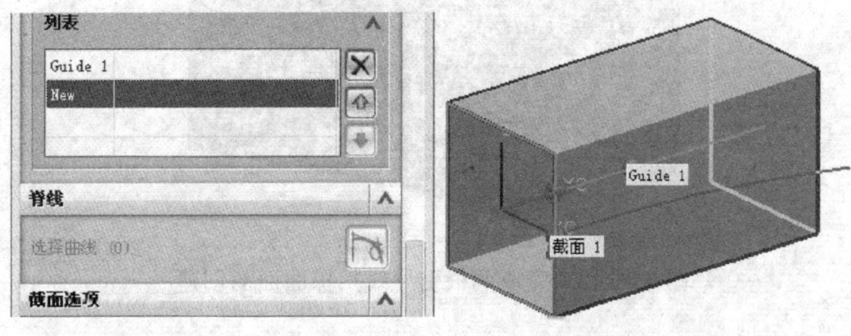

图 4—99 确认第一条引导线

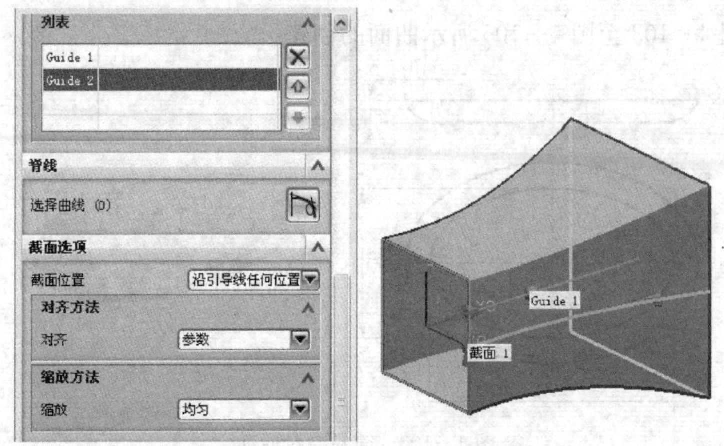

图 4—100 选择第二条引导线

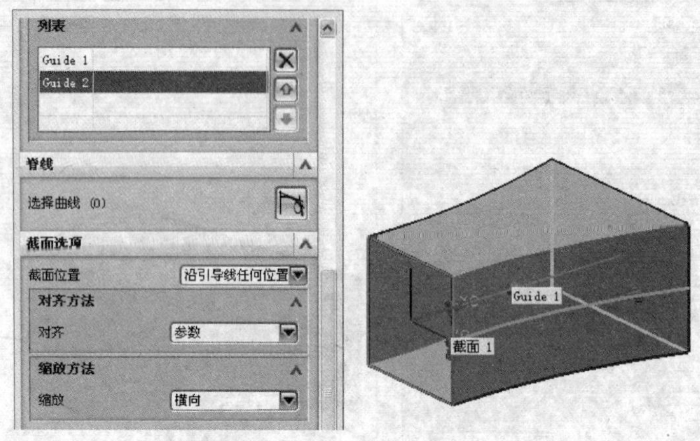

图 4—101　“横向”缩放效果

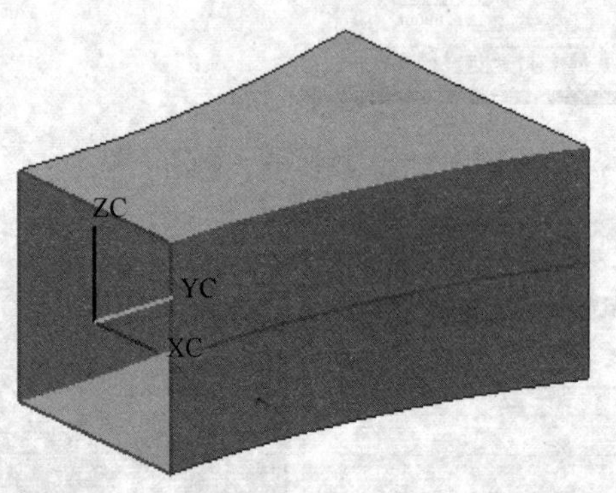

图 4—102　完成两根引导线扫掠曲面的创建

任务拓展

试完成如图 4—103 至图 4—105 所示曲面的创建。

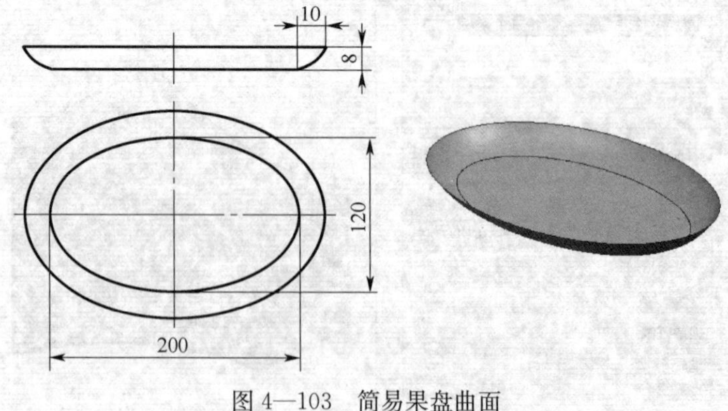

图 4—103　简易果盘曲面

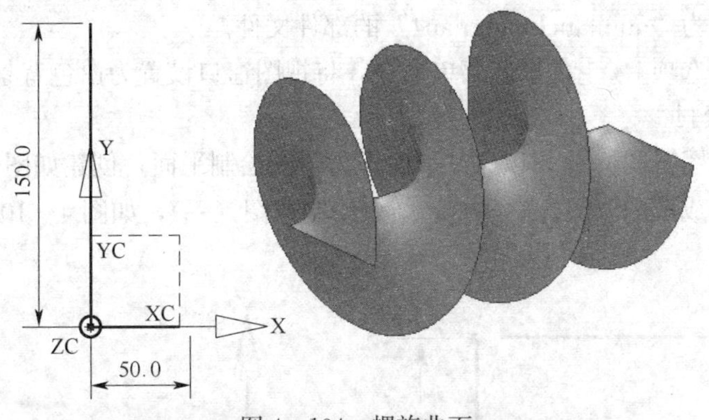

图 4—104 螺旋曲面

图 4—105 天圆地方曲面（尺寸自定）

课题 4 曲面创建（四）

学习目标

1. 掌握 N 边曲面的创建。
2. 熟悉圆角曲面、偏置曲面的创建。
3. 熟悉曲面延伸、桥接操作。
4. 熟悉扩大曲面、缝合曲面操作。

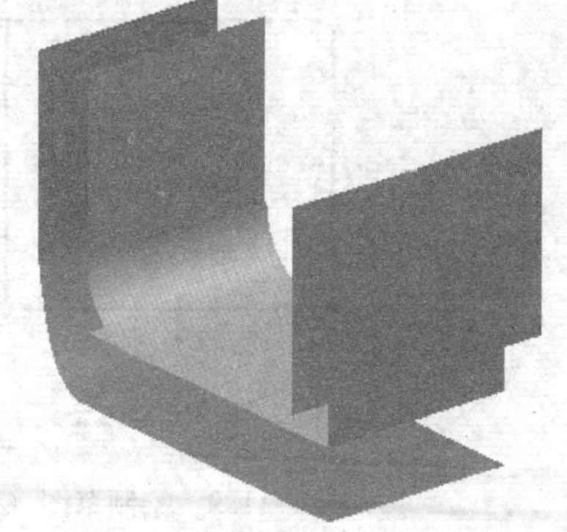

图 4—106 曲面创建

工作任务

试通过如图 4—106 所示的曲面创建，掌握 N 边曲面、偏置曲面、圆角曲面、曲面延伸、桥接、扩大曲面、缝合曲面等功能。

任务实施

1. 创建新文件

(1) 通过快捷方式图标启动 UG NX 6.0。

（2）新建名称为“qumianchuangjian4”的部件文件。

（3）选择［首选项］/［背景］菜单命令，将视图窗口设置为白色背景。

2. 创建曲线素材

（1）单击“草图”图标，以 XY 平面作为草图绘制平面，创建如图 4—107 所示草图。

（2）单击“完成草图”图标，结束绘制草图（一），如图 4—108 所示。

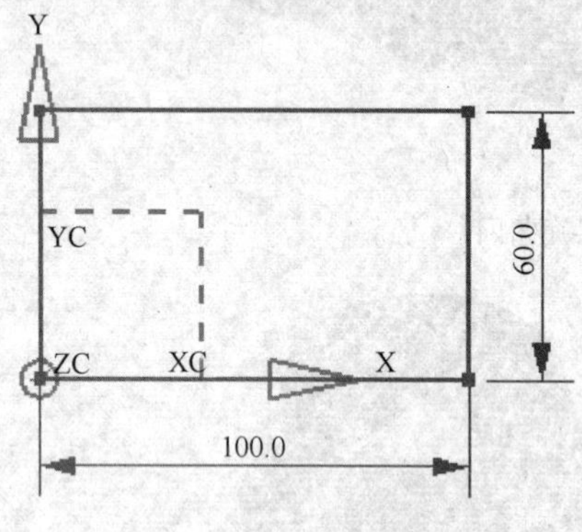

图 4—107　绘制草图（一）

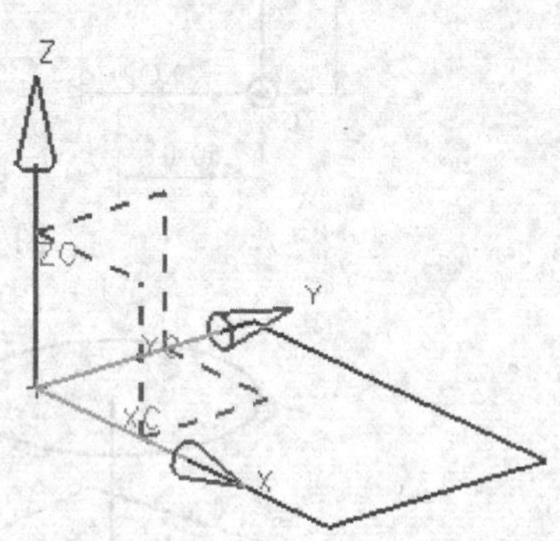

图 4—108　结束绘制草图（一）

（3）单击“草图”图标，以 XZ 平面作为草图绘制平面，创建如图 4—109 所示草图。

（4）单击“完成草图”图标，结束绘制草图（二），如图 4—110 所示。

（5）隐藏基准坐标系和工作坐标系。

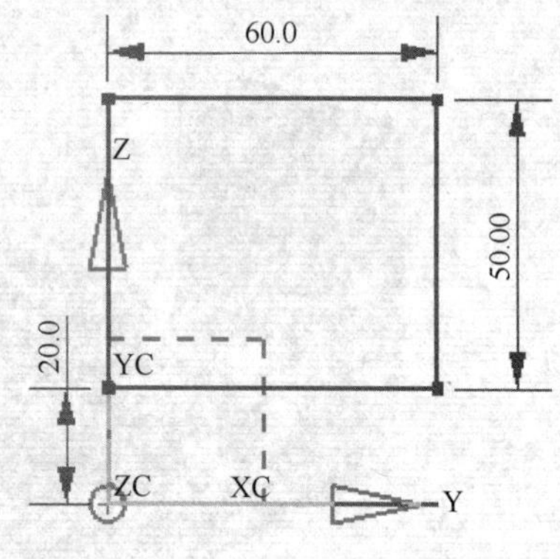

图 4—109　绘制草图（二）

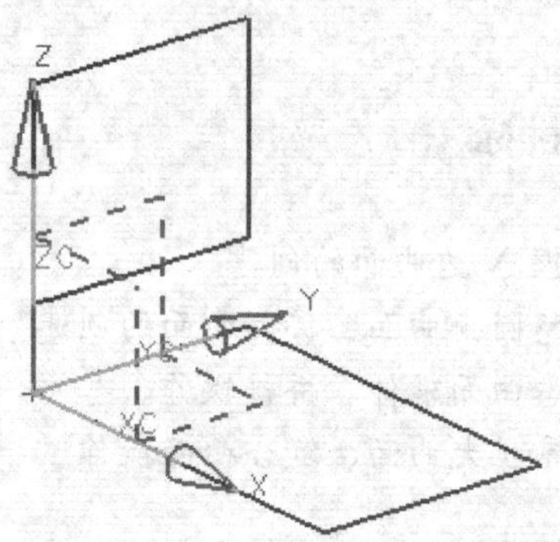

图 4—110　结束绘制草图（二）

3. 创建 N 边曲面

（1）单击“N 边曲面”图标或选择［插入］/［网格曲面］/［N 边曲面］菜单命令，系统弹出“N 边曲面”对话框，如图 4—111 所示。

 提示

N 边曲面是由一组端点相连曲线封闭的曲面。

（2）根据提示“选择一个曲线/边”，选择矩形草图（一），如图 4—112 所示。

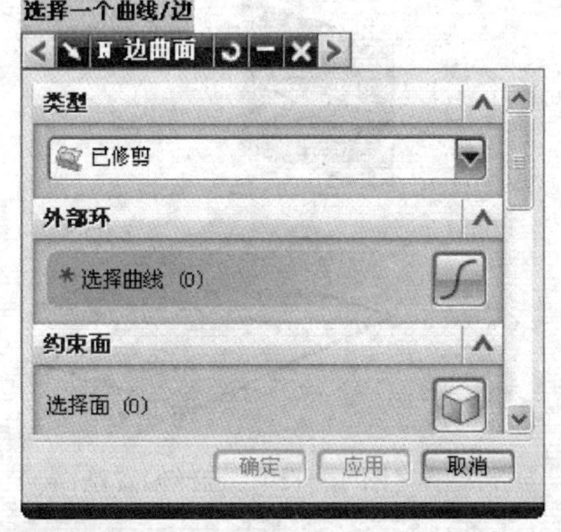

图 4—111 “N 边曲面”对话框

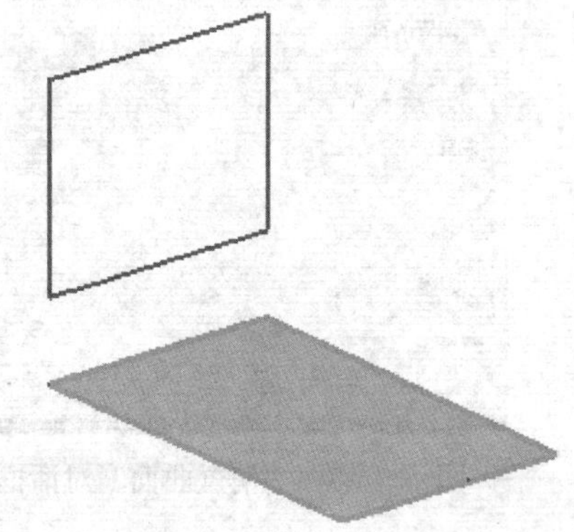

图 4—112 创建 N 边曲面（一）

（3）单击【应用】按钮，结束 N 边曲面（一）的创建。继续选择矩形草图（二），如图 4—113 所示。

（4）单击【确定】按钮，结束两个 N 边曲面的创建，如图 4—114 所示。

图 4—113 创建 N 边曲面（二）

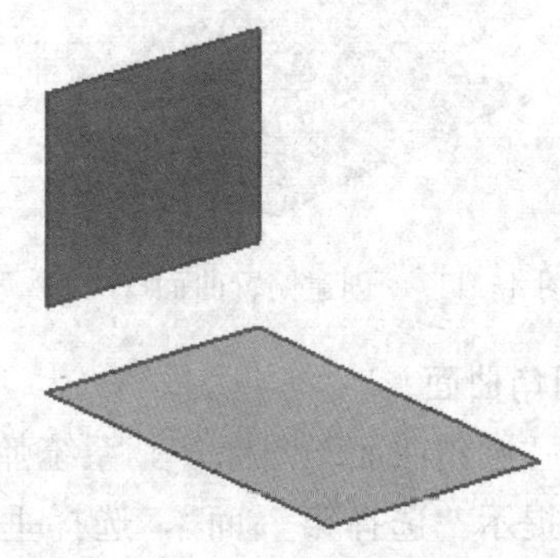

图 4—114 完成创建 N 边曲面

4. 创建偏置曲面

（1）单击“偏置曲面”图标或选择［插入］/［偏置/缩放］/［偏置曲面］菜单命令，系统弹出“偏置曲面”对话框，将“偏置 1”设置为“20”，如图 4—115 所示。

（2）根据提示“为新集选择基面”，选择水平面作为偏置基面，如图 4—116 所示。

偏置曲面用于建立等距曲面。系统通过法向投影方式建立偏置曲面，输入的距离称为偏置距离，偏置所选择的曲面称为基面。

（3）单击【应用】按钮，完成一个偏置曲面的创建，如图 4—117 所示。

（4）采用类似操作，完成另一个偏置曲面的创建，如图 4—118 所示。

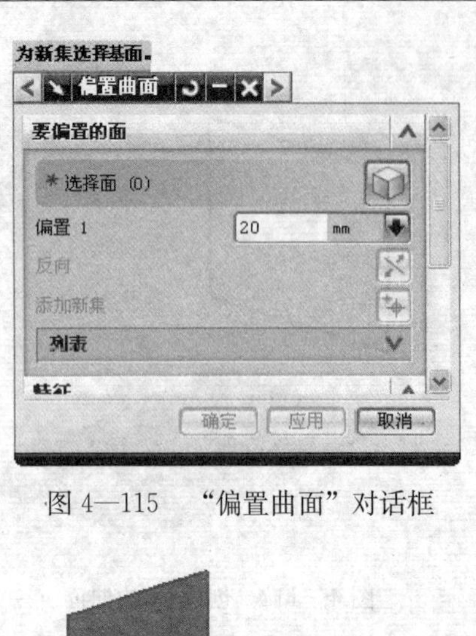

图 4—115 “偏置曲面”对话框

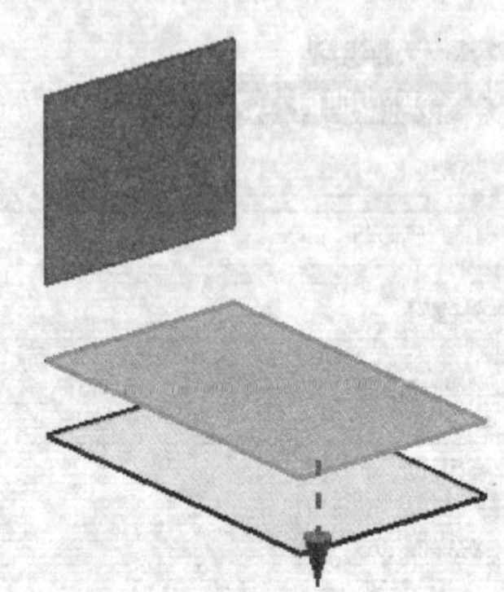

图 4—116 选择偏置基面

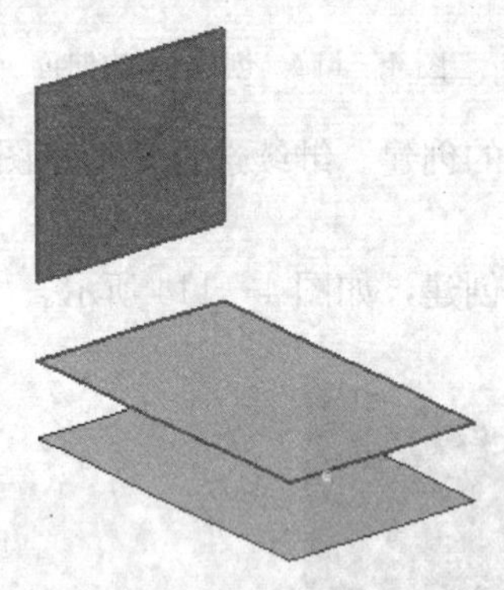

图 4—117 创建偏置曲面（一）

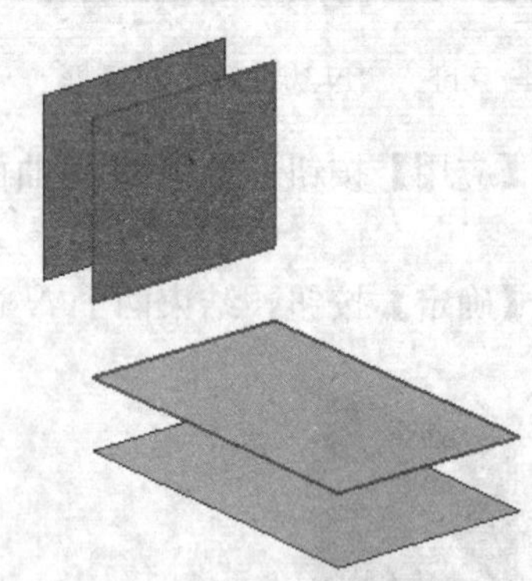

图 4—118 完成创建偏置曲面

5. 创建圆角曲面

（1）单击“圆角曲面”图标，系统弹出“圆角”对话框，如图 4—119 所示。

（2）根据提示“选择第一面”，选择垂直面作为第一面，并提示“法向对吗?”，如图 4—120 所示。

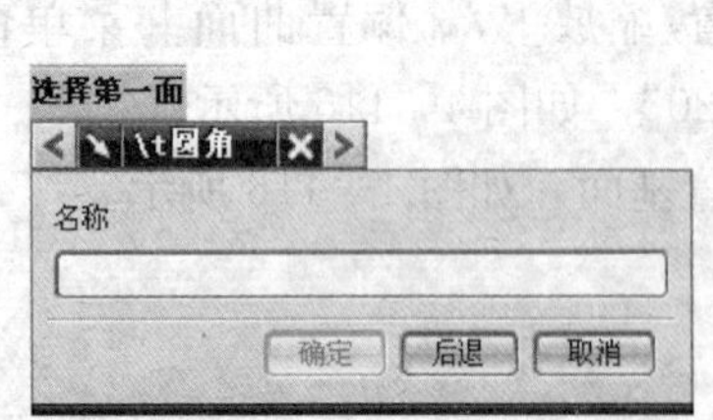

图 4—119 “圆角”对话框

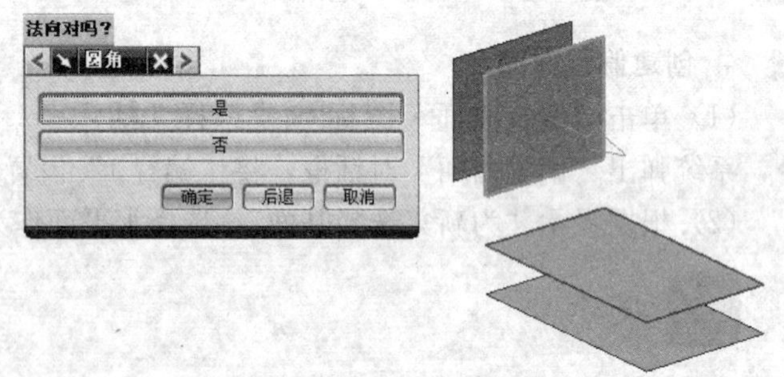

图 4—120 选择垂直面

提示

圆角曲面功能用于在两组曲面之间建立常数或可变半径的相切圆角曲面。圆角曲面功能也可以在实体上倒圆，其功能比“边倒圆”要强得多，特别适合于实体倒圆角失败时。

(3) 选择“是”，根据系统提示选择水平面，如图 4—121 所示。

(4) 选择“是”，系统提示“选择脊线”，单击【确定】按钮。

(5) 系统提示“选择创建选项”，如图 4—122 所示。

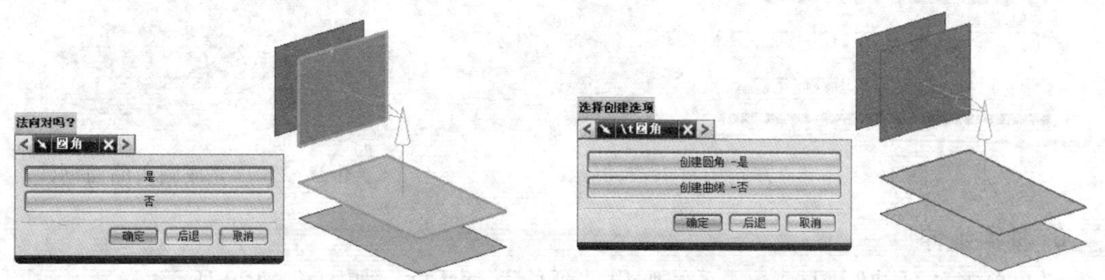

图 4—121 选择水平面　　图 4—122 “选择创建选项”提示

(6) 单击【确定】按钮，系统提示“选择横截面类型”，如图 4—123 所示。

(7) 选择“圆形”，系统提示“选择圆角类型”，如图 4—124 所示。

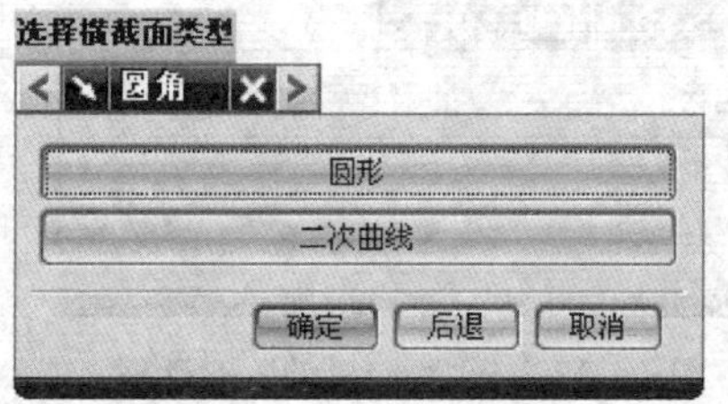

图 4—123 “选择横截面类型”提示

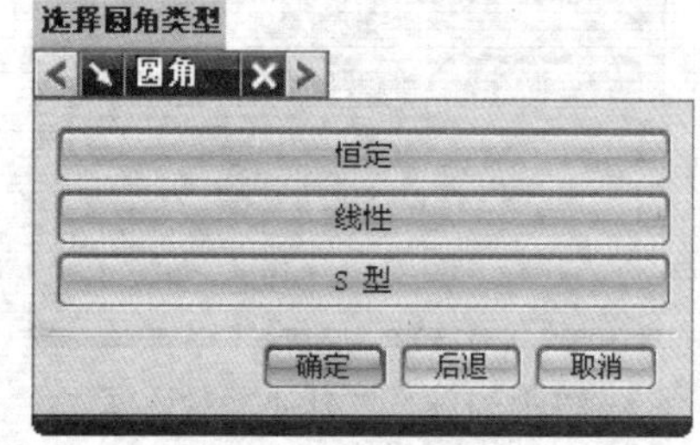

图 4—124 “选择圆角类型”提示

(8) 选择“恒定”，系统提示“指定圆角起点”，如图 4—125 所示。

(9) 单击【确定】按钮，系统提示“指定半径”，在“半径”文本框中输入“20”，如图 4—126 所示。

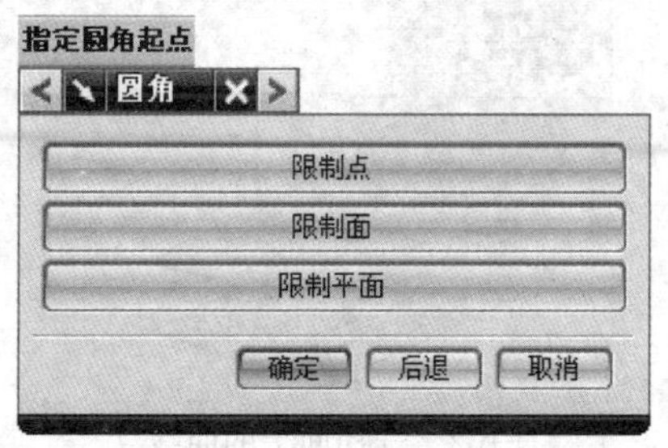

图 4—125 “指定圆角起点”提示

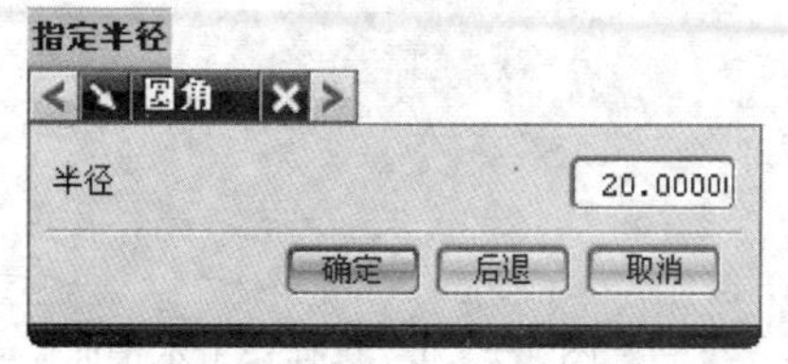

图 4—126 指定圆角半径为 20

(10) 单击【确定】按钮，系统提示“方向满意吗?”，如图 4—127 所示。

(11) 选择“是”，完成圆角曲面的创建，如图 4—128 所示。

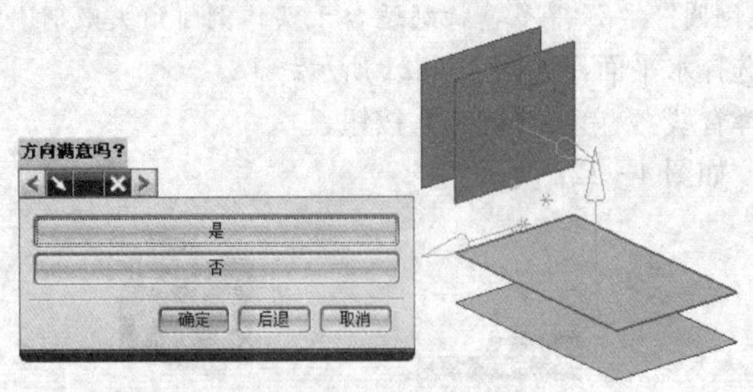

图 4—127　“方向满意吗?”提示

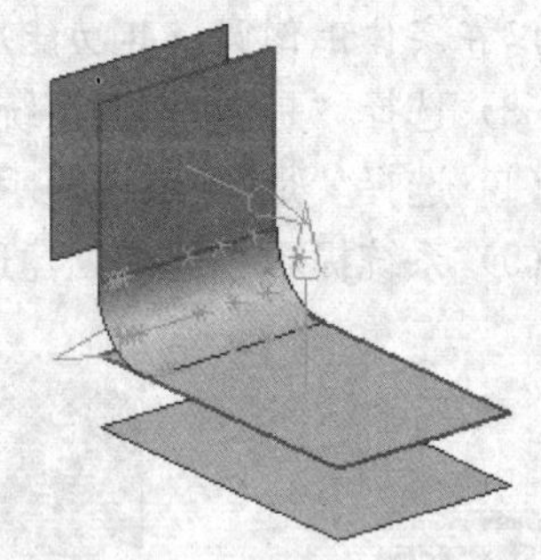

图 4—128　完成圆角曲面创建

6. 曲面延伸

（1）单击“延伸”图标，系统弹出“延伸”对话框，如图 4—129 所示。

（2）根据提示“选择延伸类型”，选择“垂直于曲面”，系统弹出“法向延伸”对话框，并提示“选择面”，如图 4—130 所示。

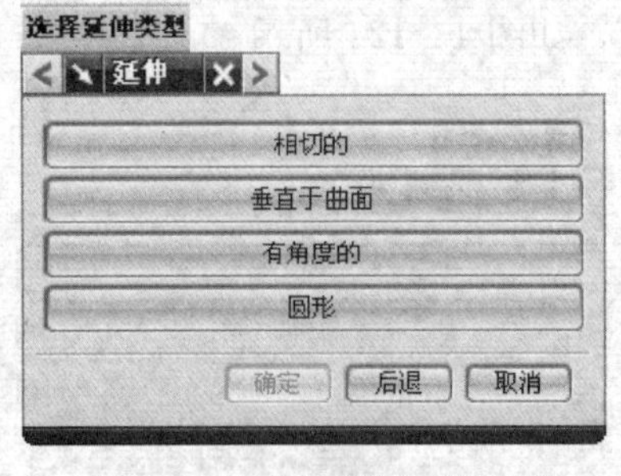

图 4—129　“延伸”对话框

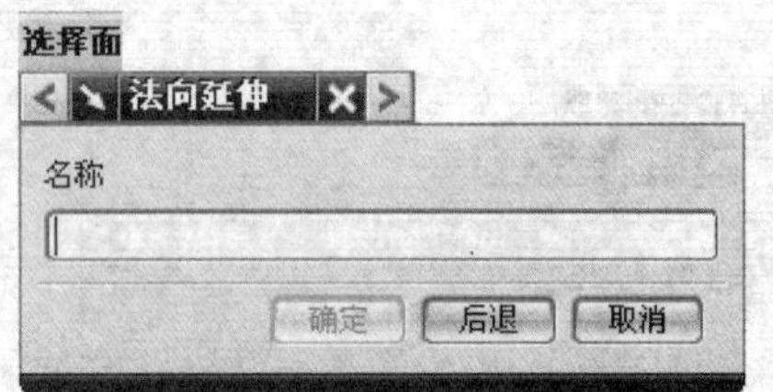

图 4—130　“法向延伸”对话框

（3）选择一个水平面，如图 4—131 所示。

（4）根据提示“选择面上的曲线”，选择平面边沿，如图 4—132 所示。

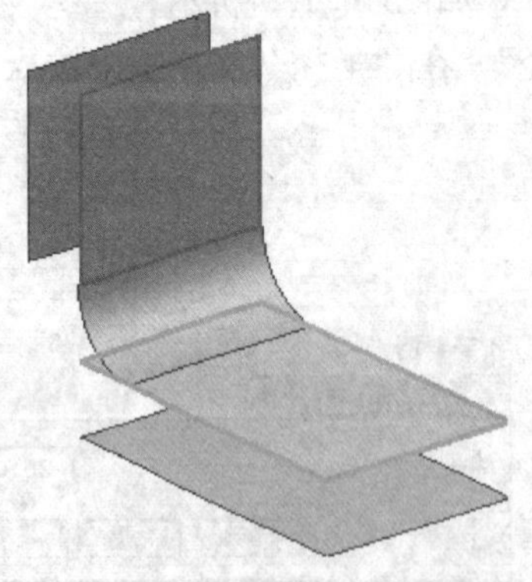

图 4—131　选择一个水平面

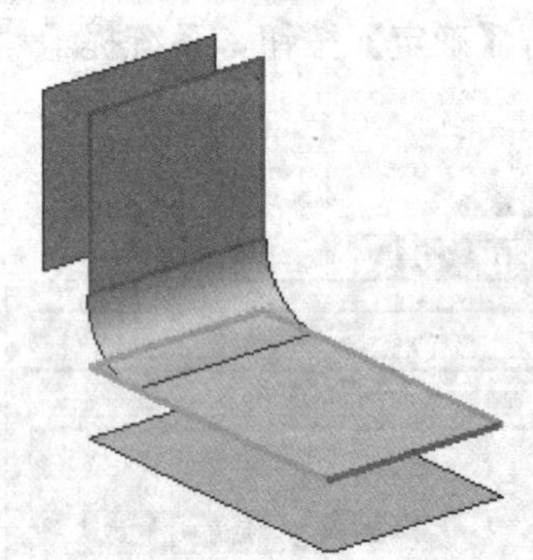

图 4—132　选择面上的曲线

（5）单击鼠标左键确认选择，系统提示“指定长度”，如图 4—133 所示。在“长度”文本框中输入“20”，单击【确定】按钮。

（6）单击【后退】按钮返回，再次单击【后退】按钮，返回到“延伸”对话框，系统提示“选择延伸类型”。

(7) 选择“相切的”，系统弹出“相切延伸”对话框，并提示“选择选项”，如图4—134所示。

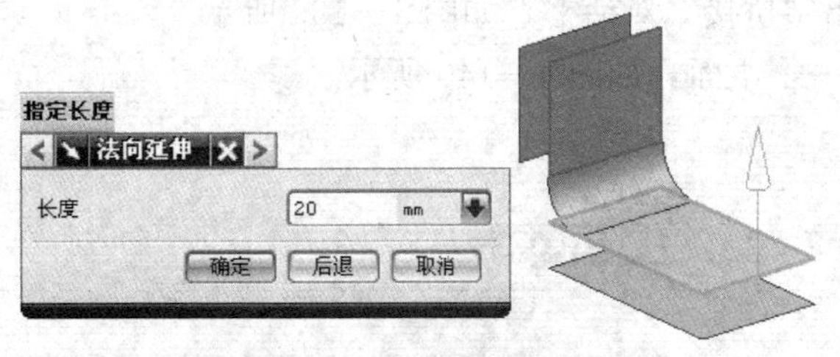

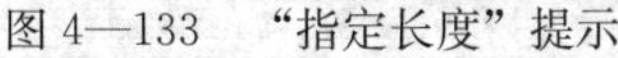
图 4—133 “指定长度”提示

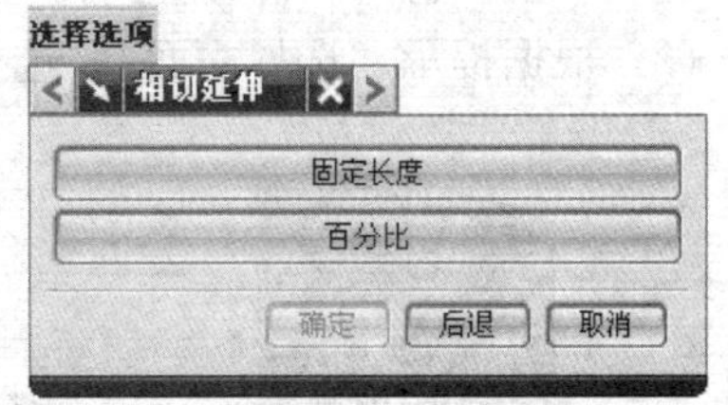

图 4—134 “选择选项”提示

(8) 选择“固定长度”，系统弹出“固定的延伸”对话框，并提示“选择面”，如图4—135所示。

(9) 选择要进行固定长度延伸的面，如图 4—136 所示。

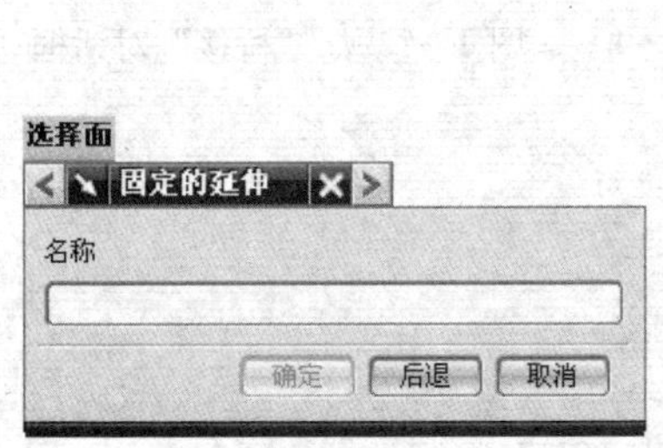

图 4—135 “固定的延伸”对话框

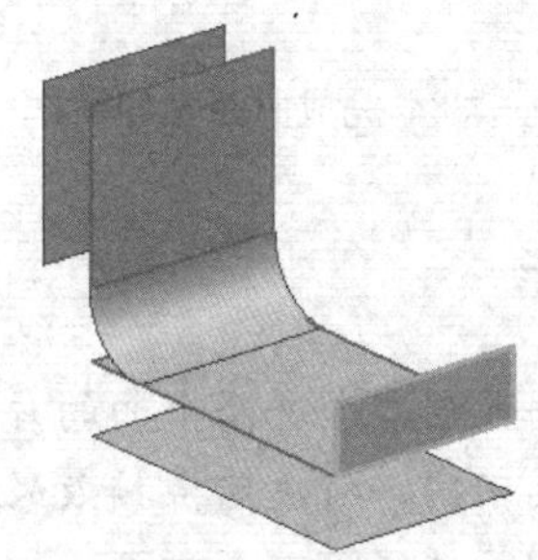

图 4—136 选择要延伸的面

(10) 根据提示“选择边”，选择要延伸面的边沿，系统弹出“相切延伸”对话框，并提示“指定长度”，如图 4—137 所示。

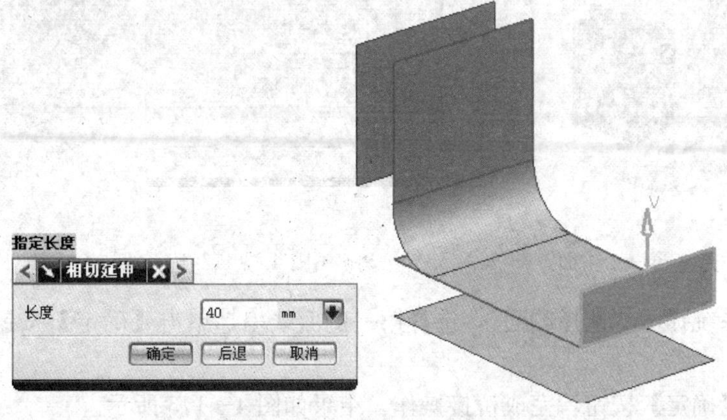

图 4—137 选择要延伸面的边沿

(11) 将“长度”文本框设置为“40”，单击【确定】按钮，完成曲面延伸操作，如图 4—138 所示。

7. 桥接

(1) 单击“桥接”图标，系统弹出“桥接”对话框，如图 4—139 所示。

(2) 根据提示“选择主面”，选择第一个主面，如图 4—140 所示。

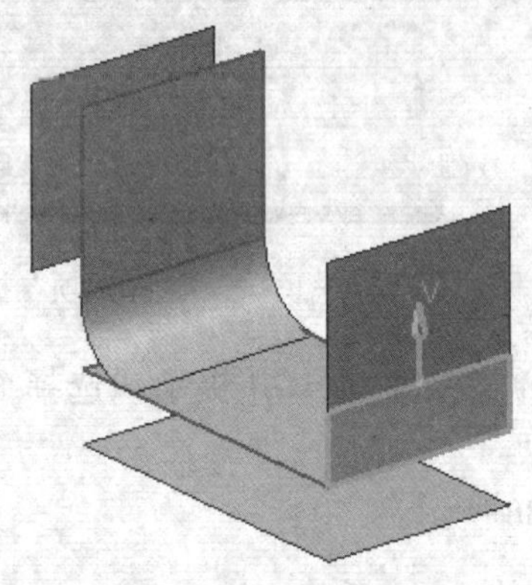

图 4—138 完成曲面延伸操作

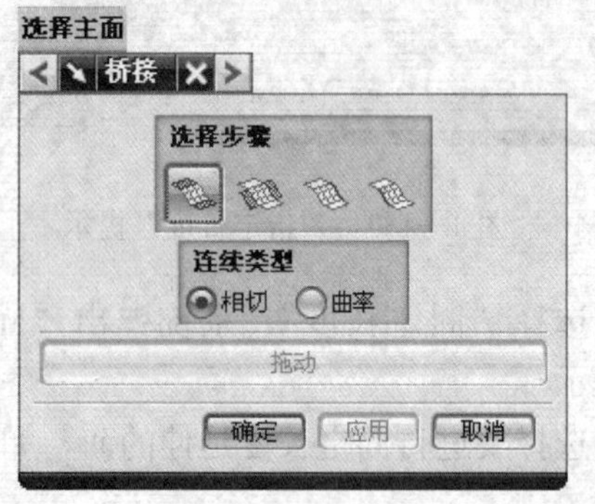

图 4—139 “桥接”对话框

提示

桥接操作用于创建合并两个面的片体。

箭头方位的不同，将决定桥接效果的不同。

(3) 根据提示选择第二个主面，如图 4—141 所示。

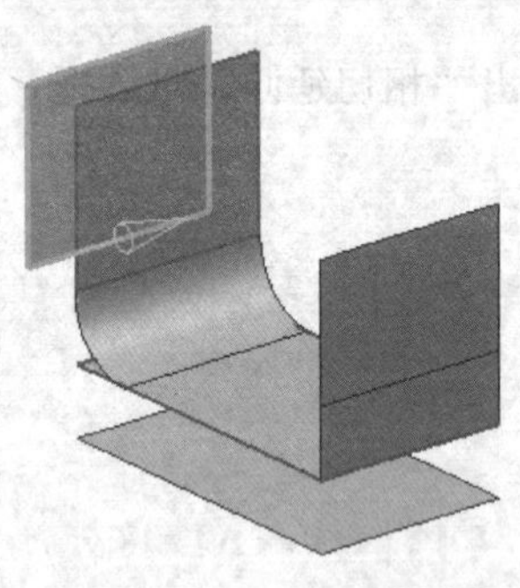

图 4—140 选择第一个主面

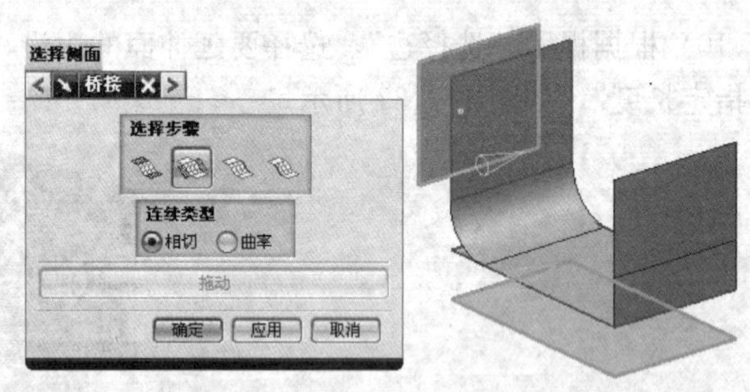

图 4—141 选择第二个主面

(4) 根据系统提示“选择侧面”，选择第一侧面线串，单击【确定】按钮，如图 4—142 所示。

(5) 单击【确定】按钮，完成桥接操作，结果如图 4—143 所示。

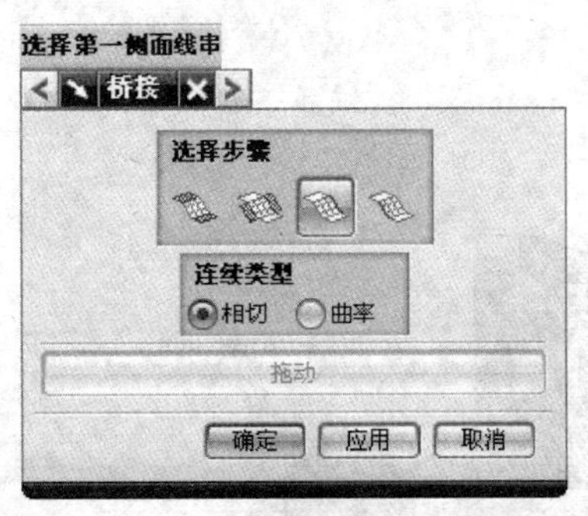

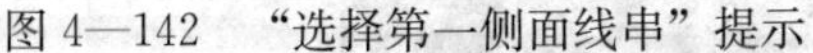

图 4—142 “选择第一侧面线串”提示

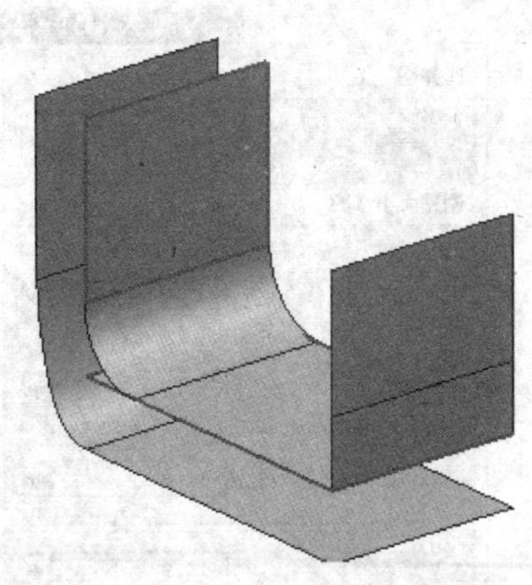

图 4—143 桥接结果

8. 扩大曲面

(1) 单击“扩大”图标或选择［编辑］/［曲面］/［扩大］菜单命令，系统弹出“扩大”对话框，如图 4—144 所示。

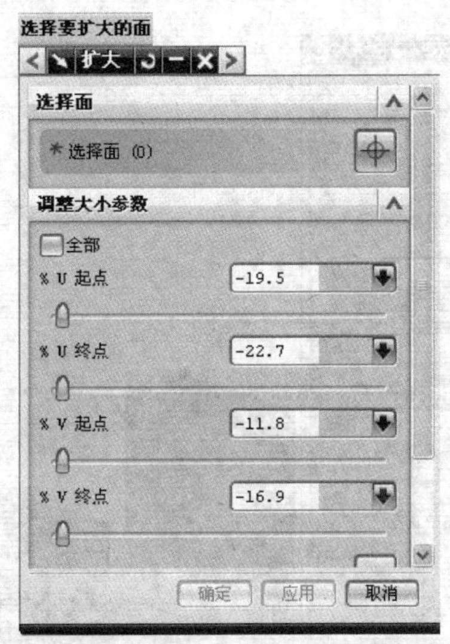

图 4—144 “扩大”对话框

提示

应选择“具有完整菜单的基本功能”角色。

(2) 根据提示“选择要扩大的面”，选择要扩大的面，如图 4—145 所示。

(3) 设置“调整大小参数”，如图 4—146 所示。

(4) 单击【确定】按钮，完成扩大曲面操作，如图 4—147 所示。

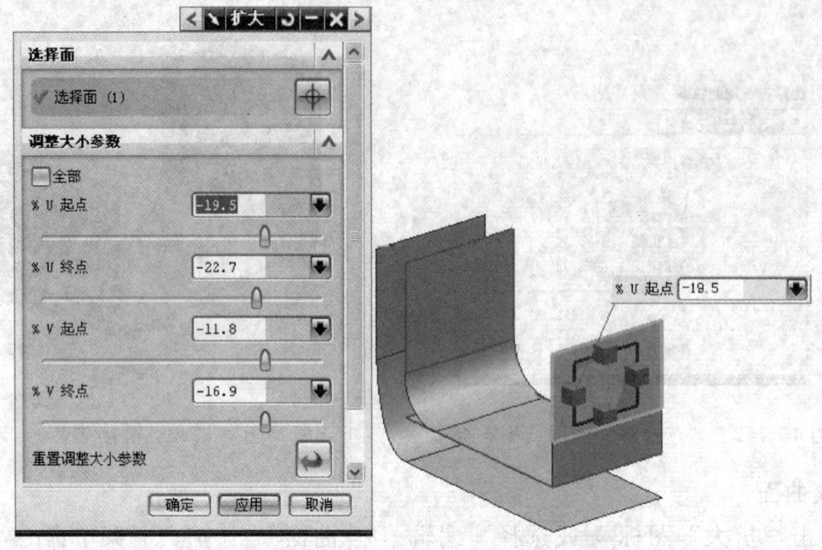

图 4—145　选择要扩大的面

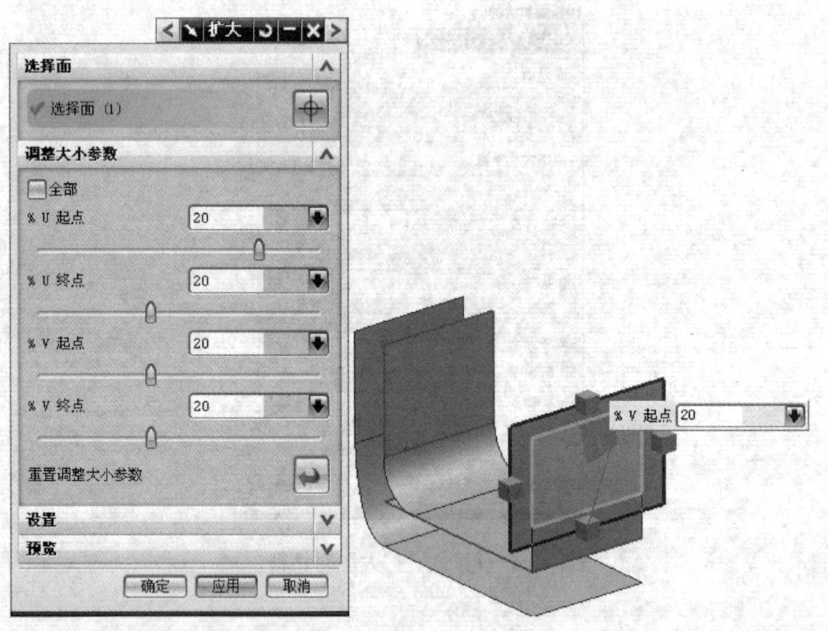

图 4—146　“调整大小参数”设置

提示

扩大功能可用来更改未修剪的片体或面的大小。

9. 缝合

(1) 选择［插入］/［组合体］/［缝合］菜单命令，系统弹出“缝合”对话框，如图4—148所示。

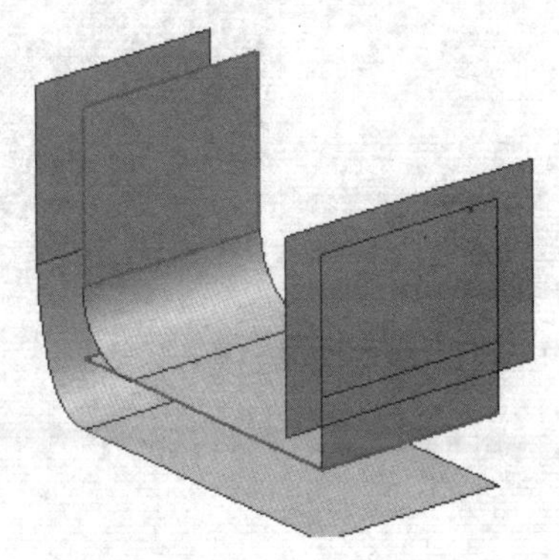

图4—147 完成扩大曲面操作

图4—148 “缝合”对话框

提示

缝合功能可以将两个或两个以上的曲面连接形成一个曲面。另外，围成封闭空间的若干曲面经缝合后可成为实体。

(2) 根据提示“选择目标片体”，选择目标片体，如图4—149所示。

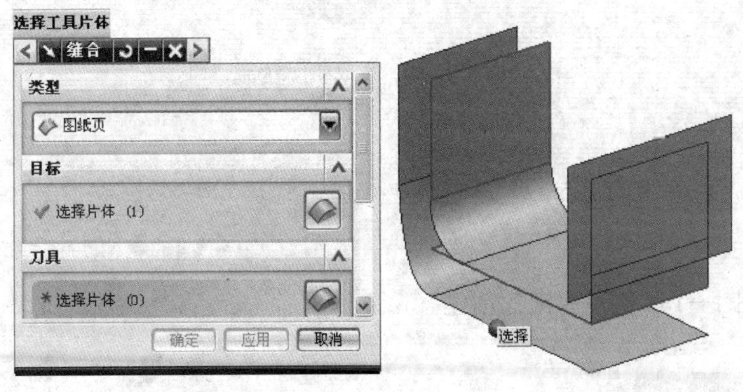

图4—149 选择目标片体

(3) 根据提示“选择工具片体”，选择工具片体，如图4—150所示。

(4) 继续选择工具片体，如图4—151所示。

(5) 单击【确定】按钮，完成曲面缝合操作，如图4—152所示。

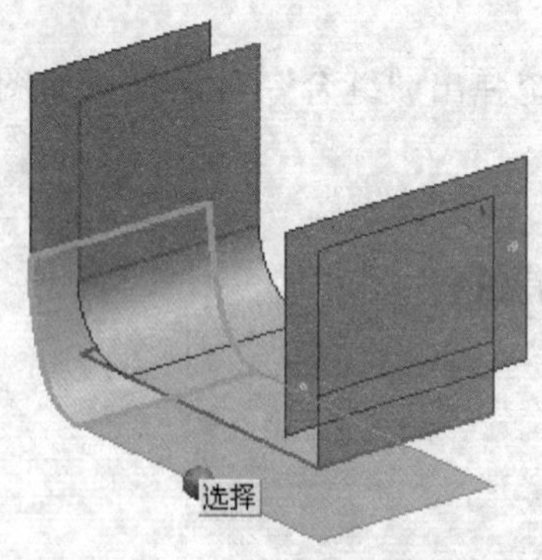

图 4—150　选择工具片体

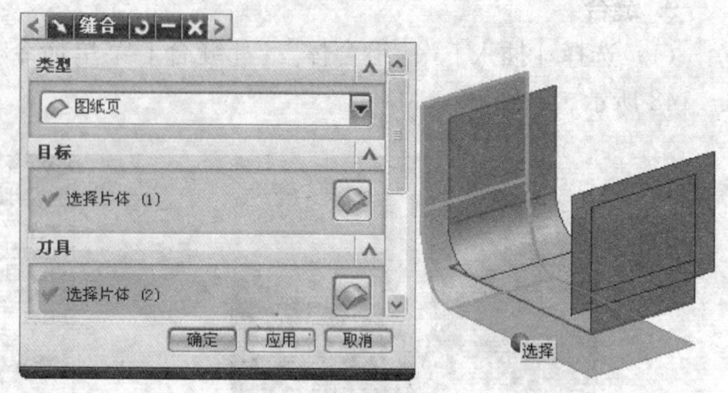

图 4—151　继续选择工具片体

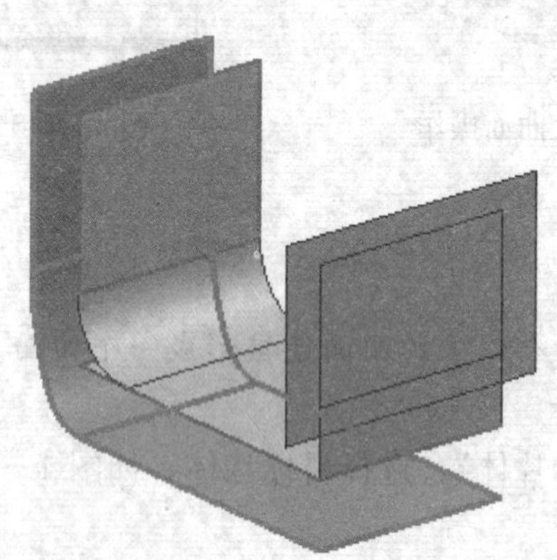

图 4—152　完成曲面缝合

任务拓展

试完成如图 4—153 所示曲面的创建。

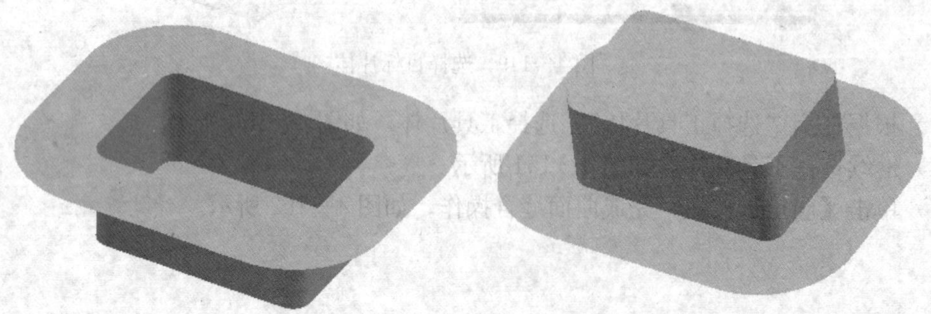

图 4—153　长方形拉伸件（尺寸自定）

课题 5　曲面创建（五）

学习目标

1. 掌握回转曲面的创建。
2. 掌握拆分体操作。
3. 熟悉曲面加厚功能的使用。
4. 熟悉对象显示功能的使用。

工作任务

试采用曲面创建方法等，完成图 4—154 所示皮球模型的建模。

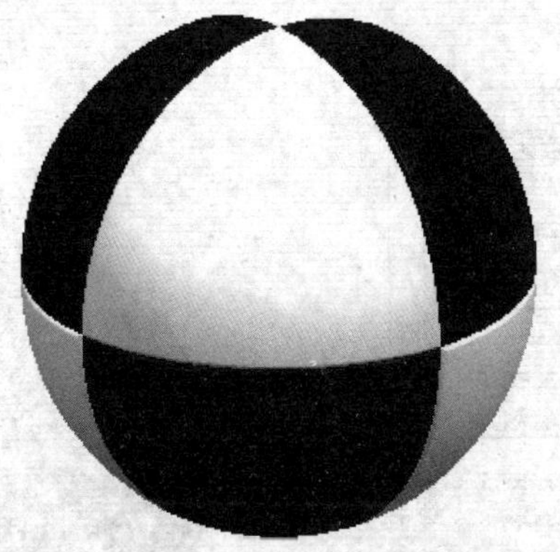

图 4—154　皮球模型

任务实施

1. 创建新文件

（1）通过快捷方式图标启动 UG NX 6.0。

（2）新建名称为“qumianchuangjian5”的部件文件。

（3）选择［首选项］/［背景］菜单命令，将视图窗口设置为白色背景。

2. 绘制草图

（1）单击“草图”图标，以 XY 平面作为草图绘制平面，创建如图 4—155 所示草图。

（2）单击“完成草图”图标，结束草图绘制，如图 4—156 所示。

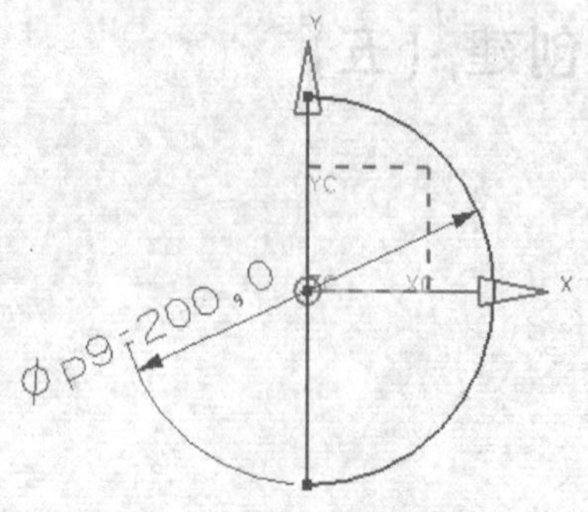

图 4—155　绘制草图

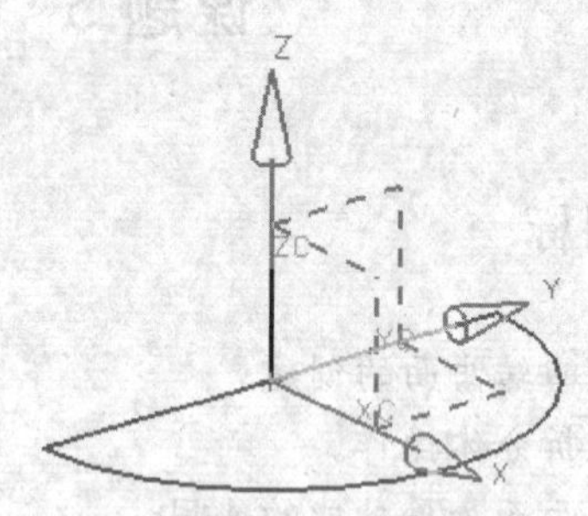

图 4—156　结束草图绘制

3. 创建回转曲面

（1）单击“回转”图标或选择［插入］/［设计特征］/［回转］菜单命令，系统弹出“回转”对话框，进行如图 4—157 所示的设置。

（2）根据提示完成回转曲面创建操作，结果如图 4—158 所示。

图 4—157　回转曲面设置

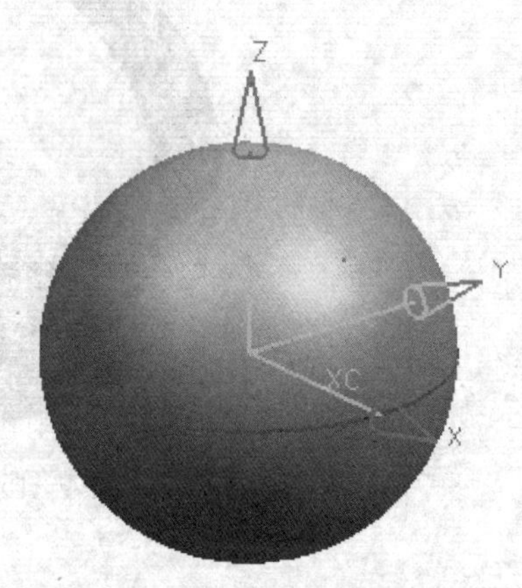

图 4—158　创建的回转曲面

提示

通过单击【编辑工作截面】按钮，可查看球形曲面截面。

（3）隐藏草图。

4. 创建拆分体

（1）单击“拆分体”图标或选择［插入］/［修剪］/［拆分体］菜单命令，系统弹出“拆分体”对话框，并要求选择要拆分的目标体，如图 4—159 所示。

（2）选择球形曲面作为拆分对象，如图 4—160 所示。

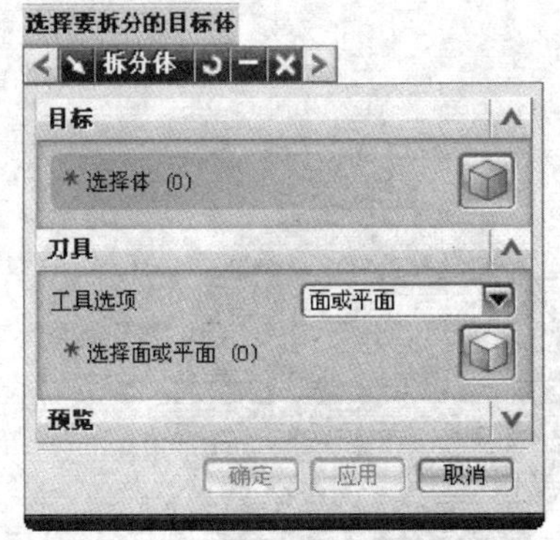

图 4—159 “拆分体”对话框

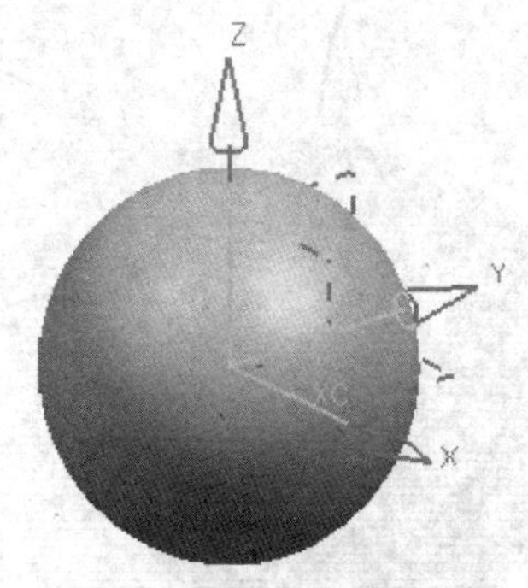

图 4—160 选择球形曲面作为拆分目标体

提示

拆分体功能可通过面、基准平面或一个几何体将一个体分割为多个体，使用时，要注意它与修剪体功能的不同，后者则是使用面或基准平面修剪掉一部分体。

（3）在“刀具”栏下单击“选择面或平面”，如图 4—161 所示。

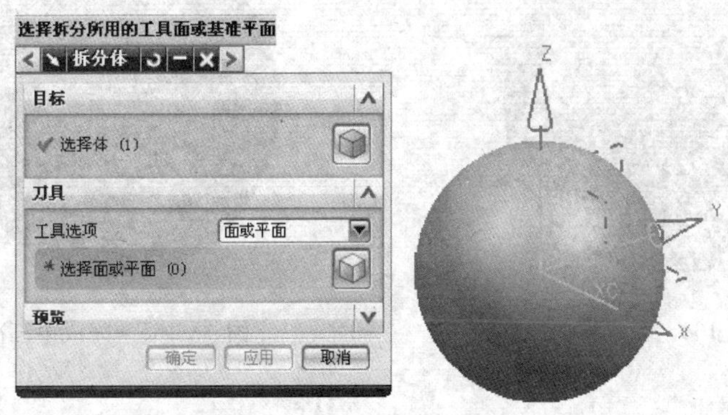

图 4—161 设置刀具选项

（4）根据提示“选择拆分所用的工具面或基准平面”，选择 *XY* 平面作为拆分刀具，如图 4—162 所示。

（5）单击【应用】按钮，完成第一次拆分，图形窗口如图 4—163 所示。

（6）采用类似方法，选择 *XZ* 平面作为拆分刀具，完成第二次拆分，如图 4—164 所示。

（7）采用类似方法，选择 *YZ* 平面作为拆分刀具，完成第三次拆分，如图 4—165 所示。

（8）隐藏“基准坐标系”，关闭“显示 WCS”。

5. 加厚曲面

（1）单击“加厚”图标或选择［插入］/［偏置/缩放］/［加厚］菜单命令，系统弹出“加厚”对话框，进行如图 4—166 所示的设置。

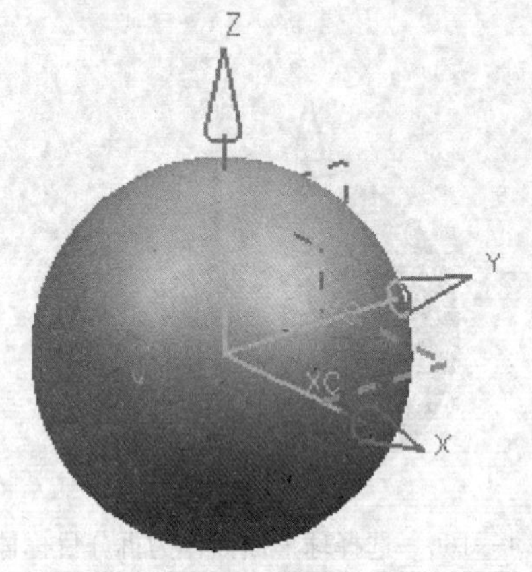

图 4—162　选择 *XY* 平面作为拆分刀具

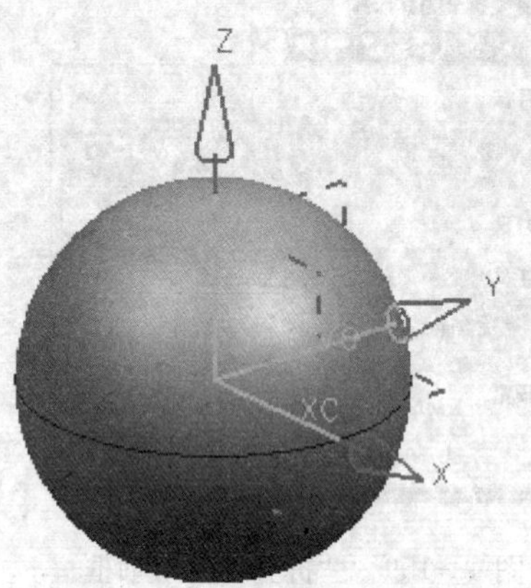

图 4—163　完成第一次拆分

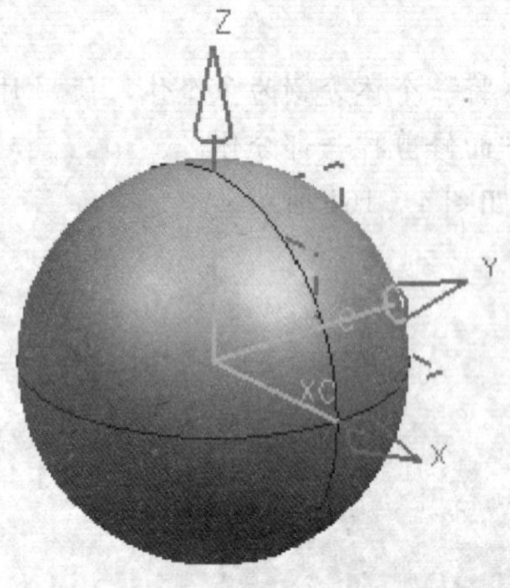

图 4—164　完成第二次拆分

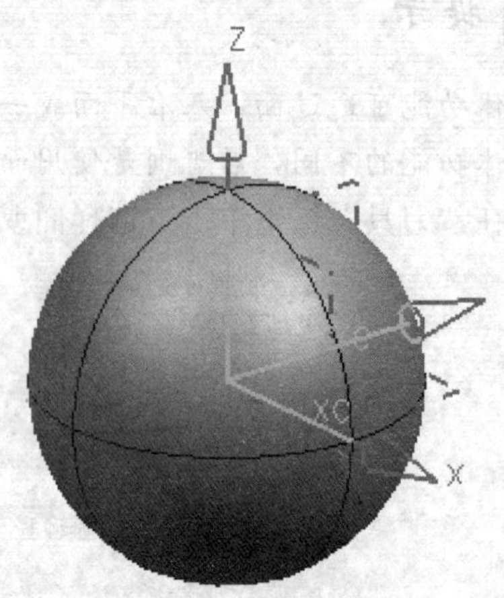

图 4—165　完成第三次拆分

 **提示**

加厚功能用于通过为一组面增加厚度来创建实体。

（2）根据提示“选择要加厚的面”，选择要加厚的面，如图 4—167 所示。

（3）单击【应用】按钮，完成所选曲面的加厚，如图 4—168 所示。

（4）单击“边倒圆”图标或选择［插入］/［细节特征］/［边倒圆］菜单命令，系统弹出“边倒圆”对话框，将边倒圆半径设置为“2”，完成加厚面的边倒圆操作，如图 4—169所示。

（5）重复步骤（1）～（4），完成其他面的加厚和边倒圆，结果如图 4—170 所示。

6. 皮球上色

（1）选择［编辑］/［对象显示］菜单命令，系统弹出“类选择”对话框，如图 4—171 所示。

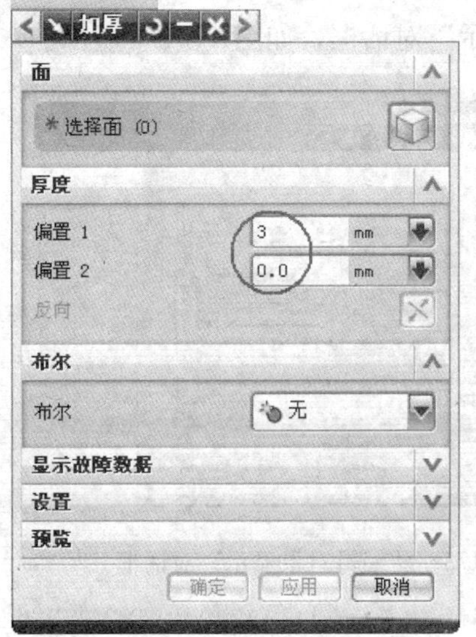

图 4—166　设置“加厚”对话框

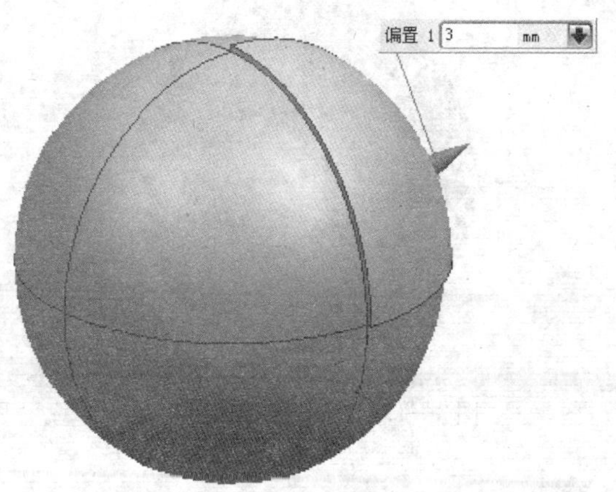

图 4—167　选择要加厚的一个面

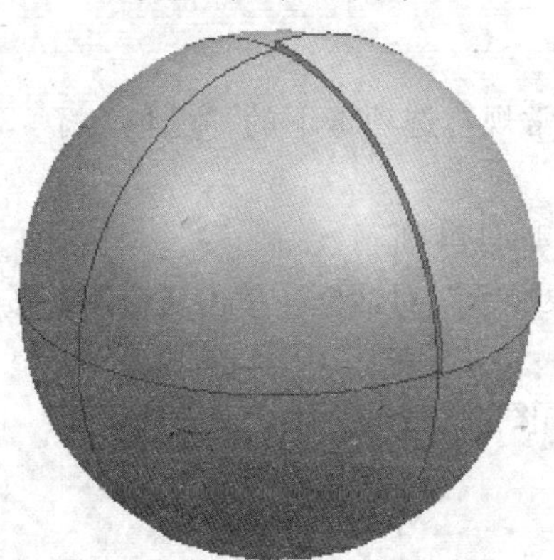

图 4—168　完成一个面的加厚

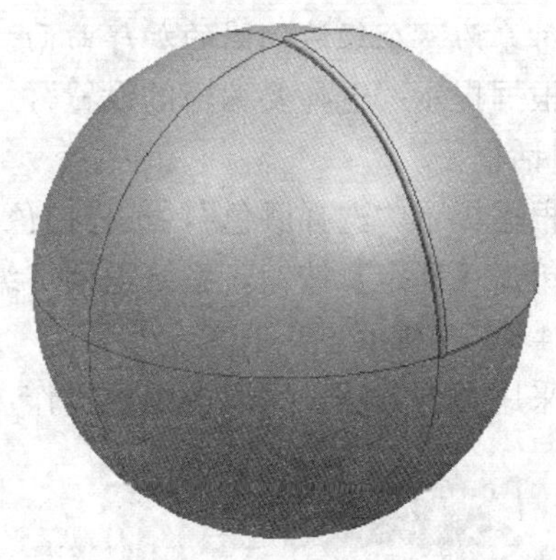

图 4—169　完成加厚面的边倒圆操作

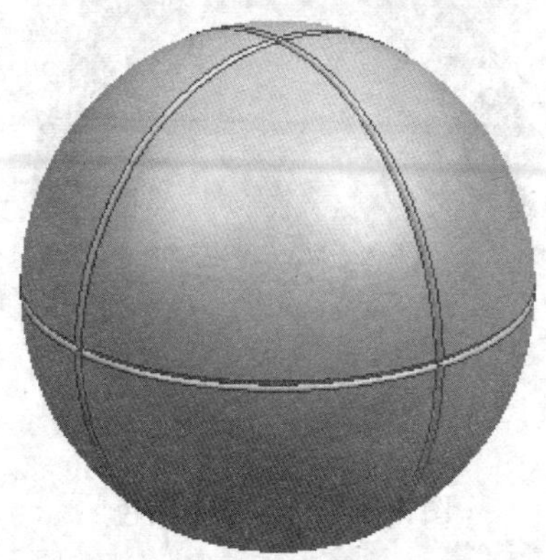

图 4—170　完成其他面的加厚和边倒圆

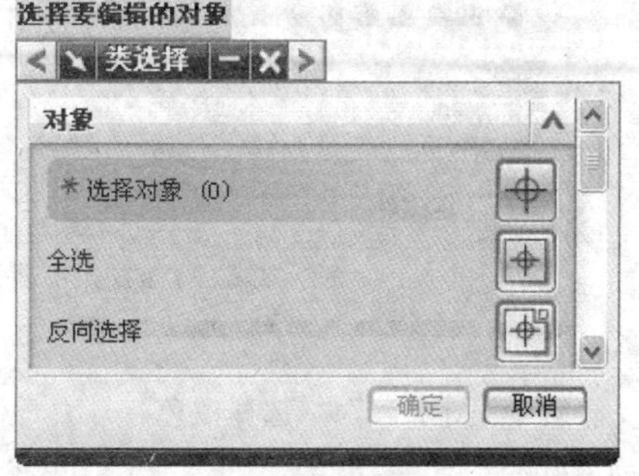

图 4—171　“类选择”对话框

（2）根据提示“选择要编辑的对象”，选择要编辑的对象，如图 4—172 所示。

（3）单击【确定】按钮，系统弹出“编辑对象显示”对话框，如图 4—173 所示。

图 4—172　选择要编辑的对象

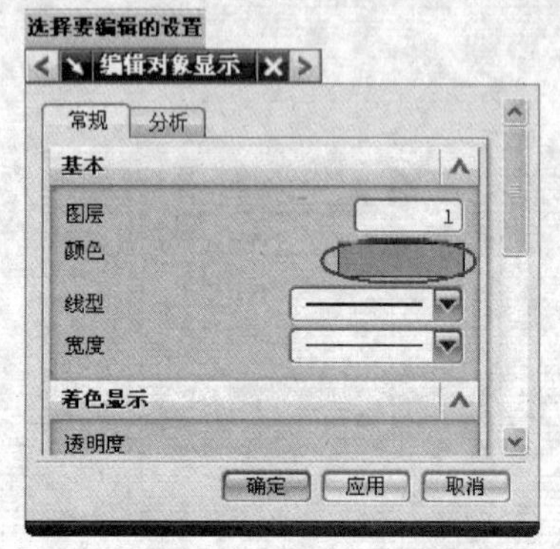

图 4—173　“编辑对象显示”对话框

提示

选择对象为 4 个经边倒圆的加厚曲面。

（4）根据提示“选择要编辑的设置”，单击“常规”选项卡下的“颜色”条，系统弹出“颜色”对话框。

（5）根据提示“选择颜色”，选择白色，如图 4—174 所示。

（6）单击【确定】按钮，系统返回“编辑对象显示”对话框，单击【应用】按钮，图形窗口如图 4—175 所示。

（7）采用类似方法，完成上黑色操作，结果如图 4—176 所示。

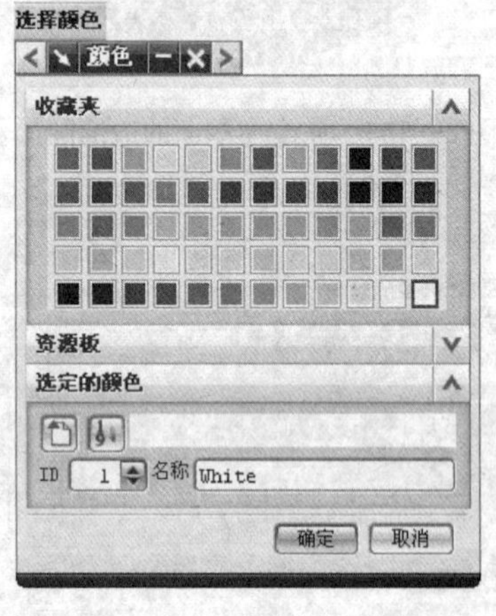

图 4—174　选择白色

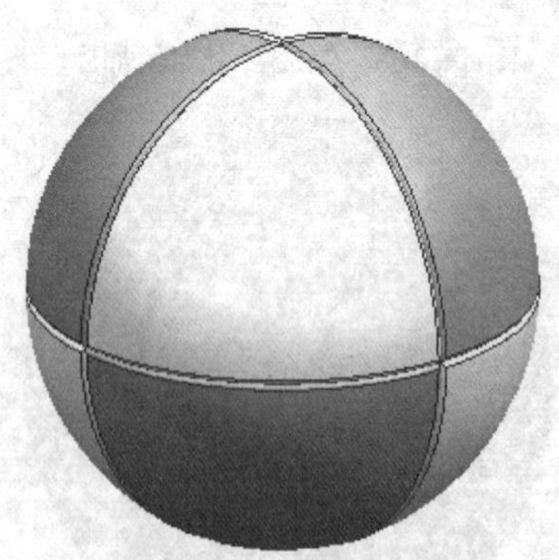

图 4—175　完成上白色

任务拓展

试完成如图 4—177 所示彩色皮球模型的创建。

图 4—176　完成上黑色

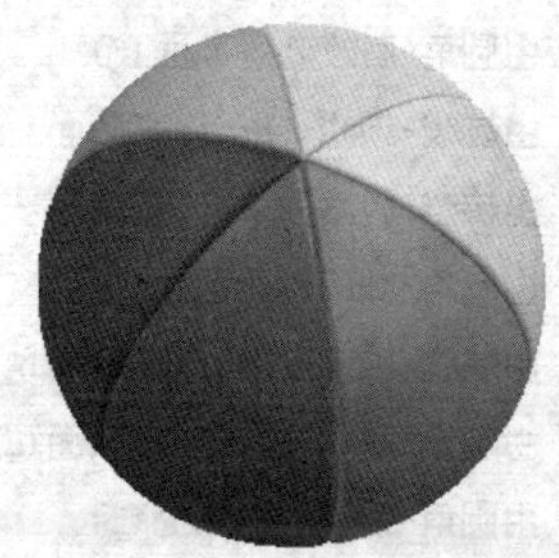

图 4—177　彩色皮球模型

课题 6　截面特征

学习目标

1. 熟悉截面特征。
2. 掌握由五点创建截面。
3. 掌握由四点—斜率创建截面。
4. 掌握由端点—顶点—Rho 创建截面。
5. 掌握由圆角—桥接创建截面。

工作任务

截面特征是把一个曲面（片体）想象成若干条截面曲线，每条截面曲线在一个平面上，截面线的起点、终点等分别位于指定的控制曲线上，截面特征示意图如图 4—178 所示。

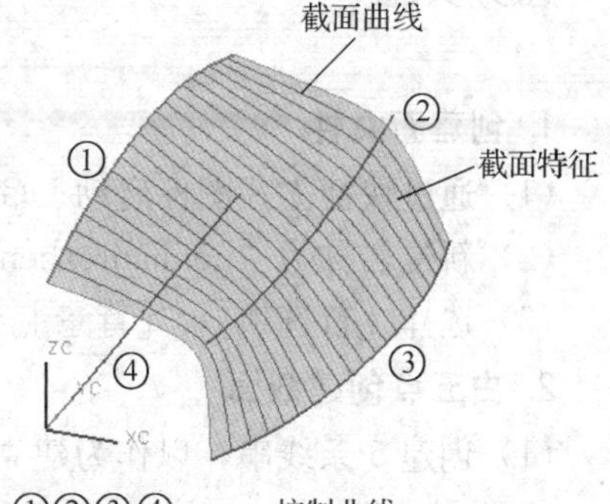

图 4—178　截面特征示意图

UG NX 6.0 为用户提供了创建截面特征的功能，通过它不仅可以建立相关形状的截面片体，还能实现两面组间的桥接或光滑过渡。

为完全定义片体，必须提供足够的数据，以规定截面曲线，如 3 个点和两个斜率。UG NX 6.0 提供了众多截面特征的创建方法，如图 4—179 所示。

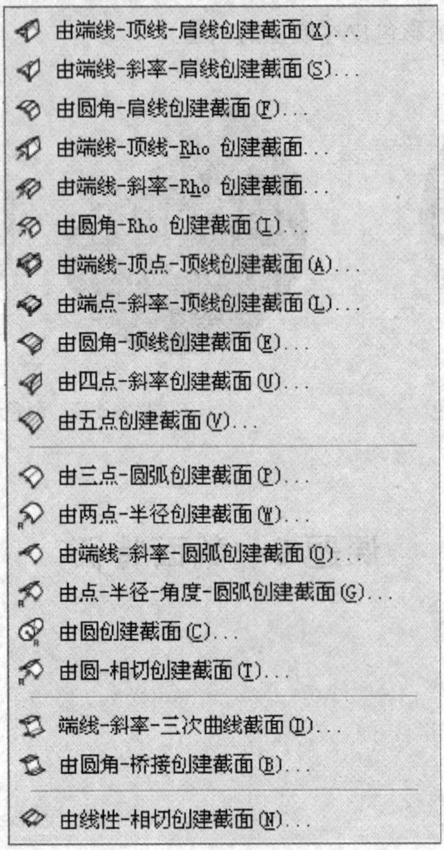

由端线-顶线-肩线创建截面(X)...
由端线-斜率-肩线创建截面(S)...
由圆角-肩线创建截面(F)...
由端线-顶线-Rho 创建截面...
由端线-斜率-Rho 创建截面...
由圆角-Rho 创建截面(I)...
由端线-顶点-顶线创建截面(A)...
由端点-斜率-顶线创建截面(L)...
由圆角-顶线创建截面(E)...
由四点-斜率创建截面(U)...
由五点创建截面(V)...

由三点-圆弧创建截面(P)...
由两点-半径创建截面(W)...
由端线-斜率-圆弧创建截面(O)...
由点-半径-角度-圆弧创建截面(G)...
由圆创建截面(C)...
由圆-相切创建截面(T)...

端线-斜率-三次曲线截面(D)...
由圆角-桥接创建截面(B)...

由线性-相切创建截面(N)...

图 4—179　截面特征的创建方法

任务实施

1. 创建新文件

（1）通过快捷方式图标启动 UG NX 6.0。

（2）新建名称为“jiemiantezheng”的部件文件。

（3）选择［首选项］/［背景］菜单命令，将视图窗口设置为白色背景。

2. 由五点创建截面

（1）创建 5 条线串，以作为建立片体的控制曲线，如图 4—180 所示。

提示

可通过若干草图创建。

(2) 选择［插入］/［网格曲面］/［截面…］菜单命令，系统弹出“剖切曲面”对话框，在“类型”栏下选择“五点”，如图 4—181 所示。

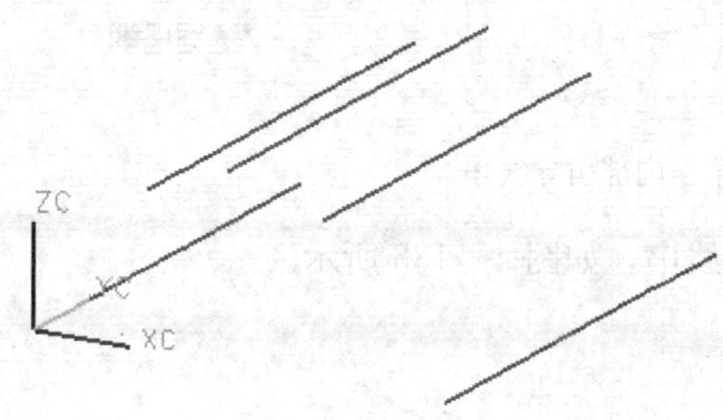

图 4—180　创建 5 条线串

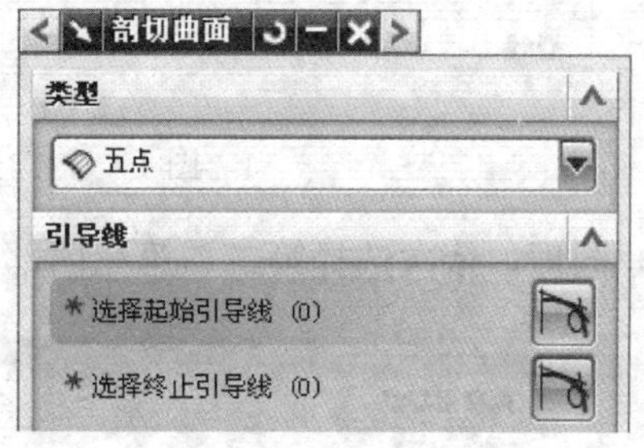

图 4—181　“剖切曲面”对话框

(3) 根据提示选择起始引导线串，单击鼠标中键确认，如图 4—182 所示。

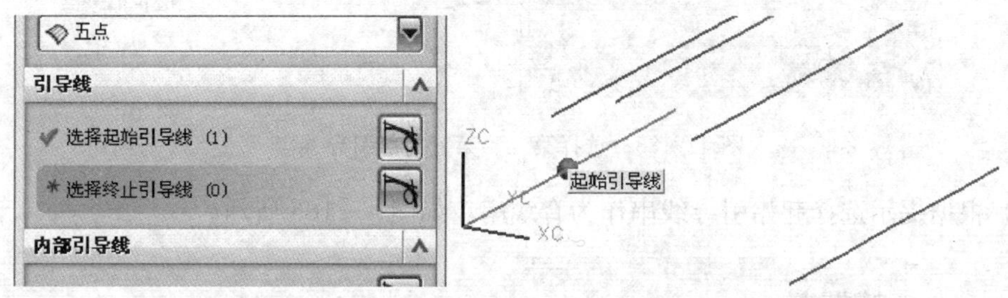

图 4—182　选择起始引导线串

(4) 根据提示选择终止引导线串，单击鼠标中键确认，如图 4—183 所示。

(5) 根据提示选择第一内部引导线串，单击鼠标中键确认，如图 4—184 所示。

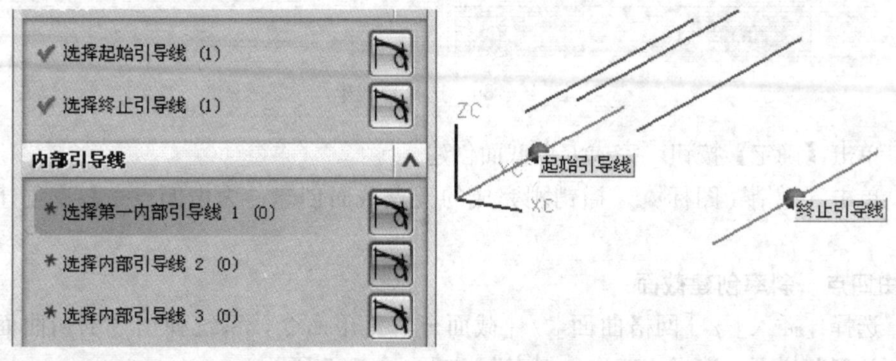

图 4—183　选择终止引导线串

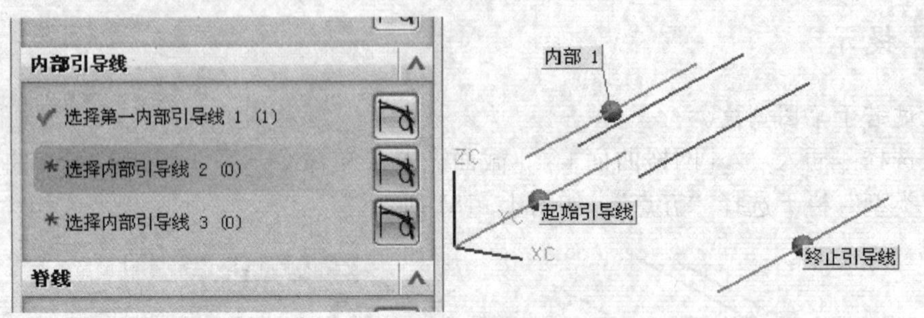

图 4—184　选择第一内部引导线串

（6）同理，依次选择第二、第三内部引导线串，如图 4—185 所示。

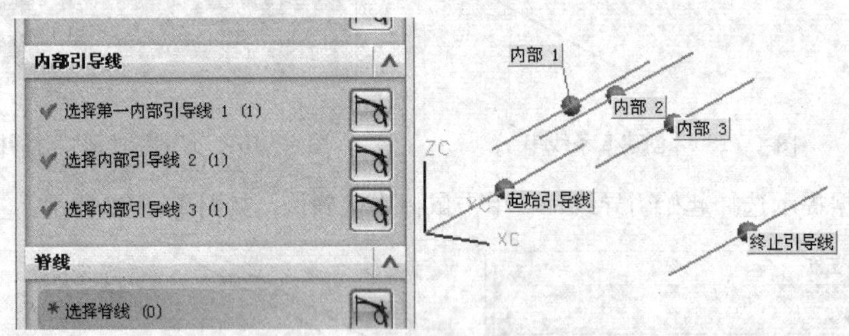

图 4—185　选择第二、第三内部引导线串

（7）根据提示选择起始引导线串作为脊线串，如图 4—186 所示。

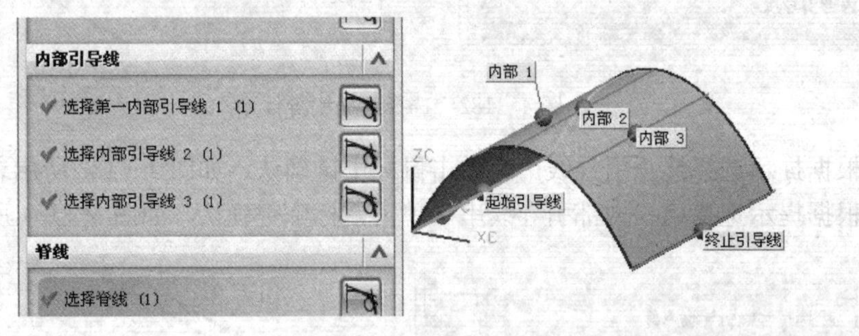

图 4—186　选择脊线串

（8）单击【确定】按钮，完成五点截面创建。

（9）单击“撤销”图标，撤销刚完成的五点截面创建，为由四点—斜率创建截面做准备。

3. 由四点—斜率创建截面

（1）选择［插入］/［网格曲面］/［截面…］菜单命令，系统弹出“剖切曲面”对话框，在“类型”栏下，选择“四点—斜率”，如图 4—187 所示。

（2）根据提示选择起始引导线串，单击鼠标中键确认，如图 4—188 所示。

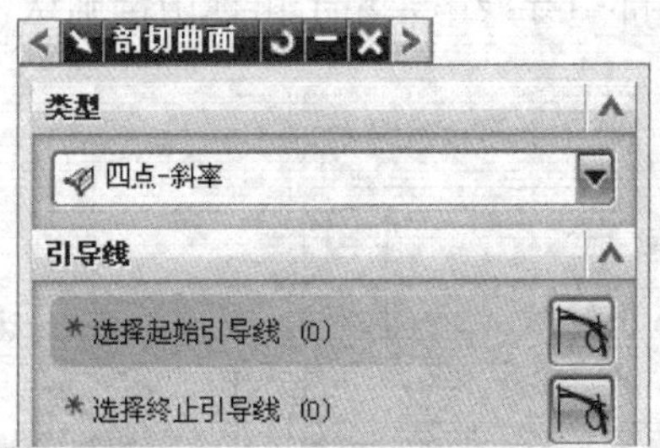

图 4—187 “剖切曲面”对话框

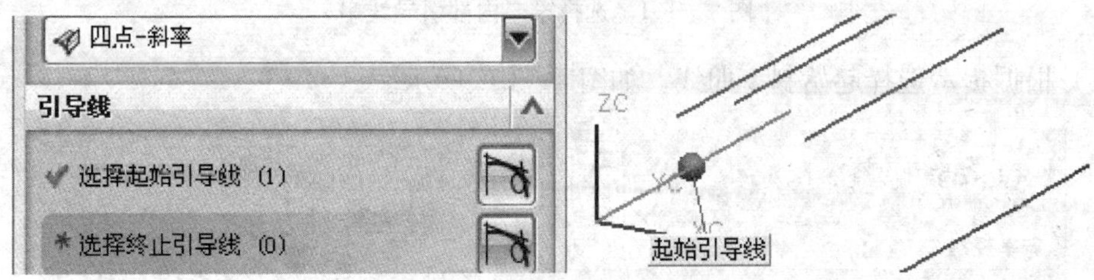

图 4—188 选择起始引导线串

（3）根据提示选择终止引导线串，单击鼠标中键确认，如图 4—189 所示。

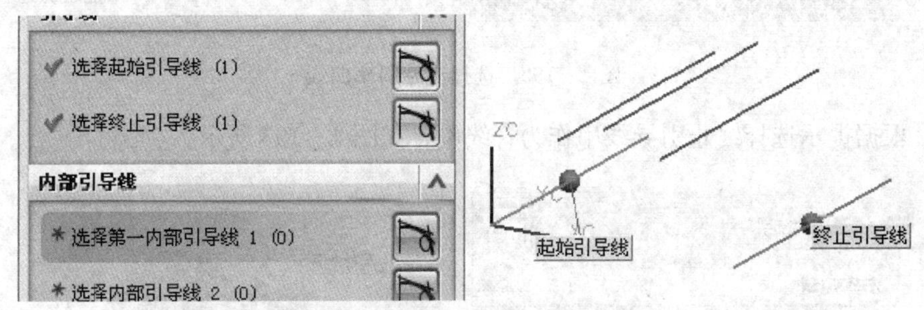

图 4—189 选择终止引导线串

（4）根据提示选择第一内部引导线串，单击鼠标中键确认，如图 4—190 所示。

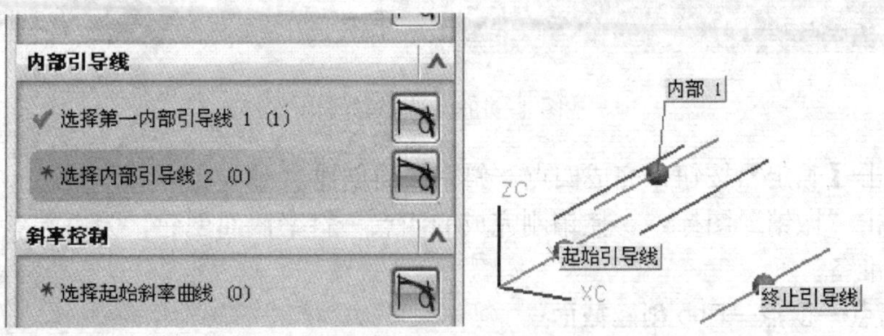

图 4—190 选择第一内部引导线串

（5）根据提示选择第二内部引导线串，单击鼠标中键确认，如图 4—191 所示。

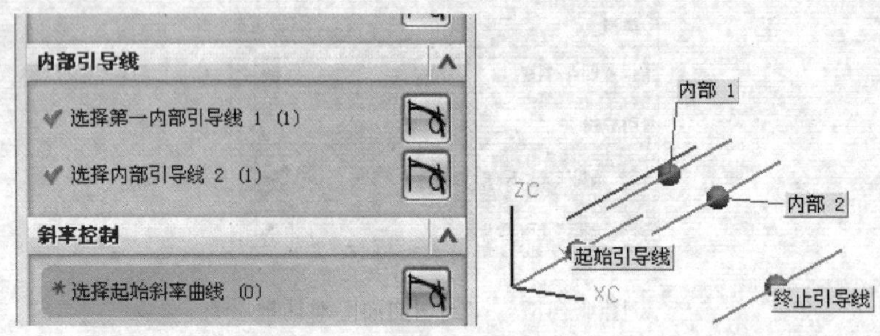

图 4—191　选择第二内部引导线串

（6）根据提示选择起始斜率曲线，如图 4—192 所示。

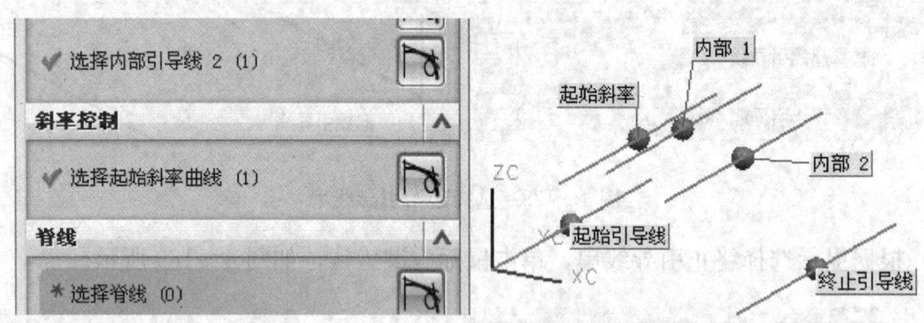

图 4—192　选择起始斜率曲线

（7）根据提示选择终止引导线串作为脊线串，如图 4—193 所示。

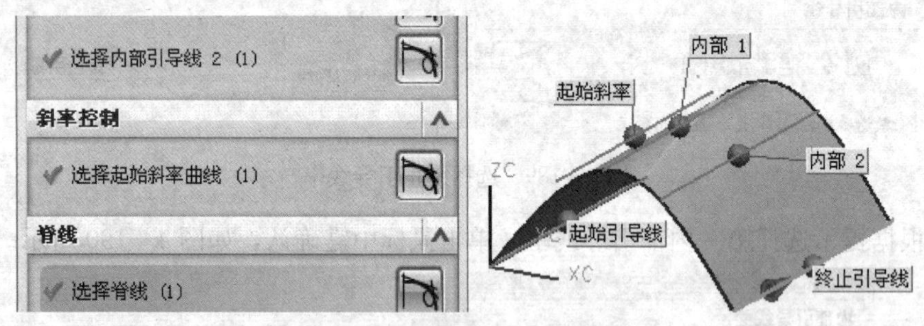

图 4—193　选择脊线串

（8）单击【确定】按钮，完成四点—斜率截面创建。

（9）单击“撤销”图标，撤销刚完成的四点—斜率截面创建，为由端点—顶点—Rho 创建截面做准备。

4. 由端点—顶点—Rho 创建截面

（1）选择［插入］/［网格曲面］/［截面…］菜单命令，系统弹出“剖切曲面”对话框，在“类型”栏下，选择“端点—顶点—Rho”，如图 4—194 所示。

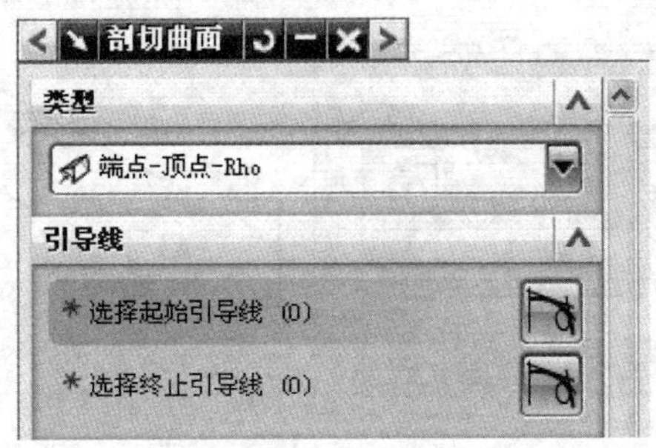

图 4—194 “剖切曲面”对话框

（2）根据提示选择起始引导线串，单击鼠标中键确认，如图 4—195 所示。

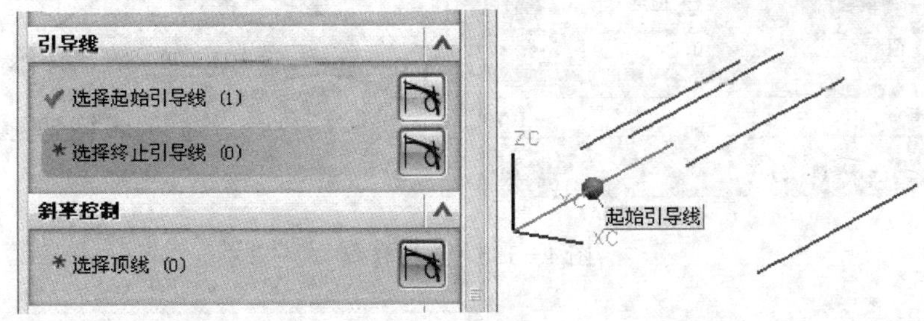

图 4—195 选择起始引导线串

（3）根据提示选择终止引导线串，单击鼠标中键确认，如图 4—196 所示。

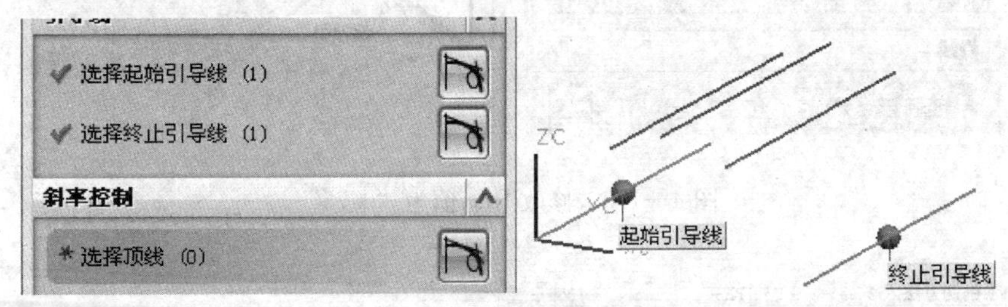

图 4—196 选择终止引导线串

（4）根据提示选择顶线，单击鼠标中键确认，如图 4—197 所示。

（5）根据提示选择脊线，单击鼠标中键确认，如图 4—198 所示。

（6）将 Rho 值改为“0.75”，如图 4—199 所示。

（7）将“规律类型”设置为“线性”，“开始”设置为“0.4”，“结束”设置为“0.6”，如图 4—200 所示。

（8）单击【确定】按钮，完成截面创建。

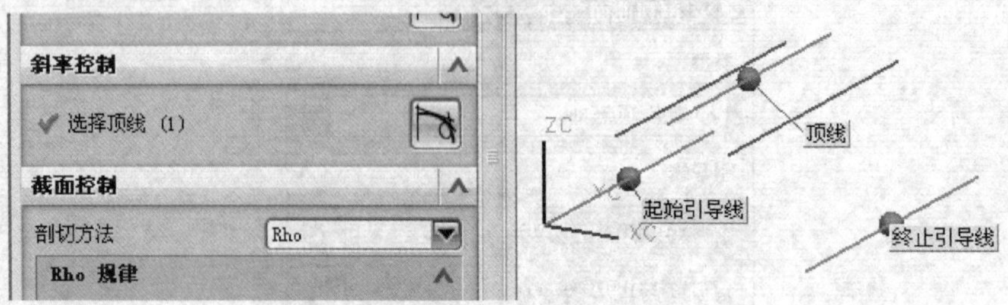

图 4—197　选择顶线

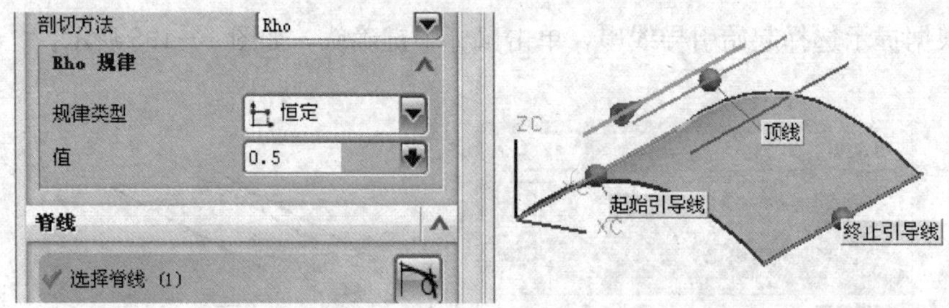

图 4—198　选择脊线

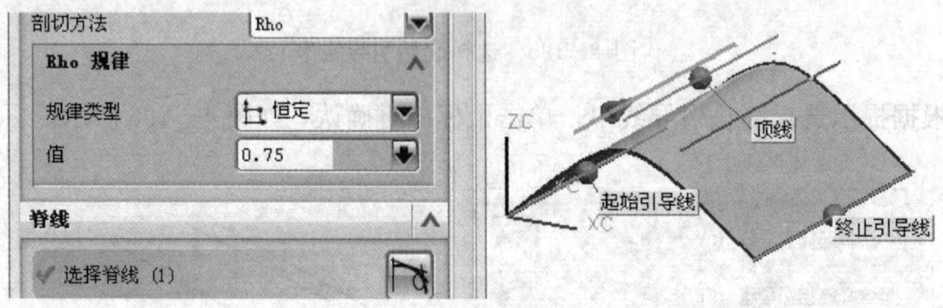

图 4—199　修改 Rho 值为“0.75”

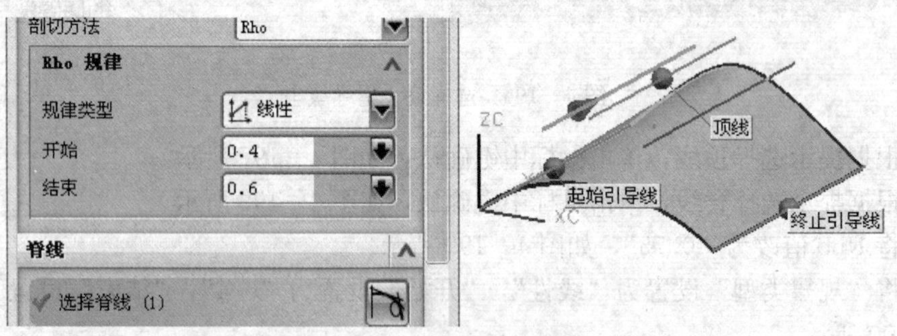

图 4—200　修改规律类型

任务拓展

根据本任务提供的 5 条线串，进行由圆角—桥接创建截面操作，操作过程如图 4—201 所示。

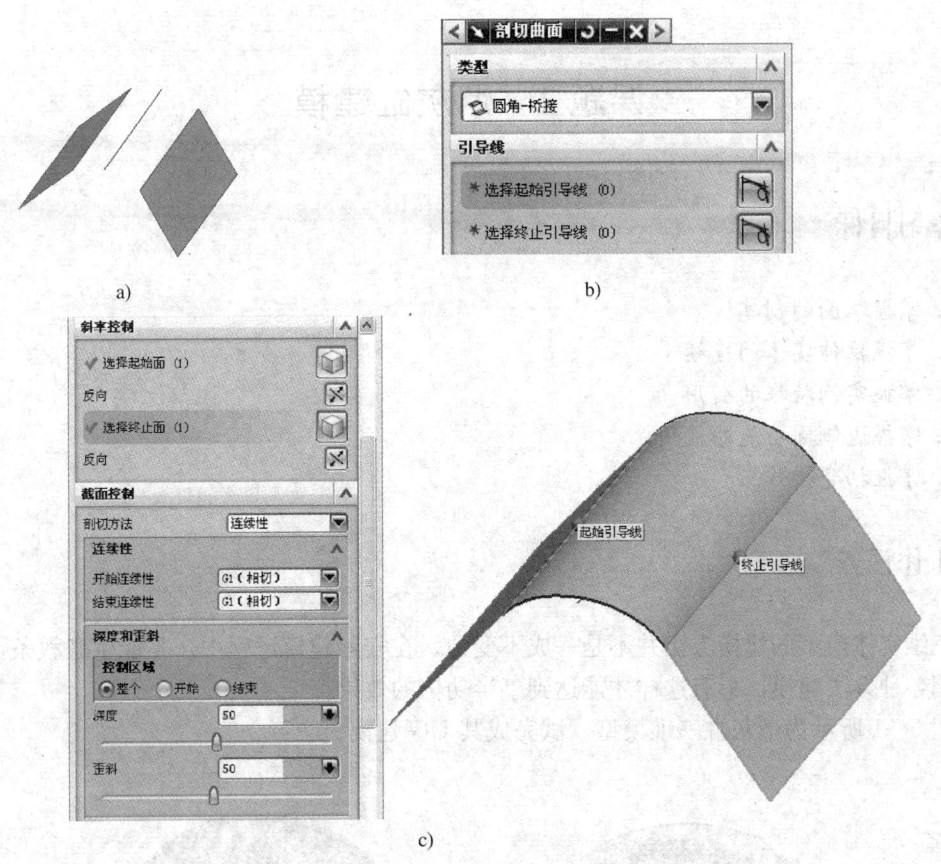

a) b) c)

图 4—201 由圆角—桥接创建截面

a）创建两直纹面 b）选择圆角—桥接类型 c）创建截面

模块五

UG 建模综合练习

课题 1　烟灰缸建模

学习目标

1. 掌握草图的创建。
2. 掌握拉伸实体的建模。
3. 掌握实例特征的引用。
4. 掌握边倒圆功能的使用。
5. 掌握抽壳操作。

工作任务

三维实体模型的建模方法并不是一成不变的。在实际建模过程中，不能生搬教条，应灵活运用各种方法建模，只有这样才能达到事半功倍的效果。

图 5—1 所示为烟灰缸三维模型，试完成其 UG 建模。

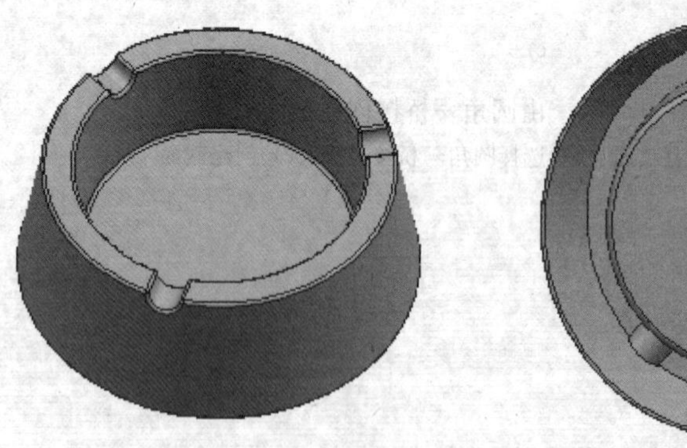

图 5—1　烟灰缸三维模型

任务实施

1. 创建新文件

(1) 通过快捷方式图标启动 UG NX 6.0。

(2) 新建名称为"yanhuigang"的部件文件。

(3) 选择［首选项］/［草图］菜单命令，系统弹出"草图首选项"对话框。在"草图样式"选项卡中，将"尺寸标签"设置为"值"。

2. 创建烟灰缸体

(1) 单击"草图"图标，系统弹出"创建草图"对话框。选择 XY 平面作为草图绘制平面，单击【确定】按钮，进入草图绘制环境。

(2) 绘制草图，并进行尺寸约束，如图 5—2 所示。

(3) 单击"完成草图"图标，结束草图的绘制，图形窗口如图 5—3 所示。

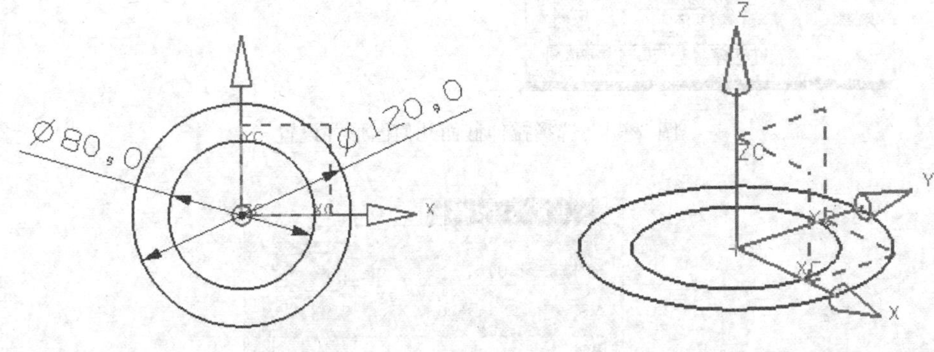

图 5—2 绘制草图　　图 5—3 结束草图绘制

(4) 单击"拉伸"图标或选择［插入］/［设计特征］/［拉伸］菜单命令，选择直径为 120 mm 的圆作为拉伸截面几何图形，并进行相应设置，如图 5—4 所示。

(5) 单击【应用】按钮，完成拉伸体创建，图形窗口如图 5—5 所示。

(6) 将图形窗口设置为"静态线框"显示方式。

(7) 选择直径为 80 mm 的圆作为拉伸截面几何图形，并进行相应设置，如图 5—6 所示。

(8) 单击【确定】按钮，将图形窗口设置为"带边着色"显示方式，图形窗口如图5—7 所示。

3. 创建烟灰缸槽

(1) 单击"草图"图标，将"类型过滤器"设置为"基准"。

(2) 选择 XZ 平面作为草图绘制平面，如图 5—8 所示。

(3) 单击【确定】按钮，进入草图绘制环境，绘制草图并进行尺寸约束，如图 5—9 所示。

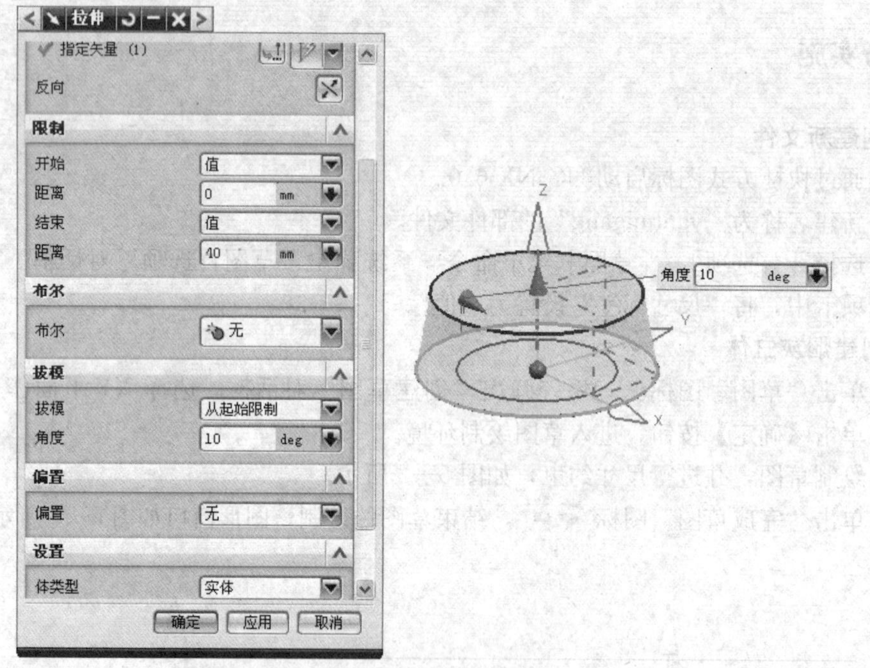

图 5—4　选择拉伸截面几何图形并设置

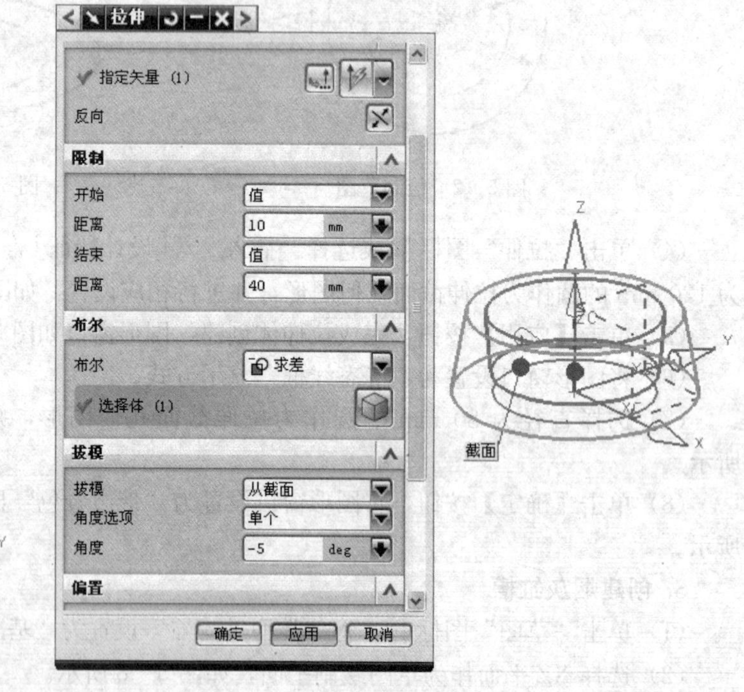

图 5—5　拉伸体　　　　图 5—6　选择拉伸截面几何图形并设置

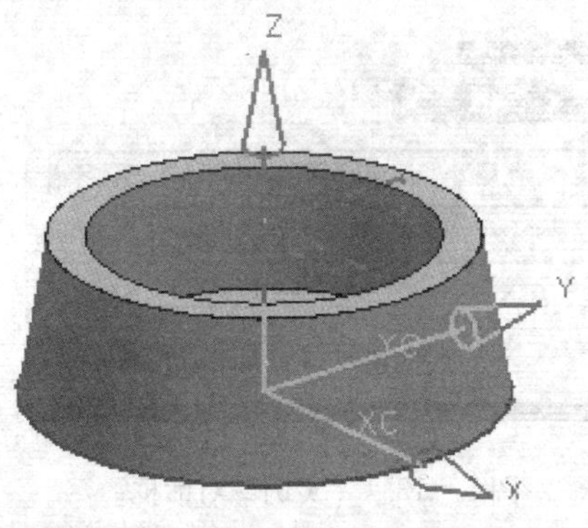

图 5—7 烟灰缸体

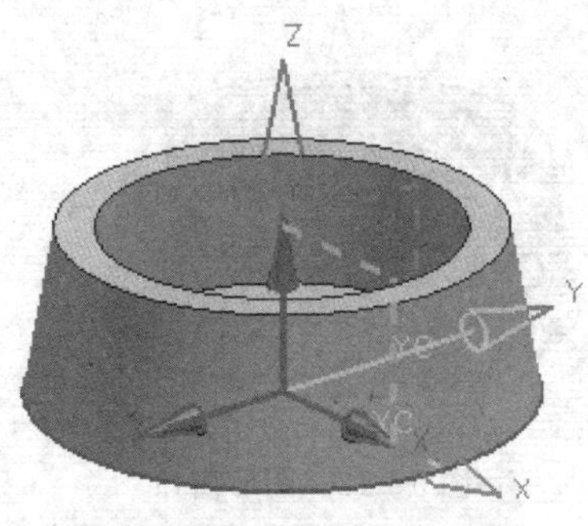

图 5—8 选择草图绘制平面

(4) 单击“完成草图”图标，结束草图的绘制，图形窗口如图 5—10 所示。

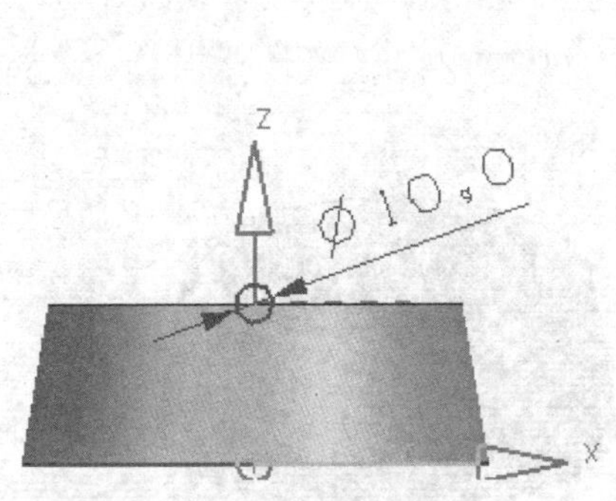

图 5—9 绘制草图

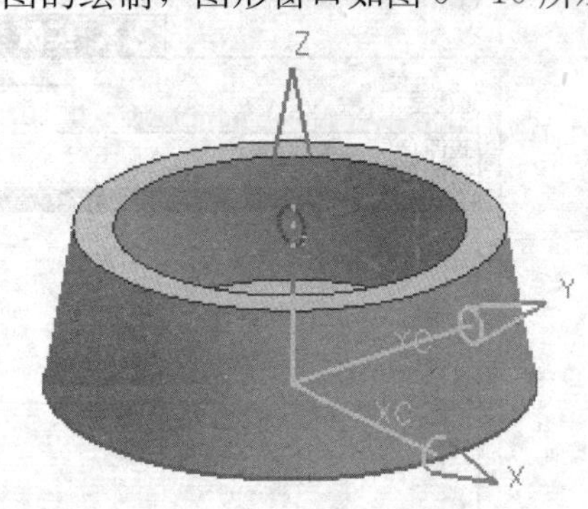

图 5—10 结束草图绘制

(5) 单击“拉伸”图标或选择［插入］/［设计特征］/［拉伸］菜单命令，选择直径为 10 mm 的圆作为拉伸截面几何图形，并进行相应设置，如图 5—11 所示。

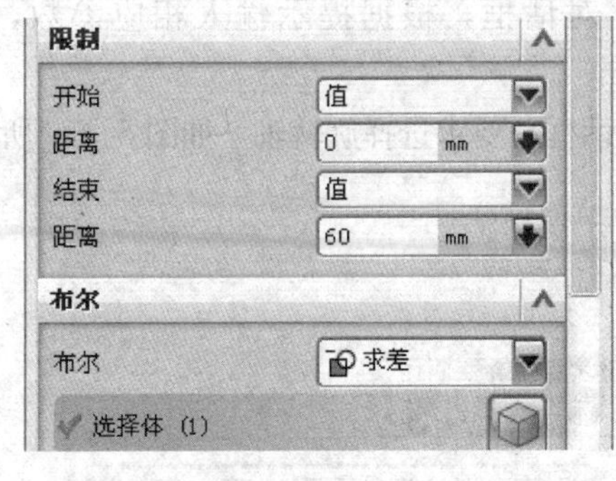

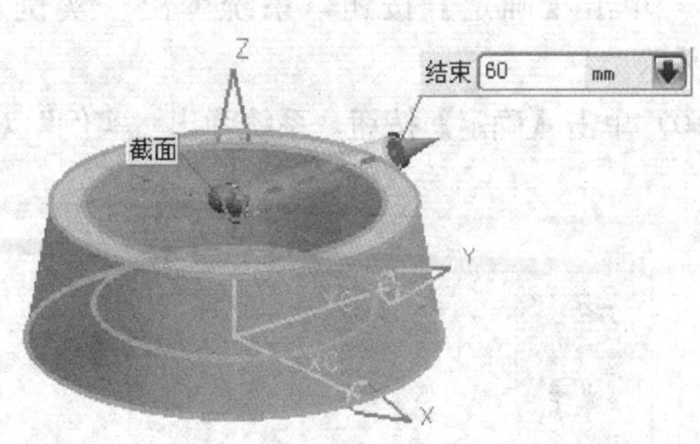

图 5—11 选择拉伸截面几何图形并设置

(6) 单击【确定】按钮，图形窗口如图 5—12 所示。

(7) 单击“实例特征”图标或选择［插入］/［关联复制］/［实例特征］菜单命令，系统弹出“实例”对话框，如图 5—13 所示。

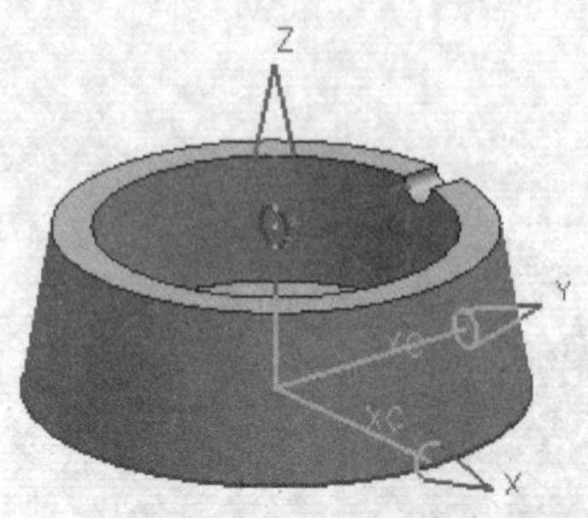

图 5—12 图形窗口

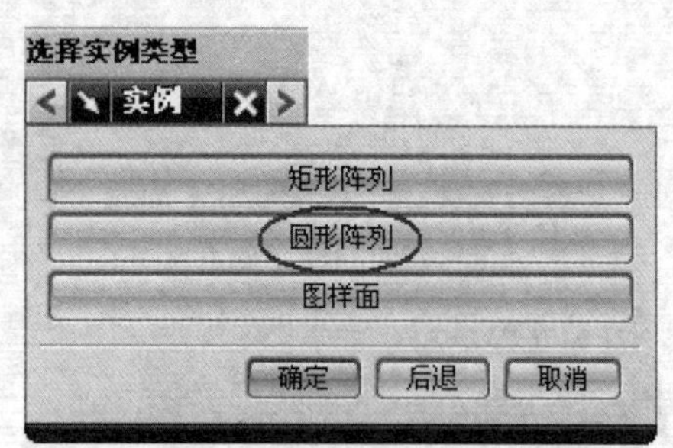

图 5—13 “实例”对话框

（8）选择“圆形阵列”实例类型，系统弹出“实例”选择对话框，选择要引用的特征，如图 5—14 所示。

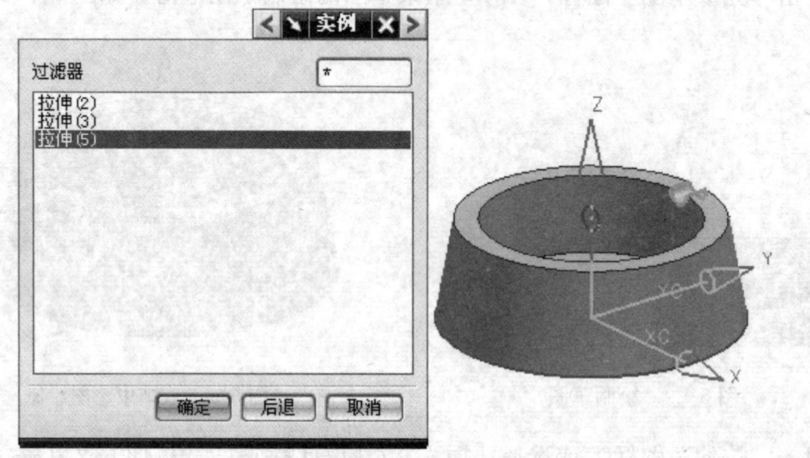

图 5—14 选择实例引用特征

（9）单击【确定】按钮，系统弹出“实例”对话框，根据提示输入相应参数，如图 5—15所示。

（10）单击【确定】按钮，系统弹出“实例”对话框，要求选择旋转轴，如图 5—16 所示。

图 5—15 输入参数

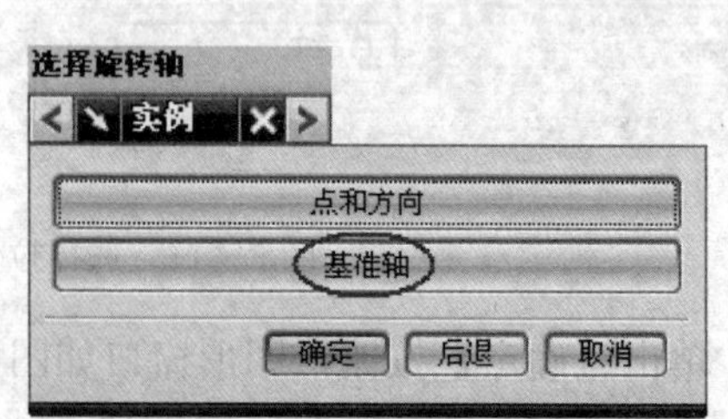

图 5—16 “实例”对话框

(11) 选择“基准轴”作为旋转轴，系统弹出“选择一个基准轴”对话框，如图 5—17 所示。

(12) 根据提示选择 Z 轴，如图 5—18 所示。

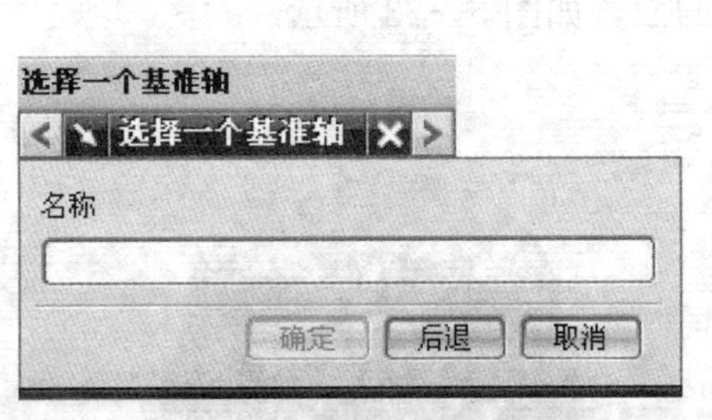

图 5—17 “选择一个基准轴”对话框

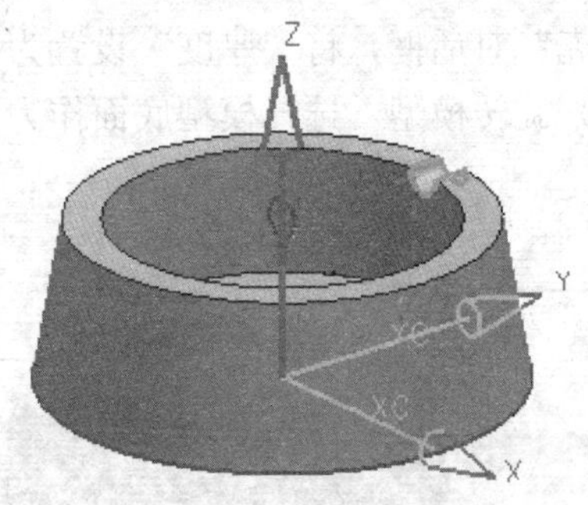

图 5—18 选择基准轴

(13) 单击鼠标左键确认选择 Z 轴，系统弹出“创建实例”对话框，如图 5—19 所示。

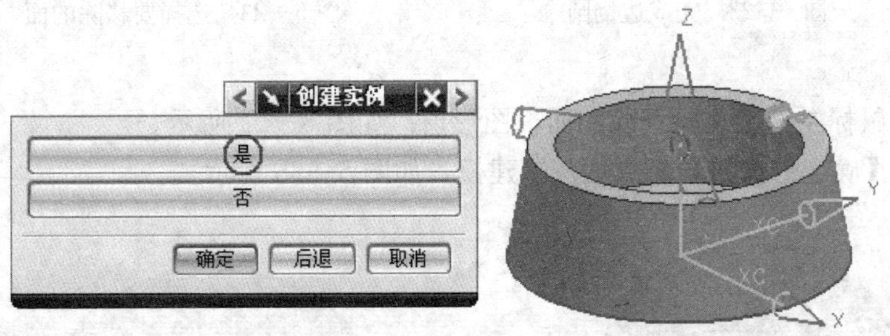

图 5—19 “创建实例”对话框

(14) 根据提示选择“是”，完成实例特征的创建，如图 5—20 所示。

4. 创建边倒圆

(1) 单击“边倒圆”图标或选择［插入］/［细节特征］/［边倒圆］菜单命令，系统弹出“边倒圆”对话框，将边倒圆半径设置为“1”。

(2) 选择所有倒圆边，如图 5—21 所示。

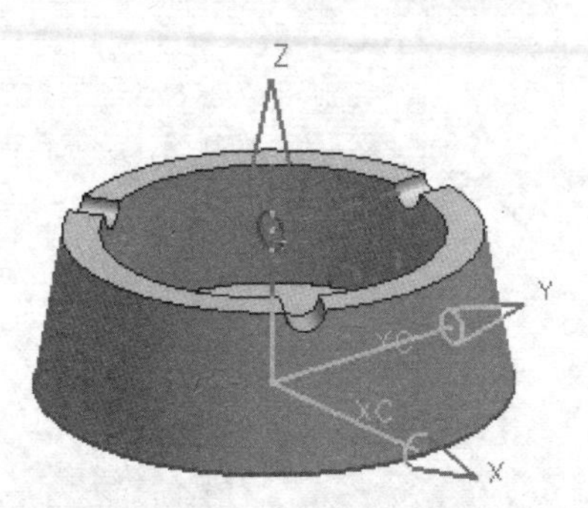

图 5—20 创建实例特征

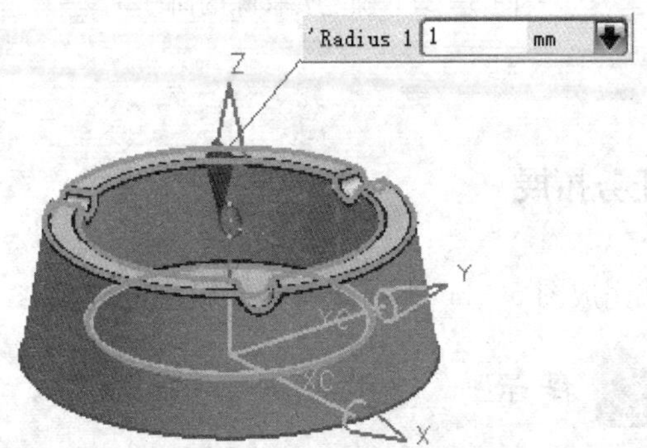

图 5—21 选择所有倒圆边

（3）单击【确定】按钮，完成边倒圆，如图 5—22 所示。

5. 抽壳

（1）单击“抽壳”按钮或选择［插入］/［偏置/缩放］/［抽壳］菜单命令，系统弹出“抽壳”对话框，将“厚度”设置为“1”。

（2）旋转模型，选择模型底面作为要移除的面，如图 5—23 所示。

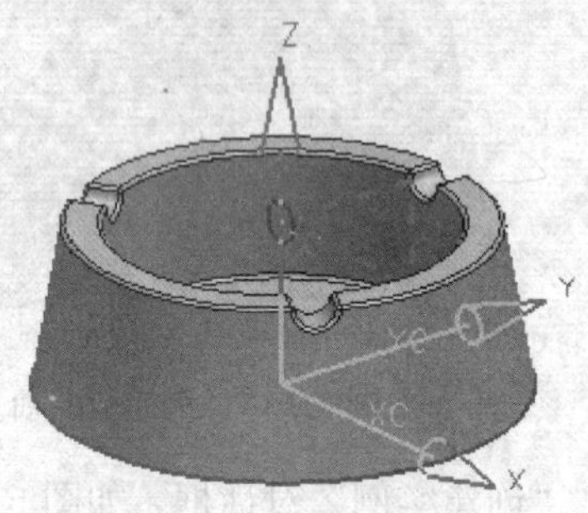

图 5—22　完成边倒圆

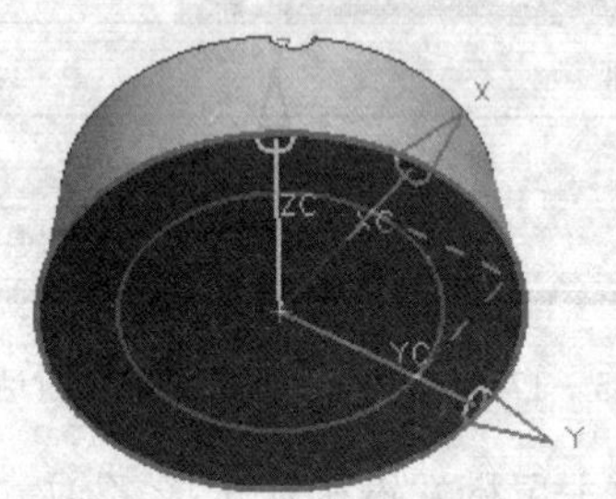

图 5—23　选择要移除的面

（3）单击鼠标左键确定要移除的面，图形窗口如图 5—24 所示。

（4）单击【确定】按钮，完成烟灰缸建模，如图 5—25 所示。

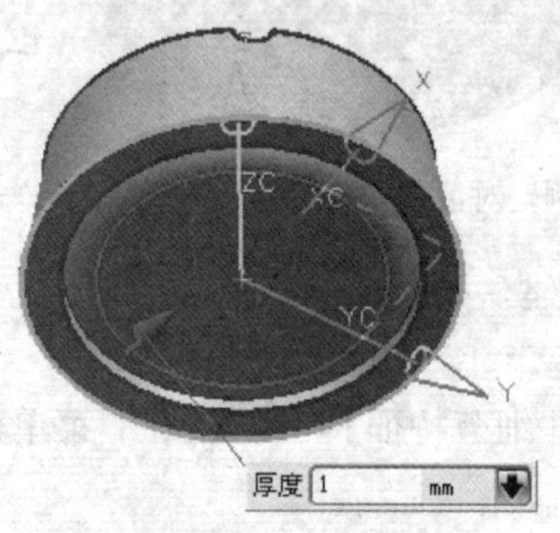

图 5—24　确定要移除的面

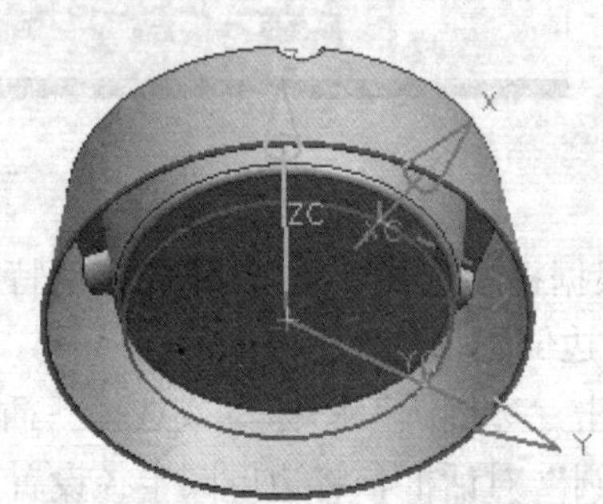

图 5—25　烟灰缸模型

任务拓展

试完成图 5—26 所示塑料笔架模型的建模。

提示

建模思路如图 5—27 所示。

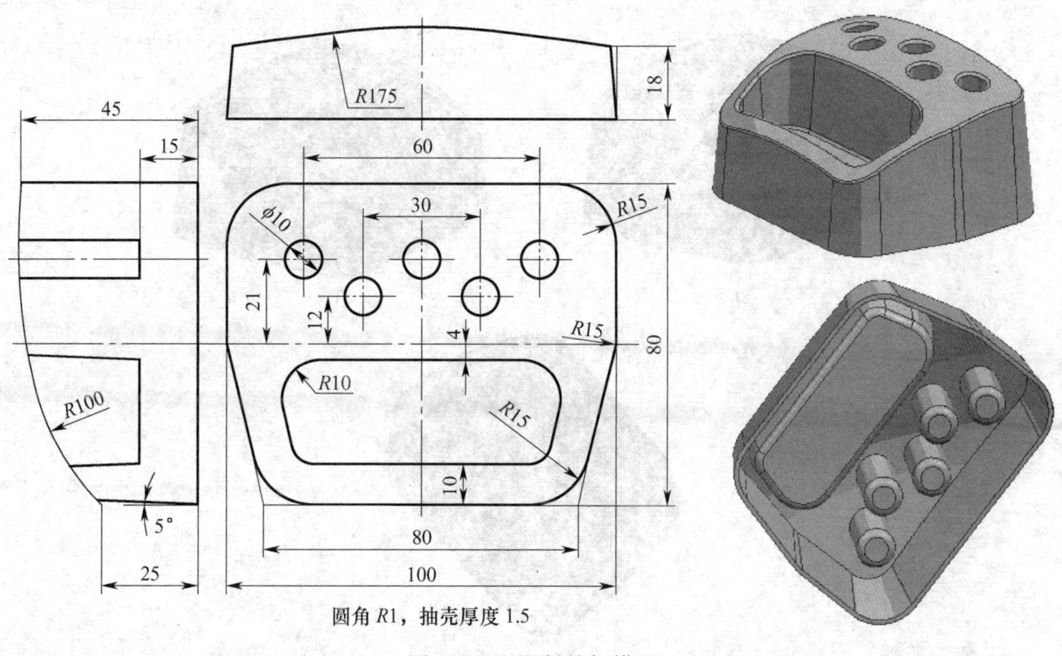

圆角 $R1$，抽壳厚度 1.5

图 5—26 塑料笔架模型

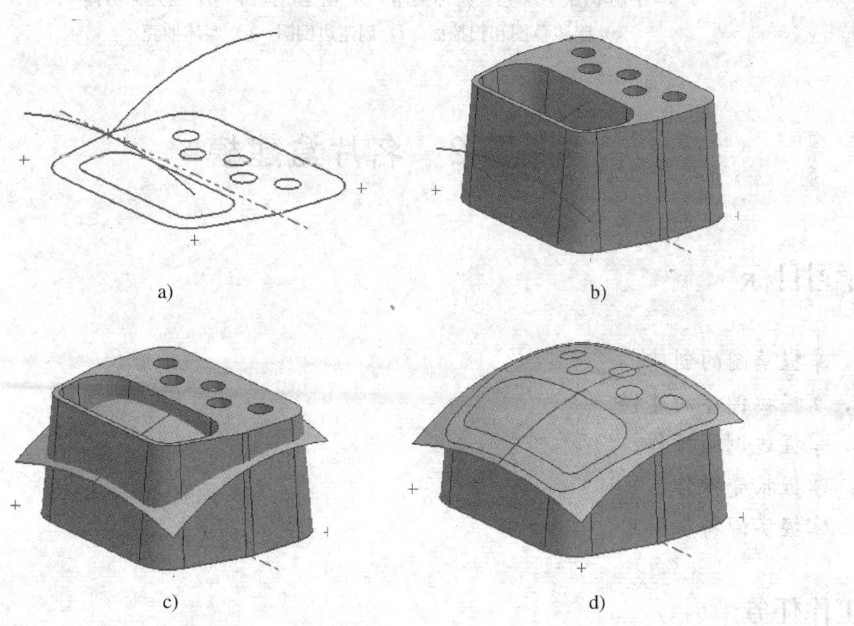

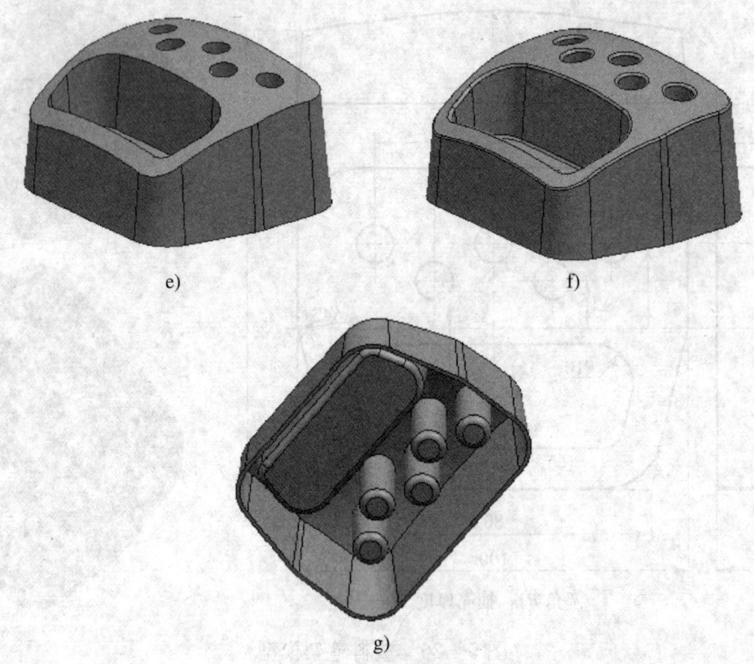

图 5—27　塑料笔架建模思路

a）绘制草图　b）创建拉伸实体　c）创建扫掠面　d）创建修剪体

e）隐藏草图和扫掠面　f）创建边倒圆　g）实体抽壳

课题 2　名片盒建模

学习目标

1. 掌握草图的创建。
2. 掌握拉伸体的建模。
3. 掌握边倒圆操作。
4. 掌握抽壳操作。
5. 掌握实例特征引用。

工作任务

三维实体建模方法灵活，如何采用合理的建模方法，是准确、快速建模的关键。简易名片盒模型如图 5—28 所示，试完成其 UG 建模。

图 5—28　简易名片盒模型

任务实施

1. 创建新文件

（1）通过快捷方式图标启动 UG NX 6.0。

（2）新建名称为“mingpianhe”的部件文件。

（3）选择［首选项］/［草图］菜单命令，系统弹出“草图首选项”对话框。在“草图样式”选项卡中，将“尺寸标签”设置为“值”。

2. 创建草图

（1）单击“草图”图标，系统弹出“创建草图”对话框。选择 XY 平面作为草图绘制平面，单击【确定】按钮，进入草图绘制环境。

（2）绘制草图，并进行尺寸约束，如图 5—29 所示。

（3）单击“完成草图”图标，结束草图的绘制，图形窗口如图 5—30 所示。

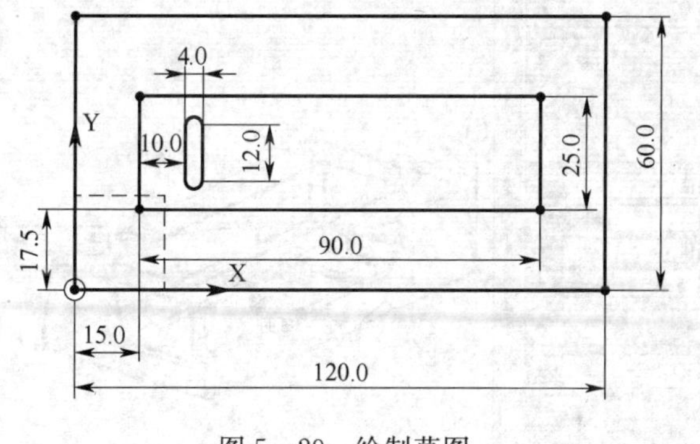

图 5—29　绘制草图

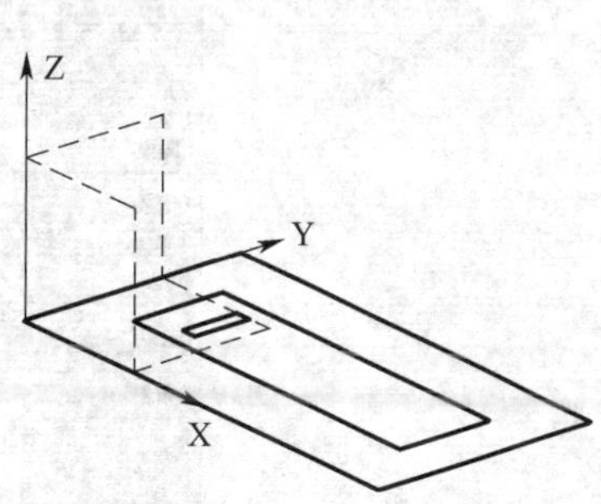

图 5—30　结束草图绘制

3. 创建拉伸体

（1）单击“拉伸”图标或选择［插入］/［设计特征］/［拉伸］菜单命令，弹出“拉伸”对话框，选择 120 mm×60 mm 矩形作为拉伸截面几何图形，并进行相应设置，如图 5—31 所示。

（2）单击【应用】按钮，完成拉伸体的创建，图形窗口如图 5—32 所示。

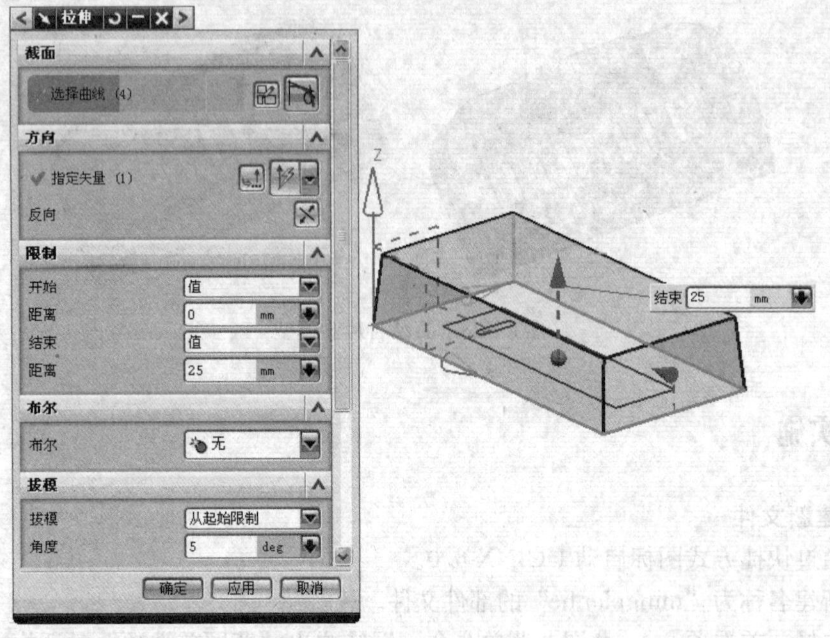

图 5—31　选择拉伸截面几何图形并进行相应设置

（3）将图形窗口设置为“静态线框”显示方式。

（4）选择 90 mm×25 mm 矩形作为拉伸截面几何图形，并进行相应设置，如图 5—33 所示。

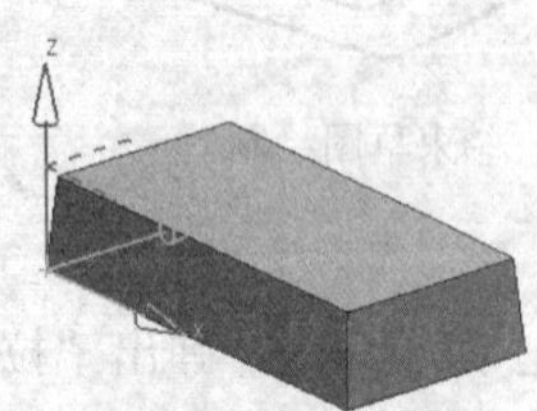

图 5—32　拉伸体

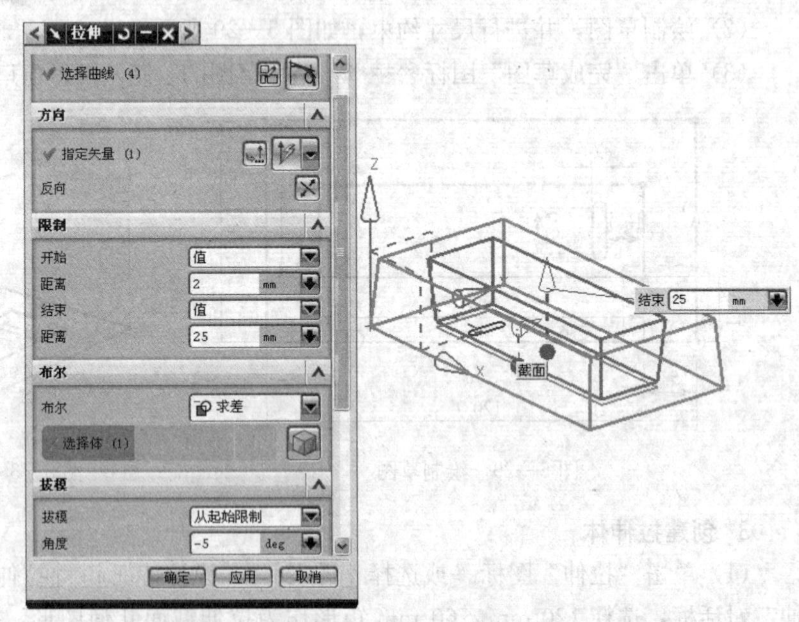

图 5—33　选择拉伸截面几何图形并进行相应设置

(5) 单击【确定】按钮，完成拉伸体的创建，将图形窗口设置为“带边着色”显示方式，如图 5—34 所示。

4. 创建草图

(1) 单击“草图”图标，系统弹出“创建草图”对话框。将“类型过滤器”设置为“面”，选择草图绘制平面，如图 5—35 所示。

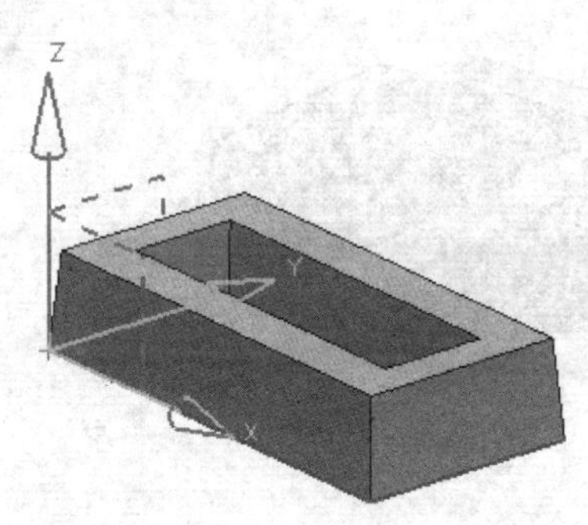

图 5—34 创建拉伸体

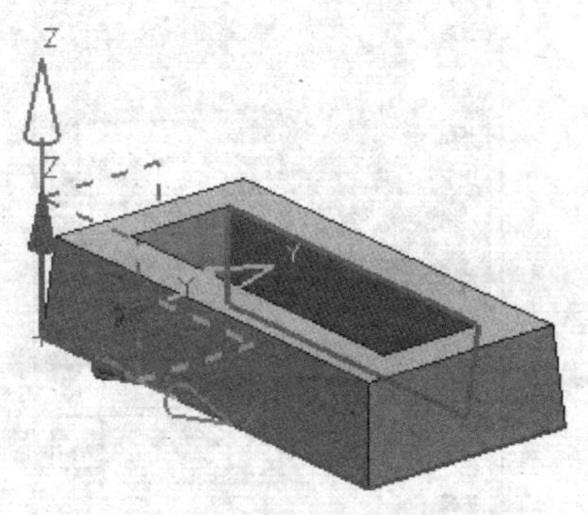

图 5—35 选择草图绘制平面

(2) 单击鼠标左键确认选择，单击【确定】按钮，进入草图绘制环境。

(3) 将图形窗口设置为“静态线框”显示方式。绘制草图，并进行尺寸约束，如图 5—36所示。

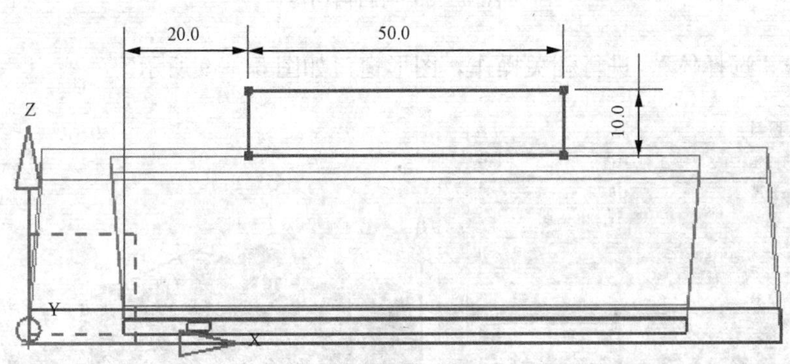

图 5—36 绘制草图并进行尺寸约束

(4) 单击“完成草图”图标，结束草图的绘制，将图形窗口设置为“带边着色”显示方式，如图 5—37 所示。

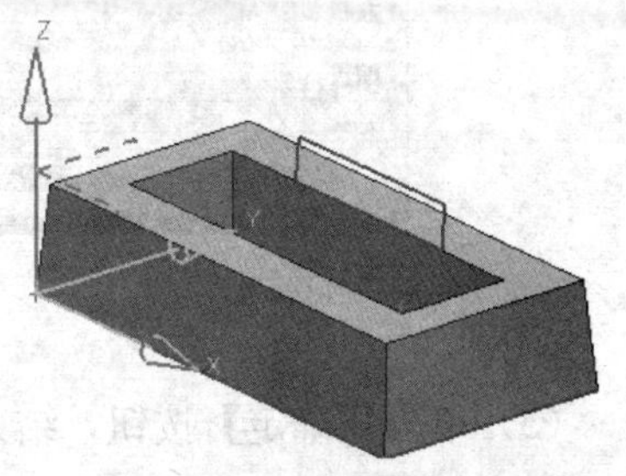

图 5—37 结束草图绘制

5. 创建拉伸体

(1) 单击“拉伸”图标或选择［插入］/［设计特征］/［拉伸］菜单命令，弹出“拉伸”对话框，从中选择 50 mm×10 mm 矩形作为拉伸截面几何图形，并进行相应设置；单击“选择对象”，选择右侧面，如图5—38所示。

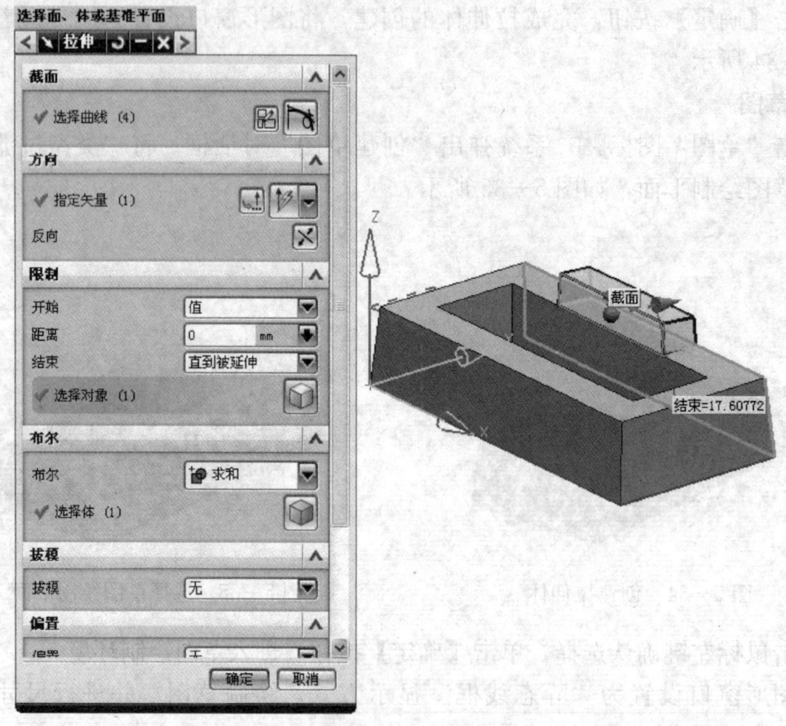

图5—38　拉伸操作

(2) 单击“选择体”，进行相关操作，图形窗口如图5—39所示。

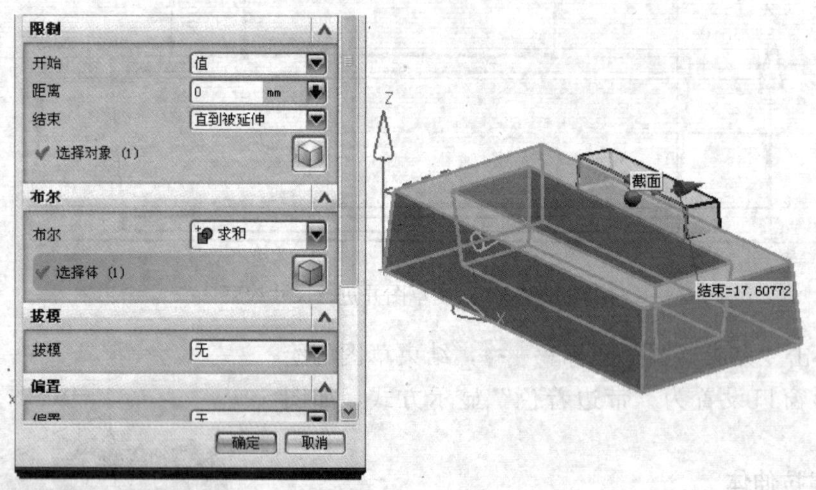

图5—39　选择体操作

(3) 单击【确定】按钮，结束拉伸体的创建，如图5—40所示。

6. 边倒圆

(1) 单击“边倒圆”图标或选择［插入］/［细节特征］/［边倒圆］菜单命令，弹出

“边倒圆”对话框，进行 R25 边倒圆，如图 5—41 所示。

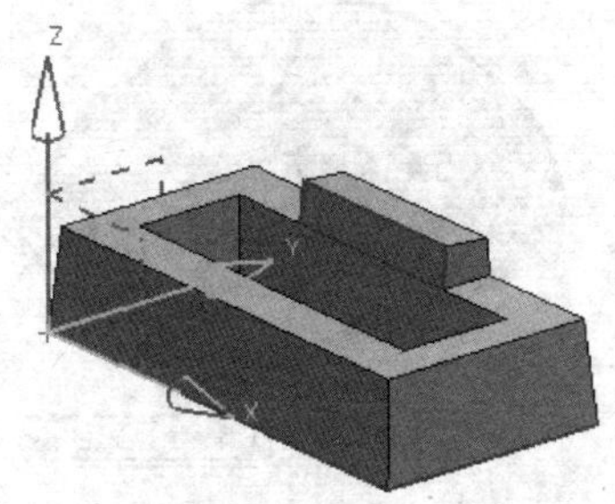

图 5—40 创建拉伸体

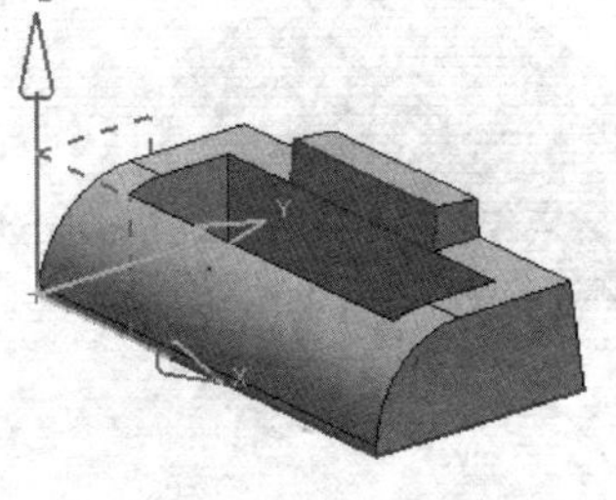

图 5—41 R25 边倒圆

(2) 进行 R20 边倒圆，如图 5—42 所示。

(3) 进行 R10 边倒圆，如图 5—43 所示。

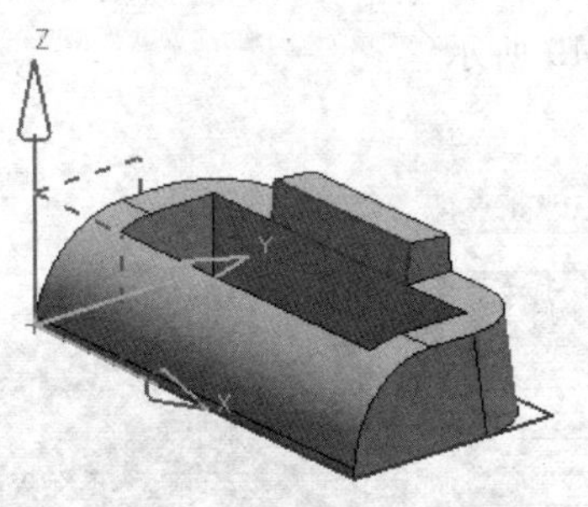

图 5—42 R20 边倒圆

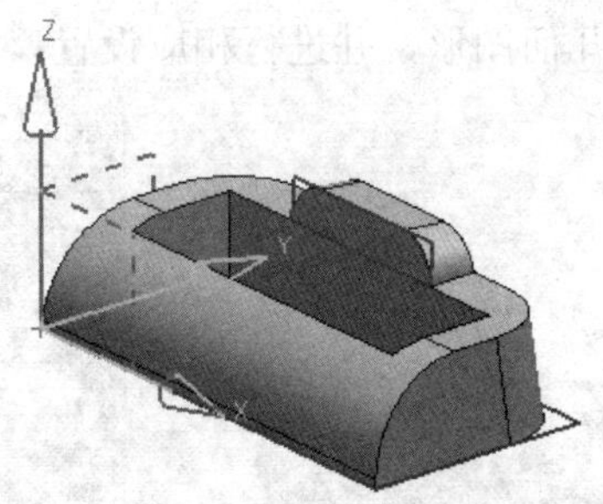

图 5—43 R10 边倒圆

(4) 进行 R2 边倒圆，如图 5—44 所示。

(5) 进行 R0.5 边倒圆，如图 5—45 所示。

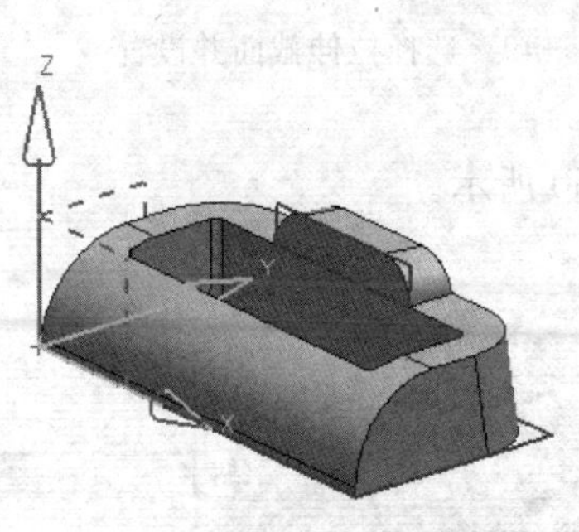

图 5—44 R2 边倒圆

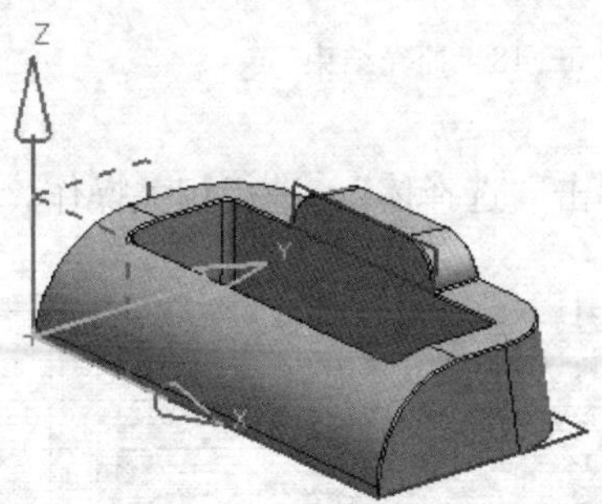

图 5—45 R0.5 边倒圆

7. 抽壳

(1) 单击“抽壳”按钮或选择［插入］/［偏置/缩放］/［抽壳］菜单命令，系统弹出“抽壳”对话框，将“厚度”设置为“1.5”。

(2) 旋转模型，选择模型底面作为要移除的面，如图 5—46 所示。

（3）单击鼠标左键确认选择，图形窗口如图 5—47 所示。

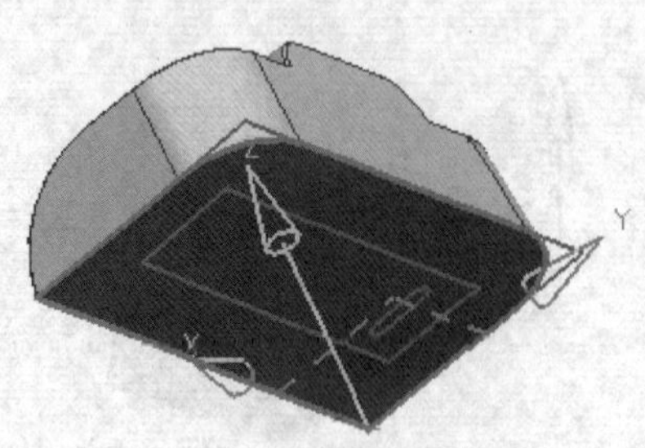
图 5—46　选择要移除的底面

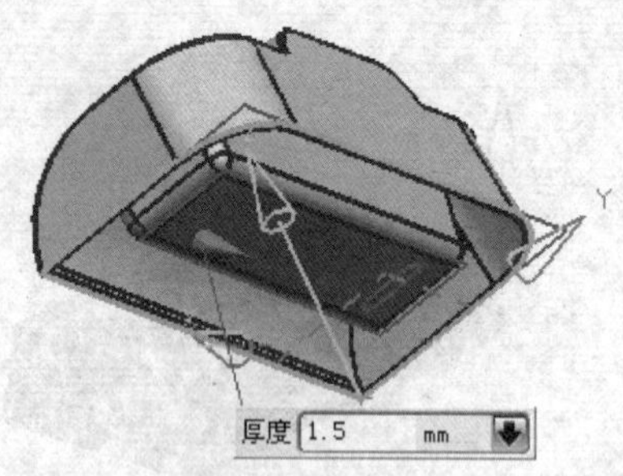

图 5—47　抽壳

（4）单击【确定】按钮，结束抽壳操作，如图 5—48 所示。

8. 创建拉伸孔

（1）单击“拉伸”图标或选择［插入］/［设计特征］/［拉伸］菜单命令，选择腰形孔作为截面几何图形，并进行相应设置，如图 5—49 所示。

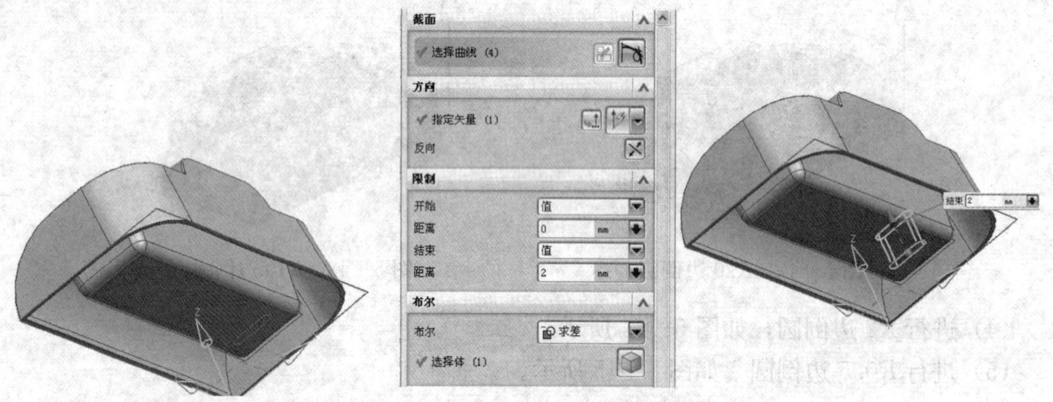

图 5—48　抽壳结束　　　　图 5—49　选择拉伸截面并设置

（2）单击“选择体”，进行相关操作，如图 5—50 所示。

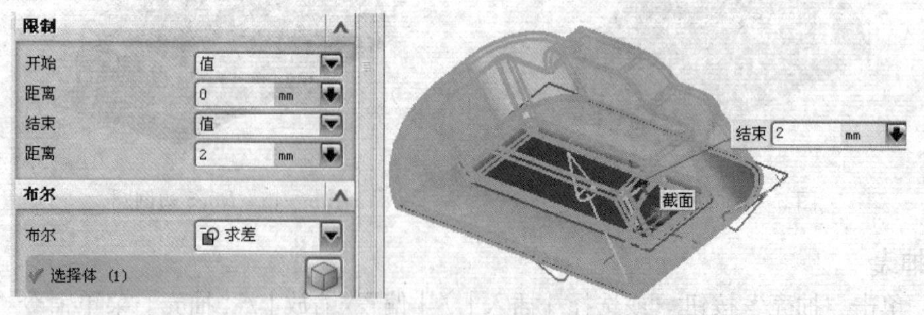

图 5—50　选择体操作

(3) 单击【确定】按钮，完成拉伸孔的创建，如图 5—51 所示。

9. 创建实例特征

(1) 单击“实例特征”图标或选择［插入］/［关联复制］/［实例特征］菜单命令，系统弹出“实例”对话框，如图 5—52 所示。

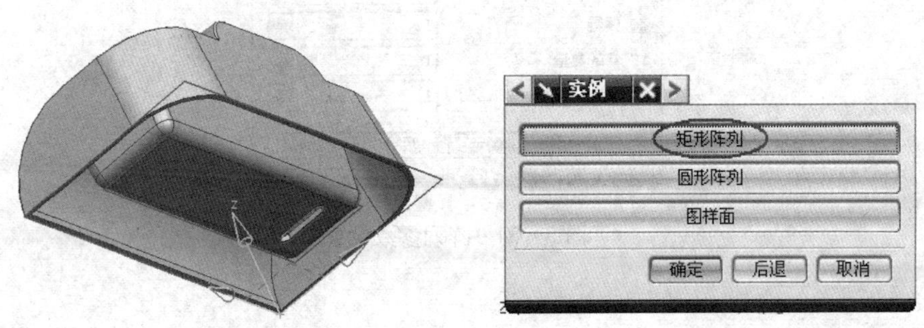

图 5—51 创建拉伸孔　　图 5—52 “实例”对话框

(2) 根据提示“选择要引用的特征”，选择实例类型为“矩形阵列”，系统弹出“实例”引用特征对话框。

(3) 根据提示选择腰形孔作为要引用的特征，如图 5—53 所示。

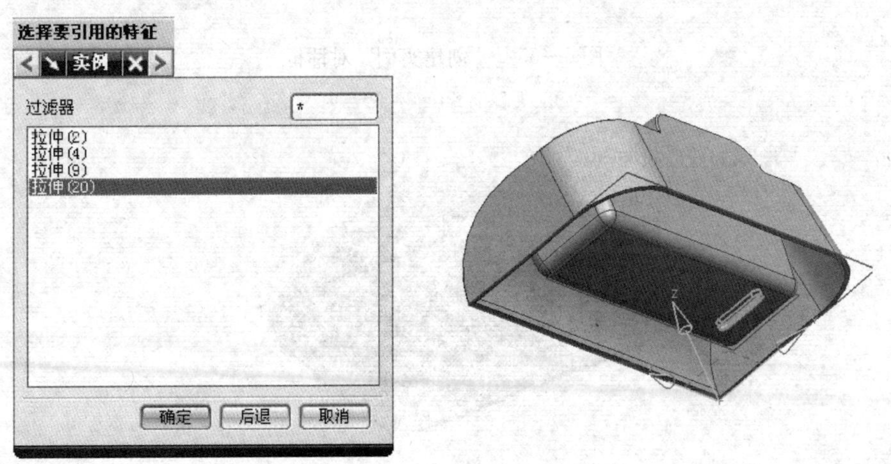

图 5—53 选择要引用的特征

(4) 单击【确定】按钮，系统弹出“输入参数”对话框，输入参数，如图 5—54 所示。

(5) 单击【确定】按钮，系统弹出“创建实例”对话框，如图 5—55 所示。

(6) 选择“是”，结束实例的创建，如图 5—56 所示。

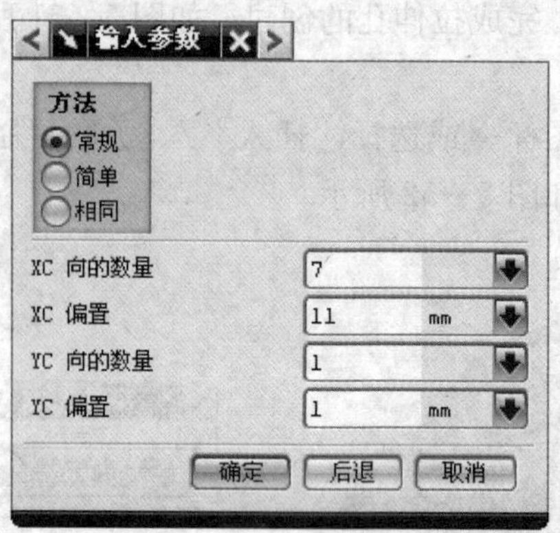

图 5—54　阵列参数设置

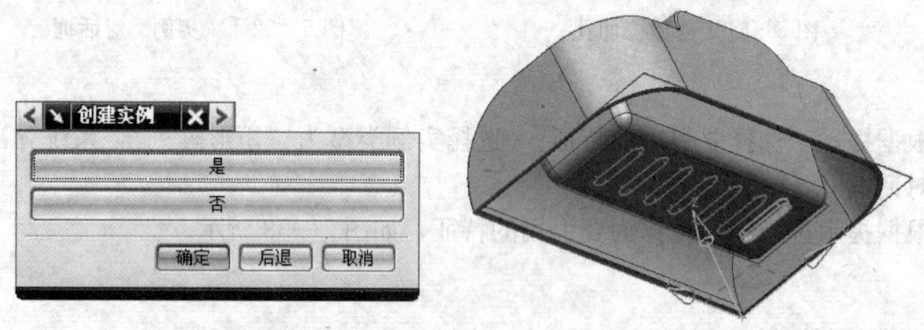

图 5—55　“创建实例”对话框

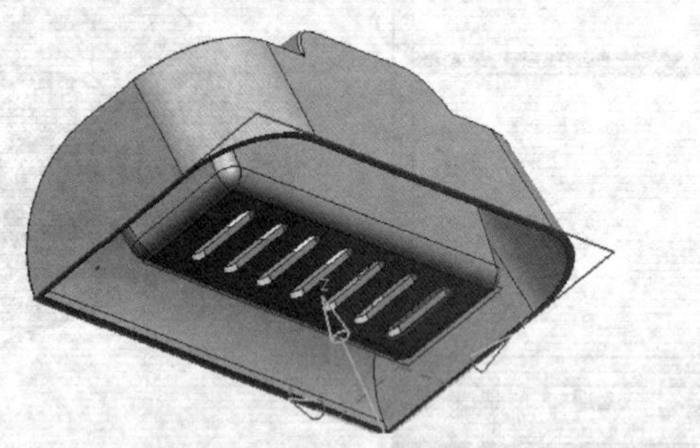

图 5—56　创建实例特征

任务拓展

试完成图 5—57 所示三维实体模型的建模工作。

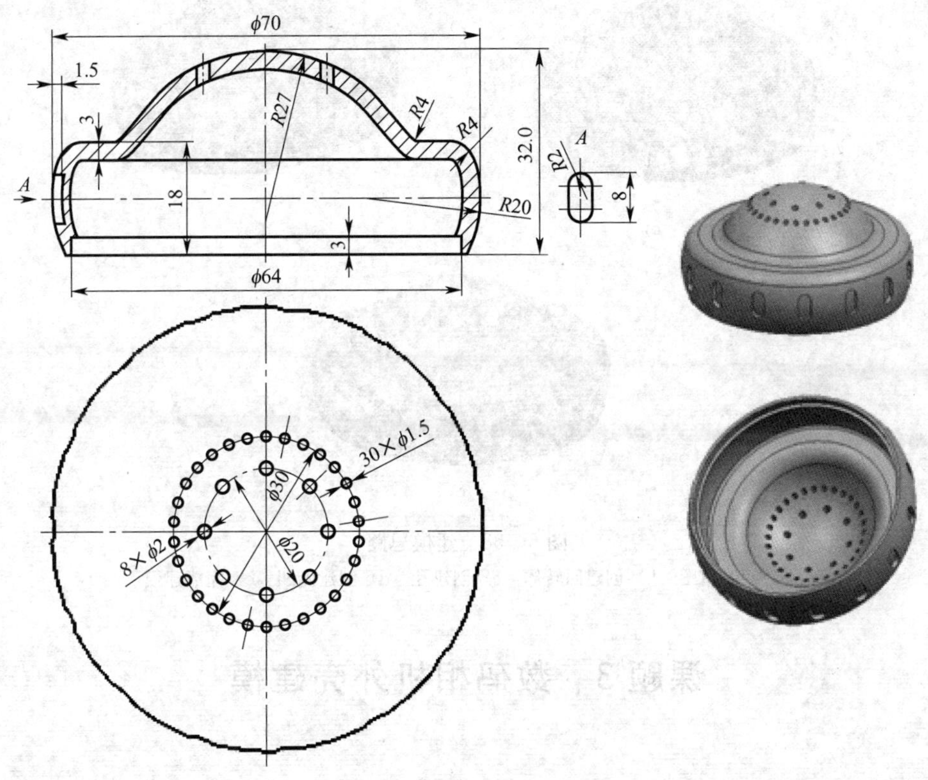

图 5—57　三维实体模型

提示

建模思路如图 5—58 所示。

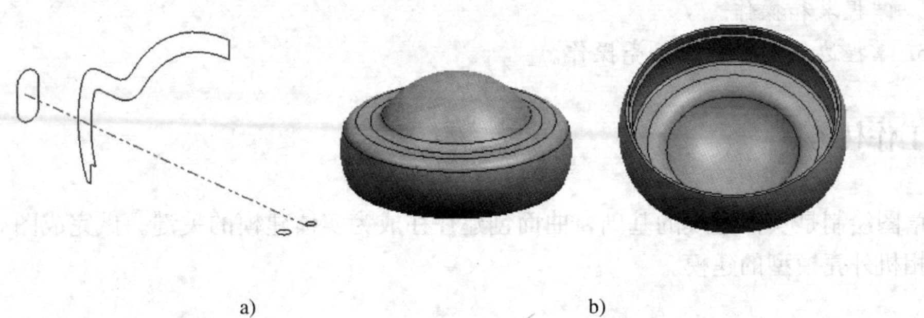

a)　　　　b)

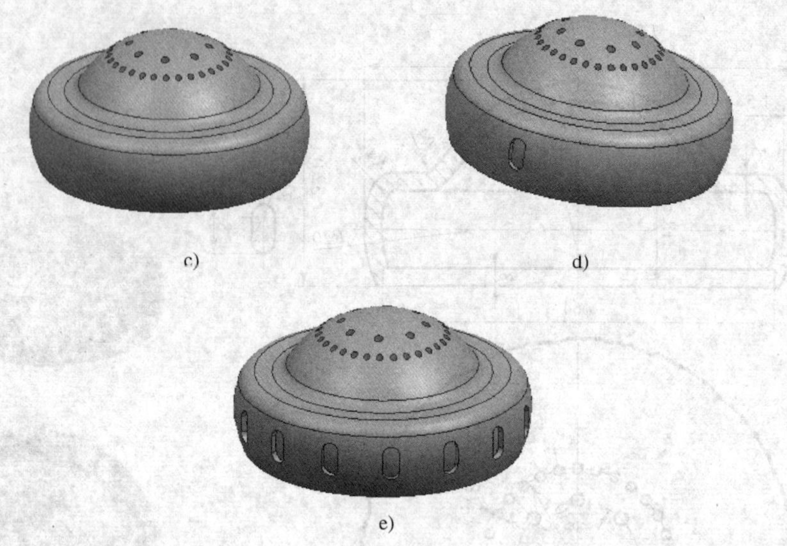

c)　　d)

e)

图 5—58　建模思路

a）绘制草图　b）创建回转体　c）创建孔　d）创建侧凹　e）完成建模

课题 3　数码相机外壳建模

学习目标

1. 掌握草图创建。
2. 掌握拉伸建模。
3. 掌握投影曲线操作。
4. 掌握通过曲线网格创建曲面。
5. 掌握求和操作。
6. 掌握边倒圆操作、抽壳操作。

工作任务

草图绘制是实体建模的基础，曲面创建往往成为实体建模的关键。试完成图 5—59 所示数码相机外壳模型的建模。

任务实施

1. 创建新文件

(1）通过快捷方式图标启动 UG NX 6.0。

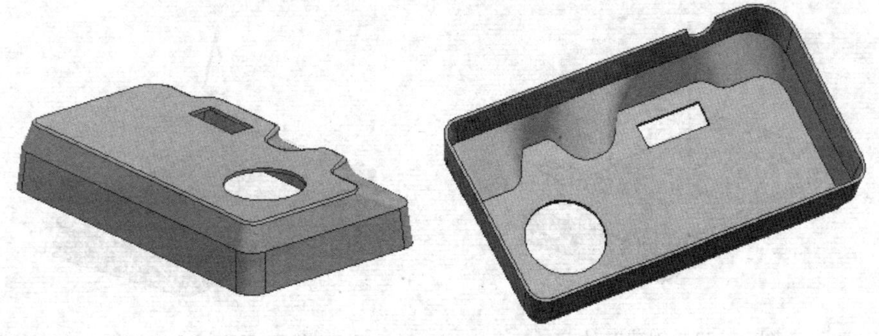

图 5—59 数码相机外壳模型

(2) 新建名称为“shumaxiangjiwaike”的部件文件。

(3) 选择［首选项］/［草图］菜单命令，系统弹出“草图首选项”对话框。在“草图样式”选项卡中，将“尺寸标签”设置为“值”。

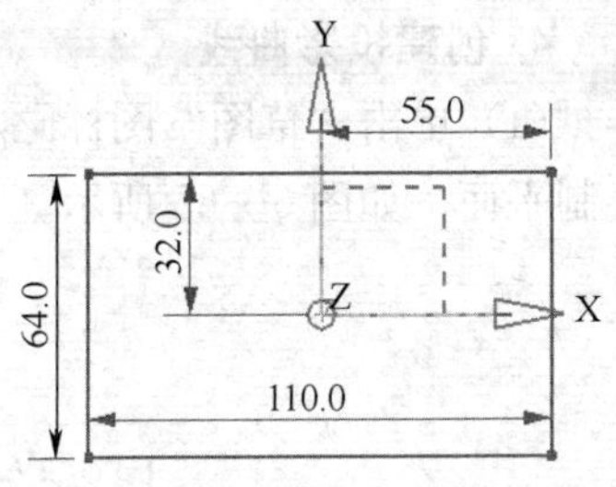

图 5—60 绘制草图

2. 创建基体

(1) 单击“草图”图标，选择 XY 平面作为草图绘制平面，绘制草图，并进行尺寸约束，如图 5—60 所示。

(2) 单击“拉伸”图标或选择［插入］/［设计特征］/［拉伸］菜单命令，系统弹出“拉伸”对话框，选择 110 mm×64 mm 矩形作为截面几何图形，并进行相应设置，如图 5—61 所示。

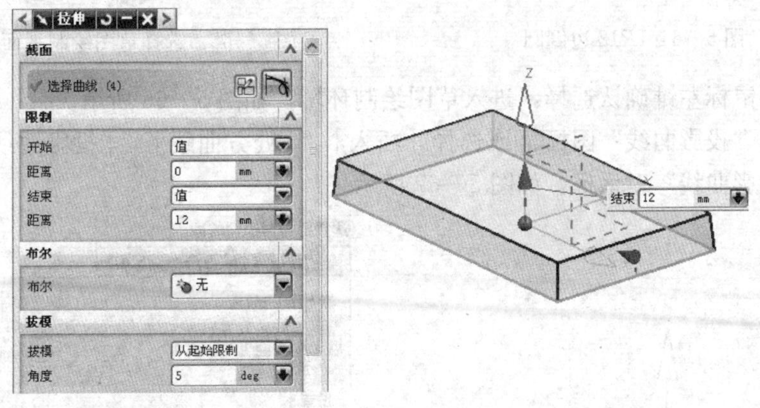

图 5—61 选择拉伸截面并进行设置

(3) 单击【确定】按钮，完成基体的创建，如图 5—62 所示。

3. 边倒圆操作

(1) 单击“边倒圆”图标或选择［插入］/［细节特征］/［边倒圆］菜单命令，系统弹出“边倒圆”对话框，从中进行 3 处 $R6$ 边倒圆，如图 5—63 所示。

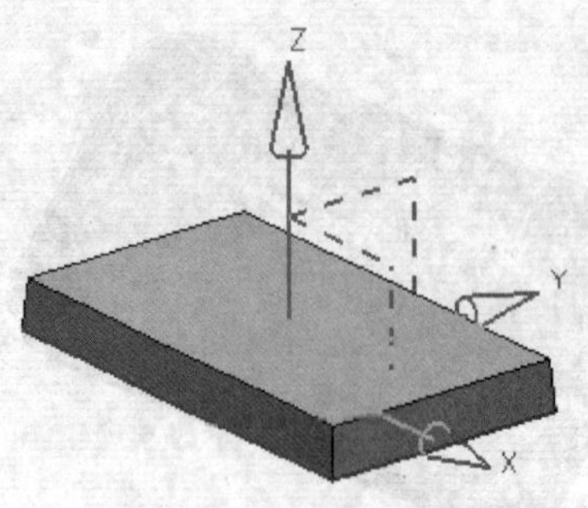

图 5—62 创建基体

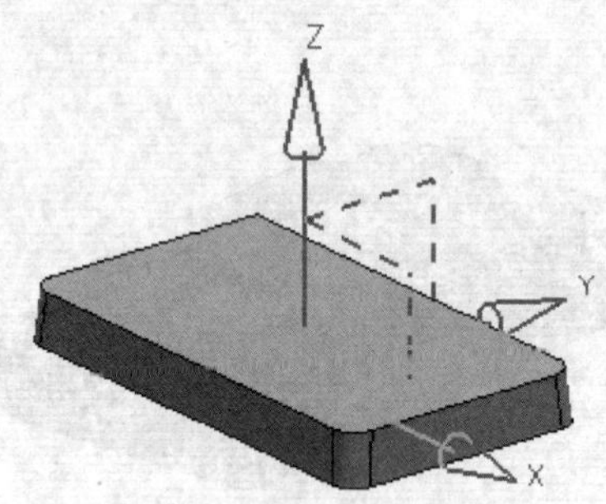

图 5—63 *R*6 边倒圆

（2）进行 *R*12 边倒圆，如图 5—64 所示。

4. 创建投影曲线

（1）单击“草图”图标，将“类型过滤器”设置为“面”，选择基体上表面作为草图绘制平面，如图 5—65 所示。

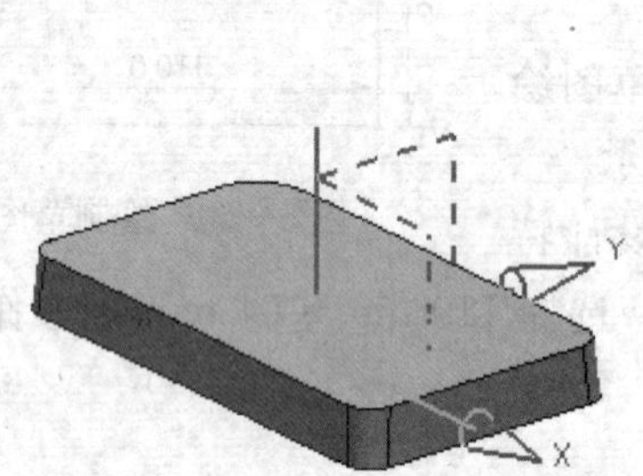

图 5—64 *R*12 边倒圆

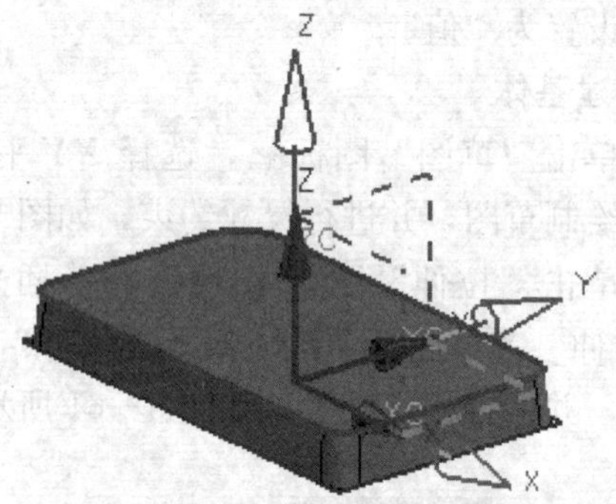

图 5—65 选择草图绘制平面

（2）单击鼠标左键确认选择，进入草图绘制环境，如图 5—66 所示。

（3）单击“投影曲线”图标或选择［插入］/［处方曲线］/［投影曲线］菜单命令，系统弹出“投影曲线”对话框，如图 5—67 所示。

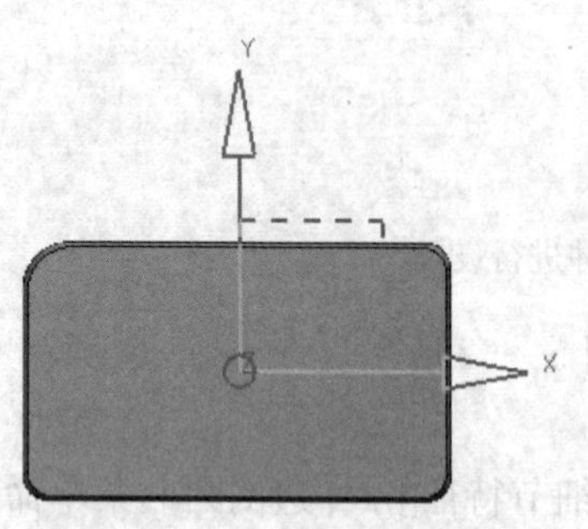

图 5—66 进入草图绘制环境

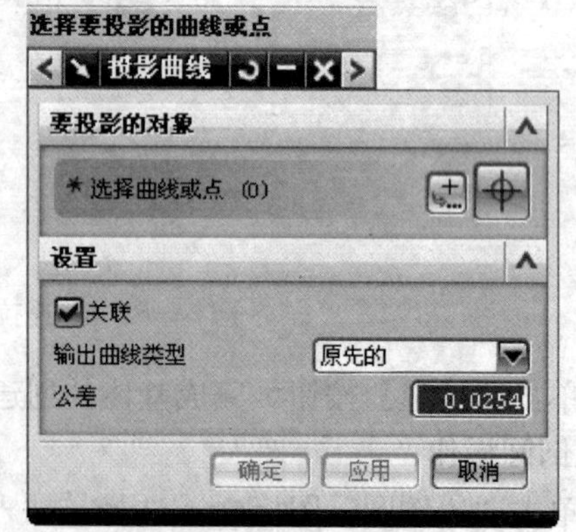

图 5—67 “投影曲线”对话框

（4）根据提示“选择要投影的曲线或点”，选择基体上表面轮廓作为要投影的曲线，如图 5—68 所示。

（5）单击【确定】按钮，完成投影曲线的创建，图形窗口如图 5—69 所示。

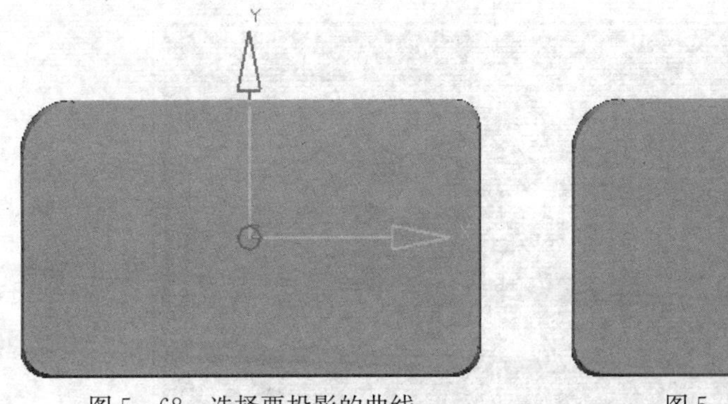

图 5—68　选择要投影的曲线

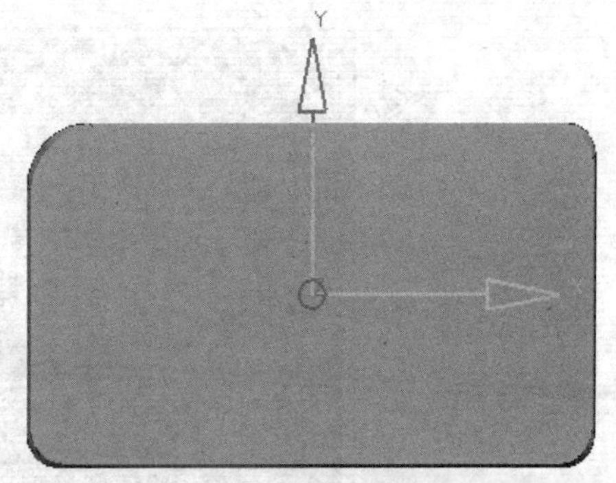

图 5—69　创建投影曲线

（6）单击“完成草图”图标，结束草图的绘制，图形窗口如图 5—70 所示。

5. 创建草图

（1）创建一距离基体上表面为 8 mm 的基准平面，如图 5—71 所示。

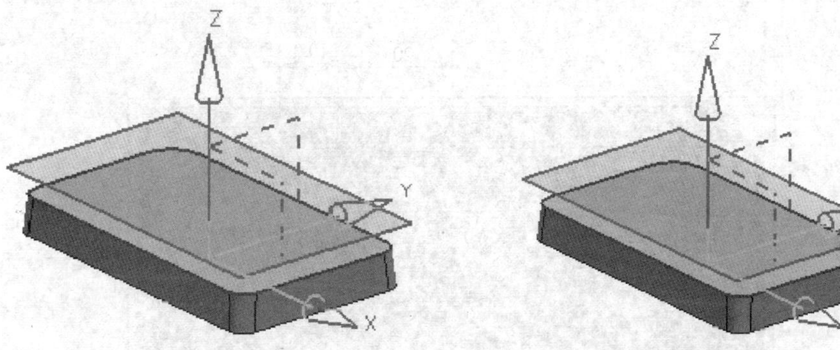

图 5—70　图形窗口　　图 5—71　创建基准平面

（2）以基准平面作为草图绘制平面，进行草图绘制，如图 5—72 所示。

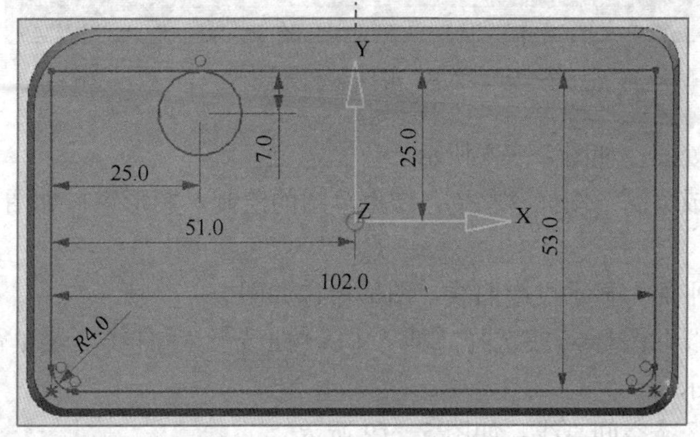

图 5—72　创建草图

（3）继续绘制草图，如图 5—73 所示。

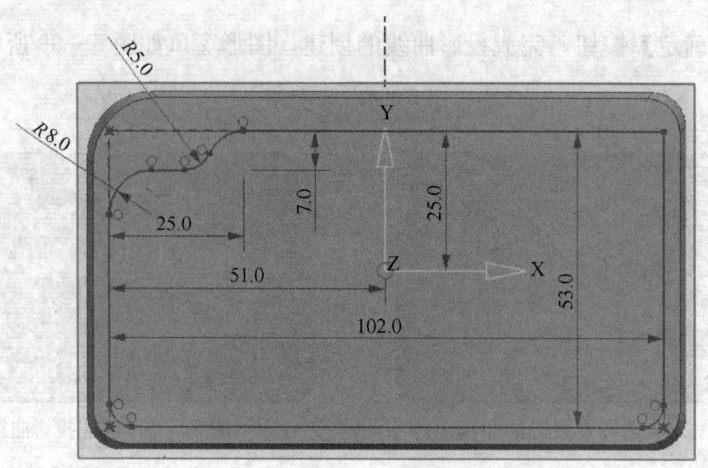

图 5—73　继续绘制草图（一）

（4）继续绘制草图，如图 5—74 所示。

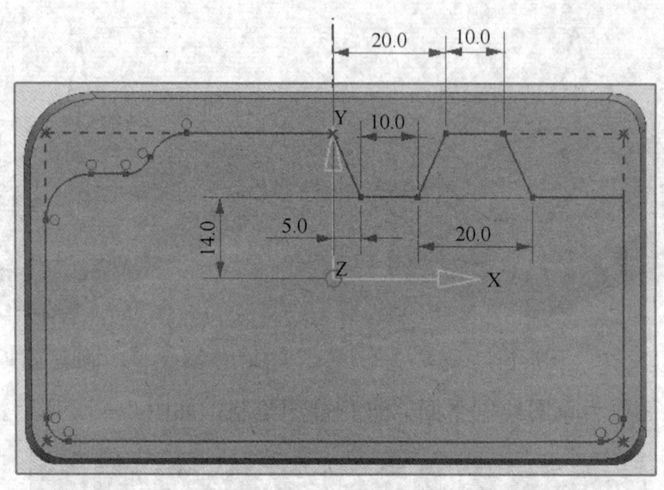

图 5—74　继续绘制草图（二）

（5）进行圆角处理，如图 5—75 所示。

（6）单击“完成草图”图标，结束草图的绘制，图形窗口如图 5—76 所示。

6. **创建直线**

（1）隐藏基准平面，显示投影曲线，图形窗口如图 5—77 所示。

（2）单击“直线”图标或选择［插入］/［曲线］/［直线］菜单命令，绘制空间直线，如图 5—78 所示。

（3）绘制其他 7 条空间直线，如图 5—79 所示。

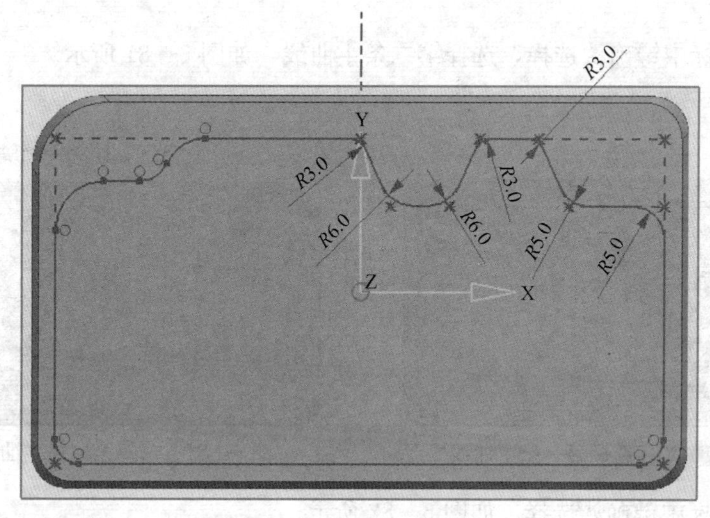

图 5—75　进行圆角处理

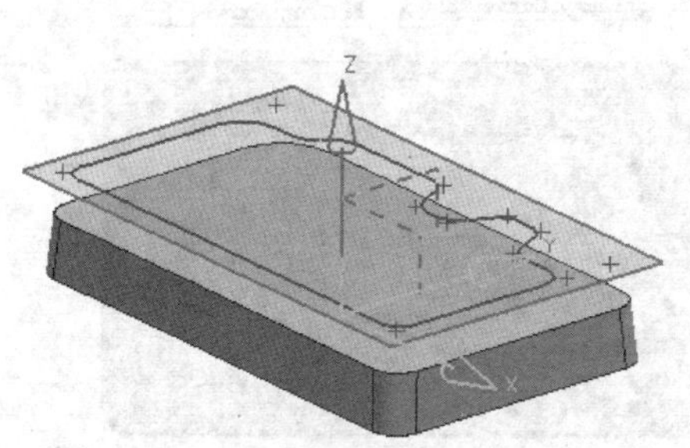

图 5—76　结束草图绘制

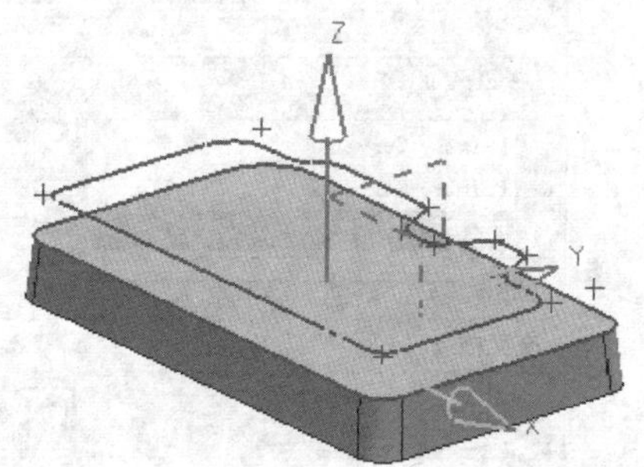

图 5—77　图形窗口

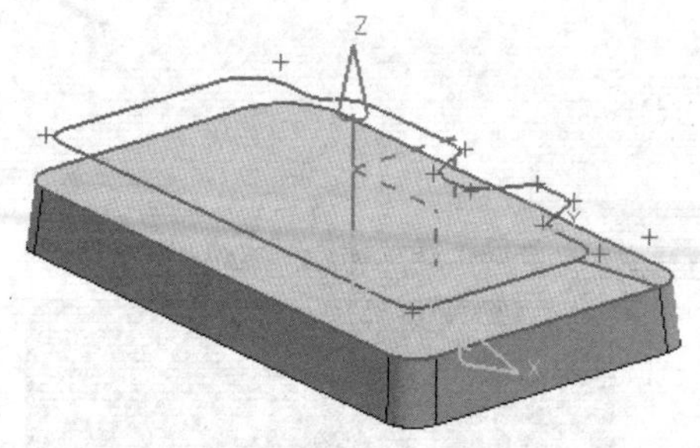

图 5—78　绘制空间直线

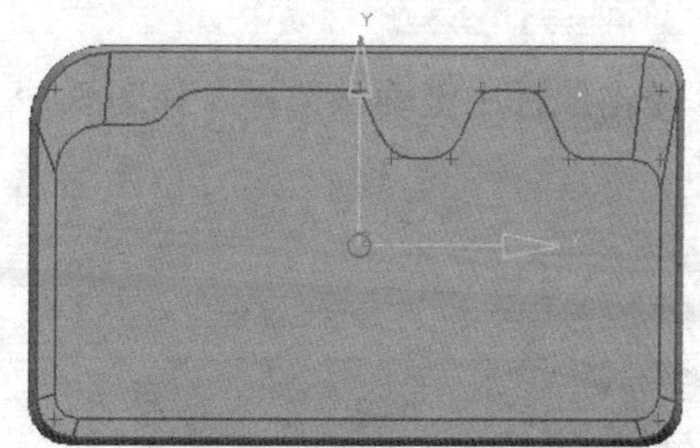

图 5—79　绘制其他空间直线

7. 通过曲线网格创建体

（1）单击“通过曲线网格”图标或选择［插入］/［网格曲面］/［通过曲线网格］菜单命令，系统弹出“通过曲线网格”对话框。

（2）将“曲线规则”设置为“相连曲线”，根据提示选择第一条主曲线，如图 5—80

所示。

（3）单击鼠标中键确认选择，选择第二条主曲线，如图 5—81 所示。

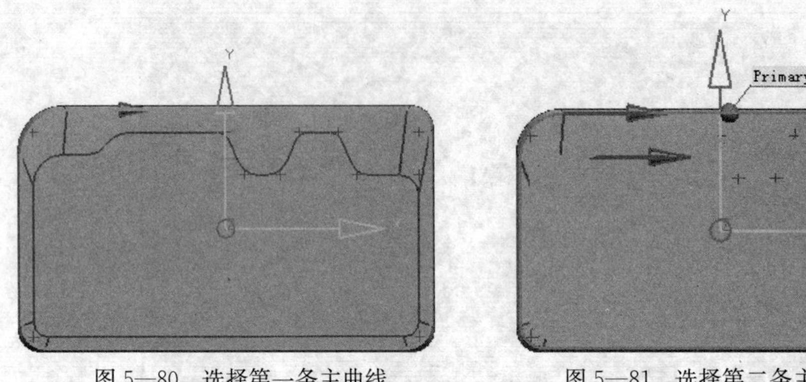

图 5—80　选择第一条主曲线　　　　图 5—81　选择第二条主曲线

（4）单击鼠标中键确认选择，如图 5—82 所示。

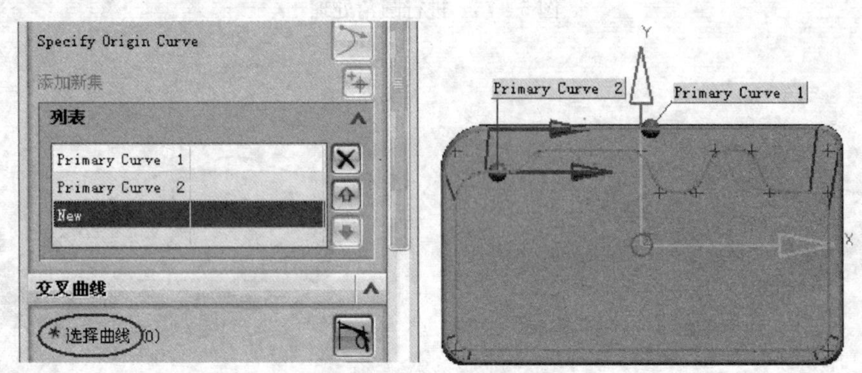

图 5—82　完成主曲线的选择

（5）单击“交叉曲线”中的“选择曲线”，根据提示，选择第一条交叉曲线，如图5—83 所示。

（6）单击鼠标中键确认选择，如图 5—84 所示。

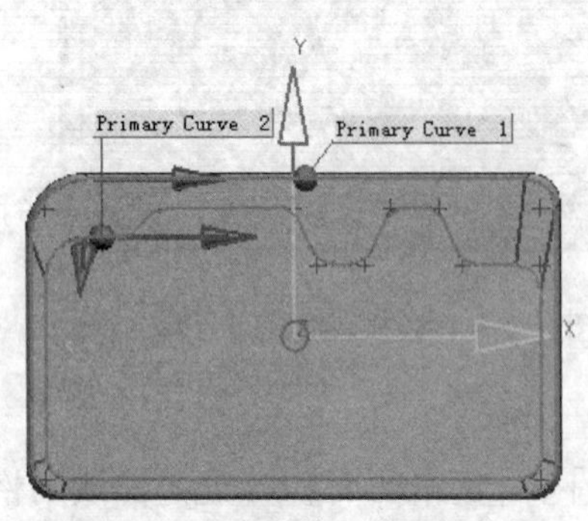

图 5—83　选择第一条交叉曲线

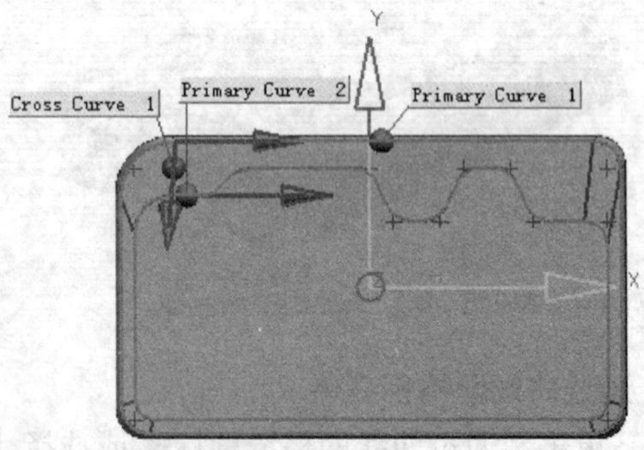

图 5—84　确认第一条交叉曲线的选择

（7）同理，依次完成其他交叉曲线的选择，如图 5—85 所示。

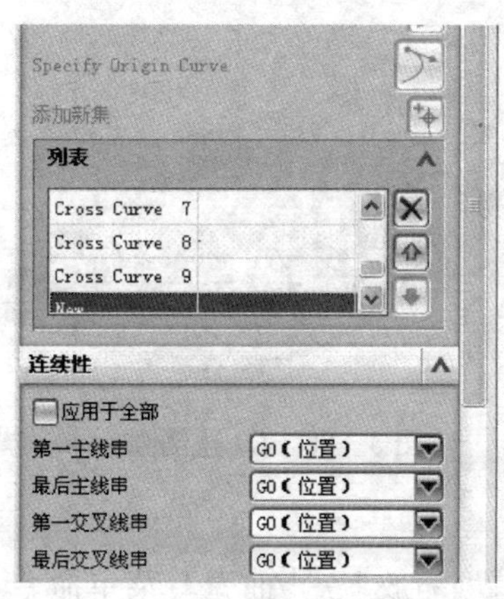

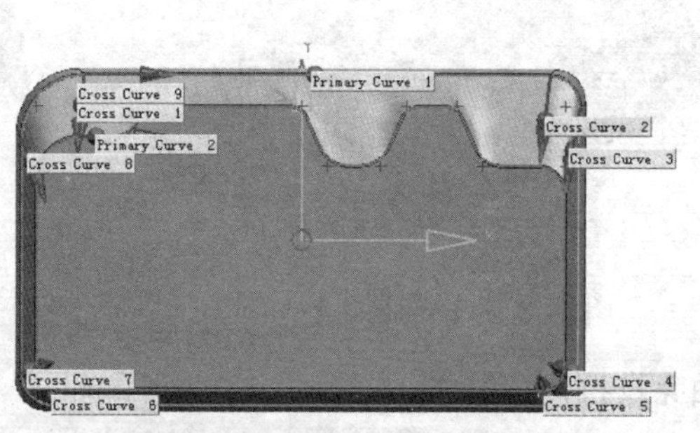

图 5—85 选择交叉曲线（共 9 条）

 **提示**

第 9 条交叉曲线选择第 1 条交叉曲线。

（8）单击【确定】按钮，完成通过曲线网格创建体的创建，如图 5—86 所示。

8. 求和及边倒圆操作

（1）单击“求和”图标或选择［插入］/［组合体］/［求和］菜单命令，系统弹出“求和”对话框。

（2）根据提示选择目标体和刀具体，如图 5—87 所示。

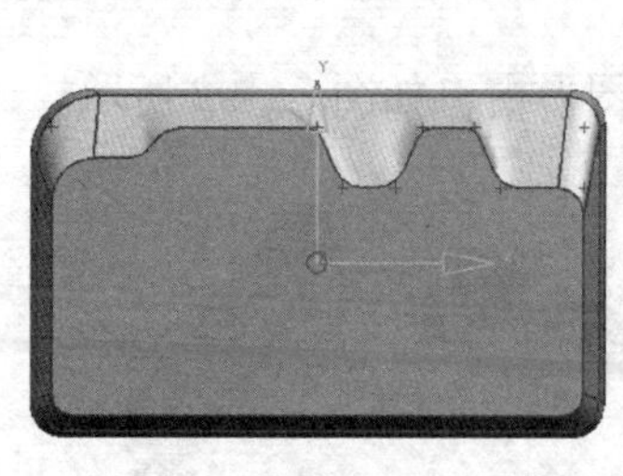

图 5—86 完成通过曲线网格创建体的创建

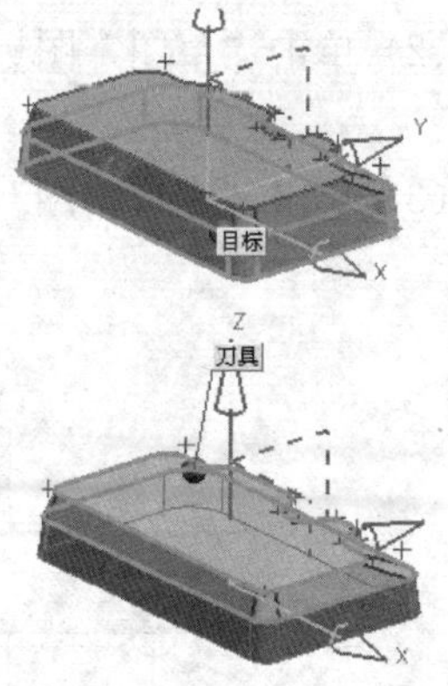

图 5—87 求和操作

（3）单击【确定】按钮，完成求和操作。

（4）隐藏所有直线和草图，如图 5—88 所示。

（5）单击“边倒圆”图标或选择［插入］/［细节特征］/［边倒圆］菜单命令，进

行 $R1$ 边倒圆，如图 5—89 所示。

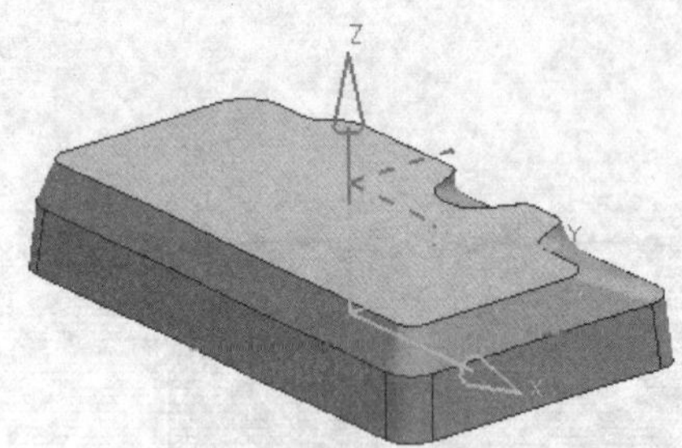

图 5—88　隐藏直线和草图

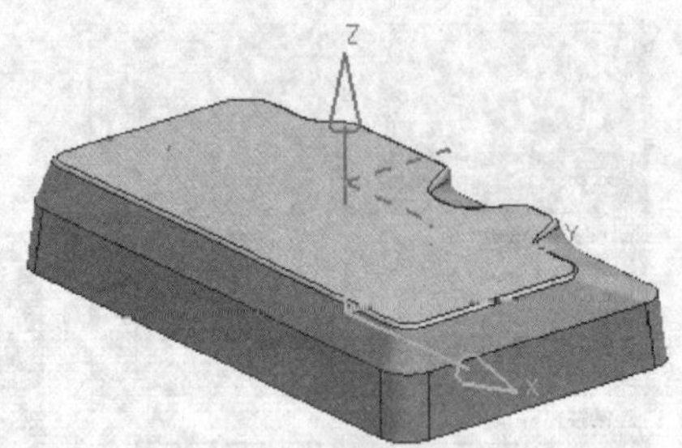

图 5—89　$R1$ 边倒圆

9. 抽壳及拉伸孔操作

（1）单击“抽壳”按钮或选择［插入］/［偏置/缩放］/［抽壳］菜单命令，完成厚度为 1 mm 的抽壳操作，如图 5—90 所示。

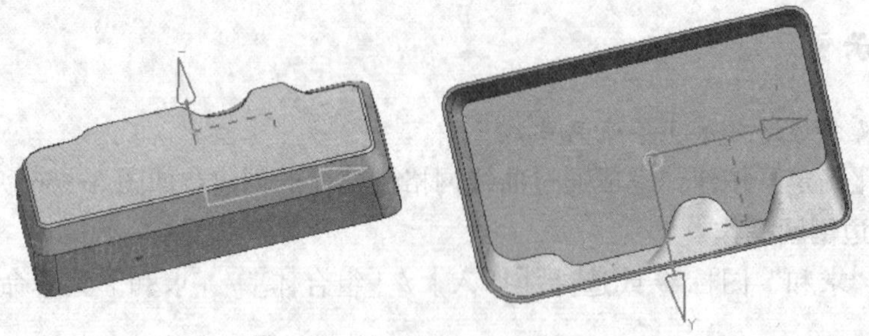

图 5—90　抽壳操作

（2）单击“草图”图标，选择 XZ 平面作为草图绘制平面，绘制如图 5—91 所示的草图。

（3）单击“完成草图”图标完成草图，结束草图的绘制，图形窗口如图 5—92 所示。

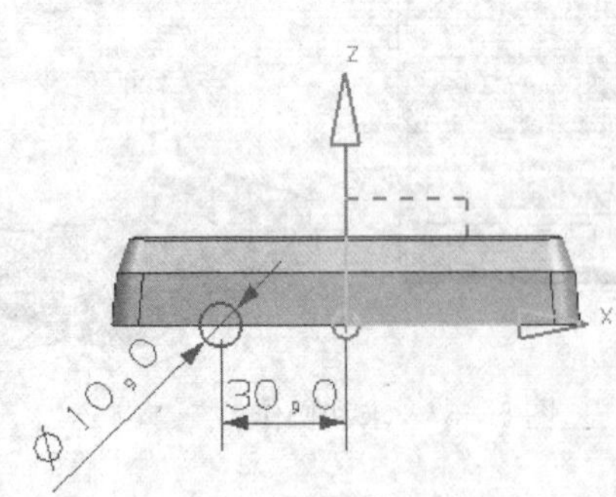

图 5—91　绘制草图

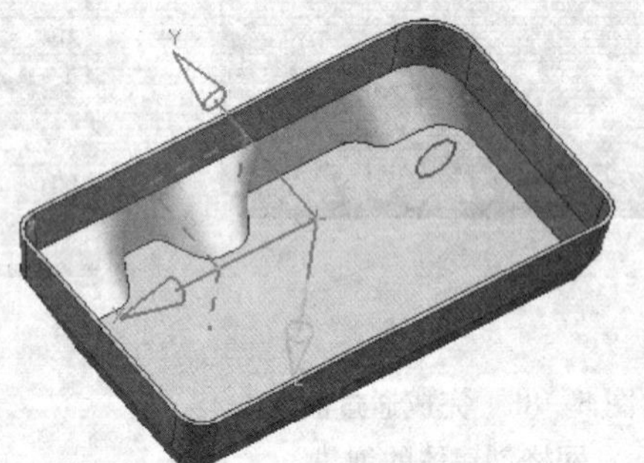

图 5—92　结束草图绘制

（4）单击“拉伸”图标或选择［插入］/［设计特征］/［拉伸］菜单命令，完成如图 5—93 所示的拉伸操作。

（5）单击“草图”图标，将“类型过滤器”设置为“面”，选择草图绘制平面，如图5—94所示。

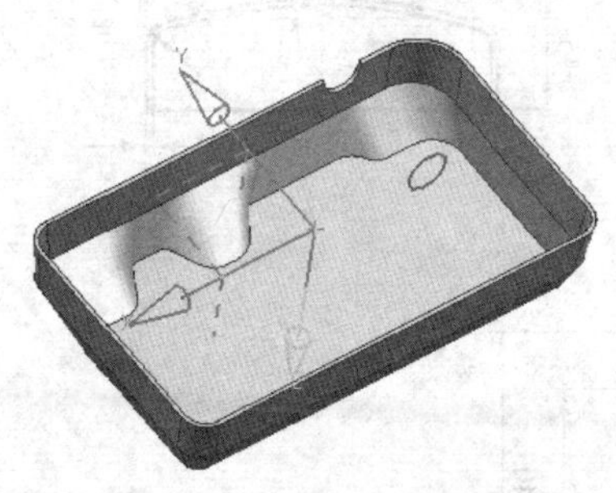

图 5—93　完成拉伸操作

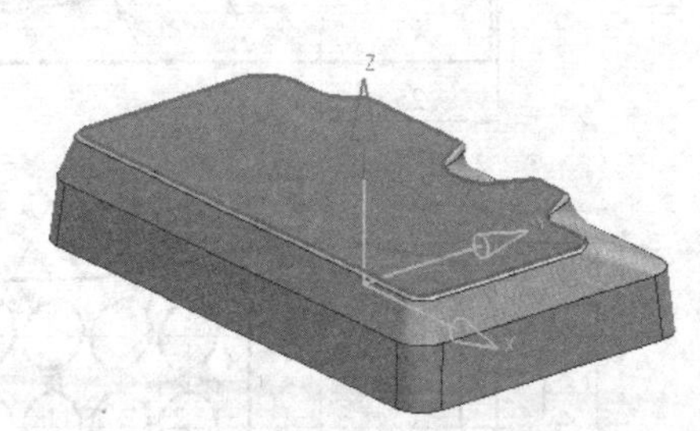

图 5—94　选择草图绘制平面

（6）单击鼠标左键确认选择，绘制草图，如图5—95所示。

（7）单击“完成草图”图标，结束草图的绘制。

（8）单击“拉伸”图标或选择［插入］/［设计特征］/［拉伸］菜单命令，完成如图5—96所示的拉伸操作。

至此数码相机外壳建模工作结束。

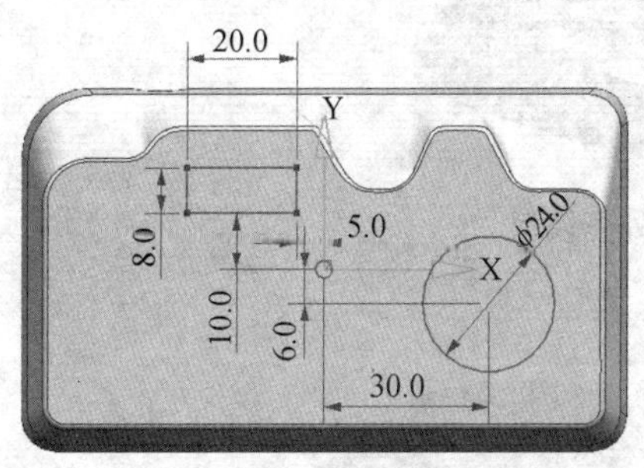

图 5—95　绘制草图

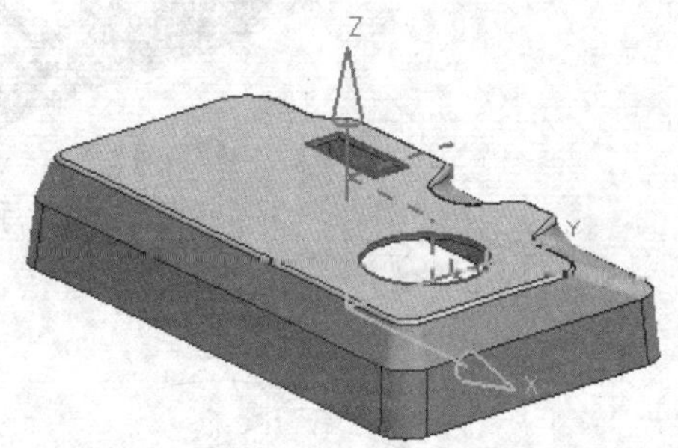

图 5—96　完成拉伸操作

任务拓展

试完成图5—97所示手机外壳的UG建模。

提示

建模思路如图5—98所示。

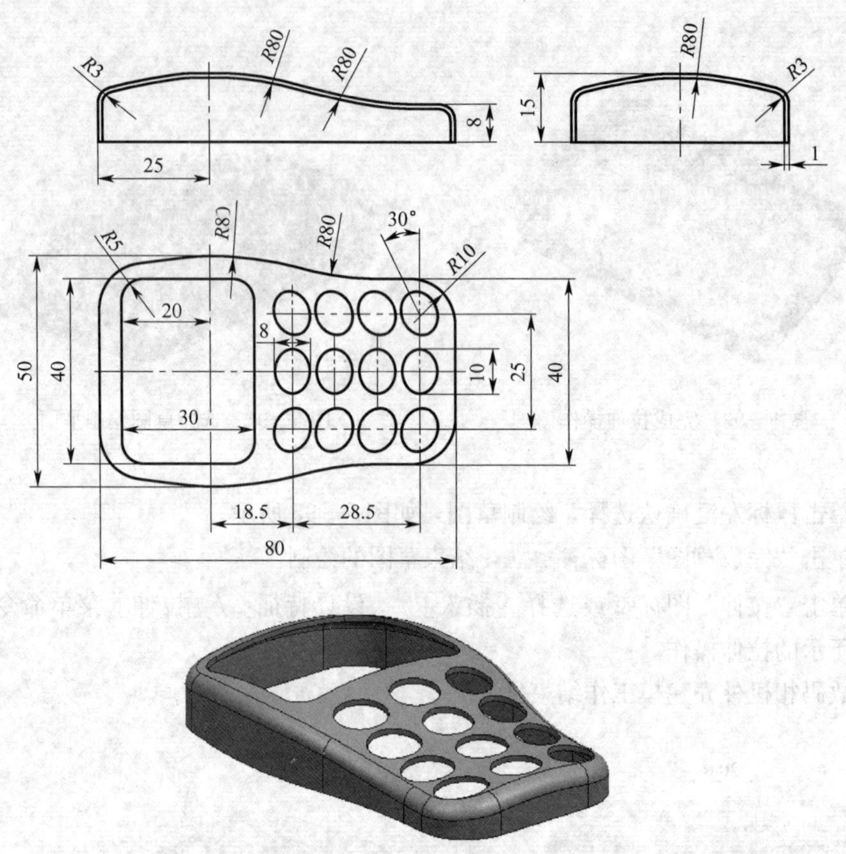

R3
R80
R80
8
25
R80
R3
15
1
R5
R80
R80
30°
R10
20
8
50
40
10
25
40
30
18.5
28.5
80

a)
b)
c)
d)

图 5—97　手机外壳模型

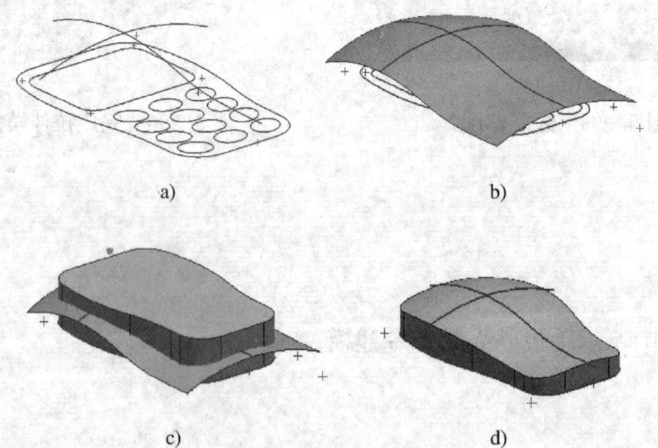

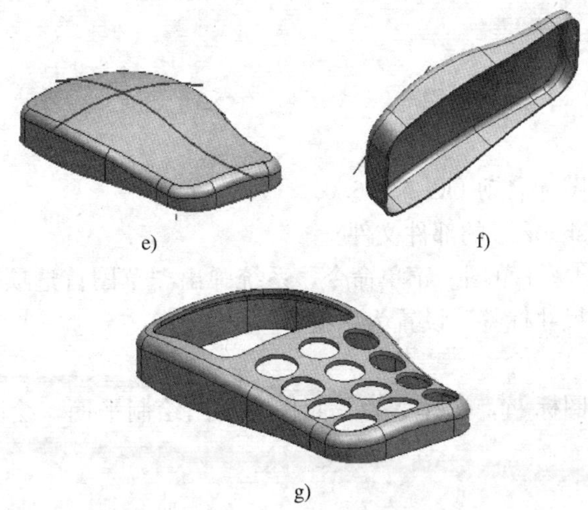

图 5—98 手机外壳模型建模思路

a）绘制草图 b）创建扫掠面 c）创建拉伸体 d）修剪体并隐藏扫掠面

e）$R3$ 边倒圆 f）以厚度为 1 mm 抽壳 g）创建拉伸孔

课题 4 勺子建模

学习目标

1. 掌握基准平面的创建。
2. 掌握点的创建。
3. 掌握圆弧/圆的创建。
4. 掌握通过曲线网格创建曲面。
5. 掌握缝合操作、曲面加厚操作。

工作任务

曲面加厚是经常采用的建模操作，本课题通过图 5—99 所示勺子模型的建模操作，初步领略曲面建模的灵活性。

图 5—99 勺子模型

任务实施

1. 创建新文件

（1）通过快捷方式图标启动 UG NX 6.0。

（2）新建名称为“shaozi”的部件文件。

（3）选择［首选项］/［草图］菜单命令，系统弹出“草图首选项”对话框。在“草图样式”选项卡中，将“尺寸标签”设置为“值”。

2. 创建草图

（1）单击“草图”图标，选择 *XY* 平面作为草图绘制平面，绘制草图并进行相应约束，如图 5—100 所示。

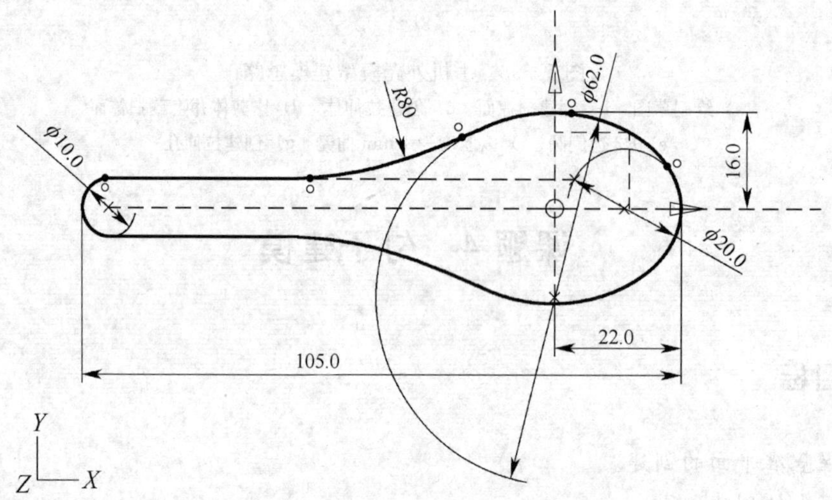

图 5—100 在 *XY* 平面内绘制草图

（2）单击“完成草图”图标，结束草图的绘制，图形窗口如图 5—101 所示。

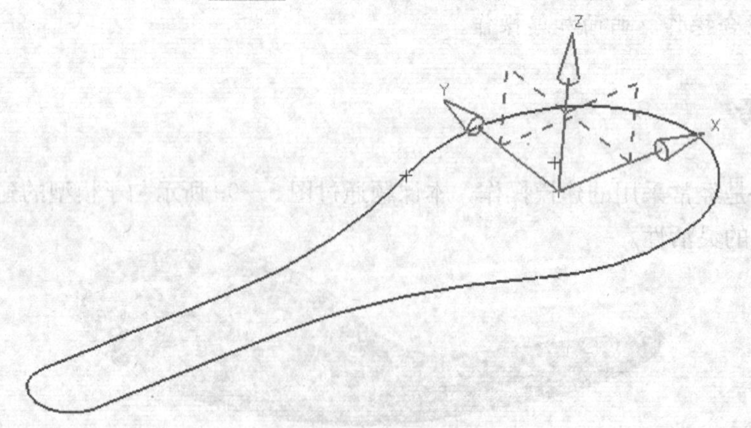

图 5—101 图形窗口

（3）单击“草图”图标，选择 XZ 平面作为草图绘制平面，绘制草图并进行相应约束，如图 5—102 所示。

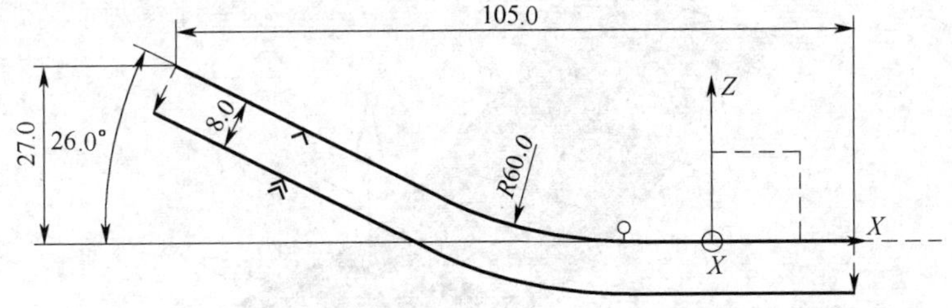

图 5—102　在 XZ 平面内绘制草图

（4）单击“完成草图”图标，结束草图的绘制，图形窗口如图 5—103 所示。

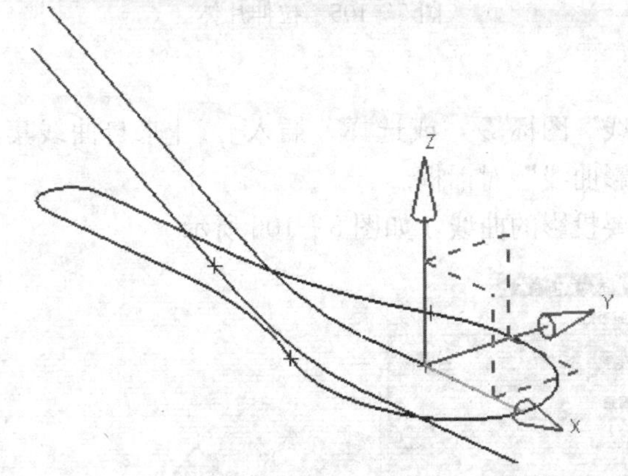

图 5—103　图形窗口

3. 创建拉伸片体

（1）单击“拉伸”图标或选择［插入］/［设计特征］/［拉伸］菜单命令，系统弹出“拉伸”对话框，按图 5—104 所示进行设置。

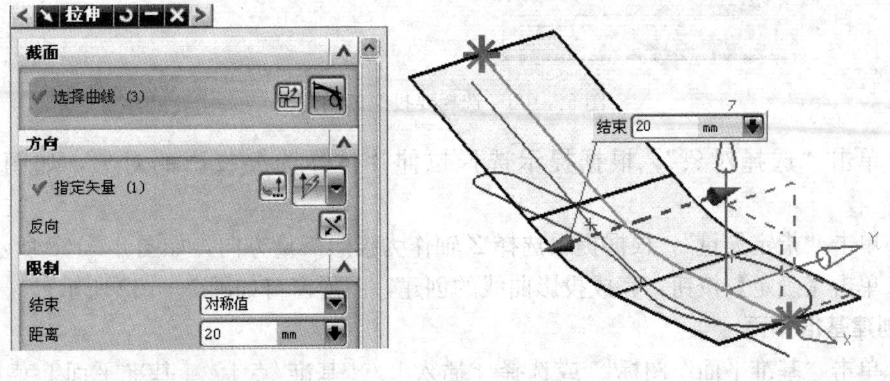

图 5—104　拉伸曲线选择及拉伸设置

（2）单击【确定】按钮，完成片体拉伸，如图 5—105 所示。

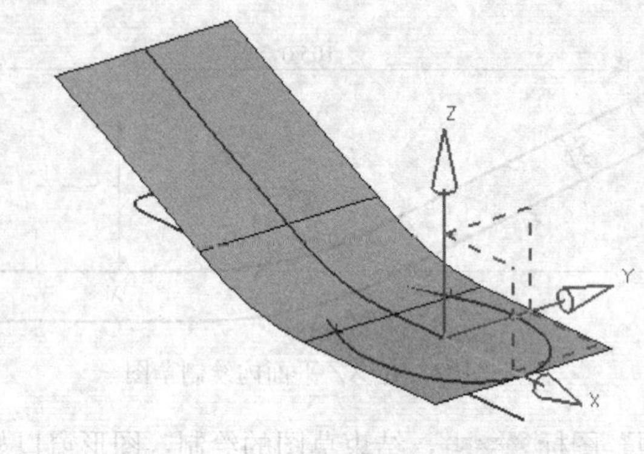

图 5—105　拉伸片体

4. 创建投影曲线

（1）单击“投影曲线”图标，或选择［插入］/［来自曲线集的曲线］/［投影］菜单命令，系统弹出“投影曲线”对话框。

（2）根据提示选择要投影的曲线，如图 5—106 所示。

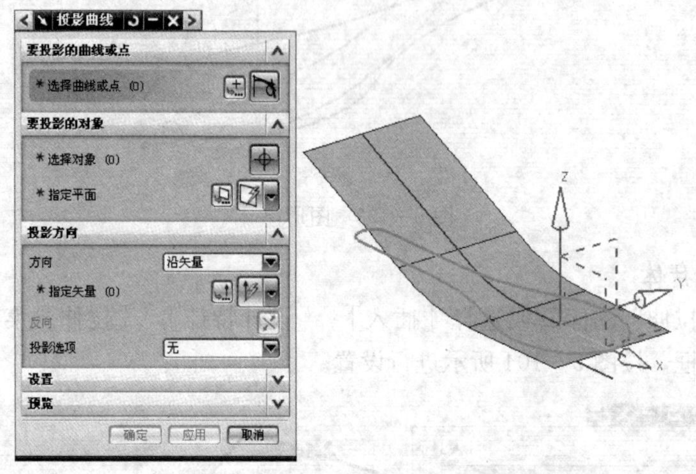

图 5—106　选择要投影的曲线

（3）单击“选择对象”，根据提示选择拉伸片体作为要投影的对象，如图 5—107 所示。

（4）单击“指定矢量”，根据提示选择 Z 轴作为投影矢量方向，如图 5—108 所示。

（5）单击【确定】按钮，完成投影曲线的创建，图形窗口如图 5—109 所示。

5. 创建基准平面

（1）单击“基准平面”图标或选择［插入］/［基准/点］/［基准平面］菜单命令，系统弹出“基准平面”对话框，将“类型”下拉列表框设置为“成一角度”，根据提示选择平面参考，如图 5—110 所示。

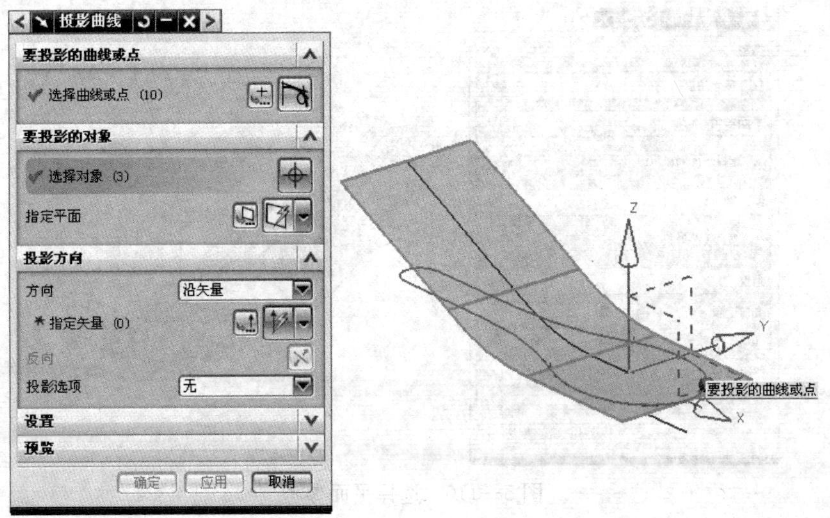

图 5—107　选择要投影的对象

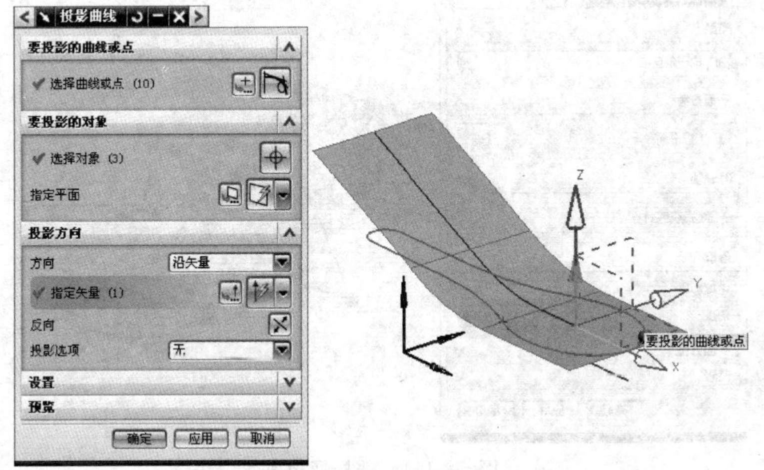

图 5—108　指定投影矢量方向

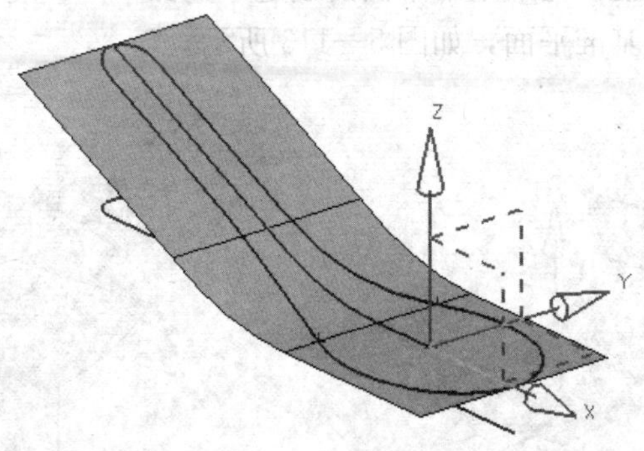

图 5—109　创建投影曲线

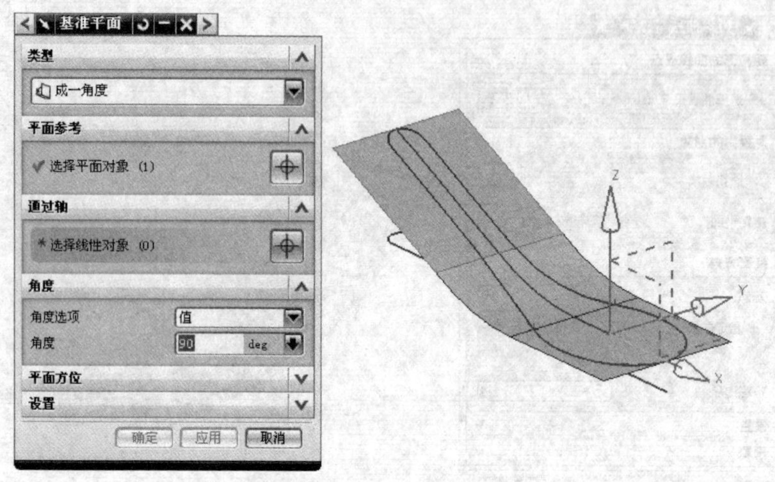

图 5—110　选择平面参考

（2）系统提示“选择一个线性对象”，选择如图 5—111 所示直线作为通过轴。

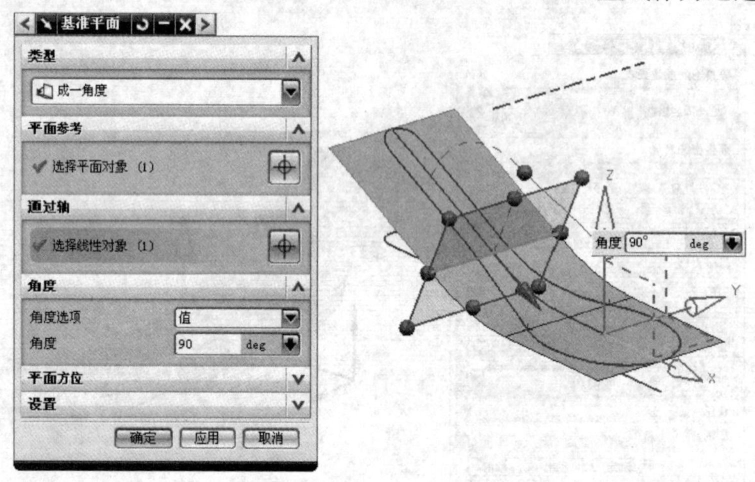

图 5—111　选择通过轴

（3）单击【应用】按钮，完成基准平面的创建，如图 5—112 所示。

（4）同理，创建另一基准平面，如图 5—113 所示。

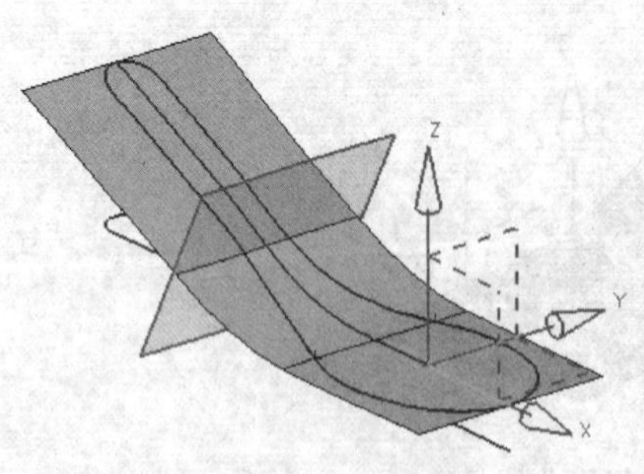

图 5—112　创建基准平面（一）

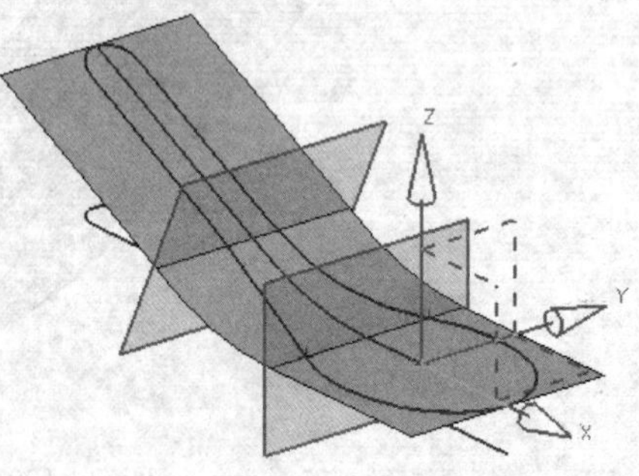

图 5—113　创建基准平面（二）

(5) 隐藏拉伸片体、*XY* 草图平面及 *XZ* 草图平面内的拉伸片体用曲线，如图 5—114 所示。

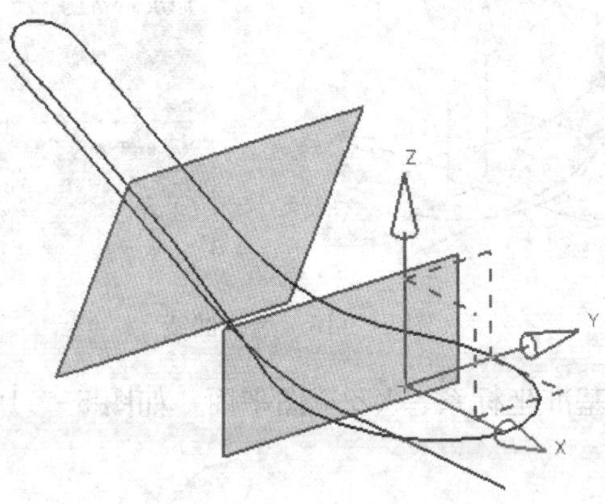

图 5—114 隐藏操作

6. 创建点和圆弧

(1) 单击“点”图标+或选择［插入］/［基准/点］/［点］菜单命令，系统弹出“点”对话框，将“类型”下拉列表框设置为“交点”，根据提示选择平面参考，如图5—115 所示。

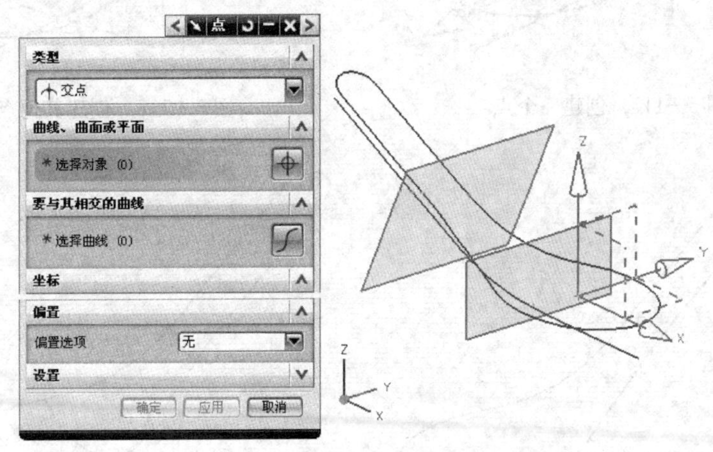

图 5—115 类型设置及选择基准平面

(2) 根据提示选择要与基准平面相交的曲线，如图 5—116 所示。

(3) 单击【应用】按钮，完成一个点的创建，如图 5—117 所示。

(4) 同理，根据提示完成其他 8 个点的创建，如图 5—118 所示。

提示

有 3 个点创建时采用 *YZ* 平面作为选择对象。

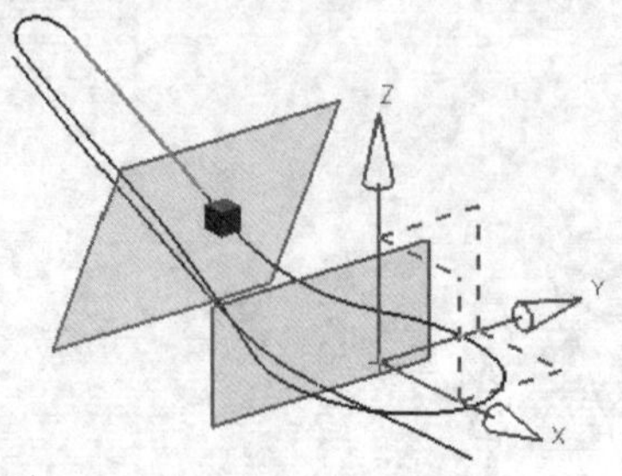

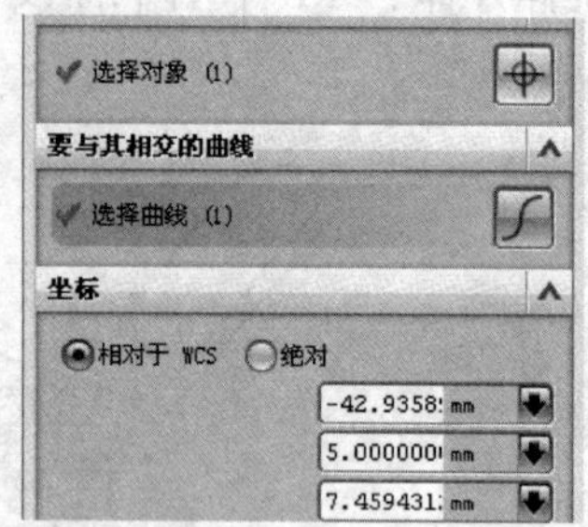

图 5—116　选择曲线

（5）隐藏基准平面、基准坐标系、XZ 草图平面，如图 5—119 所示。

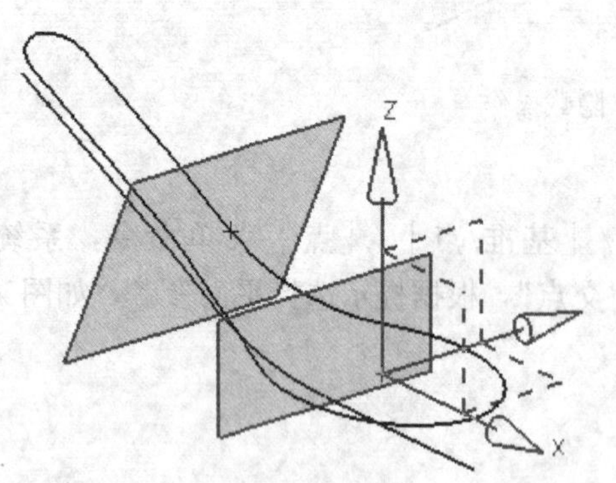

图 5—117　创建一个点

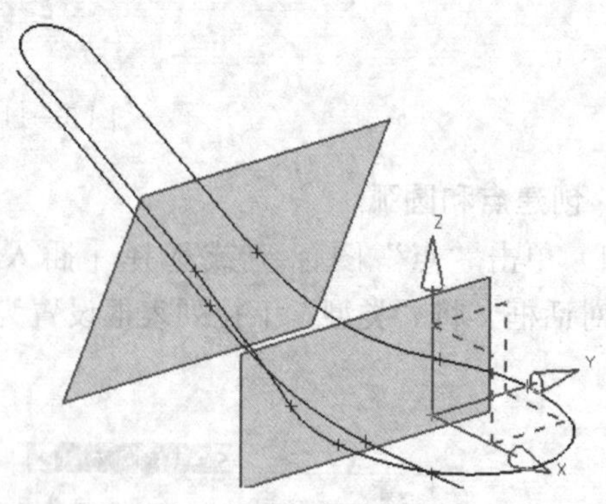

图 5—118　创建其他点

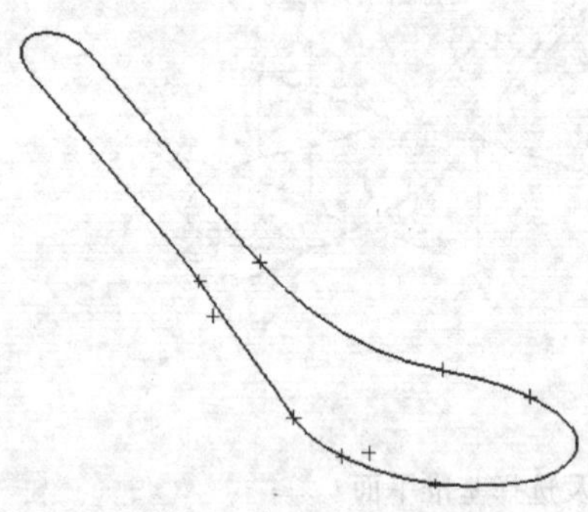

图 5—119　隐藏操作

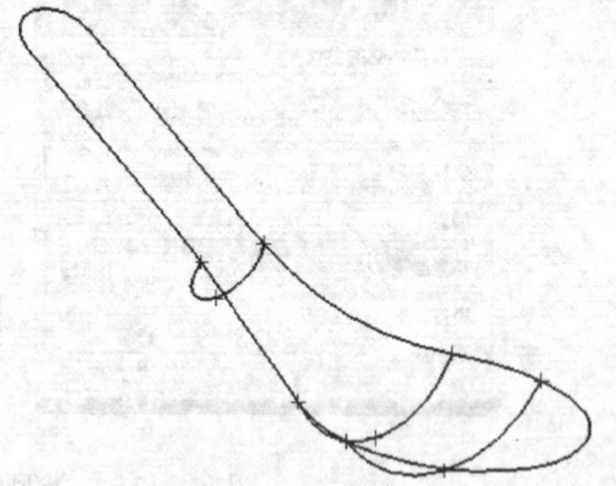

图 5—120　绘制圆弧

（6）单击“圆弧/圆”图标或选择［插入］/［曲线］/［圆弧/圆］菜单命令，绘制 3 个圆弧，如图 5—120 所示。

7. 创建网格曲面

（1）单击“通过曲线网格”图标或选择［插入］/［网格曲面］/［通过曲线网格］菜单命令，系统弹出“通过曲线网格”对话框。

（2）根据提示选择主曲线（两点三圆弧），如图 5—121 所示。

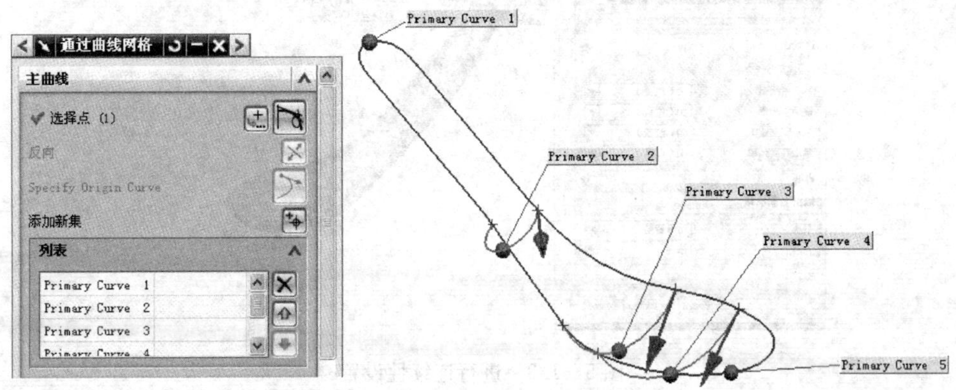

图 5—121　选择主曲线

（3）根据提示选择交叉曲线（两条多段曲线），如图 5—122 所示。

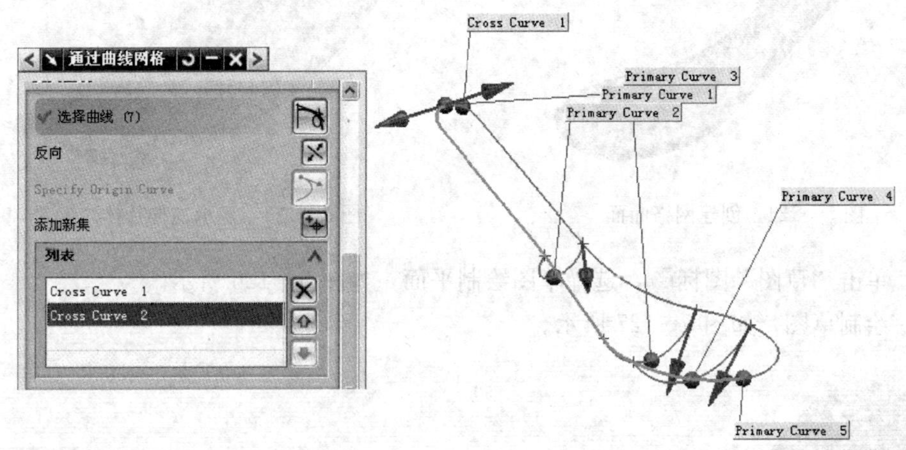

图 5—122　选择交叉曲线

（4）进行连续性设置，如图 5—123 所示。

（5）单击【确定】按钮，完成网格曲面的创建，如图 5—124 所示。

提示

由于某些原因，对该网格曲面不能直接进行加厚操作，为此需要进行以下修正操作。

8. 修正操作

（1）显示拉伸片体，如图 5—125 所示。

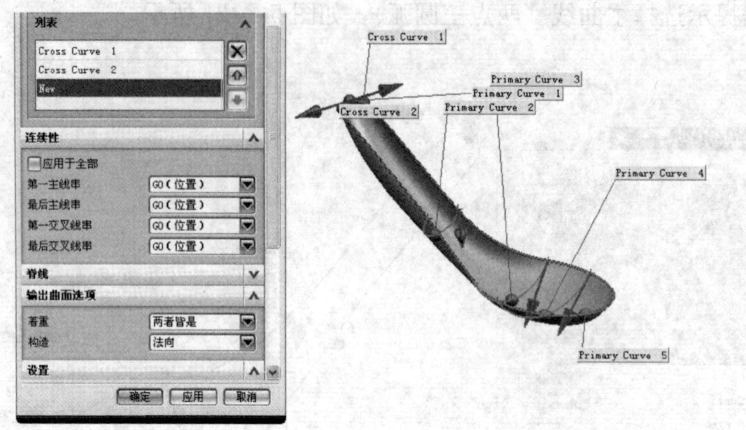

图 5—123　进行连续性设置

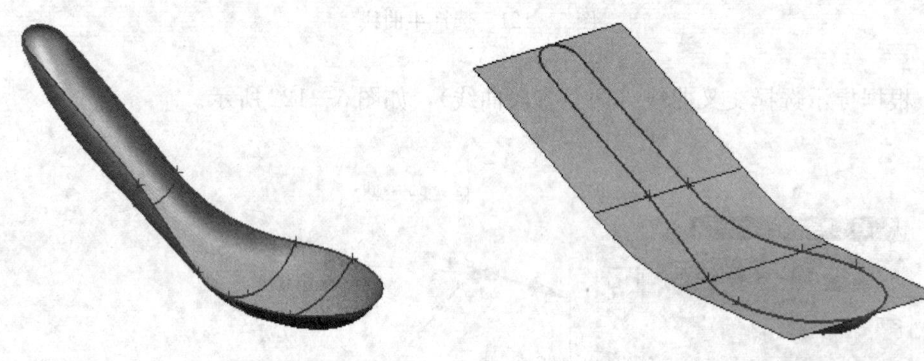

图 5—124　创建网格曲面　　　　图 5—125　显示拉伸片体

（2）单击“草图”图标，选择草图绘制平面，如图 5—126 所示。

（3）绘制草图，如图 5—127 所示。

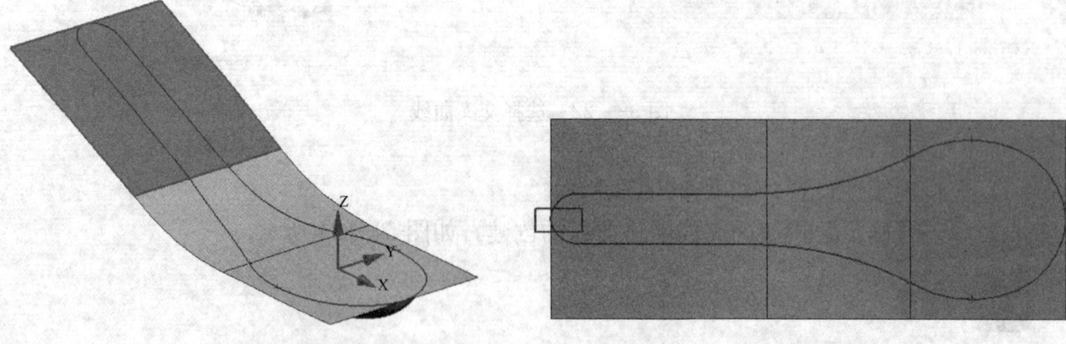

图 5—126　选择草图绘制平面　　　　图 5—127　绘制矩形草图

（4）单击“拉伸”图标或选择［插入］/［设计特征］/［拉伸］菜单命令，完成对网格曲面的修剪操作，隐藏拉伸片体，如图 5—128 所示。

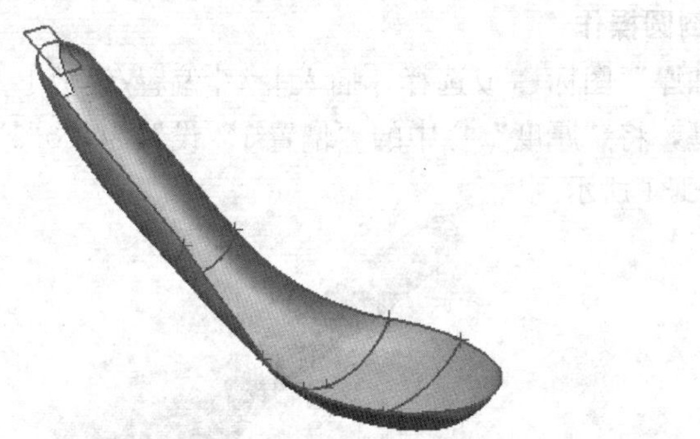

图 5—128　拉伸修剪网格曲面

（5）单击“通过曲线网格”图标或选择［插入］/［网格曲面］/［通过曲线网格］菜单命令，完成缺口处的网格曲面创建，如图 5—129 所示。

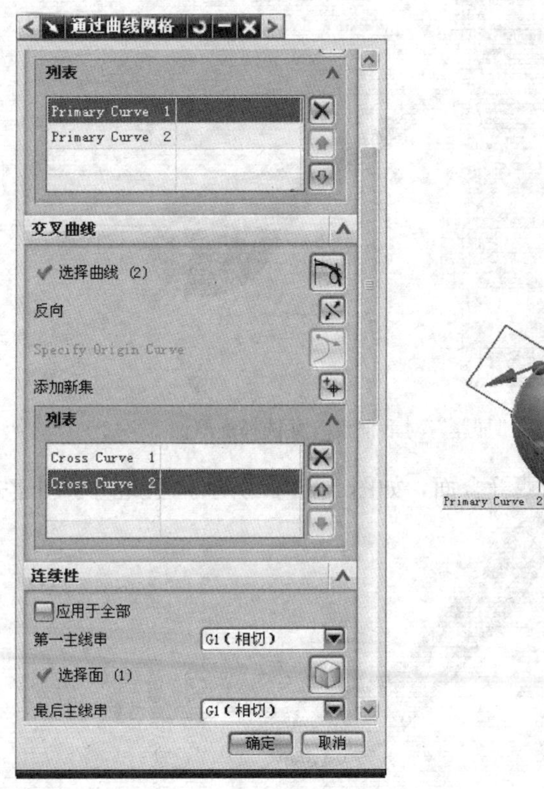

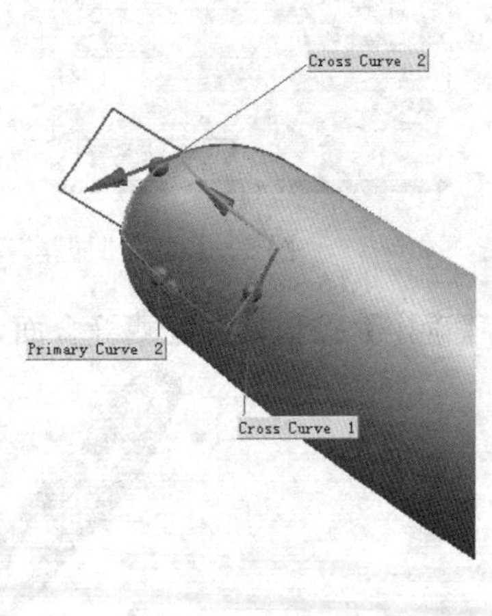

图 5—129　创建网格曲面

（6）隐藏所有草图、圆弧和点，图形窗口如图 5—130 所示。

（7）单击“缝合”图标或选择［插入］/［组合体］/［缝合］菜单命令，根据提示将两个网格曲面缝合成一体。

9. **加厚及边倒圆操作**

（1）单击“加厚”图标或选择［插入］/［偏置/缩放］/［加厚］菜单命令，系统弹出“加厚”对话框，将“厚度”栏中的“偏置 1”设置为“0.5”，根据提示选择缝合后的网格曲面，如图 5—131 所示。

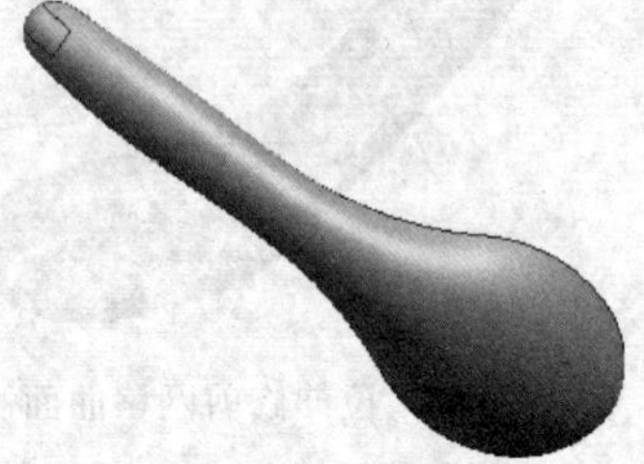

图 5—130　图形窗口

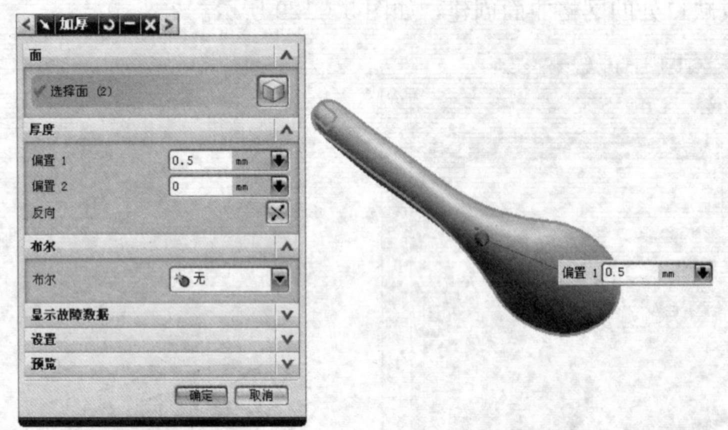

图 5—131　“加厚”对话框设置并选择加厚面

（2）单击【确定】按钮，并隐藏缝合面，如图 5—132 所示。至此勺子创建完成。

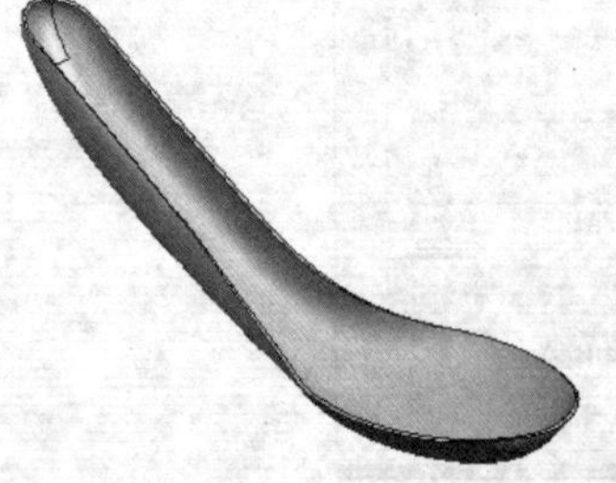

图 5—132　加厚操作

任务拓展

试通过 UG NX 6.0 提供的自动特征重放功能，了解如图 5—133 所示的自行车坐垫模型建模过程。

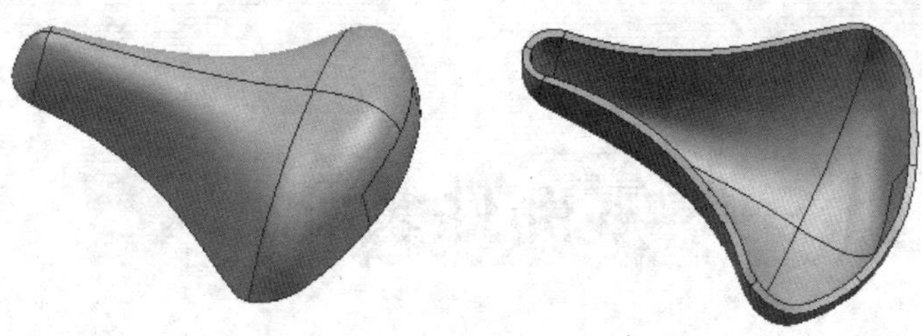

图 5—133　自行车坐垫模型

提示

①自行车坐垫模型文件参见随书提供的光盘。

②通过选择［工具］/［更新］/［自动特征重放］菜单命令进行。

③“自动特征重放”对话框如图 5—134 所示，“步骤之间的秒数”可根据需要进行设置，单击【播放】按钮即可进行自动特征重放。

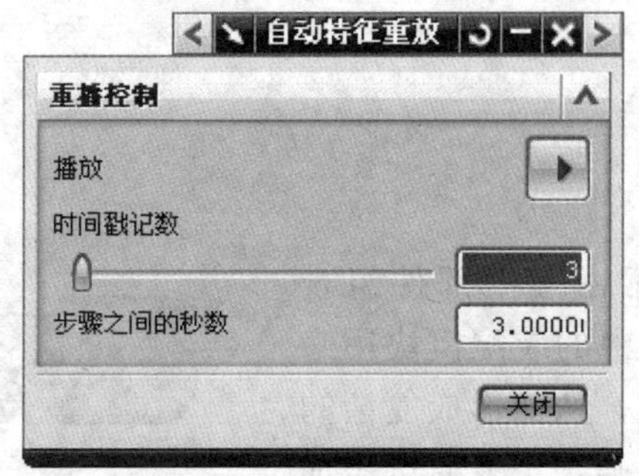

图 5—134　“自动特征重放”对话框

模块六

零部件装配

课题 1　机械手模型装配

学习目标

1. 掌握装配文件的创建。
2. 掌握添加装配组件操作。
3. 掌握装配约束的添加。

工作任务

一个产品（组件）通常由多个部件组合（装配）而成，UG NX 6.0 中的装配模块用来建立部件间的相对位置关系，从而形成复杂的装配体。部件间位置关系的确定主要通过添加约束来实现。

试完成图 6—1 所示机械手模型的装配工作。

图 6—1　机械手装配模型

 **提示**

机械手零件图参见本教材附图。进行本课题操作前，先进行相关零件的造型，并建议将其保存在相应文件夹下，如“jixieshou”。

任务实施

1. 创建新文件

（1）通过快捷方式图标启动 UG NX 6.0。

（2）新建名称为“jixieshou”的装配文件，如图 6—2 所示。

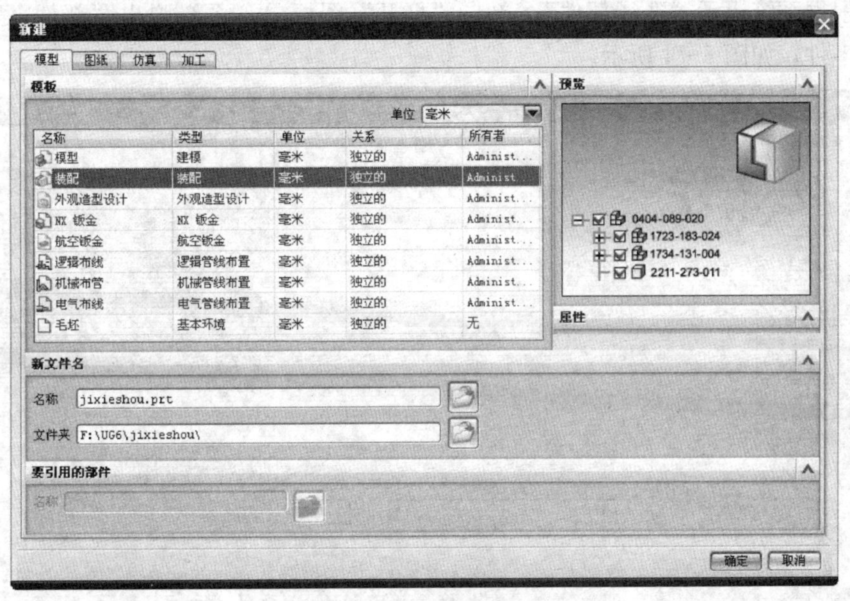

图 6—2　新建装配文件

(3) 单击【确定】按钮，UG NX 6.0 系统进入装配环境，并弹出“添加组件”对话框，如图 6—3 所示。

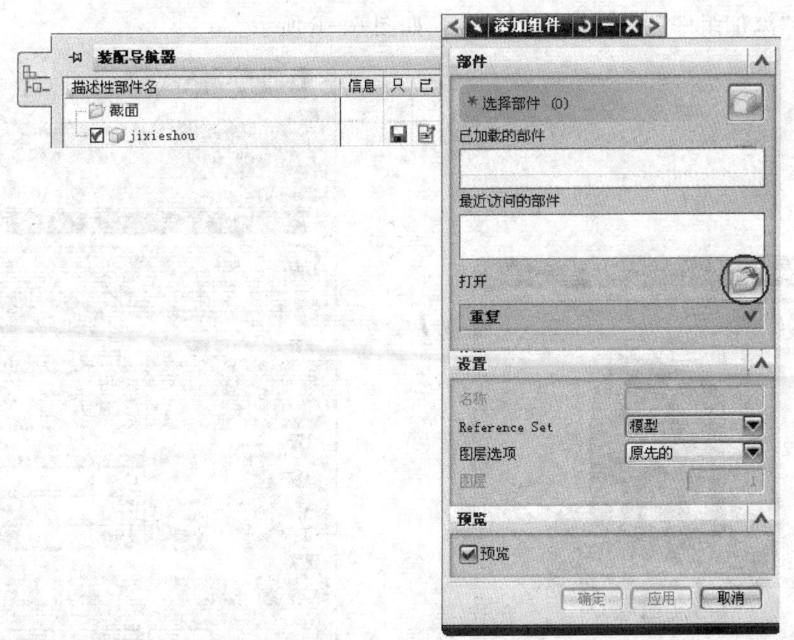

图 6—3　“添加组件”对话框

2. 装配基座零件

（1）根据系统提示“选择部件”，单击“打开”图标，系统弹出“部件名”对话框，选择基座零件，如图 6—4 所示。

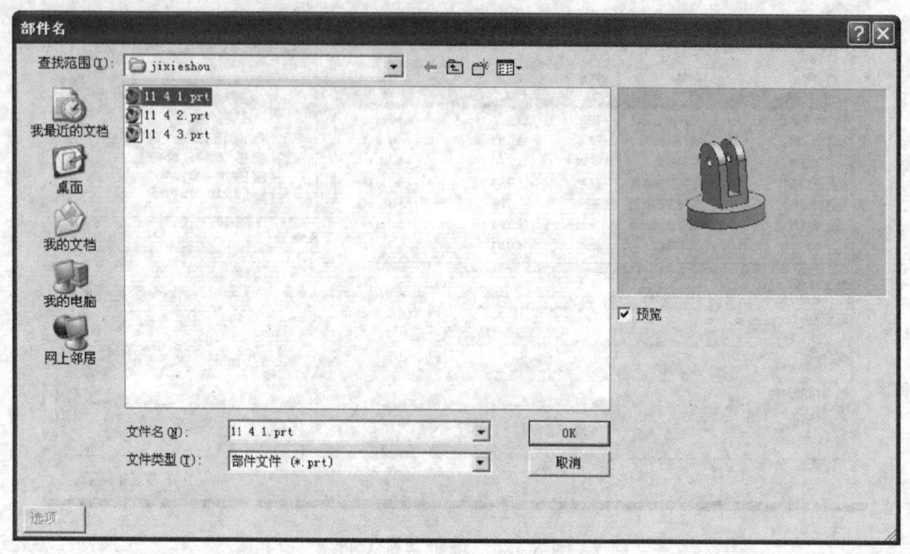

图 6—4　选择基座零件

（2）单击【OK】按钮，完成基座零件的选择，系统又弹出“组件预览”窗口，如图 6—5 所示。

（3）对“添加组件”对话框进行设置，如图 6—6 所示。

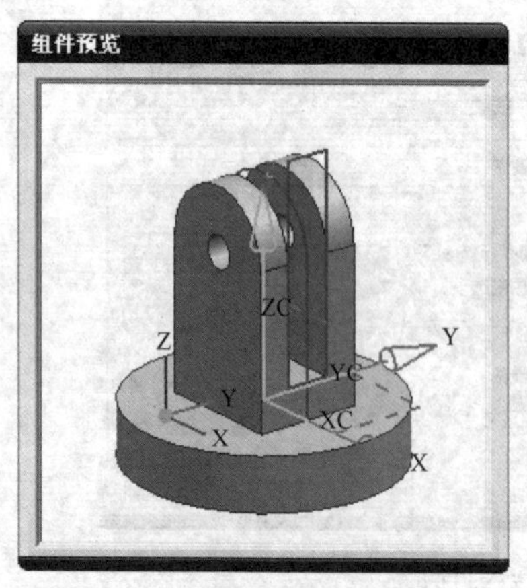

图 6—5　“组件预览”窗口

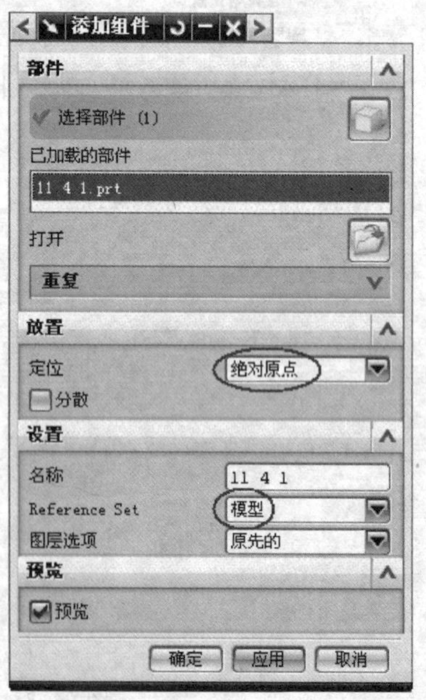

图 6—6　“添加组件”对话框设置

(4) 单击【应用】按钮，图形窗口如图 6—7 所示。

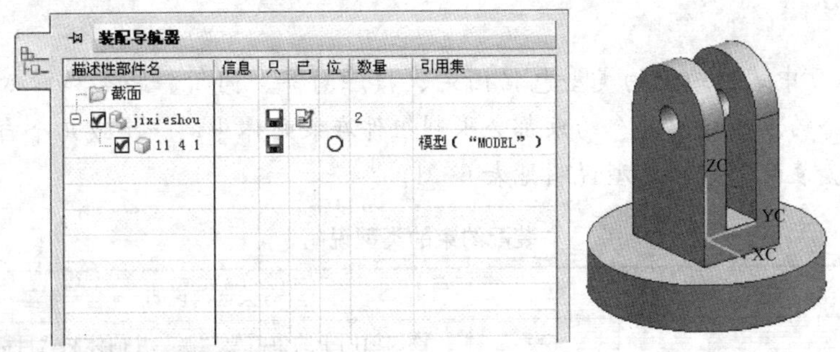

图 6—7 图形窗口

(5) 在“工具栏”空白处单击鼠标右键，在系统弹出的快捷菜单中选择［装配］命令，系统调出“装配”工具栏，如图 6—8 所示。

(6) 单击“装配约束”图标，系统弹出“装配约束”对话框，将“类型”下拉列表框设置为“固定”，如图 6—9 所示。

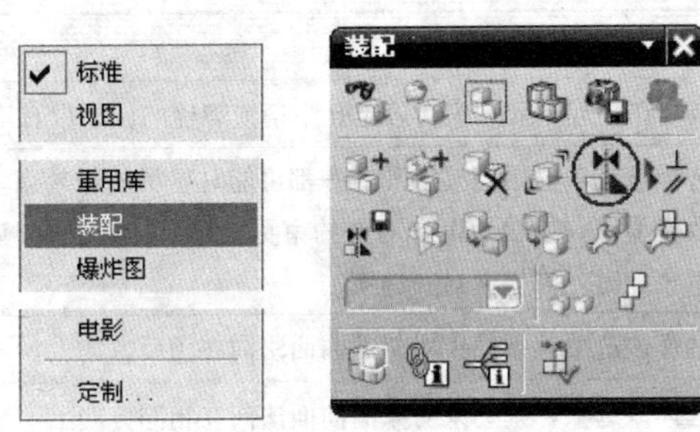

图 6—8 调出“装配”工具栏

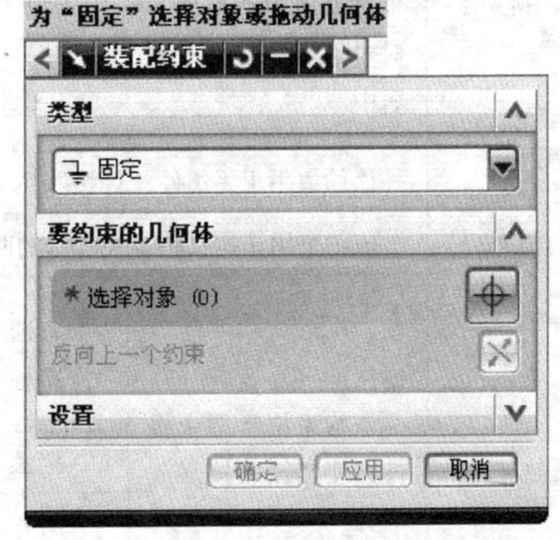

图 6—9 约束类型设置

(7) 根据提示“为‘固定’选择对象或拖动几何体”，选择基座零件为固定对象，如图 6—10 所示。

(8) 单击【确定】按钮，图形窗口如图 6—11 所示。

图 6—10 选择固定对象

图 6—11 完成基座零件装配

 **提示**

UG NX 6.0 中装配约束的类型包括固定、接触对齐、同心、距离和中心等。每个组件都由一个或多个约束组成。每个约束都会限制组件在装配体中的一个或几个自由度，从而确定组件的位置。装配约束的类型说明见表 6—1。

表 6—1　　　　**装配约束的类型说明**

类型	相关说明	有关选项说明	
角度	用于约束两对象间的旋转角	3D	该选项用于约束需要“源”几何体和“目标”几何体，不指定旋转轴，可以任意选择满足指定几何体之间角度的位置
		方向角度	该选项用于约束需要“源”几何体和“目标”几何体，还特别需要一个定义旋转轴的预先约束，否则会创建定位角约束失败
中心	该约束用于使一对对象之间的一个或两个对象居中，或使一对对象沿另一个对象居中	1 对 2	该选项用于定义在后两个所选对象之间使第一个所选对象居中
		2 对 1	该选项用于定义将两个所选对象沿第 3 个所选对象居中
		2 对 2	该选项用于定义将两个所选对象在两个其他所选对象之间居中
胶合	该约束用于将组件“焊接”在一起		
适合	该约束用于定义将半径相等的两个圆柱面拟合在一起，此约束对确定孔中销或螺栓的位置很有用		
接触对齐	该约束用于两个组件，使其彼此接触或对齐	首选接触	若选择该选项，则当接触和对齐都可能时显示接触约束（在大多数模型中，接触约束比对齐约束更常用）；当接触约束过度约束装配时，将显示对齐约束
		接触	若选择该选项，则约束对象的曲面法向在相反方向上
		对齐	若选择该选项，则约束对象的曲面法向在相同方向上
		自动判断中心/轴	该选项主要用于定义两圆柱面、两圆锥面或圆柱面与圆锥面同轴约束
同心	该约束用于定义两个组件的圆形边界或椭圆边界的中心重合，并使边界的面共面		
距离	该约束用于设定两个接触对象间的最小 3D 距离		
固定	该约束用于将组件固定在其当前位置，一般用在第一个装配元件上		
平行	该约束用于使两个目标对象的矢量方向平行		
垂直	该约束用于使两个目标对象的矢量方向垂直		

3. 装配其他零件

（1）单击“添加组件”图标或选择［装配］/［组件］/［添加组件］菜单命令，系统弹出“添加组件”对话框，单击“打开”图标，系统弹出“部件名”对话框，从中选择装配零件，如图 6—12 所示。

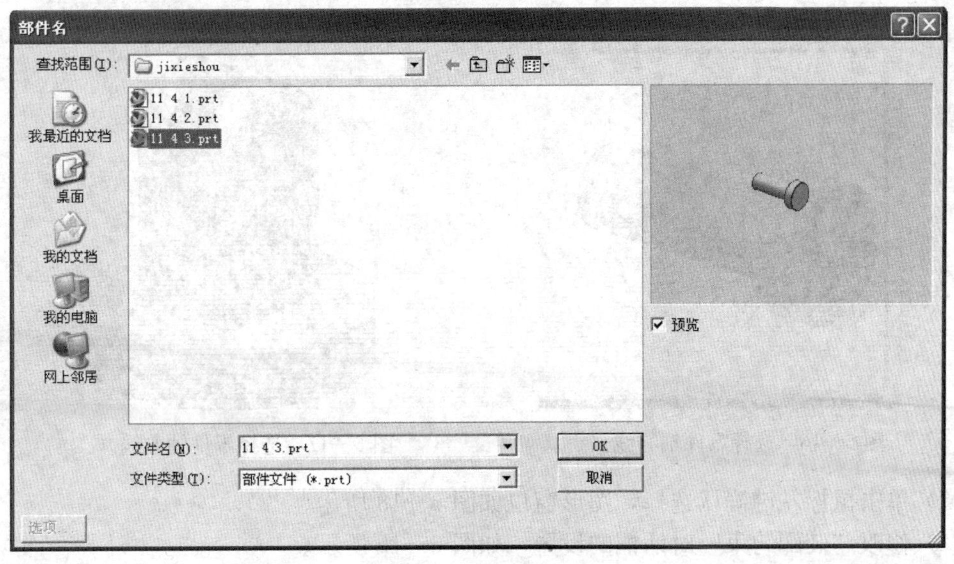

图 6—12　选择装配零件

(2) 单击【OK】按钮，系统弹出“组件预览”窗口，如图6—13所示。

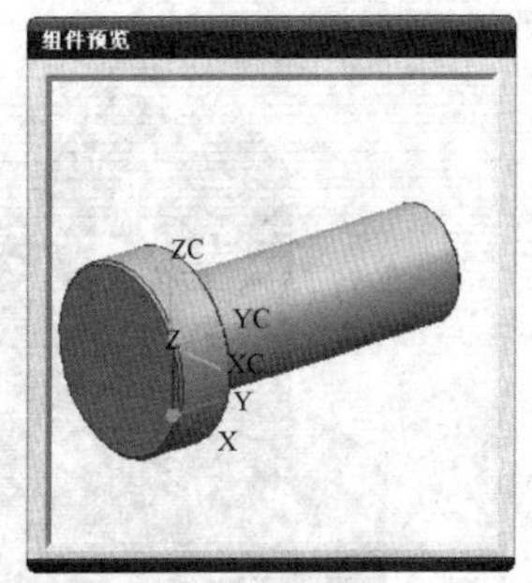

图 6 -13　“组件预览”窗口

(3) 设置“添加组件”对话框，如图6—14所示。

(4) 单击【确定】按钮，系统弹出“装配约束”对话框，进行如图6—15所示的设置。

(5) 根据提示“为‘接触/对齐’选择第一个对象或拖动几何体”，选择第一个对象零件轴心线，如图6—16所示。

(6) 根据提示选择第二个对象零件轴心线，如图6—17所示。

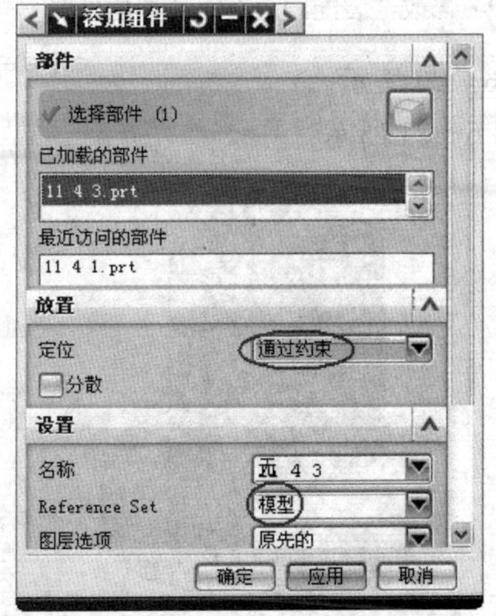

图 6—14　“添加组件”对话框设置

图 6—15　“装配约束”对话框设置

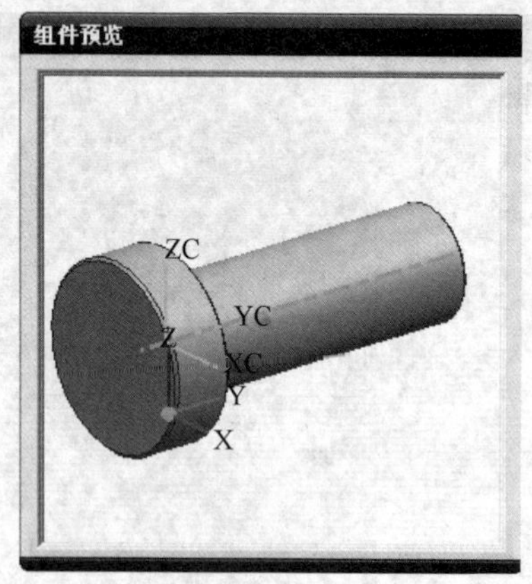

图 6—16 选择零件轴心线（一）

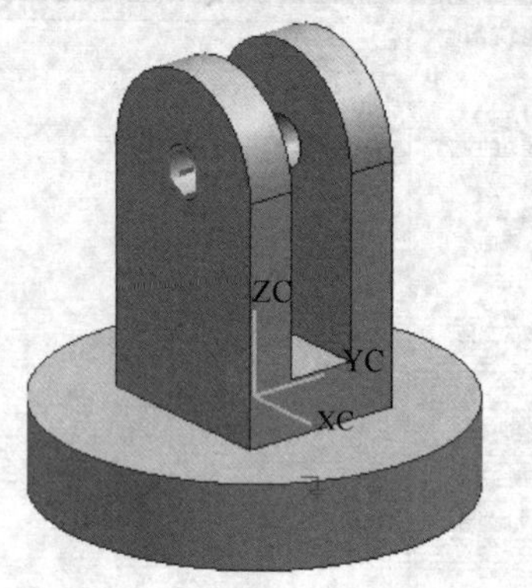

图 6—17 选择零件轴心线（二）

（7）单击鼠标左键确认选择，图形窗口如图 6—18 所示。

（8）修改“装配约束”对话框的设置，如图 6—19 所示。

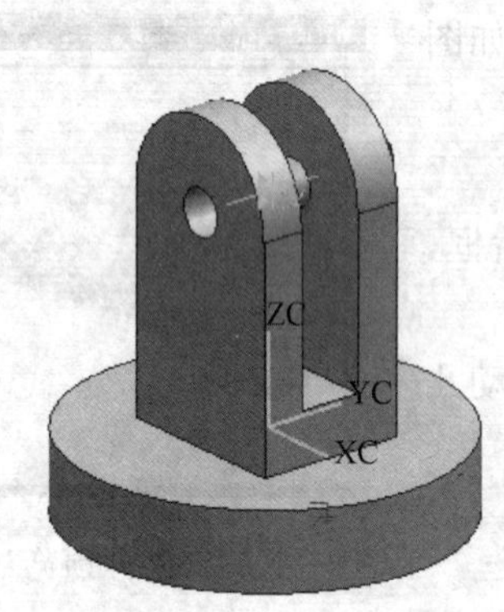

图 6—18 图形窗口

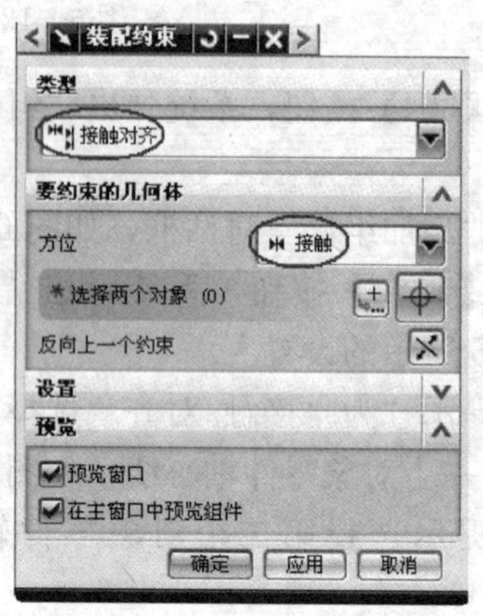

图 6—19 修改“装配约束”对话框的设置

（9）根据提示选择第一个接触对齐表面，如图 6—20 所示。

（10）根据提示选择第二个接触对齐表面，如图 6—21 所示。

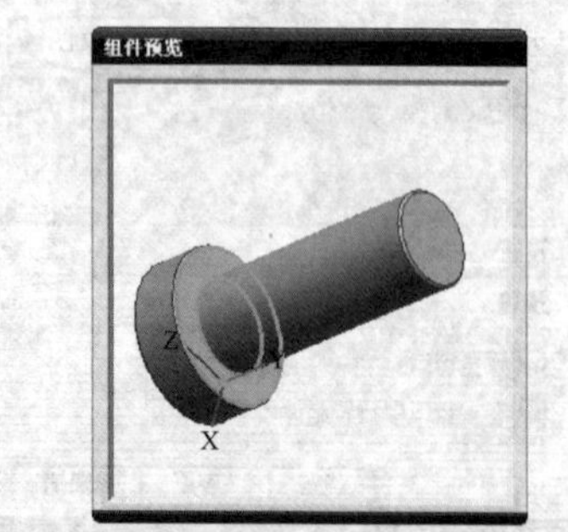

图 6—20 选择接触对齐表面（一）

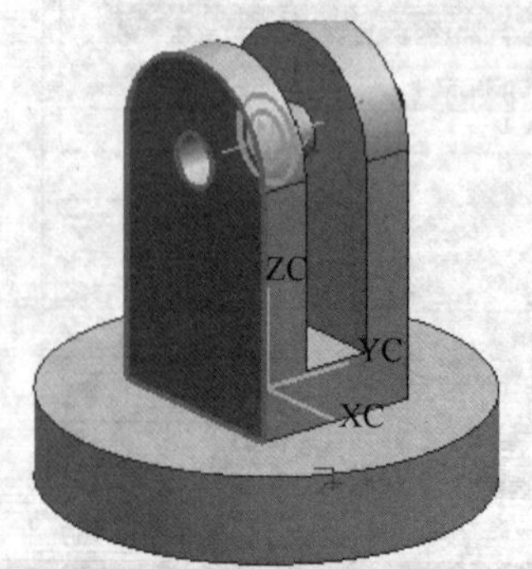

图 6—21 选择接触对齐表面（二）

为方便选择，请随时使用“旋转”功能。

(11) 单击鼠标左键确认选择，单击【确定】按钮，完成所选零件的装配，图形窗口如图 6—22 所示。

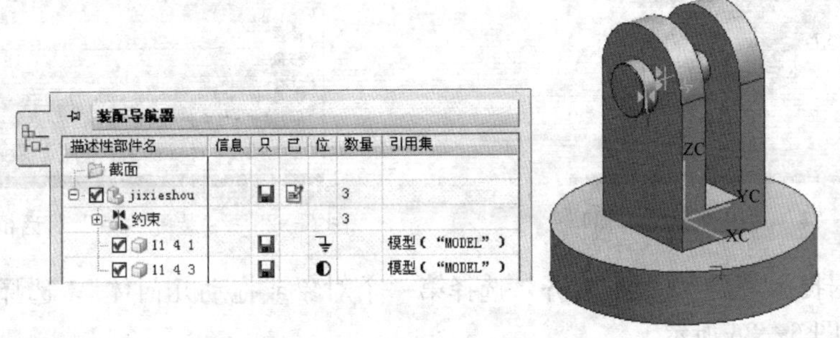

图 6—22 完成所选零件装配

(12) 单击“添加组件”图标或选择［装配］/［组件］/［添加组件］菜单命令，系统弹出“添加组件”对话框，单击“打开”图标，系统弹出“部件名”对话框，从中选择装配零件，如图 6—23 所示。

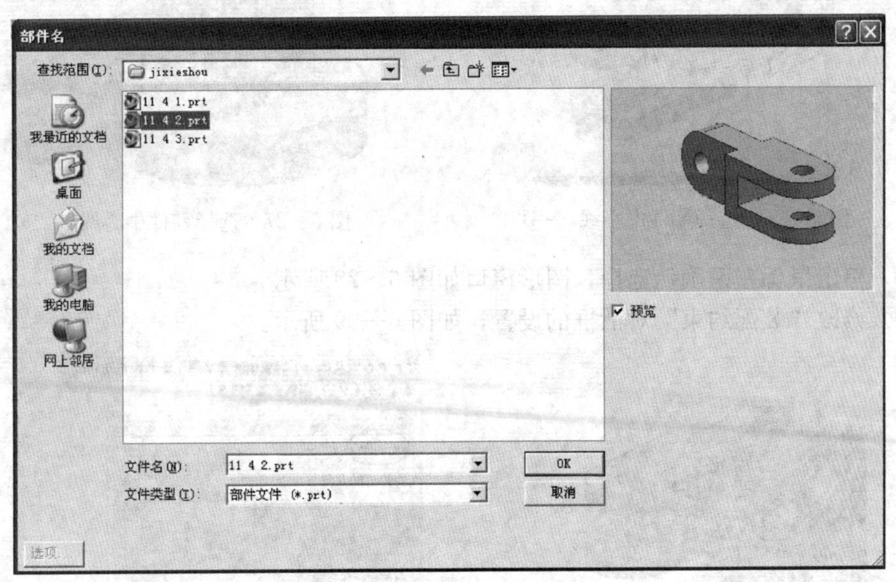

图 6—23 选择装配零件

(13) 单击【OK】按钮，系统弹出“组件预览”窗口，如图 6—24 所示。

(14) 单击“添加组件”对话框中的【确定】按钮，系统弹出“装配约束”对话框。

(15) 设置“装配约束”对话框，如图 6—25 所示。

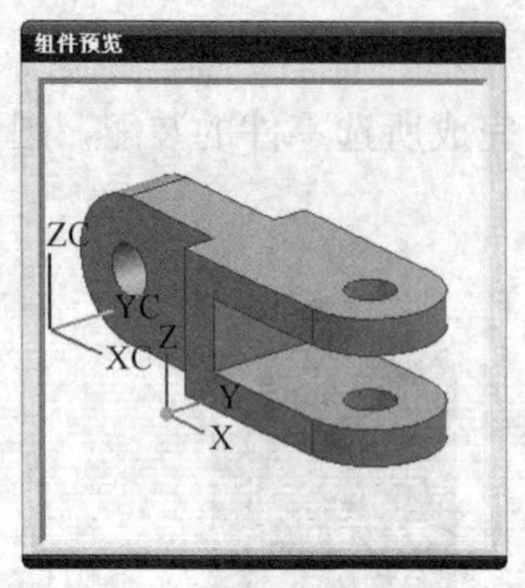

图 6—24 “组件预览”窗口

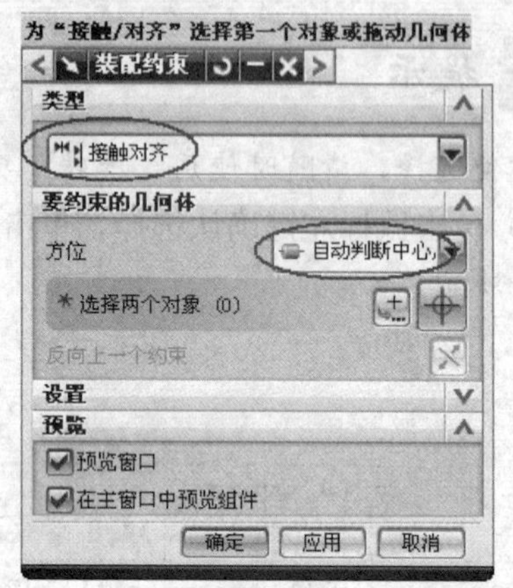

图 6—25 “装配约束”对话框的设置

（16）根据提示“为‘接触/对齐’选择第一个对象或拖动几何体”，选择第一个对象零件中心线，如图 6—26 所示。

（17）根据提示选择第二个对象零件中心线，如图 6—27 所示。

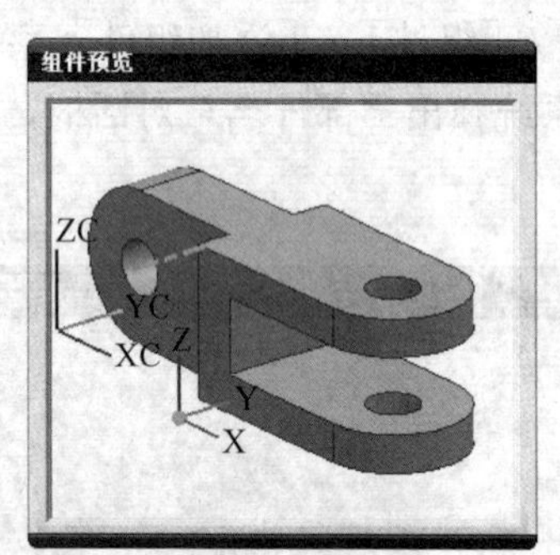

图 6—26 选择零件中心线（一）

图 6—27 选择零件中心线（二）

（18）单击鼠标左键确认选择，图形窗口如图 6—28 所示。

（19）修改“装配约束”对话框的设置，如图 6—29 所示。

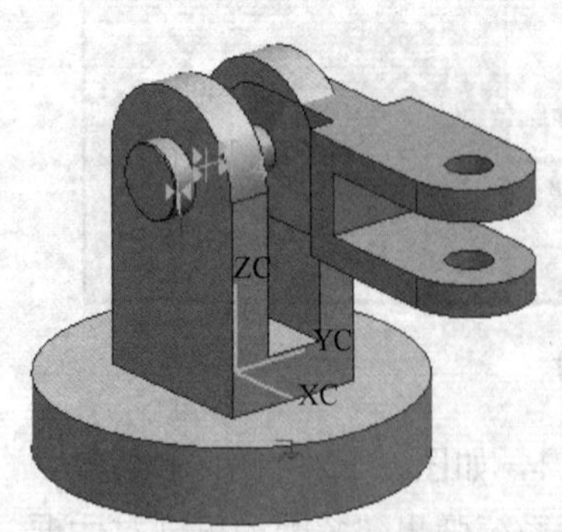

图 6—28 图形窗口

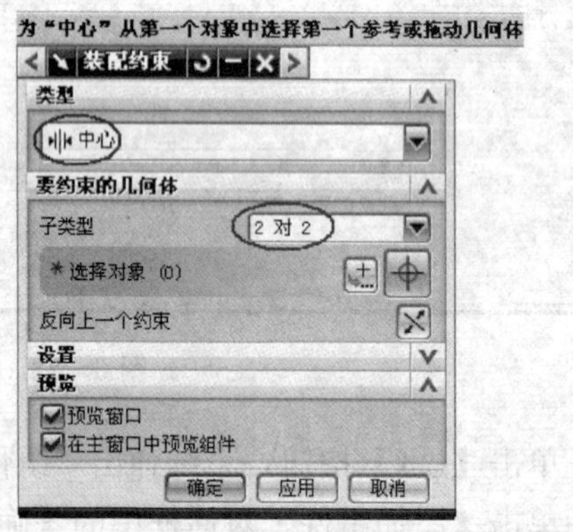

图 6—29 修改“装配约束”对话框的设置

（20）根据提示“为‘中心’从第一个对象中选择第一个参考或拖动几何体”，分别选择第一个对象的两个面，如图 6—30 所示。

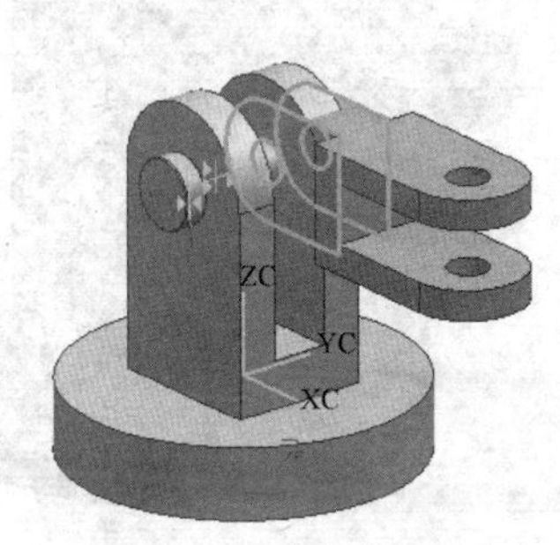

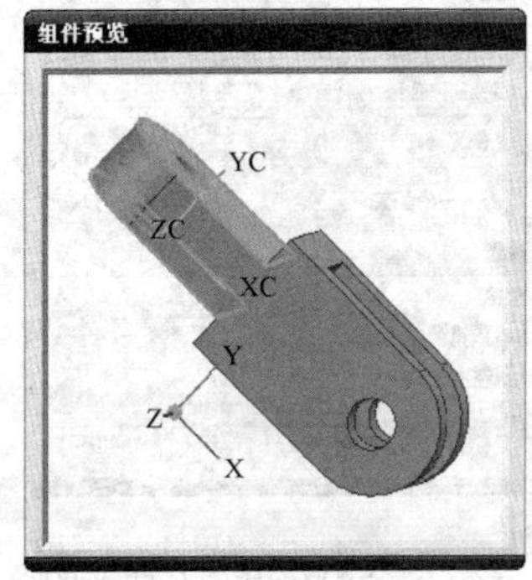

图 6—30　选择第一个对象的两个面

（21）分别选择第二个对象的两个面，如图 6—31 所示。

（22）单击鼠标左键确认选择，图形窗口如图 6—32 所示。

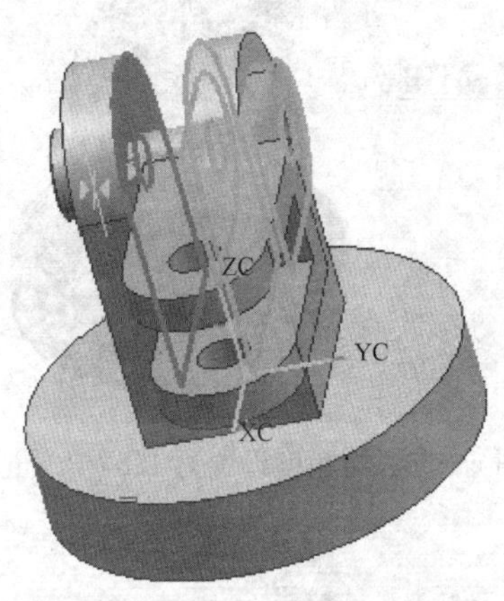

图 6—31　选择第二个对象的两个面

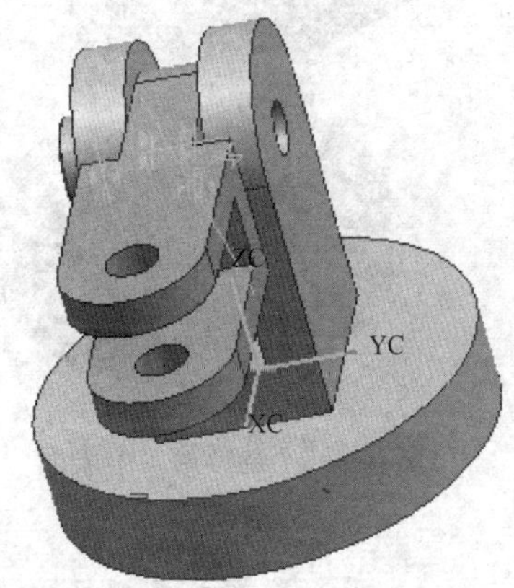

图 6—32　图形窗口

（23）修改“装配约束”对话框，如图 6—33 所示。

（24）根据提示为角度选择第一个对象表面，如图 6—34 所示。

（25）根据提示为角度选择第二个对象表面，如图 6—35 所示。

（26）单击鼠标左键确认选择，系统弹出“角度”文本框，将其修改为“135”，如图 6—36 所示。

（27）单击【确定】按钮，完成该零件的装配，如图 6—37 所示。

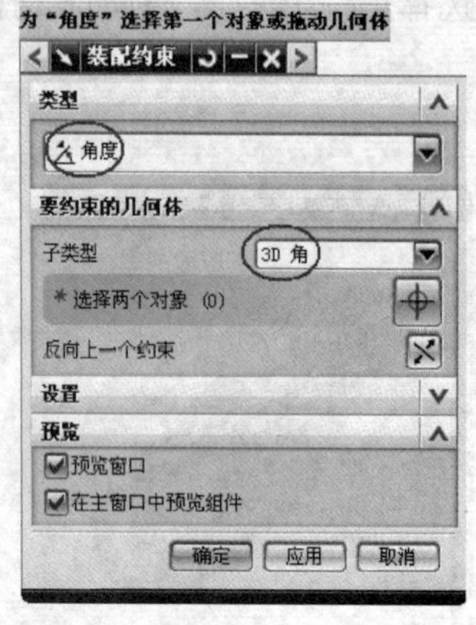

图 6—33 "装配约束"对话框的设置

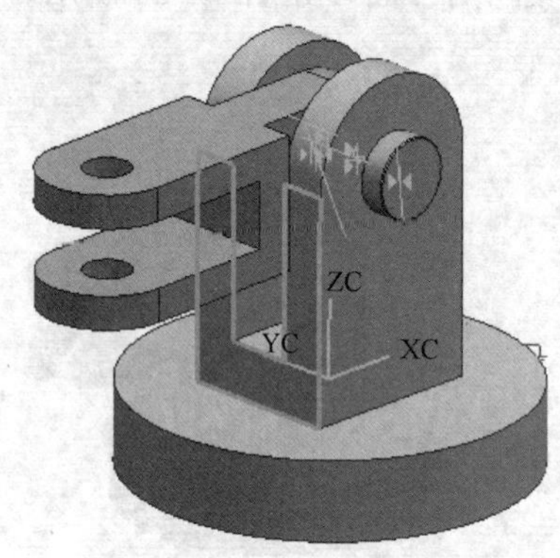

图 6—34 选择第一个表面

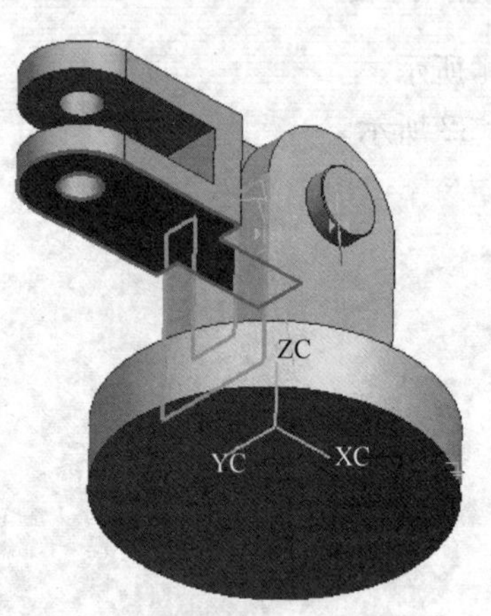

图 6—35 选择第二个表面

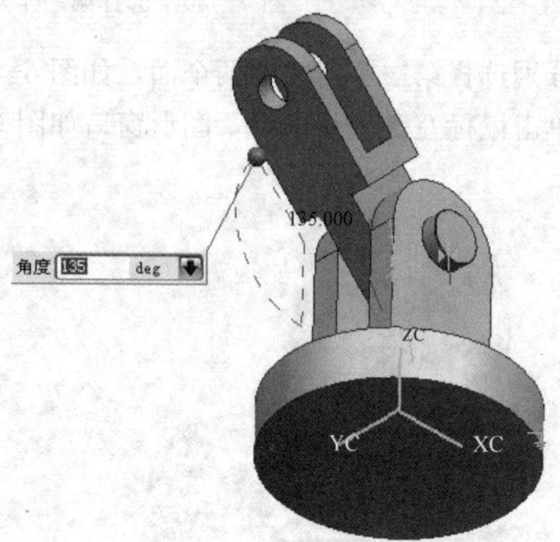

图 6—36 将角度设置为 135°

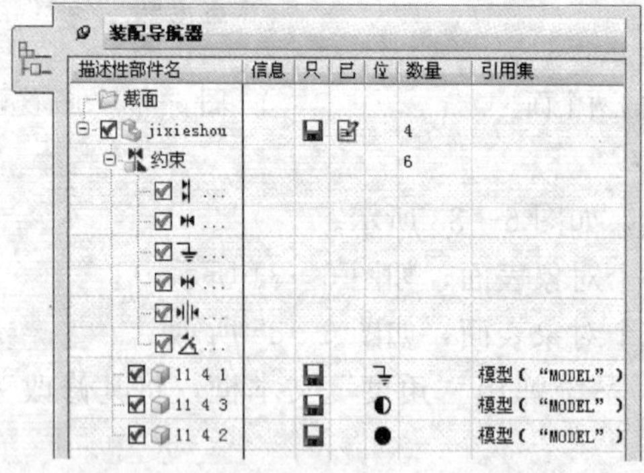

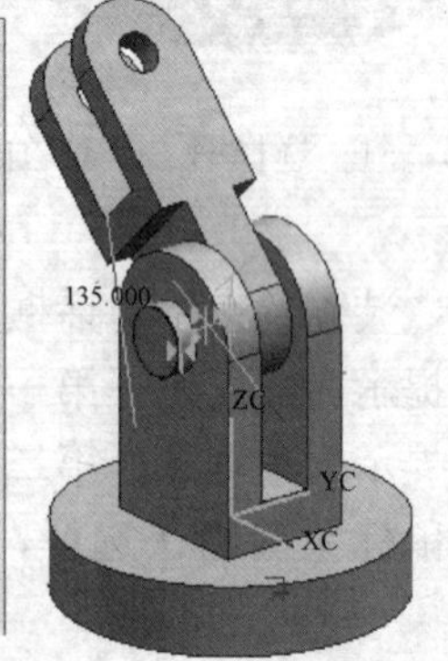

图 6—37 完成零件装配（一）

(28) 同理，完成图 6—38 所示的装配。

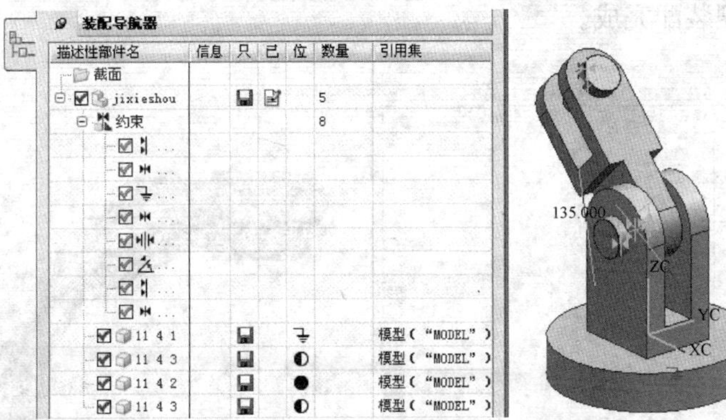

图 6—38 完成零件装配（二）

(29) 同理，完成图 6—39 所示的装配。

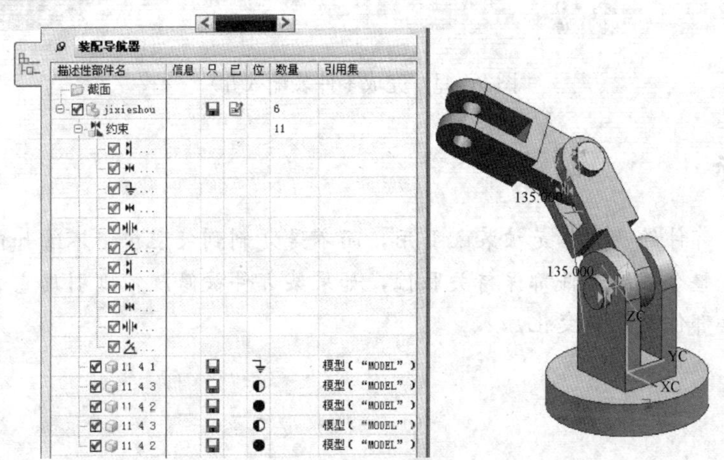

图 6—39 完成零件装配（三）

(30) 同理，完成图 6—40 所示的装配。

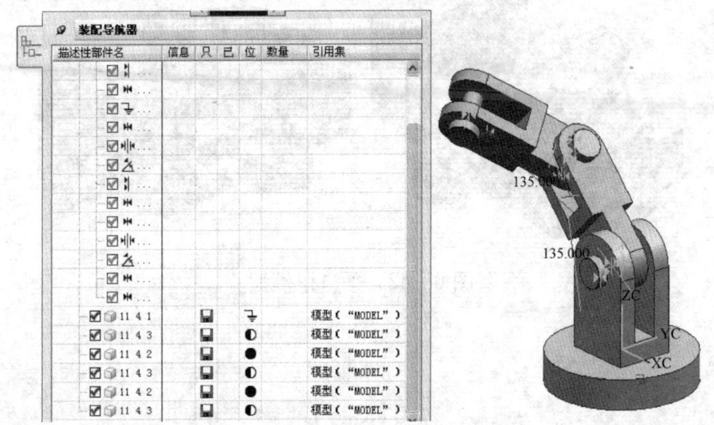

图 6—40 完成零件装配（四）

（31）同理，完成图 6—41 所示的装配。

至此机械手模型装配完成。

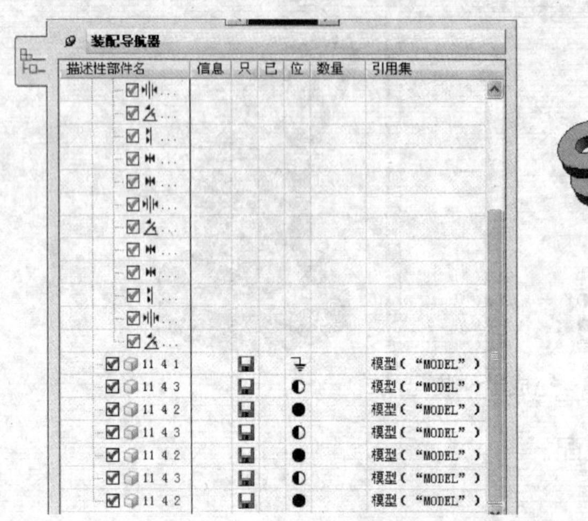

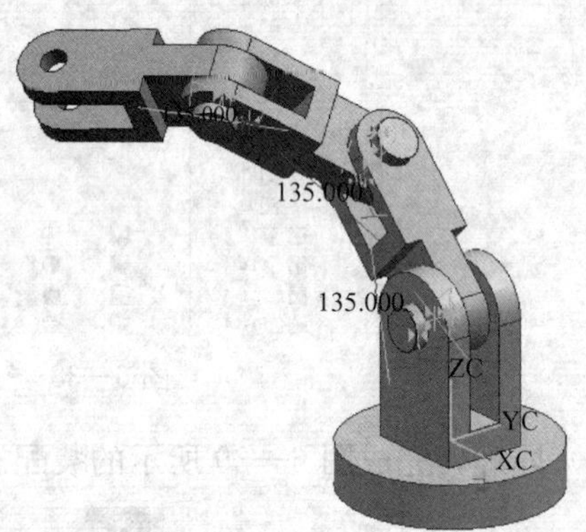

图 6—41　完成零件装配（五）

提示

在装配中，部件的几何体是被装配引用，而不是复制到装配中。不管如何编辑部件和在何处编辑部件，整个装配部件都保持关联性，如果某部件被修改，则引用它的装配部件将自动更新，以反映部件的最新变化。

任务拓展

1. 试完成图 6—42 所示平口钳模型的装配，有关零件参见本教材附带光盘。

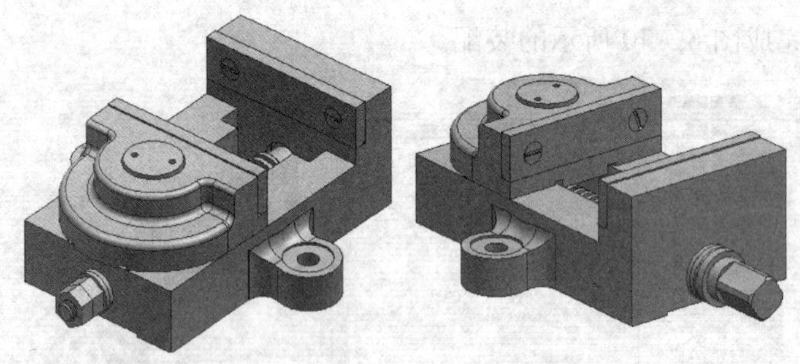

图 6—42　平口钳模型

提示

装配思路如图 6—43 所示。

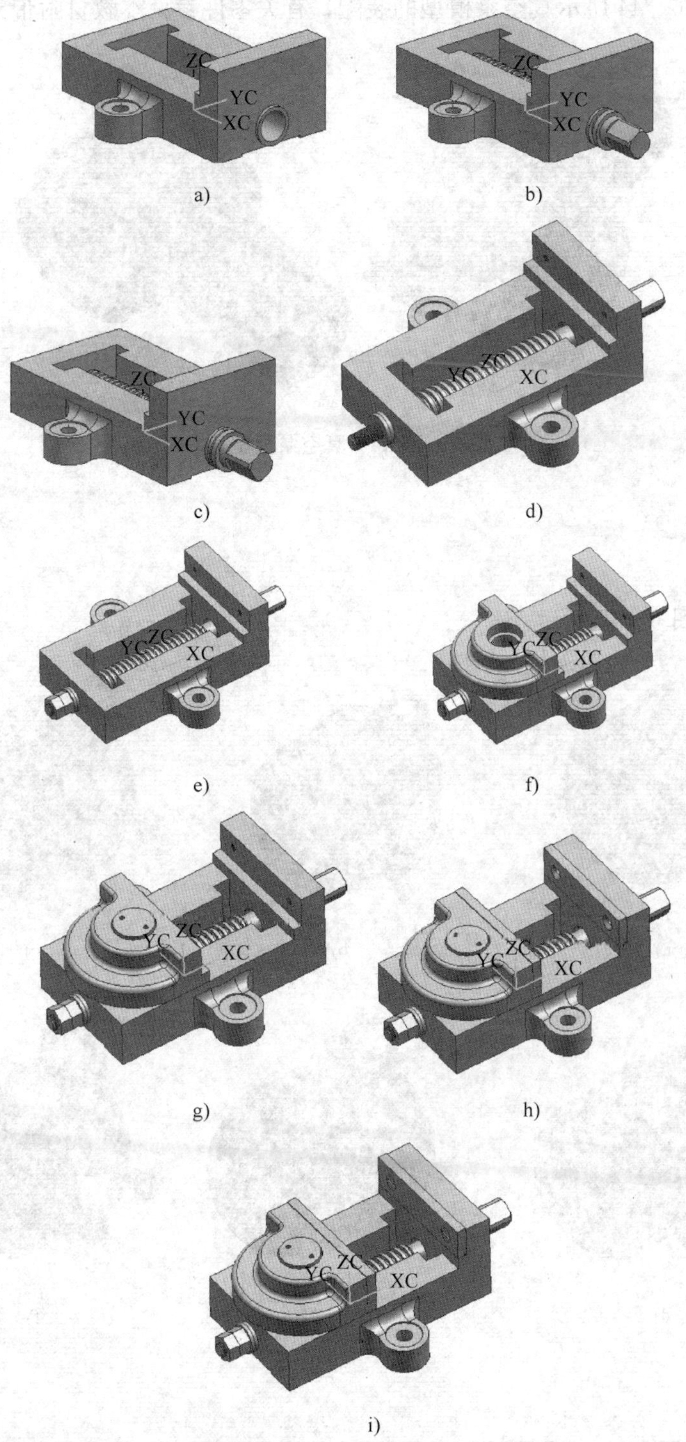

图 6—43　平口钳模型的装配思路

2. 试完成图 6—44 所示真空泵模型的装配，有关零件参见本教材附带光盘。

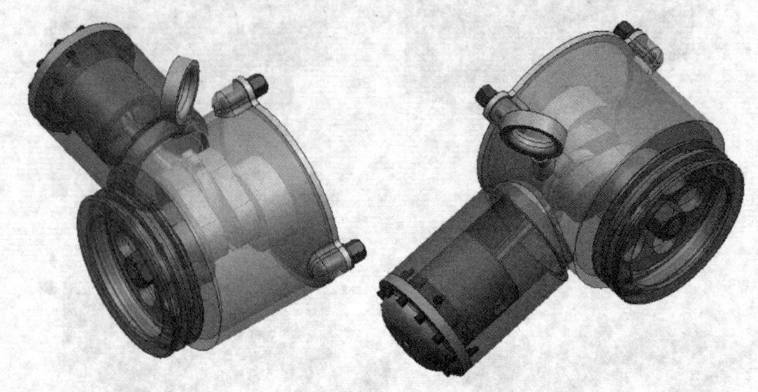

图 6—44　真空泵模型

 提示

装配思路如图 6—45 所示。

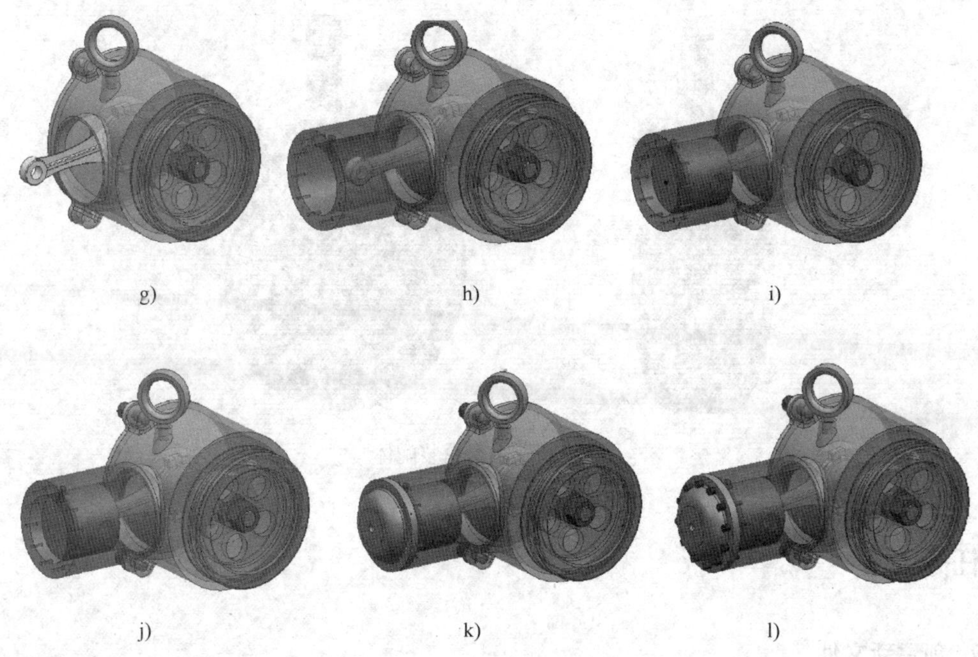

g) h) i)

j) k) l)

图 6—45 真空泵模型的装配思路

课题 2 爆 炸 图

学习目标

1. 掌握装配体的创建。
2. 掌握爆炸图的创建。

工作任务

爆炸图是指在同一幅图里，把装配体的组件拆分开，使各组件之间分开一定的距离，以便于观察装配体中的每个组件，清楚地反映装配体的结构。

试完成图 6—46 所示小车轮装配体的爆炸图创建，并对爆炸图进行相关操作。

 提示

小车轮零件图参见本教材附图，进行本课题前先进行相关零件的造型。

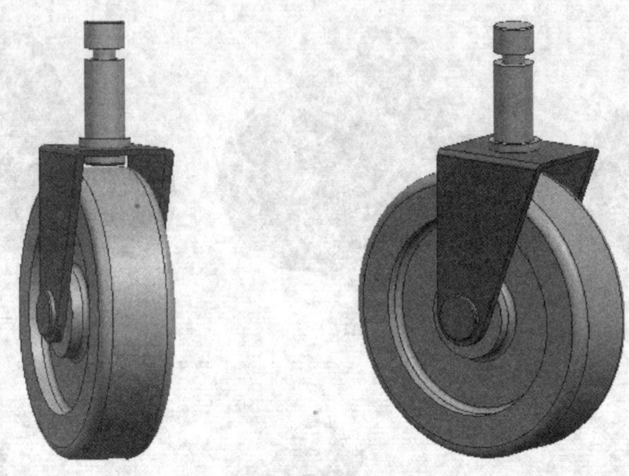

图 6—46　小车轮装配体

任务实施

1. 创建新文件

（1）通过快捷方式图标启动 UG NX 6.0。

（2）新建名称为“xiaochelun”的装配文件。

2. 装配小车轮

（1）添加第一个组件，并进行装配约束，如图 6—47 所示。

（2）添加第二个组件，并进行装配约束，如图 6—48 所示。

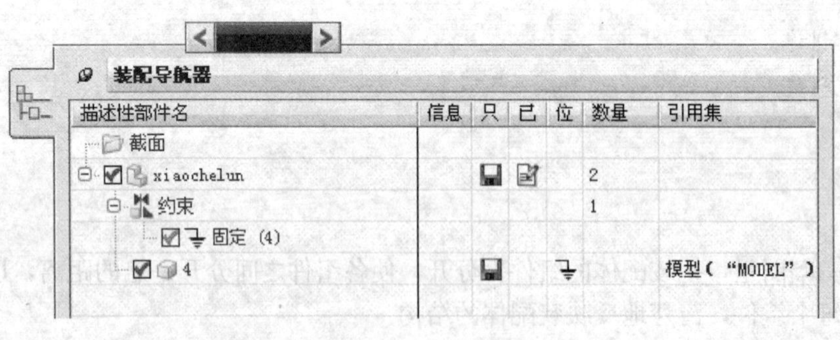

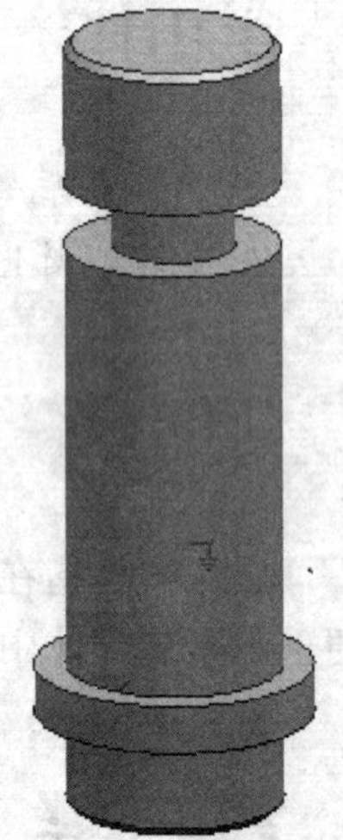

图 6—47　添加第一个组件并进行装配约束

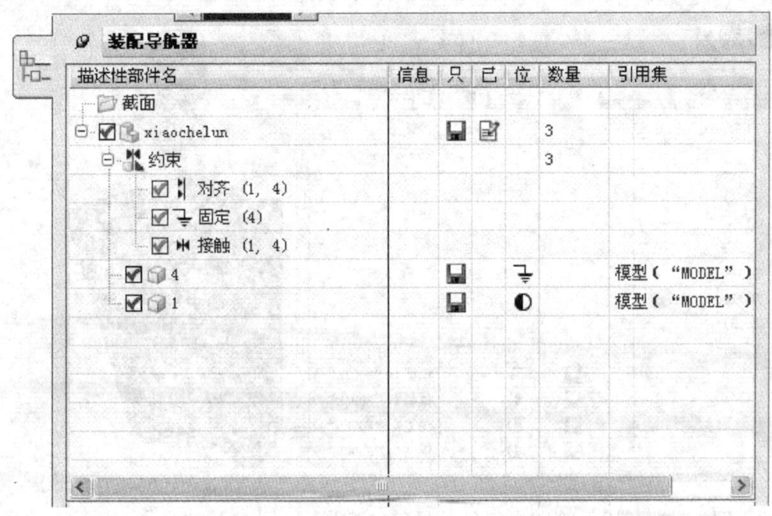

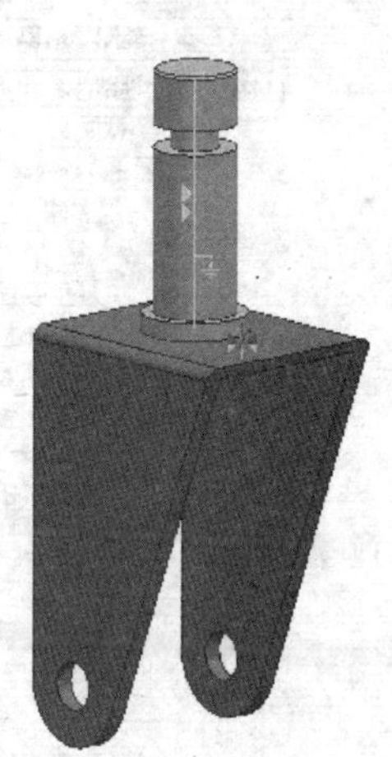

图 6—48　添加第二个组件并进行装配约束

(3) 添加第三个组件，并进行装配约束，如图 6—49 所示。

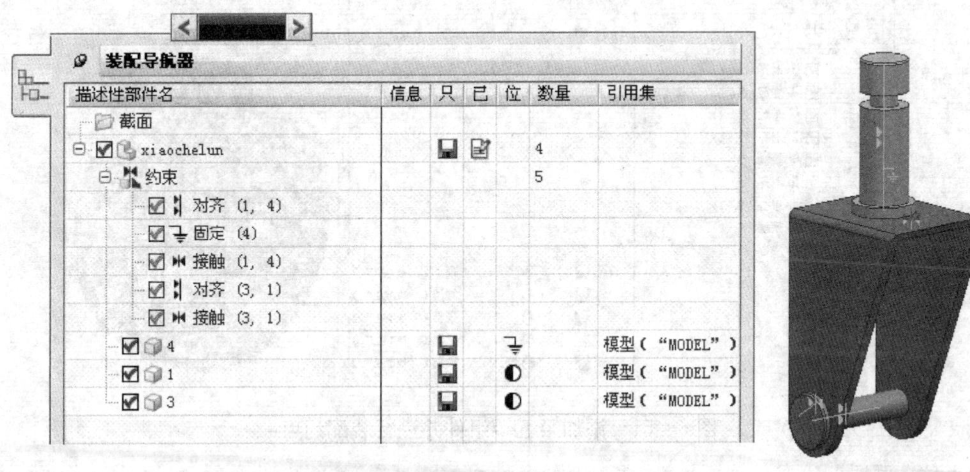

图 6—49　添加第三个组件并进行装配约束

(4) 添加第四个组件，并进行装配约束，如图 6—50 所示。

(5) 添加第五个组件，并进行装配约束，如图 6—51 所示。

(6) 选择［文件］/［保存］菜单命令，至此完成小车轮装配体的装配。

3. 创建爆炸图

(1) 单击“爆炸图”图标，系统弹出“爆炸图”对话框，单击“创建爆炸图”图标，如图 6—52 所示。

图 6—50　添加第四个组件并进行装配约束

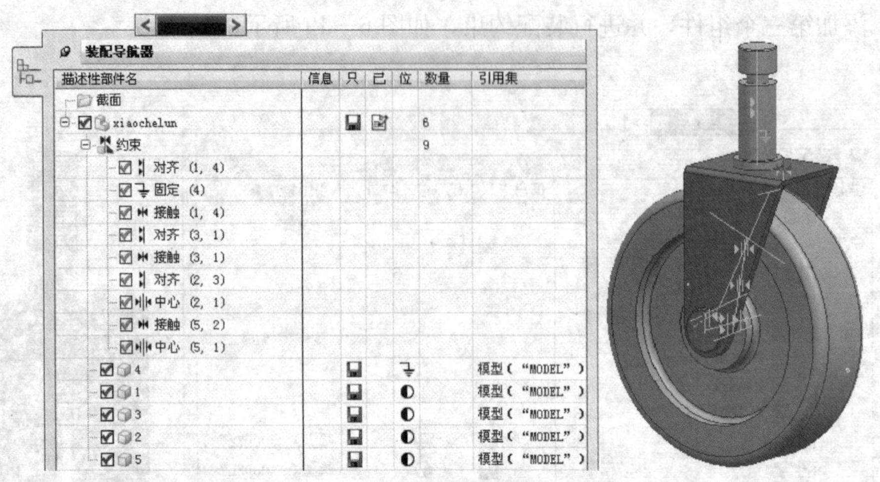

图 6—51　添加第五个组件并进行装配约束

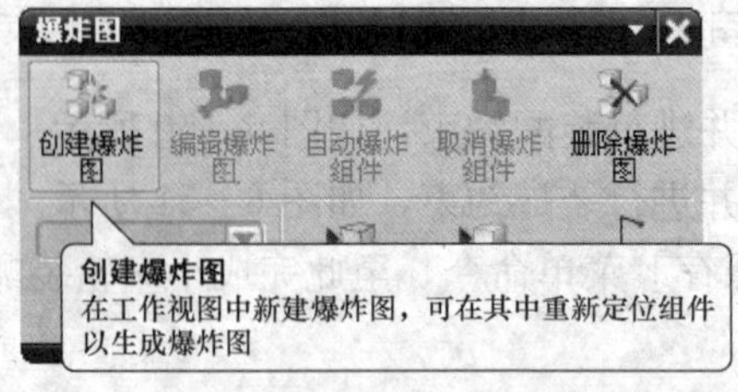

图 6—52　“爆炸图”对话框

提示

或选择［装配］/［爆炸图］/［新建爆炸］菜单命令。

(2) 系统弹出“创建爆炸图”对话框，并提示“输入新的爆炸图名称”，如图 6—53 所示。

(3) 接受系统默认的名称“Explosion 1”，单击【确定】按钮，完成爆炸图的创建。此时，“爆炸图”对话框如图 6—54 所示。

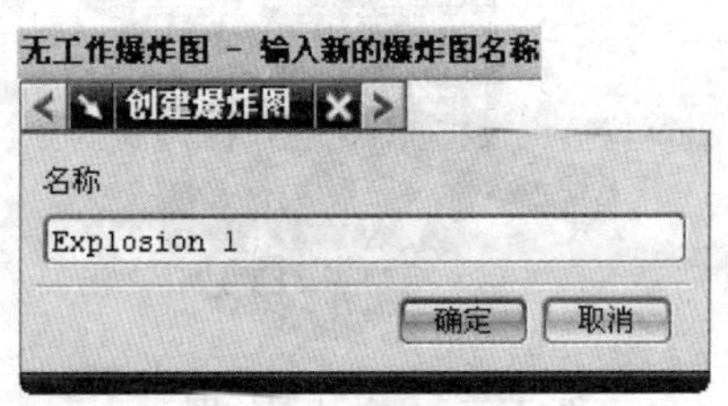

图 6—53 “创建爆炸图”对话框

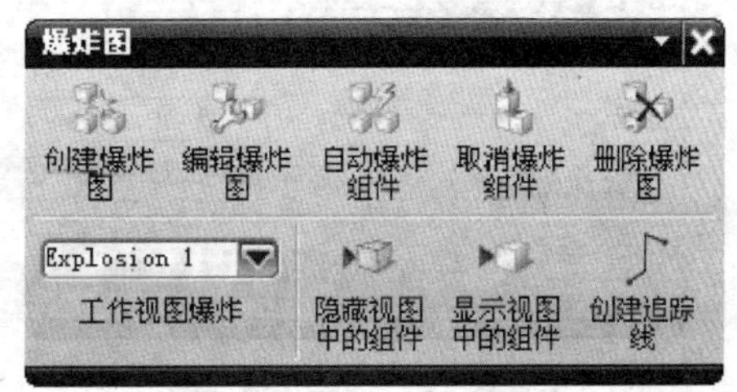

图 6—54 “爆炸图”对话框

提示

爆炸图创建完成，创建的结果是产生了一个待编辑的爆炸图，图形窗口中的图形并没有发生变化，爆炸图编辑工具被激活，可进行爆炸图的编辑。

(4) 单击“自动爆炸组件”图标，系统弹出“类选择”对话框，如图 6—55 所示。

(5) 根据提示“选择组件”，选择图形窗口中的所有组件，如图 6—56 所示。

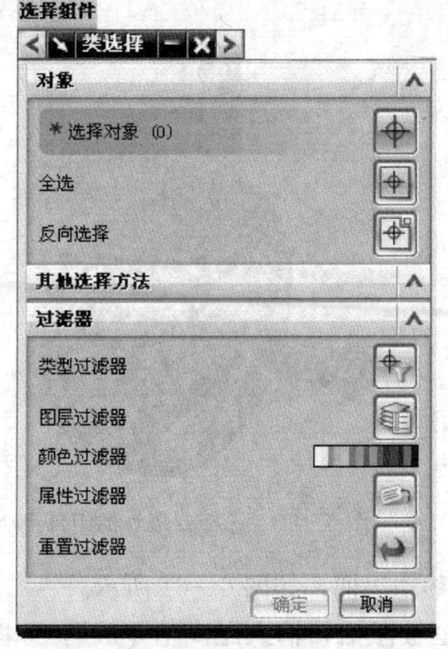

图 6—55 “类选择”对话框

图 6—56 选择爆炸组件

（6）单击【确定】按钮，系统弹出“爆炸距离”对话框，在“距离”文本框中输入“30”，如图 6—57 所示。

（7）单击【确定】按钮，系统立即生成以上组件的爆炸图，如图 6—58 所示。

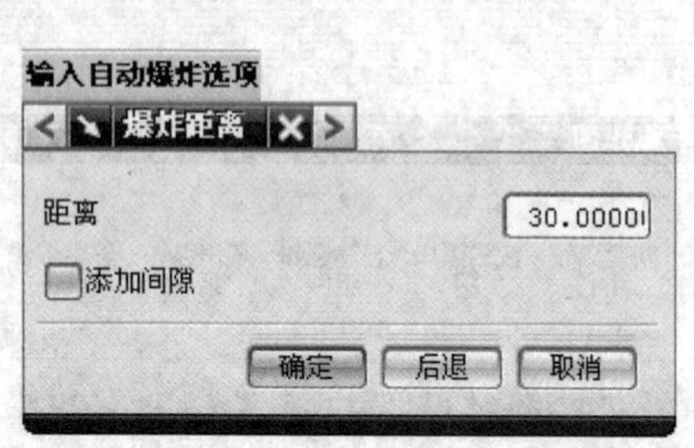

图 6—57 设置爆炸距离

图 6—58 自动爆炸图

提示

自动爆炸只需用户输入很少的内容，就能快速生成爆炸图。不过，自动爆炸并不能总获得满意的效果，为此，系统提供了编辑爆炸图功能。

（8）单击“编辑爆炸图”图标，系统弹出“编辑爆炸图”对话框，如图 6—59 所示。

（9）根据提示“选择要爆炸的组件”，选择要爆炸的组件，如图 6—60 所示。

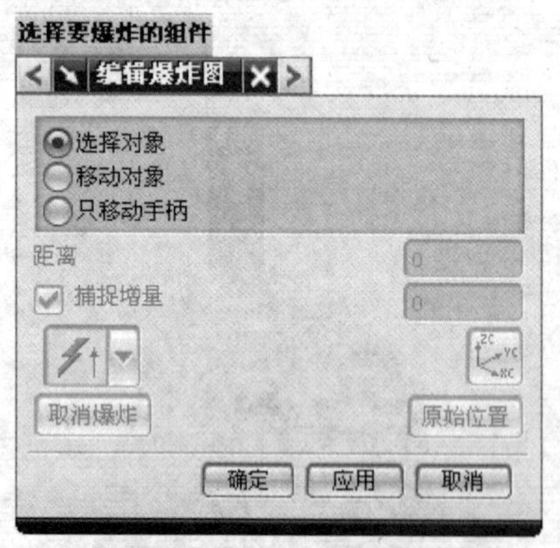

图 6—59 “编辑爆炸图”对话框

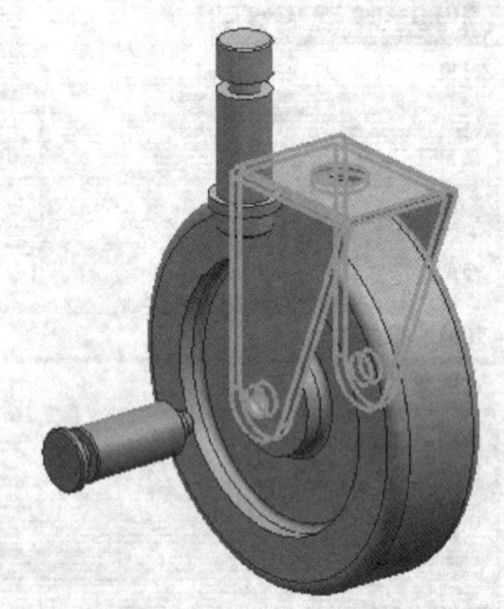

图 6—60 选择要爆炸的组件

（10）选中【移动对象】单选按钮，系统显示移动手柄，如图 6—61 所示。

（11）单击手柄上的向右箭头，“距离”文本框被激活，输入距离值“50”，如图 6—62 所示。

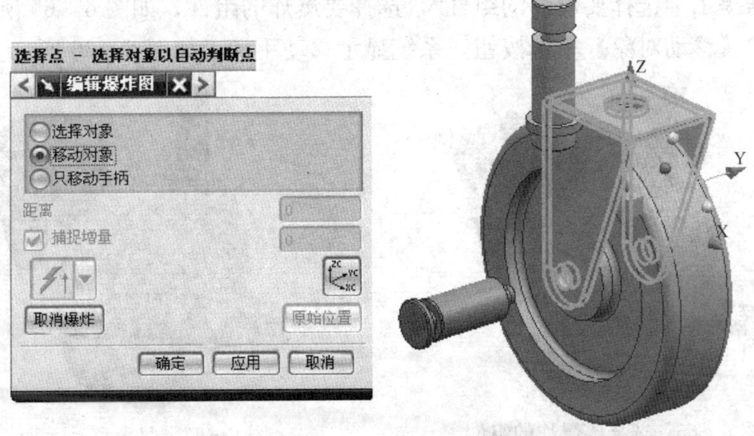

图 6—61 选中【移动对象】单选按钮

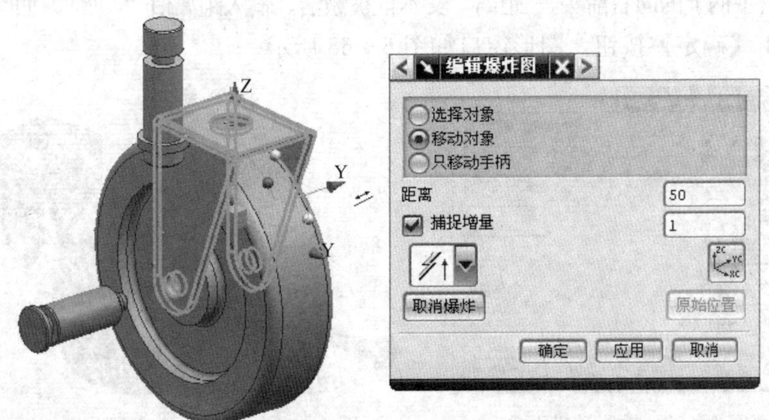

图 6—62 选择移动方向并输入移动距离

(12) 单击【应用】按钮，图形窗口如图 6—63 所示。

(13) 单击“编辑爆炸图”图标，系统弹出“编辑爆炸图”对话框，如图 6—64 所示。

图 6—63 完成组件的移动

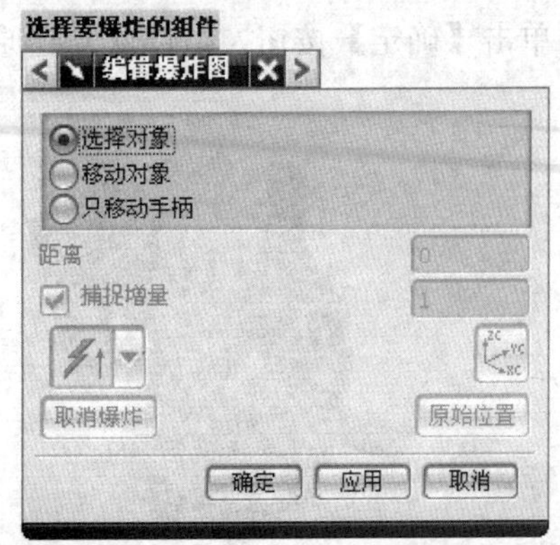

图 6—64 选中【选择对象】单选按钮

（14）根据提示“选择要爆炸的组件”，选择要爆炸的组件，如图 6—65 所示。

（15）选中【移动对象】单选按钮，系统显示移动手柄，如图 6—66 所示。

图 6—65　选择要爆炸的组件

图 6—66　显示移动手柄

（16）单击手柄上的向右箭头，“距离”文本框被激活，输入距离值“−60”，如图6—67所示。

（17）单击【确定】按钮，图形窗口如图 6—68 所示。

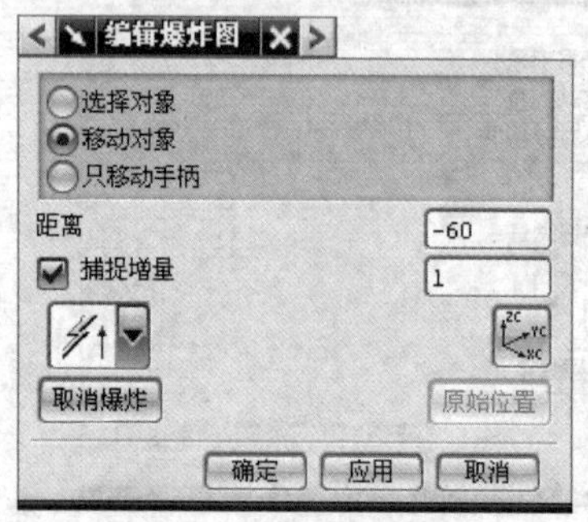

图 6—67　输入移动距离

图 6—68　完成爆炸后的图形窗口

4. 爆炸图的相关操作

（1）在“爆炸图”对话框中，单击“取消爆炸组件”图标，系统弹出“类选择”对话框；根据提示，选择所有组件，如图 6—69 所示。

（2）单击【确定】按钮，组件恢复到原先的未爆炸位置，如图 6—70 所示。

图 6—69　选择要取消爆炸的组件

图 6—70　取消爆炸组件

（3）在“爆炸图”对话框中，单击“隐藏视图中的组件”图标，系统弹出“隐藏视图中的组件”对话框，如图 6—71 所示。

（4）选择要隐藏的组件，如图 6—72 所示。

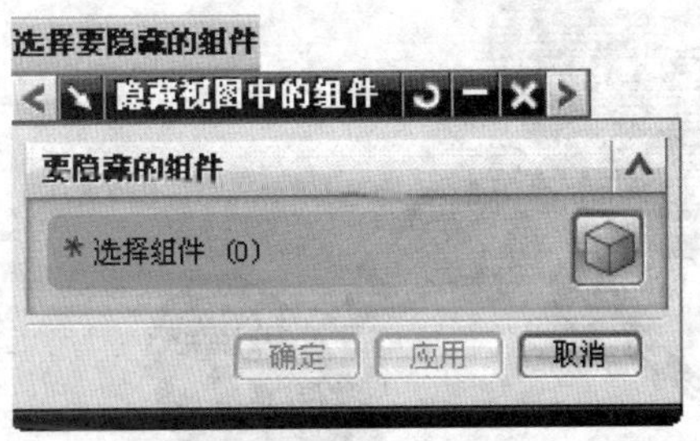

图 6—71 “隐藏视图中的组件”对话框

图 6—72 选择要隐藏的组件

（5）单击【确定】按钮，隐藏所选组件，如图 6—73 所示。

（6）在“爆炸图”对话框中，单击“显示视图中的组件”按钮，系统弹出“显示视图中的组件”对话框，从中选择要显示的组件，如图 6—74 所示。

（7）单击【确定】按钮，完成组件的显示，如图 6—75 所示。

图 6—73 完成轮子隐藏操作

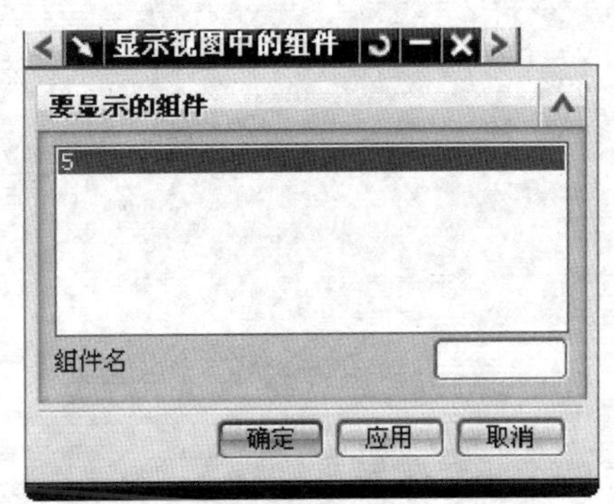

图 6—74 选择要显示的组件

图 6—75 完成组件的显示

任务拓展

试完成图 6—76 所示真空泵爆炸图的创建，距离尺寸自定。

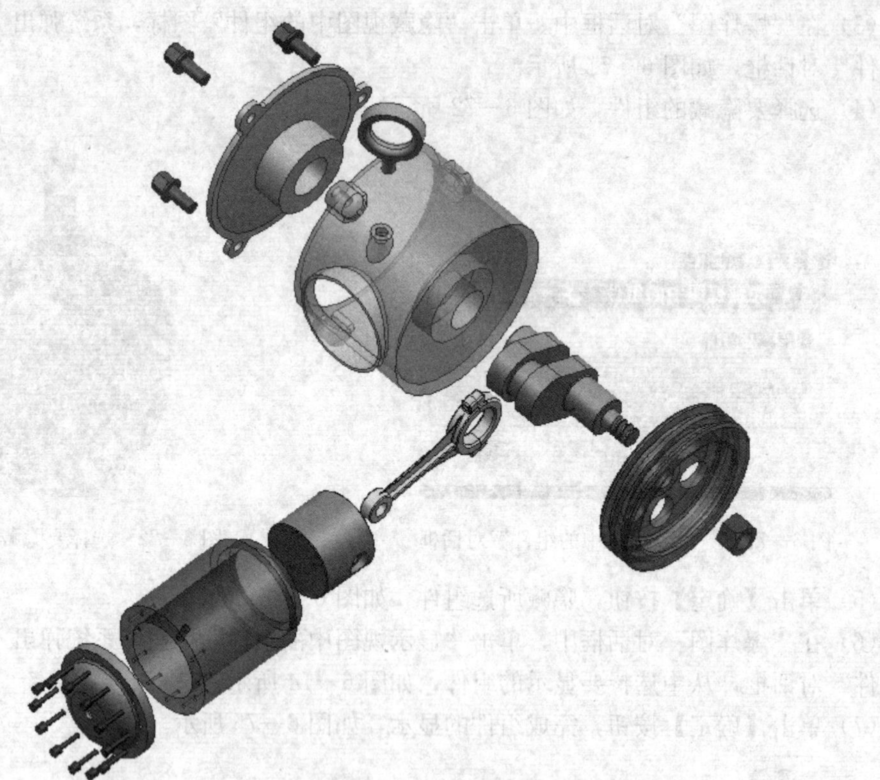

图 6—76　真空泵爆炸图

模块七

工程图基础

课题 1　工程图创建

学习目标

1. 掌握“制图”应用模块的启动。
2. 掌握工作表设置。
3. 掌握基本视图创建。
4. 掌握投影视图创建。

工作任务

利用 UG NX 6.0 实体建模功能创建的零件和装配模型，可以引用到工程图块中，快速地生成二维工程图，并且二维工程图与三维实体模型完全关联，实体模型的尺寸模、形状和位置的任何改变，都会引起二维工程图作出相应变化。

在 UG NX 6.0 环境中，任何一个三维模型，都可以通过不同的投影方法、不同的图样尺寸和不同的比例建立多样的二维工程图。

图 7—1 所示为联轴器、底座、阶梯轴三维模型，试通过它们完成相关工程图的创建。

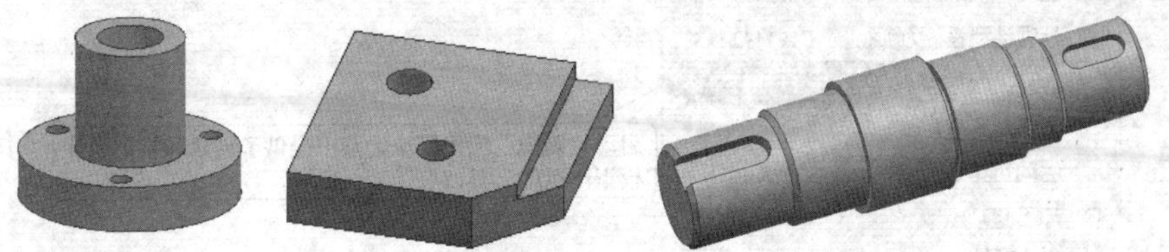

图 7—1　联轴器、底座、阶梯轴三维模型

相关零件图参见本教材附图，可预先完成建模工作。

任务实施

1. 创建或打开联轴器三维模型

（1）通过快捷方式图标启动 UG NX 6.0。

（2）新建或打开名称为“lianzhouqi”的三维模型，如图 7—2 所示。

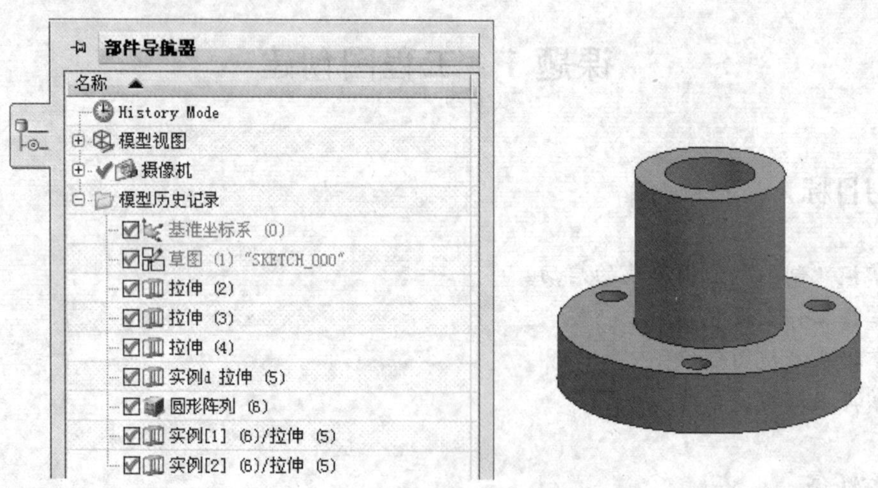

图 7—2　联轴器三维模型

2. 创建联轴器工程图

（1）选择［开始］/［制图］菜单命令，启动“制图”应用模块，如图 7—3 所示。

（2）系统弹出“工作表”对话框，按图 7—4 所示进行设置。

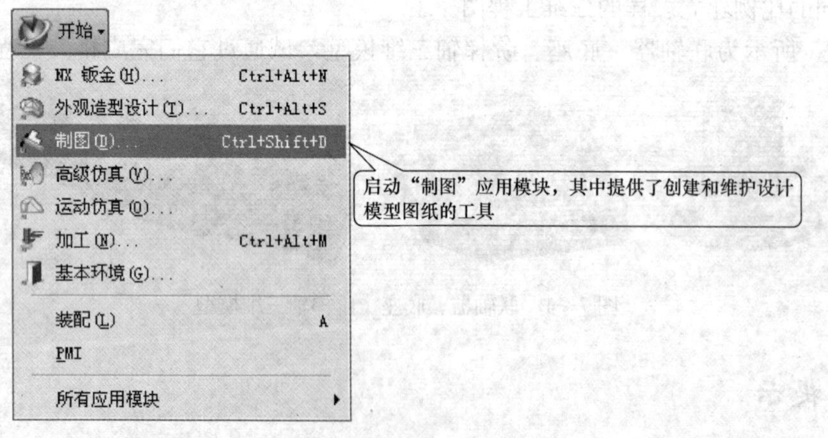

图 7—3　启动“制图”应用模块

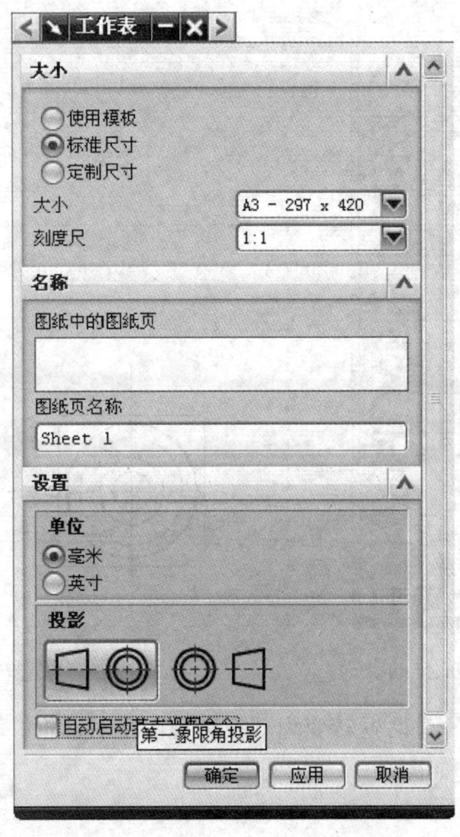

图 7—4　设置“工作表”对话框

（3）单击【确定】按钮，进入制图环境，图形窗口如图 7—5 所示。

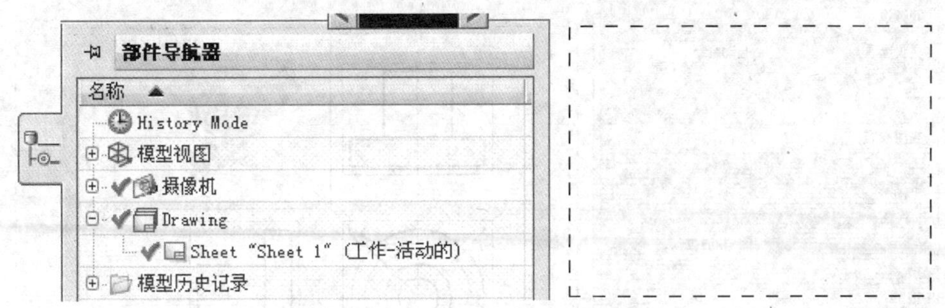

图 7—5　进入制图环境后的图形窗口

（4）单击“基本视图”图标或选择［插入］/［视图］/［基本视图］菜单命令，系统弹出“基本视图”对话框，将“模型视图”设置为“TOP”，如图 7—6 所示。

（5）根据提示“指定放置视图的位置”，将鼠标光标移动到视图的放置位置，单击鼠标左键确认选择，如图 7—7 所示。

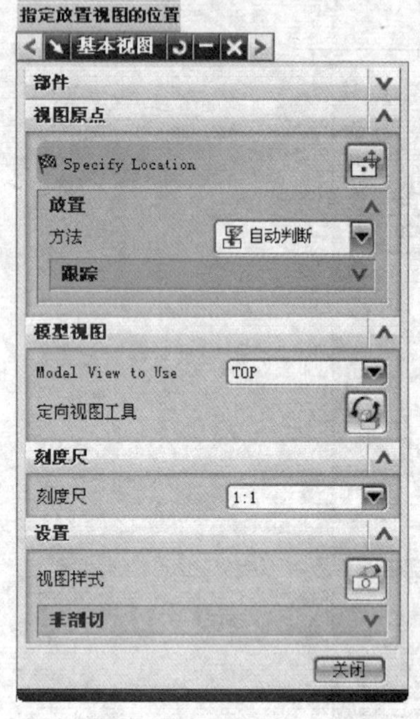

图 7—6　“基本视图”对话框的设置

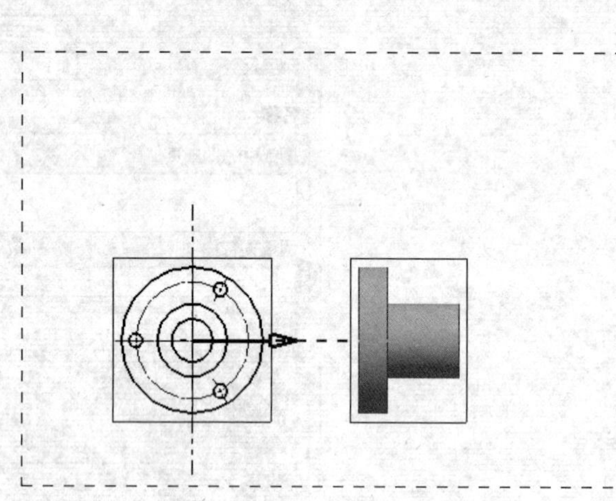

图 7—7　放置“TOP”视图

（6）此时，“基本视图”对话框转变为“投影视图”对话框，移动鼠标光标至相应位置，完成相应投影视图的创建，如图 7—8 所示。

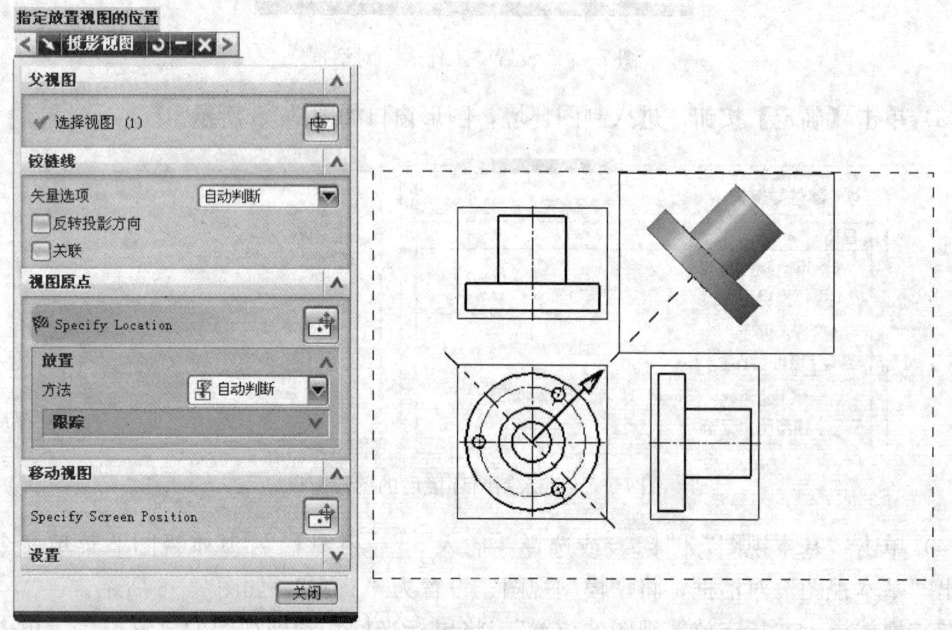

图 7—8　进行相应投影视图的创建

（7）单击【关闭】按钮，完成投影视图的创建，如图 7—9 所示。

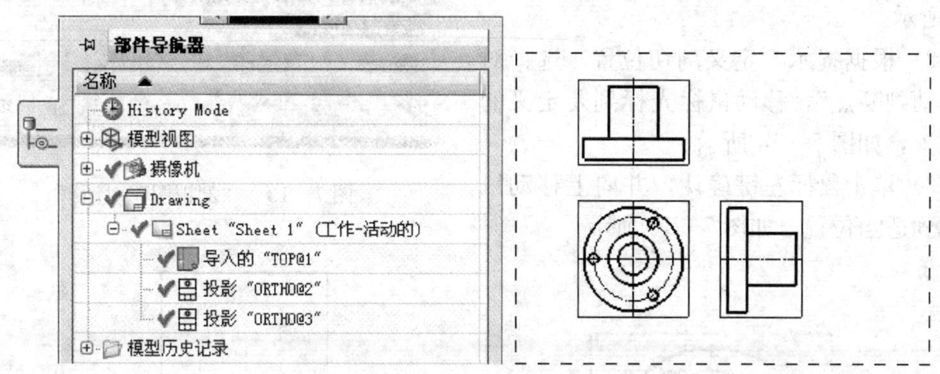

图 7—9 创建投影视图

（8）在“部件导航器”中选择投影视图，单击鼠标右键，在弹出的快捷菜单中选择［删除］命令，删除投影视图，如图 7—10 所示。

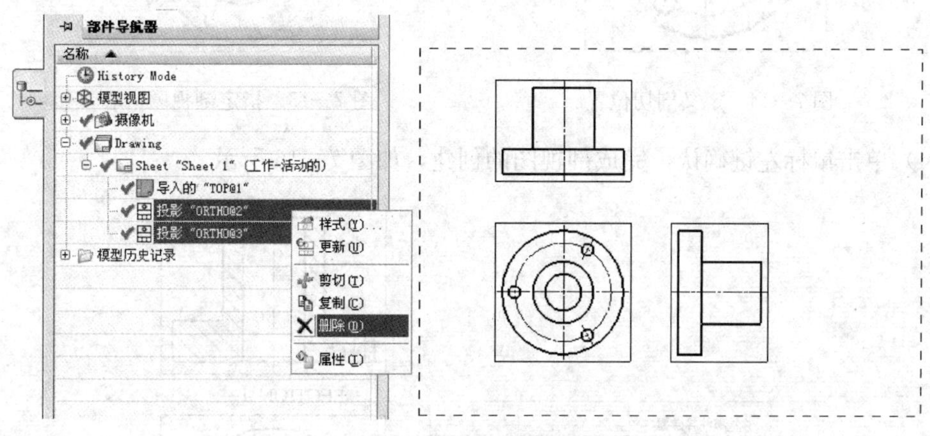

图 7—10 删除投影视图

（9）单击“剖视图”图标或选择［插入］/［视图］/［剖视图］菜单命令，系统弹出“剖视图”对话框，如图 7—11 所示。

（10）根据提示“选择父视图”，选择“TOP”视图作为父视图，如图 7—12 所示。

图 7—11 “剖视图”对话框

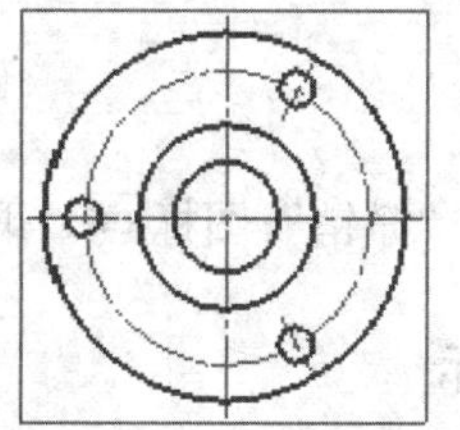

图 7—12 选择父视图

（11）系统更新“剖视图”对话框，如图 7—13 所示。

（12）根据提示“定义剖切位置—选择对象以自动判断点”，移动鼠标光标到要定义的剖切位置，如图 7—14 所示。

（13）单击鼠标左键确认，并向上移动鼠标光标到适当位置，如图 7—15 所示。

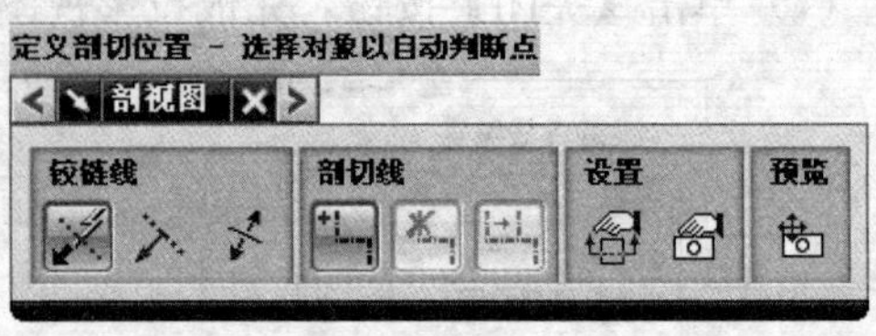

图 7—13 “剖视图”对话框

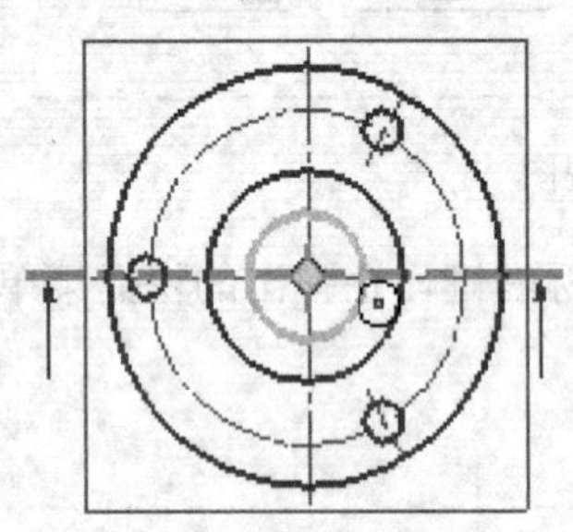

图 7—14 定义剖切位置

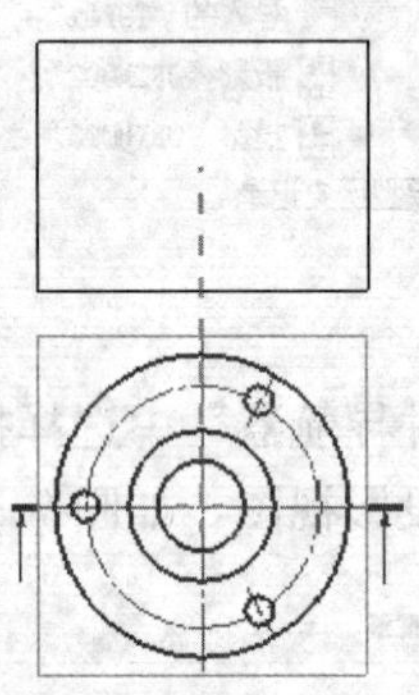

图 7—15 指定剖视图中心

（14）单击鼠标左键确认，完成剖视图的创建，如图 7—16 所示。

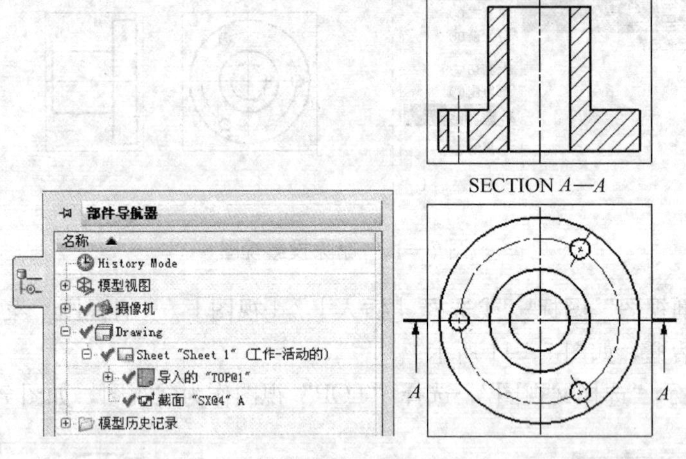

图 7—16 剖视图

（15）单击“撤销”图标，取消剖视图的创建。

提示

撤销操作的目的是为以下操作做好准备。

（16）单击“半剖视图”图标或选择［插入］/［视图］/［半剖视图］菜单命令，系统弹出“半剖视图”对话框，如图 7—17 所示。

（17）根据提示“选择父视图”，选择“TOP”视图作为父视图，如图 7—18 所示。

图 7—17　“半剖视图”对话框

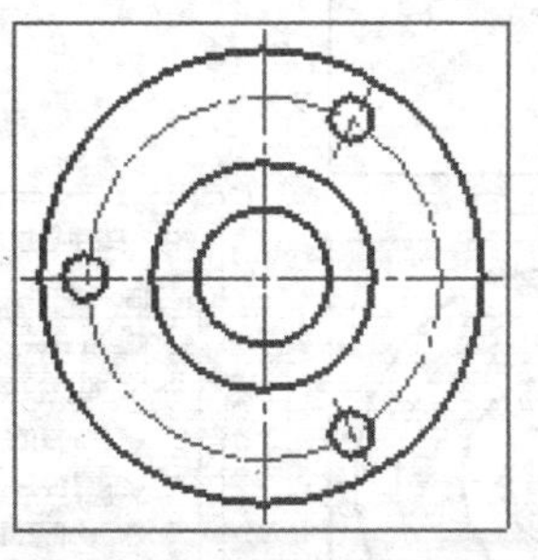

图 7—18　选择父视图

（18）系统更新“半剖视图”对话框，如图 7—19 所示。

图 7—19　“半剖视图”对话框

（19）根据提示“定义剖切位置—选择对象以自动判断点”，移动鼠标光标到要定义的剖切位置，如图 7—20 所示。

（20）单击鼠标左键确认，并向下移动鼠标光标，定义折弯位置，如图 7—21 所示。

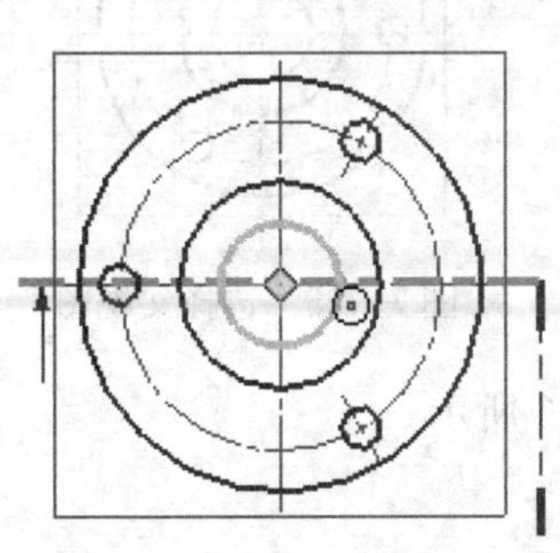

图 7—20　定义剖切位置

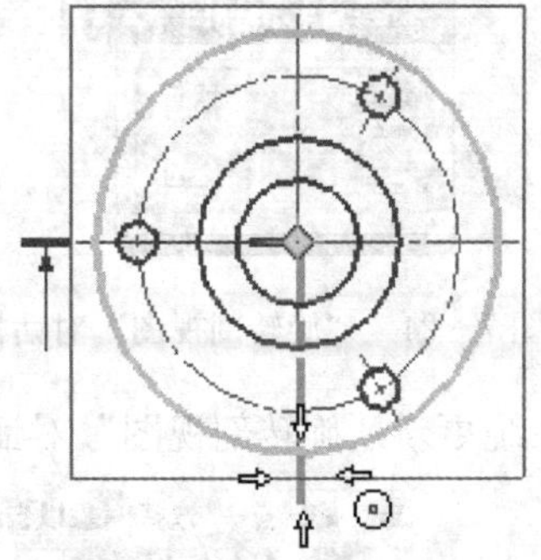

图 7—21　定义折弯位置

（21）单击鼠标左键确认，并向上移动鼠标光标到剖视图中心，如图 7—22 所示。

（22）单击鼠标左键确认，完成半剖视图的创建，如图 7—23 所示。

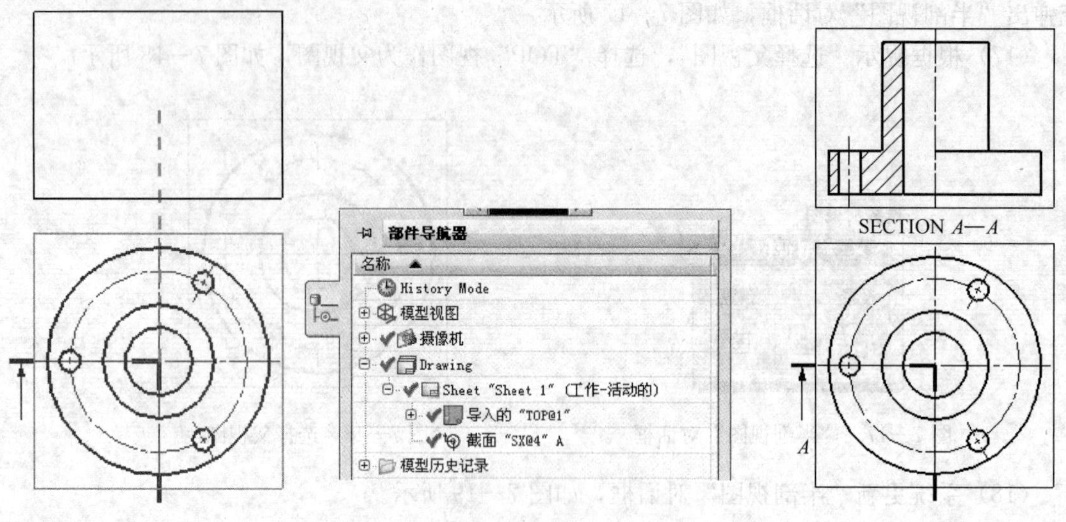

图 7—22　指定剖视图中心　　　　图 7—23　半剖视图

（23）单击“撤销”图标，取消剖视图的创建。

提示

撤销操作的目的是为以下操作做好准备。

（24）单击“旋转剖视图”图标或选择［插入］/［视图］/［旋转剖视图］菜单命令，系统弹出“旋转剖视图”对话框，如图 7—24 所示。

（25）根据提示选择“TOP”视图作为父视图，如图 7—25 所示。

图 7—24　“旋转剖视图”对话框

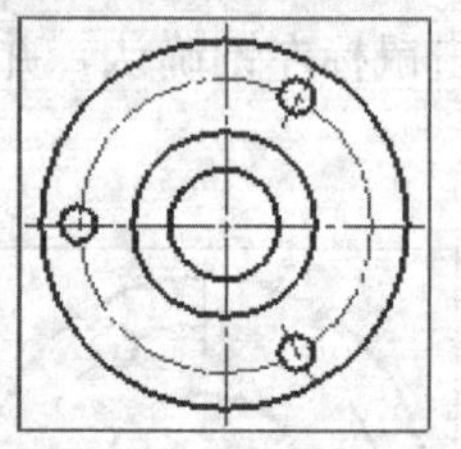

图 7—25　选择父视图

（26）系统更新“旋转剖视图”对话框，如图 7—26 所示。

图 7—26　“旋转剖视图”对话框

(27) 根据提示“定义旋转点—选择对象以自动判断点”，选择旋转点，如图 7—27 所示。

(28) 单击鼠标左键确认，根据提示移动鼠标到定义段的新位置，如图 7—28 所示。

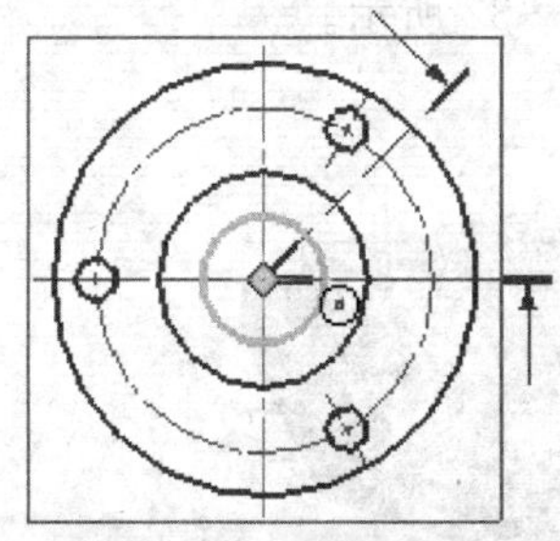

图 7—27 选择旋转点

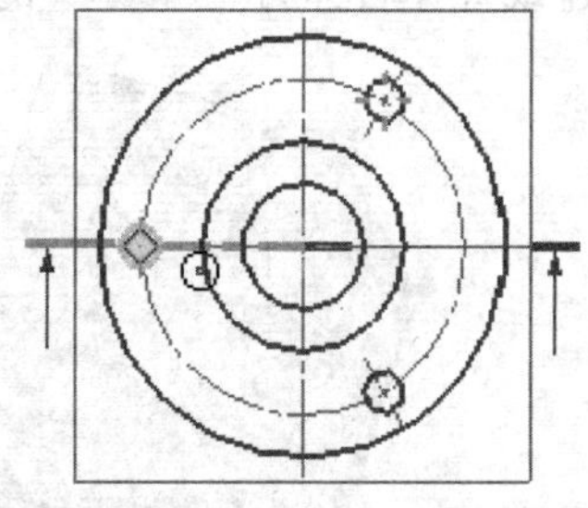

图 7—28 定义段新位置（一）

(29) 单击鼠标左键确认，根据提示继续移动鼠标光标到定义段的新位置，如图 7—29 所示。

(30) 单击鼠标左键确认，并向上移动鼠标光标到剖视图中心位置，如图 7—30 所示。

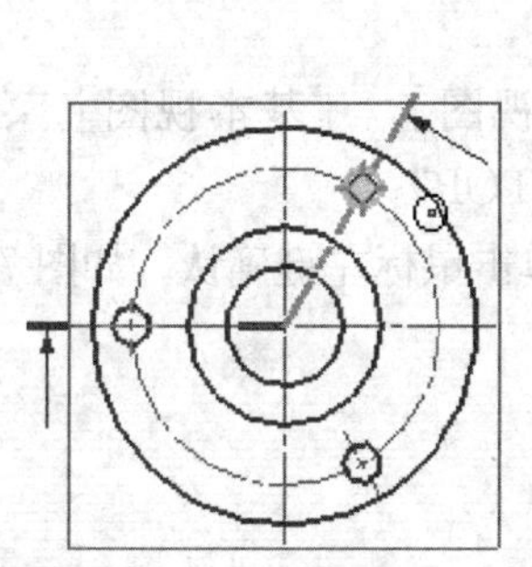

图 7—29 定义段新位置（二）

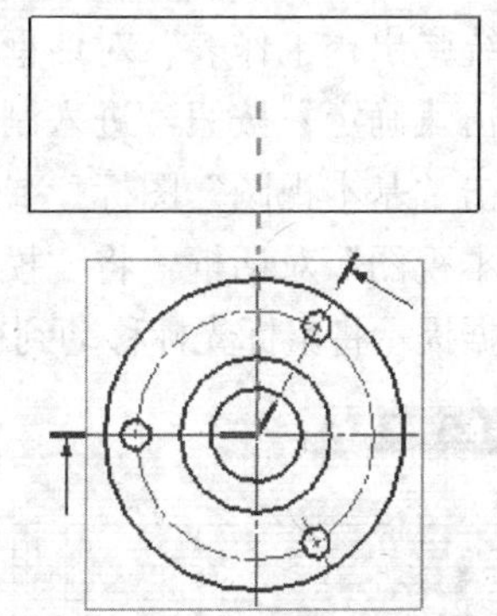

图 7—30 指定剖视图中心

(31) 单击鼠标左键确认，完成旋转剖视图的创建，如图 7—31 所示。

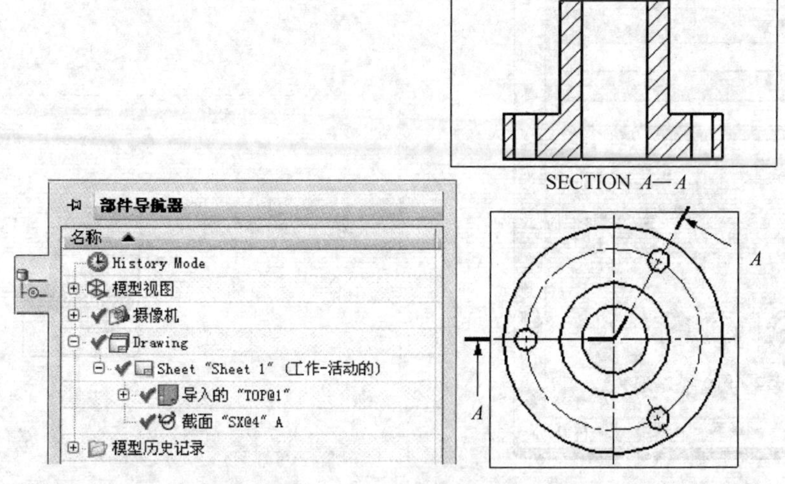

图 7—31 旋转剖视图

（32）选择［文件］/［保存］菜单命令，完成旋转剖视图的保存。

3. 创建底座相关工程图

（1）新建或打开名称为“dizuo”的三维模型，如图 7—32 所示。

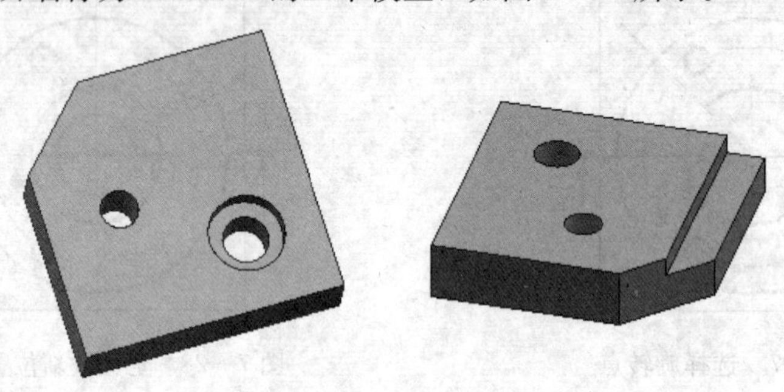

图 7—32　底座三维模型

（2）选择［开始］/［制图］菜单命令，启动“制图”应用模块。

（3）系统弹出“工作表”对话框，按图 7—33 所示进行设置。

（4）单击【确定】按钮，进入制图环境。

（5）单击“基本视图”图标或选择［插入］/［视图］/［基本视图］菜单命令，系统弹出“基本视图”对话框，将“模型视图”设置为“TOP”。

（6）根据提示将鼠标光标移动到视图的放置位置，单击鼠标左键确认，如图 7—34 所示。

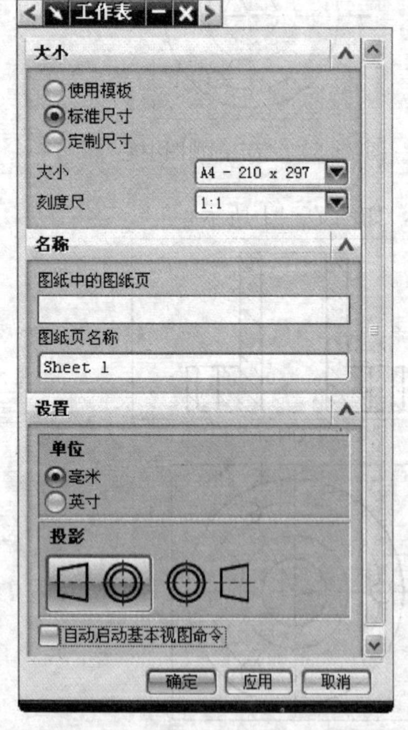

图 7—33　设置“工作表”对话框

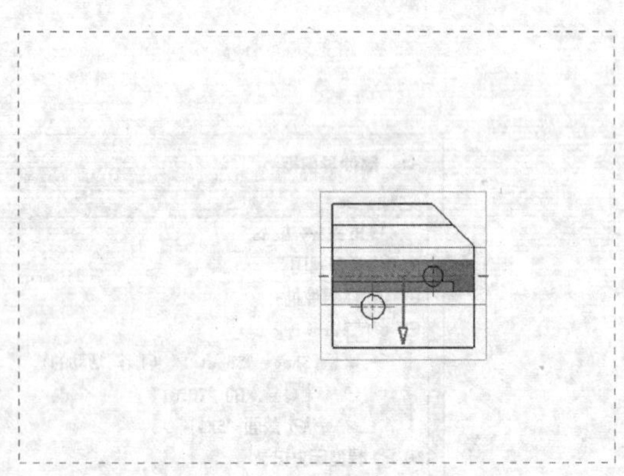

图 7—34　创建“TOP”视图

(7) 单击【关闭】按钮，图形窗口如图 7—35 所示。

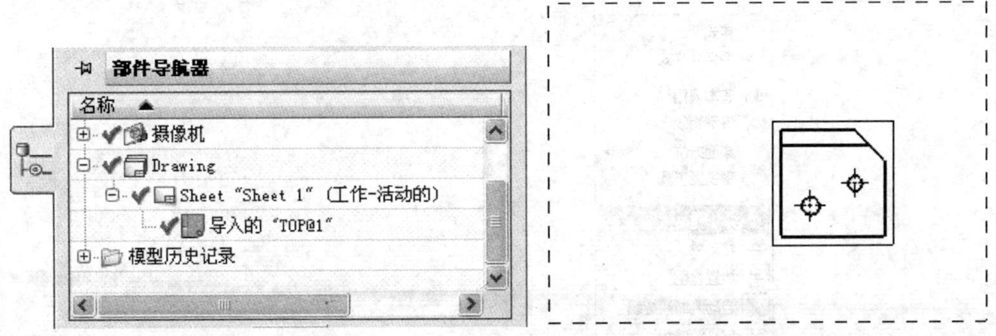

图 7—35 图形窗口

(8) 单击“剖视图”图标或选择［插入］/［视图］/［剖视图］菜单命令，系统弹出“剖视图”对话框，如图 7—36 所示。

(9) 根据提示“选择父视图”，选择“TOP”视图作为父视图，如图 7—37 所示。

图 7—36 “剖视图”对话框

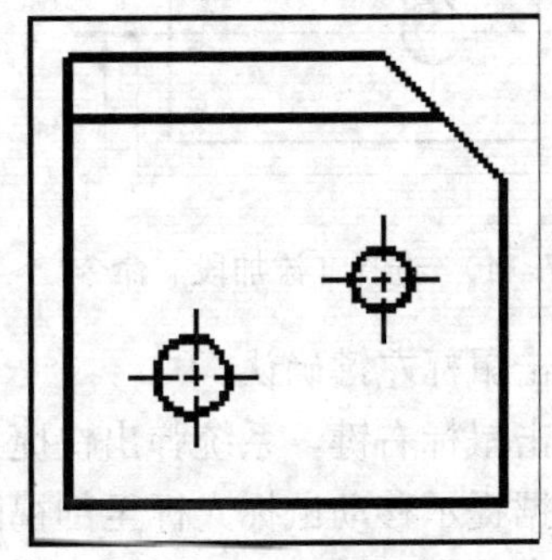

图 7—37 选择父视图

(10) 根据提示“定义剖切位置”，选择圆心，如图 7—38 所示。

(11) 单击鼠标左键确认，向上移动鼠标，如图 7—39 所示。

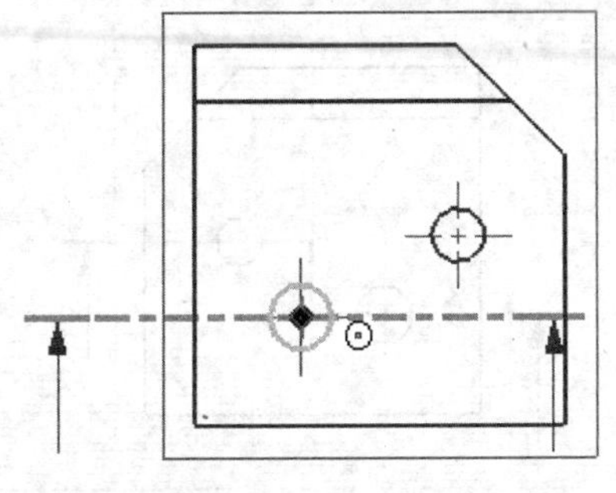

图 7—38 定义剖切位置

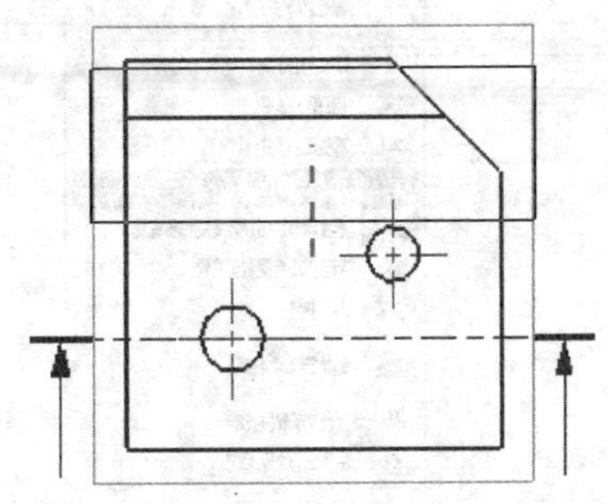

图 7—39 定义剖切位置

（12）单击鼠标右键，系统弹出快捷菜单，选择［添加段］命令，如图 7—40 所示。

（13）根据提示“定义段的新位置”，选择圆心，如图 7—41 所示。

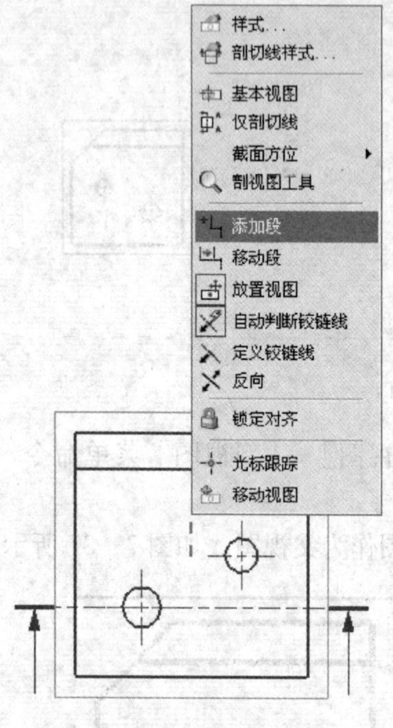

图 7—40　选择［添加段］命令

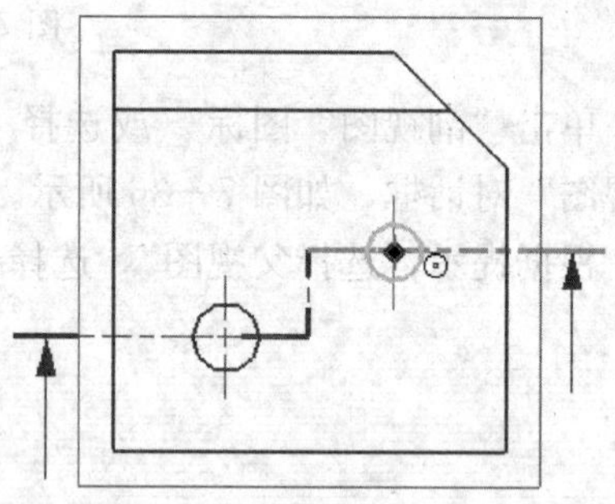

图 7—41　定义段的新位置

（14）单击鼠标左键确认。

（15）单击鼠标右键，系统弹出快捷菜单，选择［放置视图］命令，如图 7—42 所示。

（16）根据提示移动鼠标光标至剖视图的中心位置，如图 7—43 所示。

（17）单击鼠标左键确认，完成阶梯剖视图的创建，如图 7—44 所示。

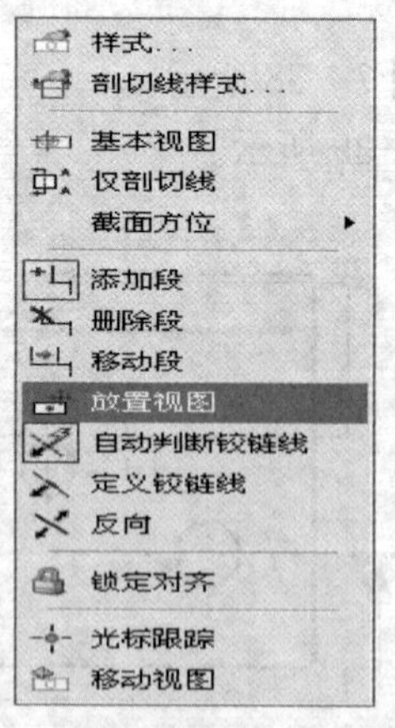

图 7—42　选择［放置视图］命令

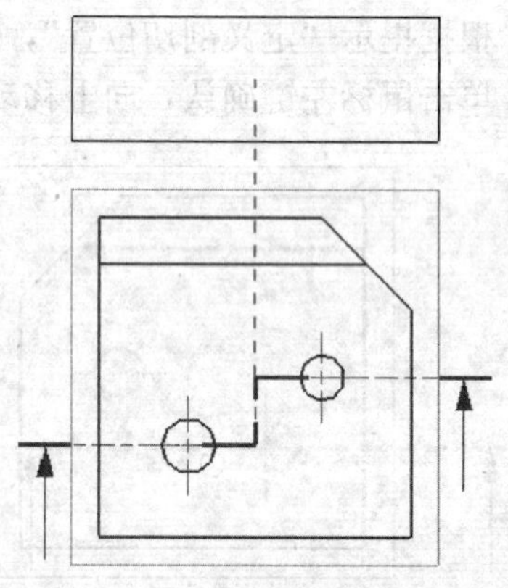

图 7—43　移动到放置位置

(18) 单击“投影视图”图标或选择［插入］/［视图］/［投影视图］菜单命令，系统弹出“投影视图”对话框，根据提示，指定放置视图的位置，如图 7—45 所示。

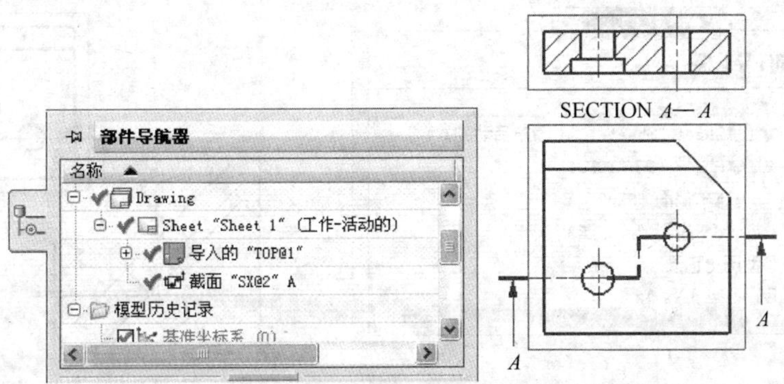

图 7—44 阶梯剖视图

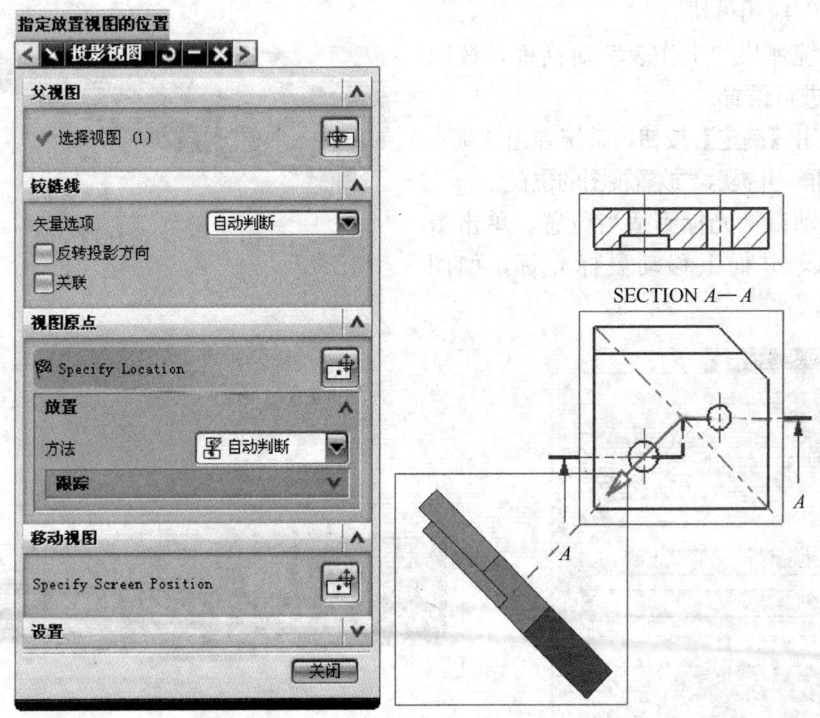

图 7—45 指定放置视图的位置

(19) 单击鼠标左键确认，然后单击【关闭】按钮，完成向视图的创建，如图 7—46 所示。

(20) 选择［文件］/［保存］菜单命令，完成文件的保存。

4. 创建阶梯轴相关工程图

(1) 新建或打开名称为“jietizhou”的三维模型，如图 7—47 所示。

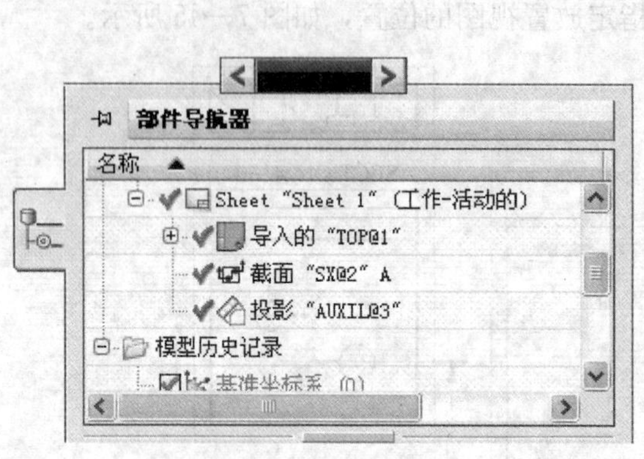

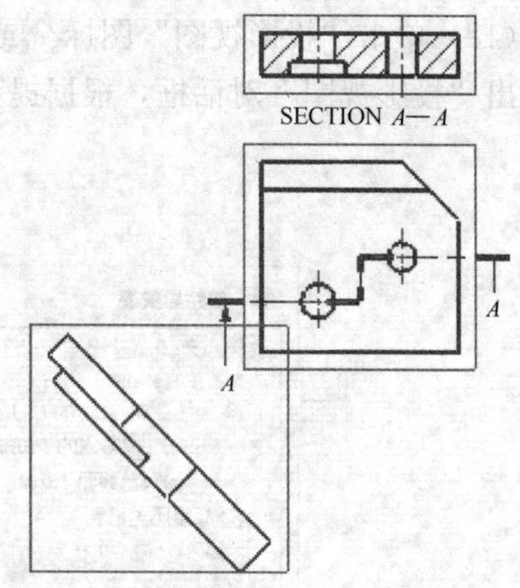

图 7—46　向视图

（2）选择［开始］/［制图］菜单命令，启动“制图”应用模块。

（3）系统弹出“工作表”对话框，按图 7—48 所示进行设置。

（4）单击【确定】按钮，系统弹出“基本视图”对话框，并提示“放置视图的位置”。

（5）移动鼠标光标到适当位置，单击鼠标左键确认，并向上移动鼠标光标，如图 7—49 所示。

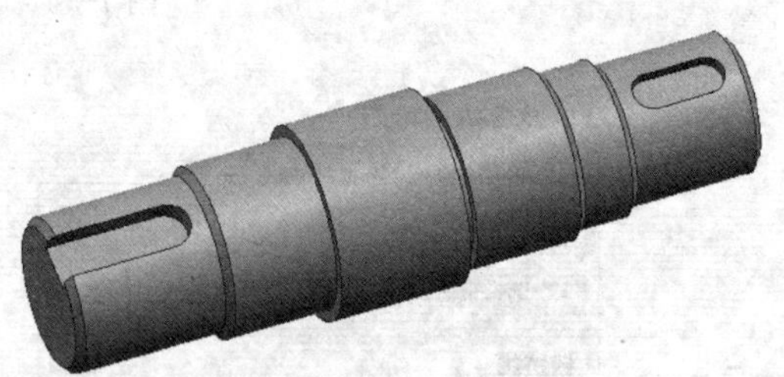

图 7—47　阶梯轴模型

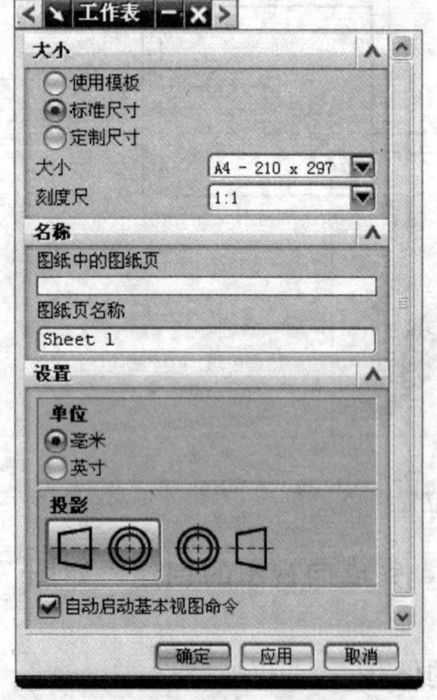

图 7—48　设置“工作表”对话框

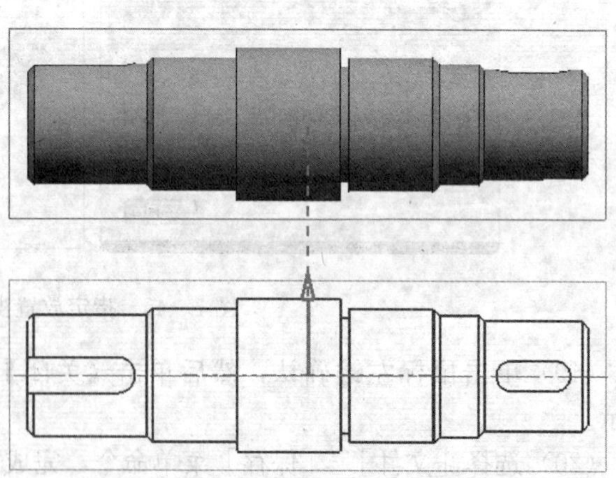

图 7—49　绘制基本视图

(6) 单击鼠标左键确认，并单击【关闭】按钮，结束基本视图的绘制，如图 7—50 所示。

(7) 选择上方基本视图，单击鼠标右键，系统弹出快捷菜单，选择［扩展成员视图］命令，如图 7—51 所示。

(8) 在“曲线”工具条中单击“艺术样条”图标，如图 7—52 所示。

(9) 系统弹出“艺术样条”对话框，按如图 7—53 所示进行设置。

(10) 绘制如图 7—54 所示的样条曲线。

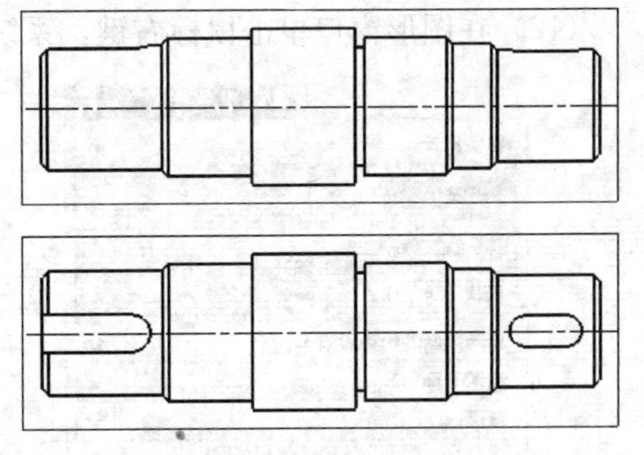

图 7—50　结束基本视图绘制

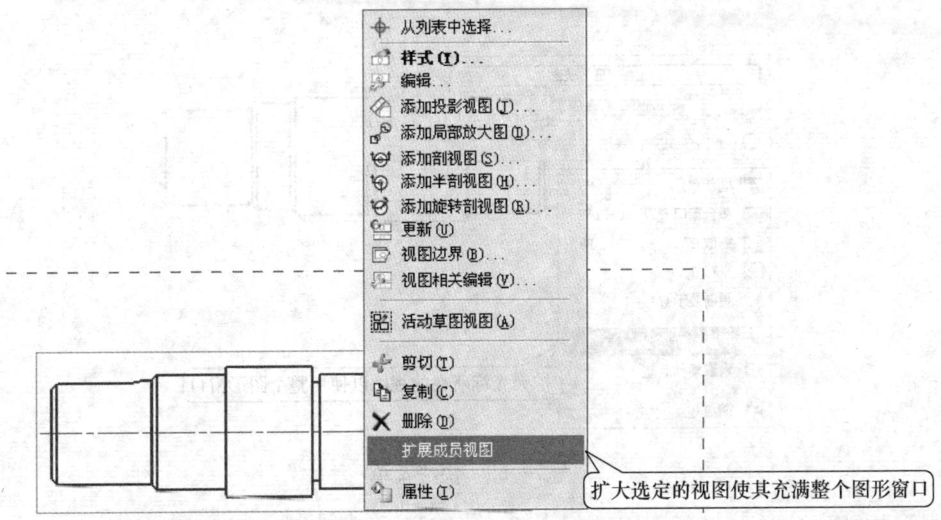

图 7—51　选择［扩展成员视图］命令

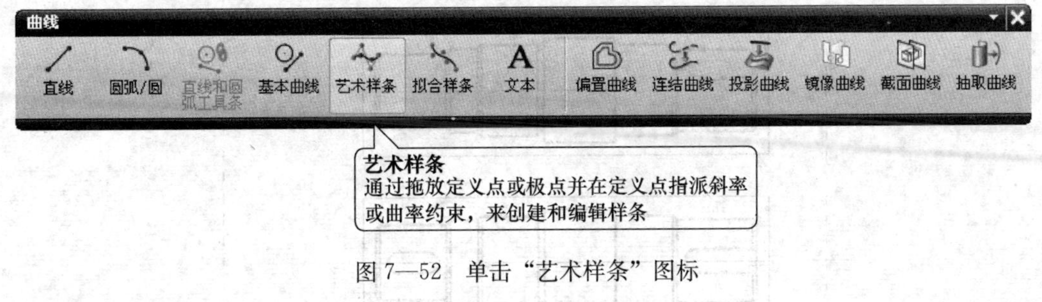

图 7—52　单击“艺术样条”图标

为创建剖视图做准备。

(11) 单击【确定】按钮，结束剖视图的创建准备。

（12）在图形窗口单击鼠标右键，系统弹出如图 7—55 所示的快捷菜单。

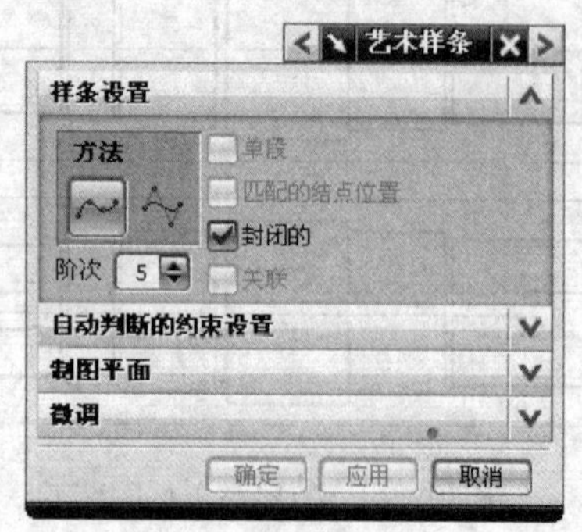

图 7—53 “艺术样条”对话框设置

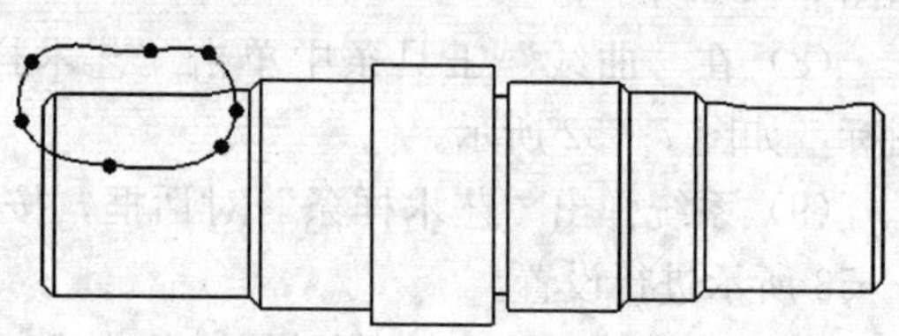

图 7—54 绘制样条曲线

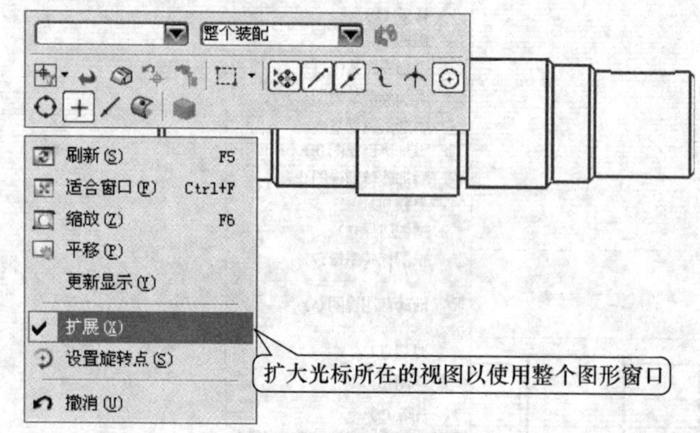

图 7—55 快捷菜单

（13）取消“扩展”的勾选，系统返回“制图”环境，如图 7—56 所示。

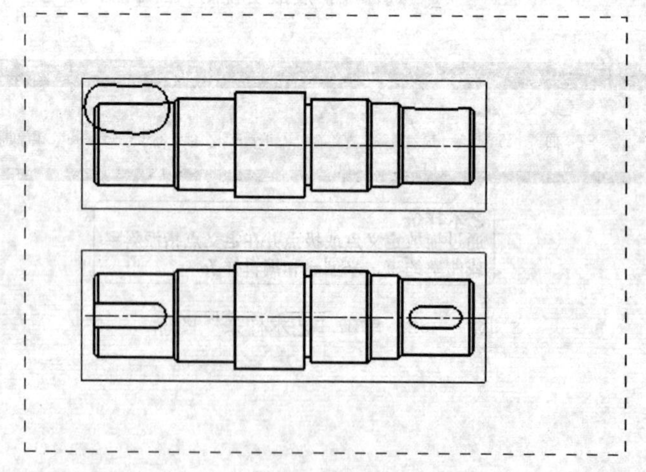

图 7—56 “制图”环境图形窗口

(14) 单击“局部剖”图标或选择［插入］/［视图］/［局部剖视图］菜单命令，系统弹出“局部剖”对话框，如图 7—57 所示。

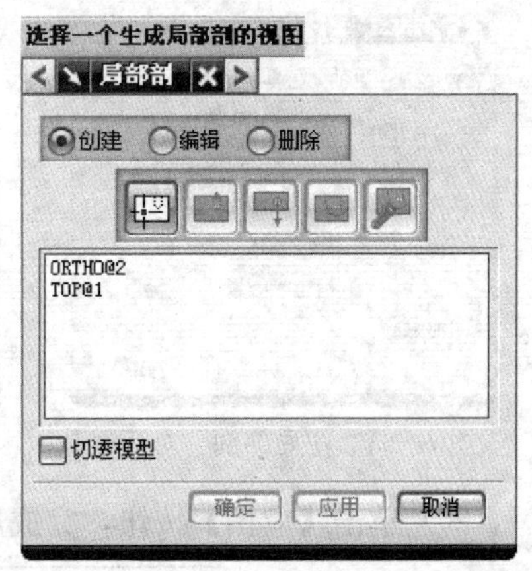

图 7—57 “局部剖”对话框

(15) 根据提示“选择一个生成局部剖的视图”，选择生成局部剖的视图，随即系统改变“局部剖”对话框，如图 7—58 所示。

(16) 根据提示“定义基点—选择对象以自动判断点”，选择基点，如图 7—59 所示。

(17) 单击鼠标左键确认，图形窗口如图 7—60 所示。

(18) 在“局部剖”对话框中，单击“选择曲线”图标，如图 7—61 所示。

(19) 根据提示选择截断线，如图 7—62 所示。

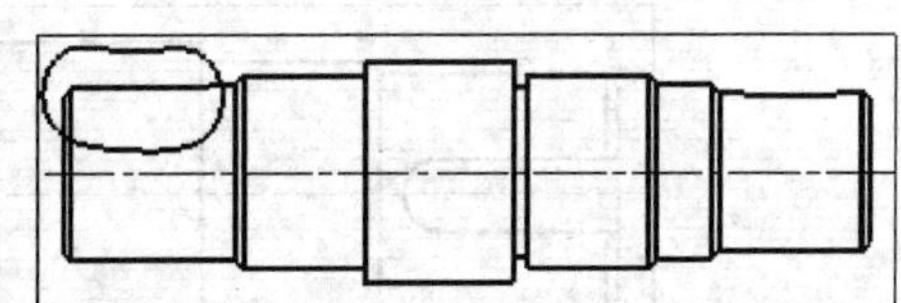

图 7—58 选择生成局部剖视图及“局部剖”对话框

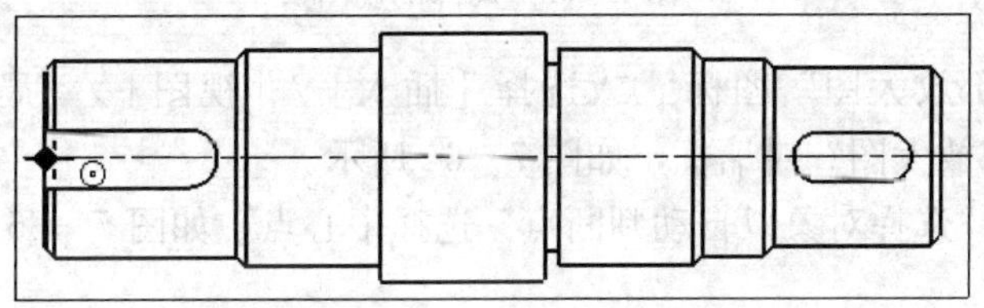

图 7—59 选择基点

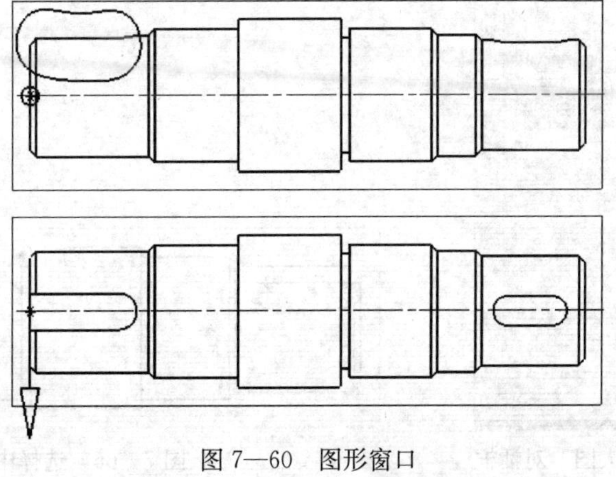

图 7—60 图形窗口

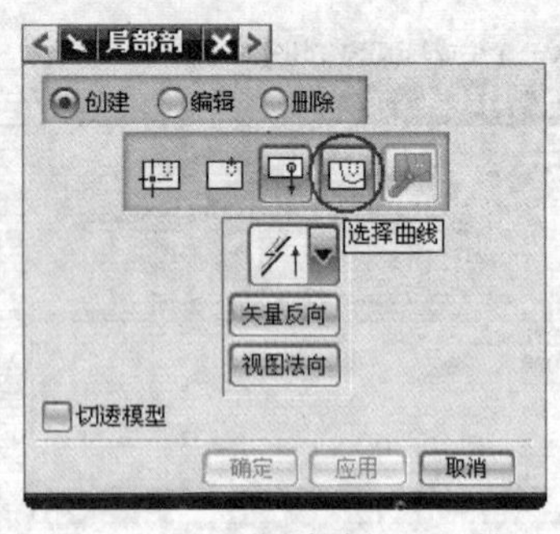

图 7—61 “局部剖”对话框

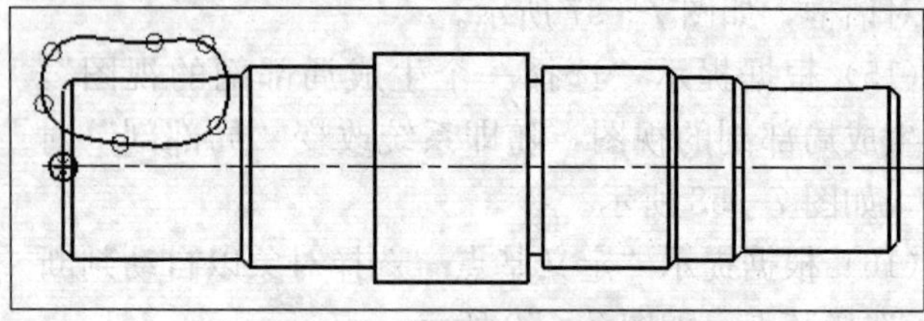

图 7—62 选择截断线

（20）单击【应用】按钮，完成局部剖视图的创建，如图 7—63 所示。

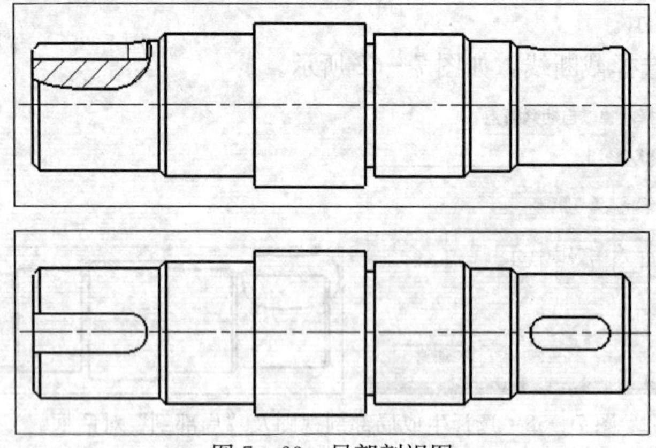

图 7—63 局部剖视图

（21）单击“局部放大图”图标或选择［插入］/［视图］/［局部放大图］菜单命令，系统弹出“局部放大图”对话框，如图 7—64 所示。

（22）根据提示“选择对象以自动判断点”选择中心点，如图 7—65 所示。

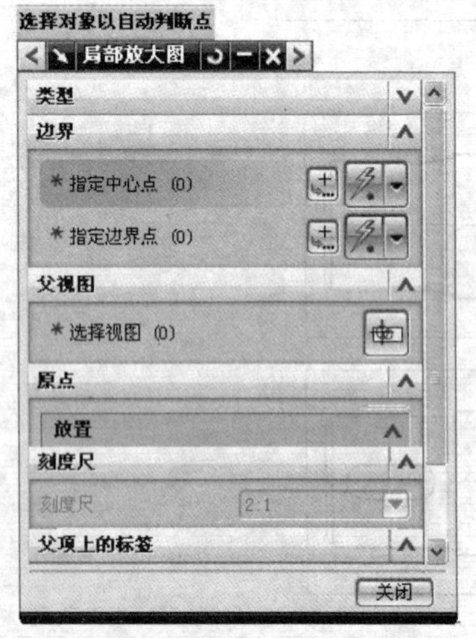

图 7—64 “局部放大图”对话框

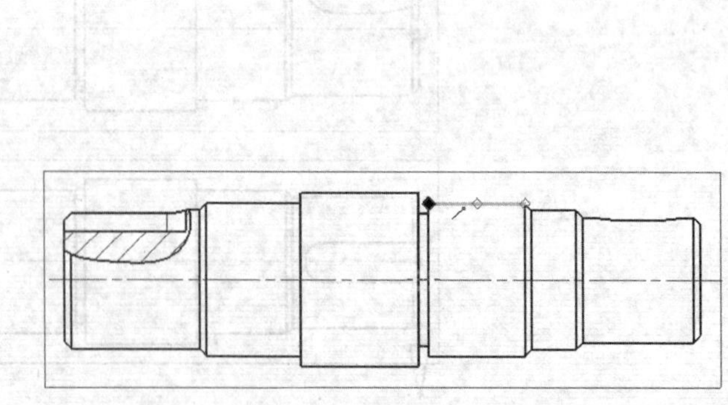

图 7—65 选择中心点

(23) 单击鼠标左键确认，并拖动鼠标光标拉出一个圆，定义放大区域，如图 7—66 所示。
(24) 单击鼠标左键确认，并拖动鼠标光标到适合位置，如图 7—67 所示。
(25) 单击鼠标左键确认，完成局部放大图的创建，如图 7—68 所示。
(26) 选择［文件］/［保存］菜单命令，完成文件的保存。

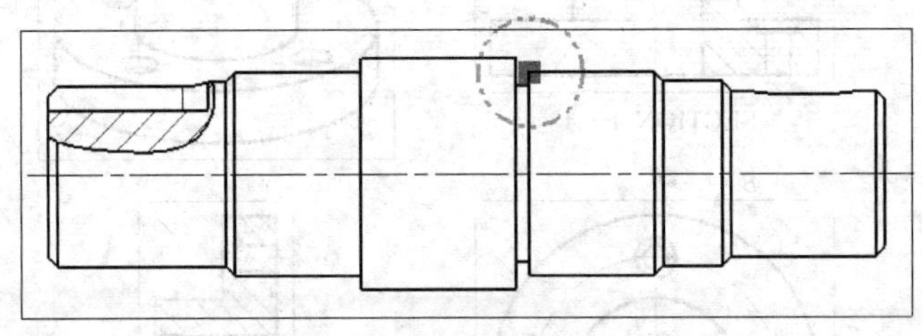

图 7—66　定义放大区域

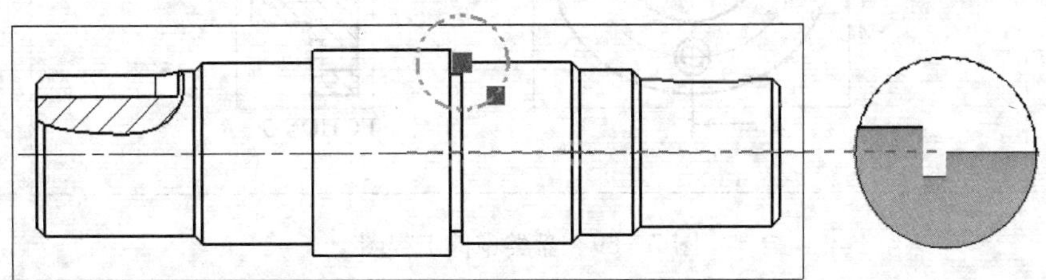

图 7—67　放置局部放大图

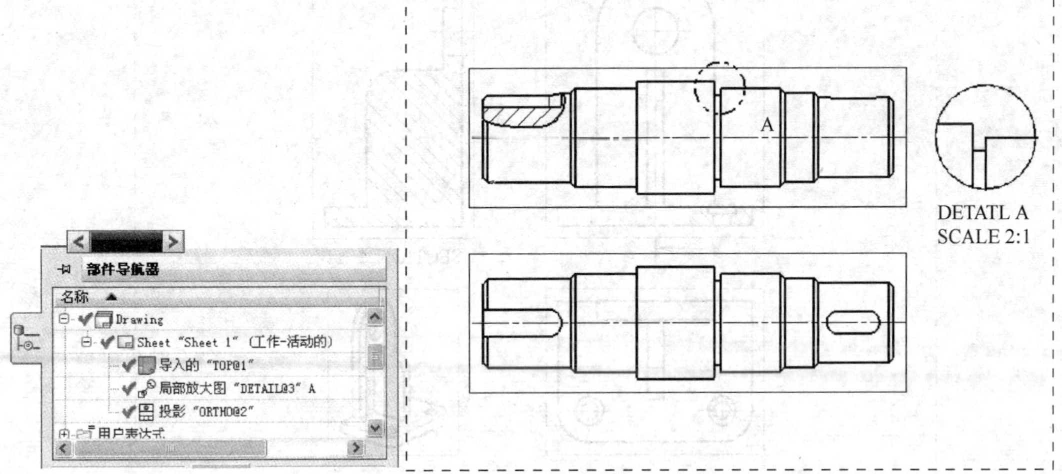

图 7—68　局部放大图

任务拓展

1. 试完成图 7—69 所示盘类零件工程图的创建，零件尺寸参见教材附图。

2. 试完成图 7—70 所示支架零件工程图的创建，零件尺寸参见教材附图。

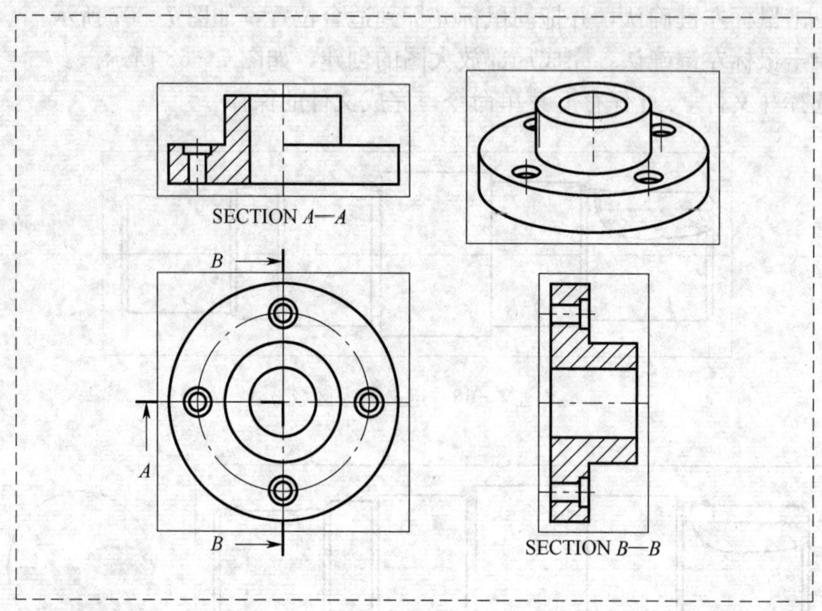

图 7—69　盘类零件工程图

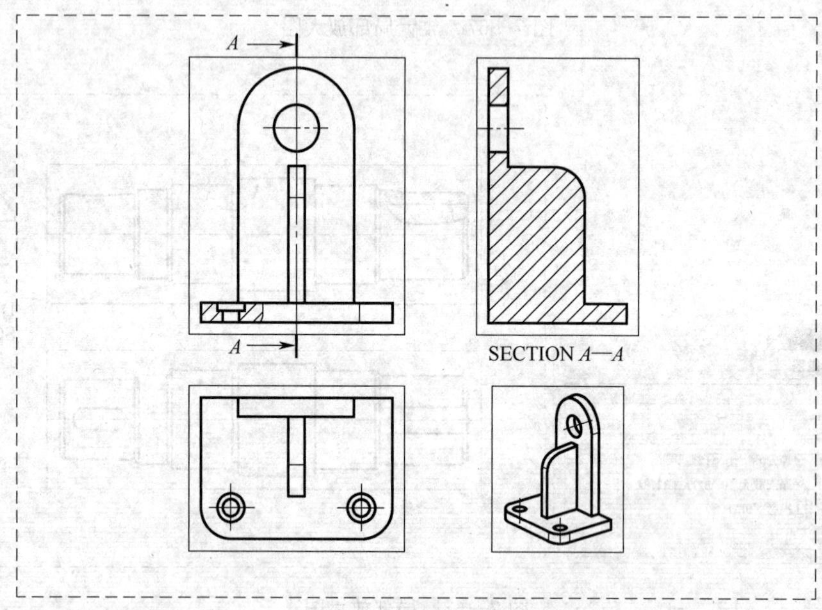

图 7—70　支架零件工程图

提示

工程图中各视图的矩形边界，可通过下面的操作隐藏。

①选择［首选项］/［制图］菜单命令，系统弹出“制图首选项”对话框。
②选择“视图”选项卡。
③取消“边界”栏下“显示边界”复选框的勾选，如图 7—71 所示。

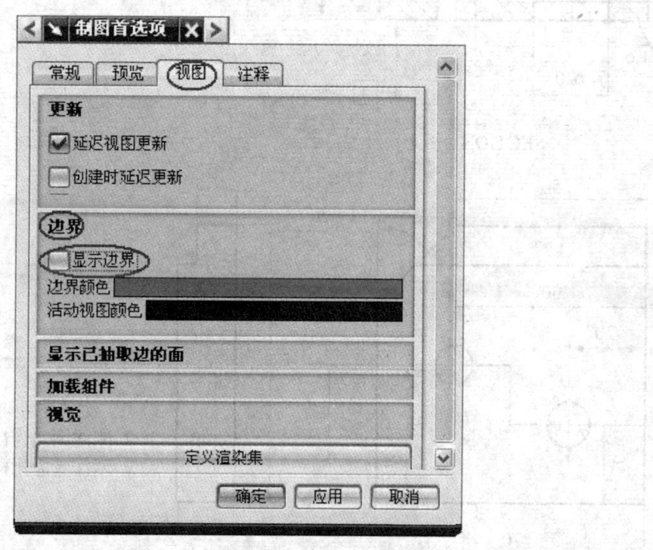

图 7—71　取消视图边界显示

课题 2　工程图标注

学习目标

1. 掌握尺寸标注。
2. 掌握形位公差标注。
3. 掌握表面粗糙度标注。
4. 掌握文字加入。

工作任务

试完成图 7—72 所示底座工程图的创建。

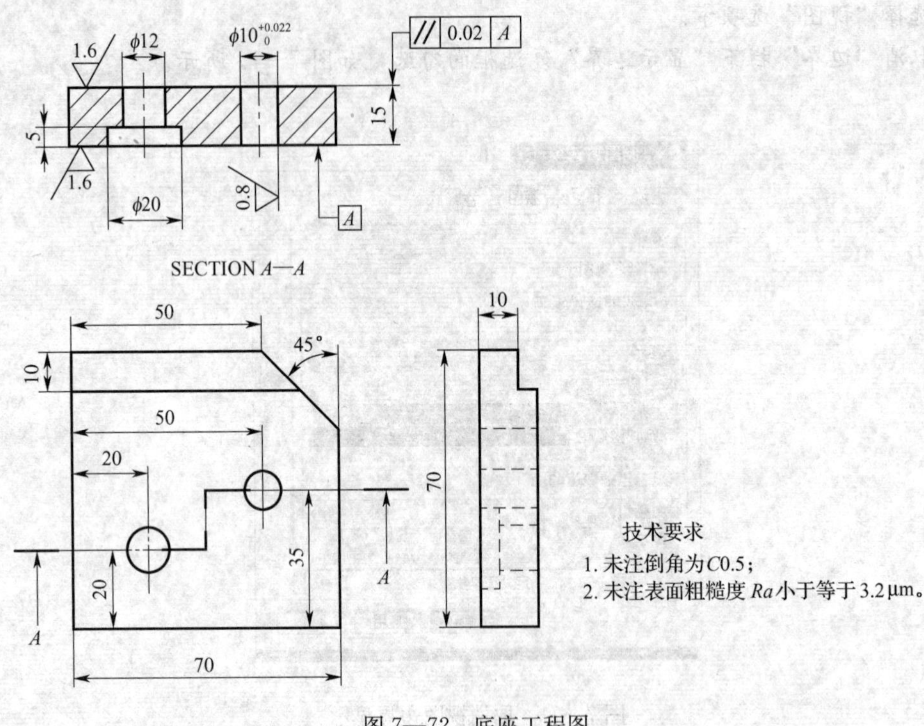

图 7—72 底座工程图

任务实施

1. 创建底座工程图

（1）通过快捷方式图标启动 UG NX 6.0。

（2）打开名称为“dizuo”的三维模型。

（3）选择［开始］/［制图］菜单命令，启动“制图”应用模块。

（4）系统弹出“工作表”对话框，按如图 7—73 所示进行设置。

（5）单击【确定】按钮，图形窗口如图 7—74 所示。

（6）添加相关视图，如图 7—75 所示。

提示

选中视图边界后，可通过拖动光标来平移视图，以调整视图位置。

（7）选择左视图（鼠标光标放在视图边界处），单击鼠标右键，系统弹出快捷菜单，选择“样式”命令，如图 7—76 所示。

（8）系统弹出“视图样式”对话框，选择“隐藏线”选项卡，将其设置为“虚线”，如图 7—77 所示。

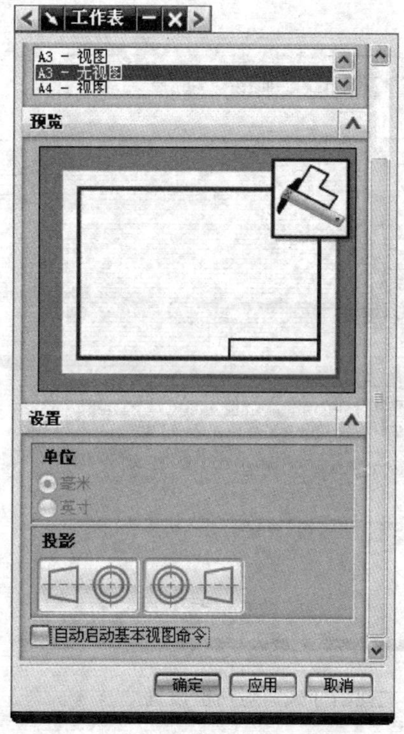

图 7—73 “工作表”对话框设置

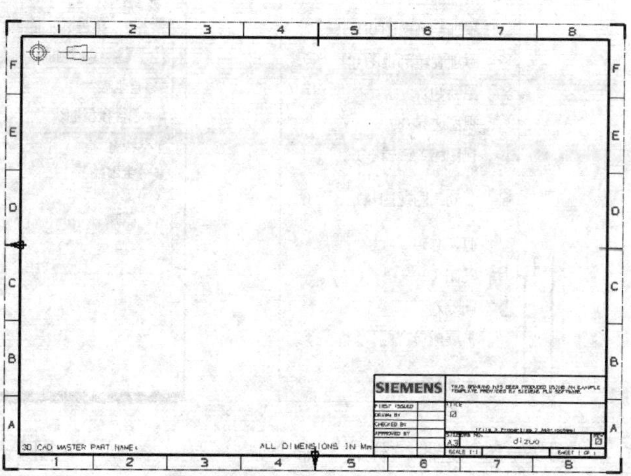

图 7—74 图形窗口

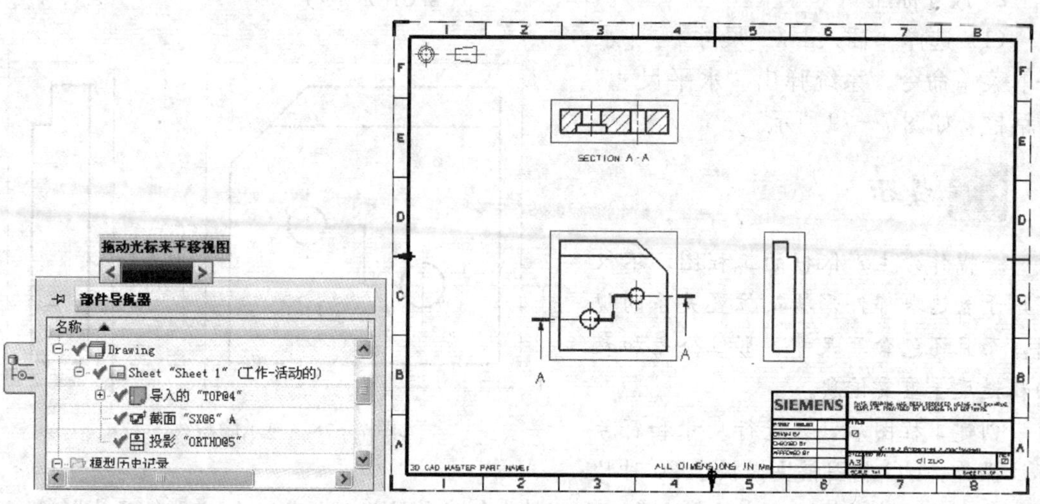

图 7—75 添加相关视图

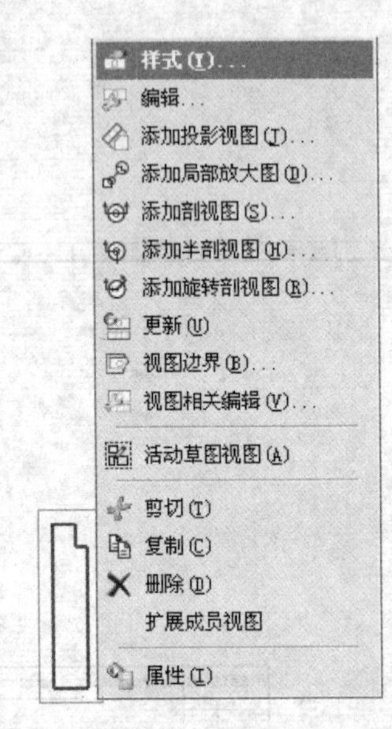

图 7—76　选择“样式”命令

图 7—77　“视图样式”对话框设置

（9）单击【确定】按钮，图形窗口如图 7—78 所示。

（10）隐藏视图边界。

2. 尺寸标注

（1）选择［插入］/［尺寸］/［水平］菜单命令，系统弹出“水平尺寸”对话框，如图 7—79 所示。

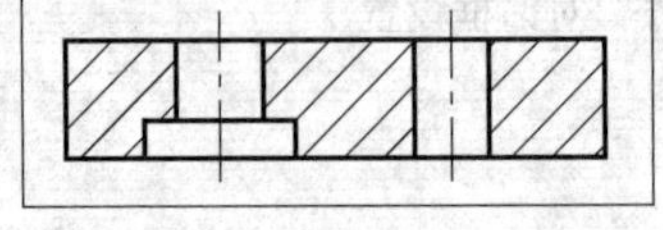

SECTION *A*—*A*

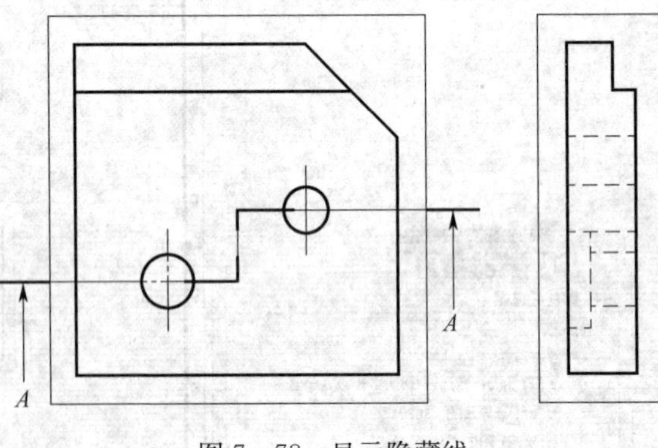

图 7—78　显示隐藏线

提示

一幅作为生产依据的工程图，不仅有用于表达零部件形状及位置关系的视图，而且还包含了尺寸、形位公差和表面粗糙度等重要信息。

创建工程图后，要进行尺寸和符号标注操作。UG 制图模块提供了 20 种尺寸标注方法，选择标注尺寸的方法后，系统弹出相应属性栏对话框，如“平行尺寸”等，其相关说明见表 7—1。

表 7—1　　尺寸属性栏说明

属性	相关说明
尺寸样式	用于对尺寸、直线/箭头、文字和单位进行设置
名义尺寸	设置主尺寸小数点后的位数
公差样式	设置尺寸的公差类型，其默认类型为无公差
注释编辑器	可以在工程图中添加必要的图形、符号，以表示零件的某些特征或形位公差等内容
重置	重新所做的设置

（2）将尺寸值小数点后位数设置为“0”，如图 7—80 所示。

图 7—79　“水平尺寸”对话框

图 7—80　设置尺寸值小数点后位数

（3）根据提示“为水平尺寸选择第一个对象”，将鼠标光标移动到如图 7—81 所示的水平线上。

（4）单击鼠标左键确认，移动鼠标光标到尺寸放置位置，单击左键确认，完成水平尺寸“70”的标注，如图 7—82 所示。

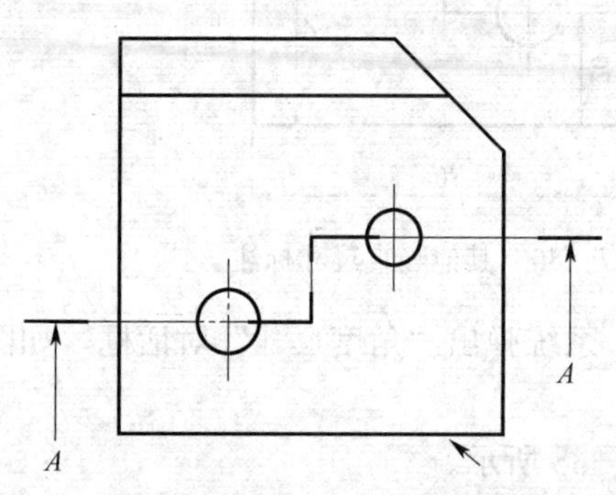

图 7—81　选择水平线

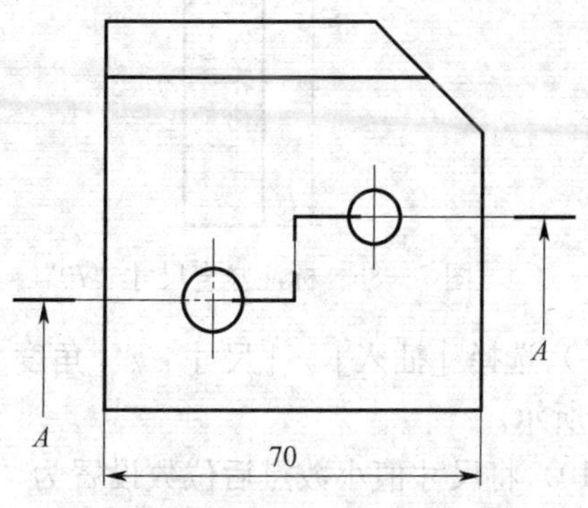

图 7—82　完成水平尺寸“70”的标注

（5）采用类似方法，完成其他水平尺寸的标注，如图 7—83 所示。

（6）选择［插入］/［尺寸］/［竖直］菜单命令，系统弹出“竖直尺寸”对话框，如图 7—84 所示。

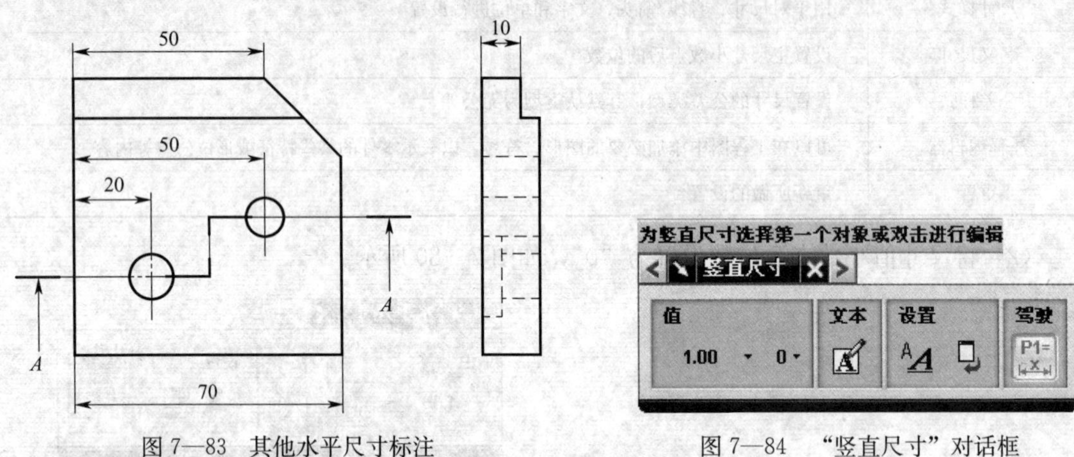

图 7—83　其他水平尺寸标注　　图 7—84　“竖直尺寸”对话框

（7）根据提示“为竖直尺寸选择第一个对象或双击进行编辑”，完成第一个竖直尺寸“70”的标注，如图 7—85 所示。

（8）继续完成其他竖直尺寸的标注，如图 7—86 所示。

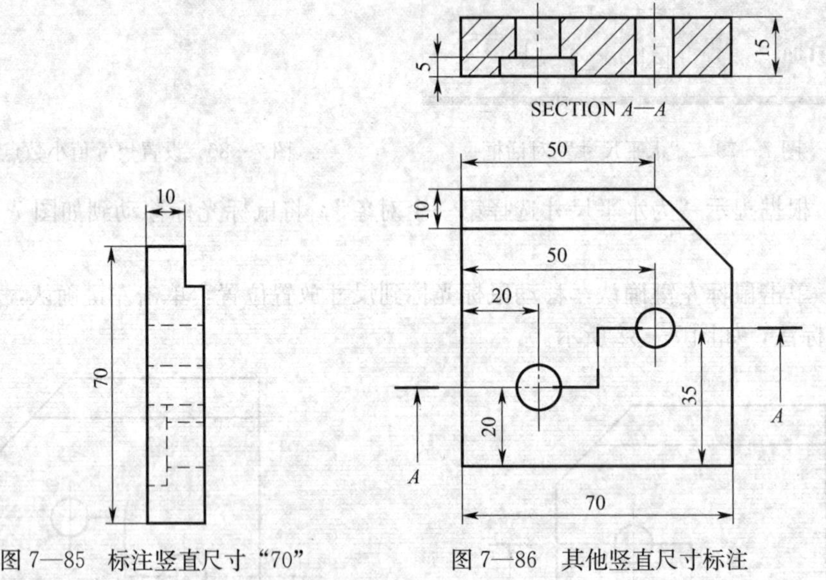

图 7—85　标注竖直尺寸“70”　　图 7—86　其他竖直尺寸标注

（9）选择［插入］/［尺寸］/［角度］菜单命令，系统弹出“角度尺寸”对话框，如图 7—87 所示。

（10）将尺寸值小数点后位数设置为“0”，如图 7—88 所示。

（11）根据提示“为角度尺寸选择第一个对象或双击进行编辑”，完成角度尺寸“45°”的标注，如图 7—89 所示。

图 7—87 “角度尺寸”对话框

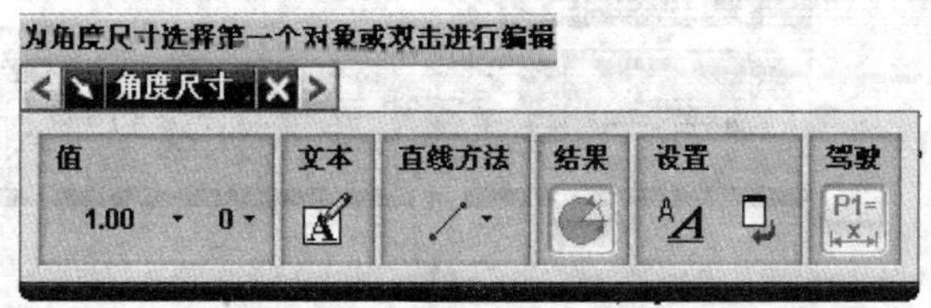

图 7—88 将尺寸值小数点后位数设置为“0”

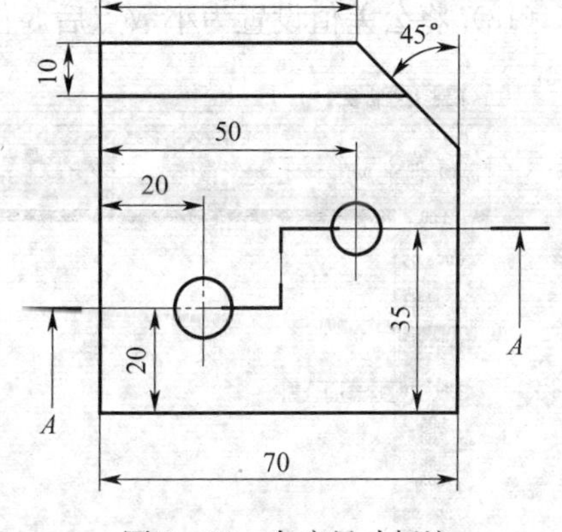

图 7—89 角度尺寸标注

(12) 选择［插入］/［尺寸］/［圆柱形］菜单命令，系统弹出“圆柱尺寸”对话框，如图 7—90 所示。

(13) 根据提示“为圆柱尺寸选择第一个对象或双击进行编辑”，为圆柱尺寸选择第一个对象，如图 7—91 所示。

(14) 根据提示为圆柱尺寸选择第二个对象，如图 7—92 所示。

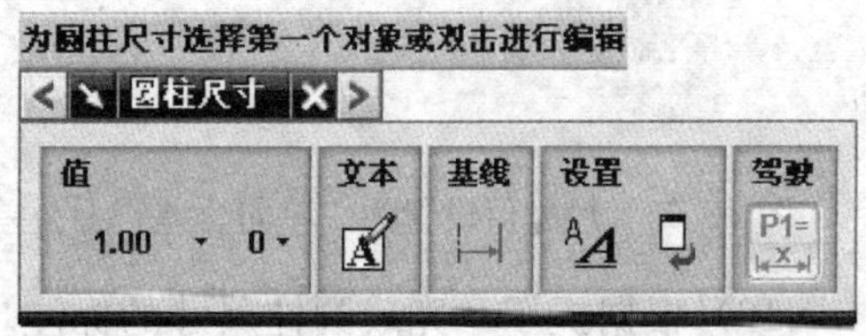

图 7—90 “圆柱尺寸”对话框

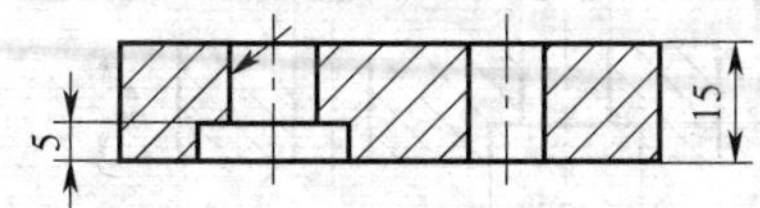

图 7—91 为圆柱尺寸选择第一个对象

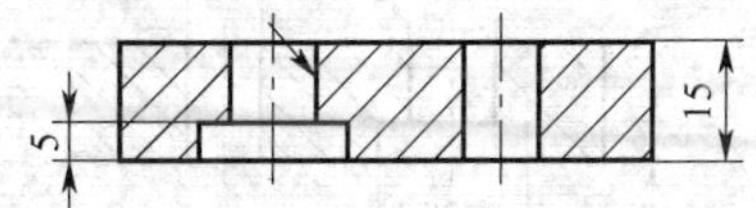

图 7—92 为圆柱尺寸选择第二个对象

(15) 单击鼠标左键确认，并移动鼠标光标到适当位置，单击鼠标左键确认，完成圆柱尺寸的标注，如图 7—93 所示。

(16) 采用类似方法，完成圆柱尺寸“$\phi20$”的标注，如图 7—94 所示。

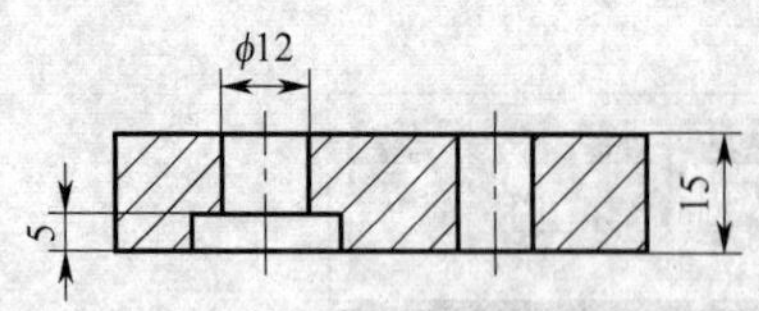

图 7—93　标注圆柱尺寸“ϕ12”　　　　图 7—94　标注圆柱尺寸“ϕ20”

（17）将尺寸值设置为“单向公差，上公差”，如图 7—95 所示。

（18）将公差值设置为小数点后 3 位，如图 7—96 所示。

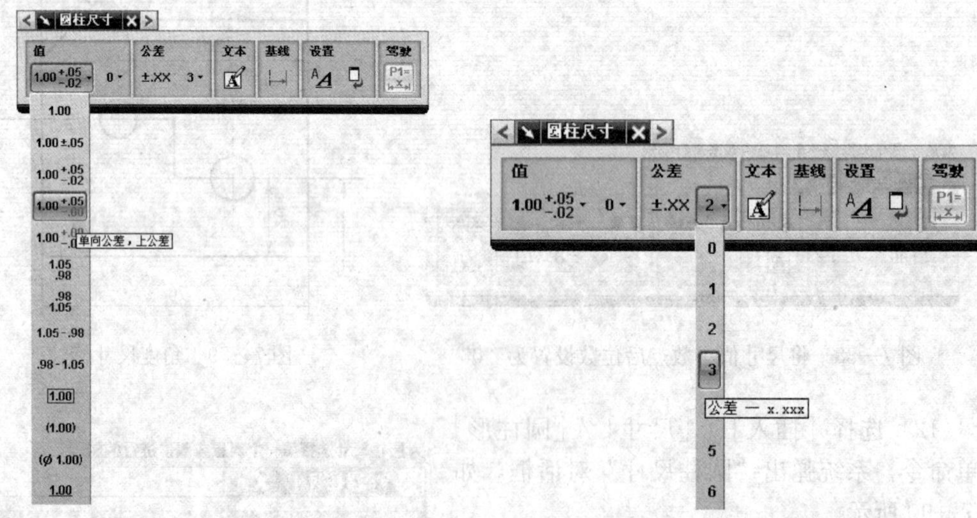

图 7—95　尺寸值设置为“单向公差，上公差”　　　　图 7—96　将公差值设置为小数点后 3 位

（19）根据提示，完成圆柱尺寸的标注，如图 7—97 所示。

（20）双击圆柱尺寸“ϕ10”的公差值，系统弹出公差值文本框，将值修改为“0.022”，如图 7—98 所示。

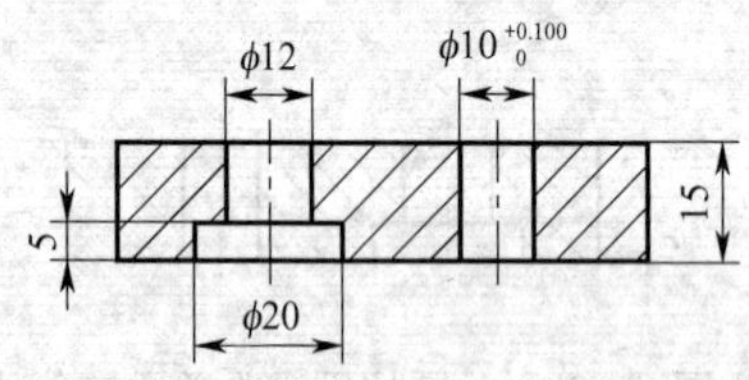

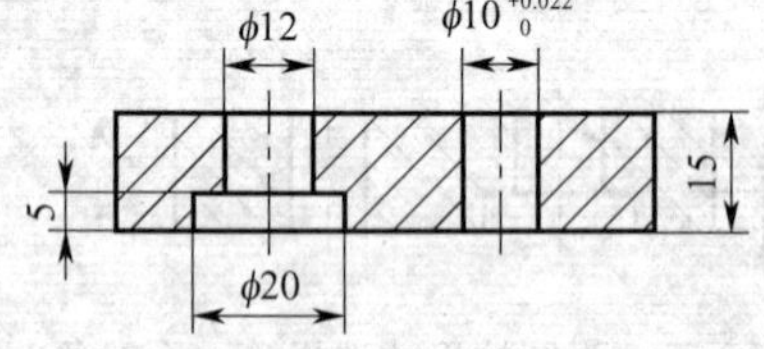

图 7—97　标注圆柱尺寸“ϕ10”　　　　图 7—98　修改公差值

3. 形位公差标注

（1）单击“基准特征符号”图标或选择［插入］/［基准特征符号］菜单命令，系统弹出“基准特征符号”对话框，按图 7—99 所示进行设置。

（2）根据提示“指定原点或按住并拖动对象以创建指引线”，选择基准放置的边线，如图 7—100 所示。

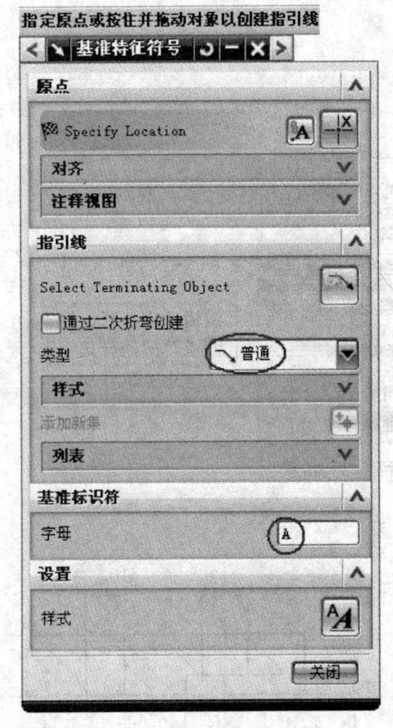

图 7—99 “基准特征符号”对话框设置

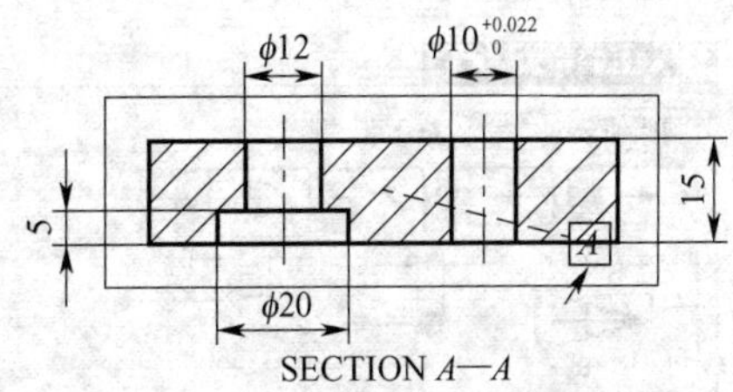

图 7—100 选择基准放置边线

(3) 按住鼠标左键将基准符号图框拖到合适位置，如图 7—101 所示。

(4) 单击鼠标左键确认，完成基准特征的创建，如图 7—102 所示。

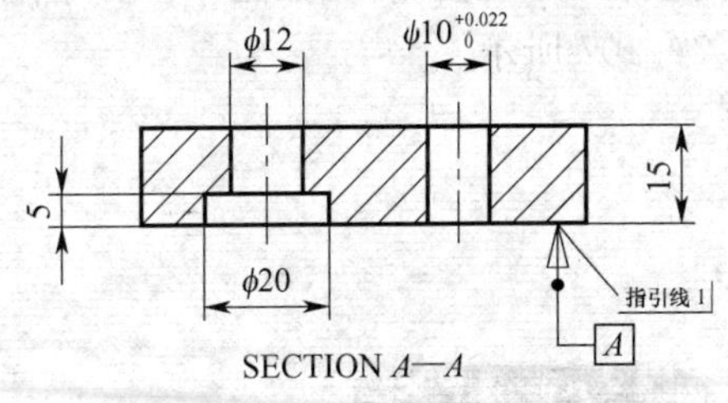

图 7—101 按住鼠标左键拖动符号图框

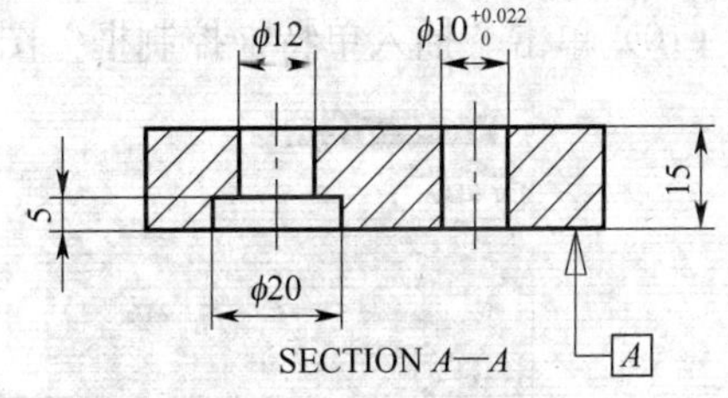

图 7—102 完成基准特征创建

(5) 单击【关闭】按钮。

(6) 选择刚创建的基准并单击鼠标右键，系统弹出快捷菜单，选择［样式］命令，如图 7—103 所示。

(7) 系统弹出“注释样式”对话框，按图 7—104 所示设置对话框。

(8) 单击【确定】按钮，设置“直线/箭头”样式，如图 7—105 所示。

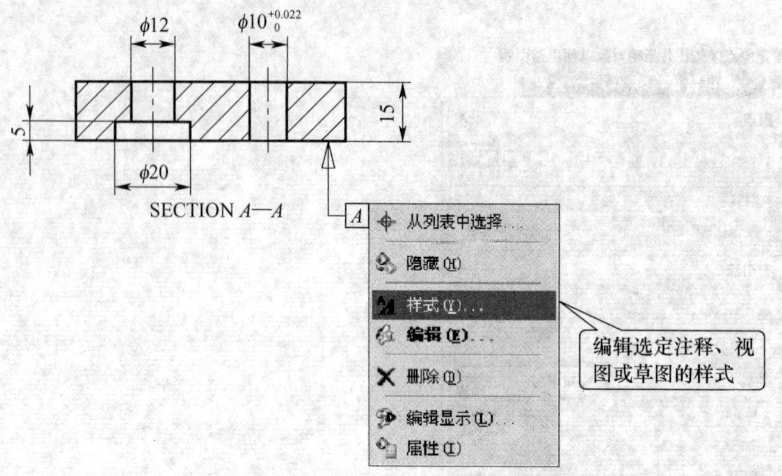

图 7—103　选择“样式”命令

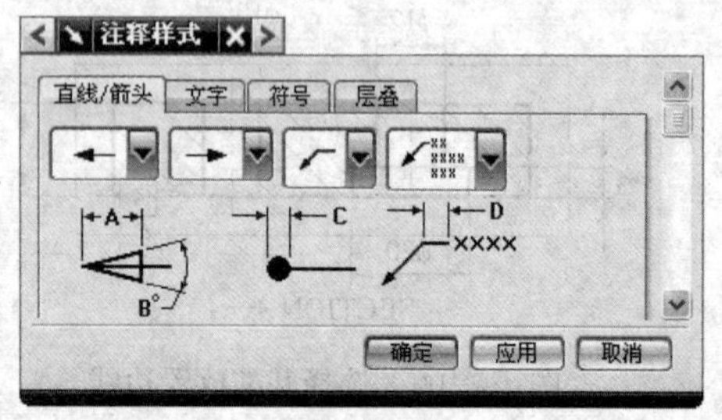

图 7—104　设置“直线/箭头”样式

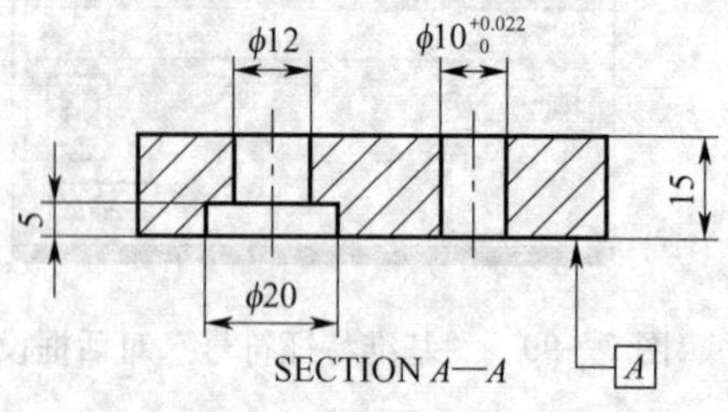

图 7—105　更改“直线/箭头”样式

(9) 单击“注释”图标 或选择［插入］/［注释］菜单命令，系统弹出“注释”对话框，在“文本输入”区域的“类别”下拉列表框中选择“形位公差”，如图 7—106 所示。

(10) 单击“插入单特征控制框”图标，如图 7—107 所示。

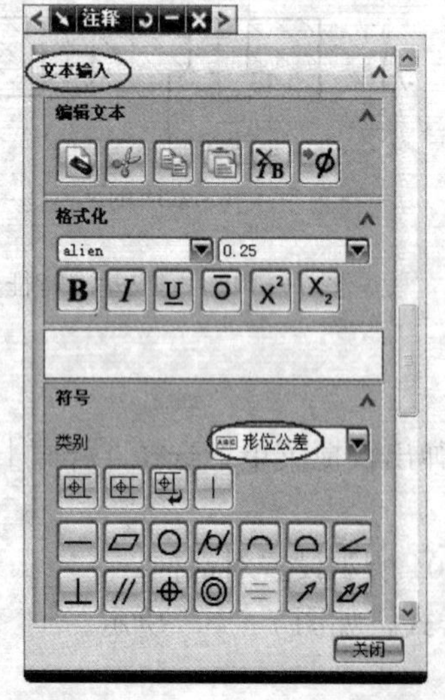

图 7—106　“注释”对话框设置

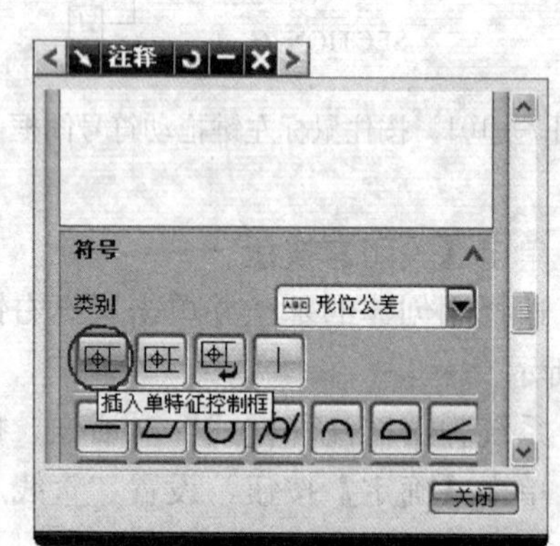

图 7—107　插入单特征控制框

(11) 单击“插入平行度”图标，如图 7—108 所示。

(12) 输入公差值为“0.02”，如图 7—109 所示。

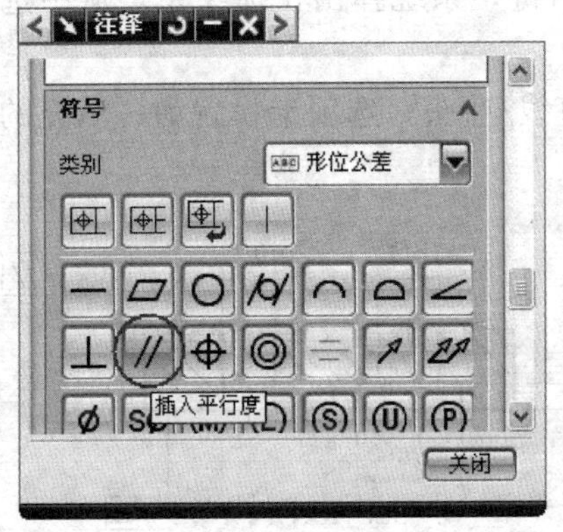

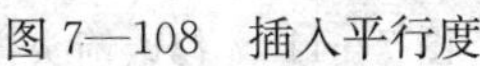
图 7—108 插入平行度

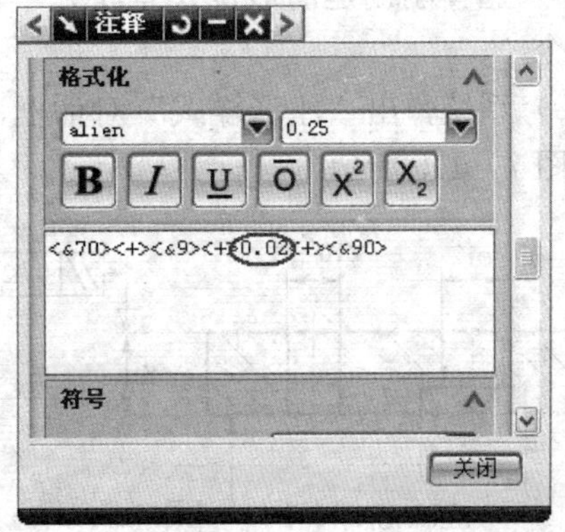

图 7—109 输入公差值

(13) 单击“插入框分隔线”图标，如图 7—110 所示。

(14) 输入字母“A”，如图 7—111 所示。

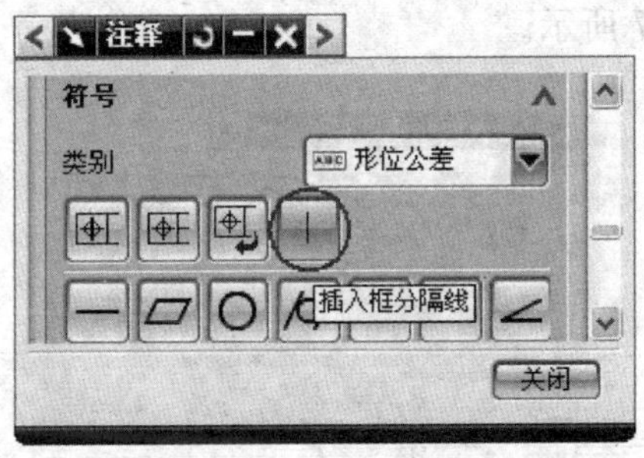

图 7—110 插入框分隔线

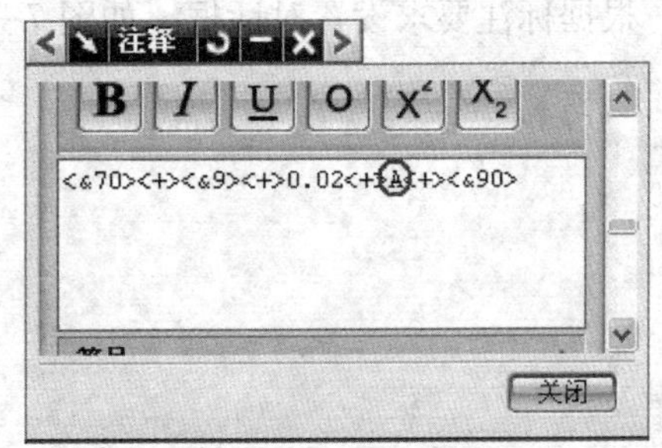

图 7—111 输入字母“A”

(15) 根据提示，指定“形位公差”放置位置，如图 7—112 所示。

(16) 按住鼠标左键，并向上拖动鼠标，如图 7—113 所示。

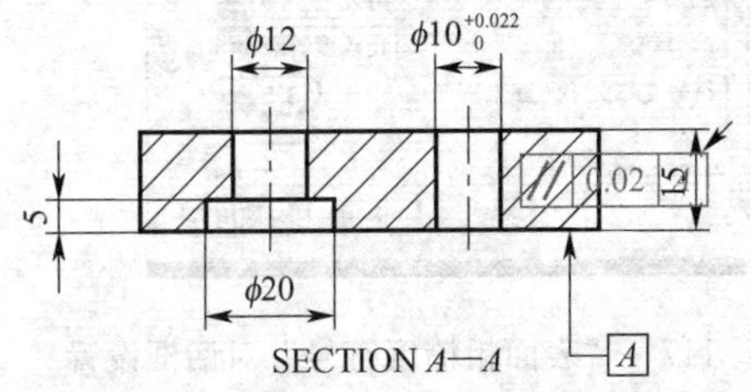

图 7—112 指定“形位公差”放置位置

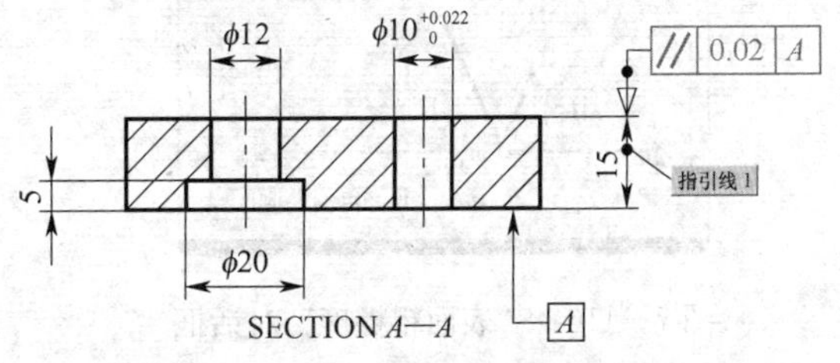

图 7—113 放置“形位公差”

（17）单击鼠标左键确认，完成形位公差的标注，如图 7—114 所示。

（18）单击【关闭】按钮。

（19）选择刚创建的形位公差注并单击鼠标右键，系统弹出快捷菜单，从中选择“样式”命令。

（20）系统弹出“注释样式”对话框，将“直线/箭头”选项卡设置为“填充的箭头”，结果如图 7—115 所示。

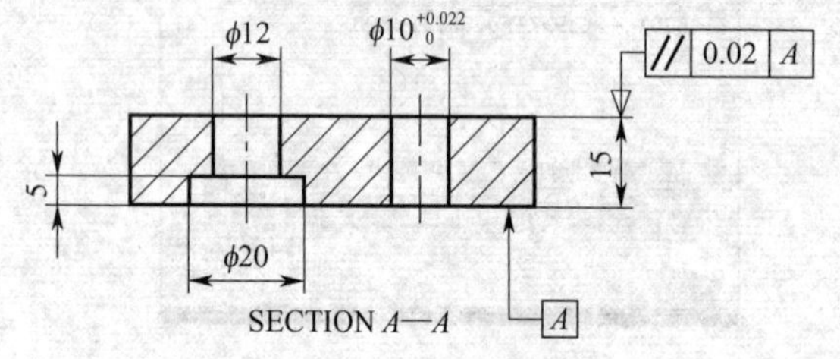

图 7—114　标注形位公差

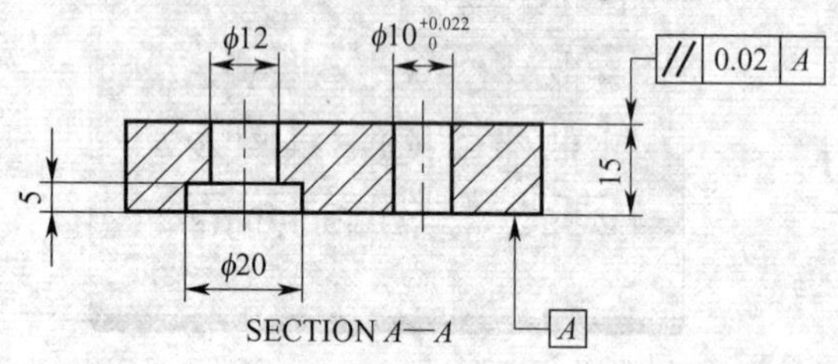

图 7—115　修改箭头样式

4. 表面粗糙度标注

（1）选择［插入］/［符号］/［表面粗糙度符号］菜单命令，系统弹出“表面粗糙度符号”对话框，如图 7—116 所示。

（2）根据标注要求设置对话框，如图 7—117 所示。

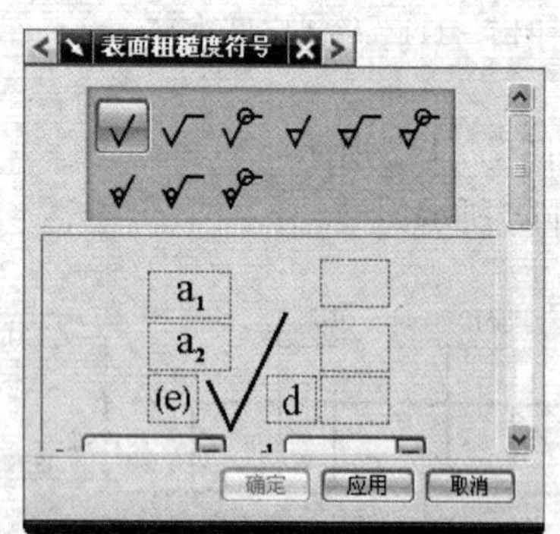

图 7—116　“表面粗糙度”对话框

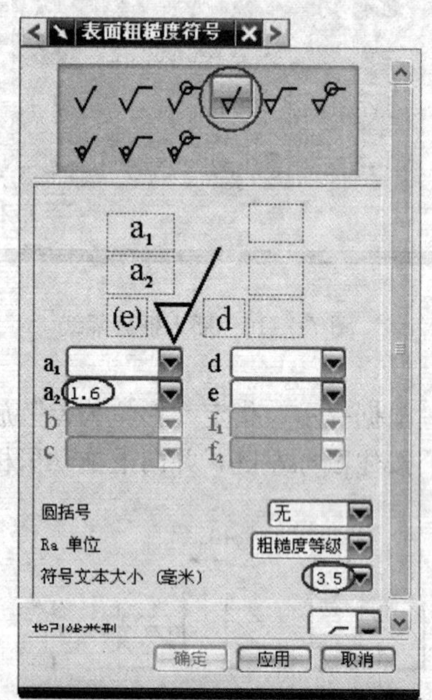

图 7—117　“表面粗糙度符号”对话框设置

提示

符合国家标准的表面粗糙度标注功能，应当在启动 UG 之前设定相应的环境变量值："UGⅡ _ SURFACE _ FINISH＝ON"。

（3）单击"在边上创建"图标，如图 7—118 所示。

（4）根据系统提示"选择边或尺寸"，选择如图 7—119 所示的边。

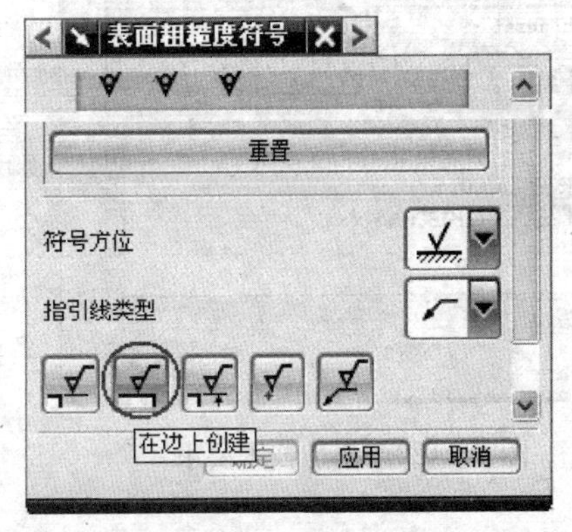

图 7—118 单击"在边上创建"图标

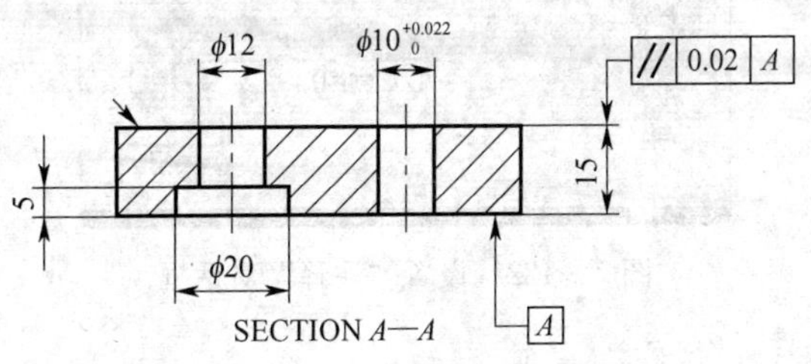

图 7—119 选择边

（5）单击鼠标左键确认。

（6）系统提示"选择相对于边或延伸线的位置"，在选择边上方单击鼠标左键，完成表面粗糙度的标注，如图 7—120 所示。

（7）采用类似方法，完成其他几处表面粗糙度的标注，如图 7—121 所示。

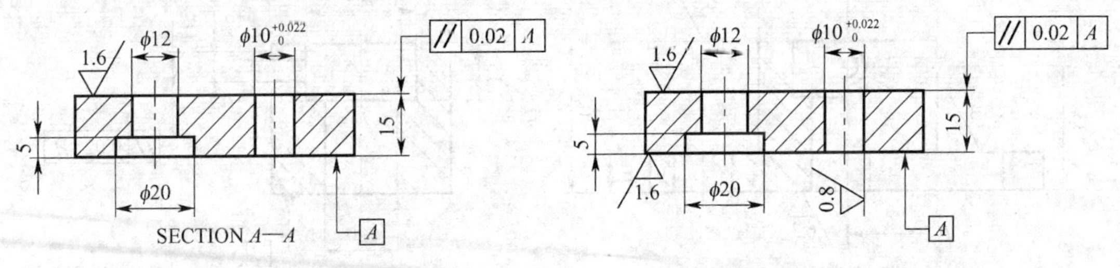

图 7—120 标注表面粗糙度

图 7—121 完成表面粗糙度标注

5. 文字加入

（1）单击"注释"图标 或选择［插入］/［注释］菜单命令，系统弹出"注释"对话框。

（2）在"符号"区域的"类别"下拉列表框中选择"制图"选项，在"格式化"区域的下拉列表框中选择"chineset"选项，如图 7—122 所示。

（3）添加技术要求，如图 7—123 所示。

（4）根据提示，移动鼠标光标到合适位置，单击鼠标左键确认，单击【关闭】按钮，结束文字加入。

图 7—122 设置“注释”对话框

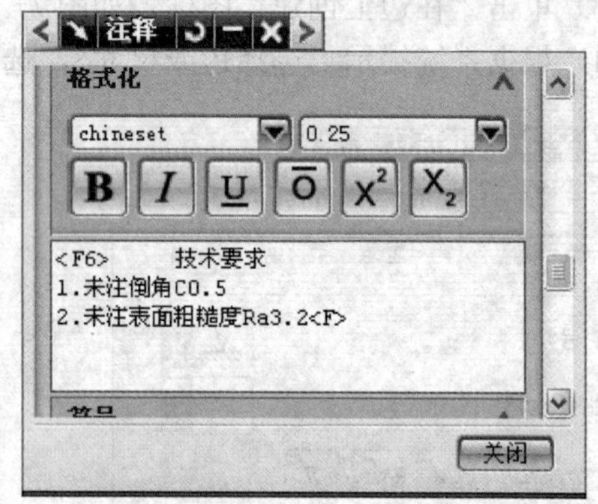

图 7—123 添加技术要求

任务拓展

试完成图 7—124 所示工程图的创建。

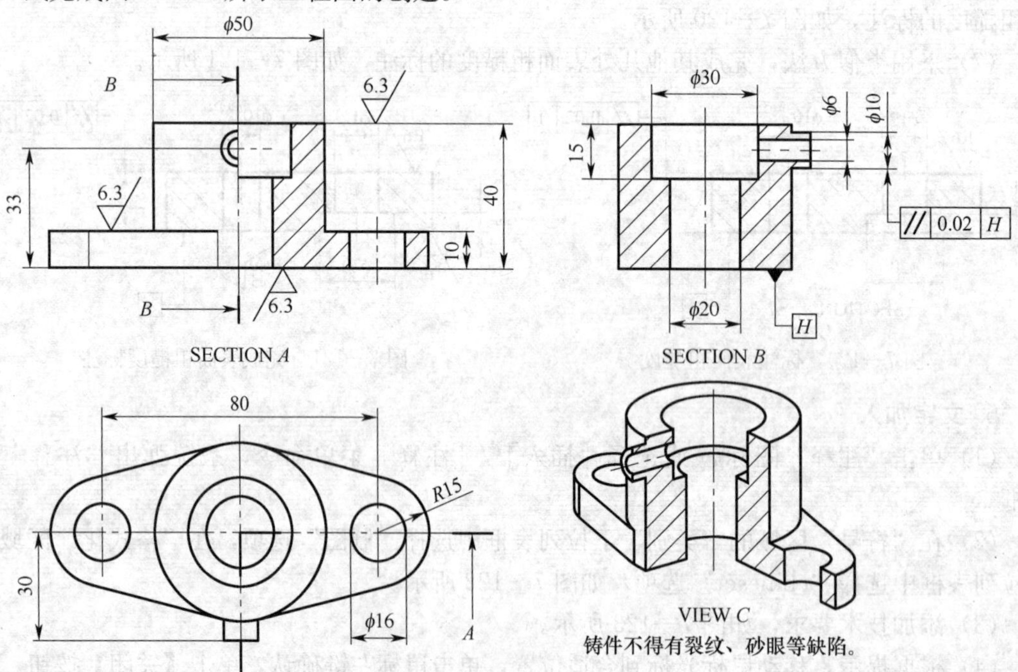

图 7—124 工程图

提示

“VIEW *C*”视图的创建思路（见图 7—125）如下：

①选择俯视图作为父视图创建半剖视图。

②确定剖切部分。

③选择剖切视图。

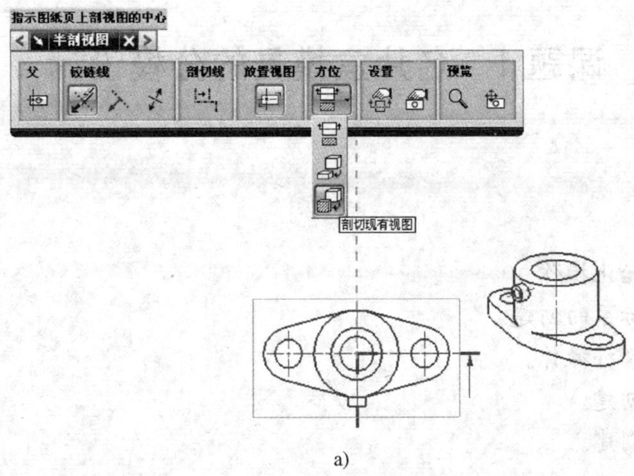

a)

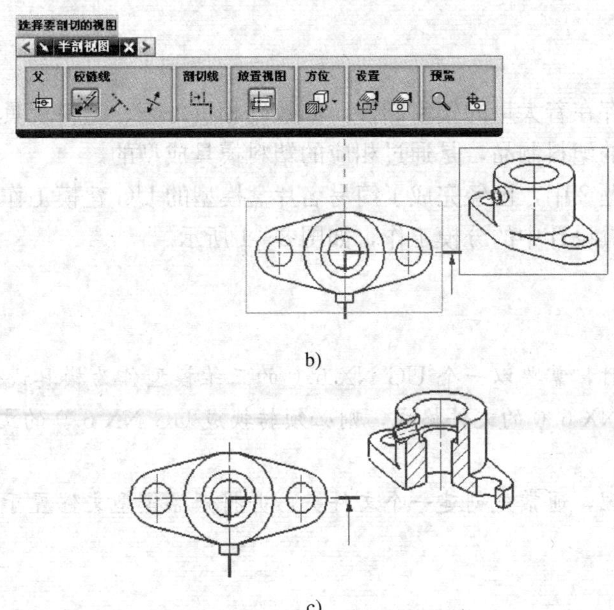

b)

c)

图 7—125　创建思路

模块八

注塑模具的分模设计

课题1　名片盒模具的分模设计

学习目标

1. 熟悉项目初始化操作。
2. 掌握模具坐标系的创建。
3. 熟悉自动孔修补操作。
4. 掌握分型线创建。
5. 掌握分型面创建。

工作任务

在人们的身边存在着大量的塑料制件，如数码相机外壳、塑料玩具、名片盒等，这些外观精美、形状各异的塑料制品，是通过相应的塑料模具成型的。

在模块五的课题2中，已经完成了简易名片盒模型的UG建模工作，试在此基础上完成简易名片盒注塑模具设计中的分模工作，如图8—1所示。

 提示

注塑模具设计时，需要以一个UG NX 6.0的三维模型作为模具设计原型。如果有一个实体模型不是UG NX 6.0的文件格式，则必须转换成UG NX 6.0的文件格式或重新用UG NX 6.0造型。

为便于文件管理，通常先创建一个文件夹，并将产品模型文件置于其中。

任务实施

1. 进入“注塑模向导”模块

（1）通过快捷方式图标启动UG NX 6.0。

（2）选择［文件］/［打开］菜单命令，打开“mingpianhe”部件文件，如图8—2

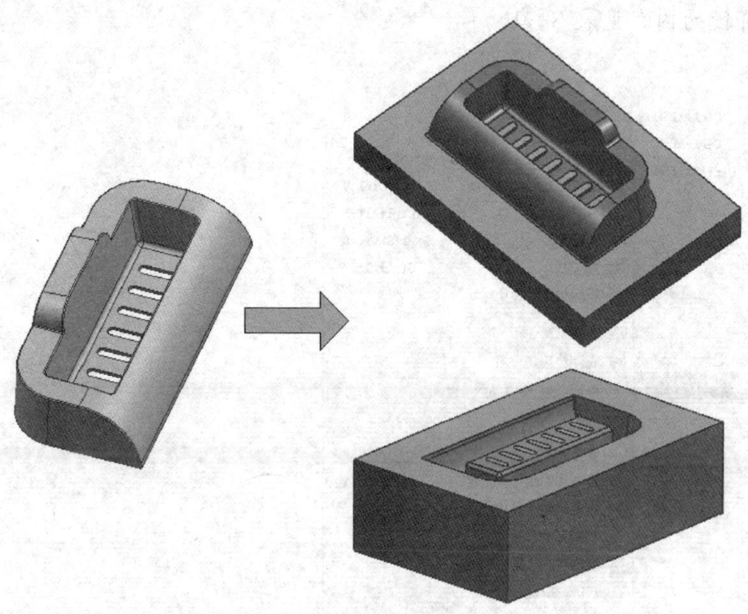

图 8—1 名片盒的分模设计

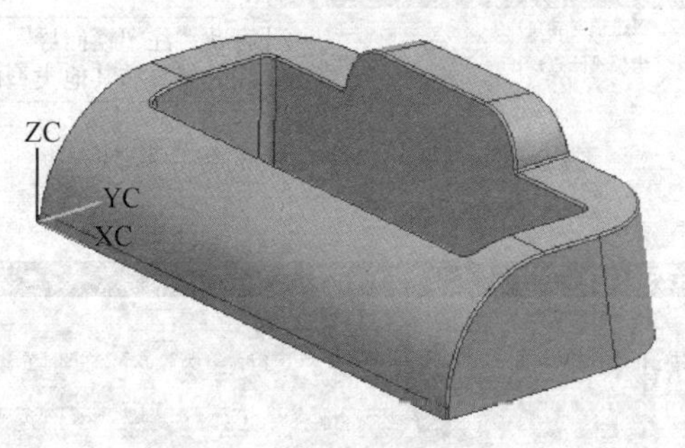

图 8—2 打开产品模型

所示。

（3）通过“开始”图标进入“注塑模向导”模块，如图 8—3 所示。

 **提示**

用户通常使用 UG 的“注塑模向导”模块来进行塑料模具的设计工作。UG 模具设计的主要工作阶段包括模具设计准备阶段、分模阶段、加载标准件阶段、浇注系统与冷却系统设计阶段及完成模具设计的其余阶段。

（4）系统弹出“注塑模向导”工具栏，如图 8—4 所示。

 **提示**

从此进入注塑模设计环境，为方便操作，可将工具栏拖至适当位置。

设计准备阶段的内容见表8—1。

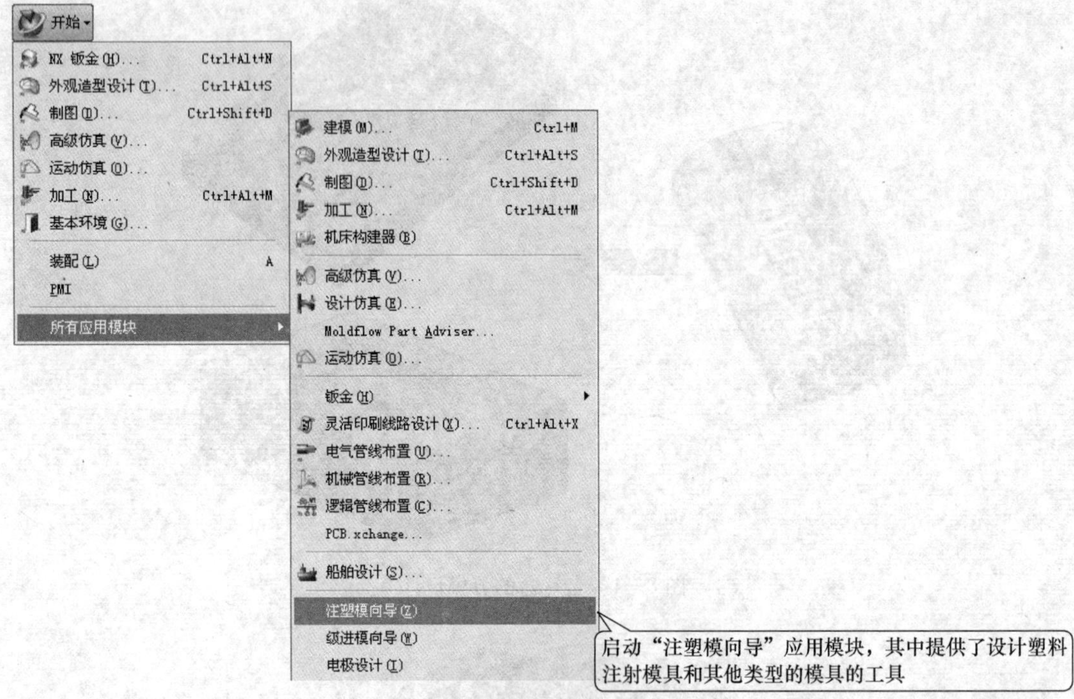

图8—3 进入"注塑模向导"模块

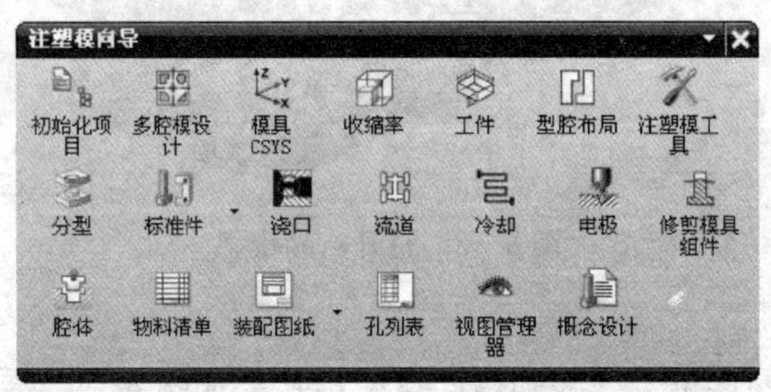

图8—4 "注塑模向导"工具栏

表8—1 设计准备阶段的内容

内　容	相关说明
装载产品模型	加载需要进行模具设计的产品模型，设置有关的文件路径、成型材料、收缩率及项目单位等
设置坐标系	在进行模具设计时，需要定义模具坐标系。模具坐标系与产品坐标系未必一致，但通常取Z向为开模方向

续表

内　容	相 关 说 明
设置收缩率	考虑产品注塑成型后的收缩，在模具设计时应设置产品收缩率
设定模坯尺寸	在“注塑模向导”模块中，模坯称为工件，它是生成型芯与型腔的材料
模具布局	对于多模腔或多件模，需要进行模具布局的设计

2. 初始化项目

(1) 单击“初始化项目”图标，系统弹出“初始化项目”对话框，如图 8—5 所示。

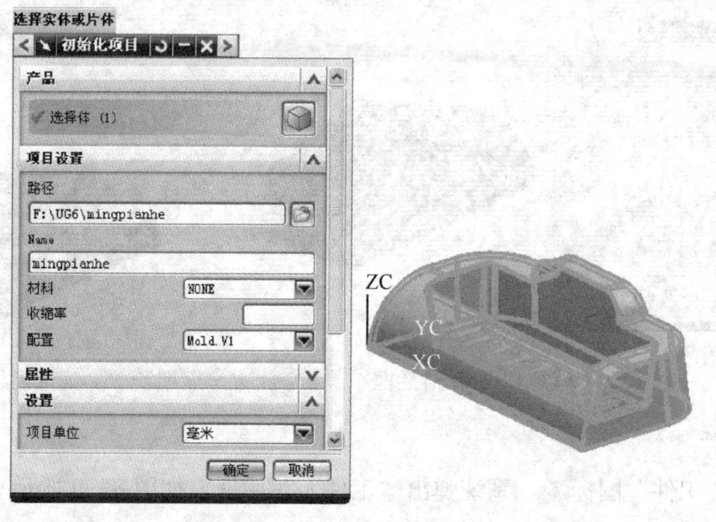

图 8—5　“初始化项目”对话框

(2) 单击【确定】按钮，通过一段时间的运作，系统完成对设计项目的初始化，创建了一个预先给定的种子装配结构复制品，如图 8—6 所示。

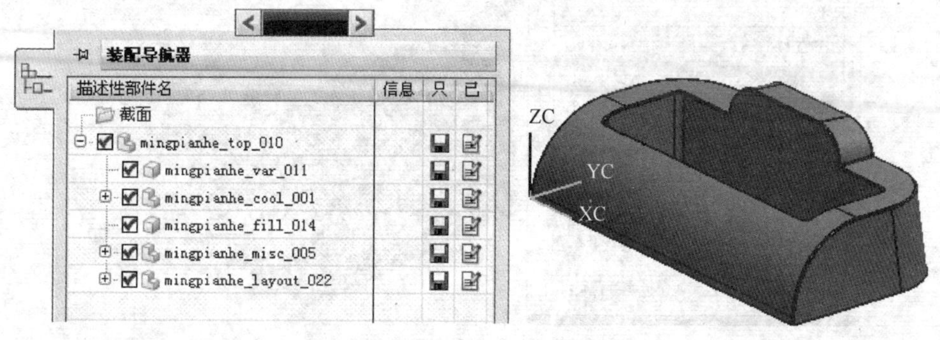

图 8—6　完成项目初始化

提示

必要时，可根据塑料产品材料设置收缩率，如 ABS 材料可设置为 1.005。当然，也可以后通过“收缩率”按钮进行设置。

3. 设置模具坐标系

（1）单击“模具 CSYS”图标，系统弹出“模具 CSYS”对话框，选中【产品体中心】单选按钮，如图 8—7 所示。

（2）单击【确定】按钮，完成模具坐标系的设置，图形窗口如图 8—8 所示。

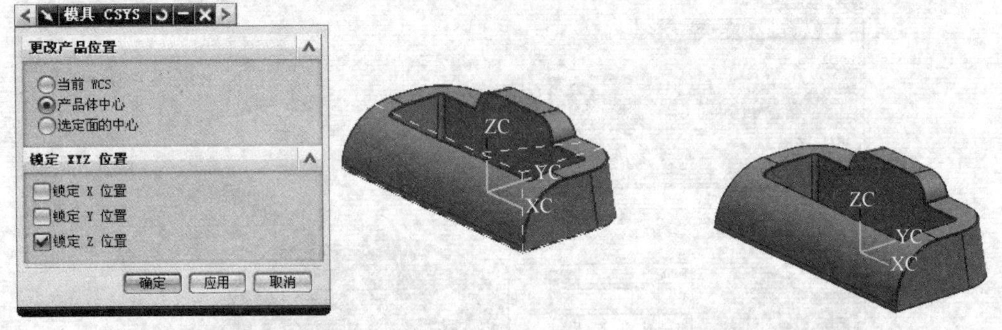

图 8—7 设置“模具 CSYS”对话框　　图 8—8 完成模具坐标系设置

4. 设置工件

（1）单击“工件”图标，系统弹出“工件”对话框，如图 8—9 所示。

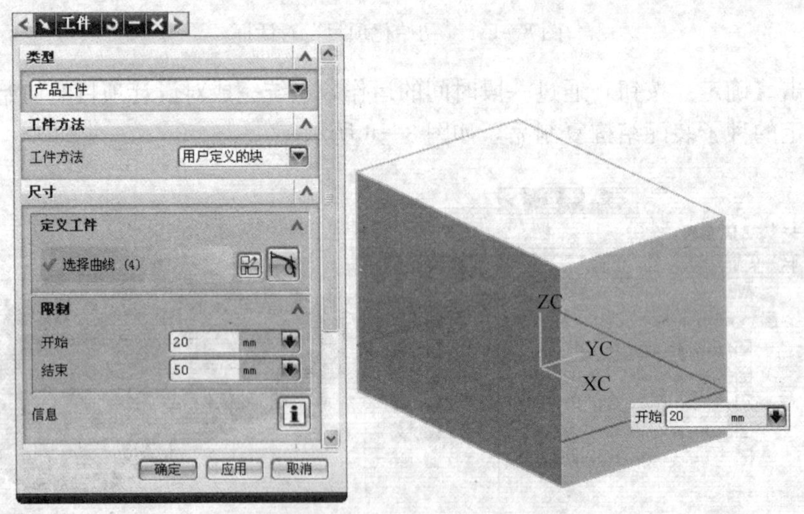

图 8—9 “工件”对话框

(2) 单击【确定】按钮，接受系统默认设置，“静态线框”显示图形窗口，结果如图8—10所示。

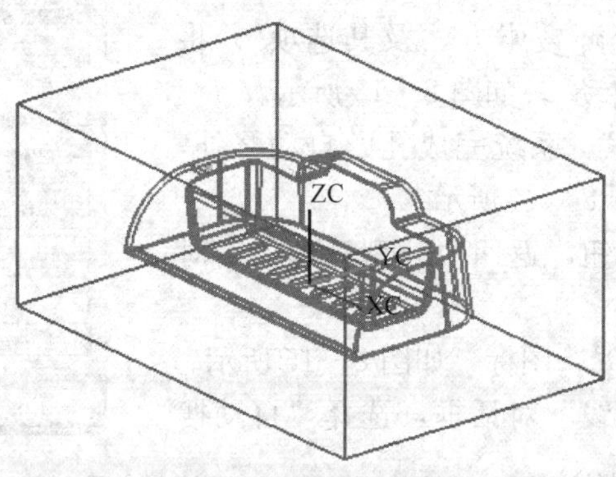

图 8—10　完成工件设置

5. 分型操作

(1) 单击“分型”图标，系统弹出“分型管理器”对话框，如图8—11所示。

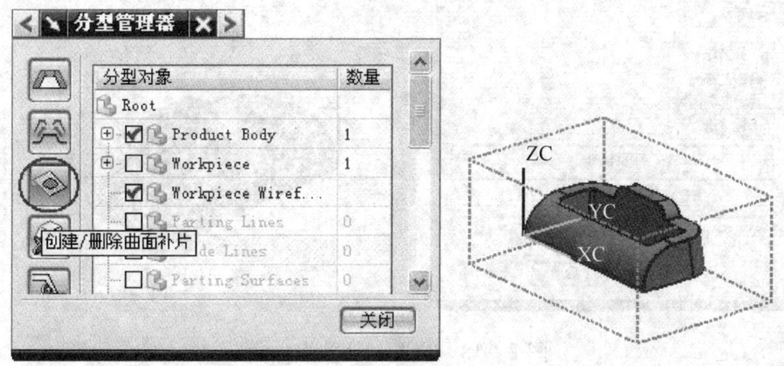

图 8—11　“分型管理器”对话框

提示

分模阶段的主要内容见表8—2。

表 8—2　　分模阶段的主要内容

内　　容	相 关 说 明
修补孔	模具分型前，需要修补模型的各类孔、槽等特征
构建分型线	为分型面的创建做准备
建立分型面	根据分型线创建分型面
抽取区域	提取型芯与型腔区域，为分型做准备
创建型芯和型腔	完成型芯和型腔的创建

（2）单击“创建/删除曲面补片”图标，系统弹出“自动孔修补”对话框，如图 8—12 所示。

（3）根据提示“选择环搜索方法及其选项”，将“环搜索方法”设置为“自动”，如图 8—13 所示。

（4）选择“自动修补”，系统完成孔的自动修补，“旋转”视图后，效果如图 8—14 所示。

（5）单击【后退】按钮，返回“分型管理器”对话框。

（6）单击“编辑分型线”图标，如图 8—15 所示。

（7）系统弹出“分型线”对话框，选择“自动搜索分型线”，如图 8—16 所示。

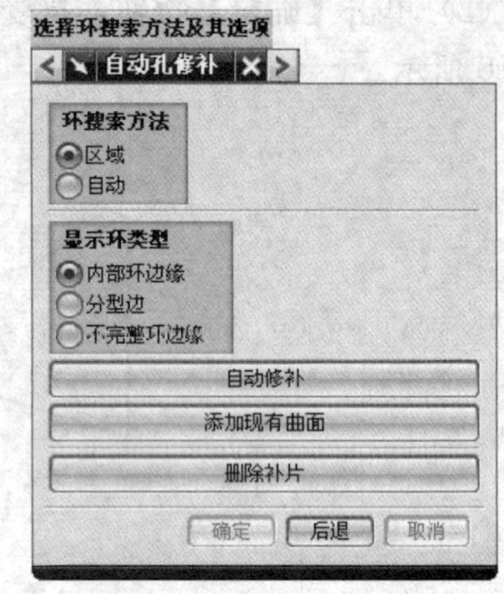

图 8—12 “自动孔修补”对话框

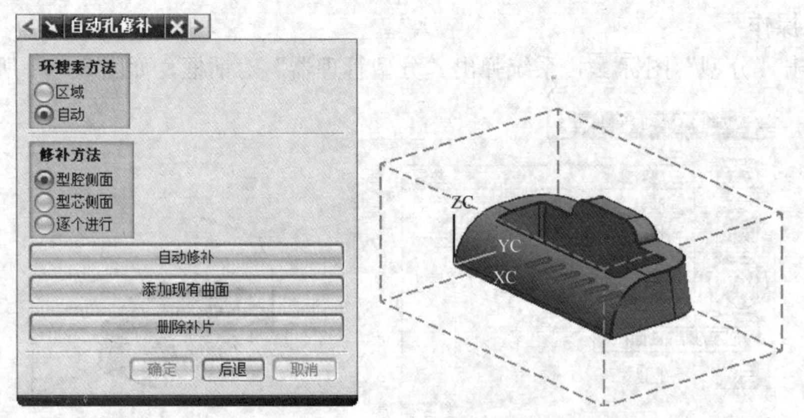

图 8—13 设置“环搜索方法”

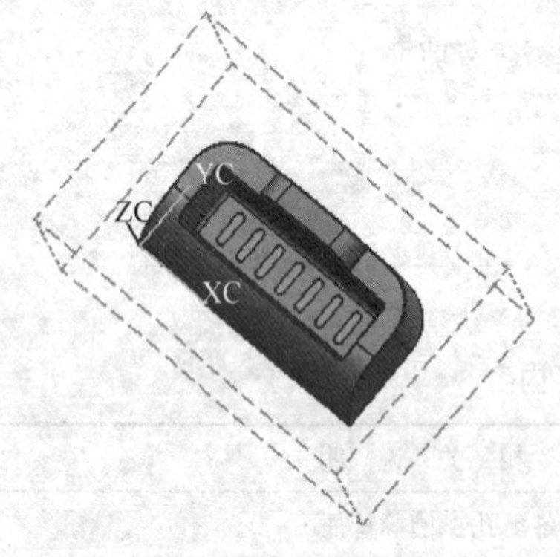

图 8—14 完成孔的自动修补

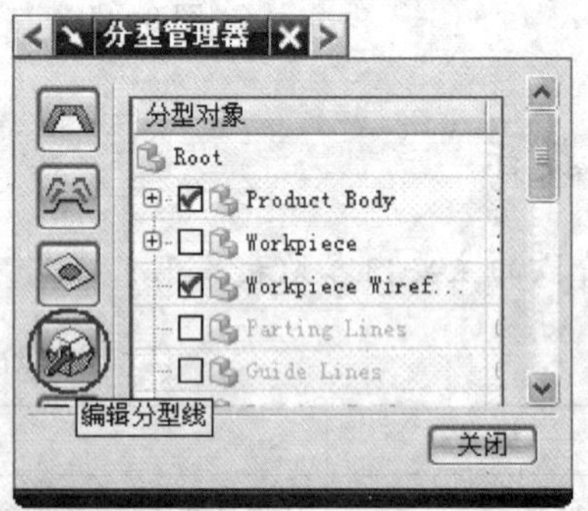

图 8—15 编辑分型线

（8）系统弹出“搜索分型线”对话框，如图 8—17 所示。

（9）根据提示“完成时按‘应用’来搜索分型边”，单击【应用】按钮，完成分型线的创建，如图 8—18 所示。

（10）单击【确定】按钮，显示分型线，并返回“分型线”对话框，如图 8—19 所示。

图 8—16　自动搜索分型线

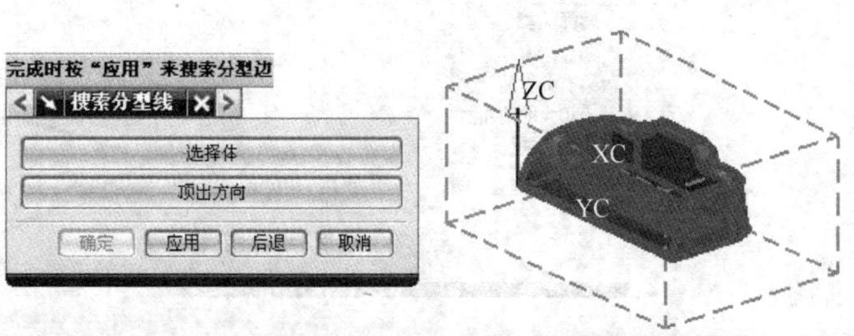

图 8—17　“搜索分型线”对话框

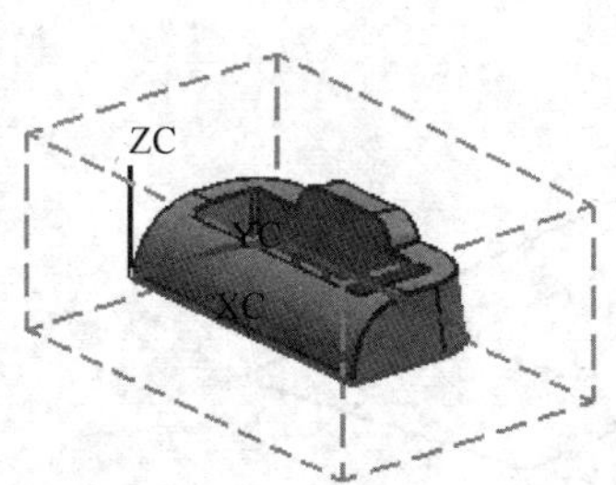

图 8—18　完成分型线创建

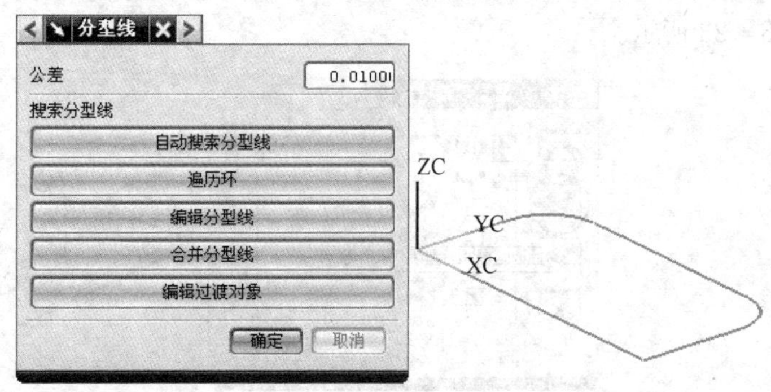

图 8—19　显示分型线

（11）单击【确定】按钮，返回“分型管理器”对话框。
（12）单击“创建/编辑分型面”图标，如图 8 20 所示。
（13）系统弹出“创建分型面”对话框，选择“创建分型面”，如图 8—21 所示。

图 8—20　创建/编辑分型面

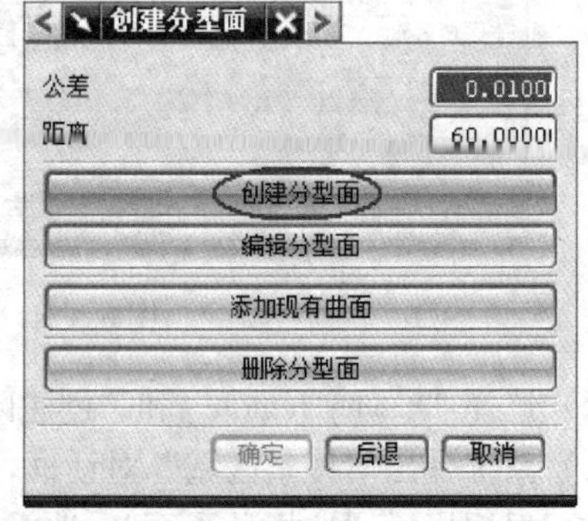

图 8—21　创建分型面

（14）系统弹出“分型面”对话框，如图 8—22 所示。

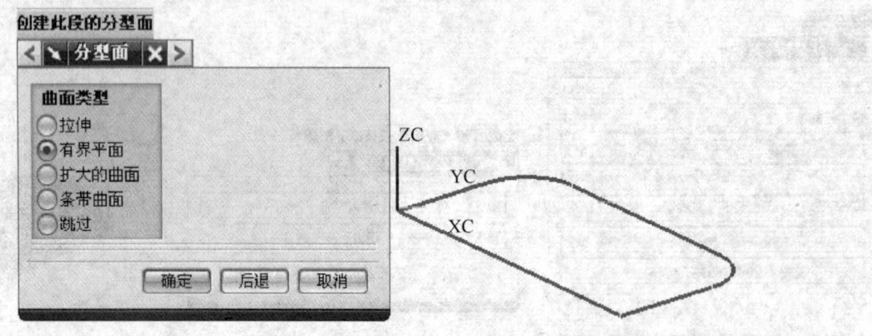

图 8—22 “分型面”对话框

（15）单击【确定】按钮，完成分型面的创建，并返回“分型管理器”对话框，如图 8—23 所示。

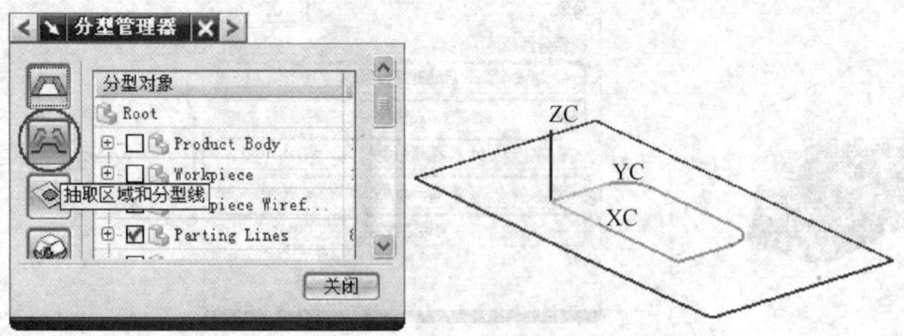

图 8—23 完成分型面创建

（16）单击“抽取区域和分型线”图标，系统弹出“定义区域”对话框，如图 8—24 所示。

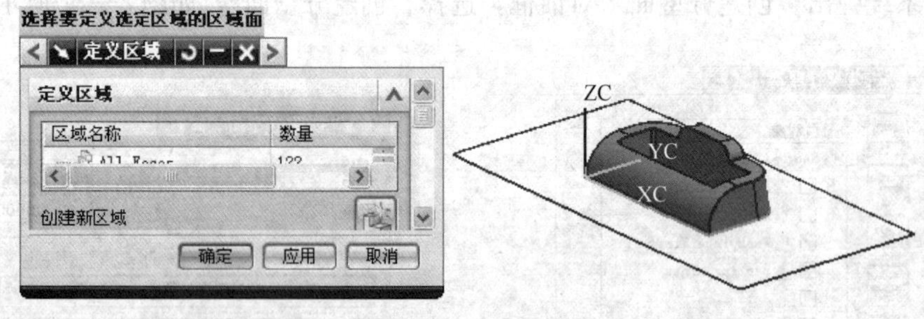

图 8—24 “定义区域”对话框

（17）选择“Cavity region”和“创建区域”，单击“搜索区域”图标，如图 8—25 所示。

（18）系统弹出“搜索区域”对话框，如图 8—26 所示。

（19）根据提示“选择种子面”，选择种子面，如图 8—27 所示。

（20）拖动“高亮显示面”滚动条至最右端（62），完成型腔区域搜索，如图 8—28 所示。

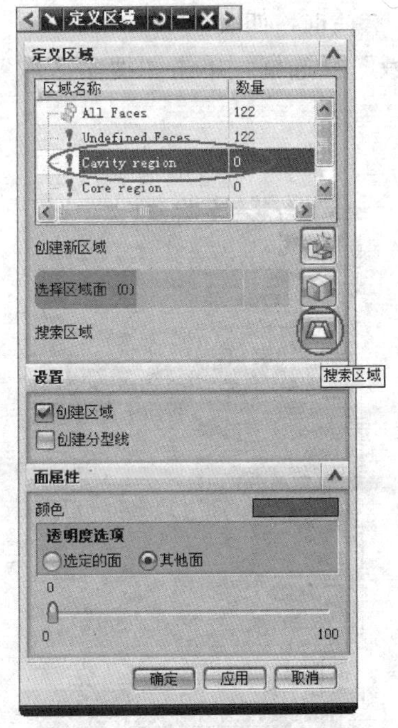

图 8—25 搜索型腔区域

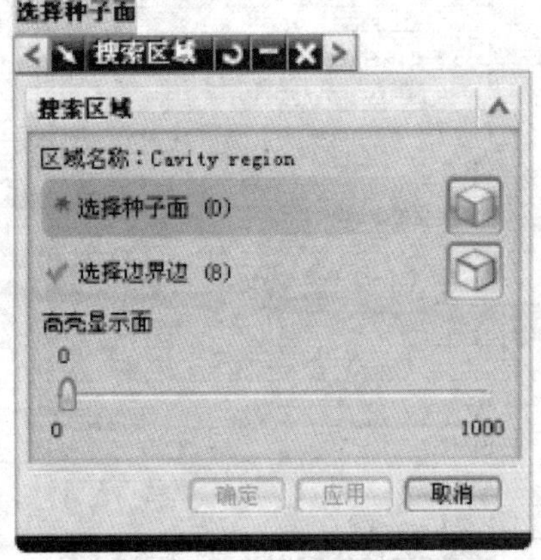

图 8—26 "搜索区域"对话框

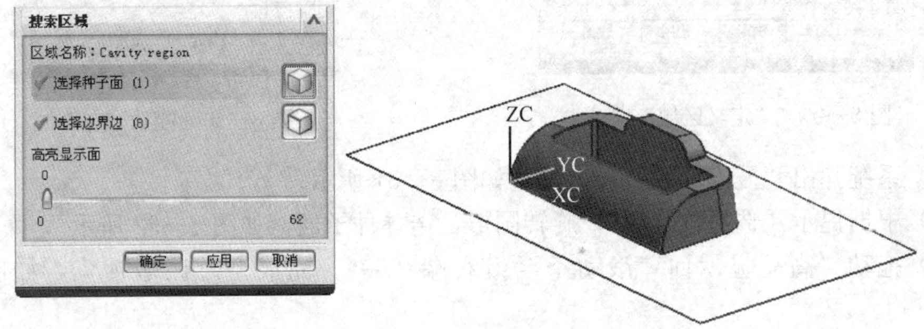

图 8—27 选择种子面

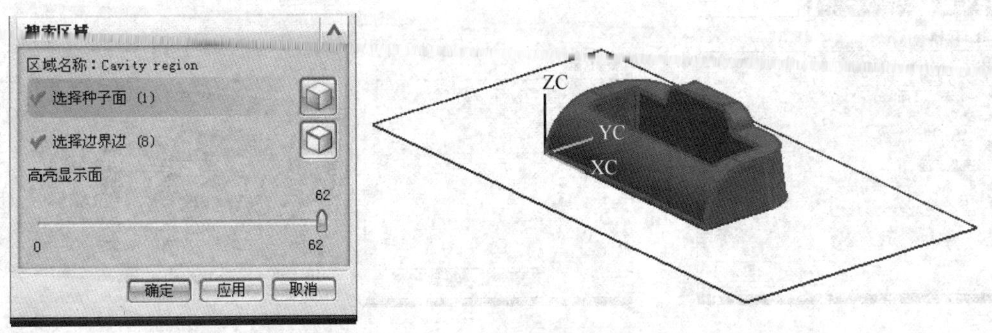

图 8—28 搜索型腔区域

（21）单击【确定】按钮，系统返回“定义区域”对话框，如图 8—29 所示。

（22）选择“Core region”选项并选中“创建区域”复选框，单击“搜索区域”图标，如图 8—30 所示。

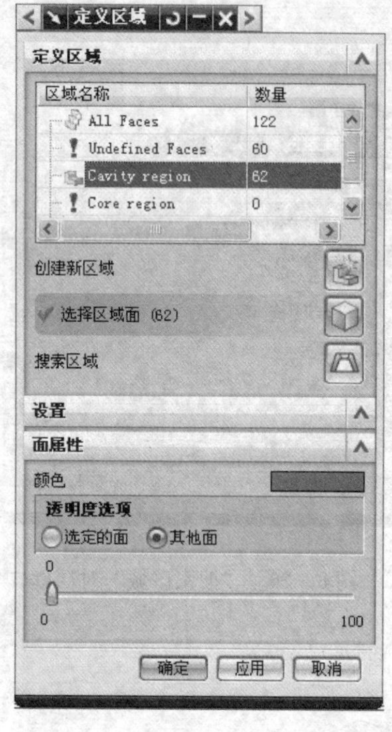

图 8—29 “定义区域”对话框

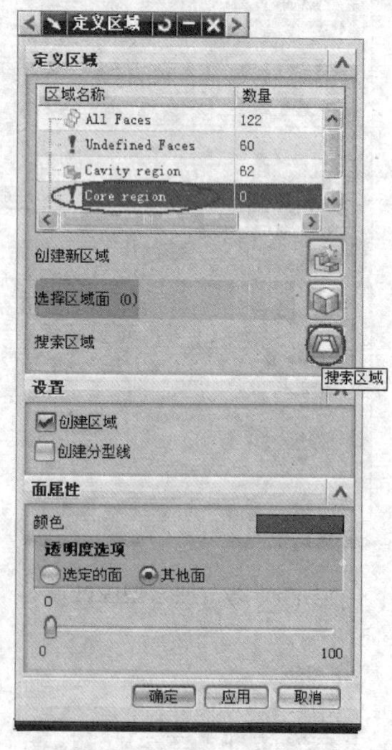

图 8—30 搜索型芯区域

（23）系统弹出“搜索区域”对话框，如图 8—31 所示。

（24）根据提示“选择种子面”，旋转图形，选择种子面，如图 8—32 所示。

（25）拖动“高亮显示面”滚动条至最右端（60），完成型芯区域搜索，如图 8—33 所示。

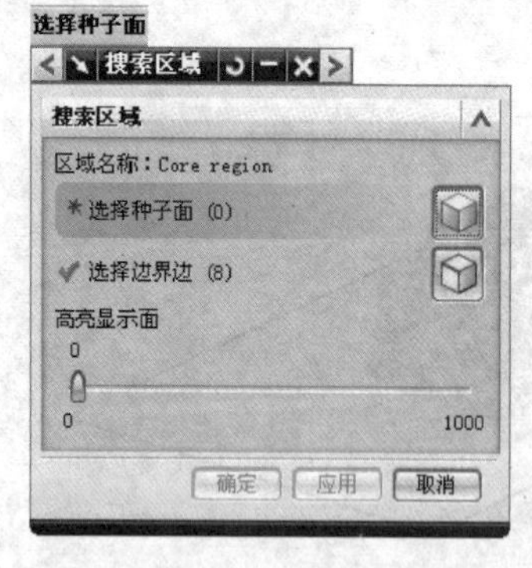

图 8—31 “搜索区域”对话框

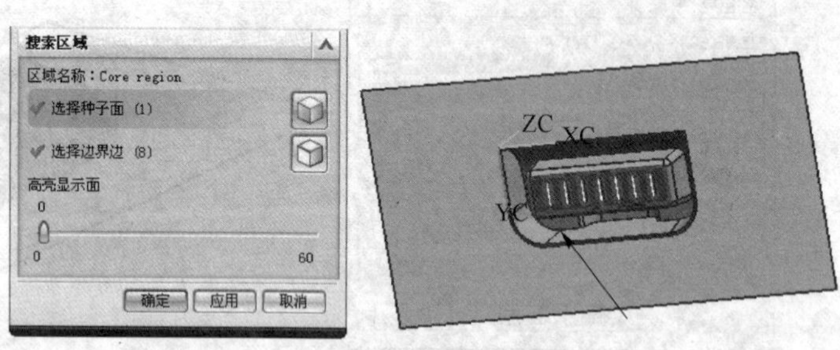

图 8—32 选择种子面

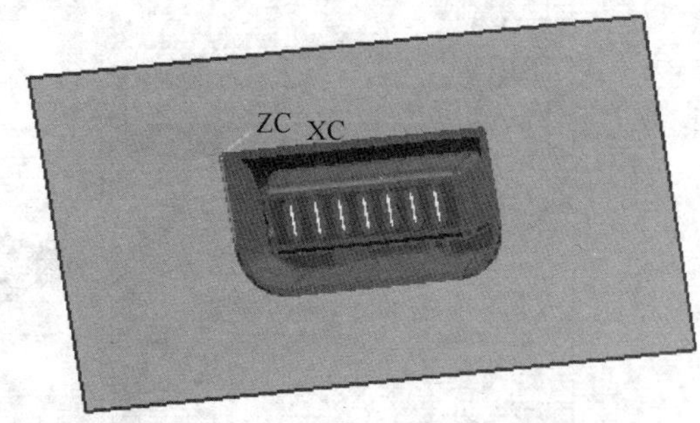

图 8—33　搜索型芯区域

(26) 单击【确定】按钮，完成型芯区域的搜索，系统返回“定义区域”对话框，如图 8—34 所示。

(27) 单击【确定】按钮，返回“分型管理器”对话框，如图 8—35 所示。

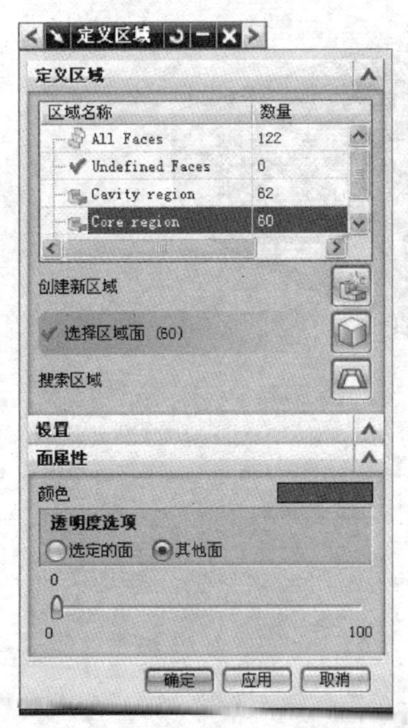

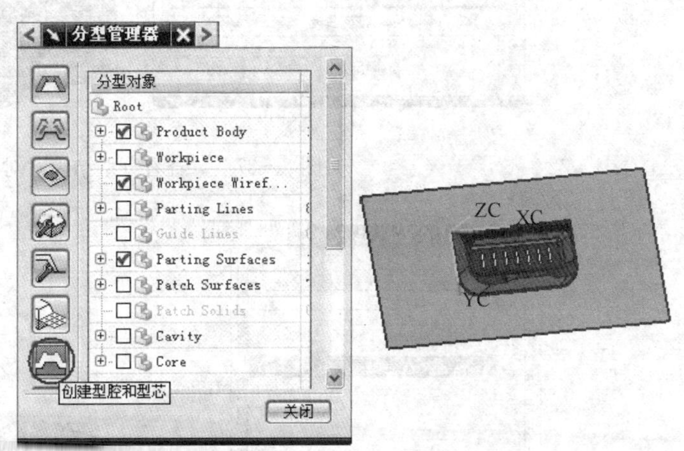

图 8—34　“定义区域”对话框　　　　图 8—35　结束定义区域

(28) 单击“创建型腔和型芯”图标，系统弹出“定义型腔和型芯”对话框，如图 8—36 所示。

(29) 单击【应用】按钮，系统弹出“查看分型结果”对话框，如图 8—37 所示。

(30) 单击【确定】按钮，系统返回“定义型腔和型芯”对话框，选择“Core region”选项，如图 8—38 所示。

(31) 单击【确定】按钮，完成型芯的创建，如图 8—39 所示。

(32) 单击【确定】按钮，完成分型操作，系统返回“分型管理器”对话框，如图 8—40 所示。

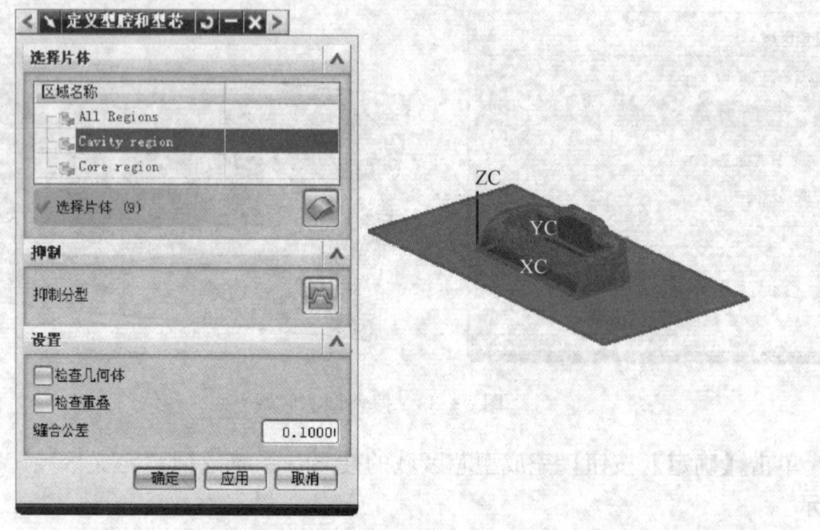

图 8—36 “定义型腔和型芯”对话框

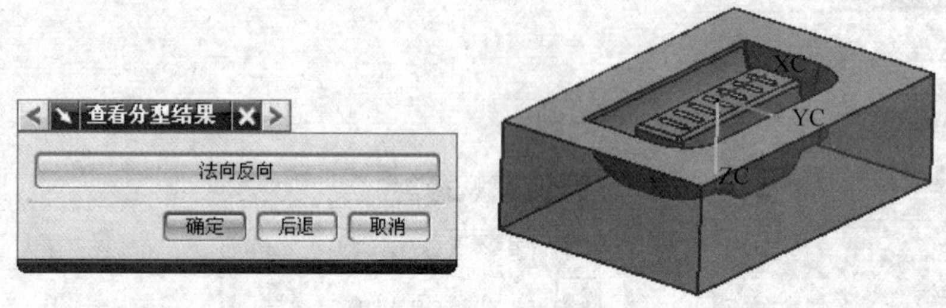

图 8—37 “查看分型结果”对话框

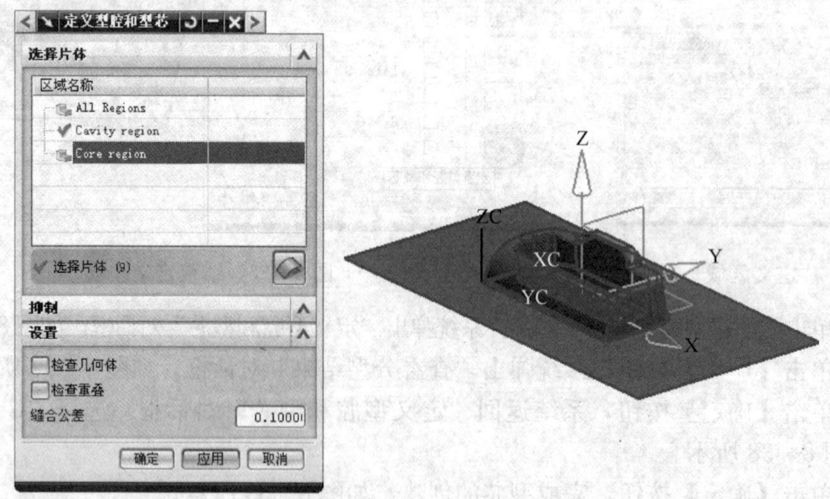

图 8—38 选择型芯区域片体

图 8—39　创建型芯

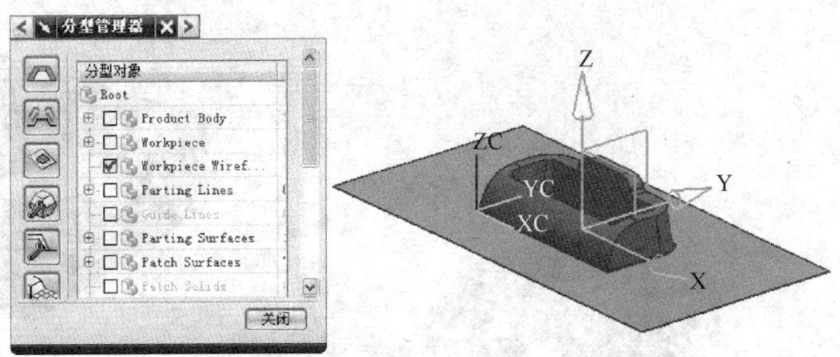

图 8—40　返回“分型管理器”对话框

(33) 单击【关闭】按钮，选择［窗口］/［mingpianhe_top_010. prt］菜单命令，图形窗口显示分模结果，如图 8—41 所示。

(34) 选择［文件］/［全部保存］菜单命令，完成对文件的保存。

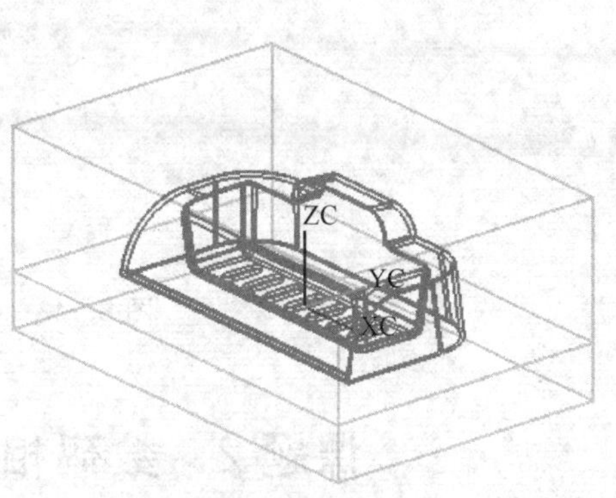

图 8—41　分模结果

任务拓展

1. 试完成图 8—42 所示简易笔架注塑模具设计中的分模工作。简易笔架模型数据参见模块五的课题 1 任务拓展。

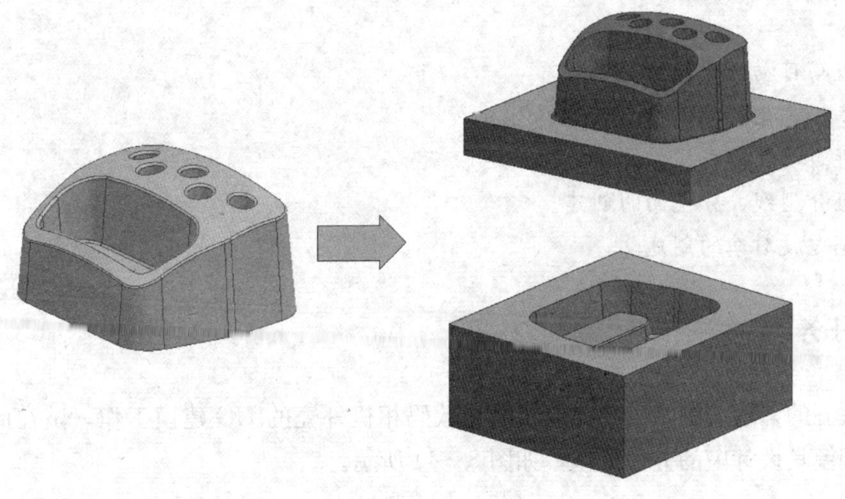

图 8—42　简易笔架注塑模分模设计

2. 试完成图 8—43 所示手机外壳注塑模具设计中的分模工作。手机外壳模型数据参见模块五的课题 3 任务拓展。

图 8—43　手机外壳注塑模分模设计

课题 2　数码相机外壳模具的分模设计

学习目标

1. 掌握项目初始化操作。
2. 熟悉模具坐标系创建。
3. 掌握自动孔修补操作。
4. 掌握分型线、分型面的创建。
5. 熟悉过渡对象的创建。

工作任务

在模块五的课题 3 中，已经完成了简化数码相机外壳的 UG 建模工作，试在此基础上，完成其注塑模具设计中的分模工作，如图 8—44 所示。

 提示

设计数码相机外壳注塑模时，可采用 UG 注塑模向导模块中的相关工具进行分模操作。基本流程包括初始化项目、设置模具坐标系、设置工件、孔修补、设计分型线、设计分型面、抽取区域和分型线等。

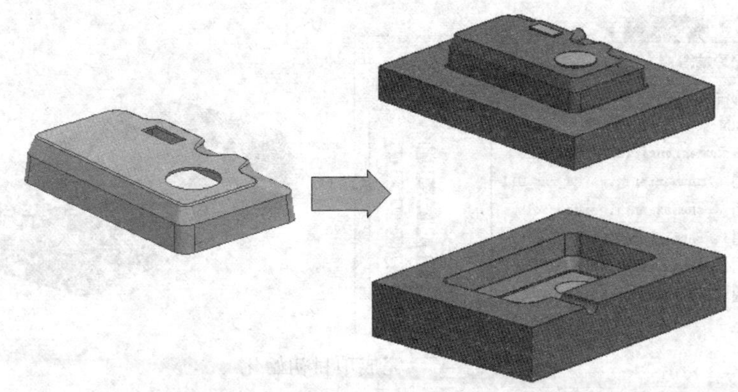

图 8—44 简化数码相机外壳的分模设计

任务实施

1. 进入“注塑模向导”模块

(1) 通过快捷方式图标启动 UG NX 6.0。

(2) 选择［文件］/［打开］菜单命令，打开“shumaxiangjiwaike”部件文件，如图 8—45 所示。

(3) 通过“开始”图标，进入“注塑模向导”模块。

2. 初始化项目

(1) 单击“初始化项目”图标，系统弹出“初始化项目”对话框，如图 8—46 所示。

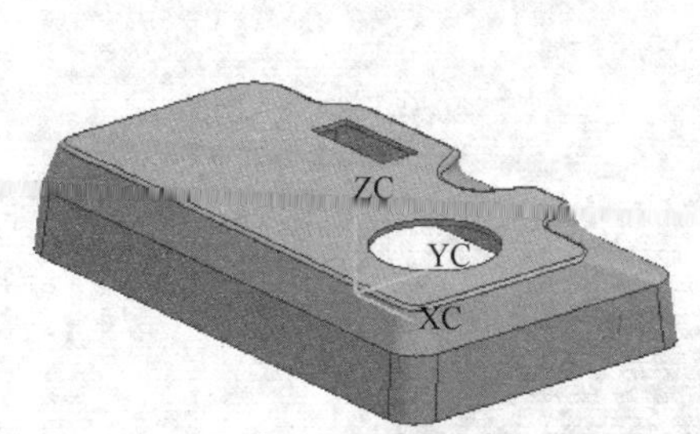

图 8—45 打开产品模型

图 8—46 “初始化项目”对话框

(2) 单击【确定】按钮，通过一段时间的运作，系统完成对设计项目的初始化，创建了一个预先给定的种子装配结构复制品，如图 8—47 所示。

3. 设置模具坐标系

(1) 单击“模具 CSYS”图标，系统弹出“模具 CSYS”对话框，选中“产品体中

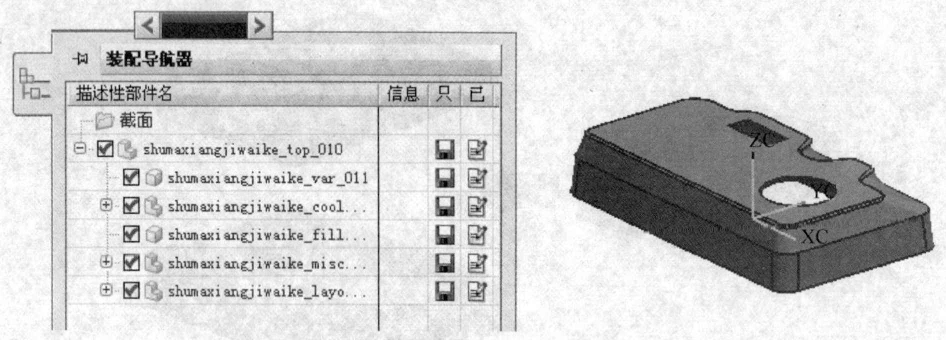

图 8—47　完成项目初始化

心”单选按钮，如图 8—48 所示。

（2）单击【确定】按钮，完成模具坐标系的设置，图形窗口如图 8—49 所示。

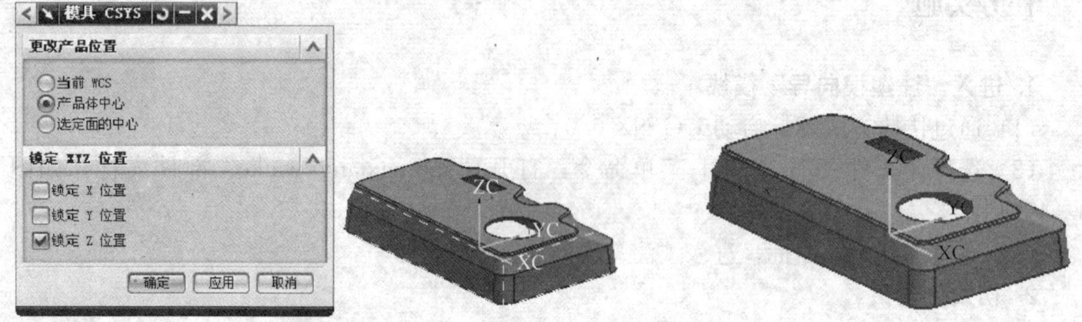

图 8—48　设置“模具 CSYS”对话框　　　　图 8—49　完成模具坐标系设置

4. 设置工件

（1）单击“工件”图标，系统弹出“工件”对话框，如图 8—50 所示。

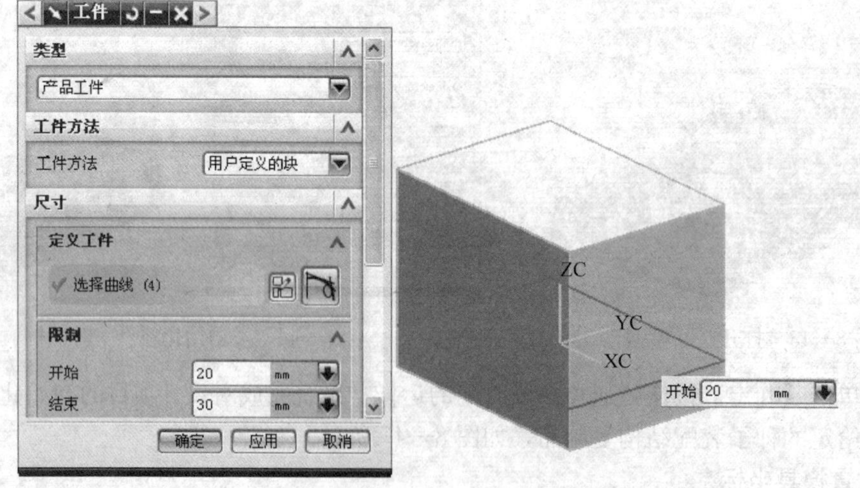

图 8—50　“工件”对话框

（2）单击【确定】按钮，接受系统默认设置，“静态线框”显示图形窗口，结果如图8—51所示。

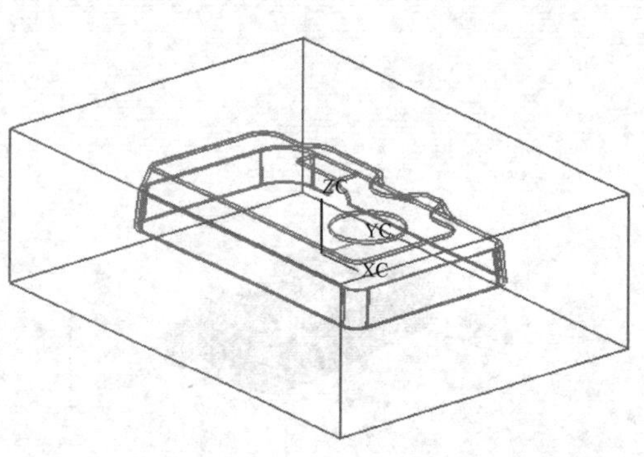

图8—51 完成工件设置

5. 分型操作

（1）单击“分型”图标，系统弹出“分型管理器”对话框，如图8—52所示。

（2）单击“创建/删除曲面补片”图标，系统弹出“自动孔修补”对话框，如图8—53所示。

（3）根据提示“选择环搜索方法及其选项”，将“环搜索方法”设置为“自动”，如图8—54所示。

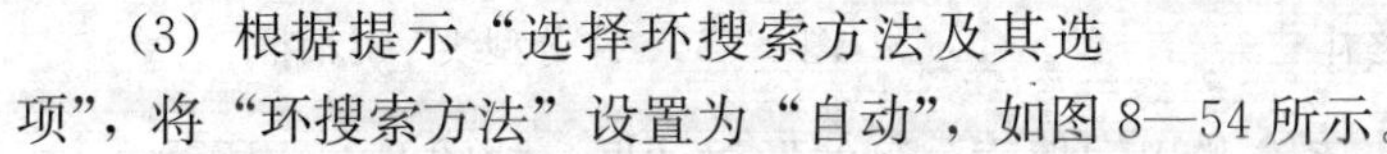

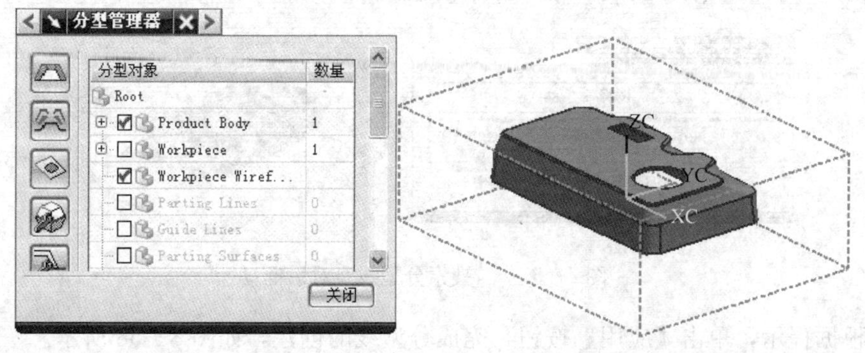

图8—52 “分型管理器”对话框

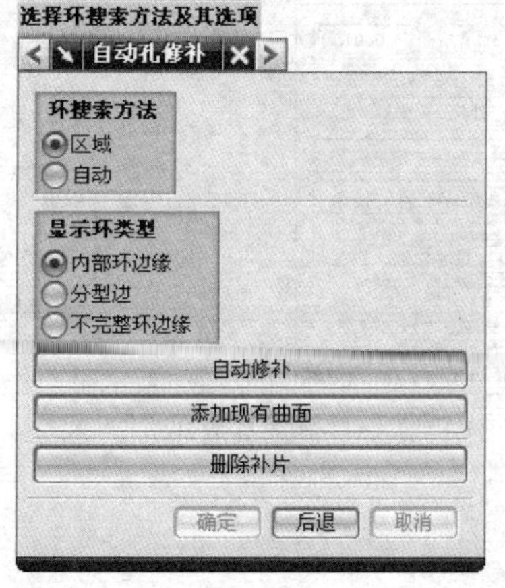

图8—53 “自动孔修补”对话框

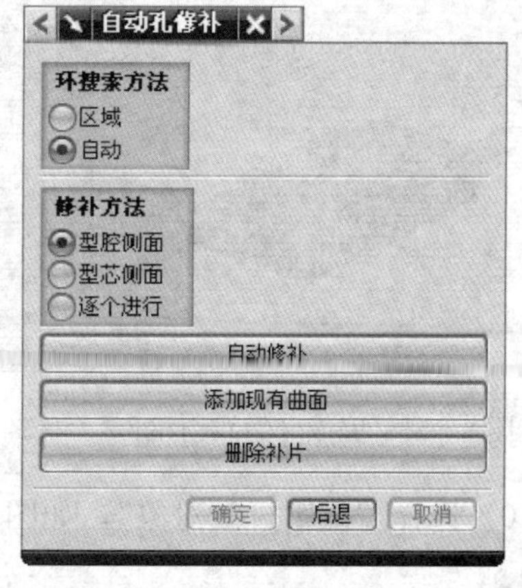

图8—54 设置“环搜索方法”

（4）选择“自动修补”，系统完成孔的自动修补，如图8—55所示。

（5）单击【后退】按钮，返回“分型管理器”对话框。

（6）单击“编辑分型线”图标，系统弹出“分型线”对话框，如图8—56所示。

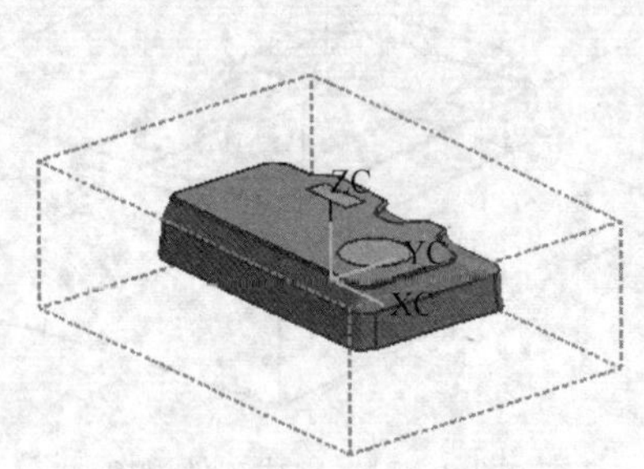

图 8—55　完成孔的自动修补

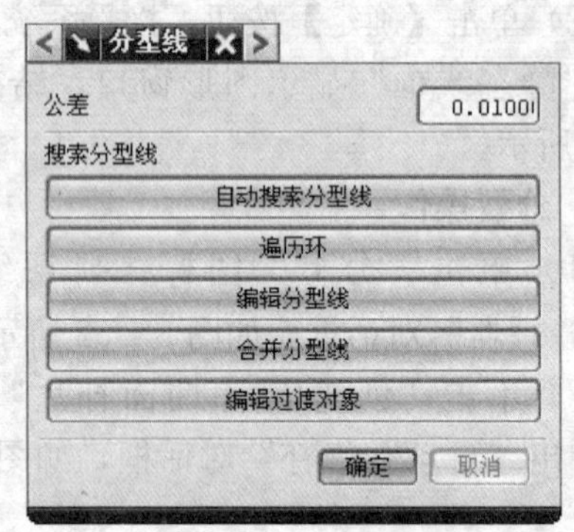

图 8—56　“分型线”对话框

（7）选择“自动搜索分型线”，系统弹出“搜索分型线”对话框，如图 8—57 所示。

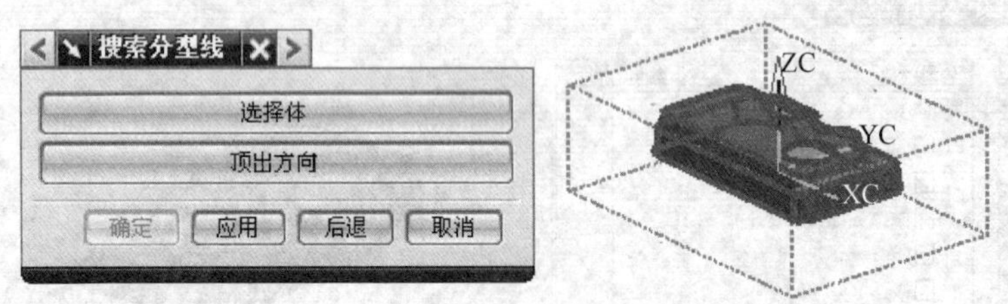

图 8—57　“搜索分型线”对话框

（8）根据提示，单击【应用】按钮，完成分型线的创建，如图 8—58 所示。

（9）单击【确定】按钮，显示分型线，并返回“分型线”对话框，如图 8—59 所示。

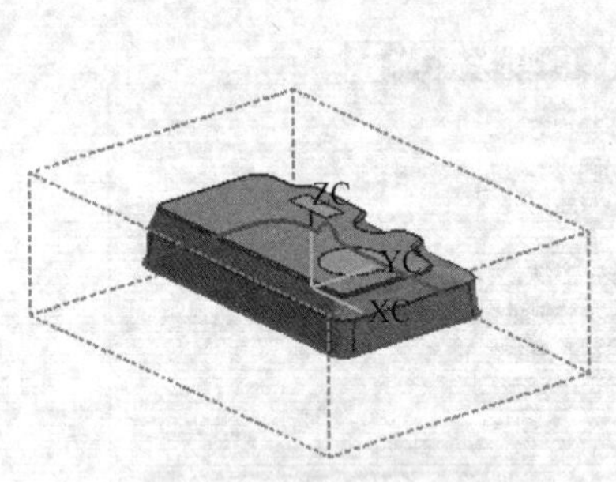

图 8—58　完成分型线创建

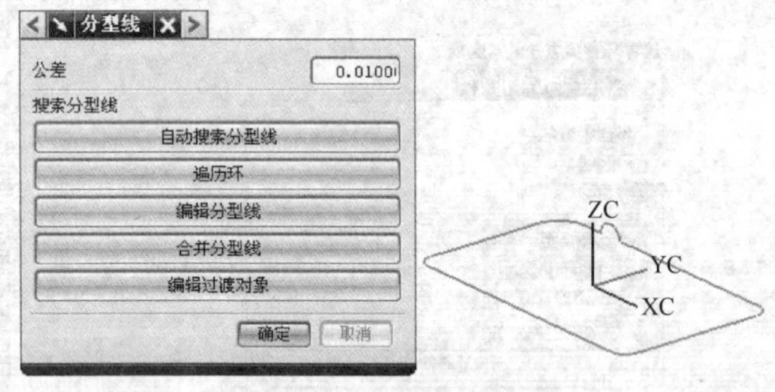

图 8—59　显示分型线

（10）选择“编辑过渡对象”，如图 8—60 所示。

提示

对于某些产品，在设计分型线后，需要进行过渡对象的创建。所谓过渡对象，指存在非平面分型环时，沿着分型环线上的曲线或点，用这些曲线或点可定义沿单一方向成型分型面的分型线范围。下列情况适合作为过渡对象：形成台阶分型的线段；分型线环的拐角处。当然，平面分型无须过渡对象。

(11) 系统弹出“编辑过渡对象”对话框，如图 8—61 所示。

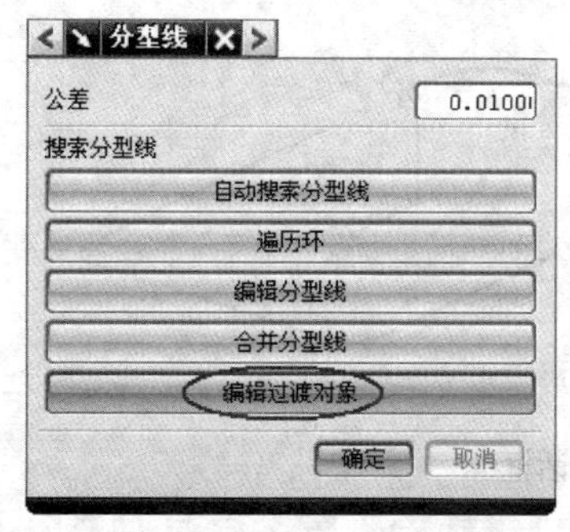

图 8—60 选择“编辑过渡对象”

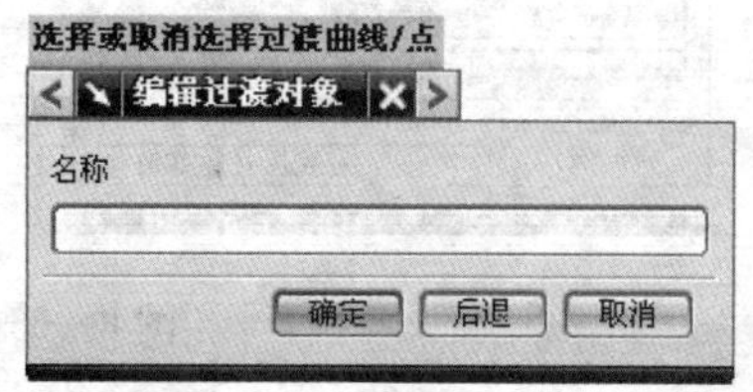

图 8—61 “编辑过渡对象”对话框

(12) 根据提示“选择或取消选择过滤曲线/点”，选择圆弧作为过渡对象，如图 8—62 所示。

(13) 单击【确定】按钮，系统返回“分型线”对话框。

(14) 单击【确定】按钮，系统返回“分型管理器”对话框，图形窗口如图 8—63 所示。

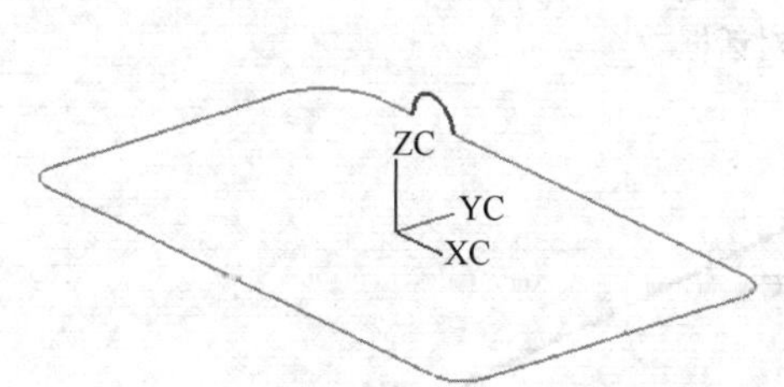

图 8—62 选择过渡对象

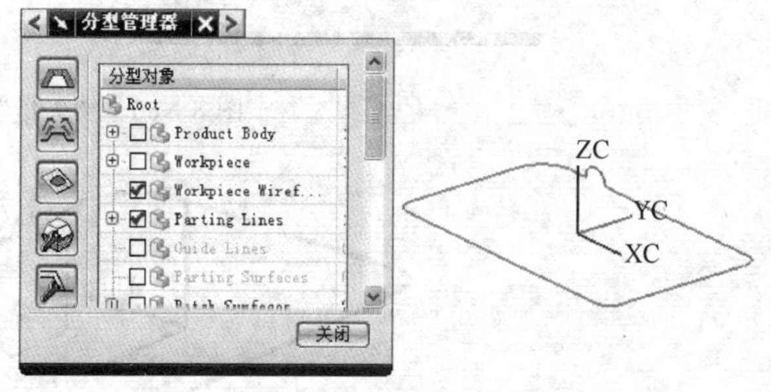

图 8—63 图形窗口

(15) 单击“创建/编辑分型面”图标，系统弹出“创建分型面”对话框，如图 8—64 所示。

(16) 选择“创建分型面”，系统弹出“分型面”对话框，如图 8—65 所示。

(17) 选择“第一方向”，系统弹出“矢量”对话框，如图 8—66 所示。

(18) 根据提示，选择箭头方向作为第一方向，如图 8—67 所示。

(19) 单击鼠标左键确认第一方向，如图 8—68 所示。

图 8—64 “创建分型面”对话框

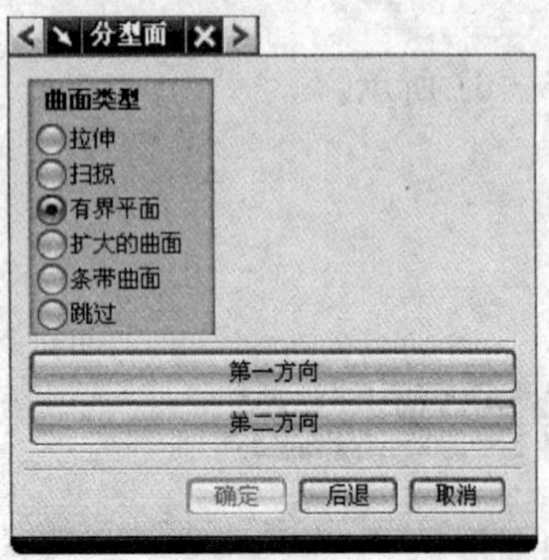

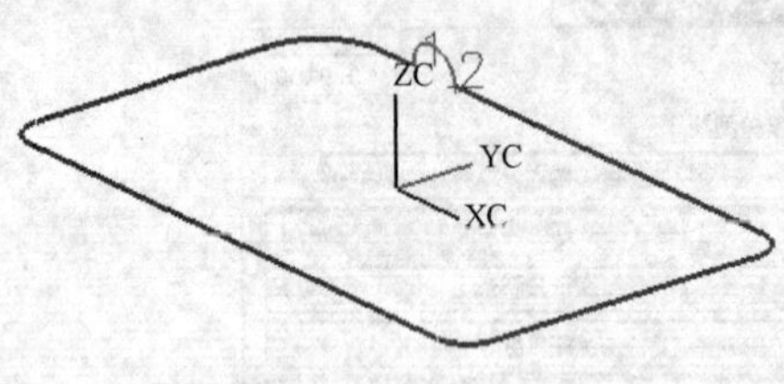

图 8—65 “分型面”对话框

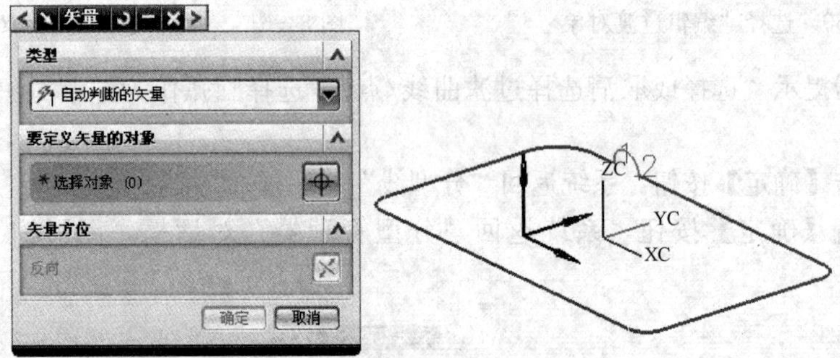

图 8—66 “矢量”对话框

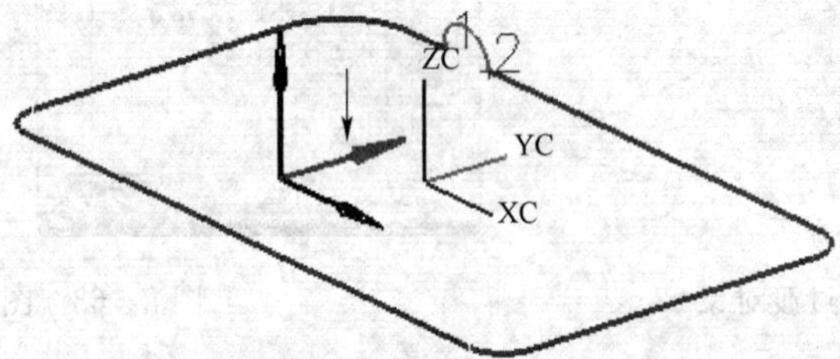

图 8—67 定义第一方向

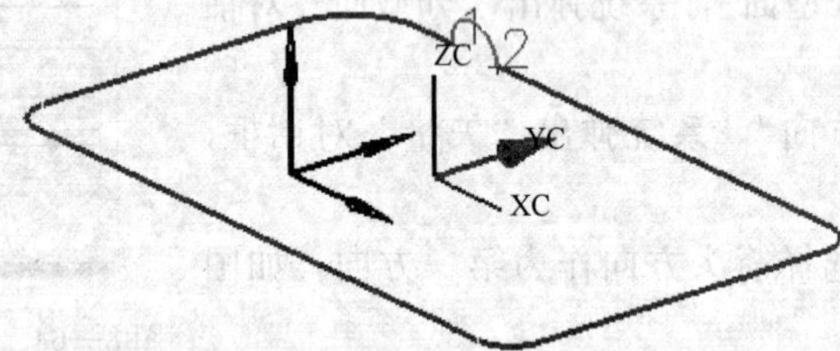

图 8—68 确认第一方向

(20) 单击【确定】按钮，图形窗口如图 8—69 所示。

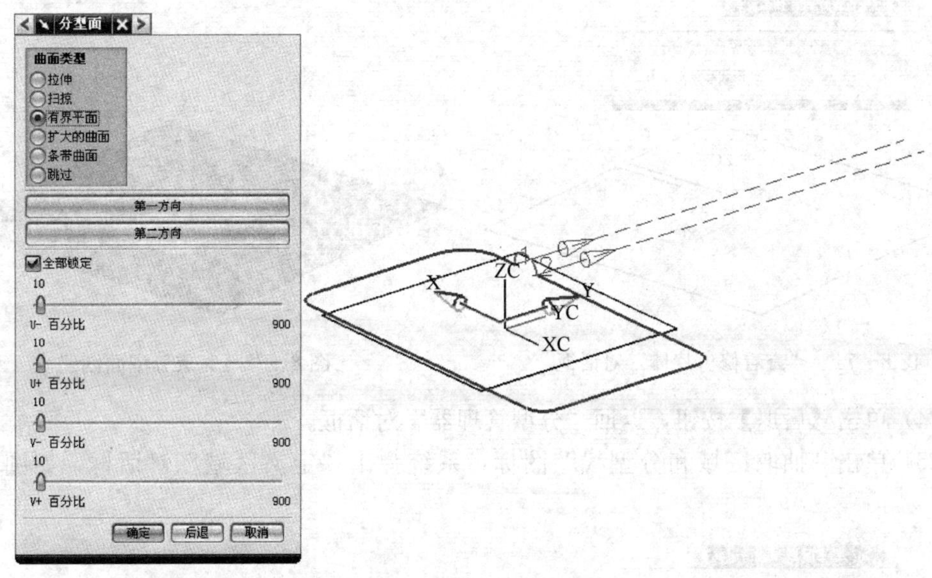

图 8—69 图形窗口

(21) 在“分型面”对话框中，拖动滑条按钮至合适位置，如图 8—70 所示。

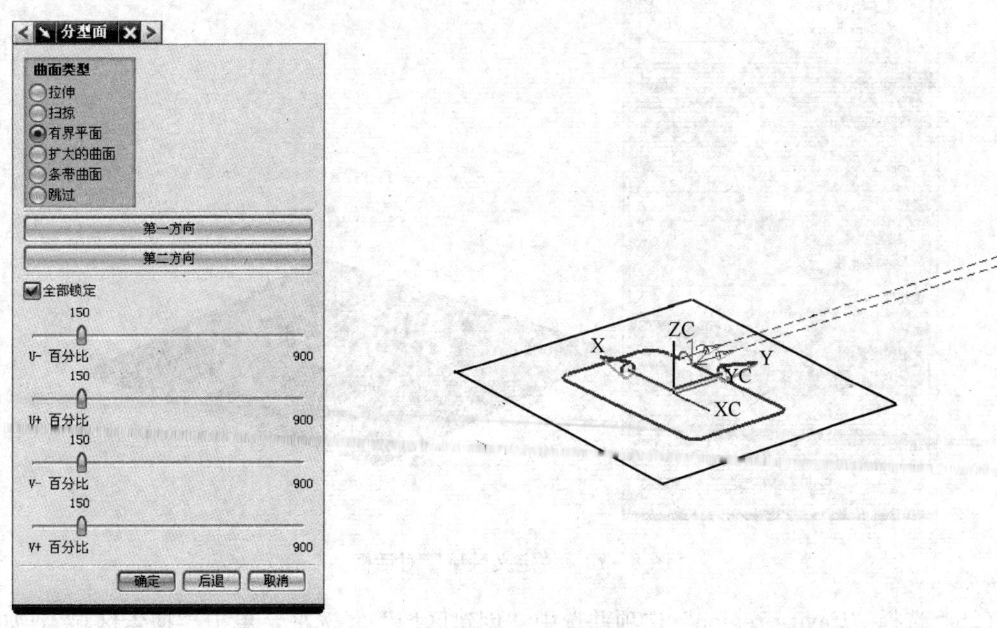

图 8—70 改变百分比

(22) 单击【确定】按钮，系统弹出“查看修剪片体”对话框，如图 8—71 所示。

(23) 单击【确定】按钮，完成分型面的创建，并返回“创建分型面”对话框，如图 8—72 所示。

图 8—71 “查看修剪片体”对话框　　　　图 8—72 完成分型面创建

（24）单击【后退】按钮，返回“分型管理器”对话框。

（25）单击“抽取区域和分型线”图标，系统弹出“定义区域”对话框，如图 8—73 所示。

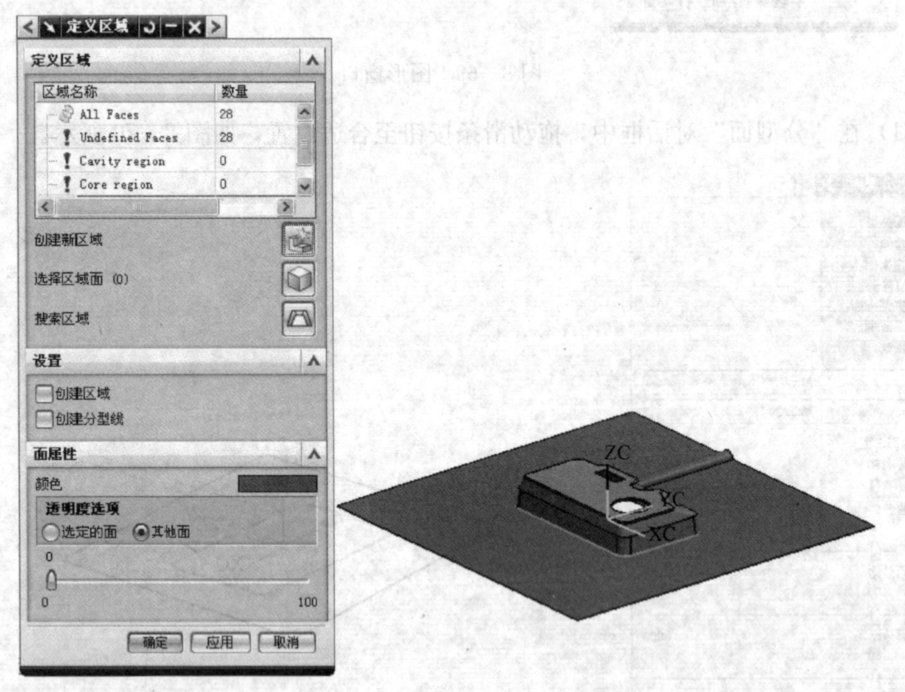

图 8—73 “定义区域”对话框

（26）选择“Cavity region”选项并选中“创建区域”复选框，单击“搜索区域”，如图 8—74 所示。

（27）系统弹出“搜索区域”对话框，根据提示选择种子面，如图 8—75 所示。

（28）拖动“高亮显示面”滚动条至最右端（11），完成型腔区域搜索，如图 8—76 所示。

图 8—74 搜索型腔区域

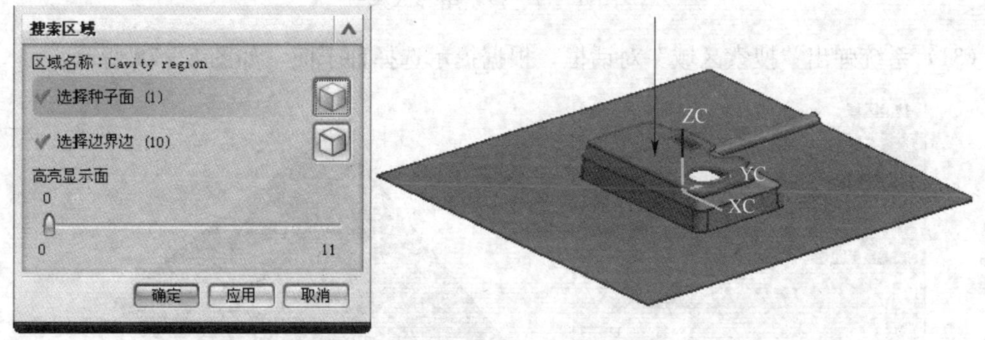

图 8—75 选择种子面

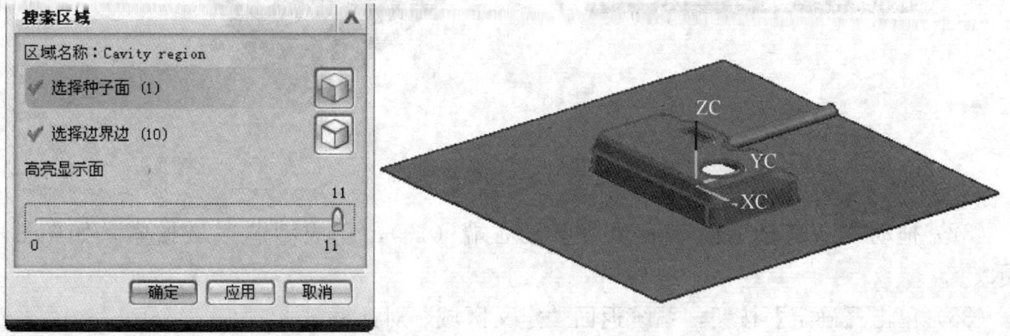

图 8—76 完成型腔区域搜索

（29）单击【确定】按钮，返回“定义区域”对话框。

（30）选择“Core region”选项并选中“创建区域”复选框，单击“搜索区域”，如图 8—77 所示。

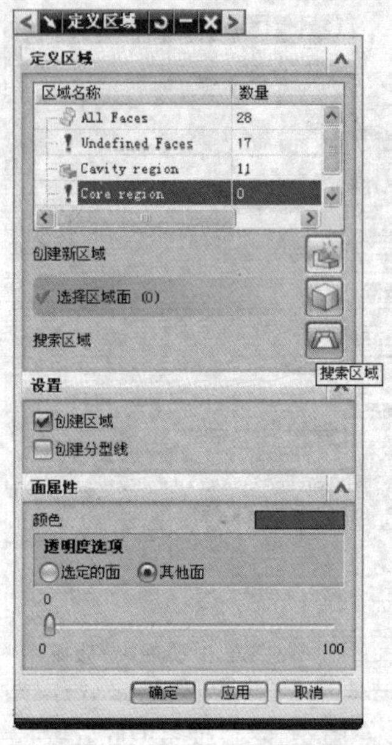

图 8—77　搜索型芯区域

（31）系统弹出“搜索区域”对话框，根据提示选择种子面，如图 8—78 所示。

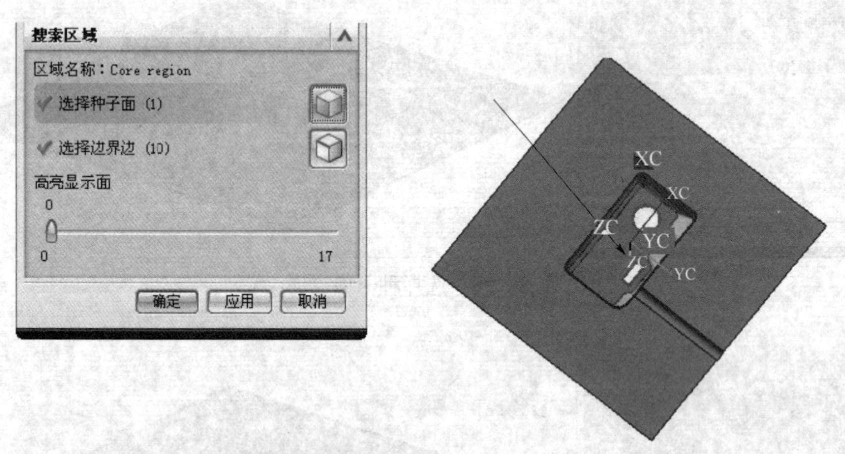

图 8—78　选择种子面

（32）拖动“高亮显示面”滚动条至最右端（17），完成型芯区域搜索，如图 8—79 所示。

（33）单击【确定】按钮，系统返回“定义区域”对话框。

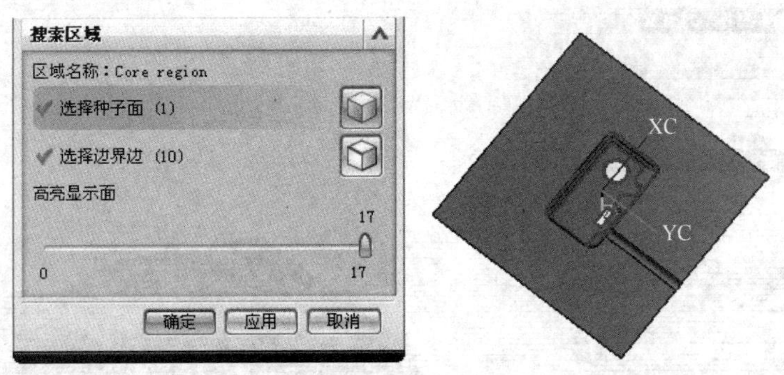

图 8—79 完成型芯区域搜索

（34）单击【确定】按钮，系统返回“分型管理器”对话框。

（35）单击“创建型腔和型芯”图标，系统弹出“定义型腔和型芯”对话框，如图 8—80 所示。

（36）单击【应用】按钮，系统完成型腔的创建，如图 8—81 所示，并弹出“查看分型结果”对话框。

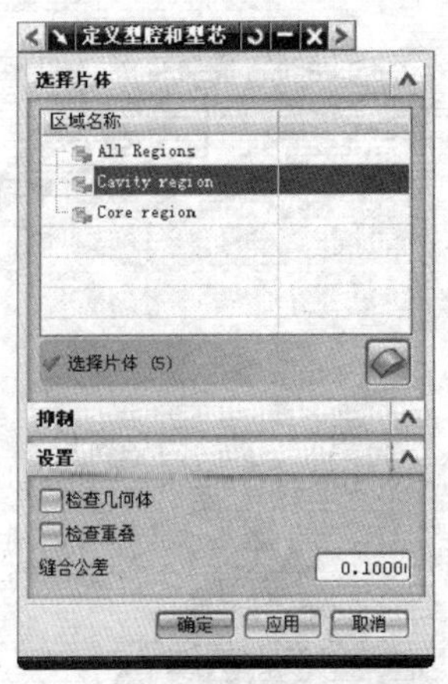

图 8—80 “定义型腔和型芯”对话框

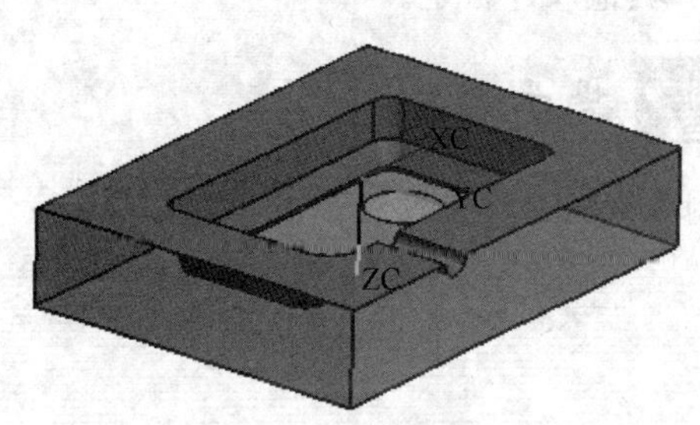

图 8—81 创建型腔

（37）单击【确定】按钮，系统返回“定义型腔和型芯”对话框，选择“Core region”选项，如图 8—82 所示。

（38）单击【确定】按钮，完成型芯的创建，如图 8—83 所示。

（39）单击【确定】按钮，关闭“查看分型结果”对话框。

（40）单击【关闭】按钮，关闭“分型管理器”对话框。

（41）选择［窗口］/［shumaxiangjiwaike _ top _ 060. prt］菜单命令，图形窗口如图 8—84 所示。

（42）选择［文件］/［全部保存］菜单命令，完成对文件的保存。

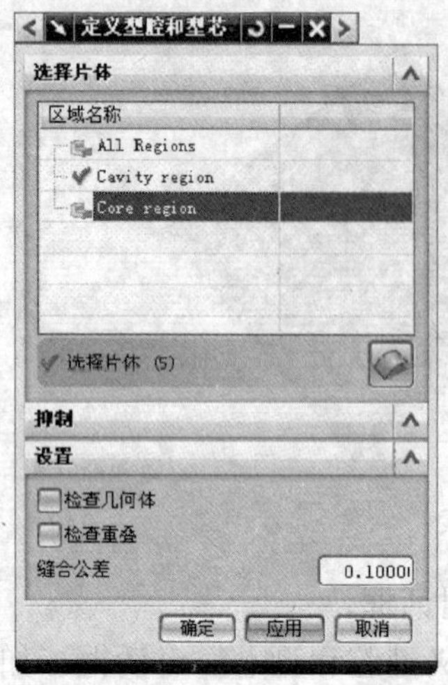

图 8—82　选择型芯区域片体

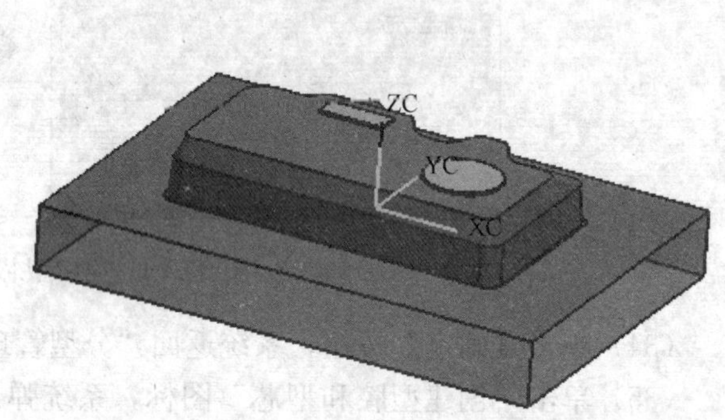

图 8—83　创建型芯

任务拓展

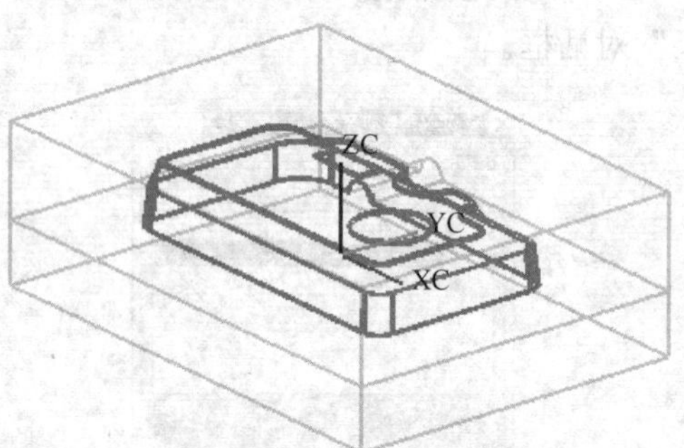

图 8—84　图形窗口

1. 试完成图 8—85 所示缺口杯状塑料制品注塑模设计的分模操作，产品壁厚 1 mm，其他尺寸自定。

 **提示**

创建分型面参考过程如图 8—86 所示。

图 8—85　缺口杯状塑料制品注塑模设计的分模操作

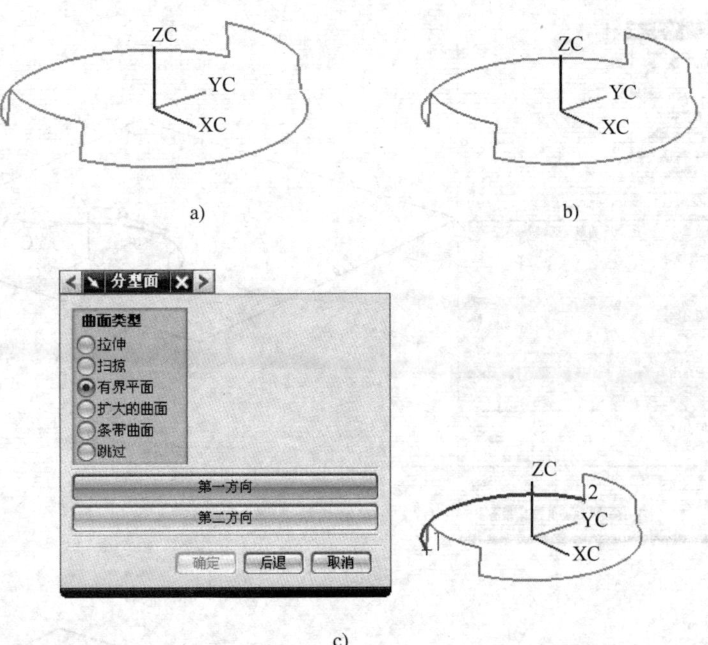

a) b)

ZC
YC
XC
分型面
曲面类型
拉伸
扫掠
有界平面
扩大的曲面
条带曲面
跳过
第一方向
第二方向
确定
后退
取消
1
2

分型面
曲面类型
拉伸
扫掠
有界平面
扩大的曲面
条带曲面
跳过
第一方向
第二方向
全部锁定
95
U- 百分比
900
U+ 百分比
V- 百分比
V+ 百分比
确定
后退
取消
ZC
YC
XC
U
1
2

c)

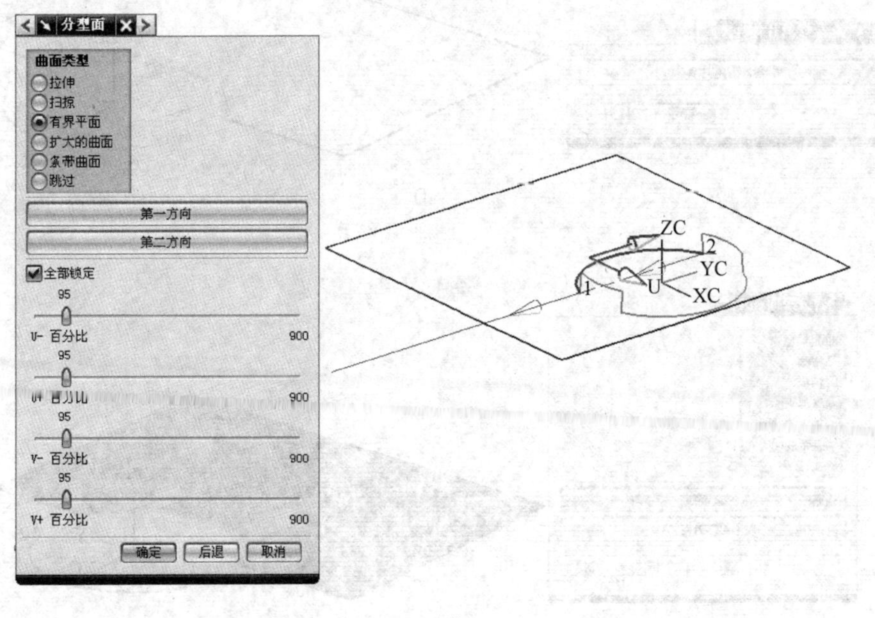

d)

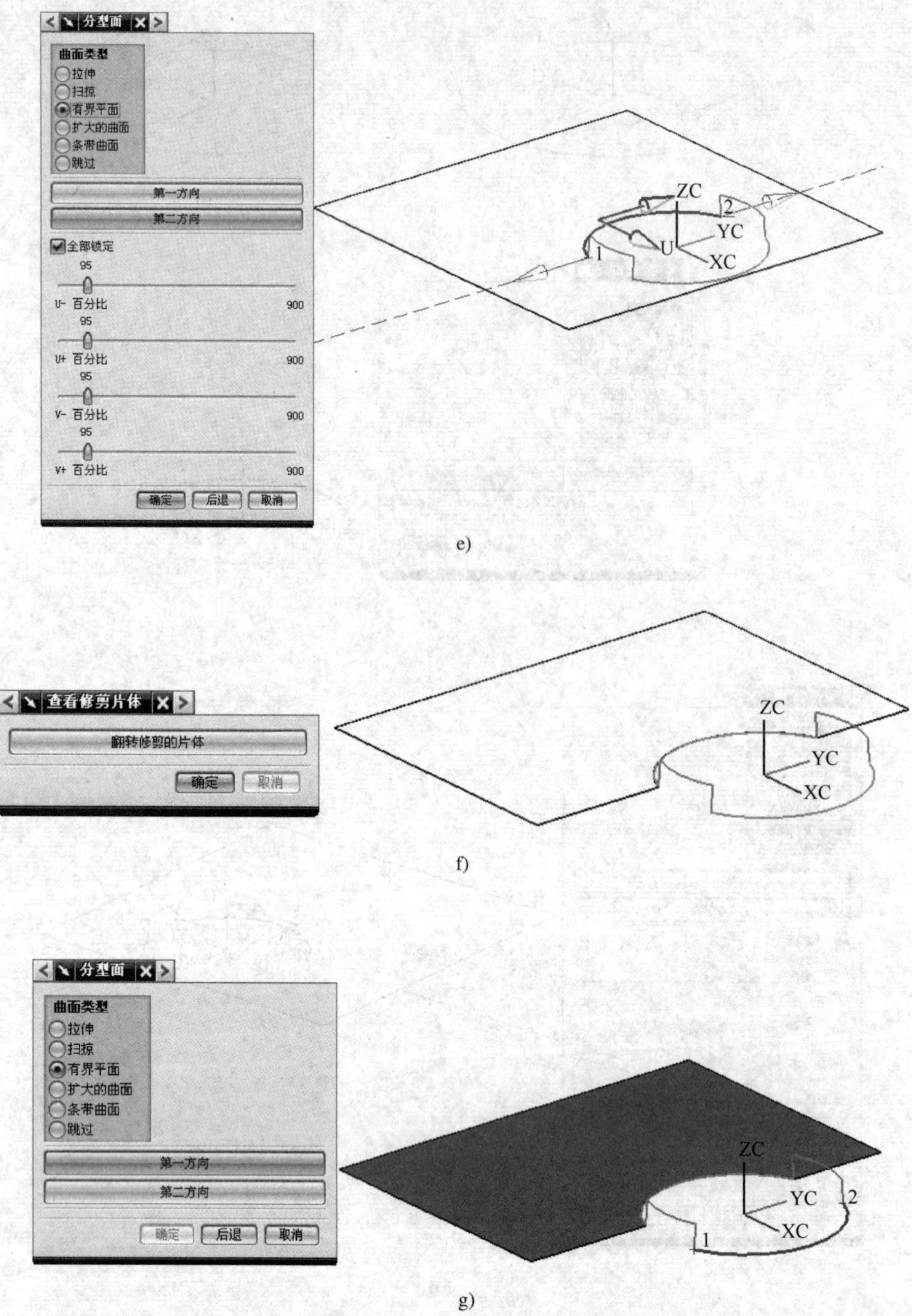

分型面
曲面类型
拉伸
扫掠
有界平面
扩大的曲面
条带曲面
跳过
第一方向
第二方向
全部锁定
95
U- 百分比
900
95
U+ 百分比
900
95
V- 百分比
900
95
V+ 百分比
900
确定
后退
取消
ZC
YC
XC
U
1
2
查看修剪片体
翻转修剪的片体
确定
取消
ZC
YC
XC
分型面
曲面类型
拉伸
扫掠
有界平面
扩大的曲面
条带曲面
跳过
第一方向
第二方向
确定
后退
取消
ZC
YC
XC
1
2

e)

f)

g)

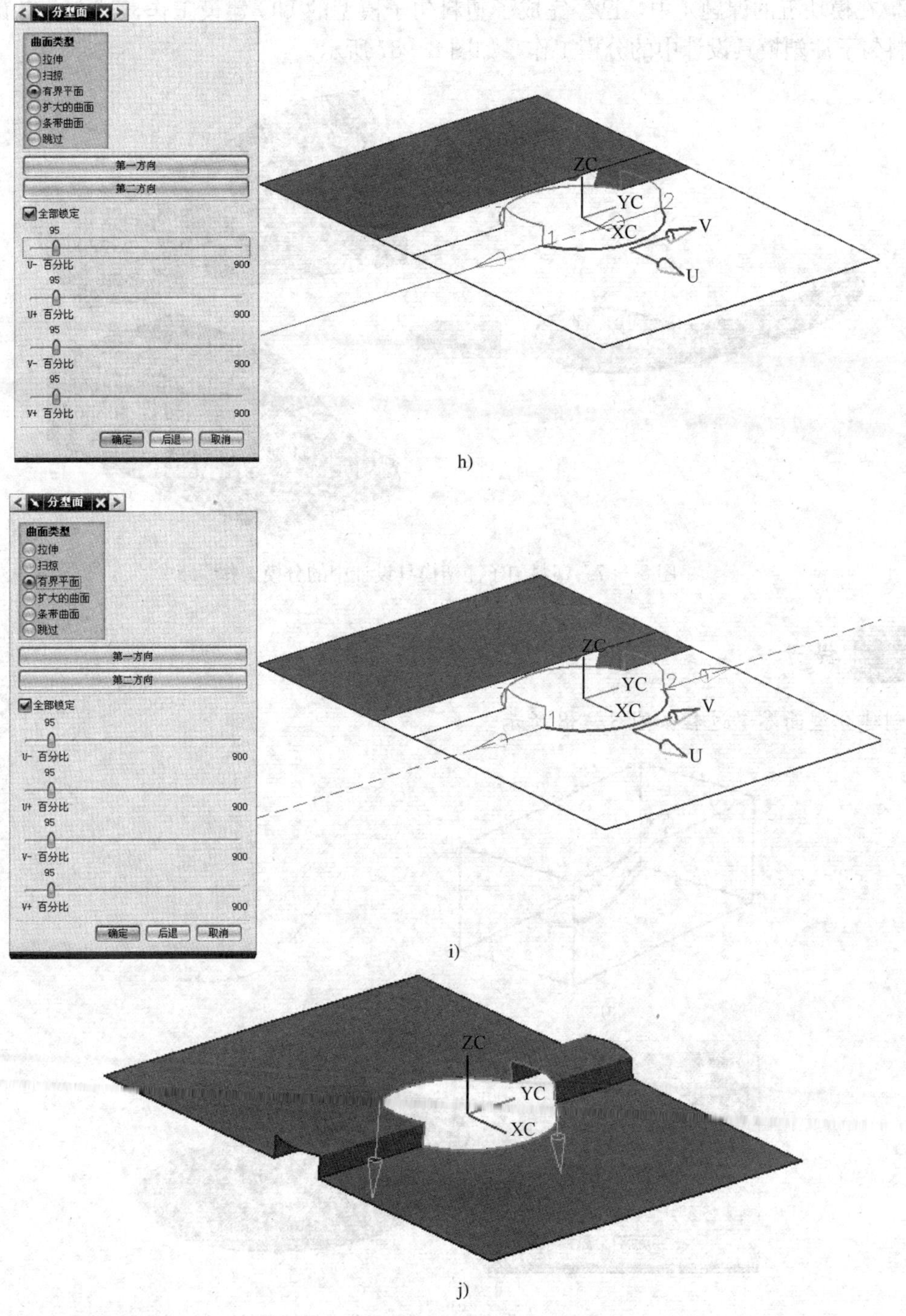

h)

i)

j)

图 8—86 创建分型面参考过程

a）创建分型线 b）创建过渡对象 c）创建分型面（一） d）定义第一方向 e）定义第二方向 f）翻转修剪片体 g）创建分型面（二） h）定义第一方向 i）定义第二方向 j）完成分型面创建

2. 在模块五的课题 4 中，已经完成了塑料勺子模型的 UG 建模工作，试在此基础上完成塑料勺子注塑模具设计中的分模工作，如图 8—87 所示。

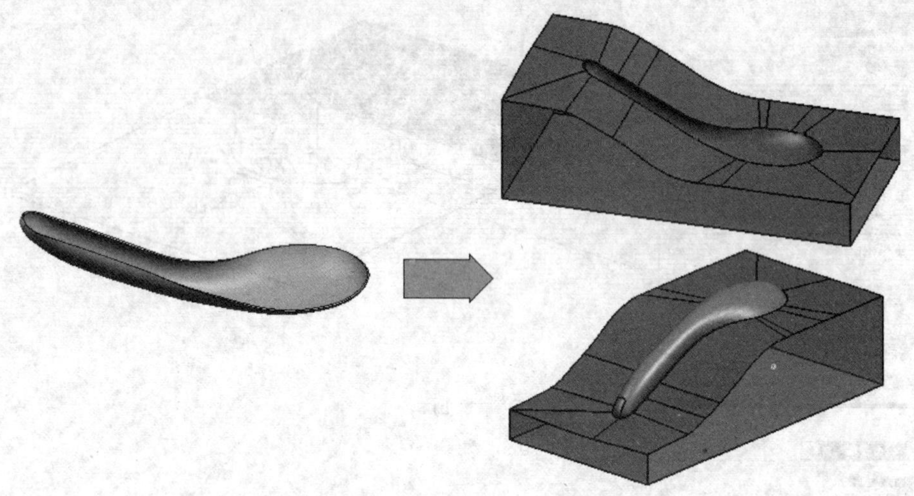

图 8—87　塑料勺子注塑模具设计中的分模工作

提示

创建分型面参考过程如图 8—88 所示。

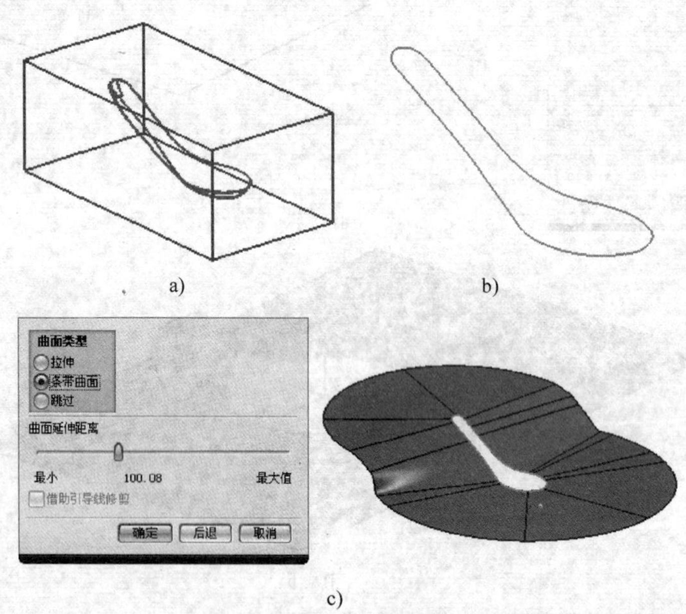

图 8—88　创建分型面参考过程

a）创建工件　b）自动搜索分型线　c）创建分型面

模块九

数控铣削加工

课题 1　平面铣削加工

学习目标

1. 熟悉平面铣削类型。
2. 掌握平面铣削的组设置。
3. 掌握平面铣削参数设置。
4. 掌握刀具路径验证操作。
5. 熟悉后处理操作。

工作任务

UG 软件除具有强大的 CAD 功能外，还具备完善的 CAM 功能，能够实现三维造型、参数管理、刀位点计算、图形仿真加工、刀轨的编辑和修改、后处理、工艺文档生成等。

平面铣削加工是最常用的铣削加工方式，主要加工直壁平底零件，可用作粗加工和精加工。平面铣削方式可用边界定义被加工材料，刀轴垂直于零件底平面。平面铣削加工方式包括多种加工类型，其中最常用的是平面铣和表面区域铣。

试通过图 9—1 所示零件的数控铣削加工，了解平面铣削加工功能。

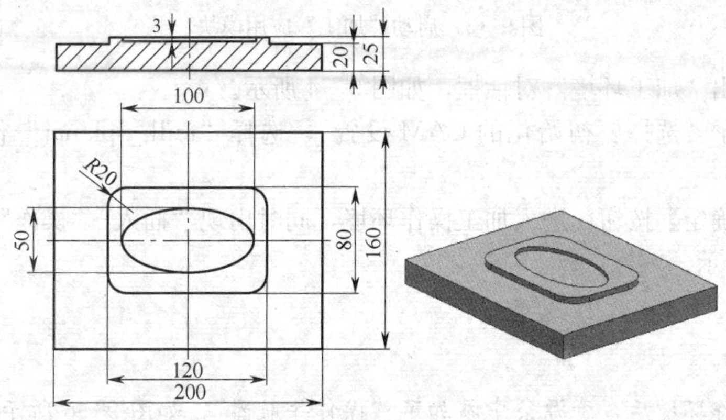

图 9—1　数控铣削加工零件

任务实施

1. 零件三维造型

（1）通过快捷方式图标启动 UG NX 6.0。

（2）新建名称为“pingmianxixue”的部件文件。

（3）选择［首选项］/［背景］菜单命令，将视图窗口设置为白色背景。

（4）完成加工零件的三维造型，如图 9—2 所示。

（5）隐藏基准坐标系和草图。

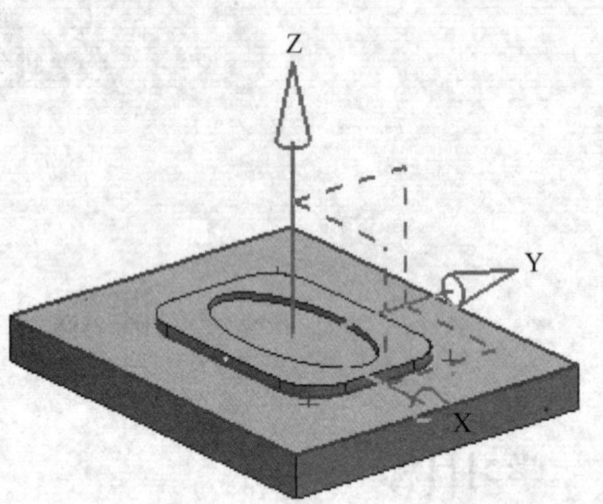

图 9—2　平面铣削零件三维造型

2. 初始化加工环境

（1）选择［开始］/［加工］命令，启动“加工”应用模块，如图 9—3 所示。

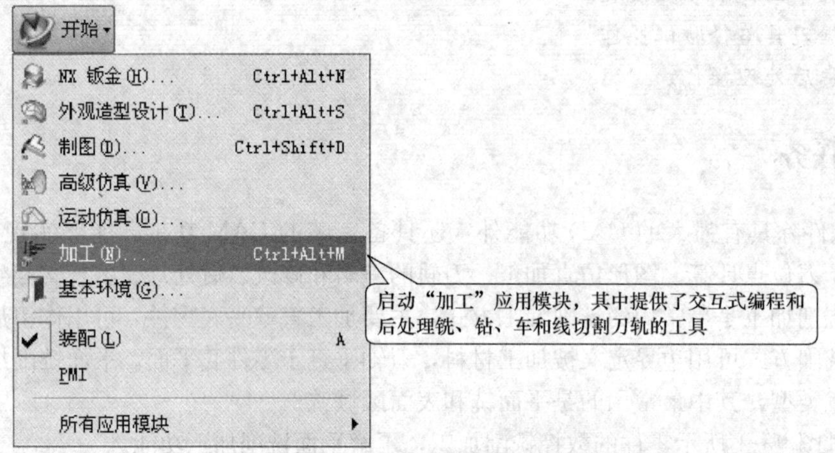

图 9—3　启动“加工”应用模块

（2）系统弹出“加工环境”对话框，如图 9—4 所示。

（3）根据提示“选择要初始化的 CAM 设置”，选择“mill _ planar”作为要初始化的 CAM 设置。

（4）单击【确定】按钮，进入加工操作环境，同时出现“插入”“操作”“工件”等工具栏，如图 9—5 所示。

提示

进入加工操作环境后，资源条中添加了“操作导航器”，如图 9—6 所示。

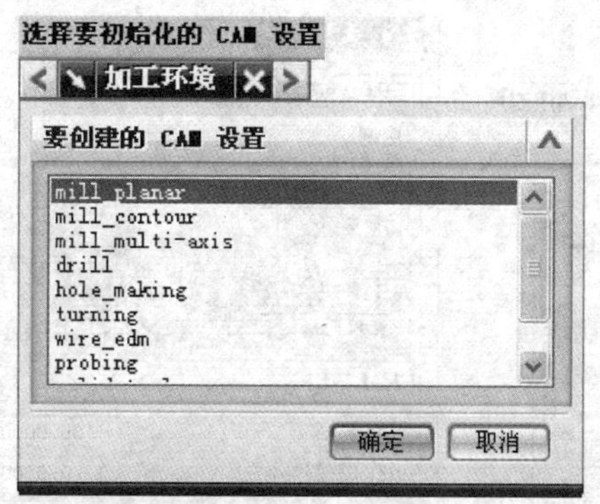

图 9—4 “加工环境”对话框

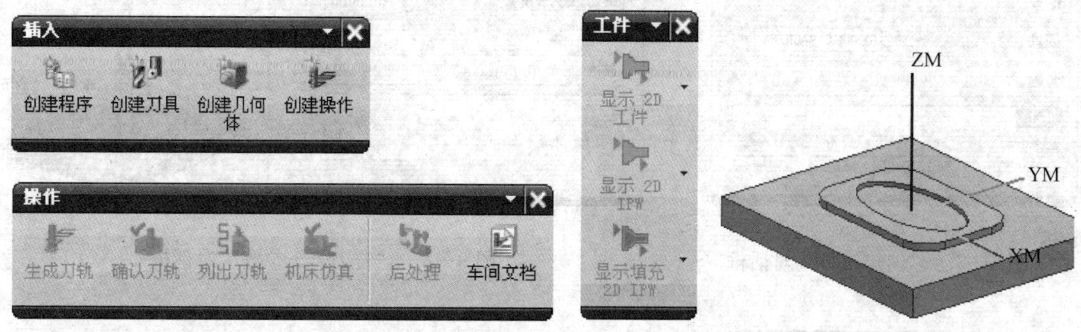

图 9—5 加工操作环境工具栏及图形窗口

提示

创建铣削刀具路径并生成后处理文件需要满足两个前提条件：一是创建组节点，其中包括定义几何体参数；二是设置公用选项参数，包括切削模式、切削参数等。

3. 创建刀具组

（1）单击“创建刀具”图标，系统弹出“创建刀具”对话框，如图 9—7 所示。

（2）单击【确定】按钮，接受系统默认设置，系统弹出“铣刀—5 参数”对话框，如图 9—8 所示。

（3）将刀具“直径”设置为“16”，单击【确定】按钮，结束刀具的创建，“操作导航器”如图 9—9 所示。

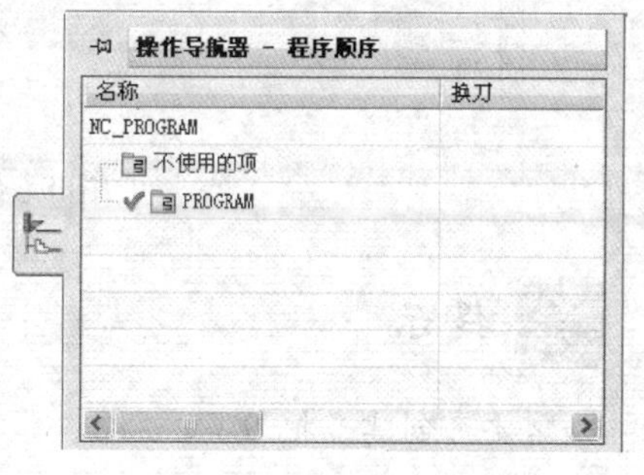

图 9—6 “操作导航器”界面

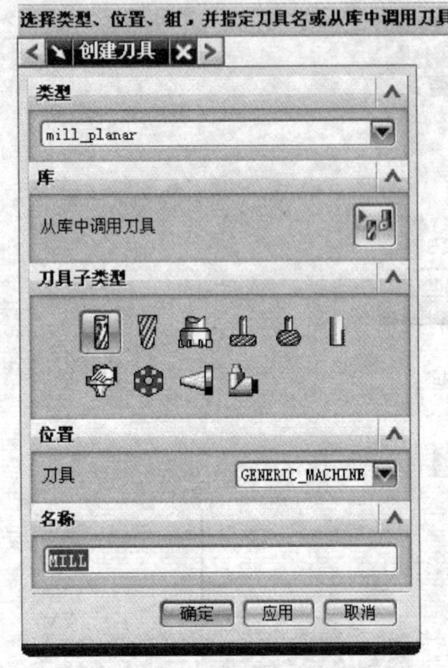

图 9—7　“创建刀具”对话框

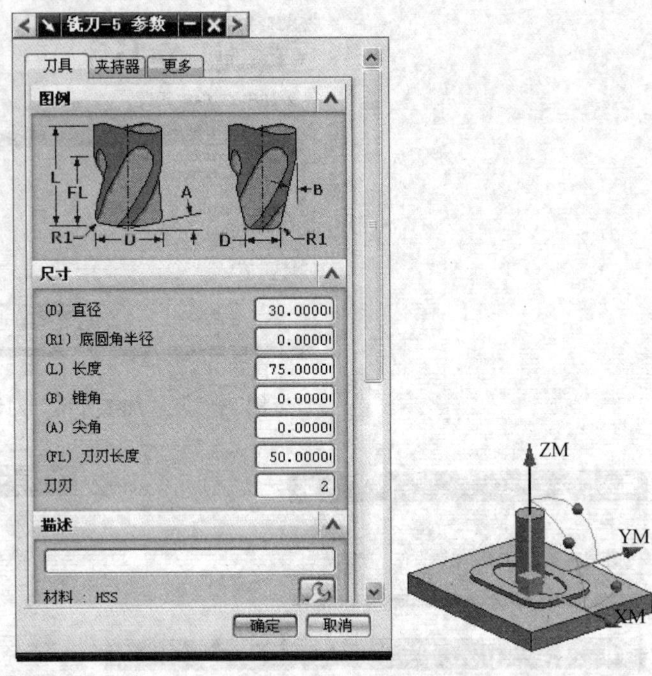

图 9—8　“铣刀—5 参数”对话框

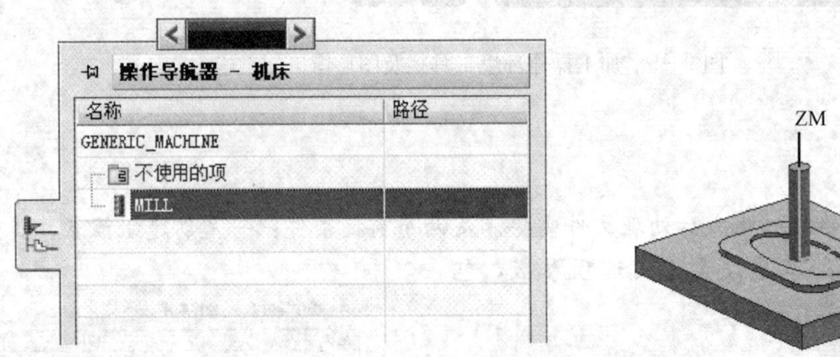

图 9—9　“操作导航器”界面

提示

如需要可创建多把刀具。

4. 创建几何组

(1) 在“操作导航器”空白处单击鼠标右键，在系统弹出的快捷菜单中，选择“几何视图”命令，如图 9—10 所示。

(2)“操作导航器”界面发生改变，显示如图 9—11 所示界面。

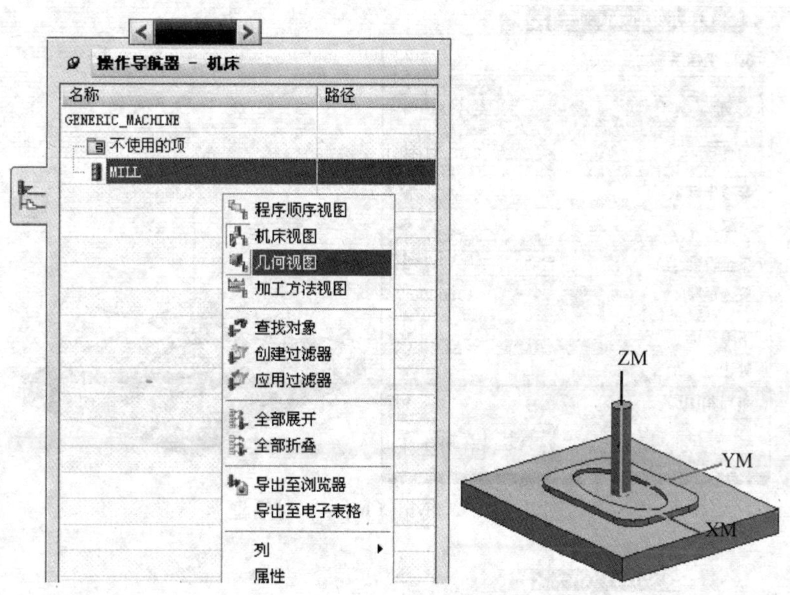

图 9—10　选择“几何视图”命令

（3）在“操作导航器”中，选中“MCS _ MILL”选项，单击鼠标右键，系统弹出快捷菜单，从中选择“编辑”命令，进入 MCS _ MILL 编辑状态，如图 9—12 所示。

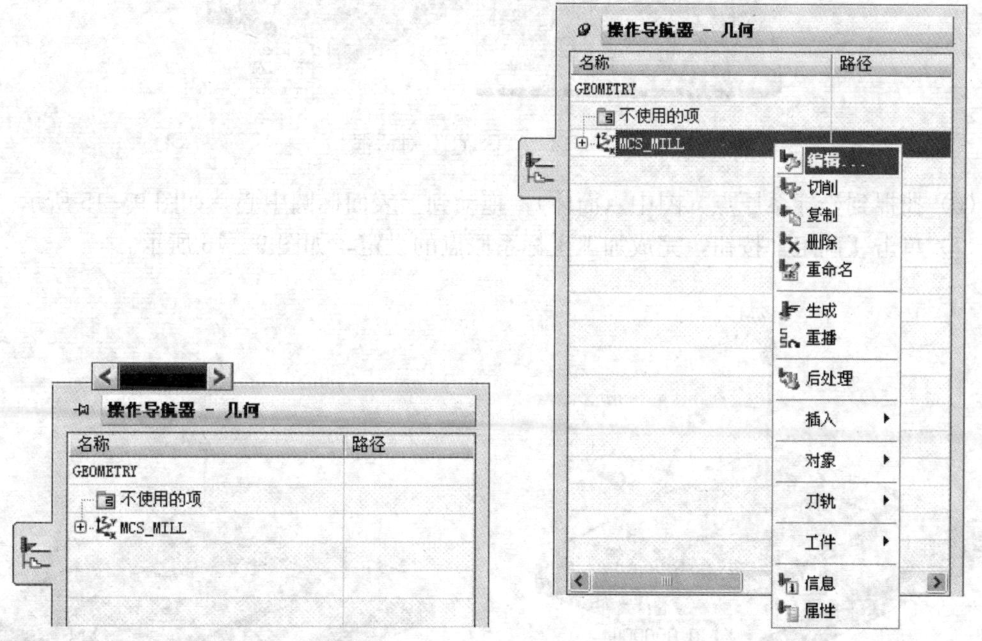

图 9—11　“操作导航器”界面　　　　图 9—12　进入 MCS _ MILL 编辑状态

（4）系统弹出“Mill Orient”对话框，如图 9—13 所示。

（5）单击“CSYS 对话框”图标，系统弹出“CSYS”对话框，如图 9—14 所示。

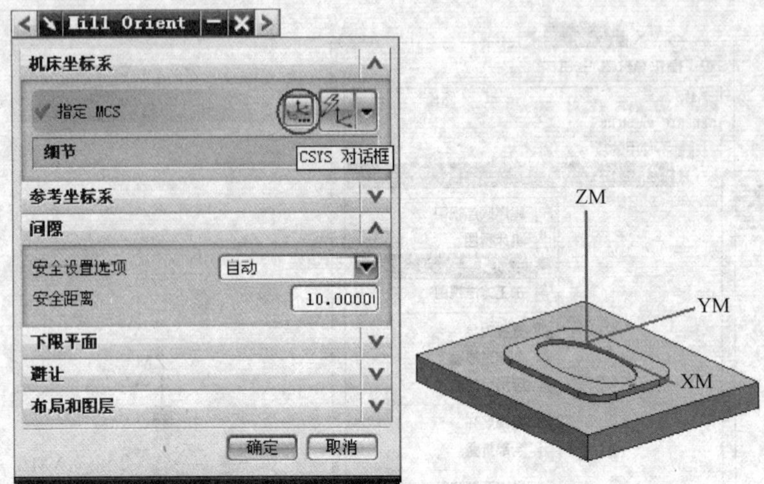

图 9—13 “Mill Orient” 对话框

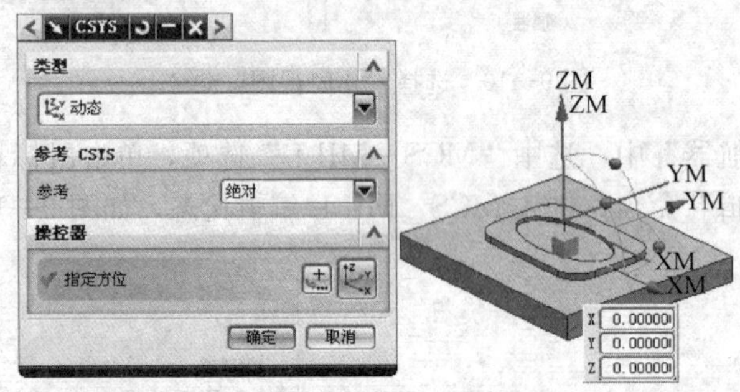

图 9—14 “CSYS” 对话框

（6）捕捉到坐标系原点（图中六面体），拖动到上表面椭圆中心，如图 9—15 所示。

（7）单击【确定】按钮，完成加工坐标系原点的设定，如图 9—16 所示。

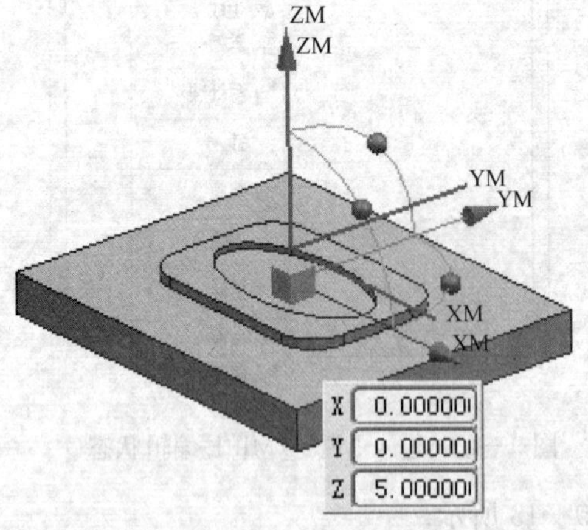

图 9—15 改变加工坐标系原点

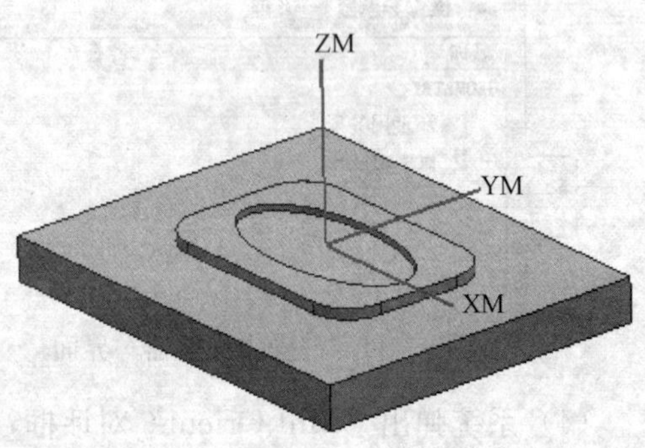

图 9—16 完成加工坐标系原点设定

(8) 在“CSYS”对话框中，单击【确定】按钮。

(9) 在“操作导航器”中，单击“MCS_MILL”前的“+”号，展开“MCS_MILL”，如图9—17所示。

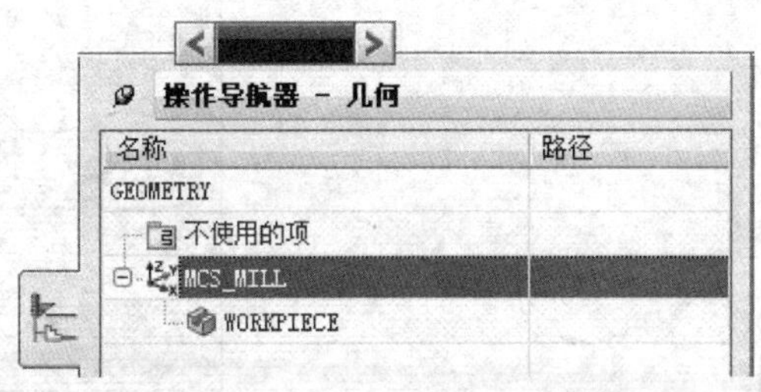

图9—17 展开“MCS_MILL”

(10) 在“操作导航器”中，双击“WORKPIECE”，系统弹出“铣削几何体”对话框，如图9—18所示。

(11) 在“几何体”栏中，单击“指定部件”图标，系统弹出“部件几何体”对话框，如图9—19所示。

图9—18 “铣削几何体”对话框

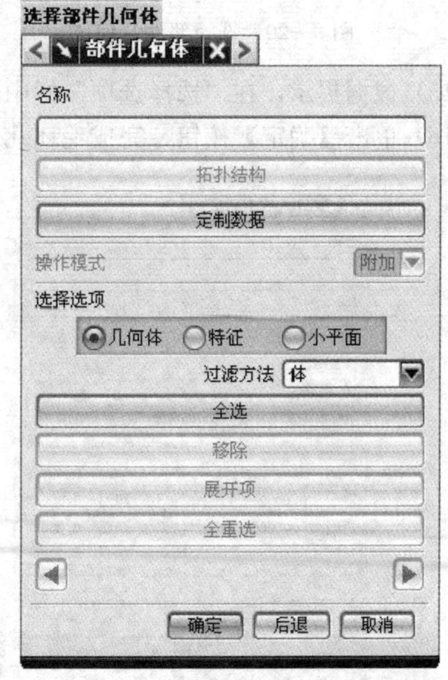

图9—19 “部件几何体”对话框

(12) 选择“全选”，选择整个零件作为部件几何体，如图9—20所示。

(13) 单击【确定】按钮，结束部件几何体的选择，系统返回“铣削几何体”对话框。

(14) 在“几何体”栏中，单击“指定毛坯”图标，系统弹出“毛坯几何体”对话框，如图9—21所示。

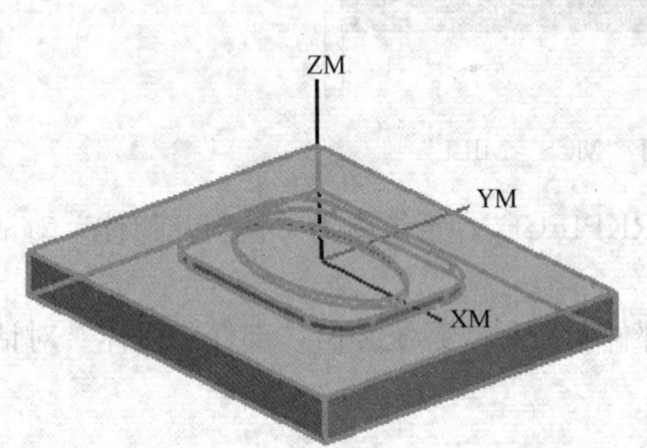

图 9—20　选择部件几何体

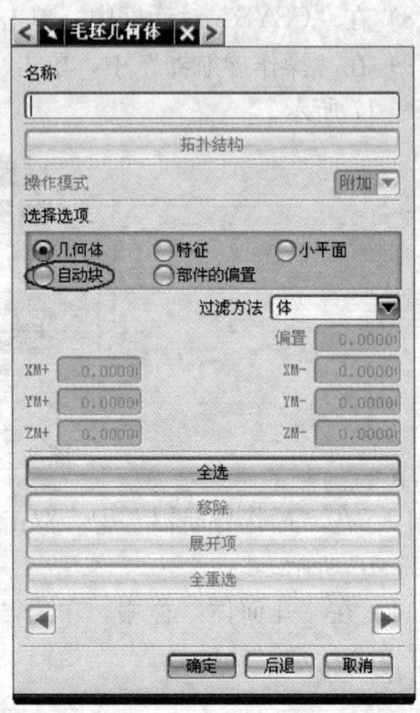

图 9—21　“毛坯几何体”对话框

（15）根据提示，在“选择选项”栏中选中“自动块”选项，如图 9—22 所示。

（16）单击【确定】按钮，完成毛坯几何体的创建。

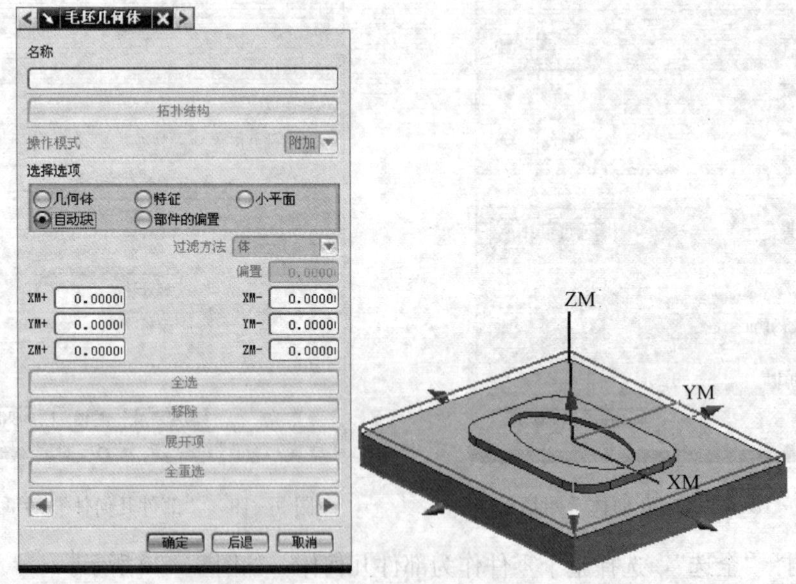

图 9—22　采用自动块方式确定毛坯几何体

创建几何组主要包括定义工件坐标系（原点）、定义部件几何体、定义毛坯等。需要时，还可以考虑定义程序组。

5. 创建操作

(1) 单击“创建操作”图标，系统弹出“创建操作”对话框，如图 9—23 所示。

(2) 在“操作子类型”栏中，单击“平面铣（PLANAR_MILL)”图标，在“位置”栏下，将“方法”设置为“粗铣（MILL_ROUGH)”，将“几何体”设置为“WORKPIECE”，其他接受系统默认设置，如图 9—24 所示。

图 9—23 “创建操作”对话框

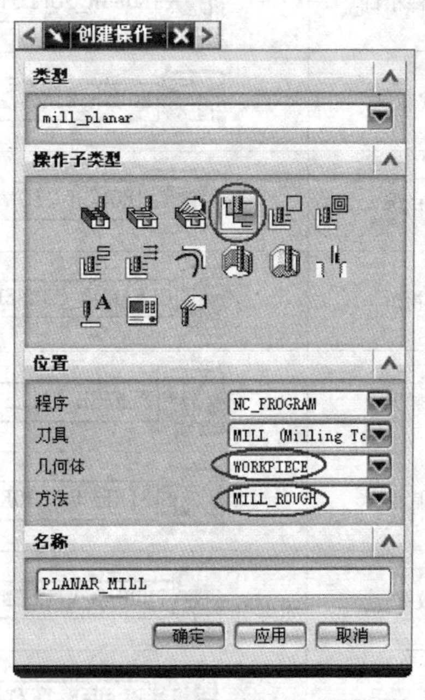

图 9—24 设置“创建操作”对话框

平面铣削加工子类型含义见表 9—1。

表 9—1 平面铣削加工子类型含义

子类型名称	子类型按钮	子类型含义
表面区域铣	FACE_MILLING_AREA	以面来定义切削区域的表面铣
表面铣	FACE_MILLING	基本的面切削操作，用于切削实体上的平面

续表

子类型名称	子类型按钮	子类型含义
表面手动铣	FACE_MILLING_MANUAL	混合切削模式，各个面上都不同。其中的一种切削模式是手动
平面铣	PLANAR_MILL	基本的平面铣操作，它采用多种切削模式加工二维边界及平底面
平面轮廓铣	PLANAR_PROFILE	特殊的二维轮廓铣切削类型，用于在不定义毛坯的情况下轮廓铣。常用于修边
跟随零件粗铣	ROUGH_FOLLOW	使用跟随工件切削模式的平面铣
往复式粗铣	ROUGH_ZIGZAG	使用往复切削模式的平面铣
单向粗铣	ROUGH_ZIG	使用单向轮廓铣切削模式的平面铣
清理拐角	CLEANUP_CORNERS	使用前一操作的二维 IPW，以跟随零件切削类型进行平面铣。常用于清除角
精铣侧壁	FINISH_WALLS	默认切削方法为轮廓铣削，默认深度为只有底面的平面铣削
精铣底面	FINISH_FLOOR	默认切削方法为跟随零件铣削，默认深度为只有底面的平面铣削
螺纹铣	THREAD_MILLING	使用螺旋切削铣削螺纹孔
文本铣	PLANAR_TEXT	切削制图注释中的文字，用于二维雕刻
机床控制	MILL_CONTROL	创建机床控制事件，添加后处理选项
自定义方式	MILL_USER	由自定义的 NX OPEN 程序生成刀具路径

提示

完成一个零件的加工通常需要经过粗加工、半精加工、精加工几个步骤，它们的主要差异在于加工后残留在工件表面余料的多少及表面粗糙度。系统默认的铣削加工方式有 4 种：粗加工、半精加工、精加工和钻加工。

（3）单击【确定】按钮，系统弹出“平面铣”对话框，如图 9—25 所示。

（4）在“平面铣”对话框的“几何体”栏中，单击“指定部件边界”旁的“选择或编辑部件边界”图标，系统弹出“边界几何体”对话框，如图 9—26 所示。

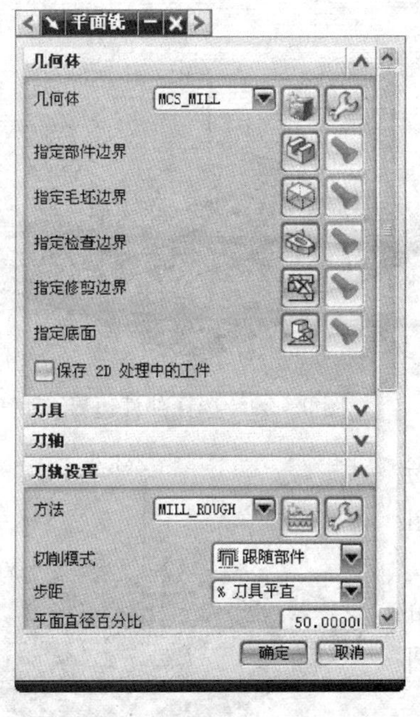

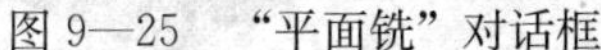
图 9—25 “平面铣”对话框

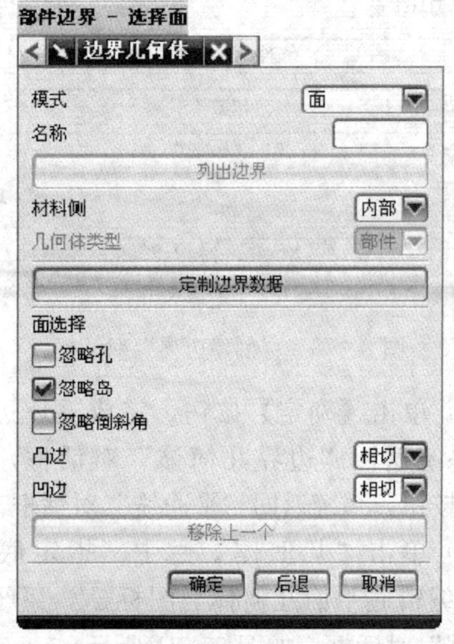

图 9—26 “边界几何体”对话框

（5）将“模式”下拉列表框设置为“曲线/边”选项，如图 9—27 所示。

图 9—27 将“模式”设置为“曲线/边”

（6）系统弹出“创建边界”对话框，如图 9—28 所示。

（7）根据提示选择部件边界，如图 9—29 所示。

（8）单击【确定】按钮，系统返回“边界几何体”对话框；继续单击【确定】按钮，系统返回“平面铣”对话框。

（9）单击“几何体”栏中“指定毛坯边界”旁的“选择或编辑毛坯边界”图标，系统弹出“边界几何体”对话框（见图 9—26）。将“模式”下拉列表框设置为“曲线/边”选项，系统弹出“创建边界”对话框（见图 9—28）。

（10）根据提示选择如图 9—30 所示边界。

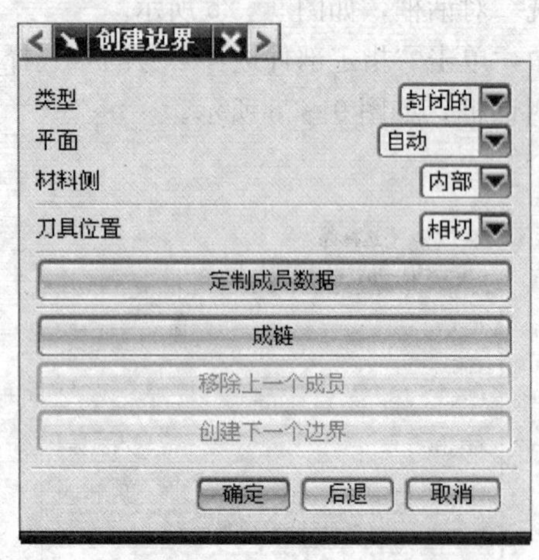

图 9—28 “创建边界”对话框

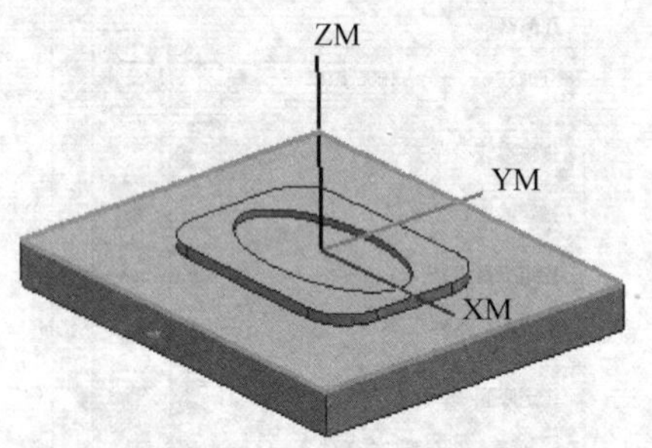

图 9—29 选择部件边界

（11）单击【确定】按钮，完成毛坯边界的指定操作。系统返回“边界几何体”对话框，继续单击【确定】按钮，系统返回“平面铣”对话框。

（12）单击“几何体”栏中“指定底面”旁的“选择或编辑底平面几何体”图标，系统弹出“平面构造器”对话框，如图 9—31 所示。

（13）选择底平面，如图 9—32 所示。

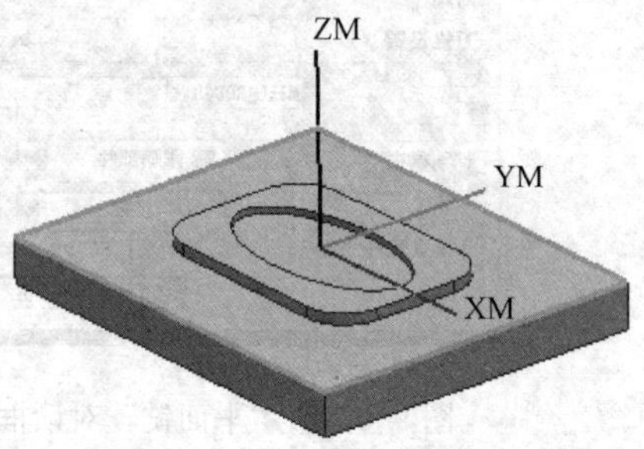

图 9—30 选择毛坯边界

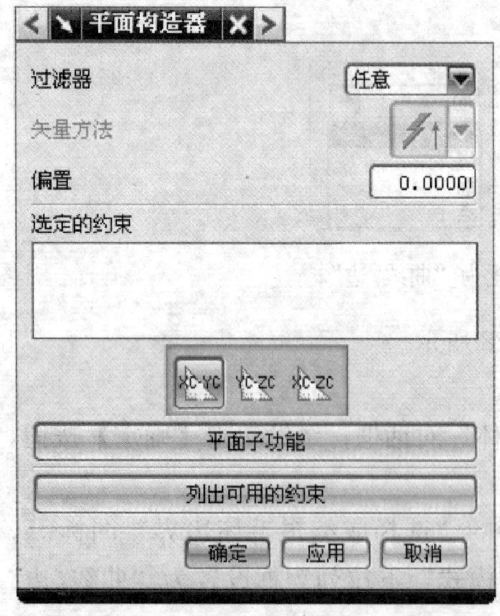

图 9—31 “平面构造器”对话框

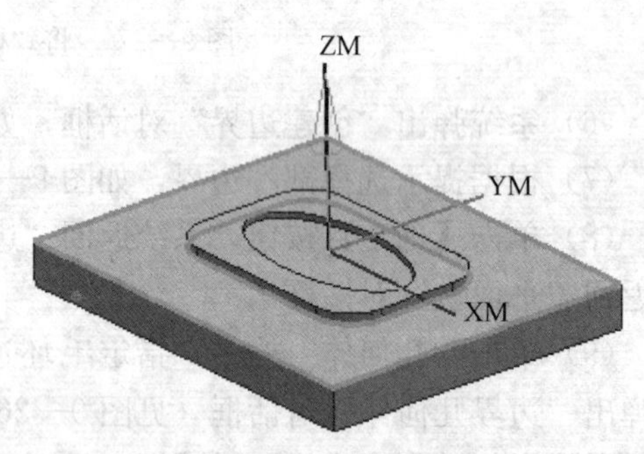

图 9—32 选择底平面

（14）单击【确定】按钮，结束底平面的选择，“平面铣”对话框如图 9—33 所示。

(15) 在“刀轨设置”栏中，完成相应设置，其他则采用系统默认值，如图 9—34 所示。

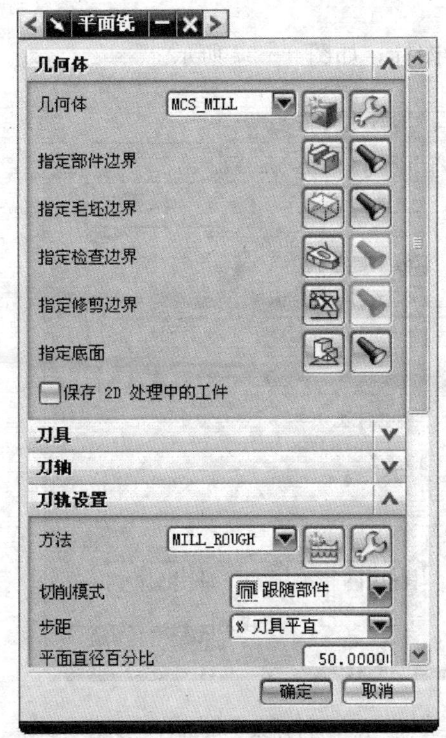

图 9—33 “平面铣”对话框

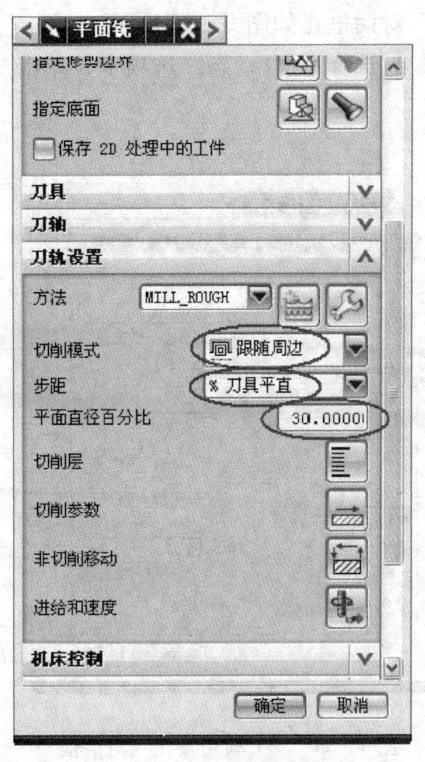

图 9—34 完成刀轨设置

提示

刀具切削路线更精确的设置可通过对“切削参数”“非切削移动”的设定进行。

6. 刀具路径验证

(1) 在“平面铣”对话框的“操作”栏中，单击“生成”图标，系统生成平面铣切削路线（刀轨），如图 9—35 所示。

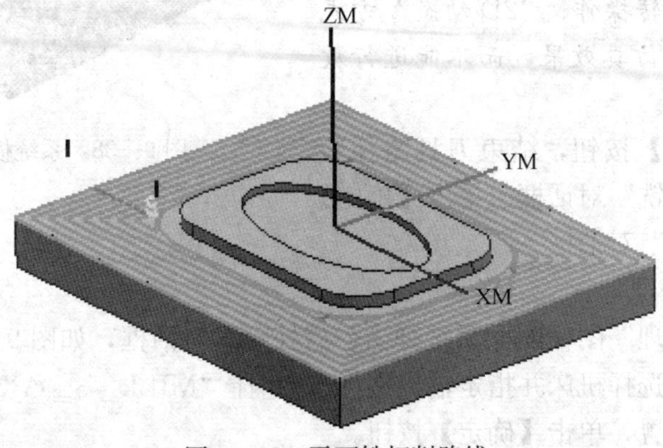

图 9—35 平面铣切削路线

（2）在“平面铣”对话框的“操作”栏中，单击“确认”图标，系统弹出“刀轨可视化”对话框，如图 9—36 所示。

（3）选择“3D 动态”选项卡，单击“播放”图标，如图 9—37 所示。

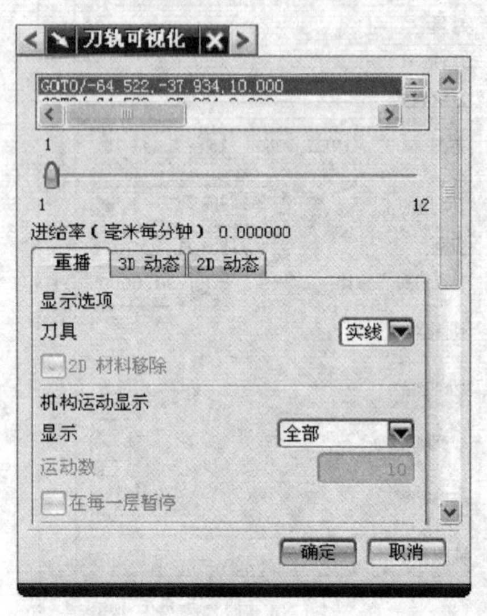

图 9—36 “刀轨可视化”对话框

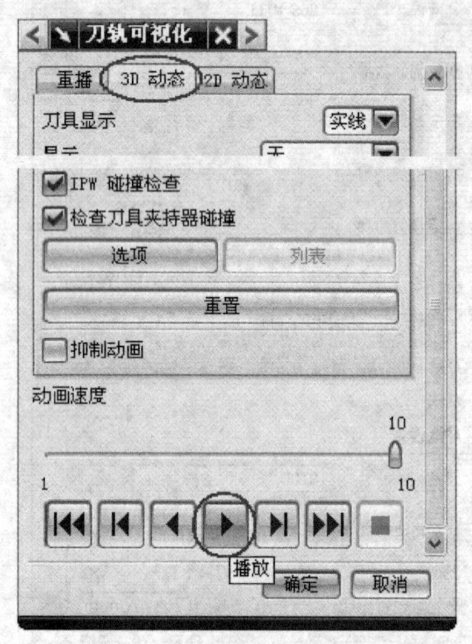

图 9—37 在“3D 动态”下进行“播放”操作

（4）系统模拟实体切削，如图 9—38 所示。

提示

仿真方式有“重播”“2D 动态”“3D 动态”3 种。“重播”方式只显示二维路径，而不能看到实际的切削；“3D 动态”方式在仿真时，可进行放大、缩小或旋转操作；“2D 动态”方式在仿真时，只能观察仿真效果，而不能进行放大、缩小或旋转操作。

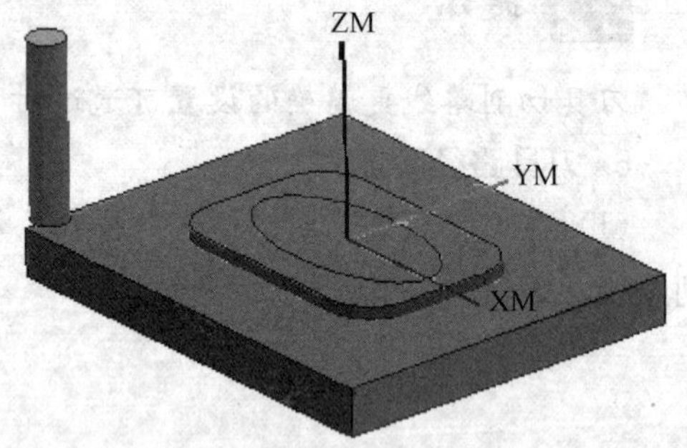

图 9—38 系统模拟实体切削

（5）单击【确定】按钮，结束刀具路径验证，系统返回“平面铣”对话框。单击【确定】按钮，关闭“平面铣”对话框。

7. 刀具路径后处理

（1）单击“后处理”图标，系统弹出“后处理”对话框，如图 9—39 所示。

（2）根据提示“选择机床并指定输出文件”，选择“MILL _ 3 _ AXIS”后处理器，并按需要选择输出文件位置，单击【确定】按钮。

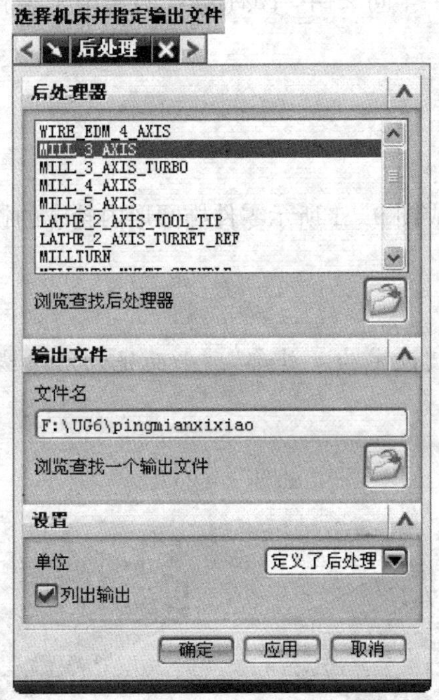

图 9—39 “后处理”对话框

(3) 系统弹出“信息”窗口，如图 9—40 所示。

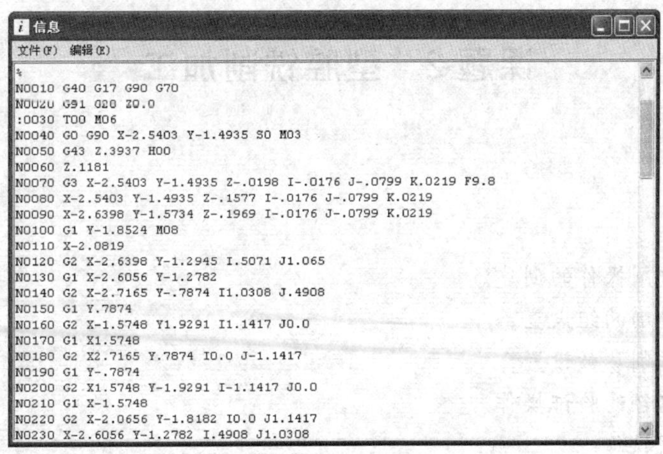

图 9—40 “信息”窗口

提 示

后处理是一个文本编辑处理过程，其作用是将计算出的刀轨以规定的标准格式转化为NC 代码并输出保存。

另外，还可以通过单击“车间文档”图标，创建用于编程人员与机床操作人员之间的交流文件——车间文档。

任务拓展

试采用平面铣削方法完成图 9—1 所示零件椭圆形内轮廓的铣削加工。

提示

指定部件边界时，材料侧设定为“外部”。平面铣切削路线和系统模拟实体切削如图 9—41 所示。

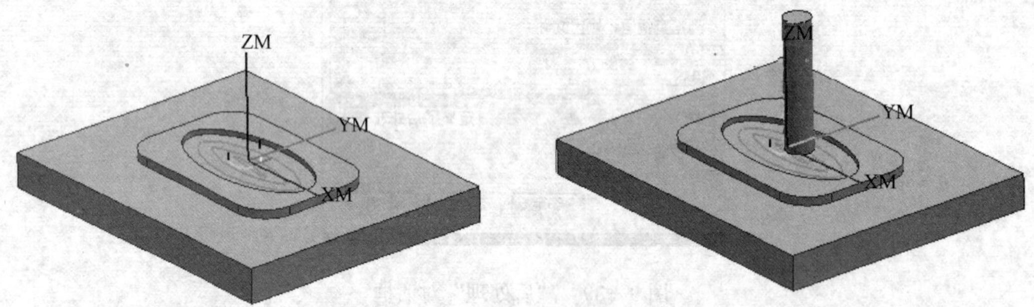

图 9—41　平面铣切削路线和系统模拟实体切削

课题 2　型腔铣削加工

学习目标

1. 熟悉型腔铣削操作的创建。
2. 熟悉型腔铣削的组设置。
3. 熟悉型腔铣削参数设置。
4. 掌握刀具路径的验证操作。
5. 熟悉后处理操作。

工作任务

型腔铣削用于对有曲面、斜度及轮廓的型腔、型芯进行加工，也包含创建平面铣削无法加工的曲面刀具路径。该类铣削方式包括多种加工类型，其中最常用的加工类型为型腔铣和等高轮廓铣加工，前者主要用于粗加工，后者主要用于半精加工或精加工。对于任何一个型腔铣削方式，其加工原理与平面铣削相同，即切削运动只是 X 轴和 Y 轴运动，没有 Z 轴的运动，通过多层二轴刀轨逐层切削材料。

试通过型腔铣削加工完成图 9—42 所示名片盒模具型芯零件的铣削加工。

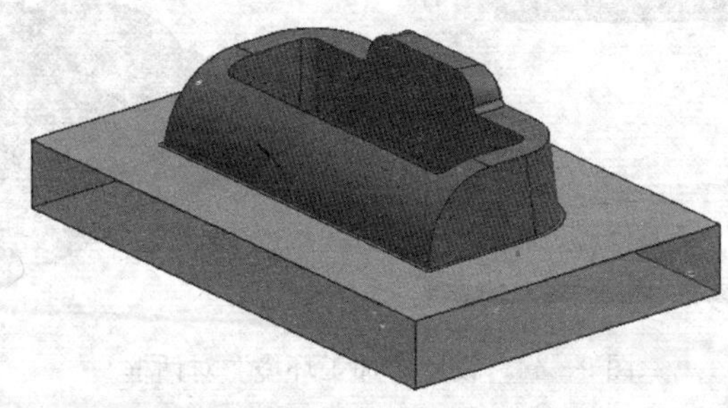

图 9—42 型腔铣削加工零件

任务实施

1. 打开名片盒模具型芯零件

（1）通过快捷方式图标启动 UG NX 6.0。

（2）打开名片盒模具型芯部件文件，如图 9—43 所示。

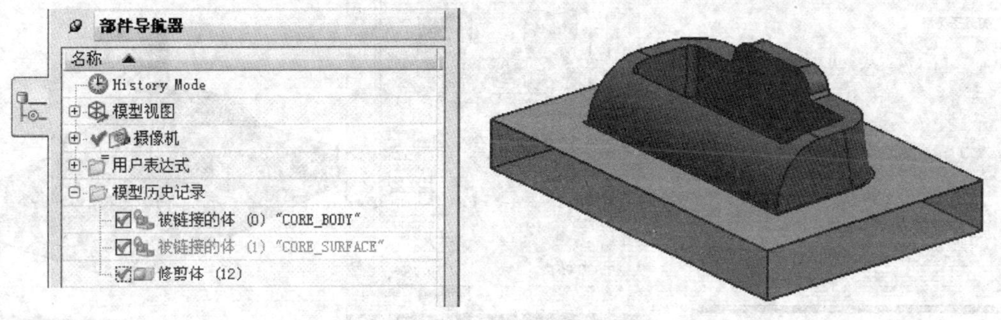

图 9—43 打开名片盒模具型芯部件文件

必要时，可保存文件至需要的目录下。

2. 进入加工环境

（1）选择［开始］/［加工］菜单命令，启动“加工”应用模块。

（2）系统弹出“加工环境”对话框，在“要创建的 CAM 设置”列表框中，选择“mill _ contour”选项，如图 9—44 所示。

（3）单击【确定】按钮，进入加工操作环境。

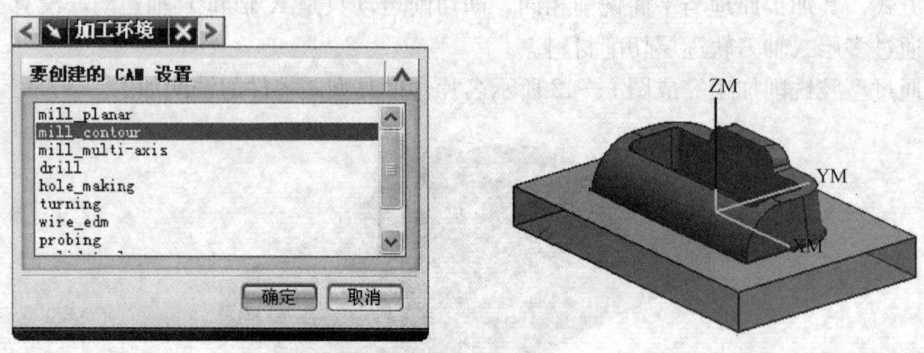

图 9—44　设置“加工环境”对话框

3. 创建刀具组

（1）单击“创建刀具”图标，系统弹出“创建刀具”对话框，按图 9—45 所示。

（2）单击【确定】按钮，接受系统默认设置，系统弹出“铣刀－5 参数”对话框，按图 9—46 所示进行设置。

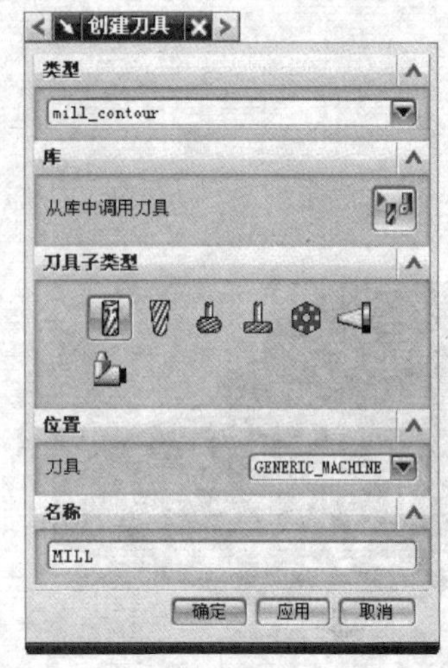

图 9—45　“创建刀具”对话框

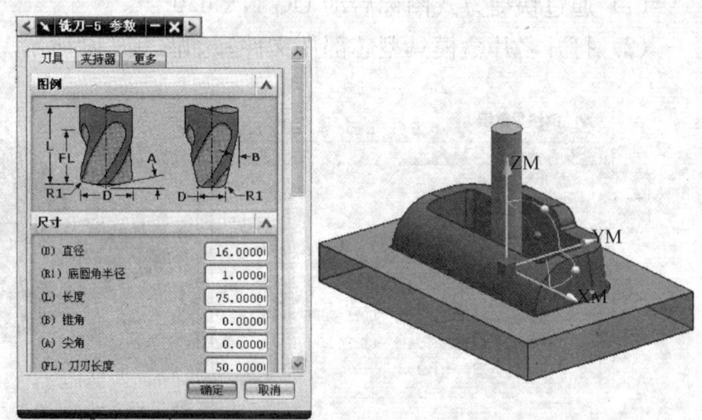

图 9—46　设置刀具参数

（3）单击【确定】按钮，结束刀具的创建。

4. 创建几何组

（1）在“操作导航器”空白处单击鼠标右键，在系统弹出的快捷菜单中选择“几何视图”命令，如图 9—47 所示。

（2）系统显示“操作导航器－几何”，如图 9—48 所示。

（3）双击“MCS _ MILL”图标，系统弹出“Mill Orient”对话框，如图 9—49 所示。

（4）设置工件坐标系原点，如图 9—50 所示。

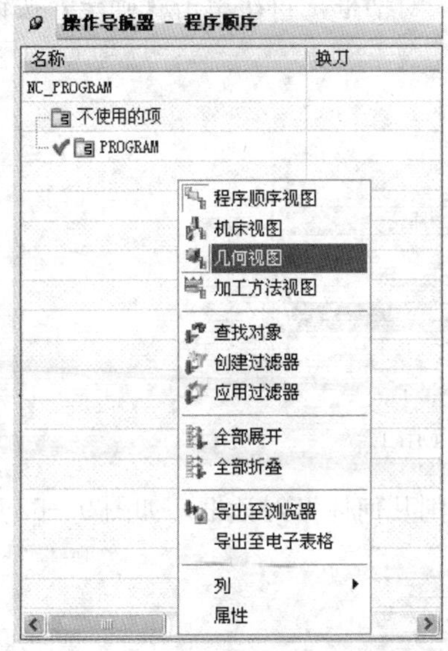

图 9—47 选择“几何视图”命令

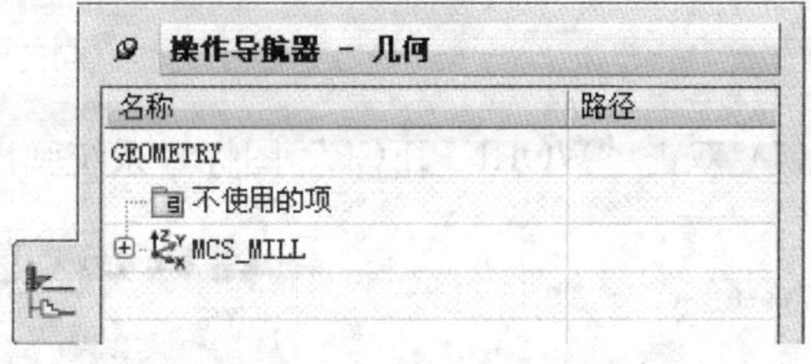

图 9—48 “操作导航器－几何”

图 9—49 “Mill Orient”对话框

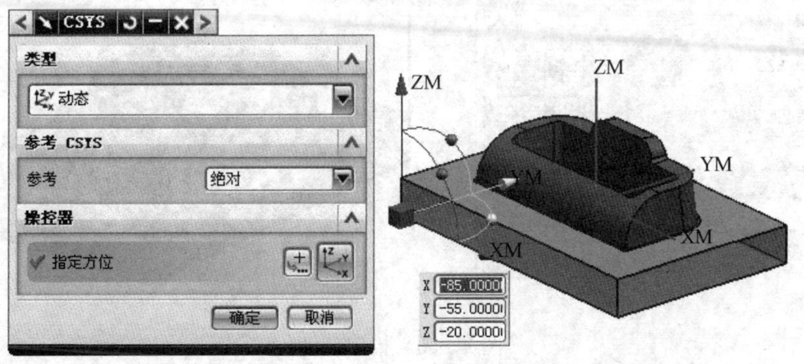

图 9—50 设置工件坐标系原点

（5）单击【确定】按钮，系统返回“Mill Orient”对话框，再次单击【确定】按钮，结束工件坐标系原点的确定。

（6）展开“MCS _ MILL”，如图 9—51 所示。

图 9—51　展开“MCS _ MILL”

（7）双击“WORKPIECE”图标，系统弹出“铣削几何体”对话框，如图 9—52 所示。

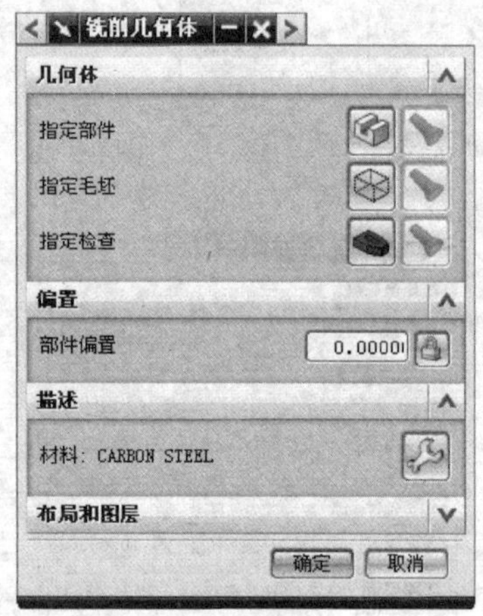

图 9—52　“铣削几何体”对话框

（8）完成加工部件的指定操作，如图 9—53 所示。

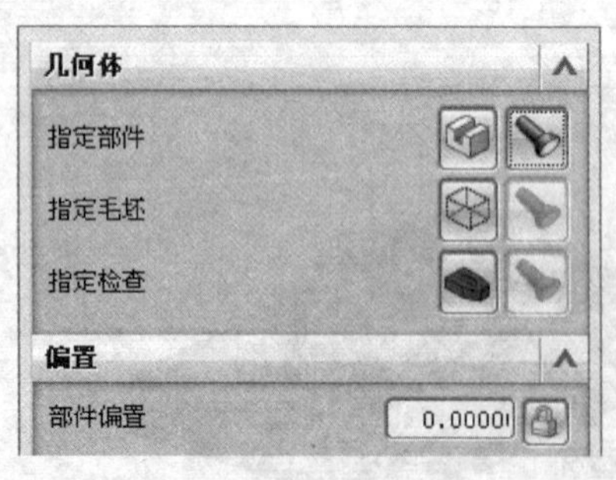

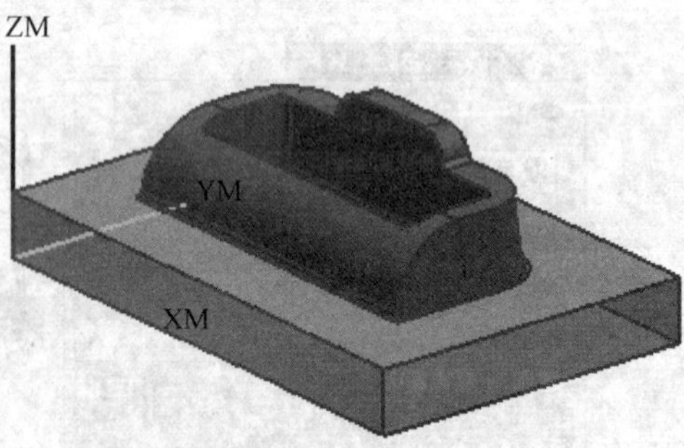

图 9—53　指定部件

（9）完成加工毛坯的指定操作，如图 9—54 所示。

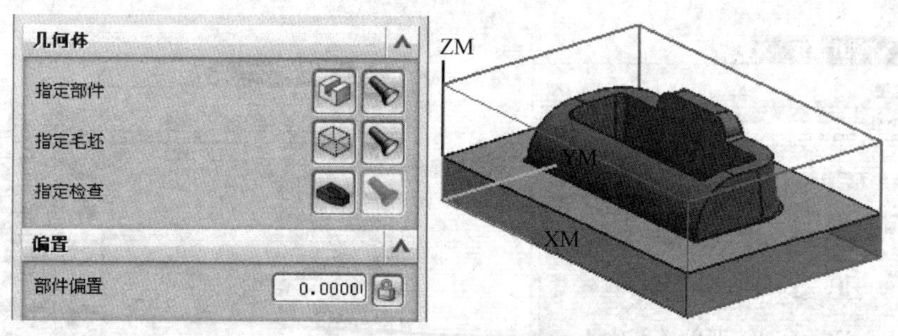

图 9—54　指定毛坯

（10）单击【确定】按钮，结束几何组的创建。

5. 创建操作

（1）单击“创建操作”图标，系统弹出“创建操作”对话框，按图 9—55 所示进行设置。

提示

在创建型腔铣削操作时，首先要进行型腔铣削加工子类型的选择。型腔铣削加工子类型部分选项的含义见表 9—2。

表 9—2　　型腔铣削加工子类型部分选项的含义

子类型名称	子类型按钮	子类型含义
型腔铣	CAVITY_MILL	通用的型腔铣削操作，允许选择不同的切削方法，用于去除毛坯或 IPW 及部件所定义的一定量的材料，带有许多平面切削模式
插铣	PLUNGE_MILLING	用于深腔模的插铣操作，刀具直上直下切削材料，效率较高
角落粗加工	CORNER_ROUGH	切削拐角中的剩余材料
剩余铣	REST_MILLING	参考切削
等高轮廓铣	ZLEVEL_PROFILE	采用轮廓切削方法加工所有陡峭的对象（未设置陡峭角度）
角落等高轮廓铣	ZLEVEL_CORNER	精加工前一刀具因直径和拐角半径关系无法达到的拐角区域

注：表中前 3 个选项主要用于粗加工操作，其他选项则用于半精加工和精加工操作。所以，使用时要注意操作类型的选择，以利于提高编程效率。

（2）单击【确定】按钮，系统弹出“型腔铣”对话框，如图 9—56 所示。

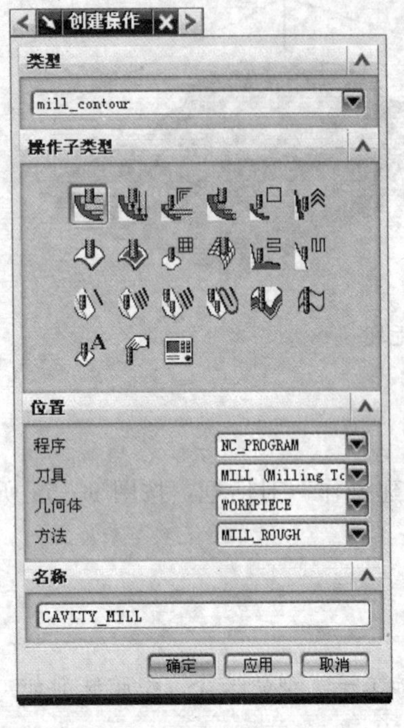

图 9—55　设置“创建操作”对话框

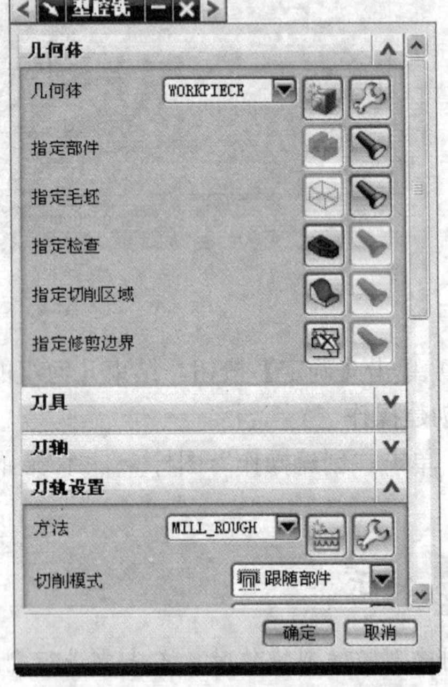

图 9—56　“型腔铣”对话框

（3）将“全局每刀深度”修改为“2”，如图 9—57 所示。

提示

型腔铣削和平面铣削在设置各种参数的方法上基本相同，不过在定义切削层、切削参数、切削模式和步进等参数时有很多不同之处。为简单起见，本例只改变“全局每刀深度”参数，其他参数采用系统默认设置。

（4）在“操作”栏中单击“生成”图标，系统经过一定时间的运算，生成型腔铣粗加工刀具路径，如图 9—58 所示。

6. 刀具路径验证

（1）在“型腔铣”对话框的“操作”栏中，单击“确认”图标，系统弹出“刀轨可视化”对话框。

（2）选择“2D 动态”选项卡，单击“播放”图标，如图 9—59 所示。

（3）系统模拟实体切削，如图 9—60 所示。

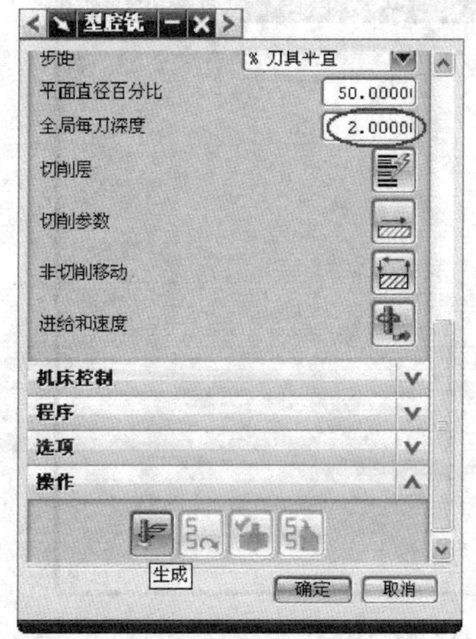

图 9—57 修改“全局每刀深度”

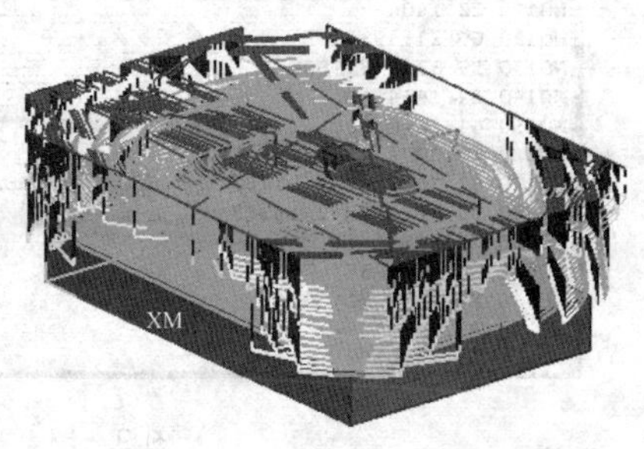

图 9—58 型腔铣粗加工刀具路径

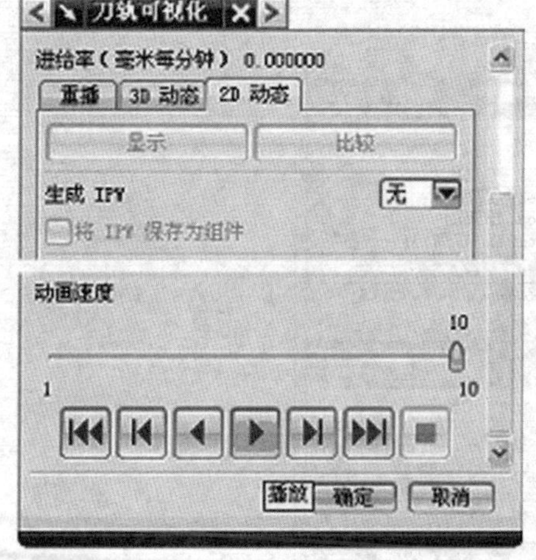

图 9—59 “刀轨可视化”对话框

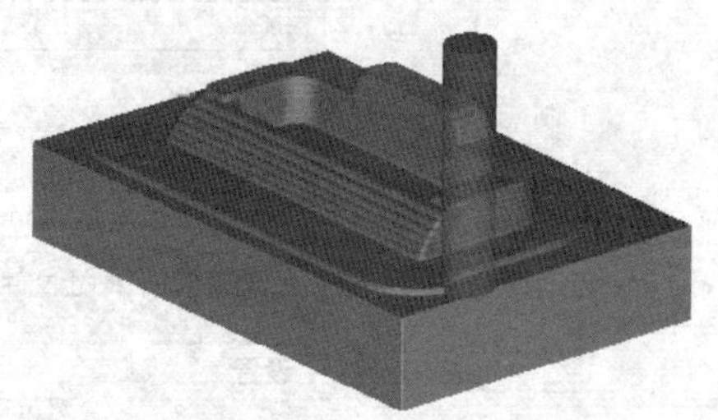

图 9—60 系统模拟实体切削

7. 刀具路径后处理及生成车间文档

（1）单击“后处理”图标，系统弹出“后处理”对话框。

（2）根据提示，选择“MILL _ 3 _ AXIS”后处理器，并按需要选择输出文件位置，单击【确定】按钮。

（3）系统弹出“信息”窗口，如图 9—61 所示。

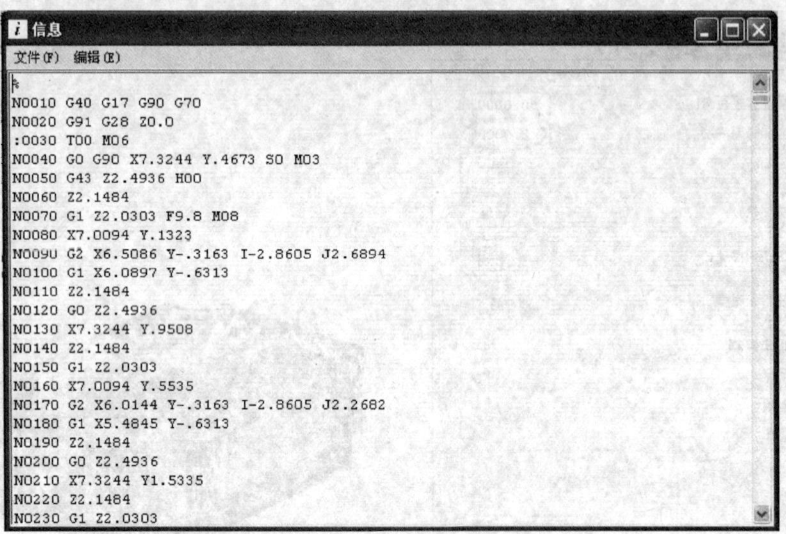

图 9—61 “信息”窗口

（4）单击“车间文档”图标，系统弹出“车间文档”对话框，如图 9—62 所示。

图 9—62 “车间文档”对话框

（5）根据需要选择相应的报告格式及输出文件。此处采用默认设置，所以单击【确定】按钮。

（6）系统弹出“信息”对话框，如图 9—63 所示。

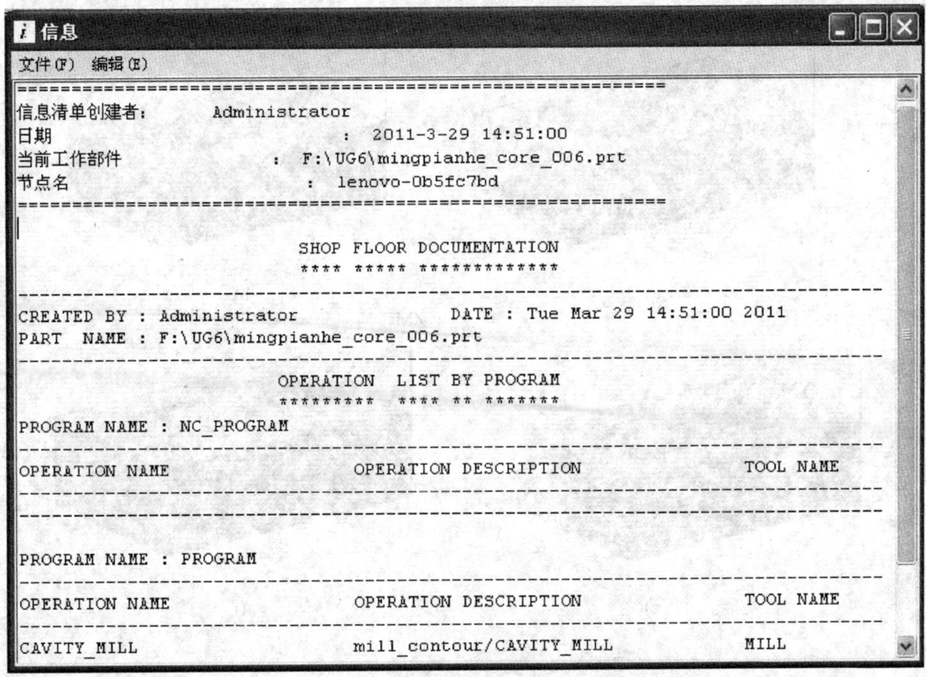

图 9—63 “车间文档”信息

任务拓展

试采用型腔铣削方法完成图 9—64 所示名片盒模具型腔零件的铣削粗加工。

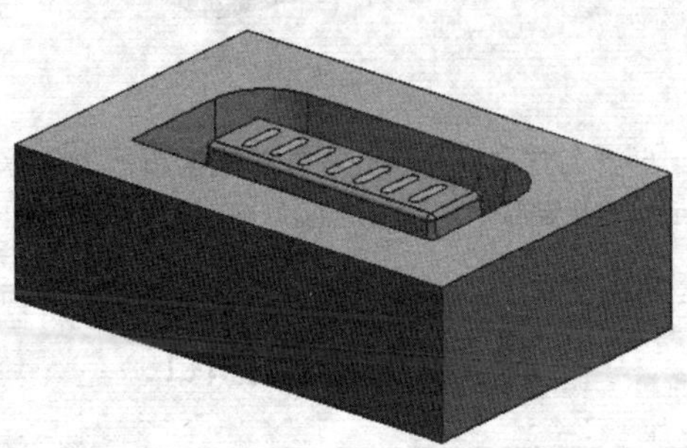

图 9—64 名片盒模具型腔零件

 **提示**

名片盒模具型腔零件的铣削粗加工参考过程如图 9—65 所示。

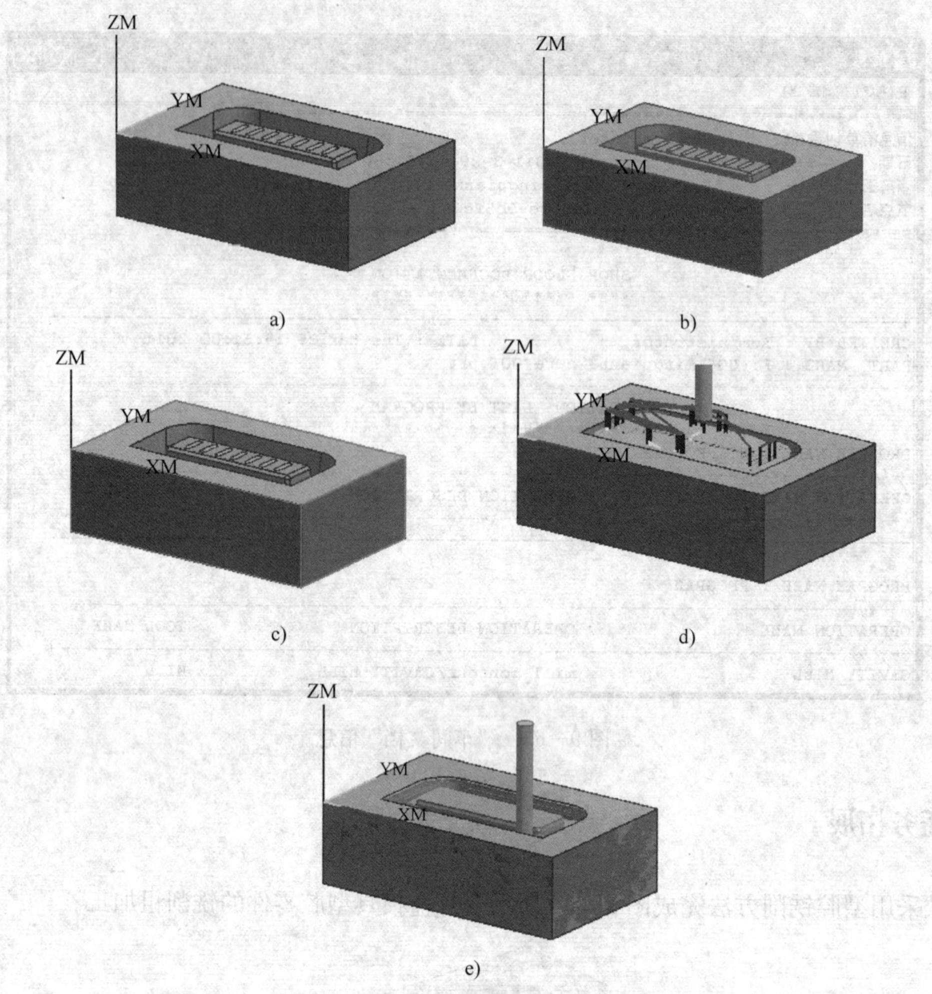

图 9—65 名片盒模具型腔零件的铣削粗加工参考过程

a）定义坐标系原点 b）指定部件 c）指定毛坯 d）生成刀具路径 e）模拟实体切削

课题 3 孔加工

学习目标

1. 熟悉孔加工的组设置。
2. 熟悉孔加工参数设置。
3. 熟悉刀具路径验证操作。
4. 熟悉后处理操作。

工作任务

在数控机床或加工中心上，除对零件进行平面铣削和型腔铣削加工外，还常常进行孔的加工。孔加工指刀具先快速移动到指定的加工位置上，再以切削进给速度加工到指定深度，最后以退刀速度退回的一种加工类型，即孔加工时通常只有在机床的 Z 轴才有切削运动。

UG NX 6.0 孔加工能编制出数控铣床或加工中心上各种类型的孔加工程序，其加工方式可以是钻孔、铰孔、镗孔、攻螺纹等。下面通过对图 9—66 所示零件上 4×ϕ12 mm 的孔加工，来学习孔加工。

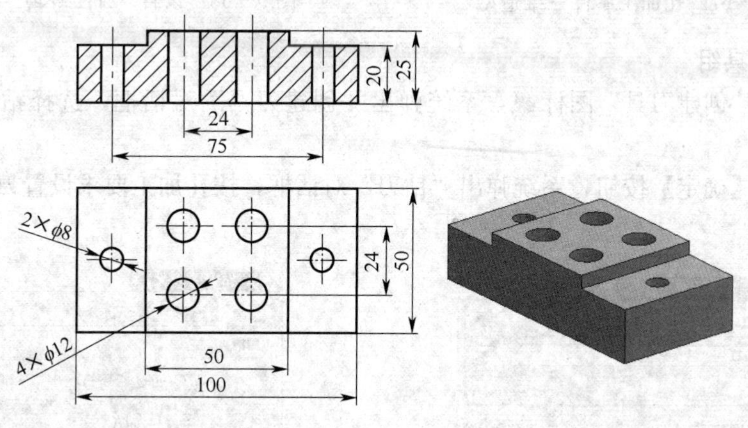

图 9—66　孔加工零件

任务实施

1. 零件三维造型

（1）通过快捷方式图标启动 UG NX 6.0。

（2）新建名称为“kongjiagong”的部件文件。

（3）选择［首选项］/［背景］菜单命令，将视图窗口设置为白色背景。

（4）完成加工零件的三维造型，如图 9—67 所示。

（5）隐藏基准坐标系和草图。

2. 进入加工环境

（1）选择［开始］/［加工］命令，启动“加工”应用模块。

（2）系统弹出“加工环境”对话框，在“要创建的 CAM 设置”列表框中选择“drill”选项，如图 9—68 所示。

（3）单击【确定】按钮，进入加工操作环境。

图 9—67　孔加工零件三维造型

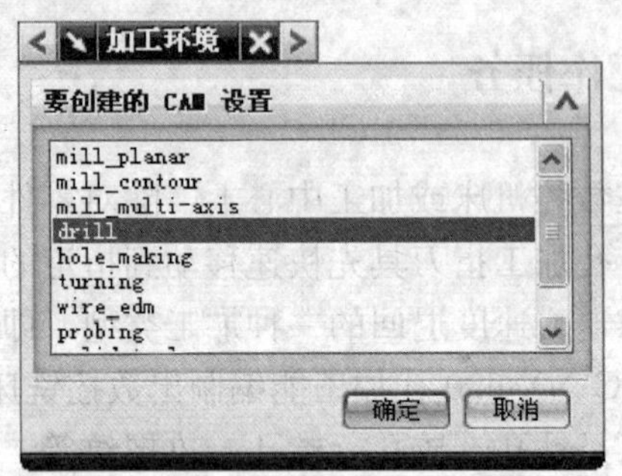

图 9—68　设置“加工环境”对话框

3. 创建刀具组

（1）单击“创建刀具”图标，系统弹出“创建刀具”对话框，选择钻孔刀具，如图 9—69 所示。

（2）单击【确定】按钮，系统弹出“钻刀”对话框，按孔加工要求设置刀具参数，如图 9—70 所示。

图 9—69　选择钻孔刀具

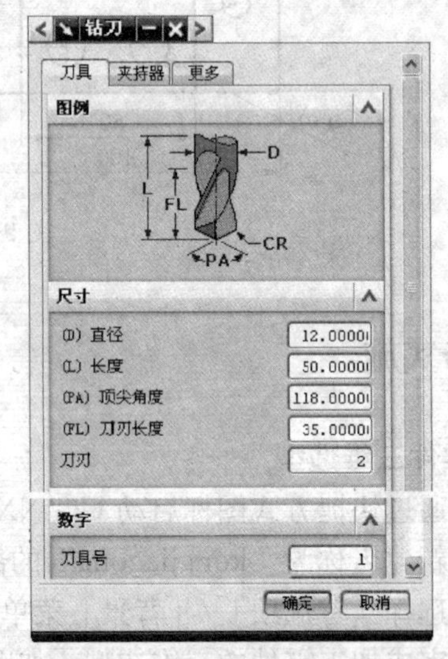

图 9—70　设置钻刀参数

（3）单击【确定】按钮，完成刀具的创建。

4. 创建几何组

（1）单击“几何视图”图标，切换视图模式为“几何视图”模式，“操作导航器”如图 9—71 所示。

（2）双击“操作导航器”中的“MCS _ MILL”图标，系统弹出“Mill Orient”对话框，改变工件坐标系原点设置，如图 9—72 所示。

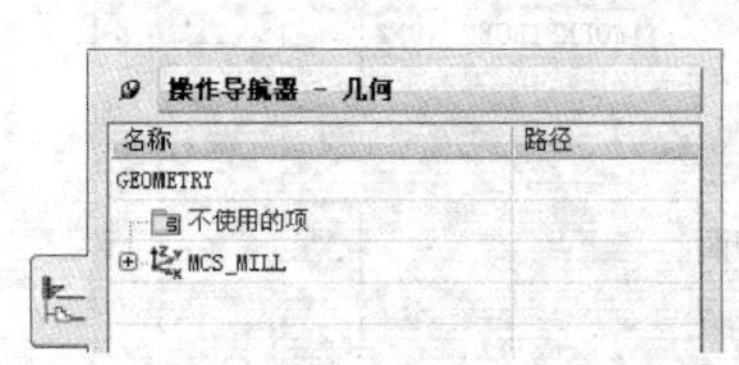

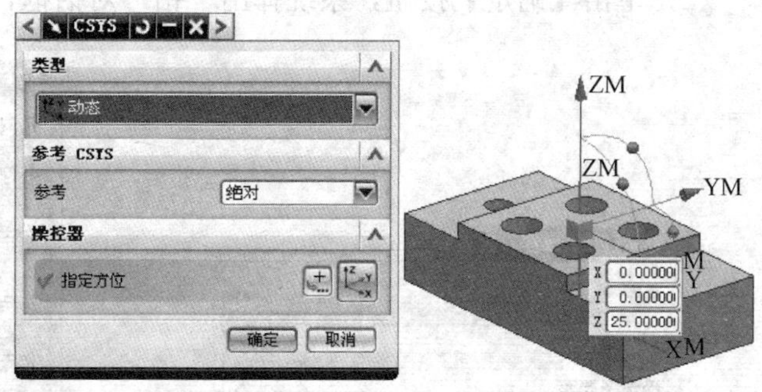

图 9—71 “操作导航器—几何”模式

图 9—72 改变工件坐标系原点设置

（3）单击【确定】按钮，系统返回“Mill Orient”对话框，单击【确定】按钮，结束坐标系原点的设置，图形窗口如图 9—73 所示。

（4）完成指定部件操作，如图 9—74 所示。

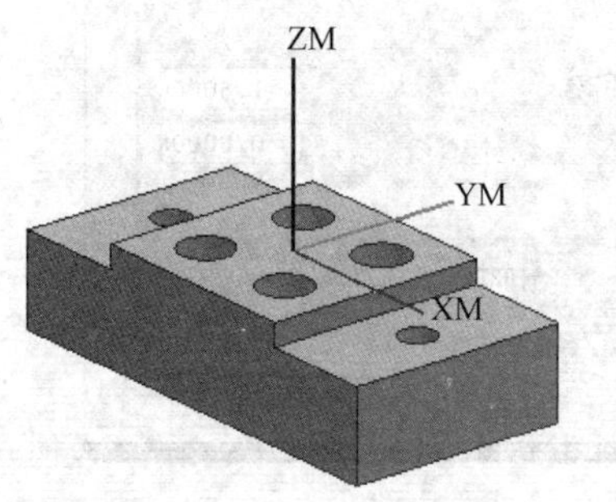

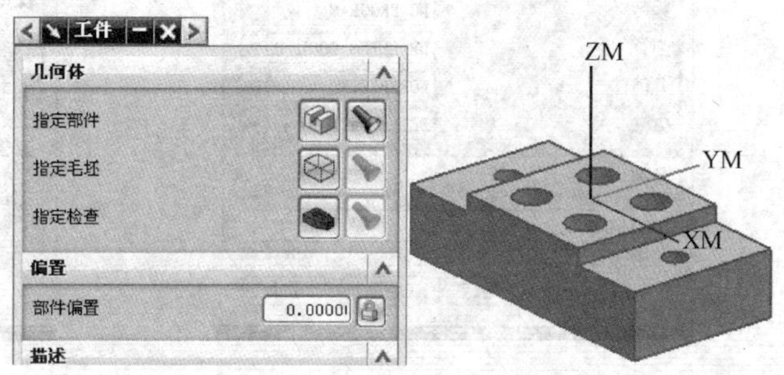

图 9—73 结束坐标系原点设置

图 9—74 指定部件

（5）完成指定毛坯操作，如图 9—75 所示。

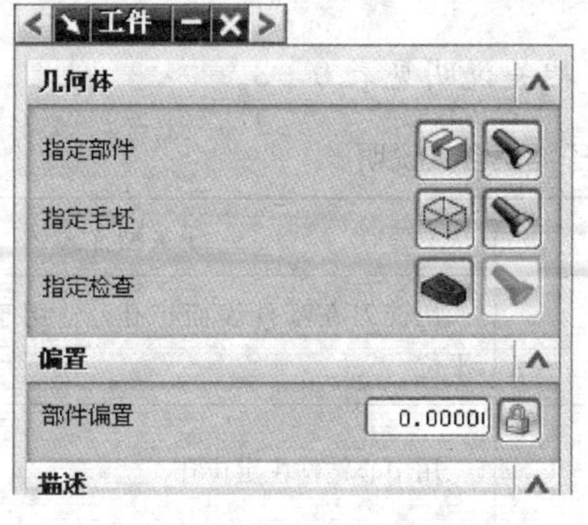

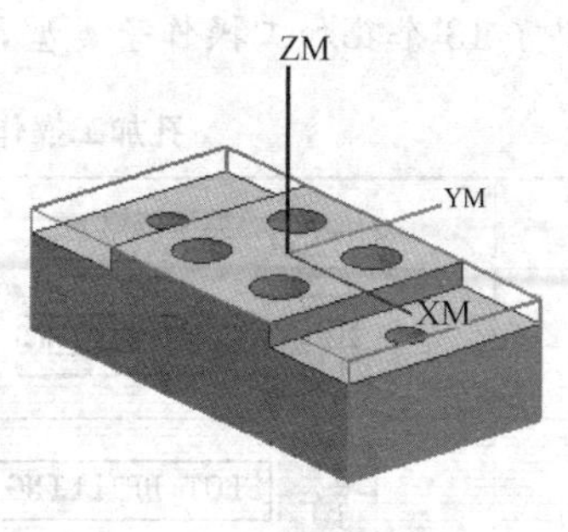

图 9—75 指定毛坯

5. 创建操作

（1）单击“创建操作”图标，系统弹出“创建操作”对话框，按图 9—76 所示进行设置。

（2）单击【确定】按钮，系统弹出“钻”对话框，如图 9—77 所示。

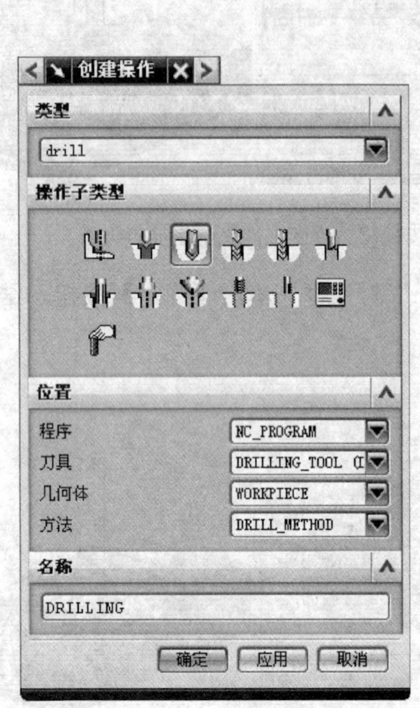

图 9—76 设置“创建操作”对话框

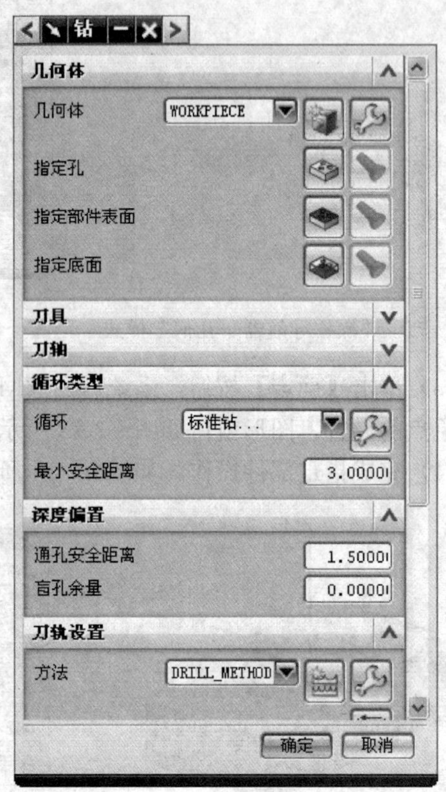

图 9—77 “钻”对话框

 **提示**

系统共提供了 13 个孔加工操作子类型，相关说明见表 9—3。

表 9—3 孔加工操作子类型含义说明

子类型名称	子类型按钮	子类型含义
扩孔	SPOT_FACING	用铣刀在零件表面扩孔，适用于在斜面上钻出平位
中心钻	SPOT_DRILLING	用中心钻钻主定位孔
钻孔	DRILLING	普通钻孔，适用于钻深度较浅的孔
啄钻	PECK_DRILLING	啄式钻孔，适用于钻深孔

续表

子类型名称	子类型按钮	子类型含义
断屑钻	BREAKCHIP_DRILLING	断屑钻孔，适用于钻深孔
镗孔	BORING	利用镗刀进行镗孔
铰孔	REAMING	利用铰刀进行铰孔
沉孔	COUNTERBORING	沉孔镗平，适用于在平面上对存在的底孔锪平底埋头孔
倒角沉孔	COUNTERSINKING	钻锥形沉头孔
攻螺纹	TAPPING	适用于在平面底孔上用丝锥攻螺纹
铣螺纹	THREAD_MILLING	用铣刀铣螺纹
铣削控制	MILL_CONTROL	只包括机床控制事件
自定义铣削	MILL_USER	刀轨由用户定制的 NX OPEN 程序生成

提示

孔加工时同样需要设置操作参数，其中包括几何体、循环类型、深度偏置等。孔加工固定循环指令有 G73、G74、G76、G80～G89 等。

(3) 在“几何体”栏中，单击“选择或编辑孔几何体”图标，如图 9—78 所示。

提示

指定孔的作用是选择孔、移除孔及优化加工路径等。系统共提供 11 项指定孔的类型。

(4) 系统弹出“点到点几何体”对话框，如图 9—79 所示。

(5) 选择“选择”，系统提示“选择点/圆弧/孔”，并弹出如图 9—80 所示对话框。

(6) 选择“面上所有孔”，系统提示“选择面”，并弹出如图 9—81 所示对话框。

(7) 选择孔所在表面，如图 9—82 所示，结果如图 9—83 所示。

(8) 单击【确定】按钮 3 次，图形窗口如图 9—84 所示。

（9）在“几何体”栏中，单击“选择或编辑部件表面几何体”图标，如图 9—85 所示。

（10）系统弹出“部件表面”对话框，并提示“选择面”，如图 9—86 所示。

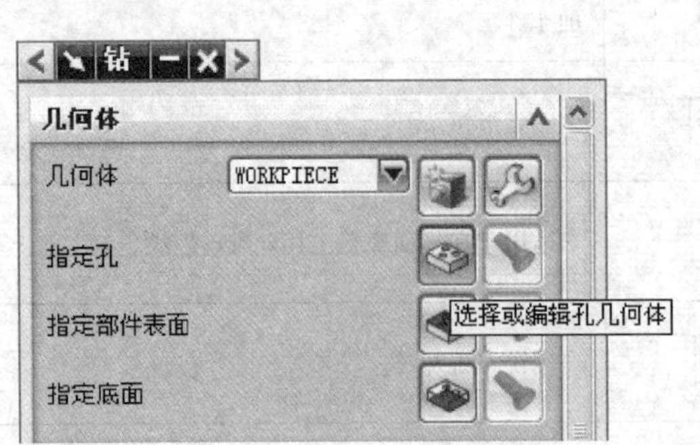

图 9—78 选择或编辑孔几何体

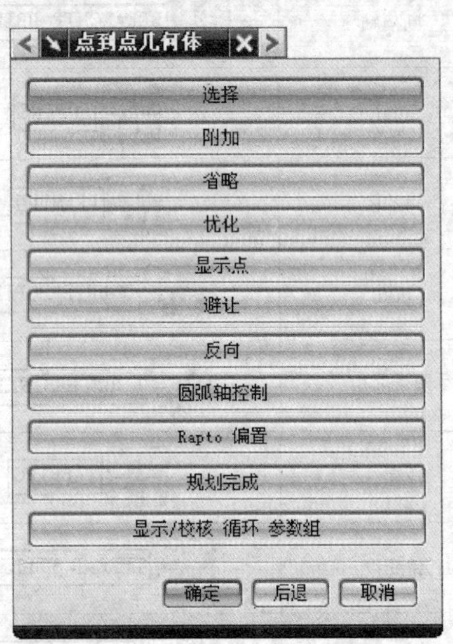

图 9—79 “点到点几何体”对话框

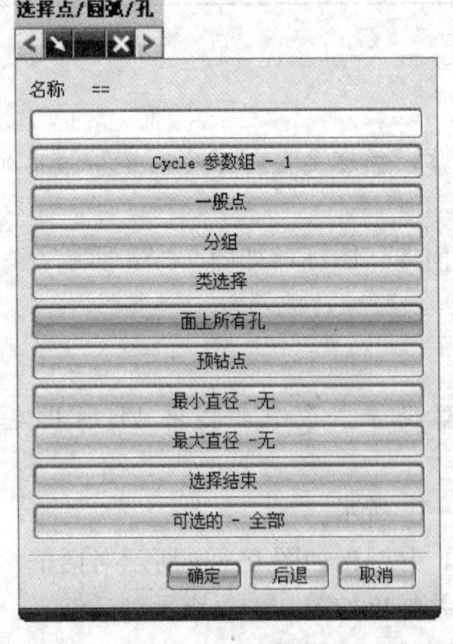

图 9—80 “选择”对话框

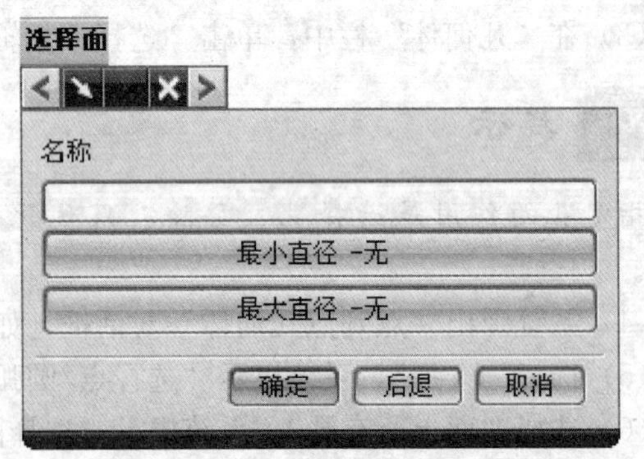

图 9—81 选择方式对话框

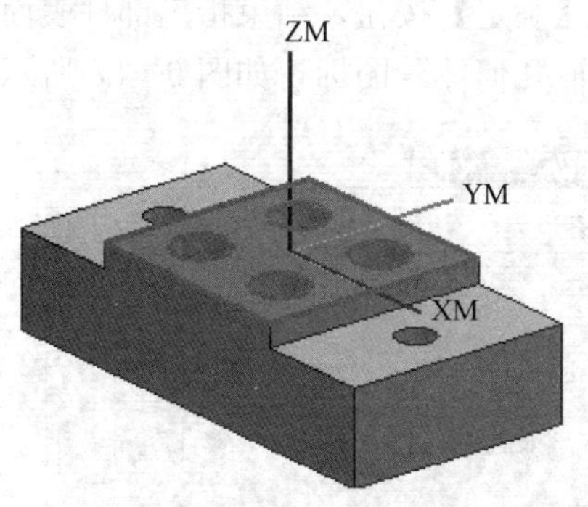

图 9—82　选择孔所在表面

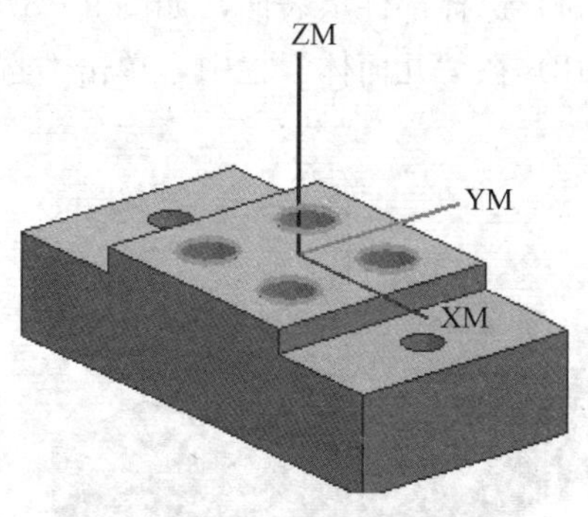

图 9—83　指定孔

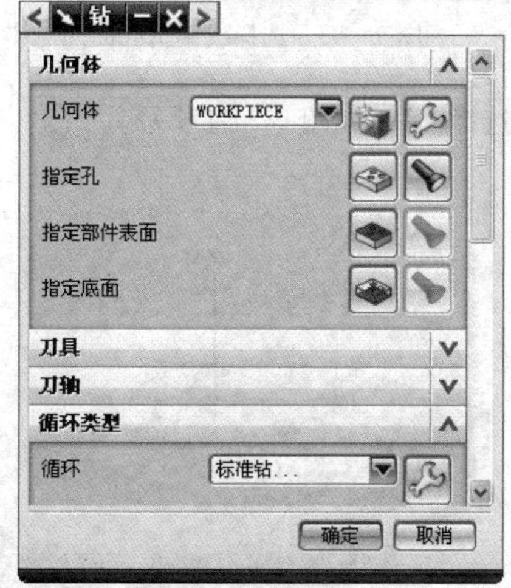

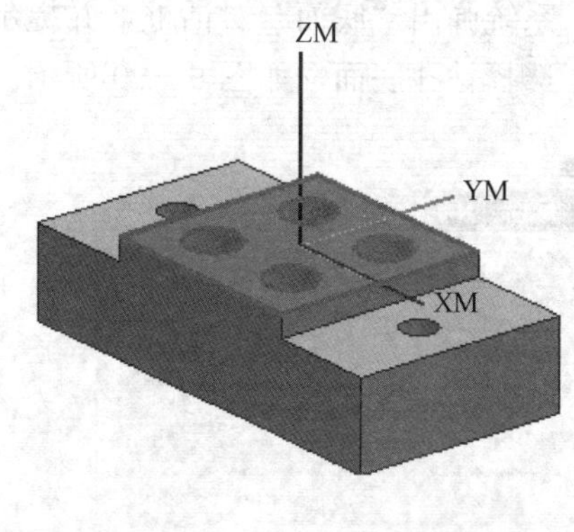

图 9—84　结束指定孔操作

图 9—85　选择或编辑部件表面几何体

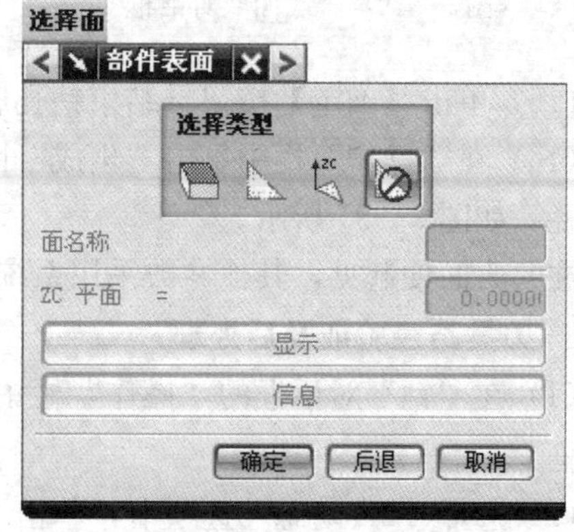

图 9—86　“部件表面”对话框

（11）选择部件上表面，如图 9—87 所示，单击【确定】按钮，结束指定部件表面操作。

（12）在“几何体”栏中，单击“选择或编辑底面几何体”图标，如图 9—88 所示。

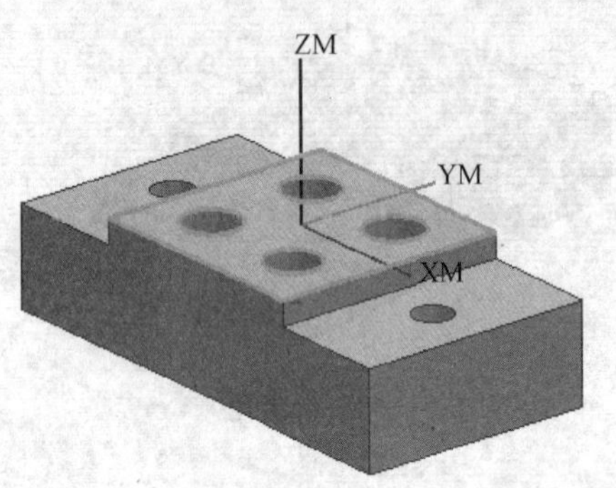

图 9—87　选择部件表面

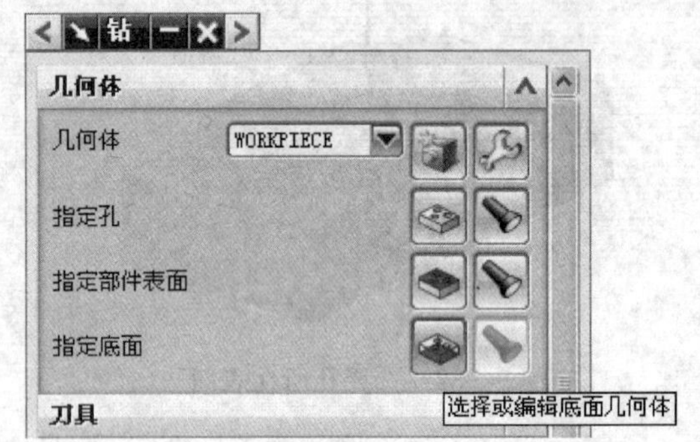

图 9—88　选择或编辑底面几何体

（13）系统弹出“底面”对话框，并提示“选择面”，如图 9—89 所示。

（14）选择钻孔底面，如图 9—90 所示。

图 9—89　“底面”对话框

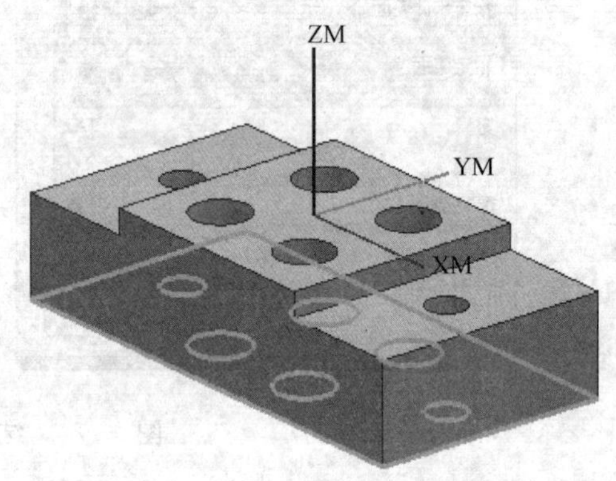

图 9—90　选择钻孔底面

（15）单击【确定】按钮，结束钻孔底面的设定。

（16）在“操作”栏中单击“生成”图标，系统经过一定时间的运算，生成钻孔加工刀具路径，如图 9—91 所示。

注：为简便起见，其他参数采用系统默认设置。

6. 刀具路径验证及后处理

（1）在“钻”对话框的“操作”栏中，单击“确认”图标，系统弹出“刀轨可视化”对话框。

（2）选择“2D 动态”选项卡，单击“播放”图标，系统开始模拟实体切削，如图 9—92 所示。

（3）单击“后处理”图标，系统弹出“后处理”对话框。

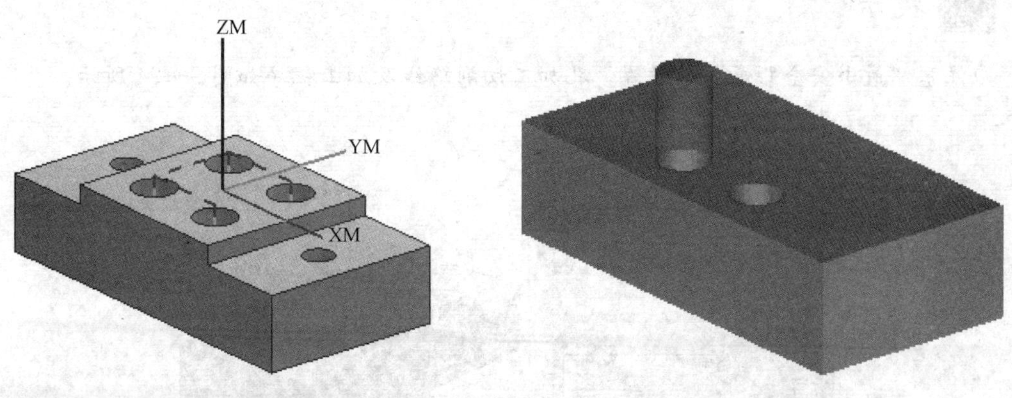

图 9—91 钻孔刀具路径　　图 9—92 模拟实体切削

(4) 根据提示选择“MILL _ 3 _ AXIS”后处理器，并按需要选择输出文件位置，单击【确定】按钮。

(5) 系统弹出“信息”窗口，如图 9—93 所示。

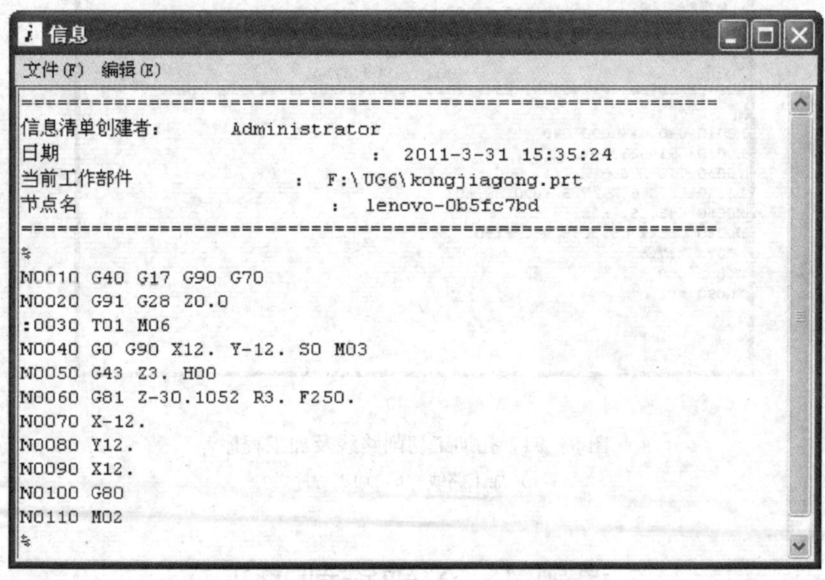

信息

文件(F) 编辑(E)

```
============================================================
信息清单创建者:          Administrator
日期                                 :  2011-3-31 15:35:24
当前工作部件                      :  F:\UG6\kongjiagong.prt
节点名                              :  lenovo-0b5fc7bd
============================================================
%
N0010 G40 G17 G90 G70
N0020 G91 G28 Z0.0
:0030 T01 M06
N0040 G0 G90 X12. Y-12. S0 M03
N0050 G43 Z3. H00
N0060 G81 Z-30.1052 R3. F250.
N0070 X-12.
N0080 Y12.
N0090 X12.
N0100 G80
N0110 M02
%
```

图 9—93 加工程序“信息”窗口

任务拓展

试完成图 9—66 所示零件上 2×ϕ8 mm 孔的加工，并生成加工程序。

提 示

应注意“最小安全距离”的设置，孔加工切削路线及加工程序如图 9—94 所示。

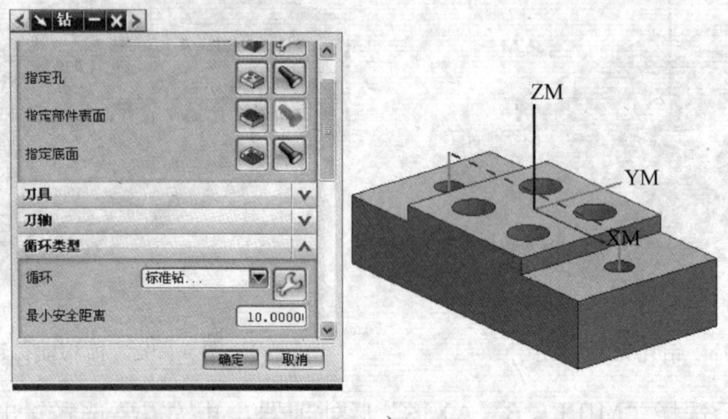

a)

```
信息
文件(F)  编辑(E)
============================================================
信息清单创建者:        Administrator
日期                          :  2011-4-4 9:07:18
当前工作部件               :  F:\UG6\kongjiagong.prt
节点名                      :  lenovo-0b5fc7bd
============================================================
%
N0010 G40 G17 G90 G70
N0020 G91 G28 Z0.0
:0030 T02 M06
N0040 G0 G90 X-37.5 Y0.0 S0 M03
N0050 G43 Z5. H00
N0060 G81 Z-28.9034 R5. F250.
N0070 X37.5
N0080 G80
N0090 M02
%
```

b)

图 9—94　孔加工切削路线及加工程序

a）加工路线　b）加工程序

课题 4　多轴铣削加工

学习目标

1. 掌握面铣削区域加工。
2. 了解刀轴方向设置。
3. 熟悉后处理操作。

工作任务

准确地说，多轴加工应该是多坐标联动加工。本任务所指的多轴加工概念可理解为定轴加工，只不过刀具轴方向不是矢量（0，0，1）罢了。需要指出的是，由于编程过程中需要考虑的因素较多，即使利用CAM软件，多轴编程仍有相当大的难度。

试通过创建一刀轴方向改变的操作，完成图9—95所示零件斜面的精加工。

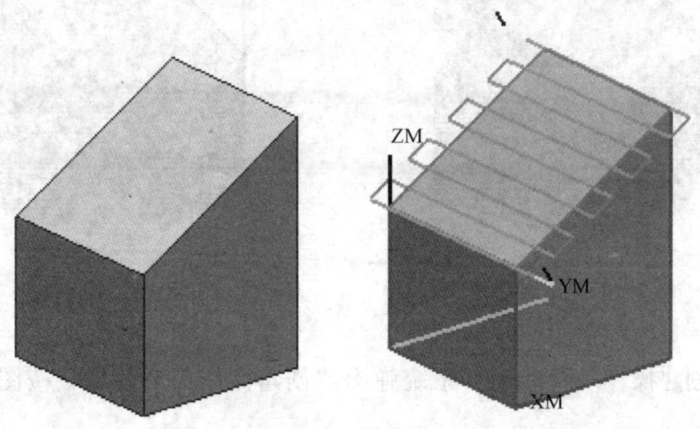

图9—95　加工零件模型及加工刀轨

任务实施

1. 零件三维造型

（1）通过快捷方式图标启动UG NX 6.0。

（2）新建名称为“duozhoujiagong”的部件文件。

（3）选择［首选项］/［背景］菜单命令，将视图窗口设置为白色背景。

（4）完成加工零件的三维造型（尺寸自定），如图9—96所示。

（5）隐藏基准坐标系。

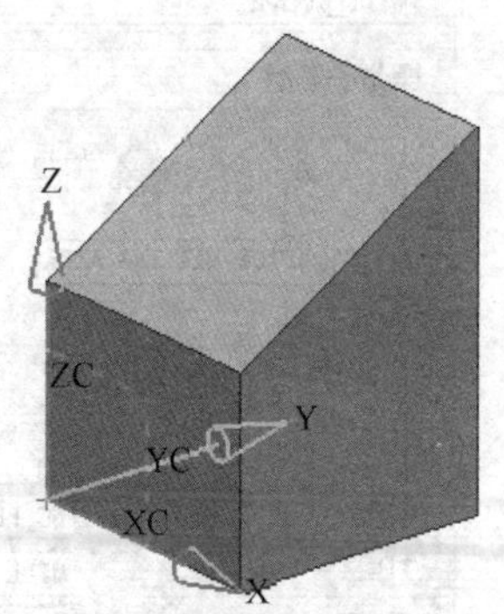

图9—96　零件三维造型

2. 进入加工环境

（1）选择［开始］/［加工］命令，启动“加工”应用模块。

（2）系统弹出“加工环境”对话框，在“要创建的CAM设置”列表框中选择“mill _ planar”选项。

（3）单击【确定】按钮，进入加工操作环境。

3. 创建刀具组

（1）单击“创建刀具”图标，系统弹出“创建刀具”对话框。

（2）创建一把直径为 30 mm 的立铣刀。

4. 创建几何组

（1）完成部件几何体的指定，如图 9—97 所示。

（2）完成毛坯几何体的指定，如图 9—98 所示。

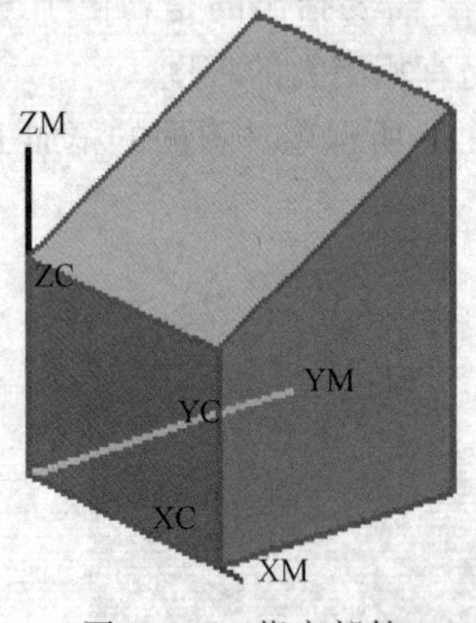

图 9—97　指定部件

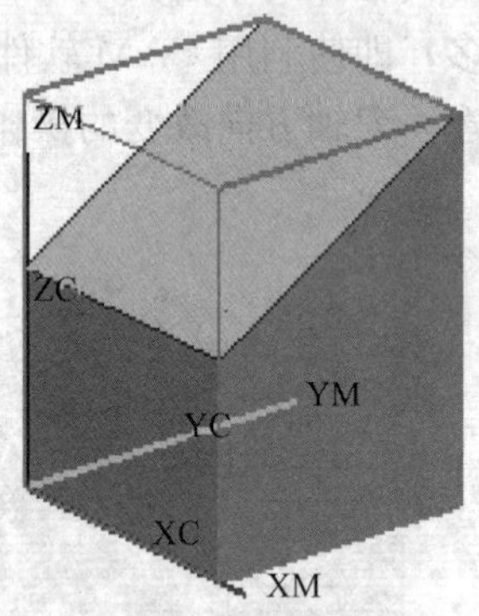

图 9—98　指定毛坯

5. 创建操作

（1）单击“创建操作”图标，系统弹出“创建操作”对话框，按图 9—99 所示进行设置。

（2）单击【确定】按钮，系统弹出“面铣削区域”对话框，如图 9—100 所示。

图 9—99　“创建操作”设置

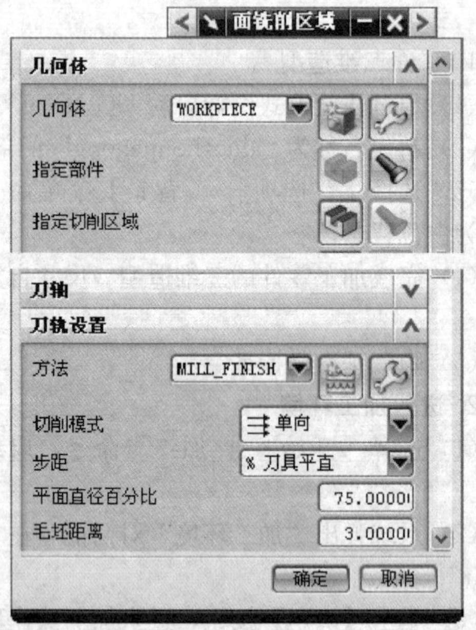

图 9—100　“面铣削区域”对话框

(3) 指定斜面为切削区域，如图 9—101 所示。

(4) 将“刀轴”栏中的“轴”设置为“垂直于第一个面”，如图 9—102 所示。

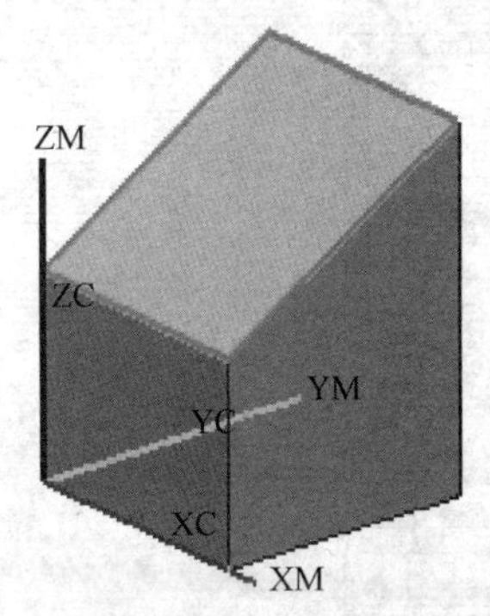

图 9—101 指定切削区域

图 9—102 刀轴方向设置

(5) 进行刀轨参数设置，如图 9—103 所示。

(6) 单击“操作”栏中的“生成”图标，如图 9—104 所示。

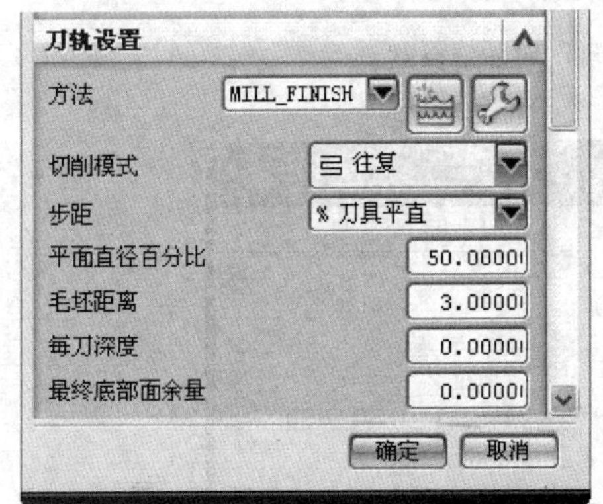

图 9—103 刀轨参数设置

图 9—104 生成刀轨操作

(7) 系统自动生成刀轨，如图 9—105 所示。

6. 刀具路径后处理

(1) 单击“后处理”图标，系统弹出“后处理”对话框。

(2) 根据提示，选择“MILL _ 5 _ AXIS”后处理器，并按需要选择输出文件位置，如图 9—106 所示，单击【确定】按钮。

(3) 系统弹出“信息”窗口，如图 9—107 所示。

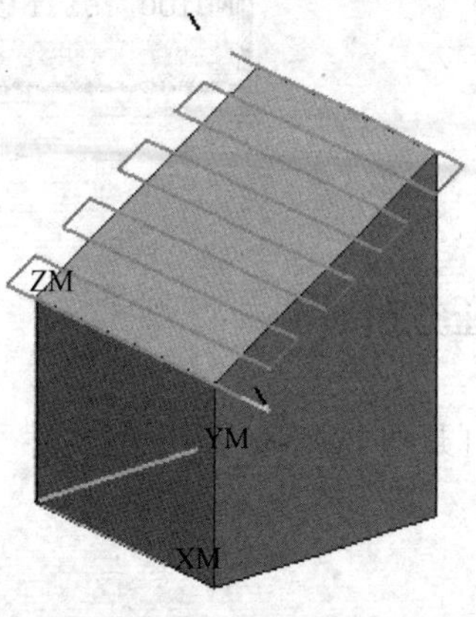

图 9—105 加工刀轨

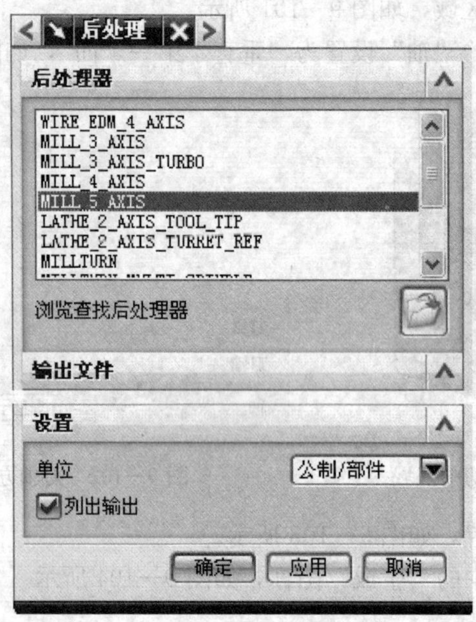

图 9—106 “后处理”对话框设置

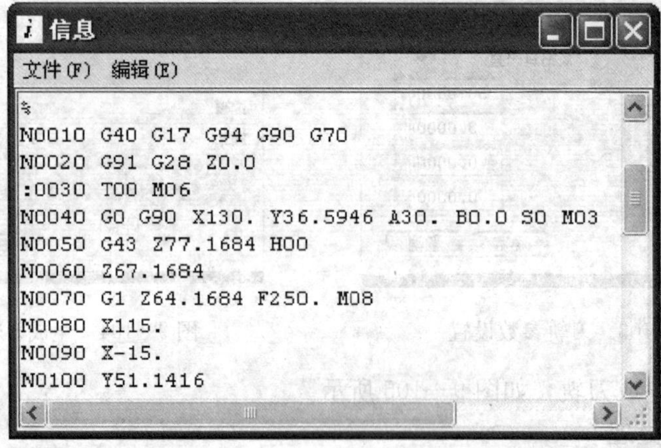

图 9—107 “信息”窗口

任务拓展

打开随书所附光盘中的文件“duozhoujiagongtiyan. prt”，体验多轴铣削加工。

附　　录

一、机械手模型零件图

R35
φ18
120
30
60
25
20
φ150

15
R25
φ18
25
70
φ18
25
50
90

φ30
φ18
50
60

二、平口钳零件图（略）

相关零件造型见随书光盘。

三、真空泵零件图（略）

相关零件造型见随书光盘。

四、小车轮零件图（略）

相关零件造型见随书光盘。

五、联轴器零件图

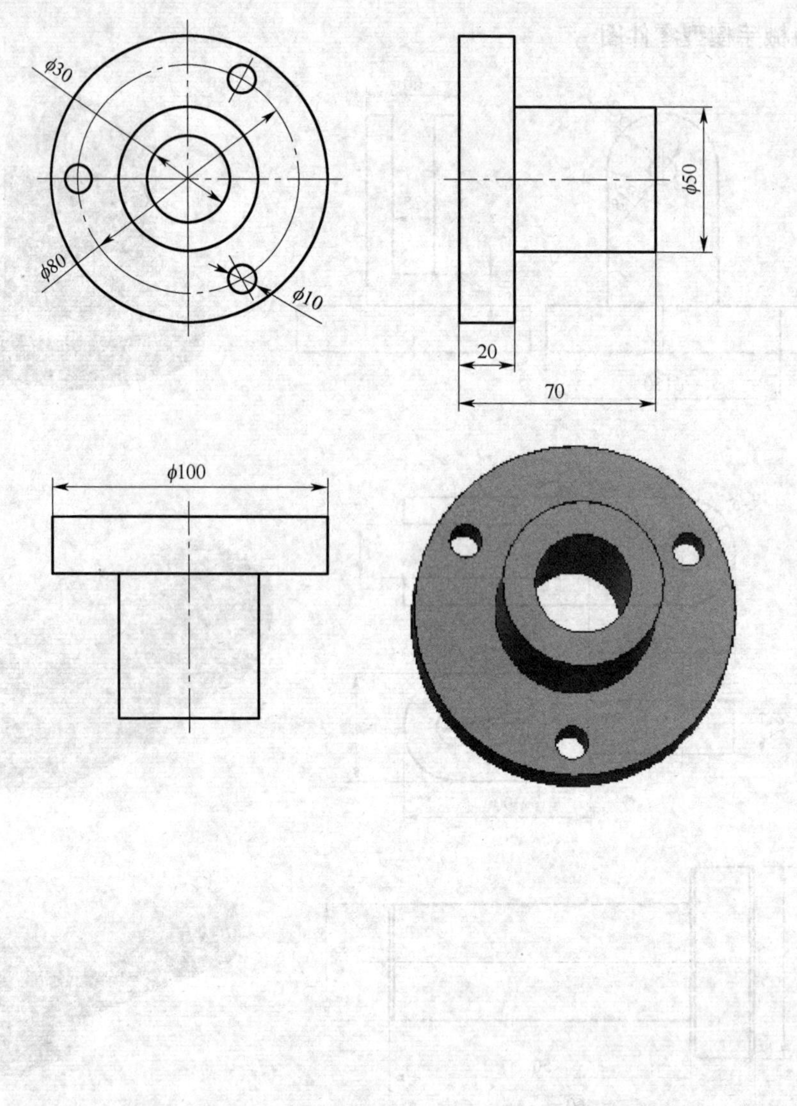

六、底座零件图

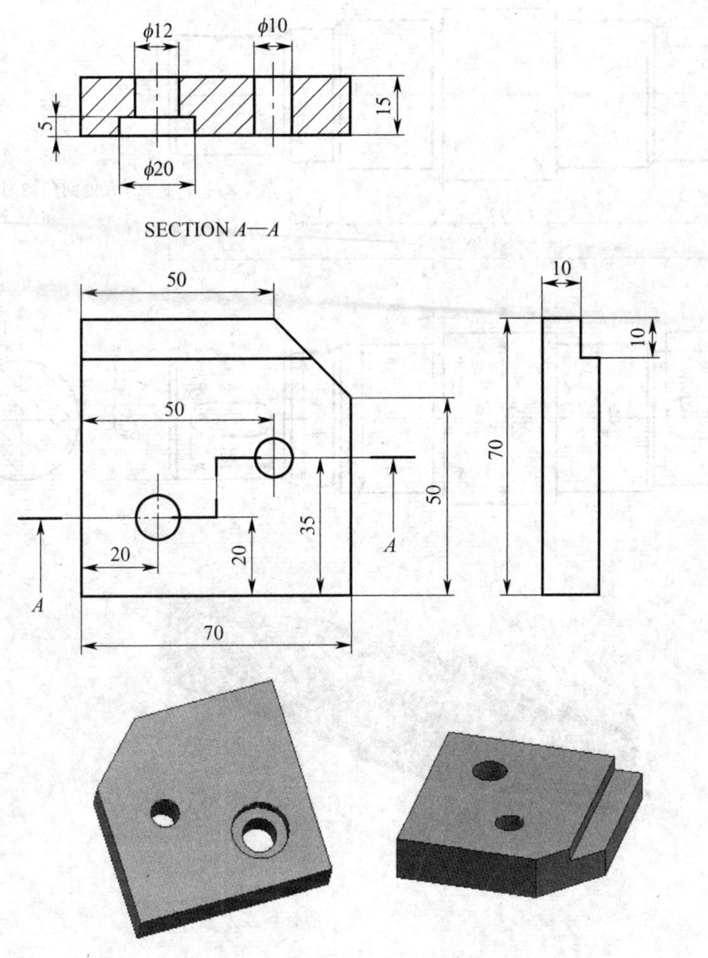

七、阶梯轴零件图

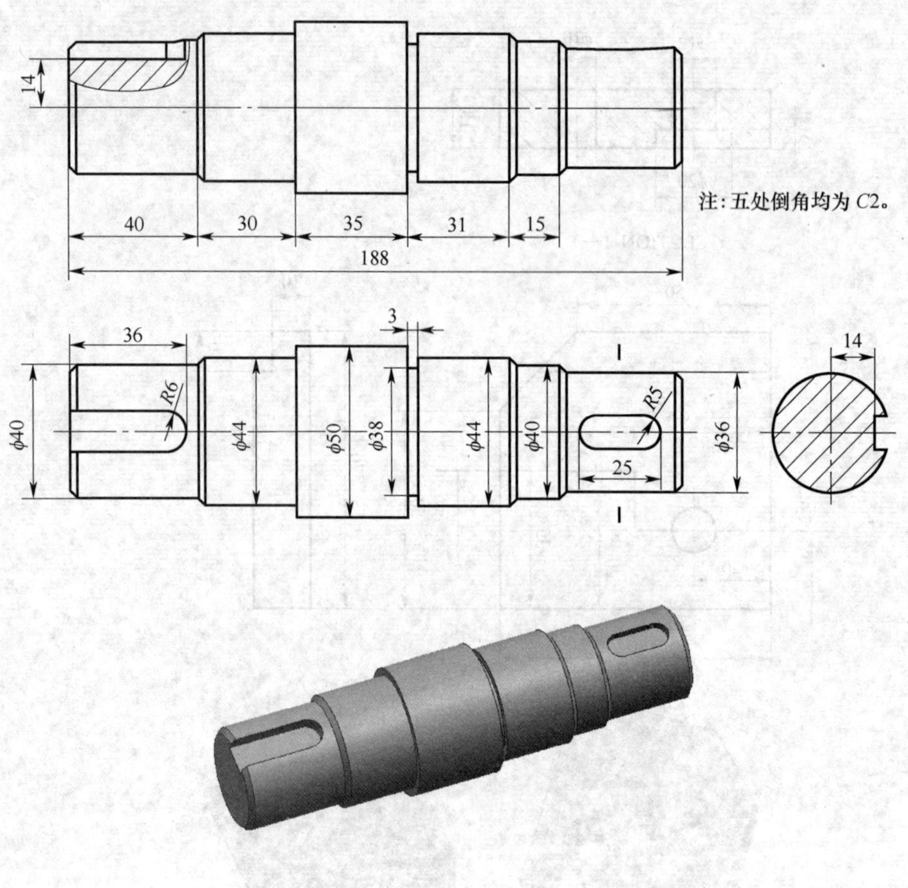

14
40
30
35
31
15
188
注：五处倒角均为 C2。
36
3
R6
R5
φ40
φ44
φ50
φ38
φ44
φ40
φ36
25
14

八、盘类零件图

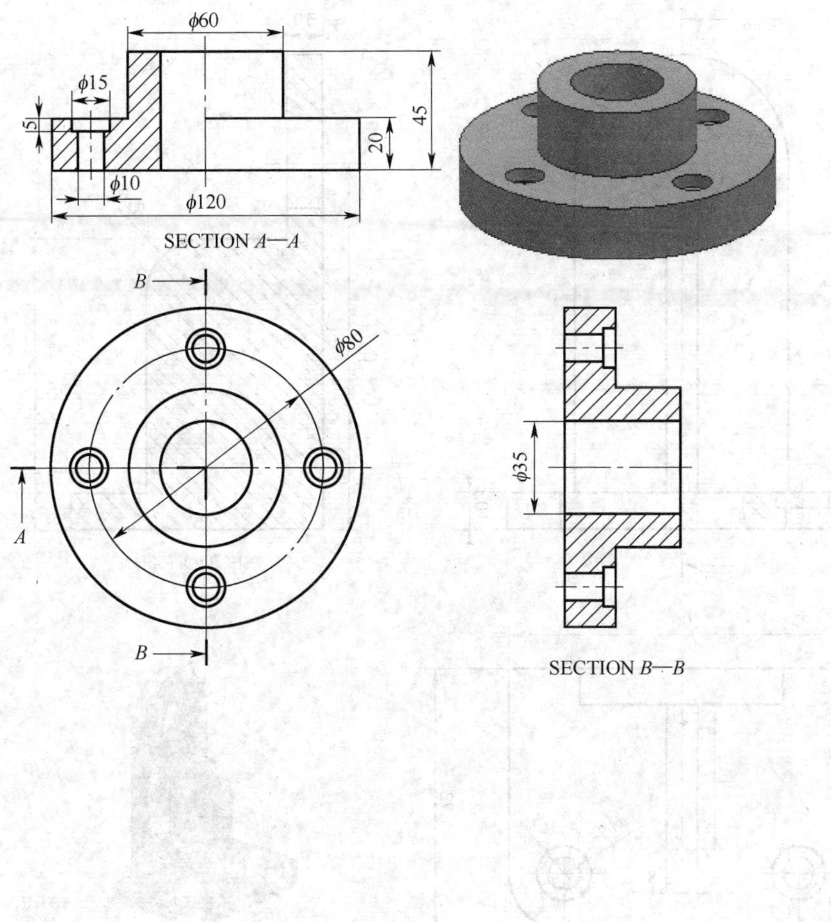

九、支架零件图

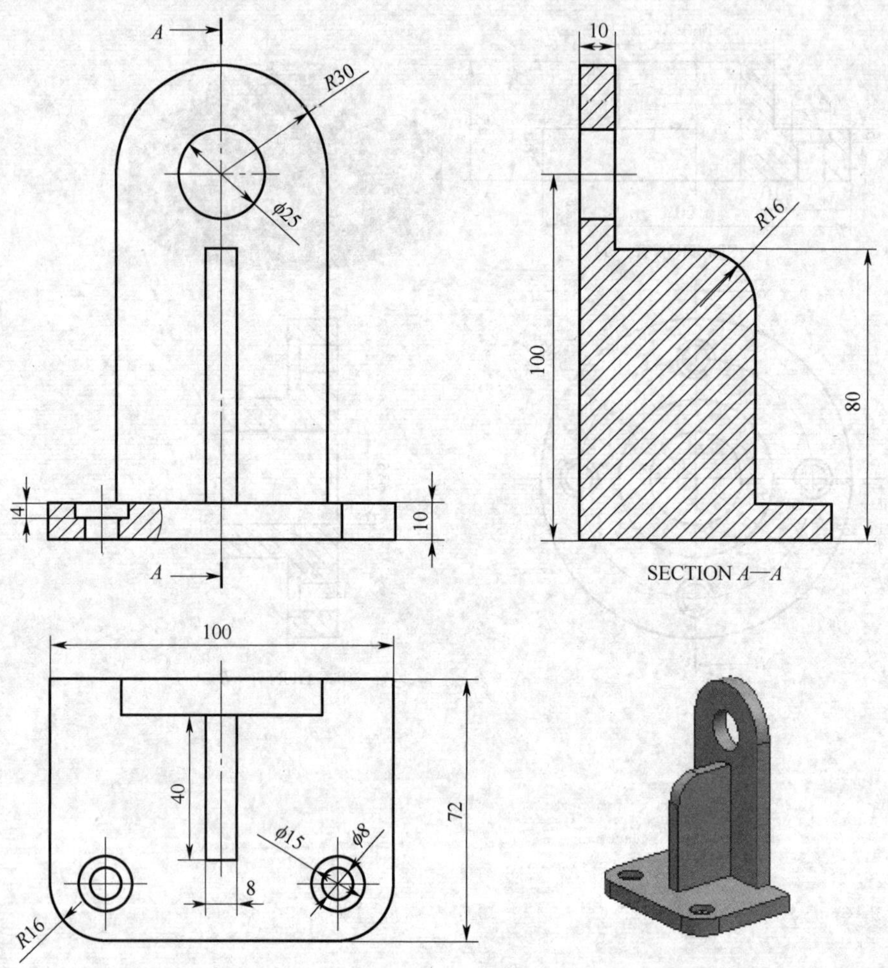